工程哲学

Philosophy of Engineering

（第四版）

Fourth Edition

殷瑞钰 李伯聪 汪应洛 栾恩杰 等著

高等教育出版社·北京

内容简介

21 世纪以来，中国工程院工程管理学部与中国自然辩证法研究会工程哲学专业委员会一起组织我国工程界和哲学界专家跨界合作、协同创新，连续立项研究工程哲学，先后出版了《工程哲学》（第一、二、三版）、《工程演化论》《工程方法论》《工程知识论》，提出了以工程本体论为核心并包括工程知识论等“五论”的理论体系框架，取得了具有原创性的理论成果。由于以上著作字数较多，读者要求再出版一部能够概括上述成果而字数适当的、具有凝练性新概括和系统性新总结特点的著作，由此撰写了本书。本书由理论篇和实践篇组成，理论篇中详述了中国工程哲学理论体系，实践篇中分析了我国高速铁路、航天、通信、水利、桥梁、建筑、钢铁、石化、医药等行业的一些典型案例。本项研究入选中国工程院“百项科技咨询成果巡礼”。

本书面向工程界、企业界、哲学界、社会科学界的有关公务员和政策研究人员，以及工科院校（包括职业院校）的师生和其他有兴趣的人士。本书可作为有关院校和培训的参考书。

图书在版编目(CIP)数据

工程哲学 / 殷瑞钰等著. --4 版. -- 北京 : 高等教育出版社，2022.6（2024.4 重印）
ISBN 978-7-04-058510-0

Ⅰ. ①工… Ⅱ. ①殷… Ⅲ. ①技术哲学 Ⅳ. ①N02

中国版本图书馆 CIP 数据核字(2022)第 054940 号

GONGCHENG ZHEXUE（DI-SI BAN）

策划编辑 张 冉　责任编辑 张 冉　封面设计 李树龙　版式设计 杨 树
责任绘图 黄云燕　责任校对 吕红颖　责任印制 刁 毅

出版发行 高等教育出版社
社 址 北京市西城区德外大街 4 号
邮政编码 100120
印 刷 涿州市京南印刷厂
开 本 787mm × 1092mm 1/16
印 张 43.5
字 数 660 千字
购书热线 010-58581118
咨询电话 400-810-0598
网 址 http://www.hep.edu.cn
http://www.hep.com.cn
网上订购 http://www.hepmall.com.cn
http://www.hepmall.com
http://www.hepmall.cn
版 次 2007 年 7 月第 1 版
2022 年 6 月第 4 版
印 次 2024 年 4 月第 2 次印刷
定 价 89.00 元

物 料 号 58510-00

工程师要有哲学思维

——第一版代序——

中国工程院自2004年起，历时三年组织相关院士及大型企业、工程负责人，在中国自然辩证法研究会热心此题目的哲学工作者参与下，通过一系列研讨会、论坛和专题案例分析，在此基础上，凝练、撰写了《工程哲学》一书。这对于正在进行世界上最大规模工程活动的中国及中国工程技术人员无疑是十分及时的、大有裨益的。

“工程”一词古已有之，在我国始于南北朝，常指土木工程，但亦有将工程一词泛用的，如在元代《元史·韩性传》中提到过“读书工程”，以借喻每日读书的进度。西方出现“工程”（engineering）这一词则要到17世纪至18世纪，开始用于指战争设施的建造活动，到了近代则演变成将自然科学的原理应用到工农业各行业中去，并通过工程思维的升华，系统成工程管理方法，将工艺诀窍和优化后的工程程序等综合而成的各工程学科的总称，如矿冶工程、土木工程、机械工程、水利工程、化学工程、海洋工程、生物工程、航空、航天工程等。当然即使到了现代，工程这个词也常被泛用，如美国的曼哈顿工程、阿波罗工程，所指的并非某一学科的工程技术，而是一项庞大的多学科综合性任务或项目，因属于保密而用了一个与实际内容并不相干的中性名词。至于我国的“希望工程”和“菜篮子工程”等，则更是一项社会项目与任务的简称。显然，本书涉及的“工程”一词都是指狭义的“工程”，或原意的“工程”。

那么什么是工程呢？我以为工程是人类的一项创造性的实践活动，是人类为了改善自身生存、生活条件，并根据当时对自然规律的认识，而进行的一项物化劳动的过程，它应早于科学，并成为科学诞生的一个源头。所谓改善生存、生活条件，中国人自古以来就习惯地把它们简约为“衣、食、住、行”。可以说一部人类文明进化的历史，从物质方面来看无非是从狩猎捕鱼、刀耕火种到驯养畜禽、育种精耕；从树叶、兽皮蔽体到纺织制衣，乃至以服饰成为官阶、时尚的标识；从搭巢挖穴而居，到造屋筑楼、兴建市镇；从修土路搭木桥、乘坐马车、帆船，到构建高速公路、铁路四通八达，洲际航线朝发夕至。总之这一切都离不开工程活动，都和每个时期人类对自然规律的认识水平及对相关技术的综合集成能力有关。因此，工程绝不是单一学科的理论和知识的运用，而是一项复杂的综合实践过程，它具有巨大的包容性和与时俱进的创新性特点，只要看一只简单的电子手表或一艘复杂的载人航天飞船就可得知，虽然其大小、价值差异极大，却都包含有力学、材料学、机械学、信息学等多学科的集成。所以说“工程科学技术在推动人类文明的进步中一直起着发动机的作用”（江泽民同志在2000年国际工程科技大会上的讲话）。

由上可见，工程所要面对的任务，是改善人类生存的物质条件，是要从原始社会人类直接取得自然赐予的状态（野果、野兽、树巢、洞穴）变为使自然物质（种）通过工程来造物，从而更有效地加以利用。例如将矿石冶炼为金属，来制成工具和器皿；通过选育良种、驯化家禽，以提高农牧业产量；不断改进修路架桥、楼宇建筑的水平，改善行与住的条件等。因为要造物就要了解客观世界，就有一个如何处理人与自然关系的哲学问题，中国古代道家具有朴素的天人合一、“尊重自然”的哲学思想，许多伟大的工程之所以历经数千年而不朽，究其原因，乃是尊重自然规律的结果。其中一个杰出的代表是两千多年前李冰父子所筑的都江堰水利工程，它采用江中卵石垒成倾斜的堰滩，在鲤鱼嘴将山区倾泻下来的江水分流，冬春枯水时，导岷江水经深水河道，过宝瓶口灌溉成都平原的数百万亩良田，汛期丰水时，大水漫过堰滩从另一侧宽而浅的河道流入长江，使农田免遭洪涝之苦。其因势利导构思之巧妙，就地取材施工之便宜，水资源充分利用之合理，至今仍令中、外水利专家赞叹不已，可以说是大禹治水以来，采用疏导与防堵相辅相成、辩证统一的典范，亦是中国古代工程哲学思维成功的案例之一。

当前中国正处于工业化加速发展的中期，960多万平方千米的土地上，进行着人类历史上空前规模的工程建设，2006年全社会固定资产投资规模已达到109 868.96亿元。与此同时，由于电力、钢铁、有色金属、水泥、玻璃、化工等高资源、能源消耗工业部门因基本建设的需求而快速发展，使我国资源短缺、依赖进口的情况日趋严重，更令人忧虑的是这些工业所排放的废气、废水、废渣，导致我们赖以生存的环境与生态受到严重的破坏和威胁，某些地区、城镇的污染排放已大大超过了环境的承载能力。因此，作为现代工程技术人员，在考虑“造物”过程时，即物质生产过程的效率、质量、产品综合竞争力（新颖性、实用性、舒适性、性价比等）的同时，必须考虑这一过程的环境影响及产品全生命周期的环境友好程度。总之，工程师必须树立生态文明的现代工程意识。

除此以外，工程还必须与社会、文化相和谐。这一点可追溯到工程的源头和起点，既然工程的出现是为了满足人类的更好地生存、生活的意愿，理所当然，它应该和不同地域条件、各种文化习惯及当地人民的生活喜好相吻合。只要看一看中国各地的民居，就可得到佐证：湘西边城凤凰的吊脚楼，因为是依山傍水建城，为惜用宝贵的土地资源，就将临江、河房屋的一部分通过深入水中的“吊脚”建在了水面之上；而江南民居，不分贫富，堂屋（厅）的南面均建成排门（只有高低、材质及装饰繁简之不同），冬天打开排门，太阳可直射进大半个屋子，因东、西、北三面都关闭，挡住了西北风，使之形成温暖的“小气候”。到了夏天，太阳直射点已转至北回归线附近，阳光照不进屋内，但东南风却可长驱直入，如打开北门（窗），则有类似遮阳取风之凉亭的作用，故而经历数千年，世代相传。反观近年来各地城镇化进程中，相当一部分新建城区脱离所在地域条件和文化传统，盲目求高、求洋，造成“千城一面”的状况，不能不令人扼腕痛惜！我以为工程的原理本是相同或相通的，是可以相互借鉴的，理应打破国家或地域之界限，做到博采众长，但是借“他山之石”是为了“攻自己之玉”，因此绝不能简单地照搬、“拷贝”。复印和抄袭不是工程设计，因为没有了工程思维，不与周边环境、当地文化协调与和谐，就失去了工程创造的应有之意。

当然，出现上述工程与环境不协调，甚至破坏环境，以及造成工程不能传承文化，不具有地域性、创造性特点的原因是多方面的，其中既有地方当政者追求近期效益、急于求成、瞎指挥的外部因素，亦有工程界内部人才培养模式不尽合理、科学文化素养教育不够的问题。相当一段时间以来，工程教育中重物轻人、重理轻文的现象相当严重。甚至把工程教育培养的目标简单地局限于该学科领域内的物质生产者。缺乏对工程师进行所造之物必须适应所处环境、地域，应该与周边文化氛围相协调的教育。既没有系统的工程思维方法，更缺乏工程哲学的思辨能力，这样的工程师所进行的物质文明建设往往会与生态文明和社会、人文传统背道而驰，迟早会成为被历史抛弃的“败笔”，造成资源的浪费与社会财富的浪费。

就工程自身而言，更是充满了矛盾，一个好的工程设计与工艺开发必须处理好对立统一的辩证哲学关系：如冶金工程的氧化与还原过程，机械运动中的动力与摩擦阻力，土木建筑、构筑物的动与静，各种工程构件所受的载荷与应力等，不一而足。

一项好的工程设计，或者说优化设计，从本质上讲就是处理好了设计对象所处环境中的对立统一的关系，分清了事物的本与末，抓住了现象的源和流，从而达到了兴利除弊的合理状态。当然，有了好的工程设计，并不一定能保证工程产品就是质优、价廉、长寿、节能的，它还需要好的工程施工（或制造工艺）、工程管理、工程服务来加以保证，这里面亦都有许多哲学问题。总之，整个工程系统都需要运用哲学思维来分析、统筹、综合，以达到尽可能接近事物的客观规律，努力与周边环境的生态、与社会和谐相处。

在人类社会的进步过程中，工程曾经推进了社会的文明进步，并不断改善着人类的物质生活水平，但是由于人口的急剧膨胀、规模空前，以及剧烈的工程活动，也不可避免地带来巨大的生态、社会风险。一方面对于日益增长的人口负担和贫富差距，人们寄希望于工程，希冀物质文明的进步将会解决当今困扰人类的诸多难题。另一方面对于温室气体增加、臭氧层空洞出现、环境污染造成的生态破坏与物种消亡等极大威胁着人类生存的问题，也有直接归罪于无节制工程活动和工程界生态文明观念缺失的理由，这就不得不引起工程师们的高度警觉。

反观人类历史进程，哲学总是在人类社会面临巨大困惑及冲突的时期和环节中得以诞生与发展，因此我们有理由相信工程哲学是21世纪应运而生的产物，它将使工程界自觉地用哲学思维来更好地解决工程难题，促进工程与人文、社会、生态之间的和谐，为构建和谐社会做出应有的贡献！

全国政协副主席
中国工程院院长 徐匡迪

2007年5月10日于北京

前言：工程哲学的兴起和工程哲学中国学派的特色

工程活动是最常见、最基础、影响最深远的社会活动，是社会存在和发展的基础。离开了工程活动，人类就无法生存，社会就要崩溃。正如马克思所说的那样："整个所谓世界历史不外是人通过人的劳动而诞生的过程"①，"必须把'人类的历史'同工业和交换的历史联系起来研究和探讨。"②

在哲学领域，科学哲学和技术哲学都是由欧美学者开创的，但是，在21世纪之初，在开创工程哲学时，中国工程师和中国哲学工作者与欧美同行一起走在了开创工程哲学的最前列。

在21世纪之初，工程哲学作为一门新学科在东方和西方"同时"和"平行"地迅速兴起。从科学社会学角度看，一门新学科兴起的标志主要表现在学科理论建设与学科制度化建设两个方面。就工程哲学的兴起而言，可简述其最初的开创进程和步履如下。

一、在学术著作出版和学术研究方面的进展。2002年，中国学者出版了《工程哲学引论——我造物故我在》③；2003年，美国学者出版了 *Engineering Philosophy*（《工程哲学》）④；2007年，中国出版了《工程哲学》⑤，就在同一年，欧美也出版了 *Philosophy in Engineering*（《工程中的哲学》）⑥。中国工程院自2004年起连续立项研究工程哲学，18年来先后出版了《工程哲学》（第一版、第二版⑦、第三版⑧、第四版⑨）、《工程演化论》⑩、《工程方法论》⑪和《工程知识论》⑫。美国国家工程院2004年立项研究工程哲学。英国皇家工程院2006—2007年连续召开工程哲学研讨会（seminar），2010年出版了

---

① 马克思，恩格斯. 马克思恩格斯全集：第42卷［M］. 北京：人民出版社，2017：31.

② 马克思，恩格斯. 马克思恩格斯全集：第3卷［M］. 北京：人民出版社，2017：32.

③ 李伯聪. 工程哲学引论——我造物故我在［M］. 郑州：大象出版社，2002.

④ Bucciarelli L L. Engineering Philosophy［M］. Delft: DUP Satellite, 2003.

⑤ 殷瑞钰，汪应洛，李伯聪，等. 工程哲学［M］. 北京：高等教育出版社，2007.

⑥ Christensen S H, Delahousse B, Maganck M. Philosophy in Engineering［M］. Aarhus: Academica, 2007.

⑦ 殷瑞钰，汪应洛，李伯聪，等. 工程哲学［M］. 2版. 北京：高等教育出版社，2013.

⑧ 殷瑞钰，汪应洛，李伯聪，等. 工程哲学［M］. 3版. 北京：高等教育出版社，2018.

⑨ 即本书。

⑩ 殷瑞钰，李伯聪，汪应洛，等. 工程演化论［M］. 北京：高等教育出版社，2011.

⑪ 殷瑞钰，李伯聪，汪应洛，等. 工程方法论［M］. 北京：高等教育出版社，2017.

⑫ 殷瑞钰，李伯聪，栾恩杰，等. 工程知识论［M］. 北京：高等教育出版社，2020.

Philosophy of Engineering [《工程哲学》（第一卷）][1]。除上述著作外，在十余年的工程哲学研究进程中，中国工程师和哲学学者还出版了《油田开发工程哲学初论》[2]、《工程十论——关于工程的哲学探讨》[3]、《历史与实践：工程生存论引论》[4]、《道路工程哲学》[5]、《工程美学导论》[6]、《工程文化》[7]、《工程哲学与工程教育》[8] 等十余部著作。由清华大学、中国科学院大学、西安交通大学等高校教师编著的《工程哲学教程》[9] 也即将出版。欧美在工程哲学领域也出版了十余部著作，例如，*Philosophy and Design*（《哲学与设计》）[10]、*Engineering in Context*（《场境中的工程》）[11]、*Engineering, Development, and Philosophy: American, Chinese, and European Perspectives*（《工程、发展和哲学：美国、中国和欧洲的观点》）[12]、*Engineering Identities, Epistemologies and Values*（《工程认同、认识论和价值》）[13] 等。以上著作的密集出版充分反映了工程哲学确实是一个正在兴起的学科，而且东西方各有自己的特色。

二、在成立学术组织和召开学术会议方面的进展。2003 年 6 月，中国科学院研究生院（现中国科学院大学）成立了“工程与社会研究中心”；2004 年，“工程研究国际网络”（The International Network for Engineering Studies）在巴黎成立。2004 年 6 月，中国工程院工程管理学部召开了一次工程哲学高层研讨会，殷瑞钰院士主持会议，陆佑楣、王礼恒、汪应洛、张彦仲、张寿荣、何祚庥等多位院士和李伯聪、李惠国、丘亮辉、赵建军、胡新和、朱菁等多位科技哲学界的专家参加了研讨会。时任中国工程院院长的徐匡迪院士亲自到会并且发表了长达一个小时的重要讲话。徐匡迪院士说：“工程哲学很重要，工程里充满了辩证法，值得我们思考和挖掘。我们应该把对工程的认识提

---

① The Royal Academy of Engineering. Philosophy of Engineering [M]. London: The Royal Academy of Engineering 2010.

② 金毓荪，蒋其垲，赵世远，等. 油田开发工程哲学初论 [M]. 北京：石油工业出版社，2007.

③ 徐长山. 工程十论——关于工程的哲学探讨 [M]. 成都：西南交通大学出版社，2010.

④ 张秀华. 历史与实践：工程生存论引论 [M]. 北京：北京出版社，2011.

⑤ 吴华金. 道路工程哲学 [M]. 北京：人民交通出版社，2013.

⑥ 闫波，姜蔚，王建一. 工程美学导论 [M]. 哈尔滨：哈尔滨工业大学出版社，2007.

⑦ 张波. 工程文化 [M]. 北京：机械工业出版社，2010.

⑧ 王章豹. 工程哲学与工程教育 [M]. 上海：上海科技教育出版社，2018.

⑨ 鲍鸥，王大洲. 工程哲学教程 [M]. 北京：高等教育出版社，2022（即出）.

⑩ Vermaas P E, Kroes P, Light A, et al. Philosophy and Design [M]. London: Springer, 2008.

⑪ Christensen S H, Delahousse B, Maganck M. Engineering in Context [M]. Aarhus: Academica, 2009.

⑫ Christensen S H, Mitcham Carl, Li B C, et al. Engineering, Development and Philosophy: American, Chinese and European Perspectives [M]. Dordrecht: Springer, 2012.

⑬ Christensen S H, Didier C, Jamison A, et al. Engineering Identities, Epistemologies and Values [M]. Dordrecht: Springer, 2015.

高到哲学的高度，要提高工程师的哲学思维水平。"① 他强调指出，工程创新和工程建设需要有哲学思维。他还对工程中的一些辩证法问题进行了精辟的分析。2004 年 12 月，中国工程院和中国自然辩证法研究会联合举办"工程哲学与科学发展观"研讨会，紧接着召开了第一次全国工程哲学会议，正式成立了中国自然辩证法研究会工程哲学专业委员会，殷瑞钰任理事长，朱训任名誉理事长，傅志寰、陆佑楣、汪应洛、王礼恒、丘亮辉、李伯聪、谢企华等任副理事长。从 2004 年到 2021 年，我国已经召开了 10 次全国性工程哲学学术会议。应强调指出的是，在历届学术会议中，我国工程师和哲学家始终同时到场，身体到场、思想到场、交流融合。再看欧美的情况。美国于 2006 年在麻省理工学院召开了一次工程哲学研讨会，并于次年在荷兰召开工程哲学国际会议。从 2007 年至今，已经召开了 7 次工程哲学国际会议，并先后出版了 3 本会议论文集②③④。

三、相关期刊出版方面的进展。在这方面，情况显得有些复杂。在中国，《自然辩证法研究》自 2008 年起增设了与自然哲学、科学哲学、技术哲学并列的"工程哲学"栏目，而更值得注意的是《工程研究》的创刊。2004 年，中国开始出版《工程研究——跨学科视野中的工程》。该刊最初是年刊，自 2009 年起改为季刊，2016 年后改为双月刊。该刊的主要栏目有工程哲学、工程管理、工程社会学、工程科技、工程史、工程评论等。国外方面，*Engineering Studies*（《工程研究》）于 2009 年在美国创刊，其宗旨与"中文同名刊物"基本相同，该刊最初每年出版 3 期，2012 年后改为季刊。由于该刊在学术方向、学术内容和学术质量方面的突出特点，其在出版 3 年后就成为 SCI 和 SSCI 刊物。对于新期刊来说，这实在是一个难得的成就。可以认为，这充分显示出国际学术界已经把包括工程哲学在内的"跨学科工程研究"认可为一个新的研究方向和研究领域。

回顾工程哲学的开创和发展进程，人们会看到一个耐人寻味的现象——中国的工程哲学发展进程和欧美的工程哲学发展进程在以上三个方面都表现出了"人同此心、心同此理"的"不约而同"和"基本同步前进"的特点。应强调指出的是，这绝不是偶然出现的现象，而是深刻反映了工程哲学的兴起适应

① 赵建军. 工程界与哲学界携手共同推动工程哲学发展［M］// 杜澄，李伯聪. 工程研究，第 1 卷. 北京：北京理工大学出版社，2004.

② Van de Poel I, Goldbeg D E. Philosophy and Engineering: An Emerging Agenda [M]. Dordrecht: Springer, 2010.

③ Michefelder D P, McCarthy N, Goldbeg D E. Philosophy and Engineering: Reflections on Practice, Principles and Process [M]. Dordrecht: Springer, 2013.

④ Mitcham C, Li B C, Newbery B, et al. Philosophy of Engineering, East and West [M]. Dordrecht: Springer, 2013.

了时代形势的要求和一个新学科开创进程的共同规律与客观社会要求。

另外，中国和欧美在工程哲学的发展中也各有自身的特点，以下介绍一下中国工程哲学研究和发展进程中的特色。

2017年，在苏州举办的第8次全国工程哲学会议上，学者们立足于对工程哲学研究进展情况的国际比较和对中国工程哲学研究鲜明特色的认识，认为在工程哲学开创和发展进程中已经形成了工程哲学的中国学派。

为什么这样说？工程哲学中国学派的特点是什么呢？

在学术发展的进程中，形成“学派”是促进学科和学术发展的重要方式与表现形式。回顾工程哲学在中国的发展历程，有理由认为已经形成了工程哲学的中国学派，详述如下。

第一，中国工程师和哲学工作者在合作开拓工程哲学领域方面有了系统性的理论创新。通过《工程哲学》（第一版、第二版①）、《工程方法论》《工程演化论》《工程知识论》的出版，中国学者提出和阐释了一个包括“五论”——工程-技术-科学三元论、工程本体论、工程方法论、工程知识论、工程演化论——且以工程本体论为核心的工程哲学理论体系。

在上述“五论”中：“三元论”从哲学角度对“工程”的位置、价值、意义发问和发论，明确了应该创建与科学哲学和技术哲学并列的工程哲学的基本思路；“工程本体论”明确指出工程是现实的、直接的生产力，从历史唯物主义和辩证唯物主义的立场看，工程具有本根地位，而不是其他活动的衍生品或从属物，充分阐述了工程本体论的深远意义和价值，使之成为“工程哲学”的理论核心和基本立场，进一步夯实了“三元论”的基础；“工程方法论”从工程方法和工程实践的角度概括了工程方法的共性特征和应遵守的原则和规律，充实、丰富了“工程本体论”的内涵；“工程知识论”从知识理论角度揭示、归纳了工程知识的特征、内涵和规律，充实、丰富了“工程哲学”的内容和基础；“工程演化论”从历史唯物主义的视野研究工程的发生、发展和演化的动力与机制。这个以工程本体论为理论核心的“五论”系统相互渗透、相互支撑，成为中国学派进行工程哲学系统性理论创新的主要成果和主要表现。尽管这个系统目前还有尚待进一步拓展和深化之处，但可以认为上述“五论”已经初步形成了中国工程哲学体系的基本理论框架，可以成为进一步前进的“理论基地”。

工程哲学中国学派从工程本体论的立场出发，阐释了“工程是什么”的命题。

工程是什么？

工程：是人为之“事”，事关人（们）的实践、事关人（们）的思维；

---

① 《工程哲学》（第二版）明确提出和阐述了工程本体论的基本观点。

工程是人类的一种基本活动，是人工造物并构建人工物世界的系列活动。历史唯物地看，工程首先是人类实践之事，是人类为了生存、繁衍、发展过程诸多方面的实践之事，是劳动实践和获得现实生产力的活动及其过程，是工程实践与工程思维的统一。工程活动的行为主体是"人"。工程活动涉及的客体（对象）是自然界的各类资源和社会中的各类要素。

工程活动是人类有目的、有计划、有组织地利用各类资源、各种要素和知识，通过选择、整合、集成、建构、运行、管理等过程，进而转化为直接的、现实的生产力的活动和过程。工程是人工造物，并构建人工物世界的活动。

工程活动同时涉及形而下的"器"（各种工具、装备，各类工程技能、技术等工具性手段）和形而上的"道"（工程活动中的道理，包括工程文化、工程科学、工程设计、工程管理、生态和谐等）。"道器合一"，"道在器中"。

第二，从学术队伍结构特点看，中国工程哲学研究队伍中形成了中国工程师和哲学家密切合作、相互学习、共同探索工程哲学新方向的学术团体，持续举办了一系列学术活动，并到大庆油田、三峡总公司、上海宝山钢铁公司、港珠澳大桥工程等大型工矿企业进行宣讲活动。与此同时，还应邀到中国科学院大学、东北大学、西安交通大学、清华大学、北京大学、同济大学、华南理工大学、北京科技大学、华北理工大学、国防科技大学等高校进行学术讲演，传播学术思想。这种有理论、有组织、有系列学术活动、有学术论坛的鲜明特色正是形成学派的标志。

第三，从学风和发展方式看，中国的工程哲学坚持马克思主义哲学的基本方向，坚持扎根中国和世界工程实践，坚持"理论联系实际"的基本原则。

在以往，无论是在中国还是在欧美，都存在工程师不关心哲学和哲学家不关心工程的状况。美国麻省理工学院教授布西亚瑞利在其所著的《工程哲学》一书中，一开始就表达了对这种状况的不满和感慨。他尖锐地指出，许多工程师和哲学家都认为"哲学和工程似乎是两个相距甚远的世界"①，工程师和哲学家之间一向缺乏交流和互动。工程哲学的兴起，开始改变了这种状况。可是，就欧美而言，主要表现形式是"工程师个人"对工程哲学的兴趣和"哲学家个人"对工程的兴趣。在中国，中国工程院工程管理学部组织了系列课题研究，在18年的研究历程中，以马克思主义哲学原理为指导，以"系列课题研究"的方式组织、吸纳一批高水平工程师和哲学家合作研究工程哲学。在这个过程中，工程师和哲学家共同探索、相互交流，始终紧密合作。在漫长的开拓过程中，相互学习，相互切磋，共同探索，共同提高，既深化了对工程的认识，又深化了对哲学的认识。很显然，工程师和哲学家形成组织化的跨界合作，既是中国工程哲学研究取得理论进展的重要原因之一，又是中国工程哲

---

① 布西亚瑞利．工程哲学［M］．安维复，等译．沈阳：辽宁人民出版社，2008：1.

学学派建立和发展的特征之一。据初步统计，直接参加这一系列专著写作的院士有殷瑞钰、汪应洛、傅志寰、栾恩杰等20位院士；哲学界和教育界专家有李伯聪、李惠国、丘亮辉等30余人；工程界和企业界专家有谢企华、凤懋润、金毓荪等30余人。至于参与研讨的专家，那就更多了。从作者队伍看，这些系列性著作确实是中国工程界、哲学界、企业界、工程教育界、工程管理界许多人合作研究和集体智慧的结晶。

中国工程哲学学派不是凭空出现的，它是扎根于当代工程发展——特别是中国工程建设和发展——的产物。中国载人航天工程的快速发展，三峡水利枢纽工程的建设、运行，高速铁路工程的崛起，桥梁工程的发展等重大工程的兴起，积累了大量对工程活动的认识和实践经验。中国现代工程发展的现实场景为中国工程哲学学派的形成提供了绝佳的“沃土”。中国的工程师学哲学、用哲学、用工程哲学思维指导工程建设，中国的哲学工作者深入工程一线，理论联系实际，深化哲学理论。中国工程师和中国哲学工作者立足中国的工程实践，密切联系中国和世界工程发展的丰富经验与深刻教训，走上了开拓工程哲学之路，并在这个过程中形成了中国学派。

通过18年的持续研究，中国工程哲学研究者们认识到：工程是现实的、直接的生产力，工程具有鲜明的实践性，工程活动的特征是集成、建构和转化，具有直接生产力的实践性特征。工程哲学研究是面向现实的、直接的生产力的，面向工程实践的，面向工程思维的研究。

最近几十年，中国开展了全球最大规模的工程建设。目前，中国是世界上仅有的具有39个大类、191个中类、525个小类的全部工业门类的国家，有200多种重要产品的产量居世界第一。中国在工程建设和工业化发展过程中，积累了丰富的经验，同时也有一些深刻的教训。目前，在贯彻党的十九大精神的过程中，特别是在中国实现“两个一百年”奋斗目标的过程中，现实和未来都对我国的工业化建设和工程发展提出了新的要求，这就形成了工程哲学在中国发展的深厚的现实基础和强有力的社会需求。工程哲学也必然会在这个过程中适应新要求，得到新拓展，取得新成就。

根据以上谈到的对案例研究方法的认识，本课题以往著作的写作结构都采取了“理论”和“案例”相结合的方式，本书也继续采用这种结构，分为理论篇和实践篇。

总而言之，中国工程界和哲学界跨界合作、形成牢固的学术联盟，持续地以组织化的方式对工程哲学进行以工程本体论为核心、以“五论”为理论框架的综合研究，聚焦于作为直接生产力的人工造物活动和工程思维，初步开拓了作为一个新的学科分支的工程哲学，在工程哲学领域初步形成了中国特色的学派。

中国学派认为的工程哲学是：

——面向和研究工程实践的哲学；

——面向和研究直接的、现实的生产力的哲学；

——面向和研究工程管理的哲学；

——面向和研究工程思维的哲学。

工程哲学是哲学研究的新领域。

中国学派研究活动的风格是：以认识与发展现实生产力、直接生产力和工程思维为核心，强调理论联系实际，深入实践调查、研究，坚持理论研究和案例研究并重，以组织化研究为主导，促进学术思想持续交流和成果及时共享。体现为：实践过程与哲学追问相通；认识体系与实践体系融合；工程语言与哲学语言互释。

中国学派认为，研究工程、构思工程、实施工程、评价工程的过程中：

眼中要有大境界，

心中要有大气魄！

目录

理论篇

实 践 篇

Contents

Theory

Practice

理论篇

THEORY

第一章

科学-技术-工程三元论与工程哲学

第一节　认识工程，思考工程

工程活动是最常见、最基础、影响最深远的人类活动，是人类能动性的最重要、最基本的表现方式之一，是人类社会赖以存在和发展的基础。离开了工程活动，人类就无法生存，社会就无法发展。

工程是人类为了改善自身的生存、生活条件，并根据当时、当地对自然的认识水平而进行的有目的的造物活动，是物化劳动过程。工程活动不但塑造了社会的物质面貌，而且深刻地影响了社会的文化、精神面貌。我们不但必须努力认识自然、思考自然，而且必须努力认识工程、思考工程，认识和掌握工程活动的性质、特征以及运动和发展的规律。

工程是直接的生产力，工程活动是人类社会存在和发展的物质基础。在工程活动中，不但体现着人与自然的关系，而且体现着人与社会的关系。我们应该在“自然-人-社会”的三元关系中认识和研究工程活动（图 1-1-1），而不能仅仅把工程活动简单地归纳为“单纯技术活动”或“单纯经济活动”，更不应将工程简单地看成“科学的应用”。

工程活动是以人为活动主体的，包含许多方面的知识和要素的，

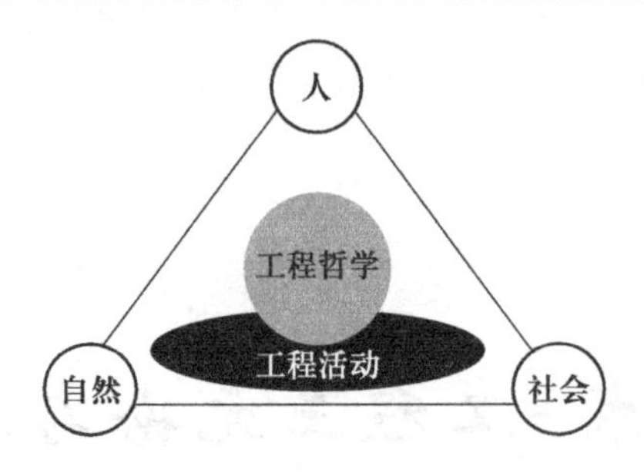

图 1-1-1 工程活动在“自然-人-社会”三元系中的位置

人类有目的、有计划、有组织地改变自然物质世界的实践活动。[①]工程活动的过程包括理念、规划、设计、实施、运行、退役等阶段，由于物质性活动与信息活动密切关联，工程活动不但包括“物质性工程”而且包括“信息工程”。在从科学角度认识和研究自然界时，不同类型的自然现象被划分为物理学、化学、天文学、地学、生物学等不同的“学科”；在以工程方式改变自然界时，不同类型的工程（纺织工程、交通工程等）形成了不同类型的“行业”。

工程不但是工程学、经济学、社会学、管理学等学科研究的对象，也是哲学分析和研究的对象。以工程为哲学分析和研究的对象，就形成了工程哲学。马克思说：“哲学家们只是用不同的方式解释世界，而问题在于改变世界。”[②] 从本质上看，工程哲学就属于马克思所说的“改变世界”的哲学。

工程哲学是现代哲学中一个新兴起的哲学分支，它的主要研究对象是各类物质性的工程实践活动，它的灵魂是“理论联系实际”。人类社会丰富而深厚的工程实践活动——特别是我国当前空前规模的工程建设和实践活动——是促使工程哲学形成和推动工程哲学发展的最深厚的基础与动力。

---

① 在“通常语义下”，“（自然）工程”就是指改变自然界状态（创造新的人工物、改变自然界的某种状态等）的“工程”，但必须承认同时也存在另外一种类型的工程——“社会工程”。本书基本上不涉及“社会工程”。但这里也需要指出：“自然工程”不可避免地“具有社会性”，但这又并不意味着可以把“自然工程”混同于“社会工程”。

② 马克思，恩格斯．马克思恩格斯选集：第 1 卷[M]．北京：人民出版社，1972：19.

1 科学-技术-工程三元论

1.1 科学-技术-工程三元论的提出

进入现代社会后，科学和技术已经成了两个被人们普遍使用的概念，在汉语语境下，人们甚至经常将二者连在一起简称为“科技”，似乎二者又是一回事。关于科学和技术的本质及其相互关系问题，国内外有些学者认为在现代社会中科学和技术已经不可分地一体化了，西方学者甚至构造了“techno-science”的概念来表明今天科学和技术之间的难解难分，然而还有另外一些学者坚持科学与技术二者存在着本质区别，不能且不应把科学和技术混为一谈。如果把前一种观点称为科学和技术的“一元论”观点，那么后一种观点就可以被称为科学和技术的“二元论”观点了。

需要指出，“二元论”观点不但揭示了“一元论”的缺陷，而且这种观点在20世纪60年代还成为“技术哲学”在美国“重新兴起”的重要理论根据和理论前提①：正是由于技术是不同于科学的另外一类社会活动和对象，这才需要和可能把技术哲学作为一个不同于科学哲学的哲学分支学科进行研究。

然而，“二元论”虽然将“科学”和“技术”之间的关系进行了区分，却又将“工程”与“技术”混为一谈，甚至将“工程”作为了“技术”或者“科学”的附庸，这显然也不恰当。

在现代，工程化的生存方式已经成为人类基本的生存方式之一，甚至“今日之人类境遇，从根本上说乃是一种工程境遇”②，因此我们还需要把这种关于科学与技术的“二元论”观点再进一步发展成为一种关于科学、技术、工程的“三元论”观点。

1.2 科学-技术-工程三元论的主要观点

科学-技术-工程三元论认为，科学、技术、工程是三种不同类型的人类活动，绝不能忽视三者的区别将它们混为一谈，另一方面，也不能忽视它们的密切联系，必须重视三者的对立统一和相互转化

---

① 拉普. 技术科学的思维结构[M]. 长春：吉林人民出版社，1988.

② 刘永谋. 工程与工程师时代的哲学反思[J]. 民主与科学，2020（1）：52.

关系。

1.2.1 科学、技术、工程的区别和联系

1.2.1.1 科学、技术、工程的区别

科学、技术、工程是三种本性不同的人类活动，三者的区别主要表现在以下几个方面。

(1) 活动的内容和性质不同：科学活动是以发现为核心的活动，技术活动是以发明为核心的活动，工程活动是以建造为核心的活动。

(2)“成果”的性质和类型不同：科学活动成果的主要形式是科学理论，它是全人类的共同财富，是“公有的知识”；技术活动成果的主要形式是发明、专利、技术诀窍（当然也可能是技术文献和论文），它往往在一定时间内是“私有的知识”，是有“知识产权”的专利知识；工程活动“成果”的主要形式是物质产品、物质设施，一般来说，它就是直接的物质财富本身。

(3)“活动角色”和“活动主体”不同：“科学活动的角色”（社会学意义的“角色”）是科学家；“技术活动的角色”包括发明家、工程师、技师、工人；“工程活动的角色”包括企业家、工程师、投资者、工人、其他利益相关者。“科学共同体”“技术共同体”和“工程共同体”是三类不同的“共同体”。

(4) 不同的对象和思维方式：科学的对象是带有普遍性的“普遍规律”；技术的对象是带有一定普遍性和可重复性的“技术方法”。科学规律和技术方法都必须具有“可重复性”，而工程项目（请注意，这里说的是“工程项目”，而不是“工程科学”和“工程技术”）却以一次性、个体性为基本特征。科学思维、技术思维和工程思维是三种不同的思维类型与思维方式。

(5) 制度安排和评价标准不同：从制度方面来看，科学制度、技术制度和工程制度是三种不同的“制度”（institutions），它们有不同的制度安排、制度环境、制度运行方式和活动规范，有不同的评价标准和演化路径，有不同的管理原则、发展模式和目标取向。

(6) 从文化学和传播学的角度来看，科学文化、技术文化和工程文化也各有不同的内涵和特点；“公众理解科学”“公众理解技术”和“公众理解工程”三者也各有自己特殊的内容、意义和社会作用。科学基本上是价值中立的，技术在可能性上是价值引导的，

而工程则是价值导向的，然而在现实生活中是把双刃剑。

（7）有关政策和发展战略问题：由于科学、技术和工程是三类不同的人类活动，它们在社会生活中有不同的地位和作用，于是，从政策和发展战略的制定与研究方面来看，科学政策、技术政策和工程政策是三类不同性质的政策。在这三类政策中，其中的任何一类政策都是不可缺少的，是不能笼而统之地被其他类型的政策所代替的。

1.2.1.2　科学、技术、工程的相互联系和相互转化

强调科学、技术、工程有本质区别，绝不意味着否认它们之间存在密切联系，相反，正是由于三者各有独特的本性，各有特殊的、不能被其他活动所取代的社会地位和作用，于是它们的"定位""地位"和"联系"的问题，特别是从科学向技术的"转化"和从技术向工程的"转化"的问题，也便都从理论上、实践上和政策上被突出出来了。

栾恩杰院士在2014年撰文分析和研究科学、技术、工程的相互关系，指出在现代社会中，科学、技术和工程密切联系，相互依赖，相互推动，形成了"无首尾逻辑"，在这个循环中，工程联系着技术的应用和科学的基础，发挥着"扳机"和载体作用①，进一步深化了对科学、技术、工程相互关系的认识。

1.2.2　三个不同的哲学分支

由于科学、技术、工程是三类不同的人类活动，分别以三者为哲学研究对象，就可能形成三个不同的哲学分支学科：科学哲学、技术哲学和工程哲学。

科学哲学研究和讨论的主要哲学范畴包括感性、理性、经验、理论、归纳、演绎、规律、真理、科学实在、科学方法、科学知识等。

技术哲学研究和讨论的主要哲学范畴包括可能性、现实性、发明、规则、方法、工具（机器）、目的、技术方法、技术能力、技术知识等。

---

①　栾恩杰．论工程在科技及经济社会发展中的创新驱动作用[J]．工程研究——跨学科视野中的工程，2014，6（4）：323-331.

工程哲学研究和讨论的主要哲学范畴包括工程的约束条件、工程目的、工程设计、工程决策、工程的全生命周期、程序、管理、职责、标准、意志、工程方法、工程知识、工程思维、工具合理性、价值合理性、异化、生活、自由、天地合一等。

2 工程的内涵和要素集成

在大多数的西方技术哲学文献中，对“工程”和“技术”并不做特殊的区分，而是经常将“工程”纳入“技术”的探讨之中，以至于经常会出现这样的情况——学者们虽然分析的是“技术”，但举的例子却通常都是工程项目。西方混用“工程”和“技术”概念的做法和语义解释也影响到了我国对于工程和技术的哲学讨论。这样的混用也许对于工业化之前甚至工业化初期——工程造物活动发生频率比较低、规模比较小、复杂度比较低——的哲学分析并不会带来太多的混淆，但是在世界大部分地区已经毫无疑问地进入了“工程与工程师时代”① 并且工程的规模和复杂度越来越超出人类的想象与预测的今天，尤其是对于拥有世界上工程量最大的中国，显然会在认识层面产生一些困扰，而这也是中国工程哲学坚持将“工程”从长期以来的对“技术”的大一统式的探讨中剥离出来，主张构建科学-技术-工程三元论的原因之一。

工程与技术在方法使用、知识构成等方面的确具有一定的相似性，然而，严格地说，技术只是工程的构成要素之一。某一特定工程是以某一（或某些）专业技术为主体并与之配套通用、相关技术，按照一定的规则、规律所组成的，为了实现某一（或某些）工程目标的组织、集成活动。从哲学角度看，工程活动的核心标志往往是构筑一个新的存在物，在工程活动中各类基本要素和各类技术的集成过程是围绕着某一新的存在物——即在一定边界条件下优化构成的集成体——而展开的。从根本上说，工程活动是一种以既包括技术要素又包括非技术要素的系统集成为基础的物质实践活动。

因此，工程活动过程的一般表述应是包括确立正确的工程理念和一系列决策、设计、构建和运行、制造、管理等活动的过程，其

① 刘永谋. 工程与工程师时代的哲学反思[J]. 民主与科学，2020（1）：52.

结果又往往具体地体现为特定形式的新的存在物及其相关的人工产品或某些服务。从技术角度看，工程具体表现为相关技术的不同集合；或者说，工程的内涵与技术的内涵有某种程度上的同质性和关联性，技术是工程的基础或单元，工程则是相关技术的集成过程和集成体。在认识技术和工程的关系时，一方面，我们必须注意技术为工程建设提供了"可能"条件与前提（那些不具备现实技术前提的工程必然不可能实现）；另一方面，又要在工程活动中注意根据工程目的和目标要求对各种可能使用的技术进行合理的选择（例如由于经济原因可能"不选择"某种"最高级"的技术）或权衡。

工程的内涵常常与特定的产品、特定的制造（工艺）流程、特定的企业、特定的设施系统或特定的产业相联系，工程活动与产业活动具有不可分割的内在联系，所以，必须把工程概念与特定产业甚至与经济、环境、人文等因素联系起来加以认识。

从具体的工程生产实践来说，工程活动就是通过选择-集成-建构而实现在一定边界条件下要素-结构-功能-效率优化的人工存在物——工程集成体。工程活动的这些过程及其结果，就使工程体现为现实生产力、直接生产力。

工程作为人类的一项物质性社会活动，不但涉及思维、价值、知识方面的因素，而且必然涉及资源、资本、土地、设备、劳动力、市场、环境等要素，而且要经过对这些知识、工具、手段和要素的选择-整合-互动-集成，才能形成有结构、可运行、有功能、有价值的工程实体，体现为直接生产力（图 1-1-2）。

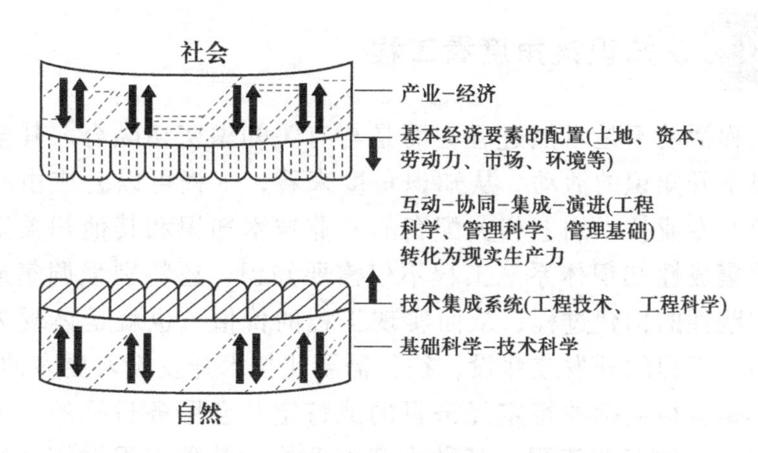

图 1-1-2　工程的内涵及其要素与集成

总而言之，工程是人类有目的、有计划、有组织地运用知识（技术知识、科学知识、工程知识、产业知识、社会-经济知识等）有效地配置各类资源（自然资源、经济资源、社会资源、知识资源等），通过优化选择和动态、有效的集成，构建并运行一个“人工实在”的物质性实践过程。工程活动是一个实现现实生产力的过程。工程及其过程的内在特征是集成和构建。集成、构建是指对构成工程的诸多要素进行识别和选择，然后经过整合、协同、集成，构建出一种有结构的动态体系，并在一定条件下发挥这一工程体系的效率、效力和功能。工程活动集成、构建的目标是为了实现要素-结构-功能-效率的协同并转化为现实生产力。但工程活动的实际过程和效果往往是非常复杂的。在认识和评价工程问题时，不但必须重视目的问题，而且必须高度重视对工程活动的过程及其相关影响、后果问题的研究。

近代之后，科学的发展对于工程的创新和进步起了至关重要的作用，因此有很长一段时间里人们都将工程看作科学的应用，从一定意义上说，工程的实质内涵之一就是某种形式的科学应用（即对基础科学、技术科学的应用）；但如前文所述，工程是特定形式的基本要素集合、技术集成过程和技术集成体，在这种集合、集成的过程中，本身也蕴涵着科学问题，即工程科学。因此，工程不应简单地表述为“科学的应用”，也不是相关技术的简单堆砌、拼凑，工程在其对技术集成的过程中存在着更大时-空尺度上的工程科学性质的学问。

3 从知识链角度看工程

工程活动不是自然过程，而是与有关知识密切融合、其全部进程都离不开知识的活动。从知识角度来看，工程可以看成由一种或几种核心专业技术加上相关配套的专业技术知识和其他相关知识所构成的集成性知识体系。工程不仅需要知识，还特别强调集成、组织和实践性的构建过程，从而实现工程的价值，也就是体现为直接生产力。工程的开发或建设，往往需要比技术开发投入更多的资金，工程都是有很明确的特定经济目的或特定社会服务目标的。工程往往表现为某种工艺流程、某种生产作业线、某种工程设施系统，乃至工业、农业、交通运输业、通信业等方面的基础设施或设施网等。因此，工程有很强的集成的知识属性，特别注重诸多技术要素和非技术要素（基本经济要素等）的有效组合与集成创新；同时具有更强的产业经济属性。工程的特征是集成与构建。

从现代知识意义来看，“科学-技术-工程-产业”是一种相关的知识链。应强调指出的是，这里讲的知识链是认识逻辑关系的链接，不是讲历史-时序性的传承关系；同时，也不能把这种知识链理解或解释为一种简单的“线性链”，因为这是很复杂的知识链，是多层次的知识网络，不同环节和层次之间存在着丰富多彩、复杂多变的关系①（图 1-1-3）。

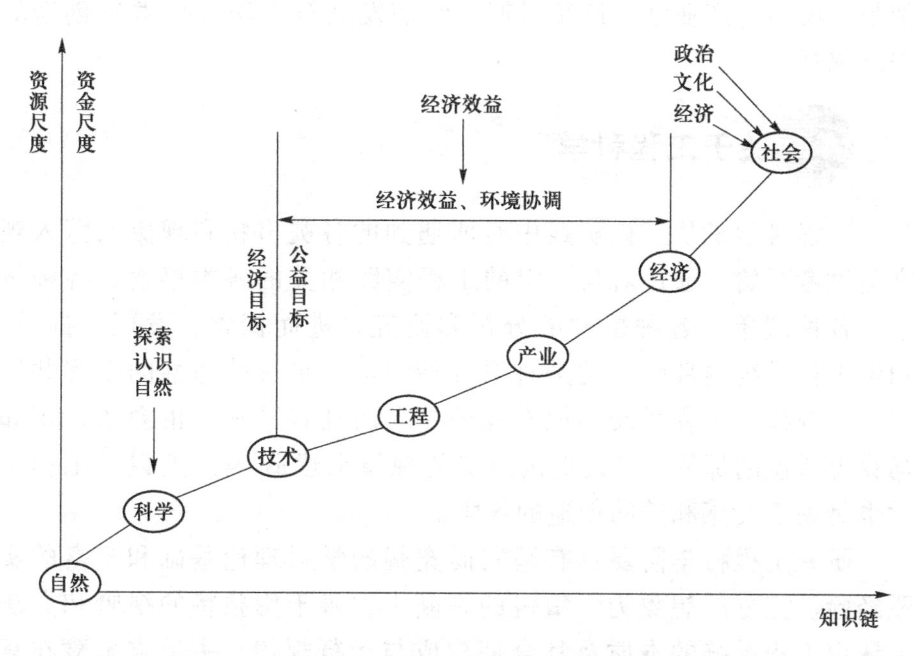

图 1-1-3 知识链与资源尺度、资金尺度扩展过程的关系

如果从经济角度来看分界，则科学（特别是基础性研究的科学）应是一种对自然界和社会的构成、本质及其运行规律的探索与发现，并不一定要有直接的、明确的经济目标，基础性的科学研究实际上是一种将资金转化为知识的过程，其主要评价原则是基于对

① 殷瑞钰．关于技术创新问题的若干认识[J].中国工程科学，2002，4（9）：38-41.

科学发现、新科学理论和学术原创性的承认。而技术、工程、产业则有着明显的经济目标或社会公益目标，在很大程度上是为了获得经济效益、社会效益（包括环境效益等）并改善人民的物质文化生活水平。技术、工程、产业的研究和开发，必将涉及市场、资源、资金、劳动力、土地、环境、生态等基本要素，并使之有机地组织起来、有效地集成起来，达到特定的目的和目标群。这是将资金通过对技术知识、工程知识、产业知识的集成与构建并转化为现实生产力，以求得更大经济效益、社会效益（包括环境效益等）的过程。因此，不难看出：技术、工程、产业与经济的关联程度远高于基础科学与经济的关联程度；而且，越是在经济快速发展时期，特别是国民经济产业结构调整时期，经济发展对工程（技术）创新的需求越高。

4 关于工程科学

工程科学是从工程实践中对所遇到的各类事物和现象的深入观察与思考开始，通过对与一定的工程实践相关的各类事物、各种技术、各种现象、各种事件的分析和研究，进而探索、发现、揭示、归纳工程系统内部隐藏的某种贯穿始终的、带有普遍性的工程共性和工程规律。工程活动不但有经济要求而且有“美”的要求，正如马克思所说的那样，“人也按照美的规律来建造”①，所以，工程科学也是关于美感和美的创造的科学。

研究工程科学需要具有坚实而宽阔的学科理论基础和丰富的实践经验、充分的想象力、敏锐的判断力，善于用独特的视野和方法去认识工程系统的本质及其合理构成与运行规律，去追求蕴藏在复杂的、丰富多彩的工程活动过程中的内在的真理和协同的美感。这种美感是体现在工程现象多样性内部隐藏的规律的同一性（例如从简单到复杂，再从复杂到集成简化等），是事物不停地运动演化过程中某些物理量和几何量的对称性和相对不变性，是外部绚丽多彩现象下的内在简单性。包括工程科学在内的科学的美属于理性的美，

---

① 马克思，恩格斯．马克思恩格斯全集：第42卷[M].北京：人民出版社，2017：96-97.

都是主要通过事物共同遵循的结构（例如开放系统的耗散结构）和运行规律（例如追求动态-有序运行和过程耗散“最小化”）表现出来的美。与艺术对美的认识是通过感性表达出来有所不同，科学（包括工程科学）则以客观世界作为对象，它注重的是客观事物之间的关系和相互作用，是它们运动变化的内在规律。科学对美的感性认识主要通过理性表达出来。

统括起来看，工程科学所追求的真理和美感包括：

——探求与发现工程活动过程中呈现出来的客观事物或现象的本质和运动规律；

——各种由简单到复杂和由复杂到集成简化的现象的内在规律；

——各种不同类型工程的结构演化过程中某些物理量和几何量的对称性及其运动变化的规律；

——各种不同类型工程（事物或现象）所呈现的及其演化的多样性和内在简单性；

——各种不同类型工程（事物或现象）运动的连续性、协调性、节律性和“突变”性等。

对于工程科学的观察、研究方法而言，实际上是有别于基础科学的研究方法的，这是由于在一定领域内两者研究的时-空尺度、质-能量纲及其分维分形性是有所区别的；而且，多数基础科学范畴内研究过程一般是从识别过程的细节着手，像计算机扫描那样，扫过所有的细节，才能得出整体的图像。然而，工程科学范畴内的研究方法，一般是先从研究工程的整体特征和总体目标（群）开始，然后通过解析—集成、集成—解析等反复优化过程，不断完善和补充细节，进而获得对整体特征的本质及其运动规律的更深入的认识。在这种过程识别的方法上，科学家、工程专家应该向艺术家学习；艺术家早就清楚地认识到，要深入描述整体，必须先识别整体并确定其神态，然后补充细节。画家只要寥寥几笔，就能抓住对象的特征，不仅形似，而且神似。

由于工程不能脱离对诸多知识和要素的“集成”，因此，研究工程科学在方法上往往必须突破“还原论”方法的局限，要通过系统论、控制论、信息论等高度综合性的“横断”学科的知识，要通过解析-集成的方法，要善于识别复杂系统的合理构成和动态运行过程，对工程过程系统中不同单元、不同尺度、不同层次上的行为之间的关联性及其运行机理进行大时-空尺度的研究；从不同单元的行为当中归纳出微观机理与宏观现象、整体结构-功能之间的关系。进而，研究复杂工程系统中结构形成的机理与演变规律；研究复杂工程系统结构与功能的关系；研究系统性质“突变”及其调控等属于工程科学层次上的学问。也可以认为，工程科学是关于构建人工物的学问，是关于构建人工物世界的规律性学问。

第二节 工程哲学的兴起与发展

工程与哲学从分离走向结合而兴起工程哲学

在以往许多人的脑海里，工程和哲学是彼此独立的活动领域，没有什么内在的关系。工程界与哲学界也往往缺乏联系和沟通，工程中的许多重大哲学问题一直未能找到一个合适的“门径”进入哲学的探索视野和反思视域。

一方面，在哲学界，正如哲学家鲍格曼（Albert Borgmann）所说的那样，西方的哲学家们几乎没有做任何事情以阐明由现代技术与工程所塑造出来的人类生存状况，因而丧失了自己的社会影响力。[①] 另一方面，在工程界，许多工程实践者、工程技术人员常常置身于工程之中而看不见工程的全貌与“真相”，没有意识到工程中存在着许多深刻的哲学问题，对工程活动中内在的许多症结问题熟视无睹，常常是成功了也并不真正知道为什么成功了，失败了也并不真正知道为什么失败了。很显然，这种哲学和工程互相遗忘的“局面”和“状态”是必须改变的——这既是哲学界和哲学发展的内在要求，同时也是工程界和搞好工程活动所提出的要求。

工程是人类建设“家园”的“行动”，工程是人类智慧和理想的凝结。从工程中，可以读出自然、读出人生、读出社会，读出“知行合一”的辩证关系。在思考当代哲学时，工程无疑是一个恰当的切入口和新疆域；要理解工程，无疑需要有哲学深度的穿透力。

---

① Borgmann A. Does philosophy matter [J]. Technology in Society, 1995, 17 (3): 295-309.

哲学的重要目标是展示更美好、更和谐的生活的可能性，而工程的一大特色，恰是实现更美好、更和谐的生活的可能性。从这个意义上说，哲学的开拓和工程的创造十分接近，而且可以形成交集，而这种交集正是哲学界和工程界形成联盟共同研究工程哲学的内在基础，是工程哲学得以产生、发展的内在根据。① 正如美国哲学家米切姆（Carl Mitcham）指出的，“工程就是哲学，通过哲学，工程将更加成为‘工程自身’”，而鉴于工程的这种内在哲学品性，哲学实际上可以成为一种认识路径，使工程更好地理解自身、服务社会。因此，米切姆怀着强烈的感情并模仿马克思的话语说：“全世界的工程师，用哲学武装起来！除了你们的沉默不语，你们什么也不会失去！”② 米切姆的这种看法清楚地表达了工程哲学兴起的一个内在依据。

但是，当代工程哲学的兴起，还离不开“问题情景”的强大刺激，因为只有当工程本身成为人类面临的“问题”的聚焦点时，才足以牵动众多工程界、哲学界的思想家们投身于工程之中并发展出工程哲学乃至关于工程的跨学科研究。

近现代以来，人类认识自然和改造世界的广度与深度空前拓展，人类已经不仅生存在自然环境中，而且更直接地生活在人工物构成的工程环境中。工程活动已经成为人类社会存在和发展的基础，工程已经深刻地塑造着社会文明、改变着人类的物质生活面貌。随着工程门类的发展和增加、工程规模的扩大以及工程复杂性的增强，工程与工程、工程与自然、工程与经济、工程与社会之间以及工程自身内部都有许多极其复杂关系的存在。一方面，工程已经成为经济发展和社会变革的强大发动机；另一方面，工程活动也带来了一系列巨大的人性、社会与环境风险。可以说，当前人类面临的严峻挑战——人口问题、资源问题、气候变化问题、环境污染问题、战争问题、贫富不均问题等——都无一例外地与工程有着千丝万缕的联系。面对这些挑战，人类必须用哲学的眼光，更加全面、深入、辩证地审视和解读工程，并将这种审视和解读注入新的工程实践活动之中。这样的背景，这样的需求，工程哲学也就水到渠成、不期而至了。

---

① 王大洲．在工程与哲学之间[J]．自然辩证法研究，2005，21（7）：38-41.

② Mitcham C. The importance of philosophy to engineering [J]. Tecnos，1998，XVII：3.

总而言之，工程哲学兴起的学理背景和过程就是工程与哲学从相互分离而逐步寻找工程与哲学的“交集”的过程，在工程哲学学科的建立与发展过程中，进一步还要扩展成工程与哲学的“并集”(图1-1-4)。这样，一方面丰富了哲学的内容并促进哲学本身的发展，另一方面深化了对工程的认识并促进工程实践的健康发展。

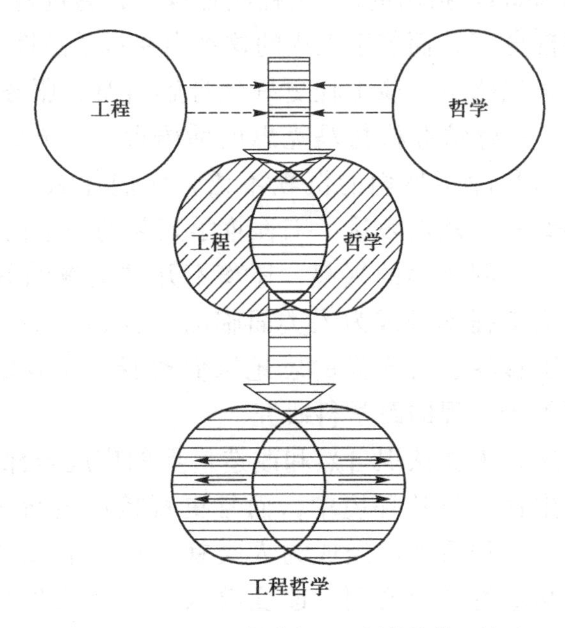

图1-1-4 工程、哲学与工程哲学的学理关系

2 工程哲学在中国的兴起过程与工程哲学的中国学派

2.1 中国工程哲学理论体系的探索过程

如果回顾中国本土技术哲学的整个发展历程，会发现工程哲学首先在中国创立并不是什么意料之外的事情。20世纪50年代中国展开的独立技术哲学研究，其实质是一种工程的技术哲学，技术哲学家陈昌曙先生对此甚至开宗明义地指出，中国的“技术哲学可以看作是工程师的哲学，为工程师说话的哲学，与工程师对话的哲学，

当然也是需要由工程师来说话（参与）的哲学”①。工程人工物和工程活动一直都是中国技术哲学学者和自然辩证法研究者们关切的焦点。例如，李伯聪于1988年出版了《人工论提纲——创造的哲学》一书，阐述了人工论和认识论的相互关系，论证了哲学体系从以认识论为中心走向以人工论为中心的可能性和必要性。我国工程界人士也进行了具有重要启发意义的工作，特别是钱学森先生发表过一系列论述工程特别是系统工程问题的重要论文，其中包括许多富于哲理的内容和具有启发性的哲学观点。

到了20世纪90年代，情况发生了根本的变化，我国学者开始有意识地走上了自觉发展一门独立的工程哲学的道路。20世纪90年代初，李伯聪明确提出了“我造物故我在”的哲学命题，并试图以“工程实在论”研究为入口，开拓一个新的研究领域——工程哲学②，随后又发表文章，将工程哲学的研究提高到“哲学转向”的高度加以认识③。1999年，陈昌曙在《技术哲学引论》一书中，专论了“技术和工程”的关系问题，从一定程度上揭示了工程哲学研究的独立价值。④ 不过，总体而言，这个时期关注工程哲学的中外学者仍然屈指可数。

到了21世纪，工程哲学的发展进入了一个新阶段。有关工程哲学的专著开始出现了，工程哲学中的一些关键问题得到了比较系统的论述，工程哲学也开始逐步建立起自己的学术和社会影响。2002年，殷瑞钰、陈昌曙、李伯聪三人不约而同地探讨了工程哲学方面的问题。2002年年初，技术哲学专家陈昌曙论述了工程与技术的差异，简述了工程活动的10个特点，明确地提出了“工程家”这个新概念，并呼吁发展不同于技术哲学的工程哲学。⑤ 作为工程专家的殷瑞钰在2002年发表了《关于技术创新的若干认识》一文，该文

---

① 陈昌曙．技术哲学引论[M]．2版．北京：科学出版社，2012：2.

② 李伯聪．我造物故我在——简论工程实在论[J]．自然辩证法研究，1993（12）：9-19.（该文提纲曾以“简论工程实在论”为题提交1992年北京国际科学哲学会议）

③ 李伯聪．努力向工程哲学和经济哲学领域开拓——兼论21世纪的哲学转向[J]．自然辩证法研究，1995（2）：1-6.

④ 陈昌曙．技术哲学引论[M]．2版．北京：科学出版社，2012.

⑤ 陈昌曙．重视工程、工程技术和工程家［M］//刘则渊，王续琨．工程·技术·哲学：2001年技术哲学研究年鉴．大连：大连理工大学出版社，2002.

讨论了“科学、技术、工程、产业的本质及其相互之间的关系”，指出这“对认清其哲学范畴、经济意义、社会价值也许是有帮助的”①。很显然，这又是一篇对工程哲学的开创具有重要意义的论文。2002 年，李伯聪的著作《工程哲学引论——我造物故我在》也正式出版了。② 该书提出了作为工程哲学基础的科学、技术和工程的“三元论”，在此基础上，提出并分析了包括计划、决策、目的、运筹、制度、四个世界、价值合理性、天地人合一等在内的五十多个工程哲学范畴，同时就工程活动过程中涉及的一系列重要工程哲学问题进行了比较系统的分析和阐述。中国科学院院长路甬祥在该书“序言”中称赞这本书是“现代哲学体系中具有开创性的崭新著作”，一些学界同仁也认为，该书是“充满原创性并自成体系的奠基之作”，“它的出版为哲学研究开创了新的边疆”③。同年，徐长福出版了《理论思维与工程思维》一书，明确地将工程思维和理论思维区分开来，对工程思维问题进行了哲学视野的研究。④ 以上成果可以被看作工程哲学在我国正式创立的标志。

之后，为了对工程实践活动进行全面的分析和思考，推进工程哲学的理论以及与实践结合，中国工程院于 2004 年正式立项研究工程哲学问题，在近二十年的时间里，在中国工程界和哲学界学者、专家们的通力合作下，相继展开了具体而系统的研究，并出版了一系列代表性成果，分别为：《工程哲学》（第一版，2007 年）、《工程演化论》（2010 年）、《工程哲学》（第二版，2013 年，增加工程本体论内容）、《工程方法论》（2017 年）、《工程哲学》（第三版，增加工程方法论内容）、《工程知识论》（2020 年）。

需要指出的是，科学-技术-工程三元论、工程本体论、工程演化论、工程方法论和工程知识论并不是随机、随意提出的，而是遵循了一定的逻辑线索的，即这五个理论体系其基点都是源于真实世界的工程实践活动，或者说是源于人对自然、社会关系的适度协调的反思，其理论终点也是朝向并落实于真实的工程实践，这五个理

① 殷瑞钰．关于技术创新问题的若干认识[J]．中国工程科学，2002，4（9）：38-41.

② 李伯聪．工程哲学引论——我造物故我在[M]．郑州：大象出版社，2002.

③ 陈昌曙，仲山甫．开创哲学研究的新边疆——评《工程哲学引论》[J]．哲学研究，2002（10）：73-74.

④ 徐长福．理论思维与工程思维[M]．上海：上海人民出版社，2002.

论体系在逻辑上不仅是自洽的，而且是相互补充的，而其中工程本体论是其他四个理论的核心和基点。可以认为，科学-技术-工程三元论、工程本体论、工程演化论、工程方法论和工程知识论的提出已经初步搭建了中国工程哲学研究的基本理论解释框架及体系。

2.2 中国工程哲学研究的建制化发展历程

在中国，随着工程哲学的正式问世，工程哲学研究的体制化研究进程得以迅速展开。这主要体现在如下几个方面。

（1）开始建立工程界与哲学界的联盟关系，正式成立了全国性的工程哲学专业的学术团体。

在21世纪之初，不但中国的哲学界空前关注了工程和工程哲学问题，中国的工程界也空前关注了哲学和工程哲学问题，这就使中国工程界与哲学界的联盟关系有了一个新起点，进入了一个新阶段。

在这方面，我们可以把中国工程院在2004年6月召开的工程哲学座谈会作为一个意义重大的标志性事件。时任中国工程院院长徐匡迪院士出席了这个座谈会并作了重要讲话。徐匡迪院士说："工程哲学很重要，工程里充满了辩证法，值得我们去思考和发掘。我们应该把对工程的认识提高到哲学的高度，要提高工程师的哲学思维水平。"徐匡迪院士还建议于2004年第四季度由中国工程院与中国自然辩证法研究会联合举办工程哲学论坛，作为工程界与哲学界联盟的一种方式，推进工程哲学的开展。这次座谈会由中国工程院管理学部主任、中国自然辩证法研究会副理事长殷瑞钰院士主持，有8位院士和多位科技哲学专家参加了这次座谈会。在座谈会上，院士们和专家们围绕"工程哲学"这个主题进行了理论联系实际的探讨和兴趣盎然的对话。殷瑞钰院士在座谈会上指出，工程哲学的研究应该紧扣时代主题。他不但对如何开展工程哲学的理论研究工作提出了自己的意见，而且以中国自然辩证法研究会工程哲学专业委员会筹备组负责人的身份谈了对进一步开展学术活动的意见和安排。从这次座谈会可以看出，中国工程哲学的研究和发展已经不再单纯是哲学界某些学者从理论角度关心的事情，而是已经成为中国工程界和哲学界共同关心的事情了。事实已经证明并且必将继续有力地证明：工程界与哲学界的联盟关系的建立和逐步壮大对于工程哲学的研究及面向工程实践具有非常重大的意义。

2004年10月，中国工程院院长徐匡迪和中国自然辩证法研究会理事长朱训会面商谈了正式成立工程哲学学术团体的事情。2004年12月，中国工程院第33场工程科技论坛暨第一届全国工程哲学年会召开，会上正式成立了中国自然辩证法研究会工程哲学专业委员会，这是一个全国性的学术组织，它标志着以中国工程院为代表的工程界和以中国自然辩证法研究会为代表的哲学界之间工程哲学研究联盟关系的初步形成，是一个意义重大的开端。

（2）召开了一系列工程哲学学术会议，推进了工程哲学的学术研究和进展。2003年11月，中国自然辩证法研究会学术工作委员会与西安交通大学人文学院联合召开了以“工程哲学”为主题的学术会议。2004年和2005年，中国工程院连续举办了两次有关工程哲学的工程科技论坛，与之同时还召开了两次全国性的工程哲学会议，并决定此后每两年举办一次全国性工程哲学会议，至2021年，相继举办了10次全国工程哲学学术会议。

（3）建立了专门的研究工程哲学的“学术研究机构”。2003年，中国科学院研究生院（现中国科学院大学）成立了“工程与社会研究中心”，这是我国第一个对工程进行哲学研究和跨学科研究的专门研究机构，2018年中国科学院大学又成立了“跨学科工程研究中心”，预期今后将有更多的院校建立类似的研究机构。

（4）在人才培养方面，一些高校已经在研究生层面开设了“工程哲学”的课程，并在“工程哲学”和“工程与社会发展”方向招收硕士和博士研究生。

（5）已经在工程哲学领域出版了一些有影响的学术著作，发表了一批学术论文。由中国科学院大学主办的《工程研究——跨学科视野中的工程》2004年创刊时为年刊，2009年改为季刊。该刊试图把“工程研究”（Engineering Studies）建设成一个跨学科和多学科的研究领域，使“工程研究”成为与“科学技术论”（Science and Technology Studies）相“平行”的新的研究领域。

中国自然辩证法研究会工程哲学专业委员会的成立，为哲学走向工程、工程走向哲学铺设了宽广的通道。它促使哲学家们从专业和书斋中走出来，使哲学的生命焕发在工程的实践发展之中；同时又促使工程师和其他工程实践者介入关于工程哲学、工程活动的社会影响和有关政策的研讨中，促进新工程理念和新工程观的树立与形成，提升工程哲学和工程思维的水平，从而促进在工程活动中体现“人-自然-社会”的和谐关系。

工程哲学在欧美的兴起和发展

在学术发展史上，可能出现不同国家或地域的学者分别独立并且基本同时开创某个学科或理论的现象。在工程哲学的开创进程中，也出现了这种现象——工程哲学于21世纪之初在欧美和中国同时“独立”兴起。以下就简要叙述工程哲学在欧美兴起的进程。

在20世纪80年代以前的欧美，虽然技术哲学研究已经积累了大量研究文献，可是只有极少数的哲学家注意到了工程与技术之间的实质性差别以及工程中存在着值得研究的哲学问题。“工程”还没有被人们从“技术”中挖掘出来而成为一个独立的哲学思考对象，因而也就几乎没有对工程哲学问题的专门研究。

20世纪90年代，杜尔宾（P. T. Durbin）主编的论文集 *Critical Perspectives on Nonacademic Science and Engineering*（《非学术科学和工程的批判观察》）① 代表了欧美学者在那时研究工程哲学的视野、观点和研究水平。丛书主编哥德曼和卡特克里夫在该书的“前言”中说：“这本书中的文章总合起来，确定了一个实际上还不存在的学科——工程哲学的一些参数。我们希望这些文章将促进一种能够使工程哲学成为正在发展中的技术论研究的一个部分的持续对话。”可是，杜尔宾作为该书主编却在为该书撰写的长篇序言中只承认并反复论证需要发展出一种“研发哲学”，而闭口不谈工程哲学问题，实际上是否认可以开创工程哲学。

在美国最早指出需要和应该开创工程哲学的学者是哥德曼（Steven L. Goldman）和小布鲁姆（Taft H. Broome, Jr.）。在上述论文集中，哥德曼撰写了《工程的社会俘获》② 一文，大约同时他还

---

① Durbin P T. Critical Perspectives on Nonacademic Science and Engineering [M]. Bethlehem: Lehigh University Press, 1991: 103.

② Goldman S L. The social captivity of engineering [M] // Durbin P T. Critical Perspectives on Nonacademic Science and Engineering. Bethlehem: Lehigh University Press, 1991: 121-145.

发表了《哲学、工程与西方文化》① 一文。哥德曼论证了工程哲学的基础性地位。他认为，工程合理性不同于科学合理性，科学无论是在编年史上还是在逻辑上都并不早于工程，工程有自己的知识基础。工程和工程哲学表现出了一系列与科学和科学哲学迥然不同的本性及特点，工程提出了深刻的不同于科学哲学的认识论和本体论问题，工程哲学甚至应该是科学哲学的范式而不是相反。这种看法尽管看起来比较激进，但的确触及了问题的要害。

大体而言，在进入21世纪之前，欧美工程界和哲学界虽然在对技术的讨论中往往有人"一带而过"式地提到"工程"，但很少有专门关于工程的讨论。

进入21世纪之后，如中国一样，西方的工程哲学的发展也进入了一个新的发展阶段，并且在学科理论研究和学科制度化建设两个方面都取得了重要进展。

在学科理论研究方面，2003年，美国学者布希莱利（Louis L. Bucciarelli）出版了*Engineering Philosophy*（《工程哲学》）② 一书。在他看来，现代设计工作的组织和文化正在发生变化，工程设计准则应该加以拓展，使之包括伦理、情景和文化要素；工程师们需要拓宽视野，成为具有跨学科知识的多面手。他表明，哲学能够帮助工程师们进行工程设计；尽管工程师很少认为自己需要哲学，但缺少了哲学，工程将是非常不完备的。2003年，科恩（Billy Vaughn Koen）出版了*Discussion of the Method: Conducting the Engineer's Approach to Problem Solving*（《对方法的探讨》）③ 一书，深入分析了启发法在工程中的意义和作用。丹麦学者克里斯滕森（Steen Christensen）等合作出版*Philosophy in Engineering*（《工程中的哲学》）④ 一书，尝试将哲学纳入工程教育中。此外，荷兰学者在2000年提出并推动的"技术人工物的二重性"项目，虽然在直接意义上属于技术哲学范畴，

---

① Goldman S L. Philosophy, Engineering, and Western Culture [M] // Durbin P T. Broad and Narrow Interpretations of Philosophy of Technology. Dordrecht: Kluwer Academic Publishers, 1990: 125-152.

② Bucciarelli L L. Engineering Philosophy [M]. Delft University Press, 2003.

③ Koen B V. Discussion of the Method: Conducting the Engineer's Approach to Problem Solving [M]. Oxford University Press, 2003.

④ Chrisensen S H. Philosophy in Engineering [M]. Acadamica, 2007.

但也可以认为这个项目的推进与欧美工程哲学的兴起有一定的内在联系。

在工程哲学的学科制度化建设方面，欧美在召开学术会议、成立学术组织、出版有关学术期刊方面也都有重要进展。2006 年，不但美国在麻省理工学院（MIT）召开了首次美国国内研讨工程哲学的会议，而且英国皇家工程院也组织了系列性的工程哲学研讨会（seminar）。2007 年，“哲学与工程工作坊”（WPE）在代尔夫特理工大学创建，2008 年在英国皇家工程院再次召开了“哲学与工程工作坊”，随后“哲学与工程工作坊”更名为“哲学、工程与技术论坛”（fPET），并从 2010 年开始逢偶数年举办会议，以与在单数年召开的技术与哲学年会（SPT）形成对照和补充。在成立学术组织方面，美国学者唐尼和另外几位学者于 2004 年创立了国际工程研究网（INES），之后 INES 又在 2009 年创办了英文期刊 *Engineering Studies*（《工程研究》）。

依照科学社会学有关新学科创立的标准，我们可以认为中国和欧美在 21 世纪之初分别开创了工程哲学这个新学科。虽然在开创初期，欧美与中国的学术交流很少，但双方自 2007 年召开工程哲学国际会议后学术交流开始逐渐增多。

4 工程哲学中国学派的形成和风格

就工程哲学作为一个分支学科和基本理论而言，它是全人类的学术公器，无所谓国家分野或族群分野可言，一如陆九渊所说“东海西海，心同理同”，亦如章学诚所说“立言为公”。可是，在另一方面，就研究者的思想指导、理论创见、信息基础、学术进路、学术成就和学术风格而言，不同国家的学者或不同群体又会具有自身特色，甚至形成不同的学派，显示出学派特色，对本学科的发展发挥着某些特殊作用。从这方面看，可以认为在工程哲学兴起发展进程中，中国工程师和哲学专家组成的学术共同体以其贡献与成就形成了工程哲学的中国学派。

在工程哲学这个新学科在国内外兴起的过程中，工程哲学的中国学派发出了中国声音，讲出了中国话语，叙述了中国故事，显示了中国自信，做出了中国贡献。

之所以能够说形成了工程哲学的中国学派，最重要的理由表现在两个方面：一是中国工程师和哲学专家在工程哲学理论体系建构方面提出了包括“五论（科学-技术-工程三元论、工程本体论、工程方法论、工程知识论、工程演化论）”而以工程本体论为核心的工程哲学理论体系框架，这是一个具有理论原创性特征的学术成果；二是在工程哲学发展进程中，中国工程师和哲学专家相互学习、相互切磋、跨学科合作创新，形成了工程师和哲学专家“跨学科联盟”的新队伍和新学风。

对于前一个方面，上文已经有所论及，这里仅着重对后一个方面的意义和重要性进行简要阐述。

在现代自然科学、技术、工程、社会科学的发展中，许多人都认识到了“跨学科”的重要性。可是，对于“跨学科”的“跨度”和“具体含义”，人们往往又有不同的理解。如果说，许多自然科学家、技术专家、社会科学家往往是在“一级学科”之内的“二级学科”甚至“三级学科”的“跨度”上进行“跨学科”研究的，那么，对于工程师和哲学家在研究工程哲学时遇到的就不是“二级学科”或“三级学科”的“跨学科”，而是要在“一级学科”这个“新跨度”上进行“跨学科研究”和“跨学科协同创新”了。由于工程师和哲学家在研究工程哲学时要进行“工程界”和“哲学界”的“空前跨度”的“跨界研究”，这就使工程哲学的研究之“跨学科”性质有了更大的难度，但更大的难度同时也预示着可能取得意义更加巨大的成就。

在21世纪之初的大约20年中，中国工程师和哲学专家相互学习、相互切磋，协同跨界研究和进行理论探索，共同开拓出了“工程哲学”这个新的分支学科领域。中国工程师群体和哲学专家群体通过持续、稳定、深入、广泛的跨界合作，通过参与关于工程的哲学讨论，双方都“学习”和“获取”到了许多新观点、新知识、新方法、新思路，而这些新观点、新知识、新方法、新思路往往又是必须通过“大跨度”的“协同创新”才能取得的。

应强调指出的是，对于中国工程哲学开创过程中所初步形成的比较稳定的哲学家-工程师联盟式队伍和联盟式关系的意义与影响，是必须给予高度评价而绝不能对其意义认识不足的。

21世纪之初至今，中国工程界与哲学界跨界合作、形成牢固的学术联盟，持续地以组织化的方式对工程哲学进行以工程本体论为核心、以“五论”为理论框架的综合研究，聚焦于人工造物和人工物世界中的直接生产力与工程思维研究，初步开拓了一个新的学科分支，在工程哲学领域初步形成了中国特色的学派。

目前的工程哲学仍然仅仅处于学科发展的初级阶段，展望未来，工程哲学还有广大深远的发展空间，工程哲学的中国学派应该努力在未来做出更大贡献。

第三节 工程哲学的性质、内容和学科定位

作为一种“认识世界、改变世界”的哲学，工程哲学是对人类依靠自然、适应自然、认识自然和合理改造自然的工程活动的总体性思考，是关乎工程活动的根本观点和普遍规律的学问。作为哲学大家庭中的新成员，工程哲学是哲学家与工程师以及工程共同体其他成员对话并旨在寻求“和谐工程”以安身立命的哲学。工程哲学体现了哲学发展的一种大趋势，体现着人类生存与发展的大智慧。

1 工程哲学的性质

哲学的一个突出特点就是穷根究底，凡是对问题进行穷根究底的追问，都可以看作一种哲学思考。然而，哲学不应该只是反思之学、爱智之学，哲学还应该和必须是“前思”之学、行动之学、安身立命之学。正如马克思在《关于费尔巴哈的提纲》中指出的：以往的“哲学家们只是用不同的方式解释世界，问题在于改变世界。”① 马克思的哲学思想之所以构成哲学发展中的伟大变革，就在于马克思将“实践”看作哲学思想最为核心、最为基础的范畴，并力求达到“知行合一”的境界。但是，在马克思之后的很长时间里，虽然实践哲学有了重大发展，人们还一直没能建立起一种将“工程实践”作为直接研究对象的实践哲学分支。

新近发展起来的工程哲学正是遵循马克思的光辉思想所进行的

① 马克思，恩格斯．马克思恩格斯选集：第1卷[M].北京：人民出版社，1995：57.

一种全新的哲学研究尝试。可以说，工程哲学是一种改变世界、塑造未来的哲学，是关于人类改变世界以求得和谐地、长久地安身立命的哲学思考，它将人类的工程活动作为直接的研究对象，从哲学的高度探讨其本性、过程及后果，其灵魂是理论联系实际，促进人-社会-自然的和谐。当然，强调工程哲学是改变世界的哲学，并不否认工程哲学也有解释世界的功能。可以说，无论是自然哲学、科学哲学、技术哲学还是工程哲学，都面临着解释世界的问题。只不过，自然哲学与科学哲学主要是对自然和人类认识活动的解释，而技术哲学尤其是工程哲学则主要是对人工物、人工物世界以及改造自然的活动所进行的解释。工程哲学对这个世界及其变革过程进行解释的目的乃是为了改变当今的世界，塑造未来的和谐世界。

从这个意义上说，工程哲学可以看作与工程理论、工程实践以及工程师乃至其他工程共同体成员密切相关的哲学，只有在工程界与哲学界的对话、交流与合作中，工程哲学才能得到健康、稳步的发展，工程哲学解释世界、改造世界、塑造未来世界的潜能才能得到充分发挥。

为此，探讨工程哲学的哲学家们必须向工程师学习。由于哲学界长期以来忽视了生产实践和工程实践中包含的哲学问题，专门从事工程哲学研究的哲学家们有必要突破传统思维定式的束缚，切入工程实践塑造出来的社会现实，并从中发掘新的哲学命题。探讨工程哲学的哲学家们应该向工程师学习，理解工程师的说话方式和思维方式，通过与工程师以及其他工程实践者的对话，理解并反思工程，进而开拓哲学的新边疆——工程哲学。

同时，工程师和工程管理者应该学习哲学。工程实践中充满着辩证法，工程活动不但涉及人与自然的关系，而且涉及人与人、人与社会、地区与地区、个人与集体等不同层次的关系，涉及整体性、全局性、根本性和抽象性的哲学问题，这就要求工程师们在工程活动中正确分析、处理其中包含的辩证关系，如果缺乏哲学智慧，不研究工程中的辩证法，势必难以搞好工程建设，难以处理好工程活动中必然出现的许多复杂的冲突及其辩证关系问题。与卓越的科学家一样，那些卓越的工程师往往都是富有哲学智慧并“身体力行”地体现辩证法精神的人。事实上，工程哲学可以为工程师们提供自我辩护和改变世界的思想武器，工程师们可以基于工程哲学来分析和应对人们从哲学上对工程进行的批判；工程哲学特别是工程伦理学能够帮助工程师处理职业伦理问题；工程哲学还可以帮助工程师更好地理解工程、服务社会。

工程哲学的发展离不开工程师与其他工程共同体成员的积极参与。事实上，过去有许多颇具原创性的工程哲学思想正是来自工程师们自己的创造。因此，工程师不必看轻自己，工程师应该相信自己完全有能力从事工程哲学研究，拿出具有创新性的工程哲学研究成果，从而帮助社会各界人士——包括哲学家在内——更加深入、具体地理解现代工程。美国技术哲学家米切姆说得好，尽管“哲学一直没有给予工程以足够的关注，但是，工程界也不应将此作为无视哲学的借口”；尽管工程界常常避讳哲学，但卓越的工程师依然是“后现代世界里未被承认的哲学家”。①

2 工程哲学的研究主题

作为一个与科学哲学、技术哲学相并列的新的哲学分支，工程哲学关注的基本问题主要包括如下几个方面，工程师和哲学家需要共同分析、研究、思考和回答这些问题。

第一，工程究竟是什么？工程有哪些基本特点和类型？工程活动与技术活动有什么关系？在工程活动中，应该如何认识和处理人的因素与物的因素（如原材料、工具、先进设备）的相互关系？

第二，工程活动一般包括哪几个基本阶段？各个阶段的活动重点是否相同？各个阶段之间是如何衔接、“耦合”和相互作用的？

第三，工程活动的不同参与者——如工程师、工人、企业家、管理者、决策者、投资者等——在工程活动中各自发挥了什么特殊的作用？工程共同体的社会作用和基本特征是什么？

第四，如何理解工程中知与行的关系？工程之思（工程思维）的性质与特点是什么？工程之知（工程知识）的性质与特点又是什么？工程知识与科学知识、技术知识是什么关系？工程方法与科学方法、技术方法是什么关系？工程手册、工程规范等是如何形成的？如何认识这些工程规范的作用、可靠性和变化？

---

① Mitcham C. The Importance of Philosophy to Engineering [M]. Tecnos, 1998, XVII: 3.

第五，什么是工程创新？应该如何认识和理解工程中的继承与创新？工程创新与科学创新、技术创新有什么区别和联系？工程创新在国家创新体系中处于什么地位？工程创新需要怎样的工程教育来支撑和引导？

第六，应该树立什么样的工程理念？应该树立什么样的工程观？工程具有哪些价值？评价工程是否成功的指标体系包括哪些内容？这些内容之间的关系是怎样的？谁是评价主体？不具有相关专业知识的普通社会公众是否可以成为评价主体的成员？

第七，工程师的基本技能、知识结构、行为规范、精神气质和成长规律与科学工作者有什么不同？工程教育（工科教育）与科学教育（理科教育）有什么不同？

第八，工程和工程师的社会影响是怎样的？工程师和工程实践者应该如何对自己的工程活动进行必不可少的哲学反思？工程师应该怎样认识和承担自己的职业责任和伦理责任？公众应该如何认识与评价工程和工程师的社会地位及社会价值？培养大量的优秀工程师需要怎样的社会文化氛围来支撑和引导？

第九，随着历史的演进，人类的工程思想和工程的社会形象发生着怎样的变化？国内外许多著名工程如苏伊士运河工程、阿波罗探月工程、曼哈顿工程、英吉利海峡海底隧道工程以及中国古代的都江堰工程、现代的大庆油田开发工程、“两弹一星”工程、火星探测工程、载人航天工程、铁路提速工程、宝钢建设工程、三峡工程、三门峡工程等，以及数不胜数、形形色色的中小型工程对未来的工程实践可以提供什么样的经验和教训？

上述问题既是工程哲学家和工程师们感兴趣的问题，也是工程哲学要研究的基本内容。这些内容可以换一个角度简单概括为：① 工程的定义、范畴、层次、尺度问题；② 工程活动在社会中的位置和工程演化发展规律的问题；③ 关于工程理念、决策和实施问题的理论分析与哲学研究，工程方法论和工程知识论问题；④ 对工程观、工程伦理、工程文化、工程美学问题的研究；⑤ 重大工程案例（包括失败工程案例）分析和工程发展规律研究；⑥ 对工程教育和公众理解工程问题的研究。

工程哲学的理论研究是一个长期的任务和过程。本书理论篇的九章内容中，涉及和简要阐述了以上所述内容中的许多问题，但由于多种原因，也有一些问题未能涉及，已经涉及的问题也有待在今后的研究中进一步深化。

工程哲学的学科定位

工程活动是人类最基本和最重要的实践活动，工程哲学也就必然会在哲学体系中占有一个重要地位。现代哲学已经演化成一个包含许多哲学分支的学科门类，其中与工程哲学关系密切的分支主要包括科学哲学、技术哲学、社会哲学等学科。弄清这些哲学分支学科与工程哲学之间的关系，有助于我们理解工程哲学的性质和地位。除此之外，也有必要探讨工程哲学与其他围绕工程问题发展起来的非哲学学科之间的关系。

3.1 工程哲学与科学哲学、技术哲学

工程哲学与科学哲学、技术哲学一样，都是哲学大家族中的一员。就工程哲学与科学哲学的关系来看，如果说科学哲学是关于人类认识自然的本质和规律的哲学，那么，工程哲学就是关于人类认识世界并合理改变世界的哲学。尽管认识自然与改变世界具有密切联系，认识过程和工程过程也存在着交叉，科学哲学与工程哲学具有内在联系，但是，认识自然并不直接“导致”改变世界，科学哲学和工程哲学也就必然是彼此不同的、相对独立的两个哲学分支。

从研究对象看，科学哲学的研究对象是科学认识过程，工程哲学的研究对象是工程实践过程。从关注的基本问题看，科学哲学关注的基本问题是人能否认识自然和怎样认识自然的问题，而工程哲学关注的基本问题则是人能否依靠自然、适应自然、改造自然以及应该怎样合理改造自然的问题。从基本范畴看，工程哲学研究的主要范畴包括目的、计划、边界条件、时机、决策、合理性、工具、机器、操作、程序、组织、制度、规则、管理、控制、半自在之物(半人为之物)、人工物品、作为废品和污染的自在之物、意志、价值、用物、异化、生活、天地人合一等，而这些范畴大多在科学哲学视野中是不涉及的或没有给予特别关注的，但它们在工程哲学的视野中则十分重要。从这个意义上说，工程哲学是对人们生活、经济发展、社会进步的影响更为广泛的哲学分支。因此，工程哲学不

能简单地被“归结”到科学哲学之中去。

工程哲学也不同于技术哲学。理解两者之间关系的关键，在于正确理解技术与工程之间的关系，认清两者的区别。在技术哲学发展的历史上，关于应该如何认识科学与技术的关系曾经成为一个关键性的问题。因为，如果可以把科学与技术混为一谈，如果技术和科学在本质上是“一回事”，那么，技术哲学实际上就没有单独成为一门学科的必要了。许多技术哲学家认为不能把技术与科学混为一谈，他们下了很大力气分析和阐述了关于技术哲学的一个基本观点：不能简单地把技术看成是科学的单纯应用，技术有与科学不同的自身的特殊本性和特征，这就为技术哲学的发展确立了一个理论逻辑上的前提和基础。现在，在需要开创和发展工程哲学的时候，人们也遇到了类似的问题：是否可以把技术和工程混为一谈，能否简单地把工程看成是技术的单纯应用。我们认为：技术与工程是不同的、相对独立的两种活动，技术活动以发明、革新为核心，而工程活动以集成、建造为核心，两种活动不可混淆。基于两者的研究对象、内容、方法和范畴的不同，就会形成两个平行的分支学科，即技术哲学和工程哲学。这样看来，尽管技术哲学与工程哲学存在密切的联系，但无论是从思考的对象，还是从思考问题的层次、思考问题的时空尺度以及认识问题的角度等方面看，两者都具有明显的差异。在哲学门类中，工程哲学、技术哲学和科学哲学是三个并列的分支学科。

总的来看，由于工程哲学是从人类生活世界出发而又回归到人类生活世界的哲学，因此，对人类的生活世界而言，工程哲学比科学哲学和技术哲学具有更为直接的作用。从这个意义上，有人甚至认为，工程哲学应该成为科学哲学和技术哲学的研究范式。[①] 当然，对照科学哲学和技术哲学的发展史，工程哲学目前还只是一个襁褓中的婴儿，但工程哲学所开拓的理论空间和现实空间是无比广阔的，她的前景是不可限量的。

3.2 工程哲学与社会哲学

一般地说，工程哲学与社会哲学的关系既有密切联系又有许多

---

① Durbin P T. Critical Perspectives on Nonacademic Science and Engineering [M]. Bethlehem: Lehigh University Press, 1991: 121-145.

重大区别。作为一种旨在探讨人类工程活动的本性、过程、社会作用与影响的哲学，工程哲学无论是在研究对象、关注问题还是在研究取向方面都有别于一般意义上的社会哲学，例如历史唯物主义理论和西方学者研究的社会哲学理论。但是，由于工程活动不仅涉及人与自然的关系，而且涉及人与人的关系、人与社会的关系，所以，工程哲学就不可避免地要涉及甚至直接探讨许多属于“一般社会哲学”范围的有关问题。

如果从二者的相互联系方面看问题，由于我们可以把历史唯物主义理论看作一种“宏观”社会哲学，并且工程活动，特别是具体工程项目往往是一种相对微观的社会活动，可见，工程哲学具有微观社会哲学的成分。从这个方面看问题，工程哲学的一个重要关注点，就是要从哲学的角度研究当时当地的现实生产方式（具体生产模式）、具体生产活动和具体生活过程。透过对这些具体的社会过程的深入分析，工程哲学试图从工程的角度理解“物性”，理解“人性”，进而把握“人类社会”和“生活世界”的基本逻辑。这种研究方向和思路实际上也印证了马克思的思想观点。他说：“工业的历史和工业的已经产生的对象性的存在，是一本打开了的关于人的本质力量的书，是感性地摆在我们面前的人的心理学。”他还说：“如果心理学还没有打开这本书即历史的这个恰恰最容易感知的、最容易理解的部分，那么这种心理学就不能成为内容确实丰富的和真正的科学。”① 这就是说，哲学家只有深入工程（特别是工程项目）的内部过程，研究涉及的具体社会过程，才能真正把握人的本质，才能真正理解这个生活世界。也只有在这个基础上，才能最终将宏观社会哲学与工程中的社会哲学统一起来，从而帮助人们更有效地解释世界和合理改造世界。就此而言，工程哲学研究具有重要的理论价值。

3.3　工程哲学与跨学科工程研究

对于工程和工程活动，不但需要把它当作哲学分析和研究的对象，而且应该把它当作跨学科、多领域研究的对象。这就是说，我

---

① 马克思，恩格斯．马克思恩格斯全集：第 42 卷[M]．北京：人民出版社，1979：127.

们不但需要建立工程哲学这个新学科，而且需要确立“工程研究”（engineering studies）这个跨学科的研究领域。[①] 这个领域不仅包括工程哲学研究，而且包括工程史、工程学、工程社会学、工程经济与管理、公众理解工程、工程与公共政策研究等内容。它们之间存在着互相补充、互相推动的关系。在这里，我们想特别谈一下工程哲学与工程史、工程社会学之间的密切关系。

就工程哲学与工程史之间的关系看，两者是相辅相成的。

一方面，工程的历史学研究是工程哲学的重要基础，而工程哲学又可以为工程史研究发挥导航作用。事实上，工程史研究本身具有广泛而重要的哲学意义，例如工程演化论，工程哲学的许多研究内容，如工程的起源和演化、工程与技术的关系、工程在人类改造世界中的作用等，都离不开扎实的工程史基础。在一定意义上，可以将工程哲学看作对工程史研究的哲学理论总结和概括。

另一方面，工程史研究需要工程哲学的支撑和引导。对工程发展的历史分析不应该成为有关工程活动和工程师的资料堆积。为此，工程史家就需要具备一定的工程哲学思维，在工程史研究中就必然会涉及工程划界、工程分类与分期以及工程演化的规律性等工程哲学研究的基本内容。

著名科学哲学家拉卡托斯（Imre Lakatos）说：“没有科学史的科学哲学是空洞的；没有科学哲学的科学史是盲目的。”[②] 这个仿效康德而来的表述，对于我们理解工程哲学和工程史的关系也一样恰当，我们也完全有理由说——“没有工程史的工程哲学是空洞的；没有工程哲学的工程史是盲目的。”

在跨学科工程研究中，工程哲学与工程社会学——特别是工程社会学的理论研究——有特别密切的关系。工程社会学要运用实证方法和其他方法来分析有关工程的社会学问题，诸如，工程与社会之间的互动关系，工程选择与社会制度、文化之间的关系，工程创新的社会支持系统，工程共同体的社会结构和社会互动，社会环境、

---

① 杜澄，李伯聪．工程研究——跨学科视野中的工程：第 1 卷[M]．北京：北京理工大学出版社，2004.

② 拉卡托斯．科学研究纲领方法论[M]．兰征，译．上海：上海译文出版社，1986：141.

社会心理和社会文化对工程共同体的影响，等等。以上这些问题都与工程哲学研究有着千丝万缕的联系。实际上，与科学和技术相比，工程有着更加明显而紧密的社会相关性。要从总体上思考工程，探讨工程的产生和发展，就必然要与社会经济体制、社会需求、社会文化等联系起来。因为，生产力是不可能脱离生产关系的。就此而言，工程哲学与工程社会学将来会既有明确的分工，又有深层的关联和复杂的交叉。

第四节　工程哲学中国学派的基本观点

本书前言和第一章的上述内容指出：在研究工程哲学的过程中形成了工程哲学的中国学派。工程哲学中国学派提出了关于工程哲学的十个基本观点。

第一，历史唯物地看，工程与哲学是现代社会中的两项基本活动，工程哲学就是沟通工程和哲学的桥梁。如果说哲学是时代精神的精华，那么工程就具体体现了人类赖以生存的生产力和物质文明。在推动和谐社会的建设进程中，哲学研究要着重在工程活动中反思并贯彻“人的全面发展”和终极关怀的精神；工程需要思考在哲学层面实现从“征服自然观”到“和谐工程观”的理念变迁。通过建立哲学界和工程界的联盟关系，共同研究工程哲学，将有利于工程哲学学科在建设和谐社会中发挥自己独特的作用。哲学界和工程界应该携手合作，推动建设和谐社会。

第二，科学-技术-工程三元论（以下简称“三元论”）是工程哲学得以成立的基础。工程本体论是工程哲学的核心理论。“三元论”认为，科学、技术和工程是三类既有密切联系又有本质区别的活动。科学活动是以探索发现为核心的活动，技术活动是以发明革新为核心的活动，工程活动是以集成建构为核心的活动。人们既不应把科学与技术混为一谈，也不应把技术与工程混为一谈。工程并不是单纯的科学的应用或者技术的应用，也不是相关技术的简单堆砌和剪贴拼凑，而是科学要素、技术要素、经济要素、管理要素、社会要素、文化要素、制度要素、环境要素等多要素的集成、选择和优化。“三元论”明确承认科学、技术与工程存在密切的联系，而且突出强调它们之间的转化关系，强调“工程化”环节对于转化为直接生产力、现实生产力的关键作用、价值和意义，强调应该努力实现工程科学、工程技术、工程管理和工程实践之间的有机互动与统一。

第三，从工程本体论出发，可以看出工程是直接的、现实的生产力，工程创新是创新活动的主战场。工程架起了科学发现、技术发明与产业发展之间的桥梁，是促进产业革命、经济发展和社会进步的强大“杠杆”。各种类型的创新成果、知识成果的转化，归根结底都需要在工程活动中才能得到“实现”并据此检验其有效性与可靠性。工程创新的目标就是通过工程理念、工程决策、工程设计、施工技术和生产运行、控制管理等方面的创新，努力寻求和实现在一定边界条件下的集成与优化。可以说，工程创新具有广泛的关联度和综合显示度，工程创新的状况往往直接决定着国家、地区、产业、企业和有关单位的发展水平与发展进程。

第四，从活动方式及其认知过程看，工程位于“科学-技术-工程-产业-经济-社会”的“知识链”和“知识网络”中的重要位置，工程是将各类要素、各种知识经过选择、整合、集成、建构等过程转化为直接生产力、现实生产力过程中的关键环节。对于科学和技术来说，工程发挥集成的作用，而这种集成还有赖于工程科学的指导和支撑。对产业和经济来说，工程是构成单元，各类相关工程的关联、集聚就形成了各种不同的产业。因此，在现代工程活动中，需要在相关知识“网络链接”的大背景中，研究和总结工程活动中所遇到的各类事物和现象，揭示其中隐藏的带有普遍性的工程规律，发展工程科学。

第五，地球最初形成时，是一个没有生物、没有人类的作为天然自然界的物质世界。出现人类以后，形成了两类物质世界——自然物理世界和人工物世界。与两类物质世界相对应地形成了两种知识——科学知识和工程知识。科学知识是人类“认识”和“反映”自然物理世界的过程中形成的知识，工程知识是人类在制造和使用人工物过程中“创造”和“集成”的知识。

第六，工程演化和工程实践是“工程创新”与“工程传统”“对立统一”的过程。对于工程创新，既要重视突破性的工程创新，也要重视渐进性的工程创新。现代社会中，“突破性的工程创新”

往往立足于基础科学层面的原创发现，体现着高超的才智和重大的突破，因而显得特别引人注目。然而，工程领域更加常见的“普通性的工程创新”往往并不依赖于基础科学层面的原始创新，而是通过知识、技能、经验等的渐进性积累、综合集成、逐步改进和加以完善来实现的；这类创新通过积累效应和集成效应同样可以产生重大的经济社会效果和历史性影响。所以，在工程创新活动中，必须正确认识突破性的工程创新和渐进性的工程创新的意义与价值，正确评价和处理好两者之间的关系。

第七，工程思维是构建人工物和人工物世界的思维方式与思维过程，要深入研究工程思维、工程方法与工程知识。与注重理论理性的理论思维相比，工程思维是构建性思维、设计性思维和实践性思维，体现的主要特征是实践理性。与注重想象和虚构的艺术思维相比，工程思维也具有想象性，但强调的是目标想象性和可实践的过程。工程思维也追求美、弘扬美，但这种美是通过工程活动创造出的“工程产品中”可以感受到的“工程美”。与科学思维和艺术思维一样，工程思维中也渗透着价值追求，但工程思维所追求的价值目标更加具有综合性，往往是知识价值与经济价值、社会价值、环境价值、人文价值等的融合。工程思维渗透到工程理念、工程系统分析、工程决策、工程设计、工程构建、工程运行以及工程价值评价等工程活动的各个环节之中，从而在很大程度上决定着工程的成败、效率和效益。

第八，工程理念和工程观是人们关于工程活动所形成的总体观念和基本观点，它渗透到工程活动的全过程，并深刻影响着工程战略、工程决策、工程规划、工程设计、工程建构、工程运行以及工程管理的各个阶段、各个环节。只有从工程理念和工程观的高度重新审视各类工程，才能创造出更加美好的工程和世界。近代以来，工程往往被不恰当地视为人类“征服”自然、改造自然的活动，对工程活动可能产生的长期的、多方面的生态效应和各种风险估计不足，缺乏工程对社会结构的影响以及社会对工程的促进和约束作用系统研究，因而不能全面把握工程与自然、工程与社会之间的互动关系。这种“征服自然”的工程理念已经对工程实践产生了严重的负面影响。新的工程理念和工程观要求工程活动要建立在遵循自然规律和社会规律的基础上，遵循社会道德、社会伦理以及社会公正与公平的准则，坚持以人为本，环境友好，促进人与自然、社会的协调发展。

第九，理论联系实际是研究工程哲学的灵魂。案例研究在工程哲学研究领域有着特别重要的作用。案例研究可以成为直接沟通理论与实践的桥梁，它不但可以成为抽象理论的“落实”过程，同时又可以成为实现理论“起飞”的“基地”。

第十，工程应该以为公众服务为目的，因而，公众应该理解和参与工程。需要将工程哲学的新观念落实到工程教育和工程人才的培养过程中。工程人才和科学人才是两种不同类型的人才，各有其特点和成长规律，绝不能简单地按照培养以自然科学中基础研究为目标的科学人才的思路和方法去培养工程人才，应该深入研究和掌握工程教育的内在规律以及工程人才成长的特点与规律。

自 21 世纪初以来，中国工程师和哲学专家跨界合作，相互学习，在工程哲学领域协同创新，通过将近 20 年的深入研究，逐步厘清了研究工程哲学的基本思路，逐步构建了以工程本体论为核心、以“五论”为基础的工程哲学的基本理论体系框架，逐步在一片曾经空白的处女地上构筑起新的精神家园。

第二章

工程本体论

在哲学理论体系中，本体论具有根本性、核心性意义。在工程哲学理论体系中，工程本体论也具有根本性、核心性意义。

有人说："虽然'本体论'（ontology）这个词直到 17 世纪才出现，但是人们一般都把它当作从柏拉图到黑格尔的西方传统哲学的主干，或'第一哲学'。这意味着它是各个哲学分支的理论基础，是理论中的理论、哲学中的哲学；其他哲学问题都是围绕着建设、运用或怀疑、反对本体论而展开的。现代西方哲学的主要流派大多也是通过对本体论的不同程度的认识理解而发展起来的。治西方哲学史而不通晓本体论，犹如入庙宇而不识佛。"①

在现代理论和实践环境中研究工程哲学时，我们应该同时关注西方哲学传统和中国哲学传统，特别是要在马克思主义哲学指导下把东西方哲学传统的研究与现实问题的研究结合起来认识和研究工程本体论问题。

本章内容分为三节。首先是对哲学领域中本体论问题的简述，然后着重分析和阐述工程本体论的基本观点——工程是现实的、直接的生产力，最后简述工程本体论的意义。

第一节　哲学领域中的本体论问题

无论是从概念的逻辑关系看，还是从理论体系的内部结构关系看，工程本体论研究都以"一般哲学"中的本体论为其概念前提和理论前提，因此，本章不得不先对"一般哲学"领域中的本体论问

---

① 俞宣孟．本体论研究[M]．3 版．上海：上海人民出版社，2012：3.

题做一些概述性介绍和讨论。

在一般哲学理论中，本体论是一个核心部分，有人将其称为“理论中的理论”，其内容的分析、阐述和展开不可避免地要呈现出抽象性、理论性特别强的特点，再加上许多哲学家在研究和阐述本体论问题时往往又各有自成一家的观点与研究进路，这就使本体论领域出现了意见异常纷纭、观点极其复杂、令人莫衷一是的状况。一般地说，在研究工程本体论时，一方面必须坚持理论的抽象性和升华性原则，另一方面又必须坚持理论的现实性和扎根性原则，必须把二者结合起来，实现二者的辩证统一，而不能把二者割裂开来。

1 西方哲学传统和理论体系中的本体论问题

“本体论”是一个从西方哲学翻译过来的术语。有学者指出：“英文的 ontology，以及德文的 ontologie，法文的 ontologie，最早均来自拉丁文 *Ontology*，而拉丁文又源自希腊文。就希腊文的字面意思说，它是关于 on 的 logos（引者按：‘逻各斯’）。”在翻译西方哲学著作时，以往对 on 的译法大致有五种：译为“有”或“万有”；译为“在”或“存在”；译为“实体”或“本体”；译为“本质”；译为“是者”。[①]

上述最后一种译法最早是由陈康（1902—1992 年）在 20 世纪 40 年代提出来的。陈康是我国少有的治古希腊哲学而又能够在西方哲学界有较大影响的学者。陈康在翻译古希腊哲学著作时，深刻感觉到欧洲语言与汉语在语法上的不同与东方和西方在哲学思维方式上的不同有密切联系，他提出应该把 on 译为“是”。[②] 但是，由于多种原因，陈康的译法很少有人应和。然而，在最近二三十年中，汪子嵩、王太庆、王路等学者再度主张把 on（英文的 being）译为“是”，并且提出了许多新的分析和论证，他们的观点引起了很大的反响和热烈的讨论。已经有人把有关讨论文章编辑出版[③]，北京大

---

① 杨学功．从 Ontology 的译名之争看哲学术语的翻译原则［M］//宋继杰．Being 与西方哲学传统．广州：广东人民出版社，2011：261.

② 柏拉图．巴门尼德斯篇［M］．陈康，译注．北京：商务印书馆，1982：107.

③ 宋继杰．Being 与西方哲学传统［M］．广州：广东人民出版社，2011.

学外国哲学研究所也召开了专题学术研讨会[①]，从论文集和研讨会可以深刻感受到这里出现了一系列深刻、复杂的理论问题。通过热烈的争鸣和讨论，中国学者对being的翻译和“本体论”的含义有了许多新认识，理论上取得了许多新进展，但迄今仍然意见纷纭，未能取得一致的意见。

2 中国哲学传统和理论体系中的本体论问题

中国是文明古国，有悠久的哲学传统。近现代时期，西方哲学传入中国，随之又出现了中国哲学体系和西方哲学体系的相互关系与比较研究问题。在本章中，我们关心的是中国哲学传统和理论体系中是否也有本体论问题。

张岱年在《中国哲学大纲》一书中对中国传统哲学的基本范畴、基本理论、基本观点、内容特色、理论发展有许多精辟的分析。张岱年认为，中国古代哲学有所谓“本根论”，西方哲学有所谓本体论（ontology），二者有相通之处，也有歧异之处。[②] 李泽厚也认为，从中国哲学传统的思路、理论和术语体系看，“所谓‘本体’不是Kant（康德）所说与现象界相区别的noumenon，而只是‘本根’、‘根本’、‘最后实在’的意思。”[③] 杨学功也认为：“在中国古代哲学中，相当于上述意义的‘本体论’的那部分的哲学学说（引者按：杨文中涉及许多与ontology的语法问题和译名之争有关的问题），被叫作‘本根论’，指探究天地万物产生、存在、发展变化的根本原因和根本根据的学说，其意义与‘本体论’一词基本吻合。”[④] 我们基本赞同张岱年、李泽厚和杨学功等的认识，并将其作为分析和研究工程本体论的理论前提之一，同时我们也承认西方本体论哲学中内蕴着许多汉语难以言传的内容。

黑格尔说：“只有当一个民族用自己的语言掌握了一门科学的时

---

① 尚新建．王路教授《一“是”到底论》学术研讨会纪要［M］// 赵敦华．外国哲学：第35辑．北京：商务印书馆，2018：1-44.

② 张岱年．中国哲学大纲[M].北京：中国社会科学出版社，1982：6-16.

③ 李泽厚．实用理性与乐感文化[M].北京：生活·读书·新知三联书店 2005：55.

④ 杨学功．从Ontology的译名之争看哲学术语的翻译原则［M］// 宋继杰．Being与西方哲学传统．广州：广东人民出版社，2011：278-279.

候，我们才能说这门科学属于这个民族了；这一点，对于哲学来说最有必要。”① 对于哲学术语的翻译我们又要注意：“不管西语与汉语之间存在多么巨大的差异，有助于在汉语或中文语境中讨论问题，应该是我们在翻译和研究上所坚持的一个基本的工作假定。这种假定的理由说来也十分简单：因为我们是以汉语为母语来讨论哲学问题。”②

总而言之，在研究本体论问题时，中国学者不但应该注意借鉴和汲取欧洲哲学传统的有关思想和理论资源，而且应该注意继承和汲取中国哲学传统的有关思想和理论资源，应该把二者结合起来。

3 马克思主义哲学传统和理论体系中的本体论问题

马克思主义哲学的形成是哲学史上的革命性事件。自马克思主义形成至今，马克思主义哲学在世界范围内产生了广泛、巨大、深刻的影响。

对于中国学者来说，在研究本体论问题时，如何认识马克思主义哲学和本体论的关系是一个大问题。

著名的西方马克思主义哲学家卢卡奇（Georg Lukács）指出：“如果试图在理论上概括马克思的本体论，那么这将会使我们处于一种多少有点矛盾的境地。”因为，“在马克思那里找不到对本体论问题的专门论述。对于规定本体论在思维中的地位，划清它和认识论、逻辑学等的界限，马克思从未做出成体系的或者系统的表态。”③ 这就是说，在马克思著作的“文本（原著）”中缺少有关“马克思主义本体论”的直接的文本根据。我国更有学者——例如俞孟宣——认为马克思主义哲学对传统的本体论哲学是持严厉批评态度的，马克思主义哲学与欧洲传统的本体论哲学有本质区别。④

可是，我国有更多学者对本体论在马克思主义哲学中的位置和

---

① 黑格尔．哲学史讲演录：第四卷[M].北京：商务印书馆，1978：187.

② 杨学功．从 Ontology 的译名之争看哲学术语的翻译原则［M］// 宋继杰．Being 与西方哲学传统．广州：广东人民出版社，2011：278-279.

③ 卢卡奇，本泽勒．关于社会存在的本体论・上卷——社会存在本体论引论[M].白锡堃，张西平，李秋零，等译．重庆：重庆出版社，1996：637.

④ 俞孟宣．本体论研究[M].3 版．上海：上海人民出版社，2012：100-132.

意义持肯定态度，并且对此问题进行了许多深入的研究，例如吴晓明、陈立新就出版了《马克思主义本体论研究》①。还有其他许多论著，在此不再枚举。我国还曾在2002年举办“马克思的本体论思想及其当代意义”研讨会，国内许多著名学者出席了会议，会后出版了论文集《马克思的本体论思想》。虽然学者们的具体认识难免各有不同之处，但大家都各抒己见地阐述了对“马克思和马克思主义本体论思想”的分析和认识，在应该高度重视对马克思主义本体论的研究这个基本观点上取得了基本一致的认识。②

以上概述表明：在欧洲哲学传统中、在中国哲学传统中、在马克思主义哲学理论体系中，本体论都是一个核心性内容。

4 研究本体论的一个重要的方法论问题

研究本体论不但涉及基本的哲学理论和哲学观点问题，而且涉及重要的哲学方法论问题。

我国著名哲学家冯友兰在抗战时期撰写的《新理学》中提出“照着讲”和“接着讲”是两种不同的哲学研究方法。前者主要是哲学史的继承的方法，后者主要是哲学理论的开拓创新的方法。

在研究本体论问题时，一方面，我们必须注意运用“照着讲”的方法把古代哲学家的观点理解清楚、辨析明白，不能无根据地随意解释，信口开河；另一方面，也不能囿于以往哲学家的观点，不准越雷池一步。我们应该运用“照着讲”和“接着讲”统一的方法研究本体论问题。

在此需要顺便指出的是：自20世纪以来，语义网络、知识工程、知识管理领域也“引进”和使用了“本体论”这个术语。虽然不能把这些领域的本体论研究与哲学领域的本体论研究混为一谈，但哲学家也不能对其他学科领域的本体论研究置若罔闻。正像牛津日常语言学派通过研究日常语言而在语言哲学界自成一家一样，我们也需要重视对现代其他学科领域的本体论研究进行新的哲学分析。

---

① 吴晓明，陈立新．马克思主义本体论研究[M].北京：北京师范大学出版社，2012.

② 赵剑英，俞吾金．马克思的本体论思想[M].北京：社会科学文献出版社，2006.

尤其是，应该特别关注“知识工程领域的本体论研究”① 与“哲学领域的本体论研究”之间的复杂关系，研究如何才能从工程哲学角度对这个问题进行新分析、新研究，取得新结论。

第二节 工程本体论：工程是现实的、直接的生产力

恩格斯曾经严肃地指出：“即使只是在一个单独的历史事例上发展唯物主义的观点，也是一项要求多年冷静钻研的科学工作，因为很明显，在这里只说空话是无济于事的，只有靠大量的、批判地审查过的、充分地掌握了的历史资料，才能解决这样的任务。”② 这就指明了马克思主义学术研究的严肃性和艰巨性。对于工程本体论研究来说，由于其研究主题的异常重要性、深刻性、复杂性，这就更使其成为一个比一般研究课题十倍、百倍艰巨的研究任务和课题。中国工程师和哲学专家知难而上，协同理论攻关，在经过多年艰辛研究之后，终于在工程本体论的研究中取得了重大进展，提出了关于工程本体论的新认识，使其成为中国工程哲学研究进程中的一个关键性、突破性进展。

本节以下先谈工程本体论研究的基本原则和基本进路，然后分析和讨论工程本体论为何严重地姗姗来迟，最后是对工程本体论基本观点的分析和阐述。

1 工程本体论研究的基本原则和基本进路

工程哲学研究的基本原则是“从工程实际出发”，这个基本原则也适用于对工程本体论的研究。这就是说，虽然应该承认工程本体论是工程哲学中理论性最强的部分，是“理论中的理论”“观点中的观点”，但这绝不意味着工程本体论的研究可以脱离理论联系实

---

① 石杰，宿彦，史晓峰．知识工程中的本体论研究[J]．西安电子科技大学学报（社会科学版），2004，14（2）：3.

② 恩格斯．卡尔·马克思《政治经济学批判》［M］// 马克思恩格斯选集：第2卷．人民出版社，2012：118.

际的原则。

本章第一节主要介绍本体论的理论内涵和思想源流，而本节是本章的重点和核心，要从多个方面对工程本体论进行分析和阐述。本章在从多个方面对工程本体论进行分析和阐述时，都会特别注意坚持和依据理论联系实际这个基本原则。

如果说对“（一般）本体论”进行“一般研究”时，不可避免地要更加关注和聚焦于理论问题，更加关注“语言分析”方法和有关研究进路；那么，在进行“工程本体论”研究时，我们就要更加关注理论与实际相互渗透、相互影响、密切结合的基本原则和基本研究进路。

实际上，中国工程师和哲学专家之所以能够在工程本体论研究中取得突破，最关键的原因不在于中国工程师和哲学专家善于在纯理论思辨和纯概念分析方面殚精竭虑、翻新出奇，而在于中国工程师和哲学专家在“理论”与“实际”的互动中下了大功夫、新功夫，努力依据理论联系实际的原则分析以往各种观点的是是非非，探索新的观点，努力理论创新，这才使工程本体论的新观点、新认识终于脱颖而出，成为工程哲学理论大厦的根基和顶梁柱。

2 工程本体论为何严重地姗姗来迟

如上文所述，在一般哲学领域，本体论很早就引起了哲学家的关注，并且长期成为哲学家关注的重点。可是，在研究工程哲学时，工程师和哲学专家看到了一个耐人寻味的哲学史事实：工程本体论在哲学理论体系中“长期缺席”，成为被哲学家遗忘的角落。

工程本体论观点为何在哲学史和哲学理论体系中严重地姗姗来迟呢?

以下就分别从古代时期和近现代时期的不同思想环境与理论状况进行简要分析。

2.1 古代社会贬低工程的主导性意识形态和哲学传统阻挡了工程本体论观点的萌生

虽然工程史可以追溯到石器时代，但欧洲和中国哲学的开端只能追溯到古希腊泰勒斯、柏拉图、亚里士多德时代，中国的春秋末年和战国时代。

在哲学开端的时代，人类社会已经发展到阶级社会，出现了劳动者阶级和不劳动的剥削阶级的政治分野。工程活动（包括农业、手工业活动）是劳动者的事情，但他们却处于被统治的地位。而哲学却属于上层建筑、意识形态范畴，劳动者的政治和文化地位决定了直接从事工程活动的劳动者不可能创建以工程为研究对象的哲学理论，而不从事工程活动的哲学家在创立哲学理论体系时，尽管他们在其他方面可以百花齐放、百家争鸣，但他们却一致地采取了忽视工程（或称劳动）重要性和贬低工程的立场、观点和态度。

根据历史唯物主义观点和理论，这种现象和这个理论状况的出现与形成绝不是偶然的，而是有深层的内在原因的。马克思和恩格斯指出："统治阶级的思想在每一时代都是占统治地位的思想。这就是说，一个阶级是社会上占统治地位的物质力量，同时也是社会上占统治地位的精神力量。支配着物质生产资料的阶级，同时也支配着精神生产的资料，因此，那些没有精神生产资料的人的思想，一般地是受统治阶级支配的。"① 正是由于这个原因，哲学形成后，哲学家普遍忽视和贬低对工程的哲学研究，这就导致虽然在哲学领域早就形成了关于本体论的一般哲学理论，并且对本体论的一般哲学研究绵延不断，出现了洋洋大观的成果，但工程本体论却一直是哲学领域中一个被忽视的主题，一个被遗忘的角落。

耐人寻味的是，虽然中国哲学史和欧洲哲学史是两个有深刻差异的哲学传统，前者更注重研究伦理哲学问题，后者更注重研究认识论（知识论）哲学问题，但二者竟然又"不约而同"地形成了异曲同工的忽视工程和贬低工程的哲学传统。

在中国思想和文化史上，孔子是一个影响最大的人物。孔子创立的儒家是中国政治、思想、文化史上影响最大的学派和传统。

由于孔子在青少年时期生活在一个社会地位没落的家庭，这就使孔子本人不得不从事某些体力劳动，正如孔子自己所说的："吾少也贱，故多能鄙事。"在士大夫阶层中，这是很少有的情况。从纯理论和逻辑关系角度看，这种亲身参加劳动的经历，应该有可能成为

---

① 马克思，恩格斯．马克思恩格斯全集：第 3 卷[M].北京：人民出版社，1998：52.

孔子“提出”关于工程活动的新认识和新观点的条件与契机，但根据意识形态和社会现实立场，孔子却坚定地采取了否定工程重要性的理论态度和意识形态立场。这种立场、认识和态度在《论语·子路》“樊迟请学稼”一章中得到了集中反映和表现。在这一章中，孔子最后用“焉用稼”三个字十分明确而坚决地否定了耕稼等工程活动的意义和重要性，把工程知识的学习和传承排斥到儒家知识体系之外——这种状况一直延续到清朝末年。

到了战国时期，亚圣孟子又与治“神农之学”的徐行发生了一场涉及如何认识农业和纺织劳动的争论。孟子说：“有大人之事，有小人之事”，“劳心者治人，劳力者治于人；治于人者食人，治人者食于人；天下之通义也。”（《孟子·滕文公上》）现代学者多从劳动分工的经济学理论角度分析和评论这场争论，但我们更需要从历史唯物主义观点分析这场争论，强调这场争论的焦点是有关应该如何认识工程活动的性质、特征、意义和功能的争论。

从历史唯物主义观点看，以上状况和分析也适用于认识欧洲哲学传统。但我们同时还需要关注欧洲哲学传统具有一些与中国哲学传统不同的特征。

亚里士多德认为，哲学的产生需要有两个重要条件和前提——“好奇”和“闲暇”。在研究哲学理论和哲学史时，许多人往往更关注对“好奇”的分析和解释而忽视了对“闲暇”的分析和解释，这是不应该的。我们不能忽视对“闲暇”这个条件对哲学家建构哲学理论体系和发展哲学的深刻影响的分析与研究。

回顾历史，我们应该承认在古希腊奴隶社会的条件和环境中，在生产力水平低下和体力劳动繁重的条件下，劳动者难以进行哲学思考，只有某些具有哲学兴趣的所谓“上层人士”才能利用“闲暇”这个条件进入“哲学研究”领域，进行“哲学研究”的开拓。容易看出，这个状况和条件一方面促进了哲学思想和理论的发展，另外，那些研究哲学的“闲暇的”“上层人士”又势所必然地在意识形态上采取贬低劳动（工程）的态度。正是由于处在奴隶制、封建制的历史条件和社会环境中，尽管不同的哲学家在其他方面可以提出不同的哲学观点，但因阶级立场和意识形态的约束，他们在认识工程时又不可避免地采取了共同的立场和观点：贬低工程和忽视对工程中有关哲学问题的研究。这种状况在中世纪也没有大的变化。

也就是说，虽然古代中国哲学传统和古代欧洲哲学传统存在许多不同之处，但是二者在贬低工程和忽视工程的哲学研究这个方面却表现出了明显的共同之处。在这种强大的贬低工程的哲学思想和哲学传统中，工程本体论观点是难以诞生和出场的。

2.2 工业革命后认识工程中的“新误解”造成工程本体论的继续迷失

在人类历史发展进程中，第一次工业革命是一场意义和影响特别巨大的变革。古代和中世纪都是以农业经济为主的时期，而第一次工业革命之后，人类社会进入了以工业经济为主导的时期。

虽然从工程的理论定义和范围看，原始人使用石器的活动，古代和中世纪的农业和手工业，现代的农业、工业和通信业等，都应该和可以归属到工程范畴之中，但从工程演化角度看，第一次工业革命才促使工程活动进入一个新时期和新阶段。如果说原始社会的工程活动是人类“幼儿时期”的工程活动（使用石器工具的采集狩猎工程），农业社会的工程活动是人类“童年时期”的工程活动（古代和中世纪农业和手工业方式的工程），那么，工业社会的工程活动就可谓人类“成年时期”的工程活动（近现代工业工程和其他工程）了。

由于工业革命之后的工程活动的方式更多样、结构更复杂、形态更成熟、特征更典型，反映在理论思维中，人们对工程活动的本性和特征的认识也进入了一个新阶段。在这个新阶段中，出现了对工程的一些新认识和新观点。

可是，由于多种原因，这些“新认识”和“新观点”又都未能触及工程的本质。我们可以把这些新认识划分为两类观点——“把某个工程要素看作工程整体”的观点和“把工程看作科学派生物”的观点，二者在具体观点上表现不同，但又都是对工程的误解和片面认识。

第一类观点主要表现为两种观点。

由于工程活动是技术要素和非技术要素（首先是经济要素）的集成性活动，这就使得在近现代时期的一些学者趁势强化了对工程活动的某个方面的要素的深入认识和研究，提出了一些关于着重从某个要素出发认识工程的片面观点。这里着重介绍“把工程理解为技术的观点”和“把工程活动理解为经济活动的观点”。

先看“把工程理解为技术的观点”。

由于技术与工程有不解之缘，甚至可以说，如果没有技术作为前提和基础条件之一便不可能有工程活动，这就使许多人误以为可以把“技术”与“工程”“等同起来”，形成了“把工程理解为技术的观点”。这种观点主要从技术观点出发分析、认识和研究工程，而严重忽视了工程活动中其他非技术要素的意义、重要性和基础性。在工程教育中，也往往把“工程内容的教育”与“技术内容的教育”“等同起来”。这种观点强调技术要素在工程活动中的重要性是正确的，但仅仅重视技术要素的意义和功能而忽视其他要素的意义和功能则又使其成为片面性的认识和观点了。从理论上看，一方面必须承认“没有无技术要素的工程”，另一方面又必须承认“没有纯技术要素的工程”。那种仅仅“把工程活动理解为单纯的个别的技术活动的观点”恰是犯了“误把局部当整体”的错误。

再看“把工程活动理解为经济活动的观点”。

由于工程与经济也有不解之缘，甚至可以同样说，如果没有经济要素作为前提和基础条件之一，便不可能有工程活动，这就使某些人把“经济”与“工程”“等同起来”，形成了“把工程活动理解为经济活动的观点”。这种观点主要从经济观点出发分析、认识和研究工程，仅仅从投资、成本、利润角度看工程。这种观点看到了经济要素在工程活动中的重要性是正确的，但仅仅重视工程活动中的资本和利润要素的意义和功能则又使其成为片面性的认识和观点了。

从哲学观点特别是工程哲学观点看，上述两种关于工程的不同认识和不同观点，虽然在“表面”上看存在差异，但从深层哲学分析看，它们都是把工程的某个局部（作为局部的技术或作为局部的经济）当成工程的整体，具有片面性。它们分别关注和研究工程活动的某个要素或某个方面，而未能达到从本质上认识工程的深度，从理论内涵和理论发展进程看，它们都还停留在工程本体论的大门之外，而未能叩开工程本体论的大门。

在近现代时期，除了上述“把某个工程要素看作工程整体”的观点外，还广泛流行着把工程看作“科学的应用”的观点，也就是“把工程看作科学派生物”的观点。

为免误解，这里先对科学与工程的关系做一些“中性”的分析和阐述。

许多学者都认识到，科学与工程是两类不同的活动，但这又绝不意味着二者相互之间不存在密切联系和相互转化关系。科学是真理取向的，工程（包括技术）则是功效、价值取向的。科学的特征是探索、发现事物的构成、本质及其运动的规律。科学活动的任务不是有新发明，而是要发现实际存在的客观事物的本质和规律。科学发现可以通过技术-工程转化为生产力，但不少科学活动的目标并不是为了转化为现实生产力。从历史上看，原始社会就有工程活动，而科学活动只有短短几千年的历史。在历史上的很长时期内，工程活动并不依赖科学原理的发现，甚至第一次工业革命也不是科学理论推动的结果。第一次工业革命之后，工程与科学的关系紧密化了，工程活动应用科学原理的自觉性日益增强；与此同时，工程也对科学提出不少新问题，引导着新方向；科学与工程相互渗透、相互促进、相互作用，其相关性日益加强，这是无可否认的事实。

但是，在认识工程与科学的相互关系时，在 19 世纪后——特别是 20 世纪下半叶——许多人“单向”地又过分夸大了科学对工程的影响，把工程说成是“科学的应用”。

从表面看，有些人可能感觉这种把工程看作“科学的应用”的观点与以上所述的“要素论”观点是差别不大的观点。可是，如果从工程哲学观点仔细分析，又可以看到这种观点的理论要害是把工程活动看作科学的从属活动、派生活动、衍生活动，把工程成果看作科学的派生物或衍生物，这就有意无意地——更大程度上是有意地——“取消”和“否认”了“工程是具有独立地位的活动”。因而，这种把工程看作“科学的应用”的观点在思想特征上乃关于工程的“科学派生论”观点。

在近现代时期，由于关于工程的“把某个要素看作工程整体”的观点和关于工程的“科学派生论”观点广泛流行，这就使得工程本体论观点在近现代时期继续被“堵在”哲学王国的门外。

3 工程本体论在21世纪的"正式出场"及其理论分析与阐述

3.1　工程本体论在21世纪的"正式出场"

21世纪之初，工程哲学在中国和欧美同时产生。中国工程哲学形成的第一步是提出了科学-技术-工程三元论观点。可以清楚看出，科学-技术-工程三元论的基本内容和主要意义之一就是在事实层面和关系结构层面驳倒了关于工程的"科学派生论"观点，充分肯定了工程是一种独立的人类基本活动类型，这就在原则上提出了工程本体论问题，肯定了工程哲学可以成为与科学哲学、技术哲学并列的一个新的哲学分支学科。

在工程哲学深入发展过程中，中国工程师和哲学专家认识到，不能仅仅满足于在事实层面驳倒"科学派生论"观点，还必须进一步深入对工程"本身"的研究，从本体论的高度认识工程，这就提出了研究工程本体论的新任务。

可以说，这个研究工程本体论的任务在《工程哲学》（第一版）出版之后就开始了，经过数年的艰苦探索，终于在《工程哲学》（第二版）① 中阐明了对工程本体论的基本认识，这就使中国学者对工程哲学的认识进入了一个新阶段。

3.2　工程本体论的基本观点：工程是现实的、直接的生产力

具体地说，究竟什么才是工程本体论的新观点呢？

"工程是现实的、直接的生产力，工程活动是人类最基本的实践活动"——这就是工程本体论的基本观点和基本认识。

应强调指出：工程本体论的重中之重是从生产力观点看工程，这就不但不同于那种着重从语言分析进路研究本体论的观点，而且不同于那种仅仅从自然规律和物质现象认识工程的观点。

在认识和理解工程本体论时，必须特别注意工程本体论是深刻

---

① 殷瑞钰，汪应洛，李伯聪，等．工程哲学［M］．2版．北京：高等教育出版社，2013.

的理论性与切实的现实性的统一，要从深刻的理论性与切实的现实性的统一中把握和运用工程本体论，既不能忽视其深刻的理论性，也不能忽视其切实的现实性，而要从自然、人类、社会以及生产、生活、生态的统一中认识和把握工程本体论。

工程本体论对于“工程是什么”给出了全新的认识和更深刻的回答。

工程是什么？

工程：是人为之“事”，事关人（们）的实践、事关人（们）的思维；工程是人类的一种基本活动。历史唯物地看，工程首先是人类实践之事，是人类为了生存、繁衍、发展过程诸多方面的实践之事，是劳动实践和发展现实生产力的活动及其过程，是工程实践与工程思维的统一。

工程活动的行为主体是“人”。工程活动涉及的客体（对象）是自然界的各类资源和社会中的各类要素。

工程活动是人类有目的、有计划、有组织地利用各类资源、各种要素和知识，通过选择、整合、集成、建构、运行、管理等过程，进而转化为直接的、现实的生产力的活动和过程。工程是人工造物，并构建人工物世界的活动。

工程活动体现着自然界与人工界要素配置上的综合集成和与之相关的决策、规划、设计、构建、运行、组织、制度、管理等过程。工程活动特别是工程理念体现着价值取向。工程的特征是工程集成系统动态运行过程的功能体现与价值体现的统一。

工程是经过对相关技术进行选择、整合、协同而集成为相关技术群，并通过与相关基本经济要素的优化配置而构建起来的有结构、有功能、有效率地体现价值取向的工程系统、工程集成体。

工程是选择并整合了诸多要素、知识、技能，通过集成、构建等过程转化为现实生产力、直接生产力，从而构建人工物世界的活动。可见，工程始终是实践与思维紧密结合的，是实践与理论相伴、理论联系实际的。

工程活动将涉及形而下的“器”（各种工具、装备，各类工程技能、技术等工具性手段），也将涉及形而上的“道”（工程活动中的“道”理、规律，诸如工程科学、工程设计、工程管理、生态和谐等）。

工程不仅是“器”的构建和集成，而且必然涉及自然要素（能源、土地等）和经济要素、社会要素（资本、环境、市场等）之间的集成；“器”和要素的互动耦合，才能构建出工程实体，并经过工程实体的运行（系统工程作为一类组织管理的方法，管控并优化了工程实体的集成、构建和运行）才能实现其功能，成为现实的、直接的生产力。

工程本体论主要研究的是工程的本质、本源，工程是人类社会赖以存在、发展的现实生产力、直接生产力，工程活动同时还必然体现一定的生产关系，这是研究工程及工程哲学的根本出发点和基本立场、观点及方法。工程是独立存在的一“元”，不是科学、技术的衍生物，不能简单地归结为“科学的应用”，工程具有独立的历史地位和存在价值，这是工程的本“根”。工程哲学理论体系的核心是工程本体论。

工程本体论是认识工程、研究工程哲学的基本立场、观点和方法。历史唯物地看，工程的起源和基本性质是现实生产力、直接生产力。工程是因构建人工物和人工物世界的需要而产生的。不是有了科学之后才派生出工程活动。从历史过程看，工程是先于科学出现的，工程是在获得生产力、发展生产力的过程中发展起来的。

工程知识是关于将各类要素（包括自然资源要素、各类知识要素、经济要素、社会要素）与各种知识的积累、选择、集成、构建并转化为现实生产力的逻辑安排和展开，是关于研究制造、构建、运行和管控人工物和人工物世界的知识。

工程方法是关于工程实践（包括规划、设计、建构、运行、管理等环节）中实现为现实生产力的方法、路径和思路。

工程演化是关于现实生产力、直接生产力的产生、演变、发展的过程、路径和方向。

可见，工程是有别于科学、技术的独立的一“元”。从人类世界的生产力发展进程看，特别是人工物世界的形成、演化、发展过程看，出现人类之后，工程活动就伴随劳动过程而出现，工程活动是独立地先于科学活动出现的，及至近现代的工程活动持续发展的事实是：时而来自科学发现的启示、指导，时而由于技术进步的推动，时而源于社会需求的拉动，并非只是由科学发现推动的。在科学新发现、技术新发明的过程中，工程作为现实生产力独立一

“元”的作用、意义、价值没有发生根本性的变化，即科学新发现、技术新发明都要通过工程活动的集成、建构等实践过程来转化为现实生产力、直接生产力。这就凸现了工程本体论的哲学意义和价值。

工程哲学研究是紧密地与直接生产力、生产实践相结合的：

(1) 揭示了工程形成、运行的物理性特征：集成、构建、转化为现实生产力；工程具有总体性、整体性、层次性、系统性、综合性特征。

(2) 考察了工程的构成要素：技术要素、非技术要素、组织管理要素。

(3) 指出了工程与复杂性紧密关联：包括各类集成过程、构建过程、转化过程、经营管理过程……这些过程都体现着复杂性。复杂性突出体现在工程的整体性、层次性、开放性和耗散性。

工程逻辑的特色体现不是从基础科学的应用性出发，也不属于从技术出发的线性分析逻辑。工程思维的逻辑是以生产力及其价值导向为目标，对要素、知识、管理的综合集成的过程。

哲学起源于人类的问题意识，起源于人类对自己的生存、繁衍、发展的一般状态及其前景的追问和反思，刨根问底。哲学总是直面生活、直面世界的。

在认识和理解工程本体论的基本观点与内涵时，应该特别注意和强调以下观点与认识。

(1) 本体论在哲学中是一个根本问题，工程本体论是关于工程的本源、基质和本根的哲学探讨。所谓工程本体论，就是要从人类生存与发展的角度看工程，特别是要阐明工程活动在人类的生存、社会的发展以及人与自然关系、人与社会关系的建构和重建上所具有的根本性的地位和作用，必须坚定、明确地肯定“工程是现实的、直接的生产力”。

(2) 从工程本体论观点看，工程活动是一项最基础、最重要的人类物质生产活动，工程现实地塑造了自然的面貌、人和自然的关系；现实地塑造了人类的生活世界和人本身，塑造了社会的物质面貌，并且具体体现了人与人之间的社会联系。工程活动是人类的生存和发展的基础；作为现实生产力，工程活动是社会发展的基本推动方式和力量。工程本体论强调的是工程作为现实生产力而具有的本体地位，这种本体论观点由于突出了工程活动是人类有目的改变自然的活动而不同于西方哲学中的自然本体论或物质本体论（科学本体论倾向于自然本体论），由于突出了工程活动是以人为本的活动而不同于西方哲学中的神学本体论。工程本体论强调了工程活动的广义价值和根本性价值。

（3）工程本体论是科学-技术-工程三元论哲学观点的理论基础。工程本体论认为，工程有自身存在的根据，有自身的结构、运动和发展规律，有自身的目标指向和价值追求。不能简单地将工程看成是科学或技术的衍生物、派生物。

（4）从本体论观点看工程，就是要确认工程的本根和主体位置，从直接生产力的评价标准出发，在认识和处理工程与科学、技术的相互关系时，以工程为主体，强调以工程为主体的选择、集成和建构的过程与效果，高度重视选择-集成-建构和转化为现实生产力、直接生产力过程中的特征与机制。这是研究工程和工程哲学的基本出发点，是基本的立场、观点和方法。

（5）工程本体论强调必须从生产力和生产关系的统一中认识工程，强调划清工程本体论与单纯经济决定论观点的界限，强调生产关系在工程活动中发挥着极其重要的、复杂的作用和影响，强调工程管理、工程制度、工程文化、工程伦理在工程活动和工程发展中具有重大意义与影响。

（6）在中国工程哲学的理论体系中，工程本体论占有核心位置并发挥核心作用。一方面，工程本体论为科学-技术-工程三元论、工程知识论、工程方法论、工程演化论研究奠定了深厚根基和启发性视野；另一方面，科学-技术-工程三元论、工程知识论、工程方法论、工程演化论的研究又可以丰富和反馈性深化对工程本体论的认识。工程哲学的研究对象和内容，除“科学-技术-工程三元论、工程知识论、工程方法论、工程演化论”外，还包括“工程价值论”“工程美学”等丰富、复杂的内容，工程哲学应该在“工程本体论”与“工程哲学的其他理论”的互动中不断深化、不断发展。

4 工程本体论和历史唯物主义的相互关系

在对工程本体论的理论认识和分析中，工程本体论和历史唯物主义的相互关系是一个应该单独研究的重大问题。

工程本体论和历史唯物主义的相互关系主要表现在两个方面：一方面，历史唯物主义是形成工程本体论的哲学理论指导和哲学理论基础；另一方面，工程本体论又具体化和深化了对历史唯物主义的认识。

4.1 历史唯物主义是工程本体论的哲学理论指导

历史唯物主义的形成是哲学史上的伟大革命。它是一种新世界观，也是一种新的本体论。历史唯物主义为理解生产力概念以及人类的工程活动提供了一种全新的范式。

从工程哲学和工程本体论立场看，历史唯物主义的以下观点具有特别重大的意义，对工程哲学和工程本体论的形成与发展发挥了重要的理论指导和启发作用。

（1）把经济学范畴的生产力概念转变成为历史唯物主义的哲学范畴的生产力概念。

萨伊（Jean-Baptiste Say）[①] 和熊彼特（Joseph Alois Schumpeter）[②] 认为，塞拉在1613年的一篇文章中最早使用了“生产力”这个概念。其后，经济学家只是把生产力作为一个“经济学范畴”在经济学领域进行了许多研究。而在《德意志意识形态》一书中，马克思和恩格斯则把经济学的“生产力”概念发展成为历史唯物主义的基本哲学范畴。

生产力概念从一个经济学范畴转换为历史唯物主义的哲学范畴，其意义绝不仅仅是“学科场地”的转换，其更重大的意义在于这是一个具有根本革命性意义的理论发展：历史唯物主义的生产力范畴不再仅仅是在某个单一的社会科学学科中具有理论意义的概念；在马克思主义理论体系中，它成为具有对所有社会科学学科都有指导意义和基本解释力的根本性哲学范畴。

（2）必须强调指出的是，历史唯物主义在把生产力解释为哲学概念时，绝不是主张单纯经济观点和经济决定论观点。历史唯物主义认为必须承认和重视生产力与生产关系的相互渗透、相互促进和相互影响，不但必须深入研究生产力问题，而且必须深入研究生产

---

① 萨伊．政治经济学概论[M].北京：商务印书馆，1963：29.

② 熊彼特．经济分析史：第一卷[M].北京：商务印书馆，1996：295.

关系问题，绝不能忽视生产关系的结构、功能、意义及其与生产力的互动关系。

（3）马克思和恩格斯强调的是“人化的自然”而不是脱离人类工程实践活动的“抽象的自然”。

马克思和恩格斯批评费尔巴哈说：“他没有看到，他周围的感性世界绝不是某种开天辟地以来就直接存在的、始终如一的东西，而是工业和社会状况的产物，是历史的产物，是世世代代活动的结果。”马克思和恩格斯又说：“我们首先应当确定一切人类生存的第一个前提也就是一切历史的第一个前提，这个前提就是：人们为了能够‘创造历史’，必须能够生活。但是为了生活，首先就需要衣、食、住以及其他东西。因此第一个历史活动就是生产满足这些需要的资料，即生产物质生活本身。”① 这就指出了作为唯物主义新形态的历史唯物主义与旧唯物主义的本质性区别。

显然，无论是马克思和恩格斯所说的“人化的自然”还是“感性世界”，都与工程活动及其成果有着密切的联系。正是由于对历史唯物主义和物质本体论的区别有了深刻的辨析与理解，走出了物质本体论影响的阴影，工程哲学研究领域中才开拓出了工程本体论的新认识和新境界。

4.2 工程本体论可以具体化和深化对历史唯物主义的认识

以往人们在研究历史唯物主义时，往往更关注宏观视野的分析和研究。而工程哲学在研究生产力的哲学问题时，不但关注宏观视野的研究，而且关注中观和微观视野的研究，关注“宏观-中观-微观”的互动关系，关注从全视野研究现实的、直接的生产力的哲学问题，这就意味着通过工程本体论研究，可以具体化和深化对历史唯物主义的认识。通过把工程哲学、工程本体论的研究纳入历史唯物主义视野，历史唯物主义研究也可以进入一个新的场域。

总结以上的叙述和分析，可以看出，工程本体论是中国工程师和哲学专家在马克思主义历史唯物主义指导下，依据理论联系实际的原则研究工程，扬弃并超越哲学史上长期存在的忽视或贬低工程

---

① 马克思，恩格斯．马克思恩格斯选集：第1卷[M]．北京：人民出版社，1972：32.

的观点，以及现代的工程“要素论”和“科学派生论”观点，而形成的关于工程哲学的核心观点，是工程哲学理论大厦的根本基石和顶梁柱。

工程本体论是一种立足于马克思主义生产力理论的哲学分支学科本体论。工程本体论认为，工程有自身存在的根据，有自身的结构、运动和发展规律，有自身的目标指向和价值追求，绝不能简单地把工程看成科学或技术的衍生物、派生物。从本体论观点看工程，就是要确认工程的本根和本体地位，要依据现实的直接的生产力标准认识和处理工程活动中的诸多问题，由此而认识工程与科学、技术、社会的相互关系。

工程本体论肯定，作为直接生产力的工程活动是最基础、最重要的人类活动，是人类存在和发展的物质基础，是社会发展的基本推动方式和力量，没有工程活动，人类就不可能生存和发展。工程现实地塑造了自然的面貌、人和自然的关系，现实地塑造了人类的生活世界和人本身，塑造了社会的物质面貌，并且具体体现了人与人之间的社会联系。

人类不但从事工程活动，而且从事科学、艺术、宗教等其他形式的活动。工程本体论不但要回答工程活动的最根本性质的问题，而且要从根本上——而不是从具体内容和细节上——回答工程活动和人类其他重要活动的类型与方式的相互关系。

工程本体论由于突出了工程活动是发展生产力的活动而不同于以往哲学家主张的自然本体论或物质本体论，由于突出了工程活动是以人为本的活动而不同于神学本体论。工程本体论的内容深刻而丰富，当然也绝不能对其做教条化、简单化的理解。

第三节 工程本体论的意义

工程本体论不但具有重大的理论意义，而且具有重大的现实意义。以下就分别进行简要分析和论述。

1 工程本体论的理论意义

工程本体论是工程哲学理论体系的核心，其理论意义广泛而深刻。限于篇幅，这里只着重讨论以下两个问题。

1.1 工程本体论可以推进和深化对“形而上学”与“道器关系”的理论研究

在哲学基本理论和基本术语中，除本体论（ontology）外，形而上学（metaphysics）也是一个基本术语。应该如何认识本体论和形而上学的关系呢？这也是一个重要的理论问题。

有人认为：“传统‘形而上学’的主题和旨趣与‘ontologia’如出一辙。Ontologia 一词自 17 世纪出现以来也一直是在‘形而上学’的同等意义上被理解和使用的。因此，卡洛维把‘Ontologia’与‘形而上学’视为同义词，笛卡儿把研究实体或本体的第一哲学叫作‘形而上学的 Ontologia’，都是相当准确和确切的。”① 但也有人认为 ontology 只是形而上学的最基本的内容，形而上学中除本体论外，还有其他内容。这两种观点虽有区别，但二者都肯定了“本体论”与“形而上学（metaphysics）”是两个“本质一致”的术语。

目前，“metaphysics”已经普遍地被翻译为“形而上学”。

以下不再涉及欧洲哲学中有关“metaphysics”的诸多问题，而仅简要讨论中国哲学体系中“形而上和形而下”“道和器”的关系问题。

汉语的“形而上学”来自《易传·系辞》。

在中国哲学史上，《老子》中的“道”“有”“无”和《论语》中的“仁”“礼”“中庸”都“升华”成了哲学范畴，可是《老子》和《论语》中虽然都多次使用了“器”这个词汇，但却不能认为《老子》和《论语》中的“器”已经成为一个哲学范畴。真正在理论上使“道”和“器”成为一对哲学范畴始于《易传·系辞》：“形而上者谓之道，形而下者谓之器”，自此以后，“形而上”和“形而下”的关系，也就是“道”和“器”的关系就成为中国哲学体系中的一个基本问题。

《易传·系辞》中明确提出“道”和“器”是哲学的两个基本范畴，意义重大。中外许多哲学家往往都只关注“道”这个范畴，而忽视了“器”这个范畴，但《易传·系辞》却凸显了“器”这个

---

① 宋继杰 . Being 与西方哲学传统[M]. 广州：广东人民出版社，2011：273.

范畴，而对“器”的凸显就意味着对人的物质创造活动即人工造物的工程活动的重视。可是，《易传·系辞》的这个论断中只强调了道和器的分野，而忽视了道和器的相互渗透，这又埋下了割裂道器关系的隐患。

我国古代许多哲学家都关注了道器关系。宋代的二程（即程颢和程颐），不赞成把道和器截然分开。但他们的理论体系的重点仍然在“道”上。总体而言，在中国哲学传统中，“重道轻器”是主流和主导的观点与倾向。

在中国古代哲学家中，真正能够对道器关系提出全新认识和观点的是王夫之。

王夫之首次明确提出“天下唯器”，“无其器则无其道”。他说：“天下唯器而已矣。道者器之道。器者，不可谓之道之器也。”王夫之又说：“洪荒无揖让之道，唐虞无吊伐之道，汉唐无今日之道，则今日无他年之道者多矣。未有弓矢而无射道，未有车马而无御道，未有牢醴璧币钟磬管弦而无礼乐之道，则未有子而无父道，未有弟而无兄道，道之可有而且无者多矣。故无其器则无其道，诚然之言也。而人特未之察耳。”①

可以说，王夫之提出的这个“天下唯器”、道在器中、“无其器则无其道”的观点在中国哲学史上真是振聋发聩的声音。

可是，王夫之生前其著作隐没不彰，其关于道器关系的观点并未产生重要的社会影响。张岱年说：“天下唯器的见解在中国哲学史中，实鲜见仅有。”他同时又对王夫之未能充分发挥这个观点表示惋惜。②

应该注意，虽然目前的中国哲学史界高度评价王夫之“天下唯器”观点的学者越来越多，甚至可谓形成了中国哲学史界的一致看法，但在古代时期，在对道器关系的认识上，主导观点一直是“重道轻器”的。

工程本体论既不赞成“重道轻器”也不赞成“重器轻道”，而是主张“道器合一”“道在器中”“器中有道”“道器互动”。立足于这种对道器关系的认识，工程哲学就可以坚定地树立工程活动

---

① 转引自：张岱年．中国哲学大纲[M]．北京：中国社会科学出版社，1982：79-81.
② 同①。

"本体"和"自立"的思想，就可以驳倒那种"科学派生论"观点，自觉抵抗那种"重道轻器"偏向的侵袭，在认识工程与科学、技术等其他社会活动的关系时，依据工程本体论的理论高度和理论自觉，不再迷茫和彷徨。

1.2　工程本体论有力地推动了工程方法论和工程知识论这两个新领域的开拓

虽然对于"具体的工程知识"和"具体的工程方法"，工程师、工人和工程管理者都很熟悉，可是他们很少考虑工程知识论和工程方法论问题。因为"工程知识"不等于工程知识论，"工程方法"也不等于工程方法论。工程知识论和工程方法论是分别以工程知识和工程方法为研究对象而进行哲学分析和哲学研究的过程与结果，是对工程知识和工程方法的"二阶研究"与"二阶认识"。

哲学一向重视分析和研究方法与知识问题，特别关注上升到方法论和知识论①层次分析与研究的有关问题。可是在思考工程方法论和工程知识论时，我们发现了一个吊诡现象：虽然没有人否认工程方法是一大类具体方法，可是，历史上和现代学术界却鲜见有人研究工程方法论②；同样地，没有人否认工程知识是一大类具体知识，可是，历史上和现代学术界却鲜见有人研究工程知识论。于是，工程方法论和工程知识论都成为学术研究中被遗忘的角落。

工程方法论和工程知识论之所以成为被遗忘的角落，原因很多，就现代时期而言，其最重要的原因之一正是"科学一元论"的影响。

按照"科学一元论"——也就是"工程派生论"——理论，只需要有并且只可能有"科学方法论"与"科学知识论"，而不需要有并且不可能有工程方法论与工程知识论。在"工程派生论"的推论中，工程方法"充其量"只是科学方法的"派生方法"和"附属方法"，工程知识只是科学知识的派生知识和附属知识，工程方法论

---

①　对于"认识论"和"知识论"的关系、epistemology 和 theory of knowledge 的关系，我国学者认识不一。有人认为存在区别，也有学者认为没有区别。本节暂不严格区分二者。

②　虽然我们也可以看到少数以工程方法论为书名的著作，但如果认真辨析其内容特点，可以看出其内容都仍然是对"一些具体工程方法"的阐述和研究，而不是"工程方法论水平"的阐述和研究。

和工程知识论都是不可能有独立的理论地位的。

中国学者在研究工程哲学时，立足于工程本体论而顺理成章地得出了方法论领域和知识论领域的新认识与新结论：工程方法论绝不是科学方法论的“派生理论”，而工程知识论也绝不是科学知识论的“派生理论”。更具体地说，在方法论领域，工程方法论乃与科学方法论并列的方法论分支，必须将工程方法论作为一个独立对象和独立的方法论分支进行研究；在知识论领域，工程知识论也是一个与科学知识论并列的知识论分支，必须将工程知识论作为一个独立对象和独立的知识论分支进行研究。这就是说，在研究工程方法论和工程知识论时，工程本体论的基础地位和核心意义再次凸显出来，成为要求开拓工程方法论和工程知识论这两个新领域的理论基础。

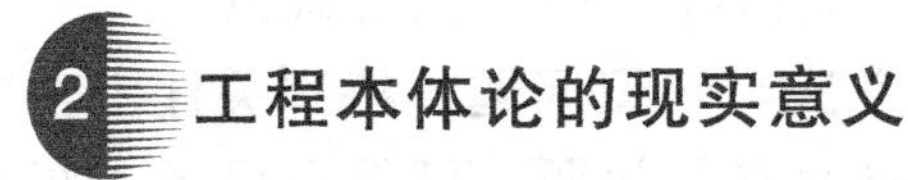

2 工程本体论的现实意义

对于工程本体论的现实意义，这里也仅着重讨论两个问题。

2.1 工程本体论与创制“人工物”以及工程创新的关系

在中国哲学传统中，“形而上和形而下”与“道和器”是“两对”“平行”的范畴：“形而上”与“道”可以互换和互释，“形而下”与“器”也可以互换和互释。上文谈工程本体论的理论意义时，着重于“道”，这里谈工程本体论的现实意义，着重于“器”——也就是人工物——的创造和使用的诸多问题。

传统的唯物主义哲学，关注的主要是“自然物”，而“器”的对象和含义不是自然物而是人工物。孔子说“工欲善其事，必先利其器”，老子云“埏埴以为器”，这就表明“器”主要有两大类：作为生产工具的“器”和作为生活资料的“器”。虽然所有的“器”都是“物”，但作为“人工物”的“器”又有许多不同于一般“自然物”的本质特征。虽然就“数量”而言，宇宙中的“自然物”简直可谓无穷无尽，人工物的“数量”无法与“自然物”相比，可是，对于人类来说，对于哲学特别是工程哲学来说，人工物的意义和影响又远远超过自然物。马克思说：“工业的历史和工业的已经产生的对象性的存在，是一本打开了的关于人的本质力量的书”。对于马克思主义的历史唯物主义来说，其首要的关注和研究的“物”不是“一般的自然物”而是与人的生产、生活密不可分的“器物”，也就是“人工物”。

人工物的根本特征就在于它们不是“天然存在物”而是人类造物活动——即工程创新活动——的结果。于是，人工物问题和创新问题就密切联系在一起了。

“创新”理论是熊彼特首先提出来的。熊彼特是一个经济学家，熊彼特主要是把“创新”作为一个经济学概念提出来的。熊彼特明确指出，虽然技术与经济有密切联系，但也不能把二者混为一谈，因为发明不等于创新，技术和经济之间有可能出现不一致的情况。他尖锐地指出：“经济上的最佳和技术上的完善二者不一定要背道而驰，然而却常常是背道而驰的”。①

“创新研究”是一个内容复杂、对象多样的领域，既要研究各种各样的创新形式和类型，如技术创新、财务创新、工程创新、金融创新、制度创新等，又要研究多种多样的创新主体，如个人、企业、研发机构等。

在创新研究中，工程创新和科学发现的关系是一个重要问题。

对于科学（这里主要指基础自然科学）发现和工程创新，以下两点值得特别注意。首先，在创新动力方面，科学发现的直接动力往往来自科学自身理论逻辑的内部要求，而工程创新的直接动力主要来自经济、社会发展的社会需求。与此密切相关，正如许多学者强调的那样，从心理学和心理活动看，“好奇心”常常成为推动科学家新发现的关键心理要素。没有好奇心，就难以发现科学问题和提出新的科学理论，科学就无法演进。可是，对于工程创新进程来说，推动工程师创新和推动工程演化的首要心理要素不是“好奇心”，而是工程师面对“社会需求”而产生的“责任心”。正是直接出于工程师适应经济、社会发展需求的强烈责任心，他们才克服千难万险地把工程创新变成现实。在科学新发现领域，人们常常强调科学家“好奇心”的重要作用和意义，可是，进入工程创新领域时，工程师的“责任心”就成为最关键的心理要素了。

其次，在创新研究领域，中国工程师和哲学专家通过研究工程

① 熊彼特．经济发展理论[M]．北京：商务印书馆，1990：18.

哲学而提出的一个新的重要观点：工程创新是创新活动的主战场。①

应该指出，在那种“科学一元论”的影响下，人们往往会有意无意地过分夸大科学发现的意义和影响，而忽视和低估工程创新的意义与作用。工程哲学告诉我们，工程活动是技术要素与非技术要素的集成和统一，必须从“全要素”“全过程”的观点认识和把握工程活动。工程哲学批驳了那种认为“工程是科学的单纯运用”和“工程知识是科学知识的派生知识”的观点，指出科学发现和技术发明以“可重复性”为基本特征，而工程活动以“唯一性”（例如京沪高铁和青藏铁路都是具有唯一性的工程活动）和“当时当地”为基本特征，这就使创新必然成为工程活动的内在要求和特征。

纵观历史，世界各国的工业化和现代化历程就是一个不断进行工程创新的过程。工程创新能力直接决定了一个国家的发展进程，兴起或衰落。正像战争中既需要有“侦察兵”也必须有“主力军”一样，在“创新之战”中也既要有相当于侦察兵的研发机构，也要有相当于主力军的企业创新。正像军事活动中侦察兵和主力军的相互作用、相互协同是军事胜利的关键一样，正确处理“研发领域的创新”与“工程主战场的创新”的相互关系就成为工程和产业发展的关键。人们绝不能忽视研发机构的侦察兵的作用，但绝不能把侦察兵和主力军混为一谈。没有优秀的侦察兵，主力军往往就没有正确的作战方向，但是，指挥员又不可能仅仅依靠侦察兵进行决战。工程创新是创新活动的主战场，我们必须强化在主战场上见胜负的概念和意识。为此，我们不但必须重视科学发现和技术发明，更要重视工程创新，更加深化对“工程创新是创新活动主战场”的认识。

2.2 工程本体论与工程管理、工程运行、工程文化的关系

中国工程师和哲学专家在研究工程本体论时，特别重视“工程是现实的、直接的生产力”这个基本观点，但这绝不意味着赞成“纯经济观点”或“经济决定论”观点，相反，工程本体论观点中内在地蕴含着“生产力和生产关系、相关制度相互渗透、相互作

---

① 殷瑞钰，汪应洛，李伯聪，等．工程哲学[M]．2版．北京：高等教育出版社，2013：195.

用”的认识。上文中已经指出，如果说历史唯物主义往往更加注重从宏观上认识与分析生产力和生产关系的相互渗透，那么，工程哲学和工程本体论就往往更加注重从“中观（产业水平）和微观（企业和项目水平）”上认识与分析生产力和生产关系、相关制度相互渗透、相互作用。正是出于这种认识，在《工程哲学》（第一、二、三版）、《工程演化论》《工程方法论》《工程知识论》中，中国工程师和哲学专家花费了许多功夫、用了许多篇幅分析和研究工程管理、工程制度、工程全生命周期、工程运行、工程文化等问题。虽然对于这些问题，其他专家已经有许多研究，但由于工程哲学领域着重于从工程哲学和工程本体论角度研究这些问题，确实也深化了对工程管理、工程制度、工程全生命周期、工程运行、工程文化等现实问题的认识，这显然也正是工程本体论现实意义的重要表现。限于篇幅，这里就不再展开阐述了。

第三章

工程理念与工程观

第一节　工程理念

工程理念是工程活动的首要问题。好的工程理念可以指导兴建造福当代、泽被后世的工程，而工程理念上的缺陷和错误又必然导致出现各种贻害自然和社会的工程。从工程哲学角度看，工程理念也是工程哲学的核心概念之一。从现实方面看，工程理念在工程活动中发挥着最根本性的、指导性的、贯穿始终的、影响全局的作用。我们应该努力准确、全面、完整地理解与把握工程理念的内涵、作用和意义，树立和弘扬新时代的先进的工程理念，这对于搞好各种工程活动、推动建立“自然-工程-社会”的和谐关系具有头等重要的意义。

1 工程理念的内涵和作用

《辞海》说，“理念”一词“译自希腊语 idea，通常指思想，有时亦指表象或客观事物在人脑中留下的概括的形象”①。可是，最近几十年中，“中文语境中”人们往往赋予“理念”以“新含义”。与“新理解”“新含义”的“理念”一致，又形成了“工程理念”这个新概念。《工程哲学》指出：工程理念“是人们在长期、丰富的工程实践的基础上，经过长期、深入的理性思考而形成的对工程的发展规律、发展方向和有关的思想信念、理想追求的集中概括和高

---

① 夏征农，陈至立．辞海[M].6 版．上海：上海辞书出版社，2009：763.

度升华。在工程活动中，工程理念发挥着根本性的作用。”①

一般地说，工程理念指的是人类关于应该怎样进行造物活动的理念，它从指导原则和基本方向上——而不是具体答案含义上——回答关于工程活动“是什么（造物的目标）”“为什么（造物的原因和根据）”“怎么造（造物的方法和计划）”“好不好（对物的评估及其标准）”等几个方面的问题。

任何工程活动都是在一定的工程理念的指导下进行的。在工程活动中，虽然也有“干起来再说”和在工程实践中逐渐明确与升华出工程理念的情况，但更多的情况是理念先于工程的构建和实施，甚至先于工程活动的计划和工程蓝图的设计。如果我们换一个角度看问题，承认不但有明确化的、自觉形态的工程理念同时也存在着不很明确、不够自觉的工程理念，那么，就完全可以肯定地说：所有的工程活动都是在一定的理念——包括自觉或不自觉的理念——的指导下依据具体的计划和设计进行的。

工程理念贯彻工程活动的始终，是工程活动的出发点和归宿，是工程活动的灵魂。工程理念必然会影响到工程发展、工程决策、工程规划、工程设计、工程建构、工程运行、工程管理、工程评价等。总而言之，工程理念深刻影响和渗透到了工程活动的各个阶段、各个环节，它贯穿于工程活动的全过程。对于工程活动而言，工程理念具有根本重要性，工程理念从根本上决定着工程的优劣和成败。

2 工程理念的时代性及其历史发展

工程理念不是凭空产生的，它是在人类实践特别是工程实践的基础上产生的。工程理念源于人类的生活需要和社会需求，来自人类对未来的理想和人的创造性思维；它立足于现实同时又适度“超越”现实。由于人类的工程实践不断前进，不断发展，人类的需求和理想不断变化，工程活动的理念也在不断发展，不断前进，不断创新。

古代时期，生产力低下，人们没有能力同变幻无常的自然抗争。

① 殷瑞钰，李伯聪，汪应洛，等．工程哲学[M].北京：高等教育出版社，2007：168.

生产者在农业生产中往往抱着靠天吃饭的想法，社会中普遍流行着在自然面前“无所作为”和“因循守旧”的思想。这种思想虽然还不能说是一种明确、自觉的工程活动理念，但我们有理由把这种思想观念看作一种理念的“雏形”或模糊形态的理念。由于这种理念的“雏形”或模糊形态的理念的影响，古代的生产活动都只能非常缓慢地发展。

到了近代，随着科学技术与生产力的发展，许多人相信人类应该而且可以征服自然，于是，“征服自然”的工程理念在近代渐行其道。对于这种“征服自然”的工程理念，虽然我们应该承认它具有一定的历史进步性和历史合理性，但经过了一段时间之后，人们逐渐发现这种工程理念所产生的副作用越来越明显、越来越严重了。

早在 19 世纪后期，恩格斯在《自然辩证法》一书中就明确地提出了他的警告。他说：“我们不要过分陶醉于我们对自然的胜利。对于每一次这样的胜利，自然界都报复了我们。每一次的胜利，在第一步都确实取得了我们预期的结果，但是在第二步和第三步却有了完全不同的、出乎预料的影响，常常把第一个结果又取消了。”“我们必须时时记住：我们统治自然界……绝不像站在自然界以外的人一样，——相反地，我们连同我们的肉、血和头脑都是属于自然界，存在于自然界的；我们对自然界的整个统治，是在于我们比其他一切动物强，能够认识和正确运用自然规律。”①

在总结近现代工程活动正反两方面经验教训的基础上，特别是 20 世纪后期以来，工程界和社会其他各界人士在越来越广的范围中对以往“征服自然”的工程理念进行了反思和反省，在越来越深刻的程度上认识到必须在工程活动中树立起追求人与自然和谐和工程与社会和谐的新理念。

回顾和总结几千年来工程理念发展的历史轨迹，我们看到在不同的历史时期分别形成和出现了“听天由命”“征服自然”和“天人和谐”的不同时代的工程理念。“听天由命”的理念低估了人的主观能动性。随着生产力的发展、科学技术的进步和人类认识的发展，人类挣脱了“听天由命”的束缚。“听天由命”的理念被“征

---

① 马克思，恩格斯．马克思恩格斯选集：第 3 卷［M］. 北京：人民出版社，1972：517-518.

服自然”的工程理念所否定。“征服自然”的工程理念高估了人的主观能动性，遭到大自然的无情报复。实践证明，必须顺应天时、地利、人和，天工开物、人工造物，发展“天人合一”的和谐发展理念。

3 弘扬和落实新时代的工程理念

工程理念不是僵化不变的，而是需要随着实践和时代的发展而不断发展的。新时代需要打破旧的工程理念，弘扬新的工程理念。

新时代工程理念的核心是以人为本，要使人与自然、人与社会协调发展。一切工程都是为人民服务而兴建的，越是重大工程，越需要通盘考虑，看看是否真正能够造福于人民，而且是能否持久地造福于人民。人、自然与社会，三者应在工程活动中达到“和谐”状态，一切工程的决策、规划、设计、建造、运行和管理，都要以此为出发点。

新时代工程理念的内涵中还应当包括如何认识有关工程合理性和工程评判标准的问题。有些工程活动，如果从当时、局部评判，可能是“合理的”，但如果从长远和更大范围看，就可能是“不合理的”。有鉴于此，必须树立在更长的时间尺度、在更大的空间范围、在更复杂的社会系统中分析、认识和评价工程的理念。以往的许多人习惯于从“零和”观点看工程，而现代工程活动需要树立新的工程理念，摒弃“零和”思维，树立统筹兼顾、集成优化的发展观念，从成败、利弊、轻重、缓急和风险等方面的权衡比较评估中，优化选择，全面地认识和把握工程的评价标准，处理好工程建设与社会发展的复杂关系，达到有关各方的“共赢”。

新时代的工程理念的提出、升华、创新、落实都要立足于人才，都要依靠人才。一方面，新时代的工程理念要求培养新型的工程人才；另一方面，要依靠新型的工程人才才能升华、推进、落实新时代的工程理念。

新时代的新型工程师不但要掌握业务知识，还必须有社会责任感，必须树立和深刻理解新时代的新型工程理念。新的工程理念不但是工程活动的灵魂，它同时也是广大工程师个人成长道路的指南。缺少了工程理念的指导，工程师的培养和成长不但缺少了动力而且会迷失前进的方向。在新时代、新形势、新条件下，工程师应该把新的工程理念作为推动自己成长的动力，应该努力弘扬和落实新时代的工程理念，努力在大力弘扬和落实新时代的工程理念的工程实践中成长为卓越的工程大师。

中国当前正处于工业化转型发展的时期，要让新时代的工程理念成为中国新时期工程活动的灵魂，要以新时代的工程理念造就新的工程人才、工程大师和工程团队。新时代的工程人才需要有深厚的文化底蕴以及工程科技素养，要有敢于突破、敢于大胆创新的能力和魄力，更关键的是新时代的工程人才必须树立起新的工程理念。

与工程理念密切联系的，还有工程观问题。以下就分别简要论述工程系统观、工程社会观、工程生态观、工程伦理观和工程文化观。

第二节 工程系统观

工程是一个包括多种要素的、协同的动态系统。在认识、分析和观察工程时，不但必须认识其各种组成要素，更必须把工程看成一个开放的、协同的、动态的系统，从系统的观点去认识、分析和把握工程。

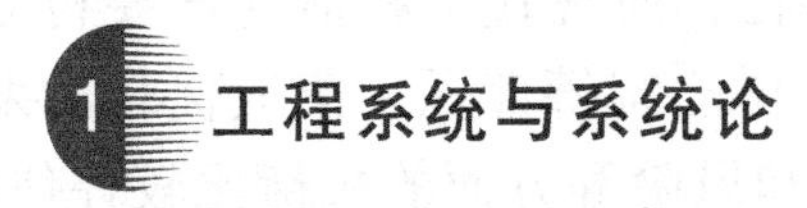

1.1 系统与工程系统

系统这一概念来自人类长期的社会实践，包括工程实践。一般认为，系统是由两个以上有机联系、相互作用的要素所组成的具有特定功能与结构并有赖于一定环境而存在的整体。①

工程系统是为了实现集成创新和建构等功能，由人、物料、设施、能源、信息、技术、资金、土地、管理等要素，按照特定目标及其功能要求所形成的有机整体，并受到自然、经济、社会等环境

---

① 汪应洛. 系统工程[M]. 北京：机械工业出版社，2003.

因素广泛而深刻的影响。

系统化是现代工程的本质特征之一。尤其是，现代工程活动越来越明显地具有复杂系统特征（如：影响因素众多，影响面及系统规模庞大，结构关系及环境影响复杂；属性及目标多样；人的因素及经济性突出等）。各种专业工程（如电气工程、机械工程、建筑工程等）之间及其与系统工程等横断学科之间的交叉、融合程度越来越高。现代工程活动对工程技术人员（如工程师）的观察视野、知识范围、实践能力等不断提出新的更高要求，其中包括了系统思想、系统理论、系统方法论、系统方法与技术等内容。现代工程技术人员应掌握系统思维与系统分析方法，努力成为具有战略眼光、系统思想和综合素质的新型工程技术专家。

1.2　系统理论和系统工程

古今中外的许多专家学者都有过关于系统思想的深刻论述，但直到 20 世纪中叶才形成系统论、控制论、信息论这三个新学科。这三个学科的共同特征是具有“横断学科特征”并且与工程实践发展有非常紧密的联系。

系统论或狭义的一般系统论，是研究系统的模式、原则和规律并对其功能进行数学描述的理论，其代表人物为奥地利理论生物学家贝塔朗菲（Ludwig Von Bertalanffy）。控制论是研究各类系统的控制和调节的一般规律的综合性理论，“信息”与“控制”等是其核心概念。它是继一般系统论之后，由数学家维纳（Norbert Wiener）在 20 世纪 40 年代创立的。信息论是研究信息的提取、变换、存储、流通等特点和规律的理论。这些理论成果也为系统工程学科在 20 世纪 50 年代的正式确立奠定了基础。

从 20 世纪 60 年代中后期开始，伴随着自然科学、社会科学及数学的发展，国际上又出现了许多新的系统理论，如：普利高津（Ilya Prigogine）的耗散结构理论、艾根（Manfred Eigen）的超循环理论、托姆（Rene Thom）的突变论，以及微分动力系统理论、分岔理论、卡姆定理、泛系理论、灰色系统理论等。

我国著名科学家钱学森先生以其国内外的卓越科研实践为基础，对系统科学及系统理论和系统工程的发展做出了独特的贡献。1954 年，钱学森先生出版了 *Engineering Cybernetics*（《工程控制论》）一书。该书第一次用“工程控制论”来定义在工程设计和实验中能够直接应用的关于受控工程系统的理论、概念和方法。随着该书的迅速传播（俄文版1956年，德文版1957年，中文版1958年），书中对这一学科所赋予的含义和研究的范围很快得到国际学界的认同和接受。

自20世纪下半叶以来，系统理论对工程科技、管理科学与工程等实践产生了深刻影响，系统工程学的创立则是发展了系统理论的应用研究。它为组织管理系统的规划、研究、设计、制造、试验和使用提供了一种有效的科学方法。1978年，钱学森、许国志、王寿云发表了“组织管理的技术——系统工程”一文，开启了中国研究应用系统工程的新阶段。① 其后，钱学森先生又进一步提出了一个清晰的系统科学体系结构，即：处在应用技术层次上的是系统工程；处在技术科学层次上的是运筹学、控制论、信息论等；而处在基础科学层次上的则是系统学，这是一门正在建立和发展的新学科；在系统科学体系之上属于哲学范畴的则是系统论或系统观。这个体系结构，划清了系统研究中不同分支的界限，也澄清了这一领域国内外长期存在的一些混乱局面，使系统科学发展进入了一个新的阶段。

20世纪90年代初，钱学森、于景元、戴汝为发表了“一个科学新领域——开放的复杂巨系统及其方法论”一文②，提出了复杂性系统的若干问题及从定性到定量的综合集成方法论，产生了重大影响。

总而言之，系统理论起源于对自然现象的探索，系统工程最初是对工程系统进行组织管理的方法，在20世纪下半叶和进入21世纪以来，系统论和系统工程不断地在理论方面和实践领域都有重要的新进展。

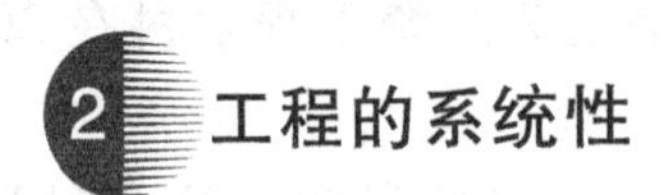

2 工程的系统性

2.1 工程系统的特性

工程系统主要具有以下几个方面的特性。

---

① 钱学森，许国志，王寿云．组织管理的技术——系统工程［M］// 钱学森，等．论系统工程（增订本）．长沙：湖南科学技术出版社，1988：7-27.

② 钱学森，于景元，戴汝为．一个科学新领域——开放的复杂巨系统及其方法论［J］. 自然杂志，1990（1）：3-10.

2.1.1　整体性

整体性是系统核心的特性。工程系统一般具有相对明确的要素、结构、功能以及相对明晰的边界。在一个系统整体中，即使并不是每个要素都很优越，但也可以通过特定的集成方式使之协调、综合，成为具有良好功能的系统；反之，即使每个要素都很好，但作为整体如果集成、协调不当，则有可能不具备整体性良好功能。工程系统的整体性要求人们更加强调基于系统的综合集成创新。

2.1.2　动态性

社会的变革与发展、内外环境的变化以及工程系统自身运行的动态特性使得工程系统的动态性和不确定性日益突出；工程系统的有效寿命周期相对缩短，管理的难度加大，与时俱进和全面创新的要求提高。市场、技术、组织等动态因素变化加快、多重转轨（计划经济→市场经济、国内市场→国际市场、粗放经营→集约经营等）时期的动态社会环境等均是现代工程系统动态性的重要来源和具体体现。

2.1.3　复杂性

现代工程系统除了属性与功能多样、系统与环境的关系紧密等特性之外，还存在着其内部结构与运行行为复杂的特性。

2.1.4　目的性及多目标性

工程系统是人造系统，无不具有一定的目的和功能。现代工程系统面临复杂的环境影响及其互动要求，通常具有多重目标——技术的、经济的、环境的、社会的目标等，由于这些目标之间可能出现相互冲突、相互制约的关系，这就提出了权衡优化的要求，而这也成为现代工程系统管理的难点之一。

2.1.5　开放性

工程系统是开放系统，而有些工程系统更是“高度开放”的系统。工程系统存在着与外部环境的物质、能量、信息的频繁交流。在工程系统开发、运行、革新的过程中，会受到来自内外部及技术、经济、社会、管理等多方面环境因素的复杂影响，其中经济、社会及人的因素和管理因素的影响越来越明显、广泛和深刻。

2.1.6 人本性

工程系统无论是从目的、功能看，还是从建设、运行看，都要以人为本。工程活动中，人-机-环境关系是最基本的关系。在处理“人-物”有关问题时，必须明确“以人为本”的原则，而不能使人成为“物”的奴隶。工程系统应为人类的长远利益和大局利益服务，应该以人为本。

2.1.7 工程系统理论应用范围的广泛性和普遍性

现代社会中，行业高度分化，学科也高度分化。即所谓“隔行如隔山”。在这种行业和专业高度分化的状况与背景下，人们又看到工程系统理论和系统工程理论的应用范围越来越广泛、越来越普遍的现象，而这正是现实状况、社会需求、理论升华共同作用的结果。

2.2 工程系统的要素、结构与功能

工程的要素多种多样。服务于不同的目的和依据不同的标准，可对工程的要素进行不同的分类。例如：可划分出技术要素、经济要素、社会要素、管理要素、自然环境要素（包括土地要素）、生态要素、伦理要素等。

由于技术要素在工程活动中具有特别重要的作用，有人把工程要素划分为“技术要素”与“非技术要素”两大类。在两个“大类”之下，又需要和可能再“细分”出更多的“子类”。

工程的诸多要素，通过工程的设计、建设环节而形成自身特定的结构，发挥自身的功能——包括经济功能、技术功能、社会功能、生态功能等。

在历史进程中，工程的结构和功能也在不断发展。从系统结构和功能发展角度看，现代大规模复杂工程系统的结构正在出现发展的新趋势：由简单结构向复杂结构、层次结构向网络结构、静态结构向动态结构、显性结构向显隐结合发展的结构发展新趋势。同时，工程的功能也在发生变化。这些变化对工程系统管理及开发、运行提出了时代性的新挑战和新要求。

第三节　工程社会观

在认识工程活动时，一方面，必须注意到在工程过程中所发生的技术和工艺现象是服从自然科学与技术科学规律的，从而必须从科学技术的观点去认识和分析工程过程；另一方面，由于工程活动绝不是一个“纯自然”的现象和过程，从而又必须从社会的观点去认识和分析工程过程。也就是说，在认识和分析工程活动时，不但必须认识和分析工程的自然维度和科学技术维度，而且必须认识和分析工程的社会维度——也就是工程的社会性问题。从理论和逻辑关系上看，工程的社会性和工程社会观之间存在着非常密切的联系和互动关系。本书第八章有专题论述工程的社会性问题，读者可将这里论述的工程社会观与其结合起来进行理解。

由于“工程社会观”是一个与“工程的社会性”在内容上有许多区别的主题，这里仍然需要单独对其进行分析和阐述。

作为一个“中层概念”——工程的社会观一方面是其“上层概念”——工程观——的重要组成部分之一；另一方面，工程社会观又包括若干自身的组成部分。简要地说，工程社会观中主要包括“工程的社会主体观”“工程的社会结构和功能观”“工程的社会传播观”等。

工程的社会主体观

工程不是自然现象，工程活动不是自然过程。工程活动是以人为主体进行的活动。

一般地说，工程活动是由“集体”（“团队”）进行的活动。从事工程活动的共同体可以称之为“工程共同体”。①

在科学哲学领域，库恩（Thomas S. Kuhn）提出了著名的关于“科学共同体”的理论。虽然应该承认工程共同体概念的提出明显地受到了科学共同体概念的“启发”，但中国学者在研究工程共同

① 李伯聪，等．工程社会学导论：工程共同体研究[M]. 杭州：浙江大学出版社，2010.

体理论时，进一步深入地“发现”和“阐明”了工程共同体与科学共同体在结构和功能上的许多本质区别。

与科学共同体的任务和社会功能是从事科学活动不同，工程共同体的任务和社会功能是从事工程活动。科学活动以发展科学、探索和追求真理为目的，而工程活动是以发展生产力、增加和改善人类福祉为目的。

科学共同体由不同学科的科学家构成，而工程共同体的成员中包括工程师、工人、工程管理者、工程投资者、其他利益相关者等。科学共同体是“同质成员”的共同体，而工程共同体是“异质成员”的共同体。

在工程共同体的各类成员中，不但工人、工程师、工程管理者、工程投资者都要发挥自身的职责和功能，而且与工程活动有关的诸多利益相关者也要发挥自身的作用和影响。

在工程活动中，工程共同体的各类成员往往存在——实际上必然存在——不同的关切重点和利益诉求，从而出现工程共同体不同成员之间的“摩擦”“矛盾”甚至“冲突”，但不同成员之间又要“求同存异”，相互“妥协”，相互“协调”“协同”和“合作”，达到“合作共赢”的结果。否则，如果不能在利益诉求上相互“协调”和“合作”，工程共同体就会“瓦解”，工程活动就无法进行。

如何才能化解工程共同体不同成员之间的矛盾，达到合作共赢、增进人类和社会福祉的结果，往往是非常困难但又必须努力追求的目标。

对于工程活动的主体，现代社会中出现了一系列新词汇：“航天人”“铁路人”“桥梁人”“大庆人”“宝钢人”等。应该怎样从工程哲学角度理解这些词语的意义和内涵呢?

在分析和研究从事社会经济、工程活动中的人性问题时，经济学家提出了“经济人”假说，伦理学家提出了“伦理人”假说。可是在把这两种人性假说运用到分析和研究工程活动时，人们可以看到：一方面这两种假说都有其“学理价值”，另一方面这两种假说同时也都有其自身的“学理缺陷”。而“航天人”“铁路人”“桥梁人”“大庆人”“宝钢人”等新词汇给我们的新启示是：工程哲学和工程社会学应该立足于“工程人”这个新的人性假说上分析、研究工程哲学与工程社会学中的诸多问题。

工程的社会结构和功能观

本书第二章对工程本体论进行了比较深入的论述，指出工程是现实的、直接的生产力。依据马克思主义历史唯物主义对生产力与生产关系、经济基础与上层建筑的辩证关系基本理论，工程哲学需要在阐述工程观时，对工程的社会结构和功能有更具体的认识与阐述。以下仅简要阐述几个重要观点和认识。

对于工程活动的社会结构，历史唯物主义关于“生产关系”的理论给出了一个“宏观分析”和“宏观结构”的概念，而工程哲学可以和应该在这个宏观理论框架下，给出一些更具体的分析和阐述。由于现代工程活动常常以企业为工程活动的结构单位，工程哲学应该注意与经济哲学的有关理论相互渗透、相互结合，在对企业的工程活动的结构分析方面取得新进展。

工程是社会存在和发展的物质基础，工程的社会功能，首先体现为工程为社会存在和发展提供物质基础，满足人类生活的基本需求并提高社会生活质量。恩格斯说：“马克思发现了人类历史的发展规律，即历来为繁茂芜杂的意识形态所掩盖着的一个简单事实：人们首先必须吃、喝、住、穿，然后才能从事政治、科学、艺术、宗教等等”。①

工程存在于社会系统中，是社会大系统中的基本变量，工程也就成为社会结构的调控变量，并影响着社会结构的变迁。

（1）工程会改变社会经济结构，促进产业发展和更新。科技进步最终要通过实施一系列工程活动才能对经济社会产生影响。在历史上，蒸汽机动力工程和电力工程等都有力地推进了人类社会经济结构的演进。

（2）工程会改变人口的空间分布，带来城乡结构的变迁。近代以来，矿业工程的兴起催生了许多矿业城镇，吸引了人口的聚集，推动了城市化进程。当代高技术产业聚集区的出现也对人口流动产生了重要影响。

---

① 马克思，恩格斯．马克思恩格斯选集：第 3 卷[M]．北京：人民出版社，1972：574.

(3) 工程作为社会结构的调控变量，还体现在可以作为宏观调控的手段，保持经济、社会、生态环境的协调发展，推进社会公平。例如通过环境工程来治理环境、通过投资公共工程来调控经济发展等。引导与调控工程投资的数量、结构和区域分布对于国家、地区宏观经济的健康持续发展会起到重要作用，因此，与工程相关的固定资产投资的规模、结构和布局是社会结构优化的重要调控参数。

(4) 工程是社会变迁的文化载体。工程具有社会文化功能。优秀的工程是科技、管理、艺术等要素的结晶。工程不仅具有创造物质财富的生产功能，而且在工程的结构与性状中还凝结着特定的社会文化价值。标志性的工程（如中国的长城、埃及的金字塔等）还会成为其所在地和所属民族的精神纽带，有助于增进民族和国家的自豪感与凝聚力。

在认识工程的社会功能时，人们应该特别注意工程的社会功能可能具有二重性。

所谓工程对社会的影响的二重性，常常表现为许多工程在满足人类特定需求的同时，也会给社会带来负面影响，出现工程活动的异化现象。面对工程社会功能的二重性和异化现象，人类不能听之任之，而应该正确、全面地分析和认识这种现象，尽最大努力减少某些工程可能引起的负效应。

3 工程的社会传播观

由于工程是一种最基本、最基础、最常见的社会活动，工程活动中必然出现和存在多种形式的社会传播活动，为了分析、认识和应对这些社会传播现象，现代工程传播观也逐步形成了。

3.1 公众理解工程

现代工程必然产生广泛的社会影响，如转基因食品、城市地铁修建等工程活动都与广大群众的生活息息相关，可是，公众对工程的理解却远远不足。针对这种状况，1998 年 12 月美国国家工程院首先提出了“公众理解工程计划”。[1] 2004 年在上海召开的世界工程师大会也响亮地提出应该让公众理解工程。

3.2 公众的工程知情权

“知情权”（the right to know）又称“知”的权利、知悉权、了解权。知情权作为现代法治国家公民的政治民主权利，已得到各国法律的普遍确认，它也是《世界人权宣言》中确定的基本人权之一。“知情权”包括两个层次的含义：一是指权利人从主观上能够知道和了解；二是指权利人可以通过查阅来获取信息。

任何工程，无论是社会法人公共、公益投资的大型工程和公益工程，还是企业法人投资的商业工程，公众都应享有知情权。在公共、公益工程中，公众既是投资者，也是利益相关者。在商业工程中，公众是重要的利益相关者。尽管商业工程的投资与经济收益归企业法人公司所有，经济风险也主要由公司承担，但工程对自然和社会产生的影响却是公共的。倘若工程与公众个人利益直接相关，公众在享有知情权的基础上，还享有选择权，如在转基因食品对健康影响问题尚无定论的情况下，公众有权自主决定是否购买转基因食品。对于那些可能产生重大环境与社会影响的大型工程，公众在享有知情权的基础上，还享有表达意见的权利，甚至是某种形式的决策参与权。

公众在工程中享有知情权、选择权和参与权，并不意味着这些权利是无条件的。对于不同类型的工程和不同的具体情况，在如何具体行使这些权利以及这些权利的行使有什么具体界限的问题上有可能存在巨大的差别。人们应该针对具体问题进行具体分析，不可笼统地一概而论。

3.3 工程的公众参与

公众理解工程，在许多情况下需要提倡工程中不同形式的公众参与。工程决策和选择必然以工程的价值目的为导向，需要以系统评价为支撑，涉及多方面的利益和知识。工程的公众参与，一方面

---

① 胡志强，肖显静. 从“公众理解科学”到“公众理解工程”[J]. 工程研究——跨学科视野中的工程，2004，1（1）：163-170.

有利于各方利益的权衡，另一方面可为工程提供更广泛的智力支持。公众理解和参与工程，可以扩大工程决策与选择的信息、智力基础。工程结果有时会发生异化，出现背离原初目的的负效应，而减少负效应的基本途径是要获得尽可能完备的信息，寻求更多的智力支持。工程的公众参与将促使决策者在更广泛的范围和更大程度上获得与工程有关的各种信息。

3.4 公众理解工程的途径

公众理解工程的另一个问题是通过什么途径使公众理解工程。获取必要的关于工程的信息是公众理解工程的前提条件，为此，应该努力做好有关的工程信息的发布、传播与普及工作。这些工程信息应该既包括有关的科技知识，也包括有关的社会方面的知识。工程师应该善于把自己的专业知识普及给大众。应该以适当方法促进社会公众的各类经验知识的相互交流和不同价值观的相互对话。这一过程可以称为工程的“知识共享”和“社会学习”，主要目的是通过不同主体的知识与价值观交流，消除对工程的信息不对称，传播已有知识，创造新知识，提高全社会的工程知识水平，使公众获得对工程更为全面的理解，并促进对工程的社会共识。工程的社会学习，是政府、工程业主、工程师和公众的共同事务。

第四节 工程生态观

工程活动作为人与自然相互作用的中介，对自然、环境、生态都产生了直接的影响，特别是20世纪下半叶以来，生态环境问题日益突出，严重影响了人类的生存质量和可持续发展，使人们逐渐意识到那种片面强调征服自然的传统工程观有很多弊端。人们越来越深刻地认识到必须树立科学的工程生态观，把工程理解为生态循环系统中的生态社会现象，做到工程的社会经济功能、科技功能与自然、生态功能相互协调和相互促进。

1 对传统工程观的反思

自18世纪工业革命以来，人们一直都把工程现象理解为是对自然的改造，是人类征服自然的产物。这种传统工程观是局限在对工程具体的技术功能和经济功能的片面认识上的，对工程过程和运行的生态环境缺乏足够的关注，对工程与自然的辩证关系未予深刻的反思。传统工程观下对于工程的理解和认识与自然本身之间从本质上是相互矛盾的，这种矛盾主要体现在以下三个方面。

第一，生产过程的单向性与自然界循环性的矛盾。自然进化过程中一种生物与另一种生物之间以及所有生物和周围其他事物之间都有着一种有机的联系，是一种动态的、循环的逻辑。传统的工程观贯穿的却是线性的、单向流动的逻辑，即机器生产产品，产品使用后被丢弃成为垃圾和废物。所以传统工程观支配的工业技术体系其内在逻辑与自然界的循环性是相互矛盾的。

第二，工程技术的机械片面性与自然界的有机多样性的矛盾。自然界的有机多样性是深层的秩序或自然生态平衡的反映。近代以来人类以高度受控的工业技术建造对自然系统干预强烈的人工系统，大规模地向自然进行索取、制造、消费和无序化废弃，使工程活动与自然平衡发生了异化。工程活动对机械性和效率性过度强调的直接后果就是割断了技术社会与自然环境之间的联系，并对生物多样性造成了严重危害，使生物物种锐减，直接威胁到人类现世和未来的生存与可持续发展。

第三，工程技术的局部性、短期性与自然界的整体性、持续性的矛盾。工程是一种用特定结构实现特定功能的系统，功能的实现意味着结构的使命实现，在特定的条件下，结构与功能的对应关系越严格，结构被淘汰的可能性就越大，从而形成技术的短期性。人类工程活动的规模越大，往往同时导致技术的某些局部性与短期性的特征就越多、越严重。工业生产的目标与环境系统的要求很多时候并不吻合，一种柔性的功能体系被一种刚性的结构推向专门化，虚假的“目标”在市场推动下又成为虚假的“需求”，这是经济与生态的双重不合理。这不仅强化着前两个矛盾，还造成另外的社会效应——人与自然的统一被分工所打破，处于局部技术环节和特定利益链条上的“劳动者”对自身赖以生存的自然失去基本的判断。无论是作为生产者，还是作为消费者，他只能面对自然过程的某一环节。当人们生产时关心的是效益，不考虑环境代价；当人们消费时，关心的是物品的功能，无法确知该物在生产过程中的环境影响。

这就导致自然界被分为两个部分——有用的和无用的，有用的“拿来”，无用的“扔掉”。有些人为了“自己”的环境利益可以将污染转移，但这样做的结果常常是既增加了污染又加大了污染治理的难度。

2 环境治理对工程观变革的推动

自20世纪70年代开始的现代环境运动揭示出环境不再仅仅是人类生产活动的舞台，它已经成为一种需要人类理智地从事生产、生活活动才能维持其存在的“产品”。因此，“环境生态问题”也不再仅仅是“自然问题”，而是经济社会问题，并由此诞生了“循环经济”的概念。循环经济是一种以资源的高效利用和循环利用为核心，以“减量化、再利用、资源化”为原则，以低消耗、低排放、高效率为基本特征，符合可持续发展理念的经济增长模式，是对“大量生产、大量消费、大量废弃”的传统增长模式的根本变革。

传统经济增长模式中，经济合理性是核心因素。为了满足经济系统的要求，各种技术系统纷纷涌现，接受市场的选择，那些快速占有市场的技术则会战胜其他技术。但这些胜出的技术并不一定是最符合生态要求的技术，甚至对环境危害越大的技术越有可能得到推广。环境生态标准的出现改变了经济系统与技术系统的关系格局。对工程、工程技术而言，经济合理性不再是唯一标准，一些未被大规模推广的绿色技术的价值有可能被重视，而现有技术也要重新在生态的标尺下被评估。在循环经济的启发下，人们开始对工程活动的经济合理性、技术可行性和生态平衡性进行综合考量。一个工程过程消耗资源是必然的，但能否减少消耗、工艺流程是否还有其他选择、工程方案是否可以进一步优化、废弃物可否避免，或者有无再利用价值等这些曾经在传统经济活动中被弱化或者割裂的因素，现在都需要被考虑进来。

3 生态学的发展、启示和工程生态观的形成

3.1 生态学的发展进程和思想理论启示

生态学（Ecology）是德国生物学家海克尔（Ernst Heinrich

Philipp August Haeckel）于1866年提出的一个概念，并且成为一门现代自然科学学科。一般认为，生态学是研究有机体与其周围环境（包括非生物环境和生物环境）相互关系的科学。

生态学有自己的特定研究对象、任务和方法，取得了许多特定的学术成果。就此而言，生态学只是现代学科数量众多的“学科王国”中的“与其他学科平等和平权”的学科之一，它并不具有特殊地位和特殊意义——这也正是生态学形成后大约100年中的“学科状况”和“学科地位”。可是，由于多种原因，特别是由于20世纪下半叶以来出现了生态状况加速恶化的状况和形势，人们在关注许多问题时都有了新认识。在新的形势和新的思路中，人们在认识生态学这门聚焦于“有机体的系统性整体以及生物系统与环境的相互关系和相互作用”的具体学科时，不但在思想上关注了这门学科的具体内容和具体方法，而且进一步把生态思想和生态方法“升级为”具有“更高、更大普遍性”的思想观念、理论原则和方法论原则，于是所谓“生态学原则和方法”与“工程生态观”也就应运而生了。

3.2 工程生态观的基本思想

工程生态观是人类在工程活动剧烈、技术手段多样、自然环境变得脆弱的背景下理性反思的产物，既有对技术滥用的担忧，也有对合理利用技术的期望，更有对工程、技术、生态一体化设计的理想追求。以下着重论述工程生态观中的四个重要观点。

（1）工程与生态环境相协调的思想。

工程生态观的最基本的思想就是尊重自然，承认自然存在的合理性和价值，将工程活动作为自然生态循环的一个环节，因为无论工程的效果如何，它只能是“自然-人-社会”大系统中的一个角色。利用工程手段改变自然，在满足人类需求的同时必须对人类工程活动的后果作多重分析，尤其是加强对工程建构的潜在后果和负面后果的分析，并将其作为人类工程建造活动的约束性条件。在价值取向上将生态价值和工程价值协调起来：一方面，工程活动必须顺应和服从生态运动规律，最大限度地减少对生态环境的不良影响；另一方面，工程活动要在认识生态运动规律的基础上利用生态运动规律去改善和优化生态环境。

(2) 工程与生态环境优化的思想。

人类工程活动经过与自然生态互动会帮助人们积累有关生态的知识和利用生态规律调整与保护自然生态环境的理念、方法及途径，利用新的理念和技术去改善与消除人类工程活动已经造成的破坏，并通过工程活动对自然生态系统自身的盲目性、破坏性加以因势利导，从而使工程活动在追求经济社会利益的同时能和自然生态系统良性循环之间保持恰当的协调，有目的地将工程活动融入自然生态循环，去改善和优化生态环境。

(3) 工程与生态技术循环和生态再造思想。

面对环境污染等现实问题，有人提出了生态技术循环和生态再造的新对策与新思路：要求工程活动中实现各种绿色循环技术的集成，从要素上体现工程活动的生态性，努力把工程活动融入自然生态循环中，使之符合生态环境自我的运行规律。

工程活动在改变一个地区的自然生态和社会结构的同时，也会带动该区域经济社会的发展。因此，新时代的工程观要求工程规划与设计应综合考虑工程活动的工程效应、生态效应和环境效应，在避免工程负面效应的同时，通过工程建造优化生态环境，实现生态良性循环的工程再造。

(4) 工程界目前的实践探索和产业生态学学科的兴起。

工程生态观和工程生态思想绝不仅仅是纯理论的思辨活动，更是可以与工程实践密切结合在一起的渗透在工程实践中的思想和观念。当前，受循环经济潮流的推动，工程界积极从事体现生态法则的工业工程的工作，并形成一系列初见成效的技术措施，同时形成了一套以系统分析方法为核心，以工业代谢分析、生命周期评价、生态设计为主要手段的工业生态学理论。

工业生态学视野中的生命周期是以自然界生命周期的物质能量循环来考察经济系统内产品的物质能量循环。传统经济学考察产品而不考察排放物、废弃物，考察原材料、产品的价格成本而不考察环境成本，考察工艺过程的技术可行性而忽略其生态合理性。生命周期评价的出现将考察的范围向前延伸至原材料、能源的获得，向后延伸至产品使用、回收以及废弃物的处理。因为产品的形成既是物质的转化过程，又伴随着能量消耗，这个过程由原材料的采集开始，直至废弃物被自然界或者其他产品所消纳。作为一种评价方法，生命周期评价贯穿于资源、产品、工艺过程和消费以及经济、生态评价等整个生命周期。

与生命周期密切联系，人们又提出工业代谢分析方法和生态设计方法。工业代谢分析方法是受生物学“代谢”概念的启发而提出的一个新概念，要求在不同工业部门之间建立起相关联系，形成合理的工业体系，实现不同工业部门间物流、能流、资金流的优化，减少对过程中废弃物的输出，又要提高经济效益、生态效益。生态设计（ecological design），又称为环境设计（design for environment）、绿色设计（green design），是以保护环境与资源为核心的产品设计理念和过程。

第五节　工程伦理观

工程作为人类最基本的实践活动，蕴含着复杂的伦理问题。工程活动内在地与伦理相关，或者说，伦理诉求是工程活动的一个内在规定，进一步说，工程师们仅仅关心是否做好了传统的、职业内的工作是不够的，他们还要关心是否做了符合伦理原则的、好的工作。

1 工程中的伦理问题

首先，工程是人类的“造物”活动，整个工程活动的过程中包含着一系列的选择问题，例如工程目标的选择、实施方法和路径的选择等。应该选择什么？怎样进行选择？这些选择往往都是基于某种伦理价值原则而进行的。阿西莫夫（A. Asimov）在《设计导论》中指出，设计的原则由两种类型的命题组成：一类是有事实内容的命题；另一类是有价值内容的命题，它反映了时代的价值和道德风貌。①

其次，工程活动中存在着许多不同的利益主体和利益集团，诸如工程的投资方，工程实施的承担者、设计者、施工者、管理者、

① 邹珊刚．技术与技术哲学[M]．北京：知识出版社，1987：374-381.

运营者和产品的使用者等。应该如何公正合理地分配工程活动带来的利益、风险和代价，这是当代伦理学所直接面对和必须解决的重要问题之一。马丁（M. W. Matin）和辛津格（R. Schinzinger）曾很具体地列出了一些在工程活动各个阶段出现的具有伦理性质的问题。[①] 例如，在设计阶段会出现关于产品的合法性、是否侵犯专利权等问题，在订立合同阶段会出现关于“恶意压低标准和价格”的问题，在生产运行阶段会出现关于工作场所是否符合安全标准的问题，在产品销售阶段可能存在贿赂、广告内容失实等问题，在产品的使用阶段可能存在没有告诉用户有关风险的问题，在产品回收和拆解阶段可能存在关于是否对有价值的材料进行再利用和对有毒废物进行正确处理的问题，等等。

工程活动直接关系到人们的福祉和安全，因而工程与伦理的关联是早就存在的问题。在古代，许多工匠就认识到应该把道德良心当作进行工程活动和发挥工艺技能的基础或前提。

到了近现代，工程师的职业伦理成为工程伦理领域的一个突出问题。由于许多工程师都是受雇于人，为雇主服务的，这就导致“服从和忠诚于雇主”成了工程师的主要义务和对工程师的主要要求。可是，这个职业伦理原则中没有充分考虑工程师职业的“忠诚于社会”和“社会责任”问题。

20世纪初，在一些西方国家，随着各工程师专业学会的建立，人们对工程伦理和工程师职业伦理问题有了新的认识与思考。1992年美国电气工程师学会（即美国电气与电子工程师学会的前身）、1994年美国土木工程师学会制定了各自的伦理准则。尽管这些准则主要强调的仍然是对雇主的义务，但它们已经开始考虑工程活动对公众利益的满足。在第二次世界大战之后，源于对原子弹毁灭性后果和对纳粹医生罪行的反思，人们对工程师伦理准则的认识发生了一些重大的转变。美国工程师专业发展委员会（现为美国工程和技术认证委员会）于1947年起草了第一个跨学科的工程伦理准则，明确地对工程师提出了应该“关注公众福祉”的要求。

自20世纪七八十年代起，工程伦理作为一个新学科或跨学科

---

① Matin M W, Schinzinger R. Ethics in Engineering [M]. New York: McGraw-Hill, 1966: 385.

研究领域蓬勃发展起来。美国的工程伦理研究主要从职业伦理学的学科范式入手，结合案例分析，探讨工程师在工程实践中可能面对的道德问题和如何做出选择的问题。美国工程和技术认证委员会要求工程学科的教育规划中必须包括工程伦理的内容。自1996年起，他们还把工程伦理的内容纳入注册工程师“工程基础”的考试中。

德国的工程伦理研究则依托了实践哲学的发展而显示出不同的风格。德国的研究更多地着眼于工程和技术伦理问题的解决原则与战略选择，重点是伦理责任和技术评估问题。德国工程师协会颁布的《工程伦理的基本原则》旨在帮助工程技术人员提高对工程伦理的认识，为他们的行为提供基本的伦理准则和标准，在责任冲突时提供判断的指南和支持，以及协助解决与工程领域有关的责任问题的争议、保护工程技术人员；同时要求工程师对他们的职业行为及其带来的后果负责，对职业准则、社会团体、雇主和技术使用者负责，尊重国家制定的、与普遍道德原则不相违背的法律法规，明确自己对技术的质量、安全性与可靠性的责任，发明与发展有意义的技术和技术问题的解决办法。德国工程师协会3780号文件建议用个性发展、社会质量、舒适、环境质量、经济性、健康、技术功能、安全性八大价值取向来表示技术与社会之间的复杂联系。

2 工程伦理的性质和范围

2.1 工程伦理是一种实践伦理

在工程伦理实践中，最常用到的伦理学理论和方法有两类：目的论伦理学和义务论伦理学。目的论又称后果论，主要关注行动效果和功利。工程中常用的成本-效益分析就是一种典型的目的论方法。目的论有着顺应现实的优点，但同时也存在缺乏可用来权衡一种结果胜于另一种结果的适当标准的问题。此外，如何才能尽量全面、正确地发现并确定我们的行为可能产生的结果，也是一个困难的任务。义务论伦理学注重行为的动机，将每个人都作为平等的道德主体来尊重，但缺乏对结果的“敏感性”，这使其在分析许多现实问题时会显得有些不切实际，给人以“空中楼阁”之感。在当代的经济和社会生活中，目的论方法受到了更多的注重，然而我们也必须用义务论方法来补充目的论方法的不足，否则难免出现许多弊端，反之亦然。

工程伦理是实践伦理。工程实践中的伦理难题不是简单地搬用原则就可以解决的。实践伦理开始于现实问题，特别是那些在生活、实践中提出的而以往的伦理原则所不能直接回答的问题（包括不同“原则”之间的冲突与对抗的问题）；其目的首先也是要解决问题。

实践的判断和推理不同于理论领域的判断和推理，它不是简单的逻辑演绎，而是包含着类推、选择、权衡、经验的运用等的复杂过程；其结果不是指向抽象的普遍性，而是指向丰富的、具体的个性，是针对问题情境的专指的“这一个”。“实践推理”是综合的、创造性的，它把普遍的原则与当下的特殊情境、事实和价值、目的和手段等结合起来，在诸多可能性中做出抉择，在冲突和对抗中做出明智的权衡与协调。

在工程伦理中，对什么是理论或原则的“应用”也有新的解释和理解。由于面对的是新的现象，在实践推理中，在对情境的理解和对原则的理解之间存在着复杂的互动关系，必须根据当下的情境来理解原则，同时又需要依据原则来解释和处理这些情境，这就要求灵活地运用实践的智慧而不仅仅是机械地搬用某些已有的规则和方法。上述过程并不只是“思”，同时也是“做”，是行动。实践推理（或实践的伦理）不仅是导向行动的，而且是伴随于“行动中的”。当代的许多伦理学家都十分强调进行对话。努力促进不同的社会角色、各种价值和利益集团的代表乃至广大公众的参与、对话并力求达成共识，这是解决工程伦理问题的一个重要方法和重要环节。

2.2 微观工程伦理问题和宏观工程伦理问题

正如经济学领域既有微观经济学问题又有宏观经济学问题一样，在工程伦理学领域，也既存在微观工程伦理问题又存在宏观工程伦理问题。马丁和辛津格认为，微观问题涉及个人和公司做出的各种决策，而宏观问题则是所涉及范围更加广泛的问题，例如技术发展的方向问题，是否应该批准有关法律，以及工程师职业协会、产业协会和消费者团体的集体责任问题。在工程伦理学中微观问题和宏观问题都是重要的，并且它们常常还是交织在一起的。[①] 国外一些学者在进行工程伦理学研究时，往往更专注于研究微观工程伦理问题，而很少研究宏观工程伦理问题，这是工程伦理学研究中的一个薄弱环节。我们在研究和分析工程伦理时，不但要关注微观工程伦理问题，更要关注宏观工程伦理问题，特别是要关注和研究与集体决策、集体责任联系在一起的伦理问题。

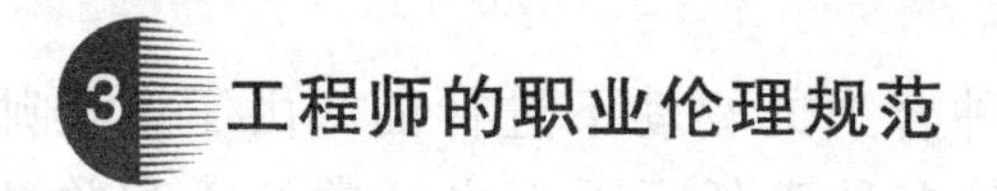

3 工程师的职业伦理规范

3.1　对工程师的职业伦理问题的一些基本认识

所谓职业伦理，是指职业人员在从业的范围内所采纳的一套行为标准。职业伦理规范表明了人们在职业行为上对社会的承诺。同时，职业伦理也标志着在职业行为方式上社会对他们的期待。工程师的职业伦理规定了工程师职业活动的方向，它还能够培养和提高工程师在面临义务冲突、利益冲突时做出判断和解决问题的能力，以及前瞻性地思考问题、预测自己行为的可能后果并作出判断的能力。一些工业发达国家把认同、接受、履行工程专业的伦理规范作为职业工程师的必要条件。[②] 美国工程师专业发展委员会伦理准则的第一条就要求工程师“利用其知识和技能促进人类福祉”，其“基本守则”的第一条又规定“工程师应当将公众的安全、健康和福祉置于至高无上的地位”。

3.2　工程师职业伦理中的若干重要问题

关于工程师的职业伦理，以下几个方面的问题需要引起我们特别的关注。

3.2.1　诚信

诚信是保证人际交往和社会生活正常运行的一个重要条件。诚

① Matin M W, Schinzinger R. Ethics in Engineering [M]. New York: McGraw-Hill, 1966: 385.

② 董小燕．美国工程伦理教育兴起的背景及其发展现状[J]. 上海高教研究，1996(3)：74-77.

信是工程伦理的最基本的要求，哈里斯（Charles E. Harris）认为：诚实的工程师应当努力找出事实，而不仅仅是避免不诚实。这种积极意义上的诚实是负责任的工程师应该具备的。正是由于诚信对工程活动的重要意义，很多行业的工程伦理章程都要求工程师必须“诚实而公正”地从事他们的职业。

3.2.2 利益冲突

工程活动是在社会的多种合力的驱动下进行的，由于工程师在社会中有着多种角色，承担着多种责任，因而也经常处于利益冲突的境况中。利益冲突是一种情景，它的存在本身并不意味着一定会导致人们犯错误。但它确实是一种可能以多种方式对人们的正常职业判断力产生影响的因素。

利益冲突的影响也可能是潜在的或未被意识到的，这些冲突对个人、群体、单位、社会往往都会产生不利的影响。我国当前正处在一个经济迅速发展和急剧“社会转型”的时期，全国各地都在进行规模空前的工程活动。在当前的社会环境和条件下，工程活动中的多种多样、形形色色的利益冲突往往更加突出和引人注目，面对这些复杂的利益冲突，特别是面对经济利益的引诱，企业家、管理者、工程师等各种“社会角色”都必然要经常不断地接受伦理和“良心”的考验。为避免产生不利的影响，通常所采取的对策有回避、公开、制定有关规则、审察和教育。

3.2.3 工程师与管理者

工程师的职能就是运用他们的技术知识和能力来提供对组织及其“顾客”有价值的产品与服务。于是，“对雇主（或委托人）的忠诚”在很多国家都成为工程师职业伦理的一个基本原则。但作为专业人员，工程师不但必须忠诚于雇主（或委托人），他们还必须对公众和社会负责。在具体的工程活动中，这两种要求并非总是一致的，相反，常常可能发生冲突。在发生矛盾冲突时，究竟应该服从于公司的决定，还是服从于自己的职业良心“忠诚于社会”？这是工程师常常会遇到的问题。工程伦理学把这种处境称为“义务冲突”。

工程师由于身兼两种（或两种以上）职业角色，常常难以避免地陷入这种“义务冲突”之中。当然，人们可以说，企业本身的利益与对社会的伦理义务在根本上是一致的，但现实情况往往并非这样简单。工程的社会价值目标与企业价值目标或工程的商业价值目标常常并不完全一致。工程的社会价值目标常常对商业价值目标中的营利性产生不利影响。这种冲突会直接影响到工程师和企业管理者的复杂关系。企业管理者往往更关注组织的经济效益，而这主要是用经济指标来衡量的。他们看重对投入产出关系的评价，其行为更受经济关系的支配，有时甚至受个人价值观念的支配。而工程师则往往对技术和质量问题有特别的关注。工程师具有“双重的忠诚”，工程师对社会和职业的忠诚应该高于对直接雇主的狭隘利益的忠诚。

从伦理和职业的角度看，最主要的冲突围绕着这样的问题而展开：在决策过程中，什么情况应该听从管理者的意见？在什么情况下应该听从工程师的意见？特别是，有时候冲突会在同一个人身上内在化。

对雇主保持忠诚并不意味着必须放弃对工程的技术标准和伦理标准的独立判断。工程伦理学中倡导的是一种“批判性的忠诚”。当冲突发生时，工程师应该以建设性的、合作的方式去寻求问题的解决。但在组织内部的一切努力均告无效的情况下，在事关重大的原则问题（如违反法律、直接危害公众利益或给环境带来严重破坏）上，工程师应该坚持自己的主张，包括不服从、公开揭露和控告。这应该被视为工程师的一项基本权利。坚持原则可能给个人利益带来损失，这需要勇气和自我牺牲精神。工程师在这样做时，应当采取适当的、负责任的方式，并寻求工程师团体和法律的支持与保护。

第六节 工程文化观

工程与文化具有密不可分的内在关联性。一方面，人们的工程活动离不开一定的文化传统和文化背景；另一方面，工程活动直接影响到整个社会文化的面貌。可以认为，工程活动已经形成了一种特殊的亚文化——工程文化。

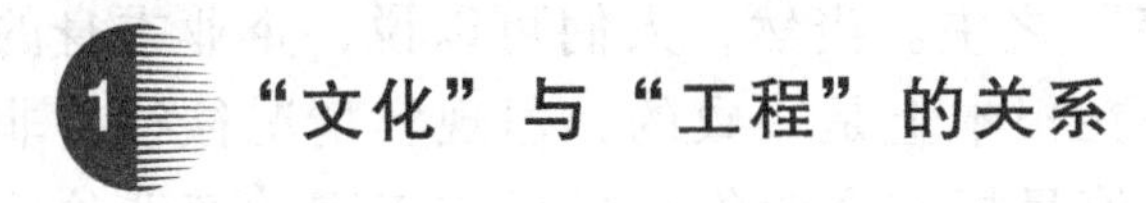

1 “文化”与“工程”的关系

英文 culture 一词具有“文化”“耕种”等多种含义。1690 年，菲雷蒂埃（Antoine Furetière）说：“耕种土地是人类所从事的一切活动中最诚实、最纯洁的活动。”文化是“人类为使土地肥沃、种植树木和栽培植物所采取的耕耘和改良措施。”①《美利坚百科全书》中“文化”词条的作者认为，直至 19 世纪中叶，人类学家才把 culture（“文化”）作为专业术语加以使用。对于“文化”的定义，不同学者给出了形形色色的不同定义，达到了数百种之多。在这些纷纭的定义中，泰勒（Edward Burnett Tylor）在《原始文化》一书中给出的定义值得我们特别关注。泰勒认为，文化“是人类在自身的历史经验中创造的‘包罗万象的复合体’”。②

“文化”与“工程”既有共同性也有差异性。二者都是属人的，都以人为主体，都是人类创造的财富。这是二者的共同性，但二者又有重要区别。

首先，文化的主体既可以指人类全体，也可以指某个社会群体；而工程的主体往往仅特指社会中特殊的社会群体——工程共同体(包括工程的决策者、投资者、管理者、实施者、使用者等利益相关者)。

其次，文化概念中的主体行为广泛；而工程主体的行为相对集中，有时更限定在“以建造为核心”的生产范围。以往人们在谈文化的时候，往往更强调其无形的精神的内涵；而在谈工程的时候，往往更强调其有形的物质的层面。尽管如此，我们仍然必须肯定，在工程文化的讨论中，文化始终渗透在工程活动的全过程，且凝聚在工程活动的成果、产物中。工程活动也在不同程度上生成文化、形塑文化、传承文化。

工程与文化的交集构成独具特质的文化类型——工程文化。可以把工程文化理解为“人们在从事工程活动的过程中创造并形成的

---

① 菲雷蒂埃．通用词典：第 1 卷[M]．巴黎，1690.

② 转引自：埃尔．文化概念[M]．康新文，晓文，译．上海：上海人民出版社，1988：3，5.

关于工程的思维、决策、设计、建造、生产、运行、知识、制度、管理的理念、行为规则、习俗和习惯等”。

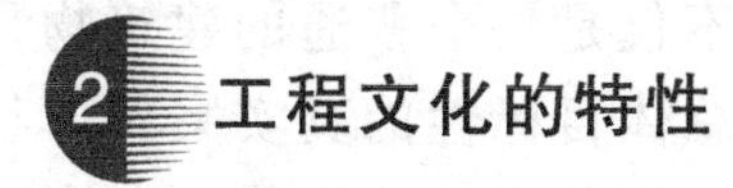

2 工程文化的特性

2.1 工程精神与民族精神的交融

在工程文化中，工程精神通常被凸显出来。工程精神集中反映了工程共同体的价值观和精神面貌。在那些具有代表性的工程项目中，工程精神又常常与民族精神融为一体，鲜明地表现出民族的精神面貌，集中凸显并高扬民族的精神风格。

工程活动都是在一定的国家和民族的“地域”中进行的，任何工程都是由属于特定的国家和民族的“人”所兴建与进行的，正是“人”这个“主体性因素”把工程文化与民族精神内在地连接在一起。不同民族的民族精神由工程共同体带入工程活动中，形成具有民族特点的工程文化，通过携带民族精神“元素”的工程精神反映出来。例如，德国的严谨、美国的创新既是其民族文化的特征，也是其工程文化的特征。中华民族“独立自主”“恢宏博大”“艰苦奋斗”“和谐友好”“顾全大局”的民族精神常常渗透在中国工程建设中，形成中国工程文化特有的工程精神。例如在中国的载人航天工程中，航天人创立了“特别能吃苦、特别能战斗、特别能攻关、特别能奉献”的“载人航天精神”。这些工程精神都凝聚着中华民族“血脉”中所传承的民族精神“元素”，不仅有力地促进了中国工程的发展，而且推动了中国工程文化的建设。

2.2 工程文化的整体性和渗透性

工程活动是一个多因子、多单元、多层次、多功能的动态系统。工程活动的动态系统性与工程活动的整体性是密切联系在一起的，二者又与工程活动的总体目标内在地联系起来。法国查特斯大教堂从 11 世纪开始建造，在近两个世纪、不连续的工程建造过程中，没有总设计师和统一的设计方案，而且“前后相继的许多工匠分别使用了自己的‘地方性的’几何学、技能和测量单位”。[①] 但是，由于该工程始终有一个总体目标，有被画在薄木片上的模板，最终整体工程得以竣工。所以，查特斯大教堂不仅是一个普通的建筑物，而且是一个反映工程整体性、动态性、总体目标性的真实案例。与此同时，由于查特斯大教堂凝聚了成千上万名工匠的智慧，灌注了他们对上帝的虔诚信仰，再现了他们的审美观和价值观，因此，它还是工程文化整体性的生动见证。

工程文化的渗透性是指工程文化能够无形地然而又强有力地渗透到工程活动的每个环节，渗透到工程肌体的每个细胞。工程文化的内容是无形的，这使得工程文化的存在和工程文化的作用常常在工程活动中被忽视。但正因为工程文化的“无形”，致使它具有渗透性，又会作为“软实力”，有力地决定工程活动的“有形”结果，而彰显出工程文化的存在和力量。在出色的工程项目中，人们会清楚地看到贯穿于其中的工程共同体的鲜明生动的精神面貌。而那些缺少精神支撑的工程项目犹如缺乏营养的患者，会表现出各种不健康的状态。

2.3 工程文化的“时间性”

任何文化都是在一定的时间和空间中存在与发展的，工程文化也不例外。

工程文化存在于具体时空中，而不是超时空的，这就决定了工程文化具有时间性和空间性特征。工程文化的时间性特征主要体现在“时代性”“时限性”和“时效性”三个方面。

2.3.1 工程文化的“时代性”

不同时代有不同的工程，从而产生具有不同时代性的工程文化。例如，古埃及建造的金字塔与20世纪澳大利亚建设的悉尼歌剧院属不同的建筑类型和建设风格。工程文化的时代性蕴涵在具有时代特征的工程成果中并得以传承。在认识工程文化的时代性时，人们必须注意：一方面，工程文化的时代性不但意味着不同时代有不同时

① 贾撒诺夫，马克尔，彼得森，等．科学技术论手册[M].盛晓明，孟强，胡娟，等译．北京：北京理工大学出版社，2004：91.

代的工程文化，任何时代的工程文化都不可避免地要打上一定的“时代烙印”；另一方面，随着时代的推移和变化，某些其他时代的工程也可能在新时代被“赋予”新的文化含义。例如，古代作为军事防御工程的长城在“现代”被“赋予”了“中华民族精神的象征”的文化含义——这是古代长城的建造者不可能想象到的事情。

2.3.2 工程文化的“时限性”

任何工程活动都在时间进度和工期方面有一定的甚至是严格的要求与限制。一般而言，每一项工程活动都有一定的工期要求，这是工程时限性的典型表现形式。特别是像奥运工程、世博会工程等“节日庆典工程”类型的工程项目，对于工期的要求更加严格。工程的时限性源于政治、经济、社会、军事、自然环境等各方面的原因（例如汛期到来对河流大坝合龙工期的限制），由此生成具有时限性特征的工程文化（倒计时规则就是一个典型例子）。

2.3.3 工程文化的“时效性”

工程活动是人类有目的的建造行为。每项工程都要在一定的时间内发挥其作用和影响。每项工程在设计时，都有其一定的“时效”要求和“时效”规定。由于不同的工程项目在目的和性质上各不相同，其“时效”情况也有很大不同。有些工程是暂时性的工程，其“时效”很短，也有一些工程是“百年大计”的工程，其“时效”很长。虽然我们不能把工程的“时效性”机械地理解为无论对任何工程而言都是其“时效”越长越好，但我们也要承认，工程项目的“时效性”越长，则其工程文化的持久力和影响力便越大。所以，工程文化的“时效性”特征既是检测工程项目、工程活动质量水平的一个重要标准，同时也是文化的存在、传承乃至传播的根本需要。

2.4 工程文化的“空间性”

工程文化的空间性特征不但是指任何工程活动都要在一定的“空间地域”和“地理范围”内进行和发生影响，而且也指在工程活动和工程文化中往往会体现出一定的“地域性”和“地理性”特征。从世界的角度来看，任何国家都是在一定的“地域”中存在的，许多民族的分布也常常带有其特定的地域性特点。“空间性”即“地方性”特征不但可以表现为“某个河谷”或“某个地区”，也可以表现为“某个国家”或“某个民族”，如此等等。

工程文化的“地方性”特征是很明显的。同类的工程活动在不同地方实施会形成不同的“地方性”工程文化。有些建筑成了所在城市的“地标”。北京、上海、纽约、华盛顿、莫斯科、伦敦、巴黎、悉尼有显然不同的城市地标建筑，这就是工程文化空间性和地理性的一种典型表现。同一个工程共同体在不同地方从事工程活动，有可能创造出很不相同的工程文化的空间性特征。所以工程共同体成员在进行工程活动时要因地制宜，要根据地域空间特点调整“原有”的工程文化，创造出适应新地点的“新”工程文化。

2.5 工程文化的“审美性”

人们在工程中对美的不断追求反映了工程文化的审美性特征。有人认为，美是高深、虚幻的东西，似乎仅与美学家、美术家、艺术家相关，而与现实生活或工程无关，至少关联不大；也有人认为，美仅是外部形式上的东西，与内在功能无关。这些都是对美的认识上的误区。在工程活动中，美不但存在并表现在工程物和产品外观的“形态美”与“形式美”上，更存在并表现在工程的外部形式与内在功能有机统一而体现出的“事物美”“工程美”和“生活美”上。

俄罗斯著名文学家、思想家车尔尼雪夫斯基曾提出“美是生活”的观念。依据这个观点，工程活动不仅仅为了满足人的基本生存需要，也应该同时满足人类追求美的精神需要。工程活动一开始便肩负着创造美的使命，工程活动始终贯穿着审美性原则，工程与美具有本源性的内在联系。工程美需要在工程活动中的各个环节加以体现，因此，审美性也就必然成为工程文化的重要特征。工程文化的审美性特征通过工程活动过程中的各个环节表现出来。

3 工程文化的作用和影响

3.1 工程文化对工程设计与实施的作用和影响

工程文化的作用和影响首先强烈而鲜明地表现在工程设计上。

在直接的意义上，工程设计——尤其是建筑工程设计——是设计师的“作品”。工程设计的“质量”如何、是否卓越不但取决于设计师的技术能力和水平，而且取决于设计师的工程理念和文化底蕴，取决于其工程文化修养。

在工程实施过程中，工程文化会以建造标准、工程管理制度、施工程序、操作守则、劳动纪律、生产条例、安全措施、生活保障系统等体制化成果通过工程共同体内部不同群体的行为而得以表现。

从工程文化的角度来看，所谓施工过程、施工质量、施工安全等，不但具有技术、经济的“色彩”，而且具有工程文化方面的“色彩”。在施工环节中，“野蛮施工”的深层原因是工程文化领域的问题。在工程施工中，事故频发的深层原因往往也不是技术能力问题，而是是否树立了“以人为本”的工程理念和工程文化观念的问题。工程中的许多问题归根结底都是工程文化素质和传统方面的问题。工程界和社会各界都应高度重视工程文化对工程施工的影响，应该努力从根本上提高工程共同体的工程文化素养。

3.2 工程文化对工程评价的作用和影响

工程文化对工程的作用和影响还渗透到与表现在工程评价环节中。任何工程评价都是依据一定的标准进行的。由于工程活动是多要素集成的活动，所以，工程的评价标准也不可能仅有只针对“单一要素”的评价标准，而需要有内容丰富、关系复杂的多要素的综合性的评价要求和标准。在进行工程评价时，人们不但需要进行针对“个别要素”的工程评价，而且更需要注意“立足工程文化”和“从工程文化视野”进行工程评价。人们应该站得更高，在更广的视野下看待工程评价问题。任何工程标准都体现或反映着特定的文化内涵，它是不同文化观念投射到工程标准上所形成的工程观念的产物。立足于工程文化，在掌握工程评价的标准时应该综合考虑功效性、时代性、地方性、民族性、技术经济标准和审美标准的协调等问题。

3.3 工程文化对工程未来发展图景的作用和影响

工程文化不仅影响着工程的集成建造过程，还决定着工程未来的发展图景。可以预言，未来的工程在展示人类力量的同时，会更多地注重人类自身的多方面需求，注重人类与其他生物、人类与环境的友好相处；未来的工程既应体现全球经济一体化趋势，又应体现文化的多元性特点。未来工程的发展方向、发展模式以及发展水平在某种程度上都将由其所包含的工程文化特质所决定。只有充分认识工程文化的功能，才有可能使未来的工程设计、工程活动、工程理念充满人性化关怀，使未来的工程活动尽可能减少对环境的不良干扰，使未来的工程活动更好地发挥其社会功能和人文关怀。

第四章

工程思维

工程过程是物质性的活动和过程，但它不是单纯的自然过程，而是渗透着人的目的、思想、感情、意识、知识、意志、价值观、审美观等思维要素和精神内涵的过程。工程活动是以人为主体的活动，工程活动的主体——包括决策者、工程师、投资者、管理者、劳动者和其他利益相关者等不同人员——在工程过程中表现出了丰富多彩、追求创新、正反错综、影响深远的思维活动。认真、深入地分析与研究工程思维的性质、内容、形式、特点、作用是工程哲学的最重要的任务和内容之一。

虽然在哲学史上，古今哲学家对有关思维活动的“一般性哲学问题”已经进行了许多研究，但对工程思维的研究却一直是一个薄弱环节。工程活动是造物活动，从而，“造物思维”就成为工程思维的最基本的性质和最基本的特征。

思维和思维方式是哲学中最重要的问题之一，相应地，工程思维也成为工程哲学中最重要的问题之一。本章不可能对有关问题进行全面讨论，而只能有重点地讨论若干与工程思维有关的重要问题。

本章内容划分为三节。第一节的重点是阐明工程思维是一种独立类型的思维方式；第二节的主题是分析与阐述作为工程思维重要内容和重要表现形式之一的工程决策思维；第三节的主题是分析与阐述作为工程思维重要内容和重要表现形式之一的工程设计。

工程思维在历史上是不断发展的。古代的工程思维和现代的工程思维虽然有某些一以贯之的共性，但二者也有许多重大区别。本章在分析和研究工程思维时重在研究“现代工程思维”，这是需要加以申明的。

第一节 工程思维是一种独立类型的思维方式

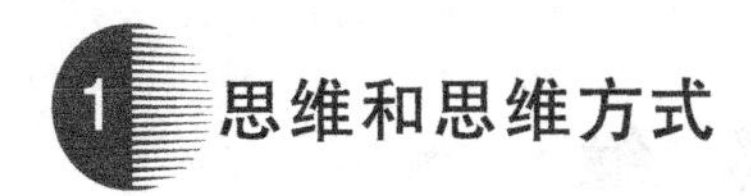

思维和思维方式

1.1 人与思维

恩格斯在《劳动在从猿到人转变过程中的作用》中说："首先是劳动，然后是语言和劳动一起，成了两个最主要的推动力，在它们的影响下，猿的脑髓就逐渐地变成人的脑髓"，"鹰比人看得远得多，但是人的眼睛识别东西却远胜于鹰。"恩格斯又说："人离开动物愈远，他们对自然界的作用就愈带有经过思考的、有计划的、向着一定的和事先知道的目标前进的特征。"①

"思维"是一个常用术语，在本书中不言而喻地指"人的思维"。它可以指思维活动、思维内容、思维方法、思维方式等，它既可以指个体的思维或类型性思维，也可以泛指思维。在不同的语境中，它可以具有不同含义或兼有多重复杂含义。②

人是思维的主体。思维能力是人类的最重要、最具特征性的能力之一。思维活动和思维现象是宇宙中最复杂、最奇妙的现象之一。

法国哲学家、科学家帕斯卡（Blaise Pascal）曾经诗意地赞美，人是"能思想的芦苇"。③ 这句名言不但让人体会到人类独有的高贵和脆弱，同时也启示思维能力和思维活动是人类改造自然能力和工程活动的不竭根源。

人的思维活动是思维内容与思维形式的统一。虽然从学术角度看，有些人可以着重地或单独地研究思维活动的内容方面或思维活动的形式方面（例如逻辑学就是一门专门研究思维形式的学科），

---

① 马克思，恩格斯．马克思恩格斯选集：第 3 卷[M]．北京：人民出版社，1972：512，516.

② 李伯聪．工程思维的性质和认识史及其对工程教育改革的启示——工程教育哲学笔记之三[J]．高等工程教育研究，2018（4）：45-54.

③ 帕斯卡尔．帕斯卡尔思想录[M]．何兆武，译．武汉：湖北人民出版社，2007：105.

但在实际的思维活动中，思维内容和思维形式这两个方面必定是密切联系、结合在一起的。所谓思维方式，就是指思维内容与思维形式的统一。

1.2　思维方式的不同类型

虽然人的思维活动是思维内容与思维形式的统一，可是这并不否认人们也可以着重地或单独地研究思维活动的内容方面或形式方面。“思维活动”可以指“具体人”所进行的具体的思维活动，也可以“泛指”普遍性、共同性或类型性的思维活动。前者着重于强调思维活动的个性方面，后者着重于强调思维活动的共性方面。

在研究思维现象和思维活动时，如何对其分类是一个大问题。

由于不同学者有不同的探索兴趣和研究目的，于是就出现了对思维现象和思维活动的多种多样的分类。例如：有人突出了思维形式这个分类标准，划分出了形象思维、逻辑思维等；有人根据思维发展的历史标准划分出了原始思维、现代思维；有人从认识论的角度划分出了经验思维和理论思维；有人主要依据思维对象和范围的特点划分出了军事思维、宗教思维等；有人根据思维主体的地域、文化特征划分出了东方思维、西方思维等；还有人出于其他考虑和根据其他标准划分出了情感思维、巫术思维；等等。

由于人的思维活动与实践活动是密切联系在一起的，人的思维活动在思维对象、思维内容、思维情景、思维形式、思维结构、思维功能、思维过程等许多方面都要受到实践活动方式的制约和影响，这就使得许多学者依据不同的实践方式而划分出了相应的思维方式和类型。例如，与工程实践、科学实践、技术实践、艺术实践等不同的实践方式相对应，分别形成了工程思维、科学思维、技术思维、艺术思维等不同的思维类型或思维方式。

由于思维现象非常复杂，“现实的思维活动”不可能是纯而又纯的某种单一类型的思维，而必然表现为不同类型思维的“结合”或“融合”。但这种“结合”现象也不妨碍人们承认存在着不同类型的思维方式，不妨碍对不同类型的思维方式进行分别研究。

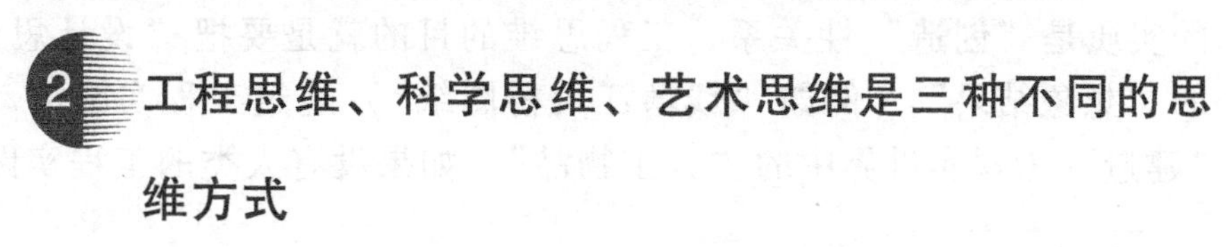

2　工程思维、科学思维、艺术思维是三种不同的思维方式

工程思维、科学思维、艺术思维是三种不同的思维方式。在研

究工程思维时，能否正确认识工程思维、科学思维、艺术思维三者之间存在既有密切联系又有本质区别的相互关系是一个关键问题。

2.1 三类不同的“思维与现实的关系”和三类不同的“思维主体”

2.1.1 科学思维、艺术思维和工程思维体现了三种不同的思维与现实的关系

著名的工程科学家、教育家卡门（Theodore von Kármán）曾经指出：“科学家发现（discover）已经存在的世界；工程师创造（create）一个过去从来没有存在过的世界。”① 我们可以再补充一句话：“艺术家想象（imagine）一个过去和将来都‘不存在’的世界。”从本质上看，“发现”“创造”和“想象”是三种不同的思维方式和思维过程，它们分别表现了三种不同的思维与现实的关系。

我们可以分别把科学家“发现”某个科学定律（例如牛顿发现万有引力定律）、工程师“设计”某个“人工物”（例如茅以升设计钱塘江大桥）、作家创作一部小说（例如吴承恩写作《西游记》）作为科学思维、工程思维、艺术思维的典型案例。

在“发现”过程中，发现的“对象”在发现之前就已经存在了，所以，卡门说“科学家发现已经存在的世界”。从思维结果与现实的关系方面看问题，科学思维与现实关系的实质是“发现性”和“反映性”关系。科学思维对外部世界的“反映”，可能比较真实，比较近似（例如哥白尼和牛顿的“发现”和“反映”），也可能像哈哈镜那样有所“变形”，甚至发生“畸变”（例如“燃素”理论的“发现”和“反映”）。

在“工程创造”过程中，工程思维的“对象”在工程思维进行之前是不存在的，所以，卡门说“工程师创造一个过去从来没有存在过的世界”。从思维结果与现实的关系方面看问题，工程思维方式的实质是“创造”性关系，工程思维的目的就是要把“设计思维”的“想象结果”（例如“钱塘江大桥图纸”）通过工程实践活动而“建造”为现实世界中的“人工物品”。如果没有人类的工程实践活

① Buccirelli L L. Engineering Philosophy [M]. Delft: Delft University Press, 2003: 1.

动，这些“人工物品”是不可能“存在”于世界上的。从思维活动与现实的关系方面看问题，工程思维方式的实质是“设计性”和“建造性”关系。“设计性”是指“在进行设计时，设计的对象在外部现实世界中并不存在”；“建造性”是指设计的结果要通过“工程建造过程”而最终成为“现实的人工物品”。

在艺术家进行艺术思维的“想象”过程中（例如作家写小说），“（艺术）想象”或曰“艺术虚构”的结果（例如吴承恩创造的“孙悟空”）不但不存在于“以往的世界中”，而且不存在于“未来的世界中”。从思维活动与现实的关系方面看问题，艺术思维方式这种对外部世界的“（艺术）想象性”和“虚构性”关系既不同于科学思维与现实的“发现性”和“反映性”关系，也不同于工程思维与现实的“设计性”和“建造性”关系。

2.1.2　科学思维、艺术思维和工程思维有不同的思维主体

思维必然都有一定的主体。就“角色特征”或“专业性主体”而言，科学思维是科学家进行科学实践时的主导性思维方式，工程思维是工程从业者进行工程实践时的主导性思维方式，艺术思维是艺术家进行艺术创作时的主导性思维方式。

2.2　工程思维与科学思维、艺术思维的区别和联系

2.2.1　工程思维与科学思维的区别和联系

工程活动早在原始社会就存在了，而科学只有数百年（指现代科学）——至多数千年（指古代科学）——的历史。在科学形成之前，不存在科学思维与工程思维的关系问题。在科学形成之后，工程与科学的关系、工程思维与科学思维的关系就成为一个重要而影响深远的问题。

除上文已经谈到的科学思维与工程思维在其与现实的关系方面存在本质区别外，工程思维与科学思维还有以下几点重要区别。

第一，工程思维是价值定向的思维，而科学思维是真理定向的思维。科学思维的目的是发现真理、探索真理、追求真理，而工程思维的目的是满足社会生活需要、创造更大的价值（包括各种社会价值和生态价值在内的广义价值，而非狭义的经济价值）。

第二，工程思维是与具体的“个别对象”联系在一起的“殊相”思维，而科学思维是超越具体对象的“共相”思维。科学思维以发现普适的科学规律为目标，这就决定了它是以“共相”（普遍性、共性）为灵魂和核心的思维。由于任何工程项目都是“唯一对象”或“一次性”的，世界上不可能存在两个完全相同的工程，例如武汉长江二桥不同于一桥（即武汉长江大桥），而武汉长江三桥（即武汉白沙洲大桥）又绝不可能是一桥或二桥的机械复制或简单重复，于是，工程思维方式就成为以“个别性”为思维灵魂的一种思维方式。

第三，从时间和空间维度看，由于工程活动——例如宝成铁路工程、青藏铁路工程、宝钢工程、三峡工程等——都是特定主体在特定的时间和空间进行的具体的实践活动，这就决定了工程思维必然是与思维对象的具体时间或具体时段联系在一起的思维，即具有“当时当地性”特征的思维；而科学思维则不受思维对象的具体时间和具体空间方面的约束，即它具有对“具体时空”的“超越性”。也就是说，“具体的工程思维”（按：这里不是指“工程思维方式”）可能是只适合于和适用于“特定具体时空”的思维，可能换一个地方它就“不灵”了，例如在黄河桥上“灵”，到了长江桥上就“不灵”了；而科学思维是“超越”具体时空的思维，不能说科学思维在美国“灵”，到了中国就“不灵”了。

工程思维与科学思维的联系主要表现在二者的相互渗透和相互促进。一方面，科学思维可以为工程思维提供必需的理论指导和方法论指导，可以限定工程活动的可能范围或界限（例如工程师不可能设计和制造出永动机、光学显微镜的分辨率受到光波波长的限制）。另一方面，由于任何“科学实验活动”都必然具有“某种程度的工程活动的属性和特征”，这就使得任何科学实验活动——特别是大型科学实验乃至“大科学工程”——都需要有工程思维为其提供必需的“工程性方面”的思维原则和方法。此外，从科学社会学和科技管理角度看，在现代的“大科学时代”，其“科研活动”已经不同于古代的“小科学”活动。古代的“小科学”是科学家个人的“业余自由活动”，无所谓“科学管理工作”和“科研立项问题”。在“大科学时代”，科研活动是由国家或社会团体等资助的“特殊社会活动”，“科研管理工作”已经有了规范性的管理制度和程序，科研机构的“科研立项”与经济部门的“工程立项”有许多类似之处，科研项目的“立项工作”无疑也需要“相应的工程思维方式”的帮助。

2.2.2　工程思维与艺术思维的区别和联系

我国常常“理工”连称，强调了科学与工程、科学思维与工程思维的联系。可是，在英语和欧美传统中，工程往往被定义为“艺术”。莱顿说：“托马斯·特里格尔德（1788—1829）提出了一个最早和最广泛使用的定义。其后的大部分定义，至少是那些英语国家的工程师使用的定义，一直沿循他的定义。对他和后代的工程师来说，工程是‘指引自然力和资源为人所利用和为人便利的艺术’(art)。”① 这个把工程定义为“艺术”的传统显然是突出和强调了工程与艺术、工程思维与艺术思维的联系。

实际上，在汉语词汇中，不但有“文艺”一词，而且有“工艺”和“农艺”这两个词汇。由于在汉语构词法上，“文艺”“工艺”“农艺”皆为“艺”，这也就意味着汉语也承认“作为‘工艺’的工程”与“作为‘文艺’的艺术”具有一定的联系乃至一定的“同类性”。

工程思维与艺术思维的密切联系首先表现在二者都是“想象”的过程和进行“想象”的结果，而其区别则在于工程思维中的“设计式想象”必须考虑“未来工程实践中的可操作性”和“设计结果的可实现性”，而艺术思维的“虚构性想象”不受相应的“可行性、可操作性、可实现性”的约束。

工程思维与艺术思维的相似性还表现在不但艺术作品要体现艺术家的“个性”，“工程设计方案”也会体现出设计师的“个性”，并且这个思维个性的方面还是他们思维活动的基本特征之一。另一方面，我们也不可把艺术家的“艺术思维个性”与设计师的“工程设计个性”混为一谈，必须承认二者有本质上的区别。相形之下，科学家在面对科学问题时，科学家的“思维个性”问题不具有实质重要性。

---

① Layton E T Jr. A Historical Definition of Engineering ［M］// Durbin P T. Critical Perspective on Nonacademic Science and Engineering. Bethleham：Lehigh University Press，1991：60.

工程思维是一种独立类型的思维方式

3.1 工程思维的基本性质与特征

对于工程思维这种思维方式，从“理论”方面看，目前学术界许多人对之有所忽视；从“实际”方面看，许多经常具体运用工程思维方式进行思维的“实践者”——包括许多工程师在内——对工程思维方式处于“日用而不知”的不自觉状态，未能把自己天天都在实际进行的工程思维活动提高到自觉的程度和水平。尤其是，从“舆论”“传媒”和传播学角度看，现代社会中有许多人常常把工程思维当作科学思维的“衍生思维活动”或“从属于科学思维的思维活动”，只承认科学思维是具有创造性的思维方式而忽视工程思维也是具有创造性的思维方式，这些都是对工程思维的模糊认识。显然，这种状况是亟须改变的，应该承认工程思维是一种与科学思维“并列”和“平行”的“独立类型”的思维方式，必须深入分析、认识和研究工程思维的性质、特征、内容、影响和社会功能。

任何思维活动都是“发自”一定主体的思想活动。在现实社会生活中，存在着多种多样的社会角色和职业，不同职业和社会角色的人们从事不同的社会活动。一般来说，不同职业类型的人有不同的思维方式。于是，也就有可能依据社会活动方式的不同和社会职业类型的不同而划分出不同类型的思维方式。例如，在一定程度上可以认为，科学思维是科学家进行科学研究活动时的思维活动；艺术思维是艺术家（作家、画家等）进行艺术创作和艺术活动时的思维活动；工程思维是工程共同体成员（工程师、设计师、工程管理者、决策者、投资者、工人等）进行工程活动时的思维活动。不同的思维方式反映和体现了不同类型的思维与现实的关系，反映了不同职业和角色的实践特点与思维特点。

工程思维是与工程实践密切联系在一起的思维活动和思维方式。完整的工程活动是精神要素与物质要素相互结合、相互作用的造物活动和过程。一方面，工程实践中渗透着工程思维，工程实践活动以工程思维为灵魂，工程实践离不开工程思维；另一方面，工程思维又以工程实践为缘起、依附、目的、旨归、“化身”和“体现”，以造物为灵魂的工程思维需要在工程实践中实现工程思维的“物化”。完整的工程实践过程就是工程主体通过工程思维、工程器械、工程操作把质料改变为新的人工物的过程。

虽然工程思维的理论研究是一个新课题，但这并不意味着工程思维是什么新现象。相反，由于工程思维是依附于工程实践的思维活动和思维现象，而工程活动已经有了极其久远的历史，这就意味着工程思维的实际存在也有了极其久远的历史，只是它迟迟没有成为相对独立的学术领域而已。

工程活动是社会中极其常见的、基础性的实践活动，因而工程思维在现实中也必然是许多人经常实际运用的思维方式。虽然从实际情况看，工程思维并不是什么陌生的、难得一见的现象，可是，由于多种原因，人们却常常忽视了这种简直可以说是最常见、最基础的思维活动，对其熟视无睹。《易传·系辞》在谈到阴阳之道时说“百姓日用而不知”，可以看出，工程思维也处在类似的状况之中。这就是说，工程思维是“从古至今一直存在”却又往往被人们“日用而不知”的思维方式，由于人们对它“视而不见”，这使得它成为一个当前的“新的研究对象和研究课题”。

我们不但亟须努力提高对工程思维方式的理论认识和研究水平，更需要努力提高“工程实践者”对工程思维的自觉性，从而大力提高工程思维的水平。

3.2　工程思维的基本性质

工程哲学的箴言是“我造物故我在”。[①] 造物活动和造物过程不同于自然过程，在人工造物活动中必然渗透着造物者的思维活动。

马克思说：“蜘蛛的活动与织工的活动相似，蜜蜂建筑蜂房的本领使人间的许多建筑师感到惭愧。但是，最蹩脚的建筑师从一开始就比最灵巧的蜜蜂高明的地方，是他在用蜂蜡建筑蜂房以前，已经在自己的头脑中把它建成了。劳动过程结束时得到的结果，在这个过程开始时就已经在劳动者的想象中存在着，即已经观念地存在着。他不仅使自然物发生形式变化，同时他还在自然物中实现自己的目的，这个目的是他所知道的，是作为规律决定着他的活动的方式和

① 李伯聪．工程哲学引论——我造物故我在[M]．郑州：大象出版社，2002：23.

方法的，他必须使他的意志服从这个目的。”① 马克思在这段话中以动物的本能性造物与人类的物质创造活动相比较，深刻地揭示了工程思维作为“造物思维”与动物本能的大相径庭。根据马克思的这段论述，工程思维在本质上就是与造物实践密切联系在一起的、目的导向的“造物思维”，它与探索自然界因果关系、真理导向的科学思维和以创作“艺术作品”为目的的“艺术想象”性艺术思维都有本质上的区别。②

造物活动和造物过程包括许多要素与环节，同样地，工程思维或造物思维也包括许多环节和内容。工程思维渗透到和贯穿于工程活动的全部环节与全部过程。例如，从工程项目立项阶段开始到工程设计、工程施工、工程项目建设完成后的顺利运行乃至完成其使命后退役的全过程中，不同的工程项目在推进工程活动进程中都要运用工程思维。

3.3 工程思维的特征

3.3.1 工程思维的科学性

虽然有些古代工程的规模和成就确实令后人惊叹不已，但那些成就基本上（或者说主要地）只是经验的结晶，而现代工程则是建立在现代科学（包括基础科学、技术科学和工程科学）基础之上的。古代工程思维基本上只是“经验性”思维，而现代工程思维则是以现代科学为理论基础的思维——这就是现代工程思维方式与古代工程思维方式的根本区别。

进入现代以来，我们看到科学理论为工程主体特别是工程师提供了一定的理论指导和方法，比如现代力学理论为现代航天工程科技提供了理论指导。同时，科学理论所发现的自然规律为工程师的工程活动设置了试错的可能性边界。现在，有一定科学理论素养的人们再也不会尝试去发明一个“永动机”，提供用之不竭的动力来源，就是因为能量守恒定律这个科学理论给工程师们设置了工程活

① 马克思．资本论：第 1 卷[M].北京：人民出版社，1972：202.

② 李伯聪．工程思维的性质和认识史及其对工程教育改革的启示——工程教育哲学笔记之三[J].高等工程教育研究，2018（4）：45-54.

动的边界，从而也为工程思维设置了科学性的标尺。

应该指出，“现代工程思维具有科学性”这个命题不但是一个具有“纵向”历史意义的命题，即它强调了现代工程思维与古代工程思维在历史维度上出现的重大区别；同时它也是一个具有“横向”维度含义的命题，即在现代不同思维方式之间进行比较。这个命题从两个不同方面对工程思维与科学思维的关系进行了说明和界定，它是一个双向命题，而不是一个单向命题。在工程思维与科学思维的相互关系问题上，一方面，我们必须承认二者有密切联系，避免和消除那种否认联系的错误认识；另一方面，我们又要承认二者有根本性的区别，避免和消除那种否认区别的错误认识。而“工程思维具有科学性”这个命题的真正含义就是既不赞成“否认联系”的观点又不赞成“否认差别”的观点。

3.3.2 工程思维的逻辑性和艺术性

工程思维必须有逻辑性。艺术家在进行文艺创作时，他们的思维是可以“不顾逻辑”的，小说和电影中出现的许多违背逻辑的情节大受文艺批评家的赞赏，而工程思维却不允许出现这种类型的逻辑错误和逻辑混乱。

但是，从另外一个方面分析和研究工程思维方式的特点又会发现，工程思维与艺术思维也有相通之处，工程思维中也有堪称“艺术性”的方面。

工程思维的艺术性不但表现在工程思维需要有想象力上，更表现在工程思维常常需要工程的决策者、设计师和工程师表现出“思维个性”、追求“工程美”上。正如艺术家思维的“(艺术)个性”是艺术活动的“艺术性”的核心一样，卓越的设计师在工程思维中往往也要迸发出“(设计)个性”的火花和光辉。因为艺术家有不同的艺术个性，于是，不同的画家在根据同一主题绘画时必然画出不同的“绘画作品”。我们可以把工程建设比喻为在大地上“绘画”。当工程的“业主”为同一工程项目进行招标时，不同的设计者不可能就同一工程项目提出完全相同的“工程图纸”和“设计方案”。当人们在对比不同“投标者”的“工程图纸”和“设计方案”时，他们不但在进行技术先进性、经济合理性、安全可靠性、环境友好性等方面的对比，同时也在进行“艺术性”——既包括狭义的艺术美，更是指广义的艺术美即“设计个性”——对比。毫无疑问，人们在承认工程思维也具有“艺术性”时是不能把它和艺术家艺术思维的“艺术性”混为一谈的。

3.3.3 工程思维的可行性、操作性、工具性、程序性和集成性

工程活动是实践活动，这就导致工程思维必须是具有可行性和操作性的思维。完全没有现实可行性的天马行空式思维和凭空想象，对于艺术活动和艺术思维来说可能成为造就艺术家的关键因素，而对于工程活动和工程思维来说，却必须是“脚踏实地”的想象和思维，是必须考虑其“现实性”和“实现性”问题的。工程目的是必须通过可操作的实践才能变成现实的，离开了实际的作业和操作，工程过程就只能停留在图纸阶段而不能把图纸变成现实。由于操作实践是工程活动的基本内容，这就使工程思维必须是具有可操作性的思维，成为“目的-工具性思维”“设计-运筹性思维”，这使它与“原因-结果性”“反映-研究性”的科学思维有了很大的不同。工程思维以实现工程目的为要务，所谓可行性与可操作性，其关键环节和内容就是要设计出能够实现目的的适当“工具性手段”。在这个意义上，工程思维是“目的-工具性思维”。承认工程思维是具有可行性、可操作性的思维就意味着承认在工程思维中“工具理性”具有关键性的重要意义。

黑格尔把人利用工具（手段）实现自己的目的说成是“理性的狡狯”。[①] 在工程活动中，工程活动的主体需要运用一定的工程设备、通过一定的工艺流程或一定的工程手段才能实现工程活动的目标。正如手工业工人必须通过使用工具来达到自己的目的一样，工程活动的主体也必须通过运用一定的工程设备来达到自己的目的。随着社会的发展和生产技术的进步，现代人也从以往的“手工工具的制造者和使用者”“成长”为“机器设备、基础设施的制造者和使用者”。工程思维的一个基本内容就是考虑如何才能合理地“运用”各种工具、机器、设备和其他手段等组成合理的工艺流程来实现工程的目的。

任何工程活动都是一个从初始状态走向目标状态的过程。由此，

① 黑格尔．逻辑学：下卷[M]．北京：商务印书馆，1976：437.

我们可以把工程问题求解和工程思维过程看作一个“设计出一个可行的、适当的、从工程初始状态到达目标状态的操作程序或操作路径的过程”。①

由于工程活动是技术因素、经济因素、管理因素、社会因素、审美因素、伦理因素等多种要素的集成，这就决定了工程思维也必然是以集成性为根本特点的思维方式。集成性的成功和失败往往成为决定工程思维成败的首要关键。

3.3.4 工程思维的可错性、可靠性和容错性

任何工程都是具有一定程度的风险性的，世界上不可能存在没有任何风险的工程。工程活动的目的是寻求成功，可是工程活动却有可能暗藏着失败的因素，因此，在工程思维中必然要涉及可错性、可靠性和“容错性”问题。

由于客观环境存在着许多不确定性因素，再加上主观方面人的认识中必然存在一定的缺失或盲区，这就使工程思维成为不可避免地带有风险性和不确定性的思维。工程决策者、设计者、管理者必须对此保持清醒的认识、明确的自觉和认真的防范意识。

工程思维活动中是有可能出现错误的。工程风险和失败既可能是由于外部条件方面的原因而导致的（例如发生地震导致的工程风险），但也可能是由于决策者、设计者、施工者的认识和思维中出现错误而导致的。

一般来说，可错性是任何思维方式都不可避免的，不但工程思维具有可错性，科学思维也具有可错性，可是，人们却绝不能把这两种可错性等同视之。人们可以“允许”科学家在科学实验室的科学实验中多次失败——几十次甚至几百次的失败，但是，“业主”以及社会却“不允许”三峡工程之类的重大工程在失败后重来第二次。于是，工程项目在实践上“不允许失败”的要求与人的认识具有不可避免的可错性的状况就发生了尖锐的矛盾，而如何认识和解决这个矛盾就成为推动工程思维进展的一个重要动因。

从内在本性来看，工程思维是具有可错性的思维。但是，可错

---

① 李伯聪．工程思维的性质和认识史及其对工程教育改革的启示——工程教育哲学笔记之三[J]．高等工程教育研究，2018（4）：45-54.

性不等于“必错性”，工程思维的另外一个本性是它应该是具有可靠性的思维。调查显示，在许多人的印象中，工程师办事比较可靠，这说明许多工程师已经把思维的可靠性内化在自己的“职业思维习惯”中了。

工程思维必须面对可能出现的可错性与安全性、可靠性的矛盾，在工程设计、工程思维中如何将矛盾统一起来，就成为推动工程思维方式发展的一个内部动因。这个矛盾从一定意义上看是永远也不能完全解决的，但工程思维却“执意”地、坚持不懈地企图找出一条尽可能好地处理这个矛盾的方法和途径。工程思维已经在这个“方向”上取得了许多“成功”，今后还将取得更大的成功。但工程思维无论如何也不可能达到绝对的可靠性，工程思维应该永远把可靠性作为工程思维的一个基本要求，同时又必须永远对工程思维的可错性保持最高程度的清醒意识。

为了提高工程思维和工程活动的可靠性，设计工程师和生产工程师往往要加强对工程“容错性”问题的研究。所谓“容错性”就是指在出现了某些错误的情况和条件下仍然能够继续“正常”地工作或运行。例如，人的许多生理功能系统、计算机系统等都具有一定的“容错性”，不是一出现“毛病”就发生“系统功能瘫痪”，而是能够在一定范围内和一定程度上“带病”“运行规定功能”，这就是“容错性”在发挥作用和“显示威力”了。可以看出，“容错性”概念正是设计工程师和生产工程师在研究可靠性和可错性的对立统一关系中提出的一个新概念，而“容错性”方法也已经成为设计工程师和生产工程师为提高可靠性、对付可错性而经常采用的一个重要方法。

为了处理工程活动的安全性、可靠性问题，工程科学中已经发展出了“安全科学”“可靠性分析”等理论和方法。从哲学角度看，随着社会的发展和进步，究竟应该如何认识和处理工程活动“绝对安全的不可能性”与工程活动“对于安全性的最严格要求”之间的关系已经成为工程活动和工程思维的一个关键性问题。①

① 李伯聪．工程思维的性质和认识史及其对工程教育改革的启示——工程教育哲学笔记之三[J]．高等工程教育研究，2018（4）：45-54.

3.3.5 工程思维中的“个体思维”和“群体思维”

所谓“思维”在直接含义上往往就是指“个体思维”，于是，工程思维也就是指“工程从业者”的“个体思维”，更具体地说，就是“工程从业者”在“工程活动过程中”“表现出来”的“个体思维”。

需要申明，我们完全承认“工程从业者”在“业余时间”无疑地可以从事“非工程性质的活动”，在这种情况下，“工程从业者”运用的自然也不是“工程思维”，所以，在严格意义上，我们不应笼统地说：“工程从业者”的“个体思维”就是“工程思维”。可是，为了分析和行文方便，本节以下将不再考虑这种情况，换言之，本节以下将在“有保留”和“强调语境”的条件下使用“工程从业者的个体思维就是工程思维”这个表述，希望读者注意此点。

与“工程从业者的个体思维就是工程思维”这个表述相对应和相呼应，我们还可以肯定：“科学家的个体思维就是科学思维”，“艺术家的个体思维就是艺术思维”。

在提出以上“三个并列表述”后，如果再进一步分析和研究工程思维的性质与特征，我们可以发现工程思维又表现出了以下两个方面的复杂性。

第一，工程思维中的“个体思维”是“异质多元成员”的“多元个体类型思维”，而科学思维和艺术思维中的“个体思维”是“同质成员”的“一元个体类型思维”。

虽然“不同科学家个体”和“不同艺术家个体”都会有“特殊个体思维”的特征，可是，由于我们可以把“不同科学家个体”和“不同艺术家个体”分别看作“同质科学家个体”和“同质艺术家个体”，这就使我们有理由认为科学思维方式和艺术思维方式中的“个体思维”都是“同质成员”的“一元个体类型思维”。

与科学活动和艺术活动不同，工程活动中包括工程师、投资者、企业家、工程管理者、工人等不同类型的个体成员。虽然工程师、投资者、企业家、工程管理者、工人都是“工程从业者”，但是，由于他们是“不同类型”的工程活动成员，而“不同类型的个体”在工程活动中需要运用的工程思维势必表现出“不同类型的个体思维”特征，例如“工程师的个体思维特征”“工人的个体思维特征”

"工程投资者的个体思维特征""工程管理者的个体思维特征"又"各有不同",于是,所谓工程思维中的"个体思维"就成为"包括异质多元成员的异质多元个体类型思维"。而"这个状况"的"理论含义"就是要求在研究"作为个体思维"的"工程思维"时,不但要分别研究不同类型的工程从业者——如工程师、工程管理者、工人、工程投资者——的个体思维特征,而且要进一步研究"不同成员类型"的"个体思维"中所表现出的"更广泛而包括异质成员类型"的"个体性工程思维"特征,更具体地说,就是能够"包括工程师、工程管理者、工人、工程投资者在内的'工程从业者'的个体思维"的特征。由此看来,必须承认工程思维方式中的"个体思维"的含义与表现都要比科学思维和艺术思维中的"个体思维"的含义与表现"复杂很多"。

第二,工程思维方式中不但需要有"从业者的'个体思维'",而且需要有"从业者的'群体思维'",同时更需要有"个体思维"和"群体思维"的"互动与统一";而科学思维和艺术思维中往往主要表现为科学家或艺术家的"个体思维",而"基本上"不需要"群体思维"(例如爱因斯坦的科学思维和齐白石的艺术思维中,都"不需要"另外的"群体思维"参与其中)①。

应该强调指出,对于工程思维来说,这个"从业者个体思维"和"从业者群体思维"的"互动与统一"关系还是工程思维的"本质特征所在",因为如果没有"从业者个体思维"和"从业者群体思维"的"互动与统一",工程思维就会"无从进行"和"无从实现"。

如果说上文谈到的"第一个复杂性"中已经显示了工程思维的含义和表现要比科学思维和艺术思维"复杂很多",那么,在这"第二个复杂性"中我们又会看到工程思维的含义和表现与科学思维和艺术思维相比,在复杂性上简直达到了"远远超出原初想象的复杂程度"。令人遗憾的是,在工程哲学和思维科学领域,对于工程思维的这两个方面的复杂性(特别是第二个方面的复杂性),目前还鲜见有比较深入的分析和研究成果。而这正是值得认真深入研究

① 这里不讨论"在某些情况下""群体思维"在科学思维与艺术思维中也会占有重要位置和发挥重要作用。

的，尤其是对于工程管理领域而言。

3.3.6　工程思维中的情感因素、价值因素和意志因素

就主要成分或内容而言，有理由认为工程思维的主干是理性思维，特别是工具理性的思维。但这绝不意味着情感因素、价值因素和意志因素在工程思维中不起作用。相反地，现实的工程思维中总是渗透着一定的情感因素、价值因素和意志因素，特别是价值因素更成为了工程思维的灵魂，必须给予高度重视。①

著名的社会学家韦伯（Max Weber）曾经把理性分为价值理性和工具理性两种类型。有人曾经认为工程师的思维主要是工具理性的思维，上文在分析工程思维的性质时，有许多内容可以说都表现出工程思维具有工具理性的性质。但是，如果把工程思维仅仅归结为工具理性思维就不妥了，因为在工程思维方式中，价值理性的地位和作用是“高于”工具理性的。

在工程思维中，确定价值目标不但在时间过程上是居先的，而且它在整个工程思维活动中在内容“结构”上也是居于“高层”位置的，对于工程的价值思维在整个工程思维活动中的地位和作用我们可以一言以蔽之：工程思维是以价值目标为导向和以价值目的为灵魂的思维。工程思维和工程活动不但必然追求一定的价值目标而且还希望这个价值目标能够尽可能地改进、改善或优化。应该强调指出，这里所说的价值目标其含义绝不仅仅是指通常的经济价值，而是包括“社会价值”、生态价值、伦理价值、美学价值、心理价值等多种价值在内的广义的价值。

在人类的思维活动中，意志能力和意志性活动是非常重要的。人的意志能力与意志活动突出表现在决策环节和执行环节。在工程决策时，决策者的坚强意志甚至会成为决策的决定性因素，而意志薄弱和刚愎自用则常常导致决策失误。有了正确的决策之后，在工程的实施过程中，执行者往往必须克服重重困难，如果执行者在面对这些困难时没有坚强的意志，工程常常是不可能按照决策者的预计方案顺利实施的。很多工程能否成功的关键，往往不仅在于能否

① 李伯聪．工程思维的性质和认识史及其对工程教育改革的启示——工程教育哲学笔记之三[J]．高等工程教育研究，2018（4）：45-54.

选择出一个最好的方案，而更在于执行这个方案时执行者是否有足够坚强的意志。

有些人往往片面重视工程思维中知识性成分或知识性内容的重要性，而忽视了工程思维中价值和意志因素的重要性，这是对工程思维性质和特点的一种误解，特别是对于工程的决策思维来说，无论怎样强调工程思维中价值因素和意志因素的重要性也不为过。

3.3.7 工程思维的先思性、评价性和反思性

欧洲哲学传统中往往强调哲学的性质注定了它必须做“在黄昏中起飞的猫头鹰”，强调哲学的基本性质是“反思”或者“后思”。工程哲学当然必须有反思性、批判性，特别是必须对工程活动的异化现象保持清醒态度和批判精神。可是，更应该注意的是，工程思维不但是“反思性”“评价性”思维，更是“先思性”思维。这种先思性在“微观层面”直接表现为“设计思维”，同时它也表现在宏观问题和中观问题的思维上。工程实践者必须在先思性、评价性和反思性的统一中认识与把握工程思维的性质和特征。

4 工程思维涉及的若干重要问题

以上是对工程思维的性质和特征的简要阐述。由于工程思维涉及的问题很多，以下就再简要讨论几个工程思维涉及的重要问题。

4.1 工程思维的问题导向和工程问题求解

工程思维不是天马行空的幻想，不是脱离现实的抽象玄思。工程思维是提出工程问题、求解工程问题的过程。工程思维的基本任务和基本内容就是要提出工程问题和解决工程问题。

如果说科学问题往往来自科学家的怀疑精神和好奇心（这种好奇心不一定都有实用的目的），那么，工程问题（工程任务）就另有来源了，工程问题的来源不是好奇心，而是主体的现实生活的现实需要和社会需求。例如，科学问题往往问“发生某现象的规律是什么”。科学问题是涉及自然界的共性和共相的理论性的问题。而工程问题却常常表现为提出一项工程任务，如“是否需要在某条河流的某个地方建一座桥梁”“应该怎样建设这座桥梁”。工程问题是关

涉社会需求的具体问题和殊相问题。

科学问题的求解是真理定向的，其答案具有普适性，其旨归是提出一般性的科学理论，发现一般性的科学规律；而工程问题的求解是造物定向的，具有明确的目的性、当时当地性，其旨归是满足主体的一定的需求。

如果把科学思维和工程思维都看作问题求解的过程，那么，二者的区别就在于科学思维的基本内容是提出科学问题和运用科学思维方法求解科学问题，而工程思维的基本内容则是提出工程问题和运用工程思维方法求解“工程问题包”中系列子问题的过程。与科学问题探寻规律指向不同，工程问题的求解是造物定向的，具有明确的目的性、当时当地性，其旨归是满足主体的一定的需求。

所谓求解一个工程问题，其直接任务或思维结果往往就是要求在给定的初始状态和约束条件下制定出一个能够从初始状态经过一系列中间状态而达到目标状态的转换和运作程序。在问题求解的过程中，需要解决有关的参数确定和优化选择问题，器具、工序的选择问题，各种界面衔接和匹配问题，工程组织管理问题，效率、效力和功能的提升与优化问题。

科学问题是真理定向的问题，科学问题求解的结果是形成新的科学概念、科学理论等，是获得了新的科学知识。作为科学思维结果的科学知识，就其科学内容而言是不带有科学家的个人特征的。科学思维并不指向某个具体行动，一般地说，科学思维不涉及人如何行动的问题。而工程问题是造物定向的问题，工程问题的求解结果不但表现为得到工程设计图纸、运作方案、工程计划、工程规范、工程标准等工程知识，而且工程问题求解的结果还要体现为在工程实践中建造出新的人工物。工程思维是造物定向和与造物过程结合在一起的思维，工程思维是与人的造物行动密切联系、密切结合的思维活动。

由于科学问题的答案具有唯一性，所以，从科学社会学观点看科学发现过程，就出现了科学发现的“优先权”、首创性问题。在现代社会中，只有那个最早获得该答案的科学家（“第一名”）才能够被承认为“发现人”，而第二名、第三名获得该答案的科学家的贡献就不被承认了。这就是科学社会学中已经有了大量研究成果的所谓科学发现的“优先权”问题。可是，在工程问题求解的过程中，由于工程问题的答案不具有唯一性，由于工程问题求解的标准是卓越性，于是，完全可能出现前几个（包括“第一个”）提出的工程方案（作为对工程问题的“答案”）被“抛弃”，而提出时间位次靠后的工程方案却被采纳的情况。

4.2 工程中的形式逻辑和“超协调逻辑”

工程中的逻辑思维无疑包括了传统的形式逻辑，然而，工程的逻辑思维与主要关注思维形式特点的形式逻辑思维又有所不同，它具有鲜明的面向工程实践的现实性特点。在这方面，我们应该特别注意工程思维中涉及的超协调逻辑问题。

在形式逻辑中，“(不）矛盾律”和“排中律”是基本的逻辑思维规律。在“构造”科学理论体系时，逻辑一致性是一个基本的逻辑要求，科学共同体不允许在科学理论体系内部存在和出现逻辑矛盾。可是，在工程思维中，工程共同体中的决策者、设计师和工程师却常常不得不面对“矛盾的要求”，更具体地说，他们很多时候不得不对相互矛盾的观点或要求采取“权衡协调”的立场和态度。

现代逻辑学中已经有人提出应该创立一种承认矛盾存在的“超协调逻辑”（paralogic，亦有人称“次协调逻辑”或“弗协调逻辑”)。在许多情况下，工程问题的判断和选择不一定总是非此即彼的，工程思维有时需要根据工程总体目的的要求，把两个以上冲突、矛盾的因素协调在一起。如果我们把决策者、设计师或工程师的思维活动看作一个“板块结构”的思维活动，那么，在实际进行工程思维活动时，我们会“看到”他们在思考和处理“板块内”问题时往往坚持“(普通）逻辑”的思维原则，“严格承认”“(不）矛盾律”和“排中律”等通常的逻辑思维规律；但是，在超越此“板块”的场合，在思考和处理“板块间”的关系时，在全局水平上，他们往往又不运用“(不）矛盾律”和“排中律”，要在思维中对“矛盾”“权衡协调”了，也就是说他们又运用“超协调逻辑”了。在工程思维中，如何处理“(普通）逻辑”和“超协调逻辑”的关系常常是一个涉及工程活动不可避免的问题。

4.3 工程中的形象思维方法

工程设计的结果常常表现为一套图纸，工程师也往往更喜欢

“图示”的方法。虽然在科学知识中，也会见到“图形”形态的知识，但科学知识在表达中一般常常使用概念、定义、公式等表达方式；另外，虽然在工程知识的表达中，也离不开语言这种表达方式，但图形和图示方法确实在工程知识的表达中具有更重要的意义与作用。从思维方式角度看，图形和图示方法与形象思维有密切联系。在工程思维和工程知识中，图形和图示方法的运用无疑反映出形象思维方式在工程思维中发挥了重要作用。

现实的工程造物最终展示给世界的产品大多是“三维”的产品，但是工程师设计产品的过程在很长一段时间里却不得不受制于二维的绘图工具，绘图板、圆规、三角板和丁字尺以及平面的图纸。20世纪90年代以来，虽然现代计算机技术大大改变了绘图的方式和形态，但其中体现的一些基本关系并无根本变化。

工程的本质是造物活动，这种造物活动的结果是以一定形态存在的实体。在这个过程中，图形和图示等形象思维的方式是从观念形态的存在到实体形态的存在必不可少的媒介。如果说工程中的逻辑思维和超逻辑思维主要涉及工程活动的决策问题，那么工程中的形象思维则更多地涉及工程活动的操作问题。

随着计算机信息技术的飞速发展，仿真技术的日新月异，工程师们不再仅仅局限于传统的二维交互手段，而是借助各种输入/输出设备进行虚拟环境下的三维交互，工程共同体中的其他人员如工人等也能在利用虚拟技术方面有大的突破。不管怎样，现代工程活动中的图形和图示方法正在发生着革命性的变化，从而对工程职业共同体的形象思维能力以及形象思维与信息的对接等提出了新的要求。

4.4 工程中的启发式思维方法

美国学者科恩曾深入地研究了工程方法论问题，他认为最基本的工程方法是启发法。启发法有四个特点：一是启发法并不保证能给出一个答案；二是一种启发法可能与另外一种启发法相冲突；三是在解决问题时，启发法可以减少必需的研究时间；四是一种启发法的可接受性依赖于直接的问题脉络（context）而不是依赖于某个绝对标准。科恩又指出，当工程师在特定的时间使用一组启发法解决一个特定的工程问题时，人们可以把卓越的工程实践说成是艺术（state of art）。从科恩对启发法性质和特点的描述中，我们可以看出工程思维不但具有对矛盾“兼收并蓄”的特点，而且工程思维也是具有“艺术性”的思维方式。①

第二节 作为工程思维重要内容和表现形式之一的工程决策思维

无论是从思维过程、思维内容方面看，还是从思维形式、思维表现方面看，工程决策都是工程思维的最重要的内容和表现形式之一。本节以下就对工程决策思维进行简要分析和讨论。

应该强调指出：从“思维本质”“思维类型”“思维方式”上看，工程决策思维既不是“演绎思维”，也不是“归纳思维”，而是作为另外一种思维类型和思维方式的“决策思维”。

工程决策②是工程活动的首要关键，是工程实施和运行的前提，正确决策对于工程活动的成功与否具有关键意义和作用。如果工程决策思维中出现“盲目决策”“冲动决策”“片面性决策”或“错失良机”等决策思维错误，其后果将是非常严重的，甚至是灾难性的。

“工程决策思维”是一个非常复杂而重要的问题，篇幅所限，以下仅重点讨论与之有关的几个问题。

1 工程决策思维的前提、基础和思想指导

可以简要地从三个方面认识和分析工程决策思维的前提、基础和思想指导。

1.1 工程决策思维的现实认识前提和基础

工程决策思维不是凭空进行的空想或幻想，工程决策必须建立

① 以上对启发法的阐述参考了朱菁等翻译的科恩的著作《工程方法论：引导工程师解决问题的门径》（待出版）。

② “工程决策思维”和“工程决策”是两个有区别的概念，本节中，为行文简便，有时没有“刻意区别”这两个概念，但必须申明：本节的主题是“工程决策思维”，不涉及“制度维度”的“工程决策”问题。

在对有关现实情况的调查研究的基础上。与工程有关的现实情况的种种资料——包括自然状况和社会环境状况——必须通过“勘探”“勘察”或其他“调查”途径才能获得。如果没有这些“基础工作”和基础资料，工程决策就无从谈起；如果这些“基础工作”和基础资料中存在缺陷，工程决策往往也难免发生“决策失误”。必须切实做好这些“基础工作”和取得全面可靠的基础资料，工程决策思维才有“踏实的基础”和“广大的决策思维空间”。

1.2　工程决策思维的工程理念和工程观指导

本书第三章谈到了工程理念和工程观，而工程决策思维就是一个在正确的工程理念和工程观指导下的思维过程。如果离开了正确的工程理念和工程观的指导，工程决策思维往往就会“误入歧途”。

这里只着重谈谈价值观的指导问题。价值观是人们对客观世界及社会行为的评价和看法，它既反映人们的认知、需求和理想，又支配和调节着人们的社会行为。工程决策思维受决策者个人价值观以及其所处时代社会价值观的指导和支配。随着我国经济发展和社会进步，工程活动已从追求高速度转向高质量发展，从最初主要考虑经济效益转向综合考虑经济效益、社会效益和环境效益，以促进可持续发展。工程决策也已从注重工程项目本身经济价值转向要同时兼顾工程活动的社会价值和环境价值，这充分体现了价值观对工程决策的指导作用，也体现了工程价值观的战略意义。

1.3　决策者的思维能力和决策洞察力

在工程决策思维过程中，决策者的思维能力和决策洞察力是一个关键因素。

上文谈到了与工程决策思维有关的两个基本方面——“对现实基础的认识”和“工程观的思想指导”，而决策者的思维能力和决策洞察力的最重要的表现和最重要的作用就是把这两个方面“沟通、结合和融贯”起来。在工程决策思维中，必须“搞好”上述两个方面的“沟通、结合和融贯”，否则就会或者出现“由于缺乏‘理想高翔’能力而只能‘近视思维’”的失误，或者出现“由于脱离‘现实思维基础’而‘空想思维’”的失误，而二者都是“决策思维失误”的表现。

决策洞察力往往表现为分析与判断工程问题的综合能力和“独到能力”。工程决策所需的洞察力既有可言传的显性知识成分，更有不可言传、只可意会的默会知识成分。《孙子兵法·军形篇》有云：“故举秋毫不为多力，见日月不为明目，闻雷霆不为聪耳。”真正的洞察力不只是灵光一闪式的顿悟，更是一种全新的思维方式。洞察力是一种透过表面现象看到事物本质、预见发展趋势的能力，这种能力可以改变世界。工程决策者经常需要用洞察力去解决工程活动中的诸多问题，其中包括战略思维能力、利弊权衡能力，特别是工程集成创新的洞察能力，这些能力对工程决策者十分重要。工程决策者需要综合考虑复杂的政治、经济、社会、技术、生态等因素，还要考虑工程安全、可靠、耐久等因素，从长远和全局角度出发，在权衡利弊得失的基础上，对关系工程建设的重大根本性问题作出科学决策，从而决定工程活动走向。

2 工程决策思维的特点

工程决策思维需要决策者既高瞻远瞩又脚踏实地，在错综复杂环境中进行全面分析和作出抉择。工程决策思维具有以下特点。

2.1 方向性

工程决策是一项战略性活动，战略性活动的核心是做或者不做，如果做，从哪一个方向着手的问题。可以说，工程决策活动的这种“把关定向”作用在工程活动中起着非常重要的基础性作用，其是否成功决定了一个工程项目的最终结局。20 世纪 80 年代美国王安电脑公司在信息技术工程领域的误判，就是典型的方向性错误。同样地，在现代工程活动中，对于一个工程项目，如何把市场目标、实施路径与各种要素统筹起来，对工程活动的方向作出正确的决策，是工程决策思维的重要内容。

2.2 开放性

工程决策者要以有关的勘探、勘察以及其他现实调研资料为基础，按照决策程序进行工程决策。在决策过程中，不可囿于“先入为主”，应基于现实情况及其动态变化进行客观决策，要对不同工程方案进行技术、经济、社会影响等方面的比较判断，这决定了工程决策思维是开放性思维，决策者应在开放性“工程决策空间”中进行开放性工程决策思维科学选择。①

2.3 动态性

工程决策并非一成不变的思维，而是要随着工程活动、科学技术、社会发展等因素的演变而不断更新和发展，在应用和交流过程中也会不断丰富和拓展。纵向来说，随着时间推移、科技进步、社会发展及工程活动增多，工程决策经验会逐渐积累并丰富，工程价值观也会随着社会观念转变发生变化。新形势、新技术、新产品的涌现，都会推动工程决策的不断更新和修正。横向来说，越来越多的工程体现出建设规模大、技术集成度高、社会影响广泛等特点，工程决策逐渐由单一决策向群体决策转变，并经历反复论证完善过程。在此过程中，不同的决策思维交融汇集，有效支持着整体工程决策。不同决策者的认知和思维冲突，有利于促进决策者对不同观点的思考和判断，加大知识加工深度，从而做出更好决策。因此，要充分认识工程决策思维的动态性，这是决定工程决策成败的关键之一。

2.4 综合性

工程决策思维对工程全生命周期综合效益和战略方向起着决定性作用。工程决策思维不仅要基于全生命周期考虑工程本身经济效益，还要考虑工程对国家、地区、社会的贡献及环境效益，因而需要在决策中综合考虑多方面的因素和影响，这就使工程决策思维成为具有“综合性”特征的思维过程。

3 工程决策思维的过程和环节

虽然具体的工程决策思维过程千变万化，但也可以看出其中存在一些共同的基本环节。大体而言，可以把工程决策思维看作一个提出问题、分析问题、解决问题的动态过程，主要包括分析工程问

① 李迁，盛昭瀚．大型工程决策的适应性思维及其决策管理模式[J]．现代经济探讨，2013（8）：47-51.

题、明确决策目标，拟订工程方案、评估优选方案，动态跟踪反馈、优化完善方案等环节。

3.1 分析工程问题、明确决策目标

分析工程问题、明确决策目标是工程决策思维的首要环节，也是获得工程决策理想结果的重要前提和基础。

3.1.1 分析工程问题

分析工程问题就是要在搜集和调查与工程问题相关数据资料、情境信息的基础上，提出工程决策问题，界定工程决策范围，分析工程决策问题可能导致的后果及其产生原因等。运用大数据、现代预测决策理论和方法等进行产业发展及行业投资方向的宏观分析，还要进行工程活动（工程项目）路线的微观分析。

3.1.2 明确决策目标

分析梳理工程决策面临的问题后，接下来需要明确决策目标。明确决策目标是工程决策的中心环节。目标一旦确定，就为工程决策指明了方向，为提出工程方案提供了依据，也为有效控制决策进程、提高决策效能建立了基准。如果工程决策目标失误，“差之毫厘，失之千里”，将会对经济社会及环境产生严重影响。为此，工程决策目标应明确、具体，不能抽象空洞、含糊不清，更不能在目标定位和目标方向上出现错误。由于要解决的工程问题复杂多样，目标又有近期、中期、远期之分，因此要考虑与目标相关的各种复杂情况，权衡轻重缓急，分清先后主次，形成合理的决策目标体系。

3.2 拟定工程方案、评估优选方案

工程方案是实现工程决策目标的核心与关键。没有系统、可靠的工程方案，工程决策目标将成为“空中楼阁”；缺乏与工程决策目标协调一致的工程方案，工程决策目标与方案将形成“南辕北辙”。为此，需要结合工程决策目标，拟定多种工程方案进行比较，并通过科学分析评估优选出最佳方案。

3.2.1 拟定工程方案

工程方案拟定要紧紧围绕工程决策目标，并充分考虑工程本体及内外部经济社会环境，对工程全生命期内有决定性影响的重要问题作出基础性、全局性抉择。通常情况下，要拟定多个工程方案。拟定的工程方案要在工程全生命周期内保持其功能的长期适应性，这不仅要求工程方案对经济、社会、生态环境变化具有稳健性，而且要求避免工程方案实施后诱发经济、社会、生态环境新的破坏性问题。由于工程实施的复杂性、不确定性，需要工程决策者以情境预测性、情境鲁棒性等知识为依托拟定工程决策方案。①

3.2.2 评估优选方案

评估优选方案是指工程决策者在综合评价备选工程方案的基础上，遵循对比择优原则优选工程方案的过程。要解决多个决策目标之间的矛盾，以及决策目标与工程方案之间的矛盾，这是整个工程决策的核心内容，也是工程决策过程的本质内容。工程决策通常是一个多目标决策问题，要善于抓住主要矛盾，同时处理好次要矛盾，使矛盾得到辩证统一。决策目标与工程方案之间相互作用、相互制约，同时又要相互协调。为此，需要工程决策者科学地掌握和运用切实可行的评估优选方式。根据工程决策类型的不同，备选工程方法评估优选可采用不同方式：可以直接将工程决策目标作为评估优选工程方案的主要标准，凡是符合决策目标要求，科学地设计了实现决策目标的途径、方式、程序和措施，具有最佳时间效益的方案，可认为是最佳方案；也可以设定综合评价指标体系，比较鉴别各备选工程方案，全面权衡各备选工程方案利弊、优劣后作出最后决断；还可以优选利弊不一的几种工程方案，对工程方案进行修改、补充和综合，使之成为推荐的优化方案。

3.3 动态跟踪反馈、优化完善方案

工程决策并非一劳永逸。由于工程决策目标的多元性、决策环

---

① 徐峰，盛昭瀚，丁敫，等．重大工程情景鲁棒性决策理论及其应用[M]．北京：科学出版社，2018.

境的复杂性、决策信息的不完整性及决策者知识的局限性，还需要动态跟踪优选工程方案的实施过程，反馈实施情况，并根据需要优化完善工程方案，从而实现工程决策闭环管理。

3.3.1 动态跟踪反馈

工程方案实施的动态跟踪反馈，具有监测、纠偏、促进和制约功能，贯穿工程方案实施全过程。工程方案实施的动态跟踪应关注工程方案实施效果与决策目标的符合程度、工程方案实施成本和效益、工程方案实施带来的长远影响和负面因素，以及主要经验、教训和措施建议等。应建立完善的动态跟踪反馈机制，及时将工程方案实施情况反馈和报告给工程决策者，这是工程决策持续改进的重要基础。

3.3.2 优化完善方案

在动态跟踪反馈工程方案实施情况的基础上，优化完善工程方案应是一个持续推进的过程。随着工程方案的逐步实施，工程决策目标达成度日趋清晰，决策信息完整度不断提高，决策者知识的局限性也在降低，使得工程方案进一步优化完善成为可能。因此，要注重工程方案实施中的持续改进，这是不断提高工程决策水平的根本保证。

4 工程决策中的知识管理

工程决策思维与工程知识有密切联系：一方面，没有一定的工程知识作为工程决策思维的知识基础和前提，工程决策思维就无从谈起；另一方面，在工程决策思维过程中又必然产生许多“新的”工程知识。

由于对于“现代工程决策思维”来说，“群体思维方式”往往具有关键作用和意义，这就使工程决策中的知识管理问题成了一个“现代工程决策思维”中的新的重要问题。

工程决策思维中涉及的知识量大、来源广泛，需要建立科学的知识管理机制，实现工程决策知识的积累、存储、共享和应用，使之能够更好地为重大工程智能群体决策提供支持。

4.1　工程决策知识管理机制

有效的工程决策知识管理，不仅在于建立和完善知识库，获取和积累工程决策知识，而且要通过构建知识管理平台，实现工程决策知识共享和利用，最终为工程决策提供知识支撑。

（1）构建知识库，积累工程决策知识。构建知识库，是实现工程决策知识管理的重要基础。知识库应以积累工程决策知识内容为导向进行构建，而工程决策知识梳理需要依照一定的逻辑思路和方法进行，要使工程决策知识体系化、完整化。结合知识库构建，需要从海量工程数据中获取和整理内容丰富、涉及面广泛的工程决策显性知识，同时要尽力将工程决策隐性知识显性化，不断积累工程决策知识，通过再建构和创新工程决策知识，丰富工程决策知识库，为正确的工程决策奠定基础。

（2）构建知识管理平台，共享和利用工程决策知识。知识管理平台是工程决策知识的重要载体。当今世界，没有知识管理平台这样的知识载体，工程决策海量知识管理就只能是乌托邦式幻想，共享和利用工程决策知识进行科学决策也将会受到极大影响。构建工程决策知识管理平台，不仅需要充分利用现代信息技术，而且需要不断提升工程决策相关方的知识管理意识和能力。工程决策知识管理平台要与工程决策知识库紧密结合，要在合理分类工程决策知识的基础上，设计工程决策知识地图索引；要对工程决策知识管理平台进行动态更新维护，使工程决策知识与时俱进，与发展中的工程决策相适应。

4.2　现代信息技术在工程决策知识管理中的作用

物联网、大数据、云计算、人工智能等现代信息技术快速发展，不仅对于辅助工程决策的作用巨大，而且对于工程决策知识管理的作用也不容忽视。展望未来，现代信息技术将会在工程决策知识管理中发挥更大作用。

（1）有利于高效获取知识，丰富工程决策知识库。在知识激增时代，高速、有效获取所需知识是进行工程决策的必然要求。物联网、大数据、云计算作为现代信息技术，能够为建立和完善工程决策知识库提供有效技术支撑。应用物联网、大数据技术可更加有效地获取工程决策知识，云计算具有时间和空间双重灵活性，云平台又能够存储海量信息资源，用户只需一个上网设备，就可以在任何时间、任何地点获取工程决策所需知识。同时，工程决策知识在云平台上不断汇集，可形成工程决策知识库，可以更加便捷地为决策者提供有针对性的工程决策知识。

（2）有利于科学搭建平台，促进工程决策知识的广泛应用。知识信息的指数级增长和异构性特点给知识管理带来严峻挑战。现代信息技术的快速发展和广泛应用可以极大地提高工程决策知识管理水平。工程决策者可借助云计算技术搭建工程决策知识管理平台，并运用人工智能技术整合和分类工程决策知识，有助于工程决策知识的有序和快速流动，实现工程决策知识管理增值。

（3）有利于积累海量知识，促进工程决策知识创新。现代信息技术快速发展，不仅可以存储海量知识信息，还可运用数据挖掘与分析技术挖掘工程大数据中隐含的复杂关联信息，分析和发现工程决策新知识，达到创造知识附加值的目的。同时，基于工程决策知识库，借助人工智能模拟仿真，建立一个具有感知、推理、学习和联想的智能辅助决策系统，实现工程决策知识的创造、演化、转移和应用，从而促进工程决策知识创新，推动工程决策精准管理。

第三节 作为工程思维重要内容和表现形式之一的工程设计

第二节讨论了作为工程思维重要内容和表现形式的工程决策思维，本节将讨论工程思维的另外一个重要内容和表现形式——工程设计。

需要强调指出的是，虽然在数十年甚至一百年前还很少有人关注设计和设计思维的重要性，但最近一个世纪以来——特别是最近几十年中，现代社会的工程界、艺术界、教育界对设计与设计思维的意义和重要性的认识都逐渐提升到了一个新的水平，而进入21世纪后，更可以说是进入了一个前人不可设想的新阶段和新时期。

目前，国内外都出版了一些研究设计思维的论著。应该肯定，这些论著在对工程思维的许多问题——特别是关于许多具体的思维理论与实践问题——的分析和研究方面取得了一定的成绩，但是，由于工程设计思维涉及了许多非常复杂、深刻的问题，还应该从工程哲学的视野和高度做进一步探索。

哲学视野中的工程设计

1.1　工程设计是工程的“元工程”

从哲学层面上看，设计的本质是对人类生存方式、生产方式和生活方式的抉择行为。工程活动以设计为思想前提和基础，只有在完成了工程设计之后，才能够进行“设计之后”的工程实践活动，从这个意义上看，可以认为设计是将各类物质、经济、社会要素、相关的知识、各类信息、生态环境等有目的地组织起来，进而通过建构、运行等过程转化为现实生产力、直接生产力的“元工程”。

如果说，在原始社会和古代社会，设计往往还没有形成工程活动中的“独立环节”，那么，随着人类文明的进步，特别是工业革命的推动，设计已成为工程活动中的一个“独立环节”，出现了“职业设计师”和“专业设计机构”。在设计新的人工物时，设计工程师必须在给定的条件下独出心裁地、创造性地将各类要素、各种技术、各类信息、各类知识按照一定的规则和秩序有效地集成起来，成为一个有结构的整体，并能有效地产生符合价值要求的功能，满足工程、产业的目标。设计是工程活动的重要组成部分，是工程“物化”过程的始端，体现着工程的本质和工程的理念，即通过判断、选择、整合、集成、构建、运行等过程转化为有价值的生产力，即重在谋划和转化。

工程设计是工程活动“物化”过程的一个起始性、定向性、指导性的环节，具有特殊的重要意义，凸显了人的创造性和能动性。成功的设计是工程顺利建造和运行的前提、基础和重要保证；平庸的设计预示着平庸的工程；而拙劣甚至是错误的设计，则会导致未来工程的过失甚至失败。从某种意义上讲，工程设计是对工程构建、运行过程进行先期虚拟化的过程，设计人员应该既重视创新性又重视规范性，并把规范性与创新性统一起来。

当代工程设计的概念已从产品设计、器物设计扩展到制造流程和/或建造人工物的整个物化过程，包括工艺过程、方法、工具、装备、制造流程、时间-空间网络、调控程序及其结构化、功能化等内涵。

在工程设计过程中，人们的思维和行为是互动的，并且是始终围绕着“整体和部分”“手段和目的”“主体和客体”等范畴展开的。这些思维和行为的互动，体现着“谋划与转化”“选择与集成”“结构与功能”“方法与目的”之间的辩证关系。

简而言之，工程设计是把一种计划、规划、设想通过图形、表格、文字、符号等直观形式表现出来的活动过程。人类通过劳动改造世界、创造文明、创造物质财富和精神财富，而最基本、最主要的创造活动就是人工造物，设计便是对人工造物活动进行预先的计划。实践证实，工程设计是产品竞争的起点和始端。工程设计是竞争的起点，是工程的元工程，是科技创新体系中不可或缺的重要组成部分。设计创造未来，设计引领未来，战略设计引领战略未来。

在市场经济中，在产品竞争表象的“背后”可以发现，决定产品竞争力的“深层力量”是工程设计，产品制造的工程设计才真正是产品竞争力的起源和始端。

1.2 工程设计是工程理念的载体

工程设计是设计的重要分支之一，就制造业而言，产品设计主要面向的是消费者用户，而工程设计主要面向是产品制造的企业用户。工程设计是工程建造的关键环节，是整个工程建造的灵魂，是承载工程理念的重要载体，是对工程建造进行全过程详细策划和实现工程建造理念的过程，是科学、技术、工程转化为现实生产力的关键环节，是涉及技术、工程和经济多重属性协同-集成的过程，更是关系到能否实现工程建造多目标协同优化的决定性环节。因此，工程设计的目的是保证工程系统的整体功能和效率，从而集成地体现为高效率-低成本、功能完善、价值优化的工程系统。

工程设计具有判断、选择、权衡、集成的特性。工程设计是成本、质量/性能、效率、过程排放、过程综合控制、环境、生态、安全等多目标群集成优化的过程。在作出选择和判断时要充分考量与权衡各种相互矛盾的各种要素，包括技术、经济、质量、成本和环境生态等诸多要素。在给定的时间边界和空间范围内选择一个兼顾各方面要求的、经过权衡比选的优化方案，这种选择（或决策）往往贯穿于整个工程设计过程之中。

工程设计具有多目标群集成优化的特性。现代工程设计并非单一目标，而是要实现多目标的集成优化。工程设计的目标一般包括以下内容：

（1）符合国民经济和社会发展的需要，并且要符合国家及地方的法律法规要求；

（2）生产规模、产品方案、产品质量要符合市场需求，并且应具有市场竞争力；

（3）采用先进、适用、经济、可靠的生产工艺技术和装备；

（4）工程建成以后，资源、能源的供给和相关配套条件必须满足连续稳定生产的需要；

（5）工程建成以后，经济效益、社会效益、环境效益等应满足各方面的需要；

（6）工程建造的资金投入和各项建设条件应满足项目实施的需求；

（7）能识别出工程建造过程中的各类风险并能够采取行之有效的规避措施；

（8）工程设计方案必须经过多方案权衡、比选、综合、集成，采用最优化的设计方案；

（9）工程设计应达到生产效能高、产品质量优、能源消耗低、过程排放少、生产成本低、环境/生态友好等多目标群优化效果。

由于工程设计的独特性和复杂性，可以将其基本特点归纳为四个“C”。

（1）创造性（creativity）：工程设计需要创造出原来不存在甚至在人们观念中都不存在的现实。

（2）复杂性（complexity）：工程设计中总是涉及具有多变量、多参数、多目标和多重约束条件的复杂问题。

（3）选择性（choice）：在各个层次上，工程设计师都必须在许多不同的解决方案中做出选择。

（4）妥协性（compromise）：工程设计师一般需要在许多相互冲突的目标和约束条件下进行权衡、妥协和取舍。

工程设计是工程建造、工程运行的灵魂，是工程理念的重要载体，是对工程建设进行全过程的详细策划和表述工程建设意图的过程，是科学技术转化为生产力的关键环节，是体现技术和经济双重科学性的关键要素，是实现工程建设目标的决定性环节。没有现代化的工程设计，就没有现代化的工程，也不会产生现代化的生产力。科学合理的工程设计，对加快工程建设速度、提高工程建设质量、节约工程建设投资、保证工程顺利投产以及稳定运行以取得较好的经济效益、社会效益和环境效益具有决定性作用。企业的竞争和创新看似体现在产品和市场，但其根源却来自设计理念、设计过程和制造过程，工程设计正在成为市场竞争的始点。工程设计的竞争和创新，关键在于工程复杂系统的多目标群优化，这些目标群的优化和集成，直接反映出工程理念。

1.3 工程设计的本质

如前所述，工程设计是指设计工程师运用各学科知识、技术和经验，通过统筹规划、制订方案，最终用设计图纸与设计说明书等设计文件来完整表达设计者的思想、设计理念、设计原理、整体特征和内部结构，甚至是设备安装、操作工艺等的过程。换而言之，工程设计就是对工程技术系统进行构思、计划并把设想变成现实的工程实践活动，其根本特征就是创造和创新。①

工程设计的实质是将思维和知识转化为现实生产力的先导过程，在某种意义上也可以说工程设计是对工程构建、运行过程进行先期虚拟化的过程。工程设计是工程总体规划与具体实现活动结果之间的一个关键重要环节，是技术集成和工程综合优化的过程。工程设计不是简单地把已有的设计图纸或文件“复制”或“克隆”，而是必须结合某个具体工程的实际条件，遵循设计规范和标准，有的放矢地进行工程设计的创新。在工程设计过程中，设计工程师既要重视规范性又要重视创新性，并把规范性与创新性统一起来。

由于工程活动是有目的、有组织、有计划的人类行为，现代工程活动中，工程设计工作是一个起始性、定向性、指导性的“物化”先导活动，具有特殊的、不可或缺的重要性。进而言之，工程

---

① 李喜先，等．工程系统论[M]．北京：科学出版社，2007.

设计是在工程理念指导下的思维和智力活动，属于工程总体谋划与具体实现之间的一个关键环节，是技术集成和工程综合优化的过程。工程设计体现了工程智慧的创造性和主动性，从思维和知识范畴来看，工程设计过程包含了对各类知识的获取、加工、处理、集成、转化、交流、融合和传递，具体涉及如下方面：

（1）对工程活动初始条件、边界条件、环境条件等与工程相关情况的调查；

（2）工程设计、工程建造、工程运行相关新知识的获取、收集和处理过程；

（3）各专业、各门类工程设计知识的优化集成；

（4）确定把相关知识转化为工艺、装备并固化到工程中的流程、网络或程序；

（5）将各类工艺、装备、运行过程等方面的知识动态化、图像化、可视化的虚拟软件开发；

（6）对未来市场和工程运行状况的评估预测；

（7）其他许多方面的相关知识，特别是属于设计专家经验、感悟，甚至无法用语言和文字表达的隐性知识与思维。

1.4 工程设计是工程思维创造性的主要形式

1.4.1 工程设计——结构化的集成思维方式

工程设计需要突出强调其结构化、层次化，属于工程系统的思维特征，工程设计不能是那种片段的、局部的、孤立的、不能有效“嵌入”工程系统的、不能转化为现实生产力的思维。

工程必须通过结构化的集成，体现因果规律、相关关系和目的性。因果规律体现了必然性，相关关系体现了优化可能性。因果规律（功能性因果与效率性因果等）和相关关系不仅影响要素的选择与构成，而且影响要素之间合理配置和运动的结构。因此，需要将相关的异质、异构的工艺技术和装备进行集成，实现结构化，以此作为“因”，才能得到有效的、卓越的功能与效率，这是“因”之“果”。在工程活动中，“因”“果”关系和相关关系常常表现得非常复杂，不但同样的“原因”可能会有不同的结果，同样的结果可能来自不同原因，而且还会出现预料之外的结果，在工程中特别是工程设计过程中，由于外界环境条件不同，或由于工程系统内部的关联关系不同，不能把因果关系简单化、线性化；在因果关系和相关关系的共同作用下，所以才会出现“一因多果”或“一果多因”的现象。① 因此，在工程设计中要高度注意结构化集成。

就信息而论，世间的信息其实可以分为两类：一类是“碎片化”的信息，另一类是“结构化”的信息。在信息化互联网时代，最关键的学习能力应该是建立“关联”的能力，并使不同类型的、相关的知识关联成结构化的知识，进而可以转化为现实可用的生产力。

1.4.2 碎片化知识的思维与结构化集成的思维

一般地说，人们最初学习和掌握的往往是局部的、碎片化的知识和碎片化知识的思维。局部化、碎片化的知识只能在条件限定的小范围内适应，有时甚至由于其局限性而产生错误导向。局部化的知识要与结构化的集成知识结合才能发挥有效的工程化作用。由结构化集成知识所形成的整体性知识及其思维是本，局部化、碎片化知识只是枝叶，是整体性知识的组成件，结构化是碎片化知识整合于整体性知识的桥梁。

整体性结构的功能是多目标的、集成性的、战略性的。工程设计过程，实际上就是将不同学科、不同门类、不同专业的局部化知识进行有序化、结构化的集成过程，这就如同工程本体就是结构化集成的结果一样，工程设计中必须将工艺设计、设备设计、总图设计、土建设计、电气及自动化设计等各门类的知识有效、有机地集成起来，才能完成整体工程的设计。

从工程设计知识的获取、提炼、收集、传播的过程来看，设计工程师起初所获得的通常是一些碎片化的知识，而非结构化的系统知识，然而这些碎片化的知识却是构成集成性工程设计知识的基础，也是设计工程师必须认知、学习和掌握的基本知识，甚至可以说是从事设计工作的“入门知识”。工程设计通常是多学科工程知识的集成，不仅涉及科学知识、技术知识，还涉及工程知识。因此，必

① 殷瑞钰，李伯聪，汪应洛，等．工程方法论[M]．北京：高等教育出版社，2017.

须把这些零散的碎片化的各门类、各学科知识进行有序化、结构化集成，在工程设计中熟练掌握和充分运用各种相关知识，从而使工程设计能够满足多目标的集成化要求。

1.4.3 工程实体结构设计

现代工程设计不应停留在各组成单元（工序/装置、元器件、部件等）的简单堆砌、叠加、拼凑，而应以整体论、层次论、耗散论为基础，通过动力论、协同论等机理研究，构建起合理的、动态-有序的、匹配-协同的结构，来实现特定的功能和卓越的效率。

所谓结构是指工程系统内具有不同特定功能的单元（工序/装置、元器件、部件等）构成的集合和相关单元（工序/装置、元器件、部件等）之间在一定条件下所形成的非线性相互作用关系的集合。工程系统结构的内涵不只是工程系统内各单元（工序/装置、元器件、部件等）的简单的数量堆积和数量比例，更主要的是各组成单元（工序/装置、元器件、部件等）功能集的优化，相关单元（工序/装置、元器件、部件等）之间关系集的相互适应（协调）性、时-空关系的合理性和工程系统整体动态运行程序的协调性。因此，工程系统内各组成单元（工序/装置、元器件、部件等）的功能应在工程系统整体优化的原则指导下进行解析-集成，即以工程系统整体动态运行优化为目标，来指导组成单元的功能优化和相关单元之间的关系优化（体现为顶层设计和层次结构设计），并以单元（工序/装置、元器件、部件等）功能优化和相关单元（工序/装置、元器件、部件等）之间关系优化为基础，通过层次间的协调整合，促进工程系统动态运行优化，甚至出现“涌现”效应和工程设计创新。具体包括如下理论和方法。

（1）选择、分配、协调好不同单元（工序/装置、元器件、部件等）各自的优化功能（域），这些单元（工序/装置、元器件、部件等）的功能（域）是有序、关联地安排的，进而分别建立起解析-优化的单元功能集合。

（2）建立、分配、协调好相关单元（工序/装置、元器件、部件等）之间的相互联结、协同关系，构筑起协同-优化的相关单元之间关系集合。

（3）在单元（工序/装置、元器件、部件等）功能集的解析-优化和相关单元（工序/装置、元器件、部件等）之间关系集的协调-优化的基础上，集成、进化出新一代工程系统的单元集合，即实现工程系统内单元（工序/装置、元器件、部件等）组成的重构-优化，力争出现工程系统整体运行的“涌现”效应，并推动新一代工程系统结构的涌现和工程设计知识创新。

1.5 工程设计思维的内容

在工程活动中，工程设计思维具有特殊的重要性，人们的主观能动性和工程理念通常集中地体现在工程设计之中。从工程哲学的视角看，工程设计中常常出现许多需要认真研究的哲学理论和思维方式问题。工程设计是现代社会工业文明最重要的支柱之一，是工程本质和工程理念的主要载体，是工程创新的核心关键环节之一，更是现代社会生产力发展的始端和源头。①

一般地说，工程设计是指根据工程建造、工程运行的总体要求和目标，通过对工程建造、工程运行所需的工艺、装备、资源、能源、环境、经济等各种条件进行综合分析和科学论证，形成和制定出设计文件/图纸的工程活动。进而言之，工程设计是设计工程师在工程理论的指导下，以工程规划为依据，在给定的条件下运用工程设计知识和方法，有目标地创造工程产品的构思和实施的过程，而这一活动几乎涉及人类活动的全部领域。

由此可见，工程设计是为工程建造、工程运行提供具有技术依据的设计文件/图纸的活动过程，是整个工程建造生命周期中的关键环节，是对工程项目进行具体实施、体现工程理念、实现工程多目标优化的重要过程。工程设计是科学技术转化为生产力的纽带和桥梁，是协调处理技术与经济关系的关键环节，是确定与控制工程造价的重要阶段，是将工程理念转化为现实的主要载体。与此同时，工程设计是否经济、合理对工程投资的确定与控制同样具有十分重要的意义。

---

① 殷瑞钰，李伯聪，汪应洛，等．工程哲学[M].2版．北京：高等教育出版社，2013.

2 工程设计的类型、层次和过程

2.1 工程设计的类型和层次

工程设计是人类在工程活动中不断积累、传承、应用、发展、创新而形成的一种独特的思维方式。由于工程的行业属性和功能不同，工程设计也具有多层次、多行业、多学科的特征。工程设计是为了满足工程活动的要求而获取、集成、应用、发展和创新的工程活动环节和思维方式。工程设计思维的分类可按照工程的产业或行业属性类别划分，也可按照工程设计活动的层次和阶段划分。工程设计思维的层次性框架如图 1-4-1 所示。

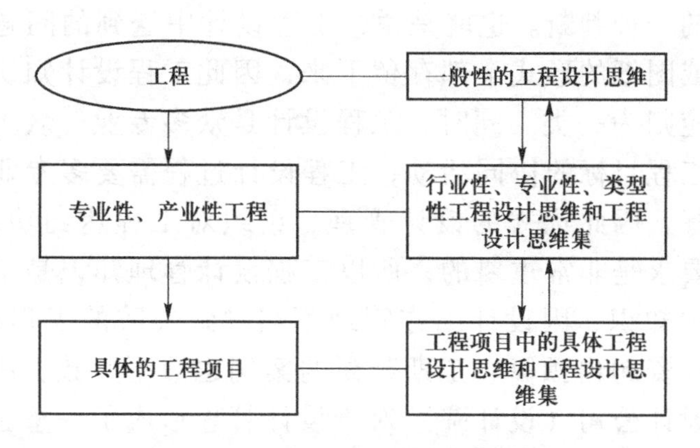

图 1-4-1 工程设计思维的层次性框架

由于工程设计具有产业性、专业性属性，而工程的实现过程具有集成性和创新性，因此按上述分类的工程设计思维具有普遍联系和集成性特征，同时更要注意在工程活动中，因工程或工程实现方法的创新和对工程创新的认识，工程设计也在创新和发展，因此工程设计思维也在不断地丰富和发展。

2.2 工程设计思维中涉及的多种知识

工程思维必须以一定的事物及其相关知识为对象、前提和基础，离开了这些事物、知识，工程思维就无从进行。总体而言，工程设计涉及的知识形形色色，简直可以说涉及了类型数不胜数的知识，以下仅略谈四类值得特别注意的知识：设计对象的知识、设计过程的知识、设计专家的隐性知识、设计管理知识。

设计对象的知识包括工程设计中的行业规范、标准、工程设计的约束条件、工程的各项功能、技术经济指标、加工及装配和安装环节对工程设计的各种约束与要求、工程设计过程中长期积累下来的工程实例等。设计过程的知识包括可视化的绘图知识（三维/二维）、设计手册、设计任务书、工程设计公司（设计院）的图纸图集、制图规范、技术资料、设计规定、经验数据、计算模型、仿真软件、工程设计案例的经验总结、设计方案评价标准等。工程设计是人的活动，设计专家的隐性知识在判断设计方案取向和决策具体参数时都起到至关重要的作用，这些隐性知识实际上是设计专家在工作经验积累的基础上，经反复思考和对比类似工程后对特定要求实现方案的一种判断。也就是说，工程设计中遇到的问题不可能都能以文字或图纸的形式全部存留下来，因此工程设计知识中专家的隐性知识应归为一类。同时，工程设计是众多专业、众多人员围绕着共同的工程目标的协同活动，工程设计过程需要多专业协同完成同一个目标，因此优秀的设计管理、组织对工程达到功能、经济、时间上的要求是非常重要的，所以工程设计管理知识是工程设计过程中特有的知识，因设计工作管理不当导致失败的工程比比皆是，造成工程投资超出预算、工期延误的案例也数不胜数。所以，专业化的工程设计公司（设计院）对于设计管理形成了一整套设计管理体系及文件（如质量管理体系、环境管理体系、职业健康安全管理体系，即所谓的“三标管理体系”），主要规定了工程子项分解的方法、设计管理流程和逻辑顺序，确定了实现子项参加的专业，这些设计管理知识是必不可少的，其本质是实现工程的设计集成。设计管理和设计管理知识对于现代化的工程设计公司或设计院是至关重要的，优秀的设计管理是实现优秀工程设计的基本保障之一，从设计策划、设计输入、设计分解、设计接口、设计过程、设计审核、设计评审、设计验证等全过程对工程设计的范围、质量、进度、费用等进行多目标的管理和监控。

智能设计是未来设计技术的革命性变革，是具有方向性和引领性的前沿性技术。从工程设计的发展阶段来看，基于建筑信息模型（building information model，BIM）的设计技术可被看作智能设计的初级阶段。BIM技术是以虚拟的工程实体三维模型为载体，将工程设计（包含工程设计参数和信息的三维数字化模型）、建造、交付以及运行维护的信息整合在一起，以完成对整个工程生命周期的管理。基于BIM技术具有可视性、仿真性、协同性等特点，世界各国通过建立标准、发布政策等方式大力推进BIM技术在工程中的应用。

工程设计过程中，依托于BIM技术，将行业规范、标准、工程设计的约束条件等设计对象知识通过规则、语义定制于BIM设计软件，为工程设计活动提供约束。将设计单位的图库（图集）、制图规范、技术资料内容规定等设计过程知识通过元件库、数据库定制于协同工作空间，将工程设计活动标准化、规范化。将不断积累的工程数据（隐性知识）存储于协同空间中，形成庞大的工程产品库，通过数据分析，为后续工程设计提供方案取向和决策信息。将设计流程、子项分解、人员权限等定制于协同空间，形成程序化的设计流程，利于实现工程的设计集成。如此，以规则约束为基础，以标准化为手段，以工程产品库为经验参照，以程序化的设计流程进行组织，是实现智能设计的必经之路。设计、施工、运营及业主多方人员基于协同平台共同工作，将有利于工程的成本控制、进度控制、质量控制，有利于工程的信息管理及组织协调，实现工程全生命周期的可持续发展。

2.3　工程设计的过程

工程设计活动一般划分为设计前期工作和设计阶段工作。设计前期工作主要属于规划咨询的范畴，以下着重阐述设计阶段工作的划分。设计阶段工作一般分为总体设计阶段、初步设计阶段、技术设计阶段（对于重大和特殊项目，为进一步解决某些具体技术问题而进行的阶段）和施工图设计阶段。

不同行业领域的工程设计，如交通、机械、冶金、化工、农业、环境、轻工、纺织等工程，都有总体设计的环节和概念。大型复杂工程的总体设计是确定大型工程项目总体方案和总体技术途径的设计过程。其总体设计的特征是做到“五定”，即确定总工艺流程、确定总体空间布局、确定组织结构、确定工程总投资和确定工程总进度。可以说这“五定”是初步设计输入的条件，所有的设计都要在此确定的框架下进行，也就是确定了设计的主要参数和边界。正是与前两种分类方法不同，显现出了工程设计知识中的总体设计知识类。由此可见，总体设计阶段形成的成果必然是描绘整个工程系统特有的知识，对于特定工程而言，其他设计知识在总体设计及空间布局基本确定后才能逐层次进入角色，因此将总体设计及空间布局知识定为第一层次的知识。

总体设计完成后，进入初步设计阶段。因总体设计中已对工程中子项单体明确了要求，所有子项单体的工艺人员将根据总体要求进一步细化工艺和布置设计，确定工艺参数和布置后，向下游专业（如能源介质供应专业、通风采暖专业、土建专业、电气控制专业、计算机专业、技术经济专业、环保专业）提计算说明及任务要求。上述下游专业设计的工程部分，若存在继续逐层要求其他专业配合时，再以其为子项逐层为其他专业提出设计资料展开，最终使得所有工程子项都有蓝图描述子项的构建内容及空间位置。研究这一设计活动过程后，可知工程设计的第二层次的知识是能转化为子项的工艺设计知识和能源介质供应设计知识、电气及自控设计知识、计算机设计知识、环保设计知识、技术经济知识等。

进入施工图阶段，因各子项方案都已确定，主要活动就是绘图，这一阶段建设的蓝图将最终完成，因此工程设计的第三层次的知识包括设备知识、材料知识、设计手册、编程知识、（管网）布线知识、制图知识等。

3 工程设计中的若干重要关系

不同的工程设计存在着宏观相关性和差异性。其宏观相关性在于宏观的工程设计思维具有统领性和普适性，适用于不同层次的工程设计；其差异性在于不同的工程设计都各自有学科体系和专业门类；不同工程设计的共同之处还表现在经过选择集成后都为共同的工程活动服务，相互之间耦合关系紧密。在工程设计思维中，以下关系的处理意义重大，影响深远，需要引起特别注意。

3.1 总体设计与单元设计的关系

工程设计中的总体设计与单元设计之间存在着相互依存、相互支撑、相互制约的重要关系。总体设计与单元设计的关系是工程设计中最重要、最典型的关系之一。一方面，总体设计的构思和落实离不开各单元的设计，总体设计要以单元设计为基础；另一方面，单元设计的定位和功能发挥离不开总体设计的指导与集成，单元设计离不开总体设计的引导和统筹。总体设计以不断丰富的单元设计为前提，总体设计虽然以具体设计知识为基础，但总体设计有自身的研究内容和理论基础，总体设计思维的发展也对单元设计思维起到指导和促进创新作用。工程设计中专业分工与协作关系往往渗透和表现为总体设计与单元设计的关系。如何认识总体设计与单元设计的关系、共性与个性的关系，常常是工程设计中最核心、最关键的问题。

3.2　结构与功能的关系

上文谈到了总体和单元的关系，这里还要再讨论结构与功能的关系。一方面，这是两对各有独立含义从而不能将其含义混淆的“成对概念”；另一方面，又要承认这两对概念的含义存在“相互渗透”的关系，从而不能将其含义割裂和隔离。

所谓不能将这两对概念的含义割裂和隔离而必须注意这两对概念的相互渗透关系，主要是指：① 所谓“总体”和所谓“单元”都有“自身的结构”和“自身的功能”以及“结构与功能的相互关系”问题，并且“总体的结构”与“总体的功能”的相互关系以及“单元的结构”与“单元的功能”的相互关系都是设计工作和设计思维中的重大问题；② 所谓“结构”与“功能”的关系，不但包括上述的“自身结构”与“自身功能”的关系问题，还包括“跨层次”和“总体与单元互动”的“结构问题”“功能问题”以及“更加复杂的‘立体网络性’结构与功能的相互关系问题”。由于“总体”与“单元”的复杂互动关系以及“结构”与“功能”的复杂互动关系，再加上更加复杂的“立体网络性”的“总体”与“单元”和“结构”与“功能”的“交叉互动关系”，这就使设计思维的过程和内容更加复杂了。

3.3　继承与创新的关系

工程设计是不断发展的，如何正确分析、认识和处理工程设计中继承与创新的关系就成为研究工程设计时的一个重要问题。一方面，传统设计中有许多内容和方法都是长期设计实践的总结，在现代条件和环境中不少的知识、方法仍然需要保持和继承，这就反映和表现出了工程设计中的继承性。另一方面，工程设计必须进行创新。工程设计的特点一般都是具有唯一性和创新性的，世界上没有完全一样的工程设计。在工程设计发展进程中，继承性和创新性表现出了对立统一的关系。

在分析和研究工程设计的继承与创新的相互关系时，出现了一个重要而复杂的具体问题——应该如何认识工程设计中“必须遵循和依照设计规范”与“在必要时敢于突破有关设计规范”的关系问题。一方面，具有约束性、法规性的设计标准和规范既是工程设计知识的重要部分，也是保证工程设计安全、可靠、依法、合规的重要前提，因而遵循设计标准和规范是每一个工程设计师必须具有的职业素养。另一方面，工程设计师必须有严谨认真的态度和敢于创新的精神，在必要时应该敢于突破已有工程设计标准和规范的约束，遵循科学原理，以求真务实的精神，勇于实践创新，与时代进步相结合，运用新的理念、理论和方法，与时俱进、持续创新，及时制定、修订新的设计标准和规范。因此，工程设计中遵循工程设计标准和规范与工程设计的创新、创造和突破是对立统一关系，必须以辩证唯物主义的观点、思维和方法，实事求是地认识和处理好这种关系。这实际上也正是工程设计发展的重要表现，是工程设计中继承与创新的辩证统一关系的具体表现。

3.4 虚拟设计与实体设计的关系

虚拟设计技术是由多学科先进知识和方法形成的综合系统技术，其本质是以计算机支持的仿真技术为基础，在工程设计阶段，实时地、并行地模拟出工程建造的全过程及其对工程设计的影响，预测工程效能、投资、工程的可实施性、可维护性和可拆卸性等，从而提高工程设计的一次成功率。它也有利于更有效、更经济、更灵活地组织工程设计，使工厂和车间的设计与布局更合理、更有效，以达到工程的开发周期及成本的最小化、工程设计质量的最优化、生产效率的最高化。

虚拟设计技术的科学性、可靠性及成熟度决定了其在工程实体设计上的价值，若说虚拟三维设计解决了工程上的干涉及高效问题，则虚拟仿真技术解决了很大一部分未探索过的工程设计问题。若按传统设计方法，则很多工程在设计的过程中要做很多的“中间”试验，因此，虚拟仿真代替了一大部分试验，从而能够有效地确定设计参数，大大缩短了设计周期，减少了设计过程中的费用。时至今日，应当逐步摆脱传统设计模式，面向数字化、信息化、智能化设计，仿真模拟、虚拟现实，从可视化迈向智能化。这是未来工程设计智能化的重要发展方向——动态精准设计，这更是实现智能化工程的基础和前提，没有智能化的工程设计知识，就难以有智能化的工程。

第五章

工程知识论

工程知识论既是工程哲学的重要组成部分之一，又是知识论[①]的重要组成部分之一。限于篇幅，本章只能有选择地讨论工程知识论中的若干重要问题。本章第一节着重分析和阐述有关工程知识论的若干基本观点和重要理论问题；第二节讨论工程知识的分类和系统集成问题；第三节讨论工程知识的传承和传播问题。

第一节　知识、工程知识和工程知识论

工程知识、科学知识、伦理知识是不同类型的知识。在“知识论”领域，“科学知识论”和“伦理知识论”早就成为哲学家青睐的对象，而“工程知识论”却被长期忽视，成为“知识论”领域的一个姗姗来迟的不速之客。[②]

1　姗姗来迟的工程知识论

1.1　工程知识是长期受到忽视和贬低的知识类型

亚里士多德说：“求知是所有人的本性。”[③] 人类在社会实践中

---

① 对于“知识论”（theory of knowledge）与“认识论”（epistemology）的关系，国内学界有两种观点：有人认为二者没有分别，有人认为二者有一定区别。本章基本上采用前一种观点。

② 李伯聪．工程知识论的艰难出场与“知识论2”的展望[J].哲学分析，2020（3）：146-162.

③ 亚里士多德．形而上学[M].李真，译．上海：上海人民出版社，2005：15.

积累和形成了一个包括了多种不同类型知识的“知识体系”，而工程知识正是整体性知识体系中最重要的知识类型之一。

从历史上看，工程知识是人类最早形成的知识类型；从数量上看，工程知识是人类整个知识体系中数量最大的知识类型；从意义和影响上看，工程知识不但直接影响社会的物质生产，而且广泛影响社会生活的许多方面。

在人类漫长的知识发展史上，工程知识的“地位”曾经发生过一次“颠倒性变化”。在人类社会的初期即原始社会中，工程知识曾经是“最重要”的和“主导性”的知识类型。可是，随着社会历史的发展，在出现了脑力劳动和体力劳动的社会分工之后，由于工程知识主要掌握在社会下层的劳动者手中，而社会统治权主要掌握在“劳心者”手中，这就使得在奴隶社会、封建社会乃至资本主义社会中，工程知识的“地位”与原先相比出现了“颠倒性变化”：工程知识从原始社会中的“最重要”的“知识类型”变成了奴隶社会和封建社会中被上层人士和主流意识形态严重贬低、轻视的知识类型。

孔子是中国历史上的圣人。他说“吾少也贱，故多能鄙事”（《论语·子罕》），可知他确实掌握了许多农业和手工业方面的知识，我们有理由认为孔子是他那个时代知识最丰富的人。但是，当孔子的弟子樊迟要求“学稼”和“学为圃”时，孔子贬斥樊迟是“小人”，在讲了一番大道理后，孔子得出了一个结论：“焉用稼”（《论语·子路》）。这就明确地把工程知识排除在儒家传授的知识体系之外了。这表明，虽然作为思想家、教育家的孔子高度重视“知识”的作用和意义，但他重视的主要是道德、伦理、政治和有助于教化的礼乐知识等，而对于工程知识——在当时主要表现为农业和手工业生产知识——他却是严重贬低的，甚至可以说他完全否认了“君子”学习工程知识的必要性。孔子的这种观点在中国历史上产生了严重的负面影响。

在中国古代社会和思想史上，长期存在着一个许多人习焉不察的社会现象和知识现象：“耕当问奴，织当访婢”（《宋书·沈庆之传》）。这就是说，对于中国古代时期的绝大多数知识分子和达官贵人来说，不但在他们的“知识结构体系”中“不包括”有关耕织的工程知识，而且在思想传统上，他们也“不愿意了解和掌握”有关耕织的工程知识。

这种现象和状况不只存在于中国古代，古代欧洲的情况也基本相同。

到了近现代时期，随着工业革命进程的逐渐发展，贬低工程知识的状况也逐渐有了改变。

对于改变古代形成的贬低工程知识的思想传统和知识传统来说，有两件事发挥了重要作用：一是“工科高等学校”的创立，二是工程师学会的创立。最早的工科高等院校创立于法国，而最早的工程师学会创立于英国。后来，欧美其他国家陆续开创了越来越多的工科高等院校和工程师学会，这就逐渐地削弱了那种贬低工程知识的社会舆论和思想传统。

工程知识从被贬低到逐步重新受到重视，经历了一个曲折、艰难、漫长的“思想传统转变”过程。在这个转变过程中，旧传统是不愿意轻易地对新思想作出让步的，于是，那种“贬低工程知识的旧传统”和“重新重视工程知识的新认识”也就不得不在多重领域进行了多重方式的交锋。这里顺便谈一个“说大不大说小不小”的历史插曲。“一百多年前，德国的凯撒（Kaiser）在柏林夏洛滕堡工业大学引入工程博士（Dr. Ing）作为学位，当时传统大学强烈抨击这种非学术化的行为，并强迫工程师用哥特体而不是用拉丁体书写他们的头衔。现在这个问题已经解决了，现有的打字机不能打出那种字体了，即使计算机也不能。”①

回顾历史，虽然古代哲学家一向重视研究知识并且早就形成了知识论（认识论）这个哲学分支，但由于长期存在着贬低工程知识的社会传统和思想氛围，并且许多哲学家也在助长这种传统，这就使对工程知识的哲学研究成为知识论研究中的一个“长期被遗忘的角落”。

1.2 对工程知识进行哲学研究的艰难进程

上文提到的现象是一个显得颇为吊诡的现象：一方面，人类进入文明时期后逐渐营造出了一个“（普遍）重视知识”的大环境，

① 波塞尔．论科学与工程的结构性差异［M］//刘则渊．工程·技术·哲学．大连：大连理工大学出版社，2002：207.

并且在哲学形成后，古代绝大多数哲学家都“高度重视知识”并且承认工程知识是一个“独立类型”的知识；但是，另一方面，哲学家却没有采取“同样重视”“所有类型知识”的态度，而采取了只高度重视科学知识和伦理知识而贬低甚至排斥工程知识的态度。更具体地说，工程知识不但没有能够“搭上‘重视知识’的顺风车”而受到重视，反而在重视知识这个“大前提”和“社会环境”中被严重贬低，甚至被排斥在“应该重视知识”这个思想和口号之外，成为“属于知识但又被严重贬低甚至被排斥的知识类型”。对于这种状况和现象，确实需要用“吊诡”来形容与概括了。

在第一次工业革命之后，人类工程知识的水平和整体状况进入了一个新阶段，但是，这种状况竟然仍然没有能够在哲学知识论领域“敲响”必须重视研究工程知识论的警钟。

令人欣慰的是，在20世纪末，作为工程师兼工程史家的文森蒂（Walter G. Vincenti）敲响了这个警钟。[①] 他出版了一部工程史著作《工程师知道什么以及他们是如何知道的——基于航空史的分析研究》，首次明确地把“工程知识”确立为一个“哲学概念”。文森蒂在该书第一章第一段就感慨万端地说：“尽管工程研究人员付出巨大的努力与代价去获取工程知识，但是工程知识的研究很少得到来自其他领域的学者关注。在研究工程时，其他领域的大多数学者倾向于把它看做是应用科学。现代工程师们被认为是从科学家那里获得他们的知识，并通过某些偶尔引人注目的但往往智力上无趣乏味的过程，运用这些知识来制造具体物件。根据这一观点，科学认识论的研究应当自动包含工程知识的内容。但工程师从自身经验认识到这一观点是错误的，近几十年来技术史学家们提出的叙述性与分析性的证据同样也支持这种看法。由于工程师并不倾向于内省反思，而哲学家和史学家（也有部分例外）的技术专长有限，因此作为认识论分支的工程知识的特征直到现在才开始得到详细的考察。”[②]

在该书中，文森蒂作为工程师和工程史家具体而深入地分析了

① 李伯聪．工程知识论的艰难出场与“知识论2”的展望[J]．哲学分析，2020（3）：146-162.

② 文森蒂．工程师知道什么以及他们是如何知道的——基于航空史的分析研究[M]．周燕，闫坤如，彭纪南，译．杭州：浙江大学出版社，2015：1.

5个工程设计知识的历史案例（戴维斯机翼与翼型设计问题、美国飞机的飞行品质规范等），颇为深入地阐释了工程设计知识的基本特征，强调指出工程知识和科学知识是两类不同的知识，批驳了那种广泛流行的“把工程知识看作科学知识的一个子集”的观点。该书于1997年荣获了美国机械工程师协会（ASME）国际历史与传统中心的工程师历史学家奖。

虽然应该承认文森蒂的这部著作具有重要的哲学意蕴，但还是应该指出：就学科性质而言，文森蒂这部著作主要是一本“工程史著作”而不是“工程哲学著作”。如果从哲学理论观点看，文森蒂的这部著作未能成为——文森蒂也无意使之成为——在哲学领域中“开创”“工程知识论”这个新分支学科的著作。

文森蒂的这部著作出版10年之后，工程哲学在21世纪之初得以开创。[①] 虽然对工程知识的研究也因此引起比以往更多的关注，但必须承认，作为“一门工程哲学亚学科”的“工程知识论”在工程哲学开创后的一段时间内仍然继续处于“空白状态”。有鉴于此，中国工程院工程管理学部决定在2017年立项研究“工程知识论”，并且在2020年出版了作为该课题研究成果的《工程知识论》[②] 一书，使之成为国际范围的第一部研究“工程知识论”的“哲学专著”，该书对“工程知识论”的许多重大问题进行了初步而比较系统的分析和阐述，使“工程知识论”在“工程哲学”领域成为“工程哲学五论体系”的组成部分之一。可以认为，该书的出版不但意味着工程知识论在“工程哲学”领域成为“工程哲学”的“分支学科”之一（与“工程方法论”等分支并列），而且意味着工程知识论同时也成为“知识论”领域的“分支学科之一”（与“科学知识论”等分支并列）。

2 具体的“工程知识”不等于“工程知识论”水平的认识

在研究工程知识论时，一个首要关键是必须区分“工程知识”

① 关于工程哲学在21世纪之初的开创进程，本书“前言”和“第一章”中有简要介绍。

② 殷瑞钰，李伯聪，栾恩杰，等. 工程知识论[M]. 北京：高等教育出版社，2020.

和“工程知识论”这两个概念的不同含义，辨析二者的关系。

“工程知识”和“工程知识论”是两个含义不同但又有密切联系的概念。一方面，工程知识是工程知识论的研究对象、研究出发点和理论概括的基础，离开了具体的工程知识，工程知识论就要成为无源之水；另一方面，有了“具体的工程知识”，并不等于同时有了“工程知识论”水平的认识，工程知识论是对工程知识进行“分析概括”“理论升华”的过程和结果，进行工程知识论研究就意味着必须在分析概括和理论升华上“下功夫”。

需要注意，逻辑学中的概念，在语言学中表现为“名词”（或“词语”，以下不区分“词”和“词语”）。不同的名词有可能表示同一个概念，而同一个名词又可能是“多义词”，用于表示不同的概念和含义。例如，“工程知识”这个术语（词语）就可以用于表示两个不同的含义：一是用于指“形形色色的具体的、个别的工程知识”，二是用于表示“泛称性的工程知识”（对形形色色的具体的、个别的工程知识的“泛称”或曰“某种概括”）。[①] 一方面，需要承认这两个含义存在密切联系而没有绝对界限；另一方面，又要承认“没有绝对界限”绝不意味着“绝对没有界限”，必须承认存在某些“相对的界限”。在本书中，“工程知识”这个术语在不同的语境中有时可能主要表示上述之“含义一”，有时又可能主要表示上述之“含义二”。为了避免混淆，在具体行文时，本书有时又把上述的“含义一”更具体地表述为“具体的工程知识”。

一般地说，工程知识论是以工程知识为研究对象而形成的一个研究领域，是把对工程知识的朴素认识提高到哲学认识的水平，把不自觉或半自觉的认识提高到自觉的认识水平；是从哲学层面以哲学思维对工程知识的理论研究、理论概括和理论升华，是对工程知识的“二阶性研究”和“多视野研究”；它既是“知识论”的组成

---

① 我国著名语言学家朱德熙提出“个体词”和“概括词”是一对既有联系又有区别的概念，“词类”是对“概括词”的分类。陆俭明对此有一些进一步的评论（《现代汉语语法研究教程》第四版，北京大学出版社，2013：35-37）。本节此处对“工程知识”的两个含义的阐述与朱德熙关于“个体词”和“概括词”的区分是“旨趣一致”的。如果使用朱德熙的术语，可以认为，“工程知识”既可作为“个体词”使用，又可作为“概括词”使用，本节以下从“工程知识论”角度研究“工程知识”时，往往是把“工程知识”当作“概括词”——也就是“泛称含义”而非“个体含义”——进行研究的。

部分之一，又是工程哲学理论体系的重要组成部分之一。

3 对作为工程知识论核心概念的“工程知识”的若干哲学分析

在工程知识论研究中，“工程知识”是一个核心概念，以下就着重对这个概念进行一些哲学分析和讨论。

3.1 分析和研究“工程知识”含义的三条进路及其哲学意义

如果从构词法角度分析“工程知识”的含义，可以看出有三条分析和研究进路。

3.1.1 “进路一”及其主要哲学意义：工程知识论是工程哲学的组成部分之一

“进路一”是在语义上把“工程知识”看作“工程活动”的组成部分之一；在构词法上把“工程知识”这个词语看作由“工程”和“知识”组成的“偏正关系词语”，更具体地说，在“词语偏正关系”的解释中，“工程”为主，而“知识”为从（从属）。

由于“进路一”在语义分析和构词法上把“工程知识”看作以“工程”为“主含义”的“偏正词语”，这就意味着把“工程知识”看作“工程活动”的“要素之一”和“组成部分之一”，把“工程知识”看作工程活动中与“工程资源”“工程管理”“工程方法”并列的要素或组成部分。依照这种研究进路，其主要哲学含义和意义就是使“工程知识论”成为“工程哲学”的组成部分之一，特别是使“工程知识论”成为与“工程方法论”“并列”的工程哲学的组成部分。

3.1.2 “进路二”及其主要哲学意义：工程知识论是“（哲学）知识论”的组成部分之一

“进路二”在语义上把工程知识看作“整体性知识”的一个子集，在构词法上把“工程知识”这个词语解释为“工程”和“知识”之间具有另外一种“偏正关系”的词语（以“知识”为主而以“工程”修饰“知识”），把“工程知识”看作“整体性知识体系”

的组成部分之一，把工程知识看作与“科学知识”“伦理知识”“艺术知识”并列的“知识类型”之一。这种观点和研究进路的主要哲学含义和意义就是使“工程知识论”成为“知识论”的组成部分之一，使“工程知识论”成为与“科学知识论”并列的“知识论”的组成部分之一。

3.1.3 “进路三”及其主要哲学含义：“交集”特征是“工程知识”概念的核心特征

“进路三”是在语义上把“工程知识”解释为“工程”与“知识”的“交集”，在构词法上把“工程知识”看作由“工程”和“知识”依照“并列”关系而形成的“并列关系词语”。“进路三”的语义解释中突出了“交集”这个特征，其实质就是要求在认识“工程”和“知识”的本性、功能和含义时既关注二者的相互区别又关注二者的相互联系。①

3.1.3.1 “工程”与“知识”的区别：“工程”活动的物质实践本性和“知识”的精神本性

在依据“进路三”——把“工程知识”看作“工程”与“知识”的“交集”——研究工程知识的含义时，第一个关键工作就是需要阐明“工程”与“知识”是两个不同内容的“集合”，否则“交集”云云就无从谈起。那么，应该怎样认识“工程”与“知识”这两个“集合”的不同本性呢？

工程的目的是造物，更具体地说，是制造有用的、有价值的人工物（包括各种生产资料和生活资料）的活动。这就意味着，无论是从表现形式上看还是从本质、结果上看，工程都是以物质实践活动为核心的活动。

再看“知识”的内容和含义。汉语词“知识”由“知”和“识”两个字构成，“知”和“识”的含义相同，都既可用作动词（相当于英语的动词 know 和英语的动名词 knowing）又可用作名词

① 在认识“工程知识”这个词语的三种不同解释和“三个进路”的相互关系时，需要强调这“三个进路”不存在实质性矛盾，相反，无论进行哪个进路的研究，都需要有“其他两个进路”研究的“配合”和“补充”。我们不但必须“分别重视”三种不同进路，而且必须同时重视对三种研究进路的“综合”。

(相当于英语的名词 knowledge)。所谓知识论，其含义和内容不但包括要研究作为认识结果的知识，而且要研究认识过程和认识主体。知识的思想探索和作为思维产物的知识都属于精神世界。“知识”和“工程”是“两个性质不同的集合”。

3.1.3.2 “工程知识”的本质特征是成为“工程”与“知识”的“交集”

由以上所述可知：“工程”与“知识”的对象和内容在本性上分别属于两个集合，属于两个世界——物质世界和精神世界。但是，这个断言又绝不意味着可以认为“工程”与“知识”——物质世界和精神世界——是相互隔离没有联系的。实际上，如果两个集合完全隔离，没有“共同区域”，则“交集”也就不存在了。现实生活告诉我们，“工程”与“知识”——物质世界和精神世界——是相互联系、相互渗透的，这就出现和形成了“工程”与“知识”的“交集区域”。而对于这个作为“工程”与“知识”的“交集”的“工程知识”的含义与功能的研究就成为“进路三”的第二项关键工作。

作为两个不同集合的“交集”，工程知识一方面可以同时成为“工程”和“知识”这两个不同世界的“构成成分”（这意味着不能仅仅单纯从两类世界中的一个世界——单纯的物质世界或单纯的精神世界——认识“工程知识”），另一方面它又可以成为这两个不同世界的“沟通桥梁”（这意味着在认识“工程知识”时必须特别注意其“同时渗透到两个世界”和“沟通两个不同世界”的作用及特征）。

如果说，“进路一”的主要哲学含义和意义是提示“工程知识论”是“工程哲学理论体系”的“组成部分之一”，是与“工程方法论”并列的“亚学科”；“进路二”的主要哲学含义和意义是提示“工程知识论”是“(哲学）知识论体系”的“组成部分之一”，是与“科学知识论”并列的“亚学科”；那么，“进路三”的主要哲学含义和意义则是提示我们，无论是把“工程知识论”当作工程哲学理论体系的组成部分之一而进行研究，还是把“工程知识论”当作“(哲学）知识论”体系的组成部分之一而进行研究，都必须把“工程知识”词语意义中的“交集含义和特征”当作最核心的内容进行研究。

3.2　对“工程知识”基本特征和意义的若干进一步阐释

由于在工程知识论中，“工程知识”是一个最基础的概念，有必要对其进行更具体、更深入、更多方面的分析和阐释。

3.2.1　从“两类物质世界”的划分看工程知识的性质和特征

3.2.1.1　“两类物质世界”的划分和与之关联的“两类知识”

在宇宙发展和地球演化过程中，在人类出现之前，只有一个统一的物质世界。可是，在人类出现后，人类通过劳动开始了造物活动，通过人类的造物活动又形成了一个“人工物世界”，并且“人工物”的数量、质量、种类、范围、作用、影响都在日益增长和增强。现代人生活在人造的房屋之中，吃饭要用碗筷刀叉，穿衣要用纺织品，出行要坐汽车、火车、飞机，通信要用手机，如此等等。环顾周围世界，必须说现代人已经主要生活在人工物世界之中。

对于现代人来说，人类起源之前的那个统一的物质世界已经分化为两类物质世界——“天然自然的物质世界”和“人工物的世界”（或曰“人工自然的物质世界”①）。前者在人类起源之前就存在并且在现代社会继续存在，而后者却是人类工程活动的产物，在人类形成之前并不存在。

3.2.1.2　工程活动的劳动性、物质性与工程知识本性的关系

在认识工程活动时，最关键的内容之一就是必须深刻认识和理解工程活动本质上是劳动性、物质性的活动，其劳动性、物质性突出地表现在以下三个方面。

（1）工程活动不是可以“凭空”而“无中生有”的活动，如果没有物质性的原材料、能源等就无从制造人工产品。

（2）工程活动中必须运用物质性的工具、机器、设备等，如果没有物质性的工具、机器、设备等，工程活动就无从进行。

---

①　对于“人工自然”的含义和有关问题，可参考陈昌曙的“试谈对‘人工自然’的研究”一文（《哲学研究》1985年第1期）。其他学者对此问题也有诸多分析和讨论，但这里无意更多讨论这个问题。

(3) 工程活动的目的和结果是制造出物质性的工程产品——人工物①。

在分析与认识工程知识的性质和特征时，必须注意“工程知识的性质和特征”都“植根并关联”工程活动的劳动性和物质性，而绝不是——并且不可能是——与工程活动的劳动性和物质性“相隔离”的。

3.2.1.3 “知识的两种存在方式和存在形态”与“工程知识本性”的关系

作为精神活动的产物，知识首先表现和存在于人的大脑之中——这就是知识的第一种存在方式和存在形态。工人、农民、科学家、工程师、政治家、军事家、作家、画家、律师等都有丰富的知识，他们的知识首先就存在于他们的大脑之中。

在发明了文字之后，知识不但可以存在于大脑之中，而且可以保存在书籍、文章之中。在现代社会中，除了论文、著作这种形式外，知识还有其他表现形式和存在形式——录音、图纸、计算机、互联网等，这就成为知识的第二种存在方式和存在形态——“表现在大脑之外”的知识存在方式和形态。

20世纪的著名哲学家波普尔（Karl Popper）提出了关于三个世界的理论：外部物理世界是“世界1”，人类的精神世界是“世界2”，书籍、图纸等形式的知识世界是“世界3”。以上所说的知识的两种存在方式和存在形态恰恰正是波普尔所说的“世界2”中的知识（大脑中的知识）和“世界3”中的知识（书籍、图纸中的知识）。

“世界2”中的知识和“世界3”中的知识有许多相同和相通之处，因为许多知识可以同时存在于“世界2”和“世界3”之中。这意味着不但人们可以把自己所发现、所掌握的“头脑中的知识”通过写作、绘图等方式转化为“世界3”中的知识，而且人们也可以通过学习和信息传播的方式增加与丰富自己头脑中的知识。

---

① 在现代信息工程中，信息工程的产物主要是表现为“信息形态”的“产品”。西蒙（Herbert A. Simon）在《人工科学》一书中明确地肯定“人工物”（artifact）中也包括信息产品。我们赞同西蒙的观点。虽然现代信息工程和信息产品的出现导致了一些复杂的理论问题与现实问题，但这并不妨碍我们在整体上认定工程活动——包括信息工程在内——是物质性活动。

另外，“世界 2”中的知识和“世界 3”中的知识也有许多区别。这里出现的重大区别之一就是“世界 2”中的默会知识（tacit knowledge，亦译为隐性知识、缄默知识、意会知识等）难以转化为“世界 3”中的知识。

在西方哲学传统和思想传统中，长期以来都忽视甚至否认默会知识的存在，更不要说承认其重要作用和意义了。但是，最近几十年中，由于波兰尼（Michael Polanyi）等学者的研究及其影响，人们对默会知识的意义有了新认识。

在此需要强调指出的是，在科学知识和科学知识论领域，由于科学知识在本质上必须是全人类共同的知识，这就使科学知识必须表现为语言文字形式或其他编码形式（包括数学公式等形式）的知识，而不能表现为不可言传的默会知识形式。可是，在工程活动、艺术活动和军事活动等领域，默会知识不但广泛存在而且具有深刻意义和重大影响。在研究工程知识和工程知识论时，工程领域的默会知识不可避免地要成为重要内容之一。

3.2.1.4 从“物质和知识的关系”认识“工程知识本性”

应强调指出的是，上文的分析中绝无“物质”与“知识”、“工程”与“知识”没有联系的含义。可是，在认识物质与知识、工程与知识的相互关系时，必须特别注意“两类物质世界”与“相应的两类知识”的关系是极其不同的。

在认识这个问题时，我们应该强调指出：虽然波普尔区别了物理世界（世界 1）、大脑中的精神世界（世界 2）和书籍、图纸等形式的知识世界（世界 3），但他没有区别“世界 1”中的“天然物质世界”和“人工物世界”。

实际上，“世界 1”中的“天然物质世界”和“人工物世界”是有本质区别的“两类物质世界”，与二者相应，又有“相应的两种知识”——关于天然物质世界的科学知识和关于人工物世界的工程知识。在认识“两类物质世界”与“两种知识”的相互关系时，必须关注以下两个关键之点。

第一，天然物质世界是“不依赖于人的认识而存在”的，甚至可以说它的存在是“无知识内蕴”的客观自然物质世界。

天然物质世界不是人类创造活动的产物，在人类形成之前它就已经存在了，从这个意义上看，它是不依赖于人的知识而存在的世界。在天然物质世界的形成和演化过程中，没有任何“精神活动”和“知识”参与其中，使其成为一个“无目的”的物质世界。荀子由此而说出了“天行有常，不为尧存，不为桀亡”（《荀子·天论》）这样铿锵有力的断言。

但以上断言绝不否认天然物质世界可以是人类认识的对象。人类通过认识自然界和科学研究的过程获得了科学知识。科学知识与天然物质世界的关系是科学认识和反映性关系。

天然物质世界不是物理学的产物，相反，是先有了天然的物理世界，然后才有反映物理世界规律的物理学。从这个角度看，天然物质世界本身的存在并无人类的知识内蕴其中，天然物质世界是“不依赖于人的认识而存在”，它是“无知识内蕴其中”的物质世界。

第二，人工物世界是“有知识内蕴其中”和“依赖于人类认识而存在”的物质世界。

与天然物质世界不同，人工物和人工物世界是人类有目的的劳动、造物活动的结果。与天然物质世界对象存在在先而科学知识的认识和反映在后不同，在工程活动中，首先需要有人的认知、决策、计划、设计在先，并且通过后续的构建、运行、维修等工程实践活动，这才制造出了天然物质世界所从来没有存在过的形形色色的“人工物”。

卡门说：“科学家发现已经存在的世界；工程师创造从未存在的世界。”① 所谓“已经存在的世界”显然是指“天然物质世界”，而那个“工程师创造的从未存在的世界”就是“人工物世界”。卡门的这段话深刻地指出“两类物质世界”和“两类不同的知识”存在着迥然不同的相互关系。

从程序和过程上看，“天然物质世界”是“在先”的已存在的对象，科学是“在后”的认识过程，科学知识是科学认识过程的过程或结果。对于人工物的创造过程来说，却是要“先有”工程决策、工程规划、工程设计，即工程知识（包括工程决策、规划、设计等）“在先”，是工程知识“位于”工程活动的“起点”，而人工

① 李伯聪．工程科学的对象、内容和意义——工程哲学视野的分析和思考［J］．工程研究——跨学科视野中的工程，2020，12（5）：463-471.

物“位于”工程活动的“终点”。如果没有在先的工程决策、工程规划和工程设计知识，就不可能有作为目的和结果的人工物存在。

从本性上看，科学知识是对天然物质世界的反映性知识，而工程知识——这里主要指工程设计和决策知识——是关于人工物和人类行动的设计性知识。如果使用哲学家常用的“实在”这个术语，我们可以说，科学知识是关于“已有的实在”的知识，而工程知识是关于“虚实在”及其“现实化”的知识。应该说，工程知识在本质上就是设计出目前世界上“尚不存在的虚实在”并使其通过对诸多相关要素的选择、整合、集成、建构、运行等工程活动过程转化成“现实实在”的知识。

这就是说，与那个自身“不依赖于人的认识而存在”并且“无知识内蕴其中”的天然物质世界不同，人工物世界是人类工程活动的产物，是“有知识内蕴其中”和“依赖于人类认识而存在”的物质世界。

以上分析表明，“工程活动过程”与“天然的自然过程”是有本质区别的两种过程，作为工程活动产物的“人工物”与天然的“自然物”是有本质区别的两类事物。石器时代原始人使用的粗笨石器是工程活动的产物，其中内蕴着原始人的工程知识，而河床中一块偶然出现的有精妙图案的“天然奇石”却仅仅是无人类工程知识内蕴的“天然存在”。

3.2.2　必须特别关注从工程实践与工程知识的互动关系中认识工程知识的生产力属性

马克思说：“自然界没有制造出任何机器，没有制造出机车、铁路、电报、走锭精纺机等等。它们是人类劳动的产物，是变成了人类意志驾驭自然的器官或人类在自然界活动的器官的自然物质。它们是人类的手创造出来的人类头脑的器官；是物化的知识力量。”①

马克思深刻地指出机车、铁路、电报、走锭精纺机等是人类劳动的产物，是“物化的知识力量”，实质上也就是肯定了生产力离不开工程知识和工程知识具有生产力属性与特征。

---

① 马克思，恩格斯．马克思恩格斯全集：第46卷（下）[M].北京：人民出版社，1980：219-220.

工程知识的生产力属性是工程知识最本质的属性与特征。

必须注意，在认识和理解工程知识的生产力属性时，绝不能把这个理解简单化和教条化。在关注和研究工程知识的生产力属性时，必须在生产力与生产关系、经济基础与上层建筑之间辩证关系的基础上认识和研究工程知识的生产力属性。于是，在界定与研究工程知识的内容和含义时，不但应该包含和关注那些直接与物质生产过程结合在一起的工程技术知识，而且应该包含——而绝不是排斥——与生产组织、工程管理、工程制度、工程伦理等联系在一起的有关生产关系方面的知识。

从表现和相互关系上看，工程知识的许多其他属性和特点往往都是由工程知识的生产力属性所决定的。

例如，许多人都知道工程知识——包括工程设计知识和工程施工知识等——常常具有功效利益性、责任性和问责性特征，应该如何认识工程知识的功效利益性、责任性和问责性特征及其出现的原因呢？

从内容上看，科学家在研究科学知识时不能根据自己的爱好而随意改变对科学规律的结论性认识，在发现的“科学真理知识”面前，他“无所选择”。从这个意义上讲，科学知识的“发现”从其本质、规律的揭示上看并不是人为创造出来的，例如不能说牛顿“创造”了万有引力，因而应该说科学知识是以反映性为其根本属性的。但是，对于工程设计来说，设计者和工程主体对于未来工程的“设计方案”却需要“主动提出”多种可能方案，进行决策，选择出最终方案。工程设计的灵魂是设计者的主观能动性和创造性。

不同于具有“答案唯一性”的科学知识，工程计划和设计的“答案”（设计方案）是面向未来的，具有“答案”的差异性和多样性。这个差异的深层原因在于，科学知识的反映性决定了科学家不能因为自己的主观愿望和主观爱好而“随意创造科学规律”，在科学知识特别是科学规律的真理性目标前，科学家“无所选择”。而工程活动的业主、设计师和其他利益相关者在“选择”“设计”和“决定”设计方案时，必然融入自己对工程发展的理念、愿望、价值观的认识。这就意味着工程知识是融入和表现了有关人员的自由意志、融入了价值性和功效利益性的知识。

正因为工程知识具有主观能动性和创造性，具有价值性和功效利益性，这也就使社会对工程知识有了责任性和问责性的要求。在科学知识探索、发现、揭示的过程中，由于其本质是对未知事物、未知规律的探索过程，这就使得在对待科学知识探索失败时，社会可以持宽容的态度。但是，对于一般工程活动——特别是大型工程活动——的失败，由于其失败必然在价值和后果上带来严重的社会危害甚至灾难，这就使社会不可能对之持宽容态度，而是必须认真、严肃地“问责”和“追责”。当然，对于那些“具有试验性”的工程活动和“创新前沿”的工程活动，人们也会采取与对待科学探索相似的态度给予应有的宽容。

上文分析了工程知识所具有的主观能动性和创造性、价值性和功效利益性、责任性和问责性，这些性质和特征不是相互孤立的，而是相互之间存在密切内在联系的。

3.3 关于工程知识与其他类型知识的若干比较分析

在研究工程知识及其应用时，需要注意分析和把握工程知识与其他类型知识的相互关系。

由于所谓“其他类型的知识”包括的内容（科学知识、技术知识、人文知识、经济知识、社会知识等）太多，这里不可能全面涉及。以下就仅着重分析工程知识与基础科学知识的关系和工程知识与技术知识的关系。

3.3.1 工程知识与基础科学知识的区别和联系

工程知识与基础科学知识的区别主要表现在以下几个方面。

第一，从知识的目标和导向来看，基础科学知识是“真理导向”的，探求基础科学知识的目的是认识真理，基础科学知识的发展动力和新科学知识的形成主要是“理论逻辑拉动”的。而工程知识是发展生产力导向和“价值导向”的，在工程活动中，工程知识是围绕“完成和实现工程任务”这个目标而组织起来的，在市场经济环境中新工程知识的形成往往是由“市场需求”拉动的，因此工程知识主要是“工程任务导向”和“市场需求拉动”，是价值导向的。

第二，从探求新知的思想动力和心理动力来看，科学家进行科学新知探索的最强大的心理动力是科学家探索自然界奥妙的“科学理想”和“好奇心”。而工程师、工人、工程管理者等“工程实践者”探求与利用工程知识的最强大的心理动力是“工程实践者”的“工程理想”和“责任心”。

第三，从知识进步和演化的标准来看，基础科学知识进步和演化的标准是“使已有的科学知识越来越接近真理”。旧的科学理论之所以被新的科学理论“取而代之”，根本原因在于“旧的科学理论”是不全面、不确切甚至是错误的，而“新的科学理论”在描述和解释上都更为完整、准确、接近事物的真相。而工程知识进步和演化的标准是“使已有的工程知识越来越有价值”，即“价值性”标准。在这里应该特别注意的是，那些被替代、被取代的工程知识从基础科学知识的角度看往往并没有错误，那为什么又出现新的工程知识取代了旧的工程知识呢？这里的关键点在于新的工程知识更有价值（包括经济价值、社会价值、生态价值等）。虽然旧的工程知识在基础科学的标准上也是正确的，但是在价值标准面前，旧的工程知识只好被取代了。

第四，在基础科学知识领域只有关于因果性的知识而一般不直接涉及（人的）目的性问题，而在工程知识中却既有关于因果性的知识又有关于（人的）目的性的知识。在基础科学领域，人们只能追问自然现象的“因为什么”的问题，而不能追问自然现象“为了什么”的问题（例如“下雨的目的是什么”）。在工程知识中，关于社会、经济领域，甚至人文价值等“目的性”的问题则都要被纳入考虑范围，这样关于目的性的知识就被凸显了出来。

第五，从知识的“时空特点”和“社会所属特征”看，基础科学知识是“放之四海而皆准”的知识，是“全人类”共有的学术公器，而绝不是“仅仅属于”某个国家或某个公司的知识。而工程知识在许多情况下是具有当时当地性特点的知识，并且有可能在一定时间段内是“只属于”某个国家或某个公司的知识。当然我们也必须肯定，工程知识不但具有当时当地性，而且同时具有普遍性。在全球化环境中，工程知识是同时具有“地方化”和“全球化”特征的知识。

第六，从知识的内容和表现形式看，基础科学知识主要是关于“自然界”“是什么”的知识，而工程知识主要是关于“人”“干什么”和“怎么办”的知识。一般地说，基础科学知识并“不直接”

告诉人应该干什么，也不直接告诉人应该怎么办。基础科学知识通过推理可以得出人应该怎么办的知识，这就意味着基础科学知识必须“转化”为工程知识后，人才能依据工程知识进行工程活动。

第七，从知识主体和新知识创造者方面看，基础科学知识主要是科学家拥有的知识，在基础科学发展演化过程中，科学家更是新的科学知识的探索、发现者。而工程知识是工程师、企业家、工人、工程管理者、工程投资者所拥有的知识。在现代社会中，新的科学知识不但来自科学家个人的科研活动，而且常常来自国家或大学设立的“基础科研机构”（科学研究所、科学实验室等）。而对于现代工程知识来说，国家或企业设立的“工程研发机构”——特别是企业的研发机构——成为“新工程知识”的更加重要的“来源地”、创造者和拥有者。“基础科研机构”和“工程开发机构”是两类性质不同的“知识创新机构”，它们在知识创新目的、运行机制、创新成果标准等方面都有明显区别。前者主要是现代科学知识论研究的对象，而后者主要是现代工程知识论的研究对象。

第八，一般地说，基础科学知识以“独立的知识形态”尤其是科学论文和科学著作的形态存在，而工程知识不但可以以“独立的知识形态”例如设计图纸和操作手册的形态存在，而且许多工程知识更常常以“物化”为有关设备、装置、建筑物等的形态存在。例如，从现代知识论角度看，所谓数控机床、高速列车、计算机等现代设备都绝不仅仅是以“没有知识内蕴”的“自然物质”形态存在，而是以“物化”“凝聚”和“内蕴”了许多有关工程知识的人工“物化”形态存在。

第九，基础科学知识和工程知识都是不断演化的知识系统，但是，基础科学知识体系的演化规律和演化路径与工程知识体系的演化规律和演化路径却有很大区别。基础科学知识和工程知识都是“开放的”知识系统。所谓“开放性”，其重要表现和内容之一就是每个时代的知识系统都有其“新涌现的前沿知识”。在这个方面，人们看到每个时代的“基础科学知识体系的前沿表现和前沿构成”与“工程知识体系的前沿表现和前沿构成”存在着明显的差别。从本质上看，基础科学知识是“理论标准”“理论导向”和“理论形态”的知识系统，而工程知识却是“生产力标准”“生产力导向”和“依附于生产力形态”的知识系统。

工程知识和基础科学知识虽然是两类不同的知识体系，但是二者之间也存在着密切联系和转化关系。

一是“从科学到工程方向”的联系和转化。在现代科学形成后，基础科学知识不但可以成为工程知识的基础，而且可以成为工程技术发展的指引力量。在这方面，爱因斯坦提出的受激辐射理论对激光技术发展所发挥的引领作用与生物学基因理论对基因工程所发挥的引领作用就是两个典型事例。

二是“从工程到科学方向”的联系和转化。对此，恩格斯已有精辟、深刻的阐述：“如果说，在中世纪的黑夜之后，科学以预料不到的力量一下子重新兴起，并且以神奇的高速发展起来，那么，我们要再次把这个奇迹归功于生产。”① 科学史表明，生产、工程的需求确实会转化为推动科学理论发展的强大力量。

三是以往研究较少而其意义非常重大的问题——关于“工程科学”的性质和作用的问题。“工程科学”是由钱学森先生首先提出的一个重要概念，意义重大而深刻。工程科学有不同于基础科学的许多特点，不能将其与基础科学混为一谈，绝不能忽视工程科学的意义和作用。工程科学是基础科学和工程实践的理论中介、转化中介和中间环节。在现代工程活动和工程发展中，工程科学的发展情况往往会成为工程演化发展和产业发展的关键环节。②

栾恩杰院士提出了科学、技术、工程三者存在“无首尾逻辑”的不断循环关系，三者互相依赖、互相推动，不但存在着“科学→技术→工程”方向的关系（在科学理论和思想指导下进行新技术开发，然后再运用到工程实践中），而且存在着“工程→技术→科学”方向的反向关系（工程实践过程中提出技术问题进而带动科学学科发展）。在这个循环中，工程起着“扳机”和载体作用。③ 虽然这个观点中的科学也可以解释为基础科学，但更直接的理解是将其理解为工程科学。

---

① 马克思，恩格斯．马克思恩格斯选集：第 3 卷[M]．北京：人民出版社，2012：865.

② 李伯聪．工程科学的对象、内容和意义——工程哲学视野的分析和思考[J]．工程研究——跨学科视野中的工程，2020，12（5）：463-471.

③ 栾恩杰．论工程在科技及经济社会发展中的创新驱动作用[J]．工程研究——跨学科视野中的工程，2014，6（4）：323-331.

在很多情况下，对工程实践发挥“直接引导和指导”作用的正是“工程科学”，而在工程实践中“冒出来”成为“拦路虎”的“理论问题”往往也正是“工程科学问题”，而不是“基础科学的理论问题”。

无论是对科学领域来说，还是对工程领域来说，工程科学都是一个非常重要的新问题。从工程实践方面看，它往往是工程发展——特别是重大工程和产业前沿发展——的关键；从理论方面看，它是科学的新形态（可以把工程科学看作在基础科学之外的另外一种科学类型或形态）。目前，关于发展工程科学的许多理论问题和政策问题都还没有解决，亟须大力加强对这个问题的研究。

3.3.2　工程知识与技术知识的区别和联系

工程知识与技术知识是两类联系非常紧密、相互交叉，甚至有些时候会被混为一谈的知识范畴。

技术知识是一类方法性、工具性、手段性的知识。除“工程技术知识”外，技术知识还包括“实验室技术知识”“绘画技法知识”“管理技术知识”“表演技术知识”等。在“全部技术知识”中，那些“工程技术知识”之外的其他类型的技术知识与工程知识往往有明显区别，是与工程知识关系不很紧密的技术，由此也可以从一个侧面看出工程知识与技术知识的区别。

在此需要对带有交叉性的“技术科学知识”“工程科学知识”和“工程技术知识”三个概念进行一些概要性解释。

技术科学以基础科学为理论基础，以单一门类技术为研究对象，研究和考察各种技术门类的各自专有的规律，优化或扩充技术的能力体系，将技术的有关知识提高到理论水平。其学科内容广泛，如工程力学、应用化学、应用数学、计算数学、工程地质学等。技术科学是专门技术与基础科学之间的中介理论体系。

工程科学是一个新概念，它是以近代自然科学中的基础科学为理论基础的，是基础科学与工程技术（群）联系的纽带，是属于两者之间结合的理论中介。① 可以认为，工程科学已经成为一个与基

① 殷瑞钰，汪应洛，李伯聪，等．工程哲学[M]．2版．北京：高等教育出版社，2013：108-109.

础科学、技术科学并立的学科体系。工程科学研究的对象不仅是单一专门技术本身，而是研究工程系统包含的诸多相关、异质、异构的技术群（集合）及相互之间的集成-协同关系——如动态-有序、匹配-协同的优化关系等。而这种集成-协同关系是比单一专门技术高一阶次的，包括系统集成性理论、协同性理论、最优化理论、权衡选择理论、开放耗散理论等诸多方面。在工程科学的理论体系中，还包括对工程管理的科学研究，于是，在工程科学体系中，工程管理科学知识也就具有了重要位置和重要意义。

对于“工程技术知识”这个概念，有些人可能会觉得“技术知识”不言而喻地就是指“工程技术知识”。其实不然，因为我们必须从更全面的视野看待和解释技术概念。在对技术知识的全面认识和全面理解中，“工程技术知识”是与“实验室技术知识”“社会技术知识”并列的一种技术知识类型。后二者属于技术知识，但不属于“工程技术知识”。在“全部工程知识”中，也许可以认为：在工程活动中，工程技术知识在一定意义上往往具有直接基础性作用和地位。

4 工程知识论的基本内容

上文已经指出：工程知识论是以工程知识为研究对象的学问，是关于工程知识的共性特征、内涵、结构和发展规律的学问，是一种“二阶性”研究。从知识角度来看，现代工程知识体系是基于以专业工程学为核心的多学科的知识集成体。从工程本体论的视野来看，工程是将科学、技术、经济、管理、社会等方面的知识与资源、资本、土地、劳动力、市场、环境、生态等基本经济要素通过选择-整合-集成-建构-运行-制造-服务等机制进行合理配置，转化为现实的、有效的生产力的过程和结果。重在对涉及的各类资源、装备、技术、资金等物质因素、技术因素、经济要素中的知识通过“选择-整合-集成-建构-运行-制造”等机制而“转化”为现实生产力。

更具体地说，工程知识论要研究如下重要内容。

(1) 工程知识是构建人工物世界的核心知识，是不同于且独立于专门研究自然物理世界的基础科学的另一类知识体系，工程知识论的核心内容之一便是研究工程知识的本质、特征、要素、结构及其与其他知识类型的相互关系。大体而言，工程知识是选择、整合、配置各类要素进而在特定条件和专门设定机制下转化为现实生产力的知识和知识群，是属于决策、设计、集成、构建、运行、制造、服务和发展人工物理世界的知识体系。

（2）工程知识论的定位是研究与分析工程知识的本性、共性特征、内涵、结构、形态、功能、获取、演进和发展规律的知识论，是一种“二阶性”研究。

（3）工程知识的要素和结构研究，包括研究工程技术知识（工程化生产、制造技术知识，工程设计知识，工程构建知识等），工程科学知识（相关的基础科学知识，特别是工程科学知识），相关产业知识（产业或专业工程知识群），有关的经济/社会知识（专业工程经济知识等），环境、生态知识（行业工程环境、生态知识），人力资源知识（专业人才和群体的知识及其管理知识），工程管理知识，工程集成知识（工程技术集成和系统工程知识）等。

（4）工程知识形成和发展规律研究：工程知识或工程知识群之间相互作用、相互关联的特征和规律研究；工程知识（群）中的选择-整合-集成-协同-适应-进化等机制性研究。

（5）工程活动中的知识链、知识群和知识网络问题的研究。工程知识的内涵包括工程决策、要素选择、要素配置、优化整合、综合集成、实体建构、功能转化、价值实现与评价等过程；并体现为工程决策、工程规划、工程设计、工程建构、工程运营、工程制造与服务、工程评价、工程退役等阶段。在这些过程或阶段中，工程理念、工程管理始终贯穿在其中。

（6）工程知识的具体内容、形态和体系特征都是不断演化的，从历史上看其本身经历了“模糊经验型—技术支撑型—科学支撑型—再度回归集成工程型”的发展过程。

（7）工程知识的源头是多元化、多样性的，这些知识经过选择-整合-集成-建构-运行等过程转化为生产力，体现着价值产生。工程知识是不断发展的，是生产力导向的，必须面向生产力发展的最新形势和方向。在当前，研究工程知识论的重点应放在知识经济时代背景下的工程知识、工程知识群及其动态结构。

（8）工程知识论案例研究（包括工程项目、企业、行业等方面的案例)。

工程知识论作为工程哲学的重要组成部分，研究工程知识论应以工程本体论作为基本立足点，结合工程方法论、工程知识链、工程活动模型等研究成果，进一步深化研究涉及工程知识构成的全要素、全过程和工程知识群的结构体系。

第二节 工程知识的分类和系统集成

工程知识论中需要研究的问题很多，本节主要讨论工程知识的分类和系统集成问题。

1 工程知识的分类

工程知识的分类是一个复杂而重要的问题。工程知识分类的复杂性主要表现为工程知识可以有许多分类方法和分类结果，并且这些分类方法和分类结果都有各自的用途、存在价值与优点，我们研究工程知识分类时首先要承认这个状况与事实。

工程知识分类的重要性不但表现为工程实践和现实生活的迫切需要——工程实践和现实生活需要对工程知识进行具体分类而不能仅仅把工程知识当作一个“笼统的对象”，同时，只有在工程知识具体分类后，有关实践活动和理论研究才能有进一步发展的基地和起点，否则就要成为“一片混沌”或“海市蜃楼”。

为了更清楚地把握工程知识分类的标准、特征和影响，可以将其与科学知识的分类进行一些对比。

恩格斯说：“每一门科学都是分析某一个别的运动形式或一系列互相关联和互相转化的运动形式的，因此，科学分类就是这些运动形式本身依其内在序列所进行的分类、排列，科学分类的重要性也正在于此。”①

对于科学知识，最基本的学科分类方法是将其划分为物理学、化学、天文学、地球科学、生物学等。不同的学科以不同的物质运

---

① 恩格斯．自然辩证法[M]．北京：人民出版社，2018：122.

动形式为研究对象，换言之，“不同的物质运动形式”成为科学学科分类的根据、标准和基础。

对于工程知识来说，由于工程知识是与人工物的制造和使用密切结合在一起的知识，于是其最基本、最常用的分类方法就是依据不同的产业类型而进行分类。在进行产业类型划分时，不但要关注“作为工程设备的人工物”而且要关注“作为产品的人工物”。还要注意，产业分类绝不是一个简单问题，而是一个非常复杂的问题，常常出现类型交叉、难以“唯一归类”等现象。①

常见的科学知识分类和工程知识分类如图 1-5-1 所示。对于这幅图，应该指出：除关注科学知识的分类和工程知识的分类存在“区别”之外，还应该关注工程知识的分类和科学知识的分类还存在着“相互交叉”和“相互渗透”关系，更具体地说，对于工程知识，还可以和应该承认可以同时对它们进行科学知识分类。

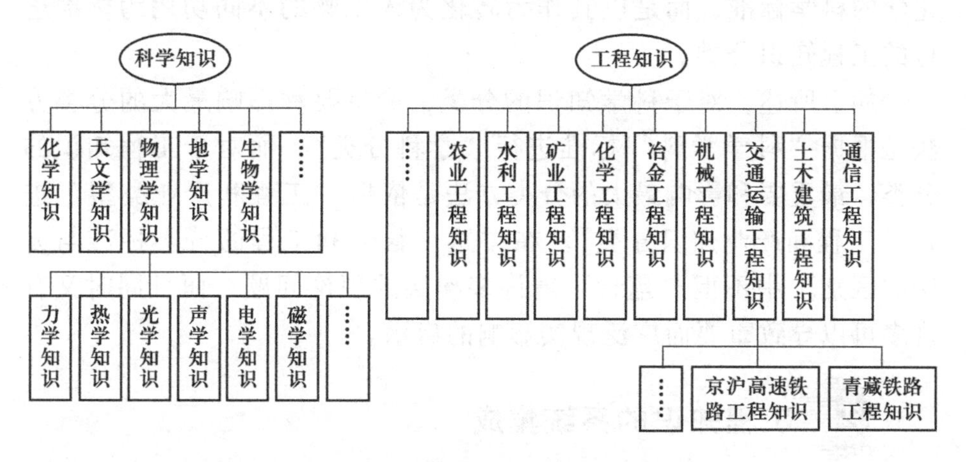

图 1-5-1　关于科学知识和工程知识的分类

如果从工程知识论角度研究图 1-5-1 的“子类”划分关系，有两点值得特别注意。

(1) 每个工程知识的子类都不可能仅仅涉及一种科学知识，而是必然涉及多种科学知识，例如机械工程知识不仅仅涉及物理学中的力学知识、能源工程知识不仅仅涉及物理学中的能量知识、通信

① 需要注意这里出现了两种复杂性：一是对工程进行“行业分类”时所遇到的复杂性；二是上文谈到的除行业分类外还有其他分类方法而显示的复杂性。

工程知识不仅仅涉及信息科学知识等。由于任何人工物都同自然物有关，都要“服从”有关的自然规律，反过来说，没有任何人工物可以不服从“万有引力定律”或“库仑定律”等有关自然规律，这就使有关的科学知识可以在工程知识论中大显身手，发挥重要作用。

(2) 每个科学知识的子类都不可能仅仅涉及一种工程子类，而是必然涉及多个工程知识子类。以化学知识为例，当聚焦于研究炼铁炉、炼钢炉中的化学过程时就成为冶金工程中的冶金化学知识；当重点研究发动机中燃料的化学反应问题时，就成为动力工程中的有关的燃烧化学知识；当重点研究纺织工业中的染料问题时，就成为纺织工程中的染料化学知识；当学者们发现红色染料百浪多息可以治疗败血症等疾病和进而合成磺胺类药物时，染料化学知识就转化成了医药工程中的“药物化学知识”；如此等等。应强调指出的是，在以上确定工程知识的某个“具体子类”时，其依据标准不是化学的科学标准，而是以其作为转化为人工物的不同功用为标准进行的工程知识分类。

如上所述，对于科学知识的分类，最重要和影响最大的分类方法是根据“科学学科”标准进行“学科分类”；而对于工程知识的分类，最重要和影响最大的分类方法是依据“工程和产业类型”进行“工程和产业知识分类”。在“这个科学和工程的分类标准与方法的区别”中不但“蕴含”着许多深层的理论问题，而且同时又有许多可以导致重要而广泛现实影响的启示。

2 工程知识的系统集成

工程是人类运用各种知识和必要的相关资源、资金、劳动力、土地、市场等要素并将之有效地集成、综合、建构起来，形成一个人工物，以达到一定目的的、有组织的社会实践活动。[①] 任何一项工程，都会涉及多种要素、多类知识的配合、协同和集成，需要应用多项技术知识及管理知识。在工程的全过程中，技术系统和技术方案要按照工程的整体目标和步骤对不同技术单元进行综合集成，

---

① 殷瑞钰，李伯聪，汪应洛，等．工程方法论[M].北京：高等教育出版社，2017：76.

使之有效地实现工程目标。通过系统集成过程，形成一个新的、具有一定结构和特定功能的工程实体，实现工程的总体目标。

这就是说，在工程活动中，真正发挥作用的知识形态和方式不是“单一”的工程知识（或曰知识单元）而是“集成的”工程知识（知识系统集合或知识群）。

系统性和集成性常常具有基本相同的含义。可是，在一定的语境中，二者的含义也可能有一定的差别。例如，有时在使用“系统性”这个术语时会更强调其“要素组成性”，而在使用“集成性”这个术语时往往会更强调其“集成过程性”“集成机制性”。

应该承认，虽然人们广泛使用了“集成”这个术语，但却并未从理论上对“集成”这个范畴进行深入的分析和阐述，这就使得工程知识论中出现了对“工程知识的系统集成”进行“专题”研究的理论需要。

在研究“工程知识的系统集成”时，应该特别重视研究以下几个问题。

2.1　工程知识集成与工程目的的关系

2.1.1　工程目标“引领”工程知识集成

工程活动是有目的的活动：进一步说，工程活动是由工程目标“引领”的活动。就语义和在工程实践中的作用与影响来说，“工程目标”不但意味着工程活动的“结果”和“终点”，而且工程目标又在工程活动过程中发挥“引领”作用。

2.1.2　工程知识集成应满足工程目标的综合性要求

工程尤其是现代工程的目标必然是综合性的，要包括经济目标、社会目标、政治目标、生态目标等，这就形成了多元综合目标。这是工程活动的内在要求，工程知识的集成应保障工程目标综合性的实现。

2.2　工程知识集成的原则

2.2.1　工程知识集成的协同原则

在工程活动的复杂知识系统中，如何将多元化的知识要素组合起来，如何使不同的工程单元的知识相互衔接-匹配，就需要遵循协同性原则，使不同工程知识要素按照工程的总体目标协同运行。

2.2.2 工程知识集成的动态有序连接原则

工程活动是在时间序列中进行和展开的，不能在时间上脱序或混乱。工程知识集成的动态有序连接原则往往首先表现在工程活动的程序设计和工程时间进度的“总体知识”上。

2.2.3 工程知识集成的系统优化原则

工程知识的复杂性和系统性要求将最优化理论作为工程知识匹配的重要原则。最优化理论追求通过优化的认知操作方法，尽可能做到最有效率、最小耗散、最大效益、最小风险。通过对不同工程知识要素和工程知识运用过程的优化配置，以最少的人、财、物和信息投入，获得在当时条件下最好的经济效益、社会效益。

2.2.4 安全可靠原则

安全可靠是工程活动的基本要求。可靠性原理告诉我们，环节和规模的增加会导致可靠性的降低，工程不可能“逃避”不确定性，这更加凸显了安全可靠性原则的重要性。

2.3 工程知识的综合性横向集成和层次性纵向集成

我们可以把工程知识系统看作一个有关知识要素纵横交错集成起来的“二维矩阵”。在这个矩阵型的知识系统中，不但有“同一水平”上的“同层次”的工程知识的横向集成，而且还有“不同水平”和“不同层次”的有关知识的纵向集成。

容易看出，这个关于“工程知识系统横向集成和纵向集成”的问题与关于工程管理模式和工程管理制度问题之间有着密切、内在的联系。虽然不能认为这两个问题是“合二而一”的问题，但二者显然具有内在的密切联系。

2.4 工程知识集成与工程知识解析的关系

在工程活动中，不但有工程知识的集成问题，还有工程知识的解析问题，二者相互渗透，相互促进，相辅相成又相反相成。

现代工程知识是高度集成的复杂系统，要想对这样一个复杂系统进行深入认识，一个重要途径就是将其解析成若干相对独立的子系统，分别研究，实现“分而治之，各个击破”。

工程知识的集成与工程知识的解析是辩证统一的关系。不能没有集成，也不能没有解析。但也应该承认对工程活动而言，工程知识的集成是一个更根本的方面。而在工程知识的解析过程中，不能将子系统“过于独立”，而漏掉了子系统之间的衔接-匹配、有序-协同的过程，要知道其中存在着诸多“界面”技术。这是不能在解析的过程中被遗忘的。

2.5　工程知识的系统集成和工程创新活力的关系

目前，创新的理论和政策研究已经成为一个广泛关注的主题，在这里我们主要关注“工程知识创新”，特别是集成性工程知识创新和工程创新活力的关系。

2.5.1　工程知识在生产力中的融合与集成

2.5.1.1　工程知识的集成性创新和工程实践的集成性创新

“工程知识的集成性创新”和“工程实践的集成性创新”既有密切联系又有重要区别。一方面，就工程实践包括知识因素、资金因素、资源因素、设备因素、工艺因素、伦理因素、生态因素等多重重要因素而言，知识要素只是工程实践的组成部分之一，工程知识只是“集成在”工程实践中的要素之一。现实生活中经常出现的“有知识而缺钱的困境”表明“并非有知识就有一切”。另一方面，不但设备要素、工艺要素中都渗透着相应的知识要素，而且现实中常常出现的那种“有资金（或资源、设备）而不知如何使用资金（或资源、设备）”以及甚至出现“错误使用资金（或资源、设备）”“抱着金饭碗要饭”的情况又表明“没有知识就没有一切”。

马克思在《资本论》中高度评价了“协作”的意义和作用。①如果说仅仅同类要素的“协作”就有可能从量变引起质变，那么，不同种类要素的“集成”无疑地就更可能引起质变了。从创新的角

① 马克思．资本论：第1卷[M].北京：人民出版社，1972：360，362.

度看，这就不但意味着“集成本身就是创新”而且集成性创新还有可能是具有革命性的创新。例如，在技术创新领域，计算机断层扫描（CT）的发明就是一个主要以“集成”方式实现的革命性技术创新。

虽然从现实角度看，必须承认“集成”也是一种重要的创新方式和途径，但有些人却往往只重视单元突破方式的创新而轻视集成创新方式的重要性。有鉴于此，对于工程活动而言，就更加需要强调“集成性创新”的重要性和必要性，这不但是重要的理论问题而且是重要的现实问题。

2.5.1.2 工程知识在形成生产力过程中的融合与集成是工程知识的灵魂

不同类型和形态的知识与生产力之间可能有不同的关系。

虽然基础科学知识也有可能通过转化环节和转化过程而影响生产力，但基础科学知识本身与生产力之间没有直接联系①，而工程知识却与生产力有密切联系，工程知识是以各种方式集成和融合在形成生产力过程中的知识。

在认识工程知识的形式、性质和特征时，有两个特点应该引起人们的特别注意。第一，工程知识虽然也可以表现为著作、文章形式，但还有许多工程类“文本知识”表现为“图纸”“专利”“手册”“工程文件”“工程标准（规范）”（国家标准、行业标准、企业标准）等形式。在“评价”工程知识时，不能把文章形态的文本当成工程知识表现的唯一形态。第二，更重要的是，工程知识不但可以表现为“文本知识”，更可能表现为“物化”在工程设施、工程产品中的知识，这是“活跃”在工程实践中的知识，是与“工程实践”结合在一起的知识，总而言之，工程知识是融合和集成在生产力中的工程知识。

应该强调指出：“在生产力中的融合与集成”是“工程知识”的本质与灵魂，是评价工程知识的“基点”和“基本标准”；“系统集成的工程知识”是工程知识在现实生产力中的现实表现方式。

---

① 说基础科学知识与生产力没有直接联系绝不意味着可以贬低基础科学知识的意义和作用，因为基础科学知识的重要作用和意义表现在另外方面。

2.5.2　集成性创新是工程知识的内在禀赋和社会活力表现

2.5.2.1　从基础科学知识形态到工程知识形态是知识内容和形态的转化与跃迁

有些基础科学知识，例如关于宇宙大爆炸的理论知识，大概很难设想它能转化为生产力，但人们绝不能因为它不能转化为生产力而贬低它的成就和意义。另外一些基础理论知识是具有影响生产力发展的潜能和潜力的，但这种潜能和潜力必须经过转化过程和环节才能发挥作用。这个转化过程和环节非常重要、非常复杂，有时甚至极其困难。以爱因斯坦关于质能转换的基础科学知识为例，这个基础科学知识中蕴含着关于以原子核可以裂变或聚变知识为理论基础而制造核武器或建设核电站的理论可能性。但人们不可能仅仅依据这个基础科学的理论知识而制造核武器或建造核电站。只有在经历了一个复杂、艰苦的研发过程之后，只有在“发明和掌握”了有关制造核武器或建设核电站的技术知识群和工程集成性知识之后，才有可能根据有关工程知识系统集成制造核武器或建设核电站。

从知识形态方面看，关于质能转换方程的基础科学知识与建设核电站的工程系统集成知识是“内容和形态都不同”的两类知识，但许多人往往严重轻视甚至忽视了这两类知识的区别以及从科学知识向技术知识和工程知识转化过程的复杂性和困难程度，好像这个转化过程和环节是很简单的、轻而易举的事情，这就不对了。

2.5.2.2　工程知识集成是工程知识创新的内在禀赋和必然取向

工程是现实的生产力，工程活动是技术要素和许多非技术要素的集成与统一，从而，工程知识集成也就成为技术知识和许多非技术知识的集成和统一。由此，工程知识集成也顺理成章地成为工程知识创新的内在禀赋和必然取向。

科学知识是不断发展的，工程知识也是不断发展的。在发展过程中，“原先的科学知识”发展为“新的科学知识”，“原先的知识”和“发展后的知识”都是科学知识，这里没有出现“知识形态”上的变化。但是，在工程知识的发展过程中，某些工程知识是由科学知识或技术知识“转化”而来的，这就意味着这里发生了“知识形态”上的变化。对于这个知识形态上的转化或变化的性质、过程和特征，目前还不能说已经有了比较深刻的认识，相反，其中的许多问题都还没有搞清楚。但在此可以大胆断定的一点是，在这个从科学知识和技术知识向工程知识转化的过程中，有关知识的“集成”往往会成为关键环节，发挥关键作用。

2.5.2.3 工程知识集成是工程知识社会活力激发、表现和实现的必然形式

所谓知识，既有可能是“静态的知识”也有可能是“动态的有活力的知识”。要把静态的知识变成有活力的知识，需要有一个“激发”和“现实化”的过程。

科学知识活力的激发和体现往往表现为对“人类思维方式的变革”和“理论兴趣的促进”，而不一定表现为对生产力的直接促进。而工程知识活力的激发和体现却必须表现在促进生产力的发展上。由于与现实生产力结合在一起的工程知识必然是集群性或系统集成形态的知识，这就使工程知识的系统集成成为工程知识社会活力激发、表现和实现的必然形式。

2.5.2.4 工程知识集成的基本机制和环节

工程知识系统之所以不是原有知识要素的简单拼凑，不但在于原先的知识要素在“嵌入”“工程知识系统”时往往会发生一定的变形，更在于在工程知识集成过程出现和产生了一些新环节和新问题。以下只谈三个问题。

(1) 工程知识集成中知识要素的“选择”问题。

“选择”是一个重要的哲学概念。[①] 如果说进化论、经济学关注的是“生物界的进化选择”和“经济选择”问题，那么在工程领域，工程界关心的就是“工程要素”和“工程知识要素”在工程集成过程中的“选择”问题了。在进行工程知识的集成时，集成者面对的是“海量的技术知识”和“海量的非技术要素的知识”，如何从中“选择”出所要的知识要素，显然不是一件容易的事情，但它却是一个对集成的成败有重大影响的关键环节。

(2) 工程知识集成中的“接口”和“耦合”问题。

在工程活动中，必须合理解决不同技术要素、技术环节之间的“技术接口”和“技术耦合”问题。工程技术人员在工程活动中经常都在面对和解决这些有关不同技术要素之间的“技术接口”和

① 李伯聪．选择与建构[M]．北京：科学出版社，2008：10.

“技术耦合”问题。在工程知识论研究中，特别是在研究工程知识的集成时，我们有必要把“技术接口”和“技术耦合”概念推广为更具一般性的不同类型的知识要素的“复合接口”和“广义耦合”概念，进行更深入的研究。

(3) 工程知识集成中的“权衡”和“协调”问题。

在集成过程中，“权衡”和“协调”既是重要的原则又是重要的方法和机制。由于本书第六章中会再度涉及权衡和协调问题，这里就不再赘言了。

第三节　工程知识的传承和传播

工程知识的传承和传播也是工程知识论中的重要问题。本节就分别对这两个主题进行简要分析和讨论。

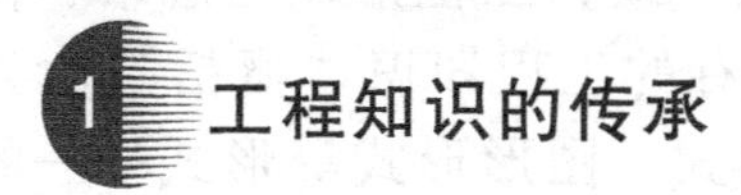

1 工程知识的传承

1.1　工程知识传承的概念、内容和特征

一般地说，传承是指有意识进行的、某些对象在主体之间的纵向代际传递和继承，是文明、文化延续的特有形式。传承的“东西”或“对象”可以是物质形态的（例如家族传承中物质性的“传家宝”），也可以是“精神性”的（例如家族传承中精神性的“家训”）。依据这个“传承”概念，工程知识的传承就是指针对工程知识而有意识进行的、在主体之间的纵向代际传递和继承。

容易看出，就必要性而言，工程知识和科学知识都必须有知识传承。但是，工程知识的传承和科学知识的传承除有共同性的一面之外，二者还有许多不同之处。

科学知识的传承主要表现为“理性知识”的传承，本质上与“外物”无关。但是，工程知识作为与人工物制造及其运行相关的知识，其传承、演化、发展与人工物的发展演化之间存在相互渗透和相互建构性。工程过程建构了人工物，人工物中承载着工程的原理、设计和相关的技艺等知识，随工程的结束而物化到人工物之中成为物化知识。在工程知识传承过程中，除了运用“语言形式”的传承（例如工匠的“工艺口诀”），工程知识的传承往往也表现为默会工程知识传承，甚至可以是以特定方式表现为“蕴藏在”“人工物”中的工程知识的传承（也许可以称之为“物化的工程知识”的传承）。

1.2 关于工程知识传承的方式

影响工程知识传承方式的因素有很多。大体而言，应该特别注重从两个“研究视野”研究工程知识的不同传承方式：一个研究视野是着重研究“与工程知识的不同形态”联系在一起的工程知识传承方式问题；另外一个研究视野是着重从“工程教育制度”视野研究工程知识的传承问题。

1.2.1 关于显性工程知识和默会工程知识的传承

与传统知识论特别关注显性知识一致，工程知识的总结、传承和发展中，有关人员常常会注意把已有的工程知识“概括”为“显性知识形态”——语言形式、文字形式、图形形式等形式——的工程知识，例如“有关口诀”“有关秘诀”“有关文献资料”“有关图示”等。在工程史上和现实中，有些工程知识已经总结成为工程论著，能够公开出版，表现出了“典型的显性知识”的“显性传承方式”的特征。

在此应该注意的是，在工程知识领域，对于这种“显性工程知识”的“传承方式”来说，“直接传承本身”（也就是“说出口诀”“展现有关文献资料”等）往往并不难，有时也不是关键问题，问题的关键和难点——特别是古代时期——是“究竟要传给谁的决策和传统”，例如古代时期的某些“有关秘方”往往“传子不传女”，许多工匠师傅都要在“多方考验”之后才肯把自己掌握的“核心工程知识”传给“可信赖的徒弟”。

与“显性工程知识”的“显性传承方式”有许多不同的是“默会工程知识”及“默会传承方式”，后者才是在工程知识传承方式领域出现的难点。

默会传承指通过默会方式发生的默会知识传承。有人认为，这种传承方式承续于动物祖先，被称为有身体根源的具身性认知。①从历史早期直至工业革命早期，默会传承都是人类工程知识的一个主要传承方式。

曾经有许多人都忽视了默会知识和默会传承的意义与重要性，但人们现在正越来越深刻地认识到，即使在现代社会中也绝不能忽视工程的默会知识和默会传承的意义与重要性。

默会工程知识的默会传承方式与显性工程知识的显性传承方式相比，其中有许多“难言难解”之处，对于这方面的许多问题，虽然最近几十年中已经有不少研究，但其中未发之覆仍然很多。

在此想顺便强调一个与默会工程知识传承有关的重要观点：必须关注默会传承之演化与现代发展。工程知识是不断演化的，工程知识传承的方式和内容也是不断演化的，默会工程知识及其传承也不例外。有人认为，虽然可以承认古代工程知识及其传承中默会知识及其传承曾经具有重要地位，而在现代工程知识体系中，默会知识及其传承就只有“无足轻重”的地位和作用了。随着对现代工程知识的认识越来越深入，人们越来越深刻地认识到：即使在现代工程知识论体系中，默会知识也仍然具有重要地位和作用，但在现代社会中，“工程的默会知识形式”与“工程的显性知识形式”之间出现了可以更快相互转化以及更深刻相互渗透的关系。②

1.2.2　从“工程教育制度”看工程知识的传承方式

在人类社会、人类文明发展过程中，教育制度的形成和发展是人类进行知识传承的最重要的方式之一。

虽然从教育史角度看，工程教育史无疑是教育史的内容之一，但是，“工程教育”特别是“学校方式的工程教育”却表现出了许多自身特殊性的方面。

就“工程教育史”特别是“学校制度的工程教育史”而言，其首先表现出的一个历史特殊性就是：在中国和欧洲的古代时期已经形成相当成熟的“学校教育制度”和“学校教育体系”的条件下，

---

① 郁振华．人类知识的默会维度[M].北京：北京大学出版社，2012：124.

② 竹内弘高，野中郁次郎．知识创造的螺旋——知识管理理论与案例研究[M].李萌，译．北京：知识产权出版社，2006.

"学校形式的工程教育制度"成了"空白"和"缺环"。

在人类历史上，"学校制度"的创立和发展意义重大，因为它意味着在社会中除了"与生活实践融合在一起"的"知识传承"方式之外，又开创了"知识的独立教育制度的传承方式"，并且这种"独立教育制度"的知识传承方式在社会中又进入了不断发展的进程。但是，在古代很长时期中，"工程知识传承"却又一直被"排除"在"学校制度"之外。

在中世纪，为了满足社会现实的新需要和"突破传统学校制度"对"工程知识教育传承"的"排斥和封锁"，形成了"学徒制"这种"特殊形式"的"工程教育传承制度"。从本质上看，"学徒制"既不是"独立教育制度形态的学校制度"，也不是"纯粹经济制度的行会师傅的作坊"，它是介于二者之间既有培养人才的教育制度职能又有经济职能的"制度形式"。可以认为它是一种"依附于手工业生产和经济实践的一种特殊方式的教育制度"。

在古代时期，"工程"和"学校教育"是两个不同的领域，是两条很少有交集的发展路线。然而，随着生产力的发展，特别是第一次工业革命所带来的新机遇和新需求，"学校教育制度"也不得不发生新变化了。

就学校制度而言，其中包括了"初等、中等教育"和"高等教育"这两个层次的教育。"高等教育"就是"大学教育"。

在现代社会中，许多人都把欧洲的中世纪看作"黑暗时代"。但是，在欧洲的中世纪，却开创了"大学制度"（包括传承知识的"分科""专业化"与"学位授予制度"等）这种历史上罕见的能够长期延续并且影响极其深远的"制度形式"。①

教育史家都高度评价了"大学制度"的意义、作用和影响。但是，大学制度在中世纪开创之后的很长时间内都只有医学、法律、神学、科学教育，而没有"工科高等教育"。

在高等教育发展史上，"高等工程教育的开创与发展"遇到了特殊的困难，同时也发挥了特别重要的作用。以下仅简述法国、英国、美国三国高等工程教育的开创进程。

---

① 科班．中世纪大学：发展与组织[M]．周常明，王晓宇，译．济南：山东教育出版社，2013.

“工科院校高等教育”开始于法国——1747年法国创设桥梁公路学校，成为世界上第一所正式授予工程学位的学校。① 有人评价说：“专门技术学校的设立具有重要的历史意义。首先，这些都以培养专家型的工程师为目标，标志着近代（高等）工程教育的开始；其次，专门技术学校是不同于大学的高等教育机构，预示着近代高等教育机构的多样化；再次，专门技术学校是高质量的精英教育，为法国历史和社会作出了突出的贡献，从而得到法国和世界各国的肯定和重视，不但成为近现代高等教育的一种模式，而且迫使大学进行改革。”②

在近现代科学发展中，以牛顿、法拉第、达尔文为科学家代表人物的英国曾经是世界科学发展的“中心”。特别是，英国又成为第一次工业革命的发源地。在这两个“背景”和“环境”中，如果进行“单纯逻辑推论”，似乎英国也“应该成为”“开创世界高等工程教育”的“领军力量”。然而，实际的历史事实却是如上所述的法国成为“开创世界高等工程教育”的“领军力量”。原因何在呢？因为英国的“复杂国情”使得英国在发展工科高等教育方面遇到了强大的阻力。人们都知道牛津大学（1096年创立）和剑桥大学（1209年创立）是世界名校，并且这两所学校在很长时期内也垄断了英国的高等教育。但是，在英国独特的社会结构和文化传统下，“英国在中世纪后形成一种绅士文化和绅士教育思想，同时资本主义的自由主义思想也深刻地影响英国的教育思想。当近代大学变革的潮流不可阻挡时，英国人依然在思考如何保守中世纪以来的大学传统。”③ 英国教育思想和教育制度“保守性”的突出表现之一就是在17世纪英国资产阶级反对英国国王的革命和内战中，牛津大学和剑桥大学都站在了国王一边。“牛津不仅成为王党军队的指挥部，而且实际上也是国王政府的所在地。”④ 但英国的这种“产业革命领先而教育改革滞后”的状况是不可能长期继续的。英国的高等教育终于也不得不进行改革，而改革的突破口和核心内容就发生在高等工程

---

① 李曼丽. 工程师与工程教育新论[M]. 北京：商务印书馆，2010：48.

② 刘海峰，史静寰. 高等教育史[M]. 北京：高等教育出版社，2010：341.

③ 刘海峰，史静寰. 高等教育史[M]. 北京：高等教育出版社，2010：373.

④ 刘海峰，史静寰. 高等教育史[M]. 北京：高等教育出版社，2010：383.

教育领域。1826年伦敦大学（现伦敦大学学院）的诞生打破了古典大学对英国高等教育的垄断，揭开了近代英国新大学运动的帷幕。"新大学之所以'新'就在于它的目标是培养社会市场急需的实用人才，而不是古典大学所培养的牧师、政治家等统治人才。"伦敦大学创办的意义还在于它打破了英国大学领域宗教教育的基础地位，"深深地触动了统治英格兰高等教育数百年的牛津大学和剑桥大学，迫使它们敞开封闭的象牙塔。"① 与伦敦大学创办相呼应，其他一些工科大学也陆续在英国建立起来，英国的高等教育发展终于也进入了一个新阶段。

美国的高等教育在殖民地时期就开始了。在美国高等教育史上，1862年是一个关键年份。1862年之前是美国高等教育的"移植奠基期和扩展实验期"，而1862—1900年则是美国"现代高等教育的形成期"。1862年，美国国会通过了著名的《莫里尔法案》。"这一法案规定将30 000英亩的联邦土地分配给各个州，条件是卖地的钱将用于捐赠一所学院，在那儿，主导课程不包括其他科学或古典学习，而是开设那些与农业和机械技艺相联系的学科，目的是在生活的追求和职业准备中提升工业阶层的自由和实用教育。"② 不少学者都认为《莫里尔法案》是美国高等教育发展史上的一座里程碑。根据这项法案，美国成立了一批被称为"赠地学院"的院校，其中有些后来发展成为美国的著名高校，如麻省理工学院、康奈尔大学、威斯康星大学等。"赠地学院的出现对美国高等教育院校类型和课程结构产生深远影响。传统的古典知识和课程由于远离社会实际而逐渐退居次席，社会实用性课程成为大学教育的时尚，高等教育的职业性质和社会服务特征逐渐形成。"③

在以上三国高等工程教育的开创进程中，一方面可以看到国情不同对本国高等工程教育的开创发展进程有深刻影响和制约作用；另一方面，也可以看到各国高等工程教育开创发展进程中也仍然存在某些共同性的高等工程教育开创发展的内在规律。

---

① 袁传明．近代英国高等教育改革与发展研究[M]．广州：广东高等教育出版社，2017：272.

② 刘春华．美国博雅学院的现代转型[M]．杭州：浙江教育出版社，2015：44.

③ 刘海峰，史静寰．高等教育史[M]．北京：高等教育出版社，2010：436.

对于现代高等工程教育在俄罗斯、德国、日本等其他国家的发展情况，这里就不再多谈了。在这里需要顺便指出一个重要的中国教育史事实：中国教育现代化（近代化）的第一个突破口——也就是变革中国古代教育制度和体系的第一个突破性事件——是洋务运动时期在中国设立了“新型工科学校”，这个史实中有许多耐人寻味和发人深省之处。

2 工程知识传播

知识传播和知识传承是两个既有密切联系又有一定区别的概念，二者之间相互渗透，没有明晰的界限。就相互区别而言，“知识传承”更加关注和聚焦于“代际”——“不同世代之间”——的知识传承问题，而“知识传播”更加关注和聚焦于“同一世代的不同人或不同群体之间”的知识传播问题。

在以往的传播学研究领域，许多学者都关注了科学知识的普及和传播，但是，关于工程知识的传播却未能引起应有的关注。最近时期，随着工程哲学、工程社会学、工程伦理学等学科的日益发展，尤其是随着具有“工程知识传播”性质和内容的案例与问题的增多，人们越来越清晰地认识到：工程知识传播是工程活动的重要内容和重要组成部分之一。

2.1 工程知识传播的性质和作用

工程知识是集自然规律属性与主体价值属性于一体的知识形态[①]，在本质上是价值导向和以价值为标准的知识体系。因此，工程知识传播是“工程价值导向”和“以工程价值与社会福祉为标准”的知识传播。

如果从传播重点、目的、内容、传播主体、传播受众、传播特征等方面来看，工程知识传播具有如下主要特点。① 与科学知识传播以关注科学知识的“真理性”为灵魂不同，工程知识传播中必须同时关注工程知识的科学可能性、技术可行性、经济必要性、生态

① 殷瑞钰，汪应洛，李伯聪，等．工程哲学[M].2版．北京：高等教育出版社，2013.

合理性、资源合理性、伦理可接受性等，这些“多重属性”中往往甚至是“一个也不能少”的。② 工程知识传播的主体具有多样性。工程知识传播涉及的主体包括工程师、工人等工程的直接实践者，还包括如工程决策者、工程管理者等各类与工程相关的能够对工程施加影响的权力主体，以及为工程提供知识支持的多领域专家学者等知识主体，此外还包括工程企业主体等。③ 工程知识传播的受众可能对工程施加较大影响。工程知识传播的受众中，既有对工程实践影响相对小的一般公众，也有对工程实践影响很大的“特殊公众”，比如工程项目的利益相关公众群体，热心传播工程知识的关键群体等。④ 工程知识传播表现为“复杂互动”形式，由于工程活动中建造阶段往往是工程矛盾多发阶段，必须特别关注这个阶段中出现的与工程知识传播有关的诸多问题。在“决策听证会”“答记者问”等工程传播环节中，必然要进行“回应质疑”“专题辩论”“协商对话”，在这些传播环节中，有关工程知识“关键细节”的“普及”“利益后果权衡分析”和“说服”往往会发挥关键作用。

2.2 工程知识传播的主体和内容

工程知识传播的主体包括个体主体和组织主体两类。工程知识传播的个体主体包括有关企业家、工程管理者、工程师、有关官员、工程评估专家、工程利益相关者、其他人士等。工程知识传播的组织主体主要是工程企业。工程知识传播内容主要包括三个维度（“工程-目标”维度、“资源-风险”维度和“社会-伦理”维度）的知识。

2.3 工程知识传播的方法、途径和媒介

现代社会中，工程知识传播不但继续利用传统的传播方法、途径和媒介（例如报刊、图书、企业和工程新闻发言人制度），而且及时利用了多种多样的“新形式”的传播方法、途径和媒介（例如微信公众号推送）。工程知识传播的基本途径包括人际传播、群体传播、组织传播以及大众传播等。在工程知识传播活动中，可以利用“工程现场传播”方式，如果充分发挥其特点，可以收到事半功倍的效果。

2.4　关于公众的工程认知和工程的公众参与

公众的工程认知和工程的公众参与都是与工程传播密切相关的问题。

今天，人们生活在工程所建造的人工物的世界之中。工程不仅对参与者和使用者带来合意的效用，也会对工程活动相关的公众带来种种影响。"作为纳税人与利益相关人，公众持有对工程的目的与结果的知情权，其参与决策的强烈愿望也使得工程共同体开始比以往任何时刻都不能忽视公众的意见与舆论。遗憾的是，很多工程与公众之间依旧保持着'谨慎'的疏离。"①

与"公众理解科学"主要具有的精神意义不同，由于工程往往关系到相关公众的切身利益和实际影响，公众对于工程不仅要有某种精神上的理解，更主要的是对工程应有某种程度的认知，即"公众的工程认知"，它直接影响着公众对工程的参与程度。"公众理解科学"可以通过科普知识的传播来进行，旨在培养公众追求真理的科学精神，提高公众的科学文化素质。"公众的工程认知"② 则需要在对工程有所认知的基础上，才能形成正确的理解，不仅仅是旁观式的理解，更重要的是要使广大公众通过认知工程而参与工程。那么，公众如何认知工程？由于工程涉及众多专业知识的复杂综合集成，公众显然不可能从专业的深度去认知工程，然而，主动地、积极地传播公众可以理解的、普及性的工程知识，特别是如何吸引公众表达对工程决策、工程设计、工程评价等方面的意见，以利工程活动合理、顺畅地展开，也是工程知识论特别是工程知识传播的重要内容。

---

① 李伯聪，等．工程社会学导论：工程共同体研究[M]．杭州：浙江大学出版社，2010：307.

② "公众理解工程"这一概念是由美国工程院（NAE）在1998年的"公众理解科学计划"中提出的，其要旨包括：（1）提高公众对工程的认识（public awareness of engineering，PAE）；（2）提高公众的工程技术素养（technological literacy，TL）。为了与"公众理解科学"更明显地区分开来，本书以"公众的工程认知"取代"公众理解工程"，强调公众对工程活动的实际参与。

第六章

工程方法论

任何工程活动的目的都必须运用一定的方法才能实现。离开了一定的工程方法，所谓工程及其目的就只是空想、空话、海市蜃楼。可以说，对于工程活动而言，无人能够否认工程方法的重要性，并且对于各种各样的具体的工程方法，工程从业者——工程师、工人、工程管理者等——并不陌生。目前国内外也出版了许多关于“具体工程方法”的著作，例如《工程结构现代设计方法》①、《油藏工程原理与方法》② 等，不胜枚举。这些著作展现了多种多样的具体的工程方法，其中的有些论著还显现出了某些“工程方法论思想”的光辉。然而，由于多种原因，却鲜见有上升到“工程方法论”层次的研究论著。虽然也有若干著作的书名用了“工程方法论”，但如果认真观察其实质内容，可以看出其内容仍然是阐述“具体的工程方法”而不是论述“工程方法论”。针对这种状况和现实，中国工程院工程管理学部决定立项研究“工程方法论”并且于2017年出版了国内外系统研究“工程方法论”的第一部学术著作《工程方法论》③。

在哲学理论体系中，方法论一向被认为是和本体论、认识论并列的基本领域。在工程哲学领域开展工程方法论研究不但是工程哲学完善自身理论体系构建的需要，而且工程方法论的研究还必然会丰富和深化对工程领域许多其他问题的认识。本章的内容和论述主要参考《工程方法论》一书。由于篇幅的限制，本章只能有选择地

---

① 张社荣，崔溦，王超．工程结构现代设计方法[M].北京：科学出版社，2013.

② 姚军，谷建伟，吕爱民．油藏工程原理与方法[M].3版．青岛：中国石油大学出版社，2016.

③ 殷瑞钰，李伯聪，汪应洛，等．工程方法论[M].北京：高等教育出版社，2017.

讨论工程方法论领域的一些重要问题。本章第一节简述“工程方法与工程方法论”，第二节重点讨论“工程方法的基本性质与特征”，第三节着重阐述“工程方法的层次性和过程性：全生命周期方法”，第四节着重阐述“运用工程方法的通用原则”。

第一节　工程方法与工程方法论

在工程方法论领域，工程方法是其首要的和最基本的概念。本节将着重分析和讨论与工程方法、工程方法论以及二者之间的关系有关的重要概念问题。

 方法、工程方法和工程方法论是三个不同的概念

方法、工程方法、工程方法论是三个有密切联系的概念，但这三个概念又各有自身的内涵，不能混为一谈。

容易看出，“方法”“工程方法”“工程方法论”这三个概念的关系与“知识”“工程知识”“工程知识论”的关系有很大的相似性。由于本书第五章中对“知识”“工程知识”“工程知识论”的概念分析和相互关系分析，从思路和分析框架看，与本章相应问题的分析有很大的“相似性”，这里就不再对“方法”“工程方法”“工程方法论”这三个概念的“语义”和“相互关系问题”进行“类似于第五章那样的分析”了，读者自己可以“触类旁通”。这里只着重强调：“工程方法”这个“词语”可有两个义项——一是指“个别的具体的工程方法”，二是对所有工程方法的“泛称”。① “个别的具体的工程方法”不等于“工程方法论”，可以把“工程方法论”定义为“以工程方法为研究对象的‘二阶性研究’和‘二阶理论研究’”。在“工程哲学”领域，工程方法论是与工程知识论并列的“亚学科”；在“（哲学）方法论”领域，工程方法论是与科学方法论、艺术方法论、法律方法论等并列的“亚学科”。

---

① 可参考第五章第一节“2　具体的‘工程知识’不等于‘工程知识论’水平的认识”。

2 什么是“工程方法论”

粗略地说，“工程方法论”是以“工程方法”为研究对象的“二阶性研究”。“工程方法论”不等于“具体的工程方法”，也不是“工程方法本身”，而是关于“工程方法的总体性、理论性认识”，更具体地说，工程方法论是以“具体的工程方法”为“研究对象”而形成的“关于工程方法的理论性抽象和关于工程方法的共性特征研究”，其核心内容是发现和阐明各种各类工程方法的共性特征以及应遵循的原则与规律。

应该注意的是，在进行工程方法论研究时，由于目的和对象范围的不同，不同的人可以“从不同的角度”“在不同的层次”进行“共性抽象”和“共性概括”研究。当在某个层次的共性研究得出结论后，人们还可以进行更高层次的共性概括和共性研究，在这时，原先那些“下位层次”的结论就成为“个性水平的东西”了。以设计工作为例，当人们以许多座具体桥梁设计方法为研究对象，总结和概括出“关于桥梁设计的一般方法（即桥梁设计的共性特征）”的理论时，应该承认这是属于桥梁工程设计方法论领域的研究工作和成果。在更高层次上，人们还可以总结、概括出“土木工程设计方法论”。相对于“土木工程设计方法论”来说，“桥梁工程设计方法论”又成为其下位的具有个性色彩的方法论内容了。而与“土木工程设计方法论”并列，又出现了“化工设计方法论”“机械设计方法论”等行业性设计方法论。尤其是，人们还可以不局限于研究单个行业和不限于仅仅研究设计方法问题，而可以放眼更广领域，试图分析和研究概括具有更大普适性的“一般工程方法论”问题。

工程方法论以工程方法为研究对象。在研究工程方法论时，一方面，要面向和总结工程实践——更具体地说是形形色色的工程方法的实践——经验，努力从具体工程方法的实践经验中进行理论总结、逻辑抽象、观点提炼、认识升华；另一方面，必须借助于哲学思维和工程哲学的基本理论——尤其是工程本体论——研究和分析各种各样的工程方法。前者是“自下而上”的研究，即从具体工程方法概括、总结出关于工程方法的一般性理论；后者是“自上而下”的研究，即在工程哲学一般理论以及一般性工程方法论的理论指导下分析具体工程方法问题。在工程方法论领域，应该把这两个方面和方向的研究紧密结合起来。

3 关于工程方法论研究内容的若干一般性认识

大体而言，工程方法论是研究工程方法的共同本质（例如结构化、功能化等）、共性规律（例如程序化、协同化等）和一般价值（例如组成单元、要素选择合理化、和谐化、效率化、效益化、优质化等）的理论，旨在阐明正确认识、评价和指导工程活动的一般原则、步骤及其规律，其核心和本质是研究各种工程方法所具有的共性和工程方法所应遵循原则与规律，是关于工程方法的一般性、总体性认识。

“工程方法的共性”与“不同工程活动的共性”之间存在密切联系。在研究工程方法的共性问题时，也应该注意从不同工程活动的共性认识出发来进行研究。一般而言，工程活动是建立在基本要素、原理、工艺技术、设备（装置）、程序、管理、评价基础上的集成-建构的过程，从方法论上看，则是从工程需求出发，决定工程系统的功能，再从工程的功能出发进行工程决策，继而要研究从对工程要素的选择、集成，建构出结构合理、功能优化、效率卓越的可运行、有竞争力的工程实体的方法问题，因而，工程方法论研究工作需要围绕着工程整体的结构化、功能化、效率化、环境适应性等环节和维度展开（图 1-6-1）。

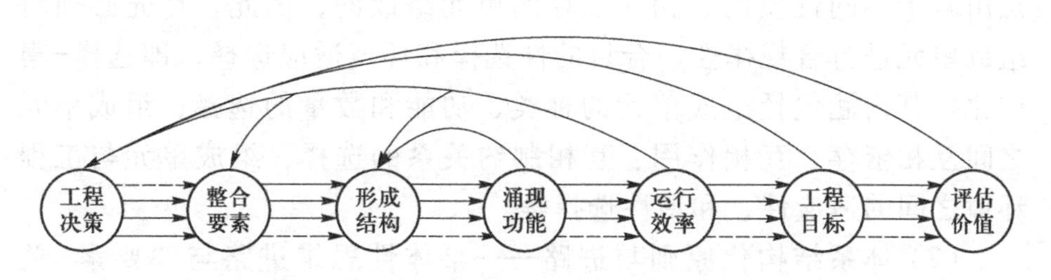

图 1-6-1　关于工程决策与实现工程目标的过程及关系

说明：图 1-6-1 中的反馈路线，既可能是指一个工程项目周期之内的反馈活动，如“运行效率”对“形成结构”的反馈，也可能是指更“宏观性”的反馈关系，如一个项目的“评估”可能对其后的类似工程项目的“决策”产生反馈性影响。

一般性工程方法论的构成体系如图 1-6-2 所示。

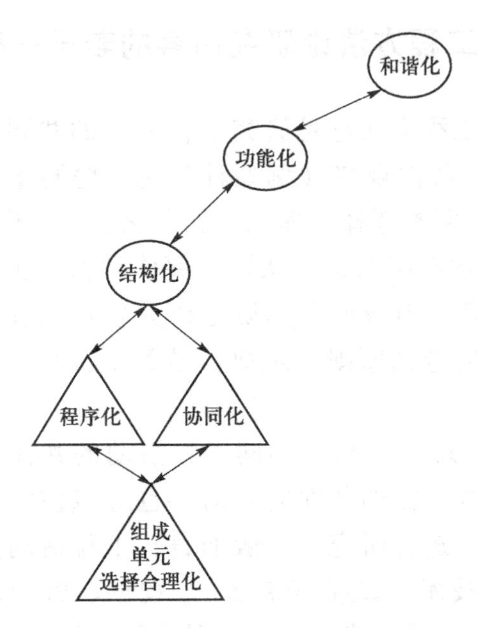

图 1-6-2 一般性工程方法论的构成体系

更具体地说，这里涉及了以下重要原则和进路。

(1) 组成单元选择合理化的原则与进路：工程的设计、构建和运行着眼于工程系统是一个有组织的整体，这个有组织的整体从形成方法上看，首先在于对其组成单元进行合理选择。由于工程一般是由若干不同性质的、相互依存的单元组成的，因此，首先必须对组成单元进行合规律性、合目的性选择和环境适应选择，即选择-集成化。其内涵包括组成单元的种类、功能和数量的选择，组成单元之间互相依存、互相作用、互相制约关系的选择，组成单元与工程环境之间的适应性、和谐性选择等。

(2) 体系结构化原则与进路——整体性思维进路与“要素-关联”结构性思维进路相结合。

工程体系结构化的内涵应包括静态性的结构和动态运行的结构。静态性的结构将涉及工程设计、构建活动，而动态运行的结构将直接体现出工程体系运行的功能、效率、调控和环境友好。

还原论方法长期主导着科学方法论。在工程实践中也曾有过还原论方法为主导的时期，这种方法的特征是将工程系统，单向地“向下”分解、分割，形成不同的“最佳化”的单体、单元，然后将这些“最佳化”的单元机械地堆砌、拼接出一个体系结构来，再体现出功能来，而其功能往往不佳，效率也不高。这样的还原论方法在已有的工程设计、建造和运行过程中经常出现，这严重地限制着工程系统整体的结构优化、功能优化和效率优化。

整体性思维进路与“要素-关联”结构性思维进路相结合的工程思维方法是以工程体系整体优化为主导，通过“解析—集成”“集成—解析”的方法，以工程体系的结构优化、功能优化、效率优化为目标，通过要素（组成单元）间关联关系的反复整合、集成，形成一个结构-功能-效率优化的工程体系。

（3）协同化原则与进路：工程体系的构成要素从性质上看是多元、多层次的异质异构的事物群，而从量的角度上看，有的具有确定性，有的具有不确定性，因而工程体系均属复杂系统。要把这种复杂的工程系统综合集成起来并形成结构而运行起来，体现出稳定的、有效的功能，必须重视协同论的方法和相关的数学方法，从而达到工程整体的结构优化、功能涌现和效率卓越。

非线性相互作用和动态耦合也是十分重要的。工程系统中的技术性要素是由许多相关的、异质异构的技术单元（例如不同工艺装置、设备、机器等）集成、建构而成的，正是由于工艺技术、装备的异质异构性，不能简单地用线性相关的方法来处理。非线性相互作用和动态耦合是形成工程动态结构并体现协同化的重要方法和一般方法。

（4）程序化原则与进路：工程复杂系统的集成、建构过程需要有符合工程事物本质的程序。程序化原则与方法意义重大，如果在这方面出现失误，将直接影响工程的成效甚至成败。

（5）功能化原则与进路：工程无不具有一定的功能，不能离开功能认识工程。对工程目标和价值而言，功能化是其具体体现。在工程设计和工程活动中，常常需要把“功能”具体化为一系列的相关指标，如铁路的运输数量指标、炼钢能耗指标、汽车的加速性能指标等。

（6）和谐化原则与进路：工程涉及资源、能源、时间、空间、土地、劳动力、资本、市场、环境、生态和相关的各方面因素，进而必然涉及自然、社会和人文，这些因素反过来影响或制约着工程的可行性、合理性、市场竞争力和可持续性。从方法论角度看，工程与自然、社会和人文维度上的适应性、和谐化十分重要。和谐化是工程方法所应遵循的共性原则和规律。

(7) 既有分工又有合作的原则与进路：工程活动中要求进行分工同时又要求进行合作，这既是带有共性的“内容原则”，又是一个带有共性的“方法原则”。

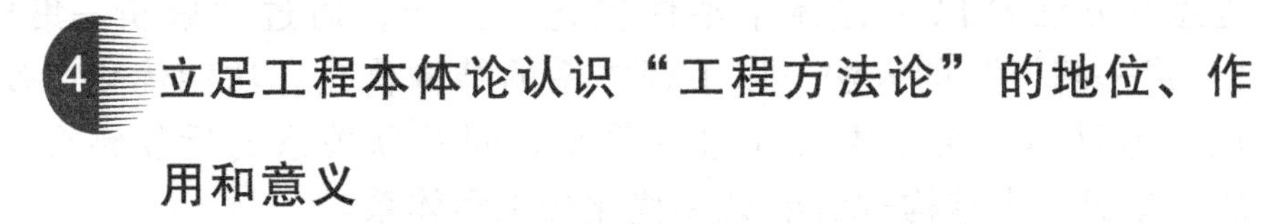

4 立足工程本体论认识“工程方法论”的地位、作用和意义

4.1 为何“工程方法论”成了一个被忽视的“方法论分支”

本书第五章指出了一个思想史史实：工程知识论在“知识论领域”成了一个“被长期忽视”和“姗姗来迟”的“知识论分支”。现在，当我们研究工程方法论时，我们又看到一个类似的思想史史实：工程方法论也是“方法论领域”的一个“被长期忽视”和“姗姗来迟”的“方法论分支”。

回顾与反思哲学史和思想史，容易看出“工程方法论”在历史上被忽视的原因和状况与“工程知识论”有许多相似之处。

以往的许多哲学家虽然关注了对“科学方法论”“艺术方法论”“伦理方法论”等“方法论分支”的研究，却很少有人关注对“工程方法论”的研究。

耐人寻味的是，在第一次工业革命之后，“具体的工程知识”和“具体的工程方法”出现了“第一次井喷”现象，可是由于“哲学传统的惯性作用”及其他原因，“工程知识论”和“工程方法论”继续被忽视。而更耐人寻味的是，第二次工业革命之后，“具体的工程知识”和“具体的工程方法”又出现了“第二次井喷”现象，然而，“工程知识论”和“工程方法论”又未能伴随“具体工程知识和方法的二次井喷”而“趁势诞生”和“迅速兴起”。而更加不可思议的是，在 20 世纪四五十年代出现第三次工业革命时，在出现“具体的工程知识”和“具体的工程方法”“第三次井喷”时，“工程知识论”和“工程方法论”仍然未能“趁势诞生”和“迅速兴起”，至多是处于“胚胎阶段”。

如果仔细分析和研究“工程知识论”和“工程方法论”为何在20世纪四五十年代“未能趁势”而“正式形成”“专门的分支学科”这个问题，我们可以看到这里存在着一个重要原因：许多“理论家”“媒体人”“普通人”在概念或观念上常常把“科学方法论”与“工程方法论”混为一谈，把“科学知识论”与“工程知识论”混为一谈，特别是误认为工程方法论是科学方法论的“衍生品”或“从属物”、工程知识论是科学知识论的“衍生品”或“从属物”，而没有认识到“工程方法论”和“工程知识论”分别是具有“独立地位”的“方法论分支”和“知识论分支”，没有认识到工程方法论绝不是科学方法论的“衍生品”或“从属物”、工程知识论绝不是科学知识论的“衍生品”或“从属物”。这就使工程方法论继续成了一个普遍被人忽视的“方法论分支”领域。

令人欣慰的是，在工程哲学在21世纪之初开创之后，特别是工程本体论基本立场得以确立以后，工程知识论和工程方法论都作为“工程哲学领域”中“独立的分支领域（或曰亚学科）”而“兴起”了。

4.2 工程本体论是研究工程方法论的思想指导和理论基础

《工程方法论》[①] 一书中阐述了“工程方法论”基本理论框架，不但填补了原先工程哲学领域中的一个缺环，而且填补了“（哲学）方法论领域”的一个缺环。

必须再次强调：工程本体论是研究工程方法论的思想指导和理论基础，如果离开了工程本体论这个理论基础和理论原点，在研究工程方法论领域的许多重大问题时，就有可能迷失方向，难以得出正确的结论。

工程本体论是工程哲学的最根本的立场和观点，在研究工程方法论时，必须高度重视工程本体论的工程方法论意蕴。

工程本体论认为工程是现实的、直接的生产力，工程有自身存在的根据，历史唯物地看，工程活动是先于科学活动出现的；工程有自身的结构、运动和发展规律，有自身的目标指向和价值追求，

① 殷瑞钰，李伯聪，栾恩杰，等．工程方法论[M].北京：高等教育出版社，2017.

绝不能简单地将工程看成是科学或技术的衍生物、派生物。所谓工程本体论的工程方法论“意蕴”，首先就是指依据工程本体论观点，可以“推论出”一个结论：工程方法论绝不是科学方法论或技术方法论的衍生物、派生物，而是一个与科学方法论、技术方法论相“并列”的方法论领域。

如果立足于工程本体论来观察与研究有关工程方法和工程方法论的许多重要问题，则以往许多显得模糊的认识和评价就有可能豁然开朗、焕然一新。以下就“顺便”讨论“方法论领域”的一个重要问题：应该如何认识演绎方法问题。

人们都会承认，演绎方法是一种重要的思维方法，它不但是科学方法论的重要内容之一，而且也是工程方法论的重要内容之一。但是如果进行更深入的分析，就可看到演绎方法在科学方法论理论体系中占有的地位和作用与其在工程方法论理论体系中所占有的地位和作用有很多不同和很大不同。

在工程方法论理论体系中，演绎方法无疑地占有“不可缺少”的“一席之地”，绝不能否认演绎方法必然要在工程方法论领域中占有一定地位和作用。但是，在工程活动中，在工程方法论领域，人们势必会更加重视和强调综合、集成、协调、权衡方法的作用及意义，会关注这些方法在工程方法论中往往具有比演绎方法更重要的作用和意义。

从理论上看，综合、集成、协调和权衡原则不是解决科学问题的基本原则，协调和权衡方法更不是解决科学问题的“合理方法”。对于科学问题，必须依据科学方法给出科学的答案，在追求真理时科学家不能讲相互“妥协”，从而协调和权衡的方法也就无所施其技。而在研究、分析和处理工程问题时，其解决问题的路径和解决方案往往不可能是唯一的，特别是不同的方案往往又是各有优缺点的，需要依据综合、集成、协调和权衡的原则，运用综合、集成、协调和权衡的方法，得出在特定环境条件下相对优化的方案。在工程问题的诸多解决方案中，究竟哪个方案会“最后胜出”，往往都是通过综合、集成、协调和权衡得到相对优化的结果。在工程实践领域，工程从业者要依据生产力标准，进行综合、集成、协调和权衡，而综合、集成、协调和权衡原则与方法的重要性只有在工程方法论的视野中才会凸显出来，只有在工程方法论的整体结构所具有的共性中才会凸显出来。

从理论分析角度看，工程中的协调和权衡原则与方法不是凭空而来的，从根本上说，其源自工程本体论立场和观点，是受工程本体论观点指导的结果。如果离开了工程本体论的基本理论，所谓协调和权衡方法就会失去根据且迷失方向。

一方面，工程本体论是工程方法论的思想指导和理论基础；另一方面，工程本体论的内容和要求又需要“落实”到“工程方法”上。如果离开了工程本体论的指导，工程方法论研究就有可能由于找不到研究的切入点而无从着手，在试图解决问题时，有可能迷失方向而误入歧途。总而言之，在研究工程方法论时，必须高度注意工程本体论所具有的工程方法论意蕴，把工程本体论当作研究工程方法论的理论基础和指导思想。

第二节 工程方法的基本性质和特征

如果把工程方法论也看作一个理论体系，则关于工程方法的基本性质和特征的研究无疑地要成为一个核心性内容。本节就对此问题进行一些简要分析和阐述。

对工程方法的基本性质的若干认识

从“一般性工程方法论”角度看，工程方法表现出了以下基本性质。

1.1 工程方法的目的性

工程方法的第一个本质属性就是其目的性。一切工程活动都是有目的的活动，而工程方法就是服务于工程目的的方法。离开了工程目的的引导，工程方法就要成为一片混沌。失去了工程目的，工程方法也就成了“无所施其技”的方法。在工程活动中，必须把工程目的作为运用和评价工程方法的根本标准。

1.2 工程方法的多元集成性

工程方法是以集成、建构为核心内容的手段和方法。工程的本质是利用各种知识资源与相关基本经济要素，构建一个新的人工物的集成过程、集成方式和集成模式的统一，其目的是形成现实生产力、直接生产力，构建出新的人工物是工程活动的基本标志。在具体的工程实践中，工程方法是以“工程方法集”的形式发挥作用，而不是以单一方法的形式发挥作用。因此，对“多元工程方法”进行集成就成为工程方法的本质属性。

1.3 工程方法的协调性

工程活动中存在着许多矛盾和冲突，面对这些矛盾和冲突，工程主体必须依据一定的原则进行协调。协调性因此而成为工程方法的又一个基本特性。

1.4 工程方法的选择性

具体的工程方法有很多，而能够最终进入工程系统并形成“工程方法集”的那些方法都是被选择出来并进行集成的。需要注意，工程方法的选择性不但表现为“工程要素方法”的选择性，而且表现为对“工程方法集合”的选择性。

2 工程方法的重要特征

工程方法主要表现出了如下一些重要特征。

2.1 结构化

既然工程是以集成、建构为核心的人类活动，就必然要求工程系统能形成一个结构并进一步实现整体结构优化，这关系到工程的质量、市场竞争力和可持续发展。因此，有必要强调工程方法的整体性思维进路与“要素-过程”结构性思维进路相结合。这种结合意味着要以工程体系结构的整体优化为主导，通过“解析—集成”“集成—解析”的方法，反复迭代，综合集成进而形成一个结构优化的工程体系，以实现工程应有的、可靠的与卓越的功能。

2.2 功能化

功能化是工程方法的重要特征。结构和功能是对应的概念。可以认为，深入分析、认识和把握结构与功能的辩证关系是工程方法论的关键内容之一。工程的整体性功能的实现，源于不同类型的工程方法在不同时空条件下的恰当运用、相互配合，进而实现硬件、软件和斡件三者的相互渗透、相互结合和相互促进，实现工程系统的基本功能目标。

2.3　效率化

工程活动不仅包括技术群的集成——工程设计、工程建造、工程管理等，还包括技术与经济、技术与社会、技术与文化等其他要素的集成过程。在工程的多种技术性要素与非技术性要素的非线性相互作用和动态耦合中，效率化是一个很重要的价值取向。追求效率，实现卓越，是工程活动动态、有序、协同、连续运行的基本特征，也是工程整体目标实现的价值遵循。

2.4　和谐化

工程作为以集成、建构为核心的人类活动，既要求工程内部诸要素之间的和谐，又要求工程与人、社会、自然之间的和谐。工程活动涉及自然、社会和人文的方方面面，包括资源、能源、劳动力、市场、环境、伦理、时间、空间等各类信息，这些因素影响着工程的质量、市场竞争力、合理性、可行性与可持续性，基于此，从方法论的视角来看，工程活动要与自然、社会与人文相适应、相和谐，[①] 这是工程方法的基本特征之一。

3 工程方法的过程性特征和产业性特征

在认识和分析工程方法的基本性质和特征时，工程方法的过程性特征和产业性特征是两项非常重要的内容。对于工程方法的产业性或行业性特征，上文已经多有涉及，对于工程方法的过程性特征，本章第三节将有专题讨论，本节对这两个问题也就不再赘言了。

4 工程方法与科学方法的联系与区别

为了更深入地认识工程方法的性质和特征，有必要将工程方法

---

① 殷瑞钰．关于工程方法论研究的初步构想[J].自然辩证法研究，2014，30（10）：35-40.

与科学方法和技术方法进行一些比较分析。

在进行学术研究时，比较方法是一个重要方法。我国宋代著名诗人苏轼有诗云："不识庐山真面目，只缘身在此山中。"在分析与认识工程方法的基本性质和特征时，不但需要"就工程方法本身看工程方法"，而且需要在"工程方法与其他类型方法的比较"中分析与认识工程方法的基本性质和特征。

4.1 工程方法与科学方法的联系

4.1.1 工程方法与科学方法的相互渗透和相互影响

科学方法是认识自然世界的方法，工程方法是改变世界的方法。由于认识世界和改变世界不可能截然分开，这就使工程方法与科学方法必然存在相互渗透和相互影响。

一方面，科学方法向工程方法领域的渗透表现在许多方面。例如，在工程活动中，往往需要使用属于"科学方法范畴"的归纳法和演绎法，在这个意义上，人们必须承认"科学方法"也是"工程方法群"的组成部分之一。另一方面，在现代社会中，工程方法向科学活动的渗透也是显而易见的。例如，现代科学活动中使用的许多科学仪器和科研设备都是工程活动的产物，其中渗透着许多工程方法。

4.1.2 "工程科学"与基础科学和工程实践的关系

在现代社会中，工程科学的形成和发展引起科学界和工程界的共同关注。从构词法上看，"工程科学"是"工程"与"科学"的"合成词"；从相互关系上看，"工程科学"一只手牵着"工程"而另一只手牵着"（基础）科学"，成为"（基础）科学与工程"相互联系与相互转化的中介和纽带。

4.1.3 "高科技工程领域"中的工程方法与科学方法的关系

在现代社会中，出现了一些"超大型工程""航天工程""深海探测工程""新航空母舰研制工程"等所谓"高科技工程"领域。在高科技工程领域必然要遇到许多工程问题与科学问题纠缠在一起的问题。一般地说，这些问题都不是只运用（基础）科学方法或工程方法就可以解决的问题，而是必须以工程方法与科学方法相互渗透、相互交织的方式才能解决的问题。

4.2　工程方法与科学方法的区别

在认识工程方法与科学方法的关系时，不但需要关注二者的相互联系，更要关注二者的区别。

4.2.1　工程方法与科学方法在基本性质上的根本区别

从终极目标上看，科学方法的本质是认知（集中地体现在对客观事物的探索、发现），是要不断逼近真理，科学始终是以“发现真理”为导向的。作为真理导向的科学理论，有些是具有重大“实用意义”的，但还有一些科学理论并不具有“实用性”。与此不同，工程方法的本质是“价值与实践”导向的。工程共同体在工程活动中运用各种各样的工程方法的目的是要形成直接的、现实的生产力，并产生价值。在工程方法中，不但包括处理有关人与自然关系的种种方法，而且包括处理有关人与社会关系的种种方法。

科学的“求真”导向和真理标准与工程的“求效”导向和生产力标准使得对科学和对工程的检验方式、评价标准以及这两个领域中对错误的“容忍程度”和“对错标准”出现了一些重大区别。工程活动是实践活动，工程中出现了错误就意味着实践的失败或出现不良后果。如果是重大工程，其失败更会出现灾难性后果。所以，人们要求工程方法必须保证高度的可靠性。特别是对于像三峡工程、港珠澳大桥这样的工程项目，是不允许其失败的。就此而言，可以在某种意义上说，科学方法往往更重视“实验性、探索性”的方面（可以容忍失败），而工程方法往往更强调“可靠性、效益性”的方面。

4.2.2　与科学方法相比，工程方法更具多元集成性

上文指出，科学方法具有学科特征，工程方法具有产业特征，这就使工程方法更具多元集成性。

对于物理学方法、化学方法等以及更低一级层次的力学方法、光学方法、电学方法、磁学方法等来说，其方法是尽可能地通过简化、抽象，概括出一般规律，其涉及的学术领域是相对单一的；而

对于机械工程方法、化学工程方法、冶金工程方法等以及更低一级层次的铁路工程方法、公路工程方法乃至京沪高速铁路工程方法来说，其性质是相对多元的。例如，在青藏铁路工程方法中，不但必须在车站建筑、机车制造、线路施工中运用机械工程方法、土木工程方法、电学方法、信息工程方法等，而且涉及与冻土带等有关的地理学、地质学方法。这就使得工程方法具有了多元的性质和特征。特别是工程活动还涉及复杂的社会环境和条件，这就使以行业性为特征的工程活动在方法上一般都是多元地、多层次地、复杂地显现综合集成特征。

4.2.3 科学理论的抽象性和工程活动的实践性使得工程方法显现出更强调现实性和协调性的特征

科学方法的特点常常是要对事物进行“抽象化”“纯粹化”“简化”。例如，物理学提出的“质点”概念并非特指真正的现实存在，但绝不能否认它是运用追求纯粹性的科学方法的结果。许多科学实验的难点和关键点也都是如何才能创造出“纯粹性的实验条件和环境（如高真空环境、无菌环境等）”，使之免受真实环境中必然出现的其他因素的“影响”。而工程方法则正好相反。工程活动是在现实生活中进行的现实活动。开展工程活动必须面对现实，工程师需要把在试验条件下取得成功的“样机”放置到真实的“现实环境”中进行检验，努力取得真实环境中的成功。由此，工程方法也就出现了更强调现实性和协调性（包括社会协调、伦理协调、生态协调等）的特征。例如，科学方法已经证实使用氟利昂可以有效制冷，然而由于臭氧层空洞的出现，工程师在制造冰箱时为了使环保要求和制冷手段相协调又弃用了氟利昂制冷方法。

5 工程方法与技术方法的联系和区别

在认识工程方法的基本性质和特征时，“工程方法与技术方法的联系和区别”是一个比“工程方法与科学的联系和区别”更加重要但同时也更难回答的问题。

在分析“工程方法与技术方法的联系和区别”问题时，首先需要指出和必须注意的是，“技术”是一个多义词。人们在解释和理解“技术”概念时，既可以有广义解释，也可以有狭义解释。广义理解的“技术”包括物质技术、社会技术、精神技术这三类技术；而狭义理解的“技术”只包括物质技术。容易看出，如果在理解技术时有人采用广义理解，有人采用狭义理解，那么，他们在认识工程方法与技术方法的相互联系时也必然会出现不同的认识。为避免由于这方面的原因而出现的意见分歧，同时也为避免歧义和枝蔓，我们申明，以下对“技术”主要做狭义理解。

5.1 工程方法与技术方法的联系

5.1.1 工程方法与技术方法的相互渗透和相互影响

工程活动是技术要素和非技术要素的集成，从而，技术方法也就成为工程方法的不可缺少的组成部分之一。人们说，没有无技术的工程，实际上也是承认了工程技术方法已经内在地渗透在、包含在“工程方法集”之中。

对于技术方法和工程方法的相互关系，需要同时注意两个方面。一是技术方法可以促进和引导工程发展，甚至能够导致形成“新工程类型”。例如，蒸汽机发明后，它作为新型动力机而得到了广泛应用。把蒸汽机应用到交通运输设备上，促使交通运输工程出现了新形态和新面貌。后来在蒸汽机的基础上进一步推进了发电机的发展，电机工程很快就应运而生了。二是工程活动要“选择和集成技术”。由于在工程活动中，需要以“工程的需求”为准则来“选择和集成”有关的各种技术，这就使得在具体的工程活动中，某些先进技术有可能“被弃用”。

5.1.2 工程方法与技术方法在价值目标和价值创造中的统一性

如果说科学方法以追求真理为目的，那么，技术方法和工程方法都以功效性特别是追求价值创造为目的。与科学方法主要涉及真理论问题不同，技术方法和工程方法主要涉及价值论问题。

从哲学角度看，可以认为，技术方法主要在可能性范畴和意义上涉及价值创造问题，而工程方法主要在现实性范畴和意义上涉及价值创造问题。对技术方法与工程方法的关系而言，二者需要在价值目标和价值创造的过程中实现其统一性。

5.2 工程方法与技术方法的区别

5.2.1 从研发过程看技术方法的多种形态及其与工程方法的关系

现代技术和古代技术、现代工程和古代工程之间最重要、最显著的区别之一就是技术研发在工程发展中发挥了越来越重要的作用。“研发环节”成为“相对独立的环节”，“实验室技术”成为“相对独立的技术形态”。

从新技术在实验室（泛指科学实验室、工业实验室、企业实验室等）中被发明出来到新技术得到商业化应用，在这个复杂的过程中，技术的“具体形态”发生了许多变化。我们可以把这个过程称为技术的工程化、产业化过程。在这个过程中，从技术发明阶段到技术转化阶段，再到技术扩散阶段，发生了复杂的“科学-技术-工程-经济-社会-生态”互动的关系。应该注意的是，在这一过程中，实验室技术、中间试验技术、工程化技术和商业化技术有不同的资金、资源占用量，也有不同的价值创造量。

(1) 实验室技术。

现代的实验室是进行科学实验和技术工程实验的场所，是技术实验、实验验证和发明的重要基地，它在推动现代科技、工程、经济、社会发展中起着非常重要的作用。实验室技术主要是指技术的新发明、新改进，实验性样机、样品的制造，有关指标、参数的测试和验证等。实验室技术的成果或表现形式主要是技术专利、技术诀窍、技术新知识、样机、样品等。有些实验室技术可以进一步转化为生产技术，但也有许多实验室技术由于多种原因而未能或不能转化为生产技术。

(2) 中间试验技术。

中间试验技术是指把实验室的成果放在特定运行位置上进行试验，以取得各项工艺参数，确定产品规格、质量，测试工艺的稳定性，解决技术工程化和商业化过程中可能遇到的技术问题。[①] 中间试验的目的是要为下一步的技术转化和技术扩散做必要的过渡性准

① 方红．技术产业化的运行机制研究［D］．长沙：湖南大学，2010：22.

备或进一步验证、放大等。中间试验的成败将决定这种技术能否被投入工程化阶段。如果技术仅仅停留在实验室阶段，在一定意义上讲，该技术是没有工程价值、实用价值的。停留在实验室技术和中间试验技术阶段的技术，只是表明人类形成了某种新的手段或能力，但还不是直接生产力，只有进一步将其转化和纳入生产体系中，这才形成了现实的、直接的生产力。

（3）工程化技术。

工程化技术也称生产技术、制造技术或运行技术，是指可嵌入工程系统运行中的技术，构成直接生产力的技术，主要包括设计集成技术、建构技术、制造技术、加工技术、使用技术、维修技术等。

（4）商业化技术。

商业化技术主要是指批量生产的可获得经济价值、社会价值的技术，主要包括品牌确定技术，推广使用技术，产品使用技术，经济效益扩大的营销技术，市场信任度、美誉度的显示技术等。

在以上的分析中，我们不但看到了技术方法与工程方法相互联系的方面，更看到了二者存在区别的方面。

5.2.2　技术方法的发明以“争第一”为特征，而运用“工程方法集”的工程项目以“唯一性”为特征

发明是技术活动的重要形式之一。从技术社会学和专利法的角度看，技术发明的一个最突出、最关键的特征是只承认首创性工作，只承认第一个做出了该项发明的人是真正的发明者。第二个做出该项发明的人，即使是“完全独立”地“实现”了该项发明，这个人也不被承认是发明者，不能被授予专利。这就是说，在技术发明的竞技场上，只承认“冠军”，而取消了“亚军”“季军”和“其他席次”的“名誉授权”。在发明权——特别是专利权——的意义上，第二次、第三次的“重复发明”是不被承认的，是无意义的。[①] 但是，对于运用“工程方法集”而完成的工程项目来说，却以“唯一性”为其特征。由于每一项工程都各具个性，都具有“当时当地

① 在军事技术或某些其他情况下，面对“技术保密”和“技术封锁”，“重复发明”无疑是具有重要意义的。但在这种情况下，“对方”为“保密”而不申请“专利”，从而也使这类情况与这里的分析无根本矛盾。

性”，因而都是“唯一”的工程，这就使第一百条铁路、第一千条铁路也都有自身独特的价值和意义。这种评判标准和评价结论与技术发明领域只承认“第一发明者”的特征形成了鲜明的对比。

5.2.3 技术效率和效能与工程效率和效能在含义及评价标准上的差别

虽然技术方法和工程方法都注重追求效率与效能的提升，可是二者在效率和效能的具体含义与评价标准上却大有不同。一般地说，技术方法的效率和效能都是要“就技术谈技术”，其技术含义和评价标准都是十分明确的。然而，对于工程活动和工程方法来说，其效率和效能不但需要考虑技术领域的效率和效能问题，而且需要考虑经济、社会乃至人文领域的效率和效能问题，在“引申义”和隐喻的意义上，还需要考虑管理学、社会学、生态、环境等诸多方面的效能和影响问题，于是，工程活动和工程方法的效率与效能问题就成为多含义、多侧面的综合性的复杂问题。技术效率高而经济效率低的情况在工程实践中并不鲜见。许多人都熟悉经济学和管理学中谈到的“木桶效应”。这个“木桶效应”对于我们认识技术方法的效率和效能与工程方法的效率和效能的关系也是可以提供许多借鉴和启发的。

5.2.4 工程方法的适用性取向与技术方法的先进性取向

技术创新的最终目标是要将可能的生产力转变为现实的生产力，能否通过技术创新占领技术制高点，进而实现工程化、产业化，将可能的生产力转变为现实的生产力是技术目的性的重要体现。这就是说，通过技术方法的发明、创新实现技术先进性是技术方法的重要特征。而工程创新与技术创新既有联系又有区别。技术创新常常成为工程创新的基础，直接影响着工程创新的程度与水平。但这并不是说越先进的技术创新对工程创新就越有利。工程创新以造物或改变事物性状为主要目的，工程的适用性、可靠性、有效性往往比工程的局部技术先进性更具有竞争优势。因此，在工程创新过程中，在许多情况下，都要选择适用的、成熟的技术，而不是贸然选用最先进的而不成熟的创新性技术。如何选择，在什么时候和什么条件下选择最新技术对于工程创新至关重要。[①] 由于工程活动的自身本性，由于社会文化环境、国家政策法规等外界环境的影响，选择符合经济效益、社会效益、生态效益的适用技术往往是工程创新的优先价值取向。

5.2.5　工程方法的集成性与技术方法的嵌入性

工程活动和工程方法高度重视其集成性。与工程活动和工程方法的集成性及包容性相对应、相呼应，技术活动和技术方法应具有可集成性、嵌入性特征。嵌入性意味着可集成性。在工程活动中，技术活动是为了将某一或某些技术有效地嵌入工程系统中并发挥功效的活动，两者的互动促进了工程与技术的共同进步，直接推动着经济、社会的发展。新技术的嵌入，可以增强工程发展竞争力，扩大工程影响的范围。

如果没有工程对技术的集成和包容，技术就只能停留在潜在的价值形态，就像一匹野马在草原上奔驰，但不能拉车耕地，不能变为现实生产力。认识这种集成与嵌入的关系，对工程哲学与技术哲学的发展都是非常重要的。

技术哲学与工程哲学都要研究技术创新，但两者的研究目标、研究路径、研究方法并不完全相同，二者有各自的本体论出发点。从技术哲学的角度来研究技术创新，是在研究技术如何创新，研究技术的不同形态及其相互关系，研究技术工程化、产业化问题。从工程哲学的角度研究技术创新，是要把技术创新作为嵌入一个工程系统中的重要手段、重要方法来研究，即如何实施技术创新，如何判断和选择技术，以及技术嵌入和技术群的有效集成，为此要研究技术创新对工程规划、决策、设计、建构、运行、评价等方面的意义和价值。

第三节　工程方法的层次性和过程性：全生命周期方法

在工程方法论中，工程方法的层次性和过程性是两个突出而重

---

① 韩雪冰．人工自然论视域下的工程方法论探析［D］．沈阳：东北大学，2015：80-81.

要的问题，本节就对这两个问题进行一些简要讨论。

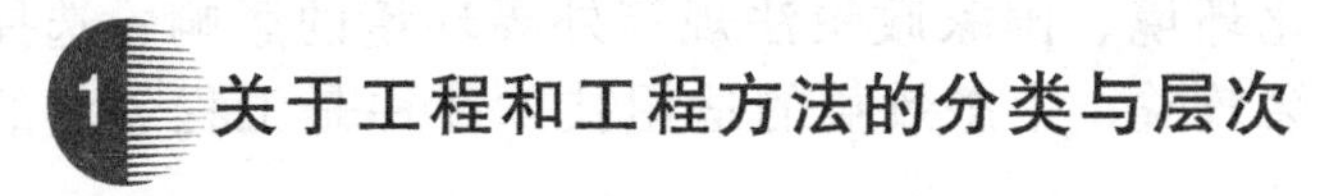

1 关于工程和工程方法的分类与层次

1.1 关于工程和工程方法的分类

虽然不能认为“工程方法的分类”和“工程的分类”是“内容”完全相同的问题，但必须承认“工程方法的分类”和“工程的分类”是关系极其密切的问题，本节也就着重涉及这“后一个方面”的问题。①

“工程的分类”与“工程方法的分类”和“工程知识的分类”都有密切联系，并且“工程的分类和工程方法的分类的关系”与“工程的分类和工程知识的分类的关系”有许多相似、相通之处，由于第五章中已经论及“工程的分类和工程知识的分类”以及二者的相互关系，其中的许多观点大体上都“基本适用”于认识与分析工程方法的类似问题，读者可以“触类旁通”，这里不再进行“类似的重复阐述”了。这里只再重复一个要点：工程知识和工程方法都“主要”进行“行业分类”，而科学知识和科学方法“主要”进行“(科学）学科分类”。

1.2 关于工程和工程方法的层次

工程活动是发展生产力的活动，其“基层”活动单位是“工程项目”，“同类”工程项目又形成了“更高一个层级”的“工程行业”(如水利工程、冶金工程等)，可谓之“中层”。不同行业的工程的“总体”成为工程的“最高层级”。与这三个工程层级“相对应”，有“三个不同层次”的工程方法。它们之间的关系如图 1-6-3 所示。

在进行工程哲学和工程方法论研究时，需要同时注意“三个层次”。由于整体工程对应的一般性工程方法论已经在本章第一节中进行了表述，在此仅着重讨论处于“中层”的“行业方法”的某些性质和特点。

---

① 一点说明：本书的许多具体内容的分析实际上已经在某种程度上“涉及”了“工程方法的分类”和“工程的分类”是“内容”有“区别”的主题，但本节将不“直接讨论”这方面的问题。

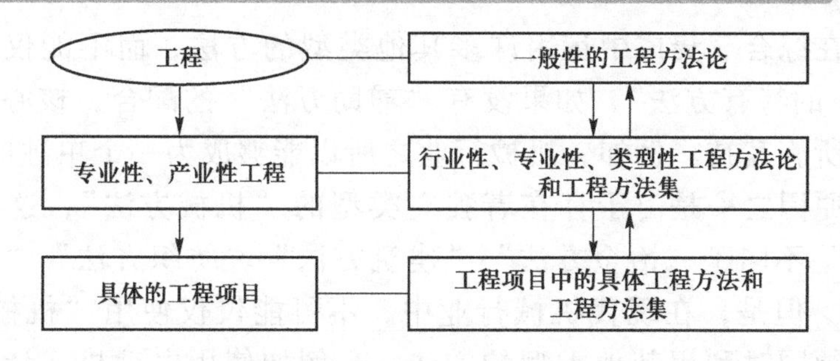

图 1-6-3　工程方法层次划分框架

如果观察“工程项目与工程行业”的关系、“项目方法与行业方法”的关系，需要把前者看作“个性”问题，把后者（行业和行业方法）看作“共性”问题。

另外，如果观察“工程行业与工程整体”的关系、“行业性方法与整体性工程方法”的关系，前者（行业和行业方法）是“个性”问题，后者是“共性”问题。

这就是说，作为“中层”的“行业和行业方法”，从一个方面看可以具有“共性位置”，而从“另一方面”看又具有“个性位置”。

图 1-6-3 所示的工程方法层次划分框架提示人们：研究行业性工程方法——中层方法——的性质和特征具有某些特殊的重要性。

在研究行业性工程方法和工程方法论时要注意这里出现了两个互补的方面：一方面，与工程项目方法相比，行业方法和方法论表现出了“共性”方面；另一方面，与工程整体和一般性工程方法论相比，行业方法和方法论表现出了“个性”方面。

这个“三层次互动关系”深刻地显示了工程、工程方法和工程方法论的复杂性。如果在研究工程、工程方法和工程方法论时忽视了复杂的“三层次互动关系”，往往难免会犯这样或那样的错误。

应该注意，以上图式（图 1-6-3）是一个“高度简化”的图式，例如其中“蕴含”了但又“未能充分显示”不同行业之间也有“互动关系”。总而言之，必须从“多层次复杂互动关系”中认识与研究工程方法和工程方法论。以下就简述几个有关的重要观点。

第一，从工程方法论角度看，每个行业的形成往往都会有某个特殊类型的工程方法作为基础性、核心性方法；另外，该行业又必然需要在综合、集成中运用许多其他类型的方法，而不能仅仅运用“该行业的特有方法”，如果没有“辅助方法”的配合，核心性方法也会无所施其技。例如，机械行业之所以能够成为一个单独的行业，其关键原因之一是由于存在着独立类型的“机械方法”，这种“机械方法”不同于“冶金方法”“建筑方法”“纺织方法”“电力方法”等。但是，在现代机械行业中，不可能仅仅使用“机械方法”而是必须同时利用其他类型的方法——例如使用电动机、计算机乃至某些热处理方法等。换言之，任何行业所使用的方法都必然是在立足于该行业特有的、关键共性方法的基础上，同时又对许多其他类型的工程方法组成集合和进而相互集成。

第二，“不同行业的工程方法”与“不同学科的科学方法”之间存在着复杂的关系。一方面，不能忽视二者的区别和意义，不能在分类时“误读”或“分类错误”；另一方面，又绝不能认为这是两种界限绝对分明、没有相互渗透、没有相互交叉的“分类体系”，相反，必须承认这两种分类体系之间存在着极其复杂的相互渗透、相互交叉关系。

第三，“三层次划分”及相应的研究进路提示人们，在研究工程方法论时，可以主要着眼于在研究“基层项目的个性方法的基础上”总结和升华出“行业层次的共性问题”，从而得到对“行业性工程方法论”的认识；然后再进行更高层次的总结和升华而得到对“一般性工程方法论”的认识。同时，我们也需要承认在进行方法论研究时也有可能“跨越中层而直接沟通‘基层’与‘最高层’”。

在进行工程方法论的理论研究和理论概括时，由于研究对象的范围不同和研究者的目标不同，有些人可能主要在行业性工程活动与方法的范围内进行理论研究和共性概括，即以概括某个行业中众多具体工程方法的共性为目标，这就形成了“行业性工程方法论”；另外也有人并不仅仅限于某个行业，而是把视野扩大到包括众多行业中具体工程方法的更普遍的范围进行理论研究和共性概括，即以概括所有工程行业的工程方法的共性为目标，这就形成了“一般性工程方法论”。

应该承认，在面对一种具体的工程方法时，如果把它看作某个行业中的工程方法的一个实例，探寻其中体现的该行业工程方法的共性特征，那就是以“行业性工程方法研究进路”进行“行业性工程方法论研究”；如果把它看作一般性工程方法的一个实例，探寻其中体现的一般性工程方法的共性特征，那就是以“一般性工程方法研究进路”进行“一般性工程方法论研究”。这两种研究进路和研究成果既有区别又有联系，相互渗透，相互促进，二者都是“工程方法论”的重要进路和重要内容。

第四，在研究工程方法论时必须特别注意不能犯“教条主义”的错误。工程方法论告诫人们：虽然不能否认工程方法论中“共性”的意义和重要性，但绝不能认为“一般性的工程方法论结论可以‘替代’对行业性工程方法论的研究”，也不能认为“行业性的工程方法论结论可以‘替代’对具体项目工程方法的研究”，必须承认“具体问题具体分析”才是工程方法论的灵魂，必须从个性与共性的辩证统一中认识工程方法和工程方法论问题。

2　工程全生命周期方法

工程活动和工程方法的研究也不能离开过程论的视角，而工程活动的过程性又集中表现为工程的全生命周期过程，于是，立足于全生命周期过程认识工程方法的内容和特征就成为工程方法论的重要内容之一。

如果说在科学方法论领域，演绎方法、归纳方法和科学实验方法的研究占有举足轻重的地位，在艺术方法论领域，艺术创作方法、艺术欣赏方法、艺术传播方法的研究占有举足轻重的地位，那么，在工程方法论领域，“体现在工程全生命周期中和服务于工程全生命周期的工程方法”就是一个占有举足轻重地位的课题了。

2.1　工程活动的全生命周期

2.1.1　工程活动是“从生到死”的全生命周期过程

工程活动是有目的、有计划、有组织地建构人工实在、人工系统的具体历史性实践过程，而人工实在并不是既成的、先在的、天然的存在，它不像自然物那样是脱离人的活动而自然而然生长出来的，而是在人的某种理念、观念、意识的主导下人为建构出来的。任何一项工程都不可能“永恒存在”，而是必然最终进入其“终结阶段”。任何一项工程活动，都需经历一个从潜在到现实，从理念孕育到变为实存，从运营到退役像人一样的“从生到死”的全生命周期过程。

2.1.2 工程全生命周期的内容和阶段

工程活动的全生命周期过程不是一个杂乱无章的过程。工程活动是一个自组织与他组织相统一的过程，有其内在规律，有其程序化的生存逻辑，有内在的生命阶段性发展顺序，不可出现“发育阶段混乱”。大体而言，可以把工程的全生命周期划分为五个具有连续性的阶段：工程规划与决策→工程设计→工程实施与建造→工程运营与维护→工程退役。这几个阶段环环相扣、紧密衔接、相互补充、相互配合、构成一个有机体系，由此形成工程活动的全生命周期。

2.2 工程全生命周期各个阶段的方法要求和原则

以下简述工程活动全生命周期的五个阶段的方法要求和原则。

2.2.1 工程规划与决策方法及其原则

对于规划与决策的形形色色的各种具体方法，许多人都很熟悉，这里无须再具体介绍。这里仅简述有关工程规划与决策方法的几个基本原则及方法论要求。

(1) 整体规划原则。要注意研究全局的指导规律，处理好当前与长远、整体与局部的关系。现代社会中，工程规模越来越大，影响因素越来越多，运用工程规划与决策方法时关注整体性原则就显得更重要。

(2) 全面调查和客观现实性原则。

规划与决策时必须高度重视进行深入、全面的调查，要取得尽可能全面、准确的客观资料。要把客观、真实的问题及其正确的分析作为规划与决策的依据，据实进行规划与决策。

(3) 切实可行性原则。

工程规划与决策的可行性分析实际上贯穿于规划与决策的全过程，即在进行每一项规划与决策时都应充分考虑所形成的规划与决策方案的可行性。

（4）利益协调原则。

工程涉及许多利益相关者，诸多利益相关者之间的利益目标不完全一致，必须进行利益协调，这往往会成为工程规划与决策的难点和关键点。

（5）灵活机动原则。

规划与决策最忌墨守成规。因为任何规划与决策都处于确定性与不确定性共处的状态，规划与决策人员必须深刻认识规划与决策的这一本质特征，增强规划与决策的动态意识，从思想深处自觉地建立起灵活机动的应变观念，加强调查研究，在规划与决策过程中及时、准确地掌握规划与决策对象及其环境变化的信息，必要时及时调整规划与决策目标并修正规划与决策方案。

工程规划与决策的方法论要求将以上原则融会贯通，从整体上发挥作用。

2.2.2 工程设计方法及其原则

工程全生命周期的第二个阶段是工程设计。

本书第四章着重从工程思维角度涉及了工程设计，而这里则着重从工程全生命周期角度讨论工程设计。工程设计是指设计师和设计机构按照业主和工程目的的要求，综合运用各学科知识、技术和经验，通过统筹规划、制订方案，最后用设计图纸与设计说明书等来完整表达设计者的思想、设计原理、整体特征和内部结构，甚至设备安装、操作工艺等的过程。工程设计是工程总体规划与具体实现工程活动之间的一个关键环节，是技术集成和工程综合优化的过程。工程设计活动集中体现了工程方法和技术方法的有机结合。

工程设计的具体流程在不同产业、不同类型、不同规模、不同产品甚至不同企业的工程活动中会有很大的差别，但许多人都认为可以从一般化视角将工程设计活动看作起始于概念设计，经过初步设计和详细设计而最终获得明晰和规范的图纸、程序与操作流程。

2.2.3 工程实施和维护的方法及其原则

工程实施是工程造物的一个关键阶段，通过工程的建造可以把工程的构思、设计和图纸变为实物，进而实现改造和利用自然的目的。在工程建造阶段，根据具体工程项目的内容和特点，需要投入大量的人力、财力、物力，并通过有组织的计划、管理、协调和控制，借助于专门的技术方法，使得这些人、财、物发挥合理的作用，确保建造过程的顺利实施和工程目标的最终实现。在此过程中，需要各种各样方法的支持。[①] 建造人工物的根本目的，是要使用人工物，使其良好运行从而服务于人类。但是，人工物的良好运行离不开对其的维护。

在工程实施阶段，进度控制方法、质量控制方法、预算控制方法、安全生产方法具有特别重要的作用和意义。

2.2.4 工程退役方法及其原则

工程退役阶段的存在及其重要性曾经长期受到忽视，而工程全生命周期理论的一个重要贡献就是强调了“工程退役”是“工程全生命周期”中的一个不可忽视的重要阶段，从而也强化了对工程退役方法的内容和重要性的认识。

工程退役是一个复杂的问题。工程退役的原因、工程退役的方式、工程退役的影响多种多样。要做好工程退役工作，常常是一个非常困难的任务。但这又是一个必须以合理、恰当的方法搞好的工作和任务。在当前许多人都忽视工程退役阶段重要性的情况下，需要特别强调强化对工程退役重要性的认识，需要在“退役阶段之前”“‘提前创造’运用工程退役方法的‘条件’（如预留退役所需的资金等)”，而不能等到“退役阶段到来”时才“为时已晚地被动应付”，也就是说关于工程退役方法的基本原则就是“提前应对”和“提前统筹”。

2.3 对工程全生命周期方法的若干哲学分析

从哲学视野分析和认识工程全生命周期方法，可有如下认识。

2.3.1 工程全生命周期方法是一种“创造性”方法论

工程方法论是一个关于工程从“无”到“有”转变的“创造”方法论、“建构”方法论。“创造性”是工程方法论的本质特征，工

---

① 殷瑞钰，李伯聪，汪应洛，等．工程方法论[M].北京：高等教育出版社，2017：118.

程方法论就是紧紧围绕创造人工物过程中的各种工程方法及其演变而展开研究的，必须运用“创造性”思维来研究与思考。应该从工程实在论和创造论观点认识工程过程，把握工程方法。工程实在不是天然的、先验的存在，而是主体自觉创造、建构的产物。①

2.3.2 工程全生命周期方法是一种“过程性”方法论

创造活动不是可以一蹴而就的，而是要经历一个包括多个阶段的过程，工程方法论也就势所必然地成为“过程性”方法论，而“全生命周期”正是工程的过程性的最突出的表现。

2.3.3 必须从全视野考察和认识工程的全生命周期

从工程全生命周期视野看，各阶段工程方法存在差异，但它们必须被统一和整合在工程活动的全生命周期中，形成一个围绕共同目标的方法链。必须注意从全视野——包括价值维度、全生命周期阶段互动维度、知行关系维度、思维进程（方向）维度——考察工程的全生命周期。

2.3.4 工程全生命周期方法的统一性问题

在认识和运用工程全生命周期方法时，绝不能把各个阶段割裂开来，而必须深刻认识和把握工程全生命周期方法中的统一性，包括阶段性与连续性的统一，要素性与关联性的统一，认知性与实践性的统一，分工性与协同性的统一，讲求效力、效率与效益的统一，以及真善美的统一。

第四节 运用工程方法的一般原则

在工程方法论的研究中，关于运用工程方法的一般原则是研究工程方法论的一个核心性问题，本节就对这个问题进行一些分析和讨论。

---

① 殷瑞钰，李伯聪，汪应洛，等．工程方法论[M].北京：高等教育出版社，2017：128.

工程方法的一般原则的概念和意义

工程方法不是僵化在书本上的条条框框，不是仅仅供人观赏的橱窗摆设，不是“以不变应万变”的教条。工程方法的生命活跃和表现在工程方法的运用之中。

工程方法的一般原则（或称通用原则）是从工程活动的实践经验（包括正、反两个方面的经验）中总结出来的。工程方法通用原则的基本内涵或主要内容是要回答和阐述三个方面的问题：一是阐明工程方法通用原则的理论基础、基本功能和社会意义；二是分析和阐明工程方法在实际运用中的结构性、操作性、目的性方面的问题；三是分析和阐明工程方法在实际运用中的可能性、条件性、演进性、准则、导向等方面的问题。

工程方法论不但要在操作性水平上分析和研究工程方法的运用问题，而且必须在理论水平上分析和研究工程方法的运用问题；不但要回答有关工程方法运用中的“是什么”和“怎么办”的问题，而且要回答有关“为什么”和“价值论”方面的问题。

在哲学视野中，原则、法律和客观规律是三个既有联系又有区别的重要概念。从本性和存在状态看，规律是客观存在的，甚至在人类没有认识到它们存在的时候，规律也是客观存在的；而法律和原则却是通过一定程序被制定、被确定出来的，法律和原则在未被制定出来之前是不存在的。从发挥作用的方式和途径看，自然界的客观规律是不令自行的，不管人类是否认识到了客观规律，不管人类是否有主观遵守客观规律的愿望，自然界的客观规律都要发挥其作用。例如，不管人类是否有遵守万有引力定律、库仑定律的主观愿望，这两个定律（客观规律）都要发挥其作用，不存在人类“是否愿意”遵守万有引力定律和库仑定律的问题。然而，法律和原则却是必须在被制定出来之后并且当事人“愿意遵守”（包括“被迫遵守”）和“把思想变成行动”时才能发挥作用。如果有关当事人有意或无意地不遵守有关法律和原则，这些法律和原则就无法发挥作用。在现实社会和现实生活中，那种在遵守法律和原则方面打折

扣，甚至明目张胆地违背法律、违背原则的事情也并不鲜见。①

从概念和含义上看，工程方法的通用原则属于原则这个范畴，而不属于客观规律这个范畴。

运用工程方法的几个通用原则

根据目前的认识，我们可以初步概括出关于运用工程方法的六条通用原则。

2.1　工程方法与工程理念相互依存、相互作用的原则

在工程活动中，工程理念发挥着根本性的作用。② 在研究工程方法论时绝不能忽视工程理念的这种根本性作用，各种工程方法在具体运用时绝不能脱离工程理念的指导。

本书第三章中分析与阐述了工程理念和工程观的内容及含义。应该承认和指出的是，在日常语言中，许多人在使用“工程理念”和“工程观”这两个术语时，往往并没有刻意对二者进行区分，甚至把二者看作含义相近和相通的概念。本节以下在讨论工程方法的通用原则时，为行文方便，也往往更多地使用“工程观”这个术语，请读者注意。

在讨论工程方法“能否运用”和“如何运用”的问题时，虽然必然要以对“工程方法自身”的认识为基础和前提，但又要承认这绝不是一个孤立的“工程方法自身”的问题，绝不是一个可以单纯囿于工程方法自身进行讨论的问题，而是一个必须将其与工程理念和工程观结合在一起进行分析与认识的问题，于是“工程方法与工程理念相互作用、相互渗透”就成为关于工程方法运用的第一个原则。在贯彻这个原则时需要注意以下几个问题。

一是工程理念要对工程方法的运用发挥指导、引导和评价标准的作用。工程方法的运用要服务于实现工程理念所设定的工程活动的目的，在实际运用中，工程方法不能脱离工程理念的指导而成为脱缰的野马或迷途的野马，迷失方向，乱奔瞎跑。

---

① 李伯聪．规律、规则和规则遵循[J]．哲学研究，2001（12）：30-35.

② 殷瑞钰，汪应洛，李伯聪，等．工程哲学[M]．2 版．北京：高等教育出版社，2013：208.

二是工程理念和工程方法是相互依存、不可分离的。一方面，各类工程观必须落实到具体工程方法上，必须避免工程观在工程实践中成为被架空的工程观；另一方面，工程方法必须体现工程观的导向，要避免工程方法成为脱离工程观指导的盲目、失控的工程方法。

三是必须特别注意工程理念和实现工程理念的工程方法之间的相互关系的复杂性、多样性、多变性，不能在认识和处理工程理念与工程方法的相互关系时犯简单化、教条化、脱离实际、纸上谈兵的错误。

关于二者相互关系的复杂性、多样性、多变性问题，这里着重谈两个问题。

第一，工程方法在落实工程理念时具有的主动性和灵活性问题。上文谈到了工程理念和工程观对工程方法的指导作用，但在认识工程方法和工程观的相互关系时，绝不能认为工程方法仅仅是被动性的方面和只能发挥被动性的作用。实际上，工程方法在与工程观的相互作用中，也会发挥其主动性和创新性的作用，即不应忽视工程方法在落实和促进工程观发展方面所可能发挥的主动性影响与作用。

工程理念和工程观是工程活动的灵魂，必须树立工程方法服务于、从属于工程理念和工程观的意识。但这也绝不意味着工程方法的运用中没有主动性、灵活性了。相反，在许多情况下，只有充分发挥选择、集成工程方法（群）的主动性和灵活性，才能更好地贯彻和落实工程理念及工程观。绝不能教条地理解工程理念和工程方法的相互关系。

第二，工程方法运用时可能出现异化现象和危害性后果的问题。所谓异化现象，一般来说，指的就是那种“搬起石头砸自己的脚”的现象。工程活动的目的本来应该是造福人类的，但在出现异化现象时，工程活动反而成为危害人类的活动。在分析工程异化现象时，人们会发现许多工程异化现象都要归因于和归结于在认识、处理工程方法与工程观的相互关系上出了错误。

2.2 “硬件”“软件”“斡件”三件合一，相互结合、相互作用的原则

2.2.1 “硬件”“软件”和“斡件”的含义

在工程实践活动中，必须运用一定的机器设备、物质性工具和器具（如发动机、电动机、推土机、水压机、起重机、筛子、锤子、刀子等），如果没有一定的物质设备，工程活动就无法进行，我们可以把这些工程活动中必须运用的机器设备、物质性工具和器具泛称为工程活动的“硬件”。正像计算机的硬件必须和相应的软件相配合才能发挥计算机的功能一样，任何机器设备要发挥其功能，其使用者、操作者也都必须掌握与其相应的操作程序、使用方法、器具结构和功能的有关知识，我们可以把与这些“工程硬件”相关的操作程序、使用方法等泛称为工程活动的“软件”。

除硬件和软件外，国外有人又提出了“orgware”这个概念。钱学森先生建议把“orgware”译为“斡件”（来自“斡旋”一词），我国许多人都接受了这个译法。因为工程活动特别是现代工程活动都是有组织的集体活动，如果没有一套组织管理的方法，如果工程活动缺少了组织管理，工程活动必然陷入混乱，工程活动不但不可能顺利完成，甚至连正常进行也是不可能的。一般来说，斡件不但包括宏观范围的有关工程活动的制度，而且包括中观和微观领域的组织规范、各种有关制度等。

2.2.2 “硬件”“软件”和“斡件”的关系

在工程活动中，必要的硬件、必要的软件和必要的斡件三者任何一个方面都是不可缺少的。盲目地迷信设备，陷入“唯设备论”是错误的；反之，认为设备无关紧要，陷入“轻视设备论”也是错误的。如果有了必备的机器设备，有了好的硬件条件，同时又有了良好的配套软件，但在工程组织管理上出现了疏漏，那么，良好的硬件条件和软件条件也都无所施其技，不但“空有了一身好功夫”，甚至可能走向反面，“好设备”起到“坏作用”，甚至导致工程失败。

总而言之，在工程实践中和工程方法的运用中，必须把工程方

法整体中的软件、硬件和斡件结合起来，使三者相互渗透、相互结合、相互促进才是正确的工程方法运用原则。

2.3 工程方法运用中的选择和集成原则与权衡和协调原则[①]

2.3.1 选择和集成原则及其重要性

在工程实践中，工程方法不是以“单一方法”的形式发挥作用而是以“工程方法集”的形式发挥作用的，于是，对诸多“单一工程方法”的“集成”就成为工程方法运用中的一个基本原则。这个“集成原则”是工程方法运用中的一个具有普遍性和关键性的原则。

工程方法运用中的选择原则和集成原则是密不可分的。具体的工程方法，千千万万，数不胜数，而最终能够进入工程系统并形成“工程方法集”的那些方法都是被“选择”出来的方法。需要注意，在“选择”这个概念中必然同时包含“选中”和“弃选”这两个方面，换言之，在出现某些工程方法“被选中”的同时必然还有许多方法“未能中选”而“被弃选”。于是，“选中”和“摒弃”就成为同一过程的两个方面。

应该注意，在工程活动和工程方法论中，这个选择原则或选择操作不是仅仅在一个层次上运用，而是要在多层次上运用和使用的。[②] 特别是在最高层次上，有关于“多个总体层次的备选设计方案”的“选择”问题，而每个“总体层次备选方案”中又都存在和进行了多个亚层次的对诸多工程方法的“选择”。“选择”是“集成”的基础，而“集成”则是“选择”的协同效果。

2.3.2 权衡和协调原则及其重要性

上文谈到了选择和集成的重要性。那么，应该如何进行选择和集成呢？这就又引出了“权衡和协调”问题。

所谓权衡，不但包括技术领域的权衡，而且包括经济、政治、社会、伦理、生态领域的权衡，特别是综合性的权衡，这就大大增

---

① 选择、集成、权衡、协调都是多义词，其词义可指“操作”，或指“过程”，亦可指“原则”。这几个含义不完全相同，但又有密切联系。其具体含义在不同语境和具体行文中往往不难辨析出来。

② 集成也是适用于多层次的原则和需要在多层次进行的操作。

加了工程活动和工程方法运用中进行权衡与把握权衡原则的难度。

在工程活动和工程过程中，“选择和集成方法及原则”与“权衡和协调方法及原则”是密切联系的。其中，选择与权衡往往有更加密切的联系，而集成与协调往往有更加密切的联系。

工程活动中必然面临许多矛盾和冲突，在处理这些形形色色、千变万化的矛盾冲突时，有关主体必须依照一定的协调原则进行协调工作。如果协调失败，工程活动往往就难以顺利进行。这意味着在许多情况下协调原则及其执行情况往往就是工程活动能否得以顺利进行和能否成功的关键环节。

作为一个原则，在协调的含义中无疑地包含着某种妥协或让步的成分，当然也包含了使之更好地协同的目的，这就使协调原则与数学中的所谓最优化和伦理学中的所谓“绝对命令”有了含义上的差别。

上文谈到“协调”的含义中包含着某种程度和某种含义的妥协与让步的因素，但这绝不是说可以把协调原则与无原则的妥协混为一谈。对于现实生活中出现的形形色色的权钱交易、偷工减料、降低标准等丑恶的、违法的、不道德的行为和现象是绝不能妥协的。

必须强调指出的是，贯彻协调原则的根本目的是实现和落实工程理念及正确的工程观，必须使协调过程在工程理念和正确的工程观的指导下进行，必须避免和反对那些以协调名义而进行的假公济私、因小失大、以邻为壑等错误行动及错误方法。

需要注意，对于科学活动、科学方法和科学目标来说，在硬性的真理标准面前，不能讲妥协，不能讲协调，不能让真理委曲求全，因为委曲求全的真理便不再是真理。但是，在工程活动中，各项矛盾的事物往往是需要进行妥协和协调的，要通过妥协、协调达成协同。对于工程活动来说，必要的妥协、巧妙的协调、高明的权衡往往是工程成败的关键所在，而在协调和权衡上的失败往往意味着工程实践过程受阻。

2.4　工程方法运用的可行性、安全性和效益性原则

在工程方法的通用原则中，可行性、安全性和效益性原则的意义和重要性是显而易见的。

工程活动是实践活动。在工程方法的通用原则中，工程实践

者——包括工程领导者、管理者、投资者、工程师、工人等——无不承认可行性的重要性，特别是那些具有丰富经验的工程实践者更对这个可行性有深刻的认识和体会，而脱离实际的人和某些初出茅庐、自以为是的人却往往忽视可行性，乐于纸上谈兵。纸上谈兵的方式和习惯有时会在口头上、纸面上很吸引人，但因为背离了工程的可行性，其危害性常常是很大的。

在认识可行性时，还应该注意，随着环境和条件的变化，有些原先不具有可行性的方法有可能在新环境中成为具有可行性的方法。当然，也可能出现相反的情况。

对于工程方法运用中的安全性，以往由于多种原因往往没有受到足够的重视。忽视安全性的原因是多种多样的，但无论是什么原因，那些忽视工程安全性的想法和做法都是错误的，而且是危险的。

工程是讲究效益的，于是效益性就成为工程方法的重要运用原则之一。对于工程活动来说，不但需要衡量其技术效率、经济效益，而且必须衡量其伦理意义、生态效果、社会影响、文化影响等广泛的方面，总而言之，必须从综合性和广义理解中认识与把握工程的效益性。

2.5 遵守工程规范与进行工程创新辩证统一的原则

工程规范往往是根据工程活动经验和相关标准，为了保证工程活动的成功，避免失败，而制定的。古代社会中，工程规范往往采用约定俗成、行业传承、代代传承的方式。到了近现代时期，工程规范逐渐更多和更明确地采取明文规定的形式。工程规范可由行业、有关机构、企业颁布，也可由国家颁布。在现代工程活动中，工程活动和工程方法的运用必须遵守有关规范已经成为公认的准则。

在运用工程方法时，不但必须注意遵守工程规范的原则，而且也要努力在工程实践中勇于创新——包括对原有工程方法的创新性运用和新工程方法的发明。

在工程实践中，遵守工程规范和勇于工程创新是对立统一的关系。一方面，必须遵守有关的工程规范，不能蛮干，不能心存侥幸；另一方面，必须勇于创新，必须在必要时勇于破除陈旧过时规范的限制和约束，必须敢于以严肃、严格、严谨的态度大胆创新，并且在总结新经验的基础上，及时把新经验和新方法规定为新的工程规范。而在新经验、新认识、新方法成为新规范后，墨守旧方法就成为不合规范的事情了。

2.6　约束条件下满意适当、追求卓越与和谐的原则

在研究工程方法论时，我们应该高度重视哲学中的“有限理性”概念与“和谐”概念在工程方法通用原则中的表现及影响。

从方法论角度看，和谐理念不同于斗争哲学。和谐理念指导下的工程观不同于近代形成的“征服自然”的工程观。在现代管理学中，有学者提出了“有限理性”这个概念。这种理论不承认有什么“全知全能”的理性。依据有限理性理论，任何现实的工程活动和工程方法在现实生活中都不可能达到绝对的尽善尽美。但是，有限理性理论也绝不是为平庸和无进取心进行辩护的理论。工程从业者必须大力发扬“追求卓越”的精神，努力达到“约束条件下的满意适当”。

从哲学分析的角度看，工程方法论领域中的“约束条件下满意适当、追求卓越与和谐的原则”就是和谐概念和有限理性理论的具体反映及具体表现。

应强调指出的是，所谓“约束条件下满意适当”绝不等于降低标准，绝不是抛弃理想，工程从业者必须把坚持“约束条件下满意适当”的原则和“追求卓越与和谐”的原则统一起来，而不是把二者对立起来。

工程活动是现实性与理想性的统一，如果说“约束条件下满意适当”的原则更多地反映和表现了工程活动中现实性的方面与现实性的要求，那么“追求卓越与和谐”的原则就更多地反映和表现了工程活动中理想性的方面与理想性的要求。工程活动正是在这两个方面的对立统一中不断演化、不断发展、不断前进的。

以上就是对工程方法通用原则的简要阐述。应强调指出的是，工程方法的通用原则绝不是可以“不令自行”的。为了使工程方法的通用原则得以顺利贯彻和实行，不但需要培养和形成对于工程方法通用原则的正确认识，还需要在此基础上进一步形成有关的“制度”，通过制度的方式保证工程方法的通用原则得以顺利贯彻实行。事实证明，必须把思想认识、心理态度和有关制度的方式及力量结合起来，才能形成更加有效的措施和力量来保证工程方法通用原则得到切实的贯彻和实行。

第七章

工程演化论

工程是不断演化的。过去如此，现在如此，将来亦然。工程演化论就是对工程演化的理论分析、理论研究和理论概括。

工程哲学和工程史是两个密切联系的学科，而工程演化论既是工程哲学“理论体系”的重要内容之一，又可以成为“工程史学科的‘理论导论’”，可以成为联系工程哲学和工程史的桥梁。2011 年出版的《工程演化论》① 一书比较全面地阐述了有关工程演化的许多问题。本章将仅限于有重点地讨论工程演化论中的几个问题，全章内容分为三节，分别论述工程的起源与演化、工程的要素演化与系统演化、工程演化的动力与机制。

第一节　工程的起源与演化

工程的起源与工程的演化是两个联系密切但又各有自身内涵的概念。以下先谈工程的起源。

1 工程的起源

工程起源不但是一个与工程哲学有关的问题，而且还是一个与人类学、考古学和历史哲学有关的问题。

1.1　人类的起源与工程的起源

由于工程活动可以被理解为使用工具和制造工具、制造器物的

① 殷瑞钰，李伯聪，汪应洛，等．工程演化论[M]. 北京：高等教育出版社，2011.

活动，于是对工程活动起源的追溯与对工具起源的追溯就密切地联系在一起了，从而“工程起源”问题与人类起源问题、技术起源问题也就密切地联系在一起了。

工程起源问题与人类起源问题的密切“联结”，既凸显了工程起源问题的重要性，同时又显示了这个问题的复杂性和解决这个问题的困难性。

马克思在《资本论》中说：“劳动资料的使用和创造，虽然就其萌芽状态来说已为某几种动物所固有，但是这毕竟是人类劳动过程独有的特征，所以富兰克林给人下的定义是“a tool making animal”，制造工具的动物。”① 许多人都接受了富兰克林（Benjamin Franklin）这个关于“人是制造工具的动物”的观点。雅科米（Bruno Jacomy）在《技术史》一书中也明确主张“唯一与生命有关的不可辩驳的人类标准是工具的出现”。② 根据这种观点，可以认为工程和人类有着“合二而一”的起源，工程的历史和人类的历史一样长久。目前，考古发现的最早的工具化石（最初的琢石工具）距今已有200万~250万年。依据这个发现，似乎可以说工程和人类是在250万年前同时诞生的。

目前在人类起源和工程起源方面还有许多问题未能完全解决。首先，种种迹象表明，似乎难以找到一个清晰的界限将原始人的原始工程活动与动物的本能活动截然分开。有一些学者认为在“从猿到人”的过程中存在着一个漫长的“亦猿亦人”时期。其次，在这里还遇到了“工程”和“人”的“相互作用”与“相互创造”的问题。一方面，需要承认只有“人”才能使用和制造工具、进行劳动和实施工程活动；另一方面，正如恩格斯所指出的，又应该承认劳动和工程活动“创造了人”。③

尽管在工程起源和人类起源的问题上，还有许多未解的理论之谜和历史之谜，但有一个观点是可以坚持的，这就是可以认为劳动和工程活动是人猿揖别的标志，是人之为人的根据，但必须注意对此不能作过于机械化和绝对化的理解。

---

① 马克思．资本论：第1卷[M].北京：人民出版社，1975：204.

② 雅科米．技术史[M].蔓君，译.北京：北京大学出版社，2000：12.

③ 恩格斯．自然辩证法[M].北京：人民出版社，1984：295.

1.2 工程的起源和技术的起源

由于最初的工程和最初的技术是合一的，由于工程活动中必然包含一定的技术要素，那么也就可以认为技术的起源和工程的起源是不可分割的。

工程的一般含义就是“造物”，是一种“将自然的材料和特质，通过创造性的思想和技术性的行为，形成具有独创性和有用性的器具的活动”。① 而最早的石器工具的出现就标志人类真正的造物活动的开始，从而就应该视为工程起源的标志。于是，石器工具的出现就意味着工程的起源。而石器工具的出现也被普遍地视为技术的起源，在这里，最初的人造物的出现就既是工程也是技术诞生的标志，因此在起源上，工程和技术是不分家的，技术的起源就是工程的起源。工程和技术在发展上也是紧密联系在一起的，“工程分类的历史经常根据特殊的技术发展和事件来描述”。② 于是，工程史与技术史也就发生了许多内在的联系和结合。

在人与工具的关联性上，已有学者提出“人是工具的使用者和制造者”的观点。从人类起源方面看，人类最早可能仅仅是工具的使用者，后来才逐渐成为工具的制造者。

在辛格（Chales Singer）等主编的多卷本《技术史》中，作者把人类使用和制造工具分为六个文化阶段，并把这些阶段与已知的人科种类大致地联系起来。

在现代社会，人们常常将工程分为土木工程、机械工程、化学工程、电机工程、纺织工程和矿冶工程等。从历史上看，这几类工程中最早出现的是土木工程。土木工程是指基础设施的建造和维修，例如造房修路、建桥挖河之类。在人类历史上，当原始人为了避雨遮风而建巢定居成为“居住”的动物时，他们兴建居所的活动就成为最早的工程活动，有人认为这才意味着“严格意义”上的工程的产生。也有人认为，人类的工程可以以食物工程的出现为起点。由于食物工程也是许多单项技术的集合，为了取得“比较稳定”的食

① Harms A A, Baetz B W, Volti R R. Engineering in Time [M]. London: Imperial College Press, 2004: 5, 209.

② 巴萨拉．技术发展简史[M]．周光发，译．上海：复旦大学出版社，2000：8.

物来源，人类创造和发展了农业活动。农业的起源与居所的建造有紧密联系，正是由于种植性的农业，才使人类开始了定居的时代。

根据以上所述，工程起源问题可以从两个层次来认识和分析。一是把工程活动与人类使用和制造工具的活动联系在一起，可以认为人类最初用物和造物的历史就是原初意义上工程活动的开端。二是从严格意义上，将“居住工程”和与此相关的“食物工程”的出现作为工程诞生的标志。无论如何，工程起源于人类生存的需要，起源于人类对器物的需要，尤其是对工具的需要，然后是对居所的需要，以及对一切非自然生成的有用物的需要，而制作、建造它们的活动，就成为人类的工程活动。

在人类发展史上，火的使用是一件意义十分重大的事件。有人认为，火已被使用了至少150万年了。古希腊关于普罗米修斯盗火的神话和中国古代关于燧人氏的传说都表明古人早就认识到了火的使用对人类的重要作用和意义。火的使用不但使“熟食”成为可能，从而具有重要的“生活”意义，而且还为后来的制陶和冶金工程的发展提供了前提条件，从而具有重大的生产和工程意义。

2 工程的演化

工程演化研究与工程史研究有密不可分的联系，二者有许多重合和融合之处，难分难解。但是，也不能认为二者是完全相同的领域。大体而言，工程史研究更加重视史实研究（特别是史料和微观-中观-宏观史实的研究），而工程演化研究更加重视理论研究（特别是对有关的基本理论、规律性和机制等问题的研究）。由于理论研究必须以史实为基础，以下就先简略地看一看工程演化的进程和阶段。

2.1 工程演化的进程和阶段

2.1.1 原始工程时期

石器时代被划分为旧石器时期和新石器时期两个阶段。旧石器时代早期，打制石器以粗厚笨重、器类简单、一器多用为其特点；中期出现了骨器；到了晚期，石器趋于小型化和多样化，器类增多，人类已经能制造简单的组合工具，如弓箭、投矛器等复合工具，还会使用钻孔技术，出现了少量磨制石器。令许多人出乎意料的是，那时有一些工程活动的“工序”是相当复杂的，例如在中国广西百色发现的80万年前的打制石器——一件手斧，需要五十多道制作工序才能完成。为了形成锤、矛、枪等，还要有捆绑等工序。在这个时期，人类已经学会了用火，这是旧石器时代的一个辉煌成就。在这个时期，采集、狩猎和捕鱼是人类食物的全部来源。到了旧石器时代后期，开始出现粗糙简陋的人造居所。① 后来，房屋逐渐普遍化起来，房屋类型也随之发展。

2.1.2 古代工程时期

1万年前，人类进入新石器时代，其结束时间在不同地区从距今5 000多年至2 000多年不等。这个时期，人们开始饲养家畜，农业与畜牧业的经营使人类由逐水草而居变为定居下来，并且已经能够制作陶器、进行纺织。新石器时代以及随后的青铜时代，使人类历史进入古代文明时期，在工程上也出现了许多新领域、新特征、新面貌。在新石器时代，陶器的出现揭开了人类利用自然的新篇章。一般认为陶器的发明是伴随着定居和种植农业的发生而出现的，是应谷物贮藏、炊煮以及盛水盛汤之需而产生的，这也表明工程实践是由社会和生活需要的推动而发展的。雅科米说：“陶器的来临，代表了以矿物为基础的技术系统的漫长发展道路上的一个重要阶段，石器是这个系统的起源，随着埃及人掌握了建造宏伟的纪念性建筑物的本领，这个技术系统达到了顶峰。”②

新石器时代出现的制陶实践，使人们逐渐掌握了高温加工技术，由此人类进入熔化铜和铁的金属时代。金属时代使工程的形式和内容变得更加复杂且丰富。

公元前6000年左右，人类逐渐学会了从铜矿石中提炼铜，然后是铜与锡的合金——青铜工具——的出现。在青铜时代，人们使用的工具、武器、生活用具、货币、装饰品等器物中许多都是用青铜

---

① 辛格，霍姆亚德，霍尔．技术史：第I卷[M].王前，孙希忠，译．上海：上海科技教育出版社，2004：200-201.

② 雅科米．技术史[M].蔓君，译．北京：北京大学出版社，2000：25.

制造的。在制造青铜器时，工程活动中需要进行熔化和成型等许多工序。继青铜时代之后来临的铁器时代具有更重要的意义和更深远的影响。虽然人们已经在叙利亚北部发现了约公元前 2700 年的非常原始的炼铁炉，但铁的比较普遍的使用要晚得多。有人认为在公元前 12 世纪，铁在腓尼基和美索不达米亚的北部已经有了比较普遍的使用，但也有人认为铁的比较普遍的使用还要更晚一些。铁的普遍使用将人类的工程提高到了一个新的水平，因为铁的分布广泛且容易获得，铁制工具比青铜工具更为便宜、有效。① 铁器工具的使用显著地提高了社会生产力，使得大型水利工程开始出现。铁器农具的使用使得深耕细作成为可能，再加上畜耕的普遍使用和播种、施肥、田间管理等一系列农业技术的革新，使农业生产力得到了空前提高。

生产力的发展使得社会需求更加复杂多样，一些比较大型的建筑结构开始出现，以服务于象征性的目的，如宗教目的或政治目的。从古代亚述及巴比伦之金字形神塔（公元前 3500 年）到埃及的金字塔（公元前 2500 年）；从英格兰的索尔斯堡大平原上的巨石阵（公元前 2700 年）到埃及的方尖碑（约公元前 2133—公元前 1786 年），这些出于宗教性、纪念性、装饰性目的而兴建的大型结构工程，反映了人类已经具有了越来越高的工程技术水平和组织管理水平。人们甚至至今也没有真正搞清楚埃及的金字塔工程是如何在当时的生产力水平上完成的。

在欧洲的中世纪，工程活动的类型和水平都有了许多新发展。到 1250 年，西欧有约 250 座宏大的教堂建成，这些“神圣的建筑”中包含了华美的设计和复杂的结构，成为当时欧洲最杰出的工程建筑项目，也折射出了人类工程水平和工程文化的演变。

在古代中国，大型建筑结构和水利工程的成就更是举世闻名，例如举世闻名的万里长城、公元前 3 世纪中叶建成的都江堰水利工程、历经千年建成的京杭大运河以及历代皇城建筑等，都体现了中国古代工程技术的非凡成就。

在古代工程演化过程中，不但有关技术不断发展，而且工程设

---

① 辛格，霍姆亚德，霍尔．技术史：第Ⅰ卷[M].王前，孙希忠，译．上海：上海科技教育出版社，2004：397.

计、工程管理方面也有重大发展。在欧洲的中世纪，甚至已经出现某些“专门”进行设计和监管工作的人员，颇类似于今天的咨询工程师和项目管理者。在古代时期，人类在工程类型、工程规模、工程技术、管理水平等方面都进入了一个新阶段。

2.1.3 近代工程时期

虽然英文中“modern”一词往往既可指汉语的“近代时期”又可指汉语中的“现代时期”，但汉语中许多人仍然习惯于把“近代”和“现代”视为两个阶段（或把“近代”视为“现代早期”）[①]。

许多人把文艺复兴至启蒙运动时期视为近代工程时期。在这个时期，“工程实践变得日益系统化”。[②] 这个时期最重大的事件是第一次工业革命。第一次工业革命是生产力发展和工程发展中的革命性事件。第一次工业革命中发明的蒸汽机成为工程和社会乃至整个世界重要变化的催化剂，它推动机械工程、采矿工程、纺织工程、土木工程等进入新阶段。与中世纪相比，近代工程的特点表现为：在设计和开发器具中的系统合作；科学和科学方法成为工程实践中备受关注的部分；工程师作为雇员的出现；工程活动的环境影响开始受到关注。[③] 第一次工业革命后，人类进入了工业社会。

2.1.4 现代工程时期

19世纪之后，工业工程在西方迅速扩张。动态的交通网开始连接全球，城市化迅速推进，到19世纪中叶，一些国家城市人口已经达到总人口的50%。这个时期甚至被称为“指数增长的工程时代”。在工程中出现了许多新的专业和职业人员，工程的类型大大增多，工程的方法更加多样；特别是随着福特制和泰勒制的出现，人们对工程活动有了新的理解。零部件生产标准化和流水作业线相结合，使生产效率得到空前提高，工程实践进入了一个新的历史阶段。工

---

① 还需要说明：“世界史的近代时期”与“中国史的近代时期”的划分也有重大不同。

② Harms A A, Baetz B W, Volti R R. Engineering in Time [M]. London: Imperial College Press, 2004: 81.

③ Harms A A, Baetz B W, Volti R R. Engineering in Time [M]. London: Imperial College Press, 2004: 96-97.

程的迅速扩展促进了科学的发展；而科学的发展又导致新的工程时代的出现。基于电学理论而引发的电力革命使人类在19世纪末20世纪初迎来了“电气化时代”。电力革命成为第二次工业革命的基本标志，甚至有人认为“电气化时代”的开端也就是现代工程时期的开端。

19世纪末20世纪初，以冶金工程为代表的“重工业”得到了进一步的发展，一些标志性工程，如苏伊士运河和巴拿马运河、埃菲尔铁塔、帝国大厦，以及飞机制造和空中运输业等，也在这个时代涌现出来。

20世纪中叶后，随着电子计算机的发明和使用，人类在技术上逐渐进入了“信息时代”，形成了许多与工业时代不同的特征。在这个新的历史时期，出现了核工程、航天工程、生物工程、微电子工程、软件工程、新材料工程等全新的工程领域。对于这些新工程的特征，现代学者已经有了很多分析和研究，但是距离深刻认识和掌握人类工程发展演化的深层规律还有许多进一步的工作要做。

2.2 工程演化的“视角研究”和“综合研究”

对于工程演化，可以从多种视角梳理，显示工程演化的不同侧面。这些视角包括：工程科学视角、工程产业视角、工程技术视角、工程材料视角、工程对象视角、工程方法视角、工程动力视角、工程空间（空间尺度、空间范围等）视角、工程思想视角、工程与社会互动视角等。

在上述多种视角中，有些视角的研究已经引起较大关注，甚至可以说已经取得了“相应的工程史学领域”的显著成就，但也有一些视角未能引起足够关注，尤其是“综合性”研究成果比较少见。

一些技术史家、技术哲学家提出了关于技术发展宏观分期或技术发展规律的观点，值得给予关注。例如，奥特加（Jose Ortega）将技术和工程的历史分为三个时期：第一时期称为偶然技术（technology of chance）时期，即个人在改进工具和生产中，通过不断试错而偶然获得的成功技艺；第二时期称为技能时期（era of craftsmanship），这一时期是在制造工具和人工物等方面出现了具有专业性技巧的个人，他们运用传统窍门和许多专门技巧使其工作尽善尽美；第三时期称为现代技术或自觉技术（consciousness of technology）

时期，它建立在现代科学方法的基础上。美国学者芒福德也提出了类似的阶段划分：偶然的技术、工匠的技术、技术专家和工程师的技术。其中，第一阶段没有形成专门的方法和技能；第二阶段技术已经是一种专门的技艺但还没有达到科学的水平；第三阶段则达到了科学的或自觉的方法与技能的水平。[①] 可以看出，虽然奥特加和芒福德的研究与观点在直接意义上首先属于“技术哲学”和“技术史领域”，但也可以看出二者都具有“浓厚的”“工程演化研究”的“色彩”，甚至可以“在一定程度上”承认其属于对“工程演化问题”的研究。

工程演化中值得研究的问题有很多。在21世纪之初，加拿大学者和中国学者分别出版了*Engineering in Time*（《时间进程中的工程》）[②] 和《工程演化论》[③]。这是两部研究工程演化问题的重要著作。这两部著作各有特点，或者说各有侧重。如果承认工程演化论是沟通工程哲学和工程史的桥梁，那么，可以看出，前者在研究方法和研究内容上是“更侧重工程史”的工程演化论研究著作，而后者则是“更侧重工程哲学”的工程演化论研究著作。

如果认真、严格地“考察”其研究内容和研究方法，可以看出，工程演化论研究、工程史研究、工程哲学研究三者既相互渗透又有“一定区别”。希望今后能够有更多的研究工程演化和工程演化论的论著出现。

第二节　工程的要素演化与系统演化

工程的演化是一个复杂的历史过程，其中既包含工程活动中诸要素的演化，也包括要素组合的结构和系统的演化。

---

① 米切姆．技术哲学概论[M]．殷登祥，曹南燕，等译．天津：天津科学技术出版社，1999：25-26.

② Harms A A, Baetz B W, Volti R R. Engineering in Time [M]. London: Imperial College Press, 2004.

③ 殷瑞钰，李伯聪，汪应洛，等．工程演化论[M]．北京：高等教育出版社，2011.

1 工程的要素演化

工程活动是诸要素的集成，这些要素包括技术、土地、资本、人、市场、管理制度等。工程的存在特征往往取决于这些要素的状况，而工程的演化也首先表现为这些要素的变化。

任何工程都包含一组相关的但异质异构的技术要素。工程的技术要素表现出鲜明的演化特征。辛格等主编的《技术史》追溯了技术要素演化的久远历史，表明了技术的演化是一个漫长而复杂的过程。从旧石器时代简单的挑选和打磨技术，到新石器时代陶器制造工程的出现，到冶铜、冶铁技术的发明，再到蒸汽机的发明，都反映出技术要素的演化是工程演化的一个重要方面。新的技术往往并不是一经出现就能立即应用于工程的，往往需要经过不断选择、变异，才会“嵌入”到工程系统中。

必要的资源条件是工程活动的基础和前提。资源的类型和禀赋甚至还在一定程度上决定了工程活动的发展路径。随着时间的推移，人类可以利用的资源的种类及其利用方法会发生很大变化。由于技术的空前发展，近现代工程中可利用资源的范围空前扩大，许多原先不能利用的资源成了可用的资源，使得工程活动的类型和范围大大拓展。随着自然资源的有限性特征越来越明显，面对严峻的资源紧缺的压力，大量消耗资源的工程活动类型将难以为继，资源的硬约束推动着工程活动向新的方向演化。

土地是工程系统中的一个基础性要素。随着社会的发展，工程实践中土地要素的利用广度和深度都在发生重大变化。特别是由于土地的稀缺性，土地的价值随着时间的推移变得越来越高，使得土地要素在工程活动中的利用范围和作用方式不断发生新的变化。与此同时，作为土地资源的“延伸形式”，海洋的重要性也变得日益显著。

资本是工程活动中基本经济要素的一种。工程活动中资本筹集方式在不同社会和不同经济制度中有着较大差异。随着经济的发展，工程活动中资本要素的形态和作用方式（包括筹资方式）也在发生变化。在现代经济活动中，风险投资方式的出现值得特别关注。20世纪的许多工程技术创新都与风险投资紧密相关。面对一个高度创新的工程技术领域，如何从传统的投资理念、投资方式发展到“高风险、高科技、高回报”的创业投资理念和投资方式，从而实现具有高成长潜力和高风险活动的工程技术的迅速发展，是资本要素演化中需要深入研究的问题。

人是工程活动或者工程建构过程中最重要的变量。工程活动中的主体要素是人，在每一项工程活动中，都有一个由许多人参加和组成的“工程共同体”，其组成成分随着工程的发展会不断发展变化。早期的工程规模小，涉及领域单一，投资规模不大，工程共同体的构成就比较简单。在现代社会中，随着大型、超大型工程项目的发展，工程共同体涉及的人群越来越多，其组织方式和内部结构也就变得越来越复杂。

工程共同体组织方式的演化和工程共同体成员类型的演化是工程主体演化的两个重要方面。例如，工程共同体中的“工人”和“工程师”这两种类型的重要成员在不同历史时期的角色和作用就有所不同。在不同的历史阶段，作为工程主体的工人在工程活动中担负的责任不同，对工程活动的影响也不同。工程共同体的另外一类重要成员是工程师。工程师在工程活动中负责技术、设计、管理等工作。作为把专业知识应用于工程活动的群体，工程师在工程活动中发挥着重要作用。如何使工程师充分发挥其专业知识能力，为工程创新做出更大的贡献，是关乎未来工程演化的重要问题。

市场需求是工程活动的重要推动力量。市场因素常常成为决定工程活动成败的决定性因素。市场发育得越完善、市场交易的规模越大、市场发展的水平越高，市场要素对物质文明的影响和拉动力度就会越大。但是，市场的范围、规模及其作用受到国家、社会的制约和调节，在不同的时代会有所不同。把满足市场需求、实现社会公正以及人与自然的和谐结合起来，将引导工程活动迈入新的演化阶段。

管理和制度要素的演化也是工程演化的突出表现形式和重要内容。伴随着铁路工程和汽车工程领域的发展，工程管理也从原先的“粗放型”管理逐渐发展为有自身理论基础、内容丰富、方法多样的“现代管理”。不仅如此，工程管理更是从“经验技艺型知识”逐步演化成为一门重要的“现代学科”。此外，工程的安全问题也是工程演化中一个亘古不变的主题。如何建造安全的工程以及安全地建造工程，始终是工程实践者必须加以回答并不断给出新的回答的问题。工程安全不仅是技术问题、伦理问题、管理问题，而且还是法律问题。除了法律途径，人们还探索通过工程伦理对工程主体的行为进行规范和约束。工程安全作为工程演化过程中一个始终“在场”的问题，总是牵动着工程诸要素的演化。

2 工程的系统演化

工程演化不但表现在工程诸要素及其组合的变化上，而且表现在工程作为一个整体和系统的演化上。工程的“整体演化”或“系统演化”对社会生活具有更为持久的作用和影响。从概念上看，工程的系统演化可以有两个不同的含义：一是指由于“工程”虽然由“诸要素”组成，但工程的“要素”不等于工程“系统”本身，由于“诸要素的整体”形成了一个“工程系统”，这就使工程演化的根本含义在于工程的“整体演化”或“系统演化”，而不能仅仅将其理解为工程的“要素演化”，不能认为工程的“要素演化”或者若干个要素演化的罗列和叠加就可以“等同于”工程的系统演化；二是指还可以把“全部工程”看作一个“巨系统”。从理论上看，在工程演化领域，有关学者（包括工程史学者）也应该对“工程巨系统”的演化（从原始工程、古代工程到现代工程）进行类似研究，尝试绘出表现诸多工程类型演化关系（源流关系、亲缘关系）的“工程演化树”。由于第二个含义上的工程演化论研究任务十分困难和艰巨，限于篇幅，本节将仅论述与第一个含义有关的一些问题。

工程系统是为了实现要素集成创新和建构，特别是转化为现实生产力的功能，由各种“技术要素”和诸多“非技术要素”按照特定目标及功能要求所形成的完整系统。工程系统演化很多时候表现为“系统整体构成”的演化。以照明工程的演化为例，从“火把照明系统”到“油灯照明系统”，到“煤气照明系统”，再到“电照明系统”的演化进程，绝不仅仅是个别技术要素的演化过程，更是发生了既包括“诸技术要素演化”又包括“非技术要素演化”以及它们“协同演化”的过程，总之，发生了工程的“系统演化”。

“要素结构”是“整体性”“系统性”方面的问题，而不单是

"要素性"或"要素本身"方面的问题。工程的"系统演化"往往以"要素结构演化"的形式表现出来。在分析工程的"要素结构"时，应从"技术要素的结构""非技术要素的结构"两个方面，特别是"全要素的整体结构"方面进行分析。在工程的"非技术要素的结构"问题中，工程的"成员结构"和"制度结构"是一个重大问题。以铁路系统的演化为例，作为一种新的交通系统，所谓"铁路系统"绝不单纯指一种新的"技术系统"，其在演化中必然还要"协同"出现"成员结构"和"制度结构"的演化。在这个系统演化过程中，铁路系统中的"技术要素的结构"和"非技术要素的结构"（包括工程共同体的成员结构和制度结构）都发生了巨大的变化，即发生了"全要素的整体结构"的变化，因此，工程演化确实是典型的"系统演化"的过程。

3 工程的要素演化与系统演化的关系

工程的要素演化与系统演化既有相互制约又有相互促进的关系。工程的要素演化对系统演化的促进作用典型地表现为原创性技术对"新类型""工程"的"系统演化"的"激发"和"引领"作用，以及某些具有通用性、普遍性的"工程要素"的演化（例如某些关键共性技术的演化）能够对许多不同类型工程的系统演化都在某种程度上发挥促进作用。工程的要素演化促进系统演化的最典型的事例大概就是某个"要素"的演化可以"引领"一个"新系统"开始其"系统演化"。例如，电报和电话等重大技术发明出现后，很快就"激发"和"引领"出现一个相应的工程领域的"系统演化"。一方面，正是由于一些"革命性"技术发明"激发"和"引领"出现了若干相应的"新工程"的"系统演化"，人们对历史上的"革命性技术发明"给予了很高评价；另一方面，也正是由于相信未来的"革命性"技术发明可能"激发"和"引领"出现若干相应的"新工程"的"系统演化"，人们呼唤出现新的"革命性技术发明"，并且对未来的"革命性技术发明"给予很高期望。

在分析工程的要素演化与系统演化的相互关系时，不但必须注意要素演化对系统演化的促进作用，而且必须注意系统演化对要素演化的促进、引导作用。系统演化对要素演化的促进、引导作用，往往表现为工程系统和工程的系统演化将对其某些工程要素提出新的更高的要求或提出增加某些具体的新要素的要求，这些新要求将促进相关要素的演化。

在工程的要素演化与系统演化的相互关系中，不但存在着相互促进关系，而且存在着相互制约关系。所谓“制约”，其具体表现、具体内容和具体含义可能是多种多样的，而“短板性制约”和“限制性制约”就是常见的具体制约方式和制约表现。“短板性制约”指管理学中常讲的“木桶效应”。在工程演化过程中，构成工程系统整体的要素中的某些或某个要素演化速度比较“慢”，成为整个“木桶”的“短板”时，整个系统的功能和演化就会受到“短板要素”的严重制约。另外，根据工程系统的“整体性原则”，往往不得不出于“系统整体要求”的考虑而对那些“长板”“大材小用”，甚至不得不“适当”对“长板”进行“截短处理”。在此情况下，工程演化中“系统演化”对“要素演化”的制约作用就突出地显现出来了。

工程的系统演化过程中，往往会出现不同要素之间演化的“不平衡”“不协调”和“不协同”的情况。在英国发生第一次工业革命的过程中，纺织工程是最早出现“要素演化”和“系统演化”的部门。整体来看，纺织工程是由“纺”和“织”两个工艺要素构成的。在第一次工业革命过程中，纺织工程中的“纺”和“织”两个要素在演化过程中就出现了要素演化之间的“平衡”和“不平衡”、“协同”和“不协同”的动态关系与动态变化，这种动态关联在工程演化过程中是经常出现并具有一定普遍性的。工程演化的过程就是工程的要素演化与系统演化相互促进、相互制约、相互作用的过程。正确认识工程的要素演化和系统演化的逻辑和规律，不仅可以深刻地反思历史，汲取经验教训，而且有助于在现实的工程实践中顺应工程演化的规律，认清工程演化的方向。

第三节　工程演化的动力与机制

在工程演化论的研究中，如何认识工程演化的动力和机制是两个关键问题。工程演化论不仅需要对工程演化过程进行现象层面的描述，而且必须深入揭示与解释工程演化的动力和机制特征何在。

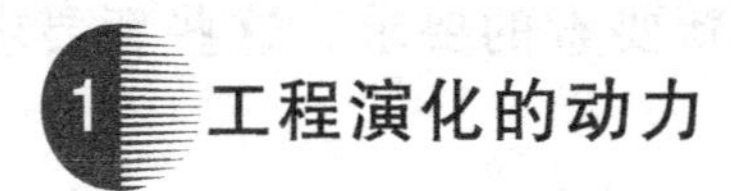

1 工程演化的动力

1.1 工程演化的两种主要动力

1.1.1 工程与社会的互动关系和作为工程演化“拉力”的“社会需求”

由于工程活动不是自然过程而是人所从事的集体性造物活动，工程活动具有突出的社会性特征，这就使“工程与社会的互动关系”成为工程演化的首要动力来源。

对于“动力”的含义和“效果”，从理论角度看，应该承认，“动力”必然是“有方向性”的：当“动力”的方向与“工程演化主体”前进的方向一致时，它是促进、推动、牵引、拉动的力量；当“动力”的方向和“工程演化主体”前进的方向不一致甚至相反时，它是限制、约束甚至阻挡的力量。所以，对于“动力”的含义不能“单纯化”地理解，而应该全面、广义地理解和解释。但是，也应该注意，在许多具体语境中，“动力”一词的含义往往主要用于表达推动和促进的含义。

工程活动始于人类需求，满足人的社会需求是工程活动最初的最直接的动因。工程是在社会需求的驱使下，人类为实现某种目标，通过各种资源的有效配置和各相关要素的综合集成进行的创新实践活动，它是为改善人们物质、文化和精神生活而服务的。社会发展对工程的推动与拉动集中反映在社会需求上，社会需求既为工程的选择与演化指明了方向，又牵引和促进着工程的演化，可以说，社会需求是工程演化的强大“拉力”。所谓社会需求，其内容和表现形态是多方面的，如生存需求、经济需求、政治需求、军事需求、文化需求、伦理需求、宗教需求、精神需求、健康需求、安全需求等。这些社会需求在不同的具体环境和条件下通过不同的方式与途径形成了工程活动和工程演化的动力。

人的需要在历史活动中是随着社会进步不断变化、无穷无尽的。马克思、恩格斯在《德意志意识形态》一书中对人类主体的需要问题有深刻的分析。当人类生存需要一旦满足，就会引起新的需要；人类满足生存需要的活动本身也会引起新的需要；而且为满足生存需要而使用的生产工具的获得也会引起新的需要。也就是说，在历史活动中，存在着“生存和生产需要”→“生产”→“新的需要”→“再生产”这样一种内在的逻辑关系，这正是物质生活资料生产和物质生产资料生产的内在动力源泉，从而也是工程演化的不竭动力。

在历史进程中，人的需求是不断提升和发展的，不仅有物质方面的需求，而且有精神、文化、心理和艺术方面的需求。当原有的工程活动满足了人类已有的生存和发展需要后，往往又会引起人类新的、更高级的需求，如享受的需求、审美的需求、自由全面发展的需求等，由此牵引和拉动着工程活动做出新的选择、新的调整，促成工程的不断演化。当经济社会快速发展时，就会产生对工程发展的强大社会需求和市场的强大拉动力；当经济社会发展缓慢或停滞时，对工程发展的社会需求大大降低，市场动力不足，就会抑制工程的发展。

1.1.2 工程与自然的互动关系和作为工程演化“推力”的“科技发展”

工程活动的存在和发展不但源于工程与社会的互动关系，而且源于工程与自然的互动关系。工程活动是一种强价值意蕴的合目的性实践，而自然界则是无目的性的运行演化过程。但是，工程活动又离不开自然。这是因为，自然环境是工程活动的物质前提、物质基础与支撑条件；同时，自然环境和自然条件又会限制与约束着工程的变化发展；工程活动是在顺应自然、依靠自然、适度改造自然的实践中不断进化与发展的。工程与自然的矛盾和互动关系成为工程演化的基本动力来源。

自然资源与环境条件既是工程活动的支撑条件又是工程活动的约束条件。在工程活动中，自然界成为了人类工程活动的客体。任何工程活动——特别是现代工程活动，都是“立足于”“启发于”“依托于”一定的科技知识而进行的。要推进工程的发展，必须研究科学技术，必须不断深化对自然发展规律和工程活动规律的认识。

工程活动是合目的性与合规律性的统一。要想在工程活动中实现合目的性与合规律性的统一，其基本条件之一和不可缺少的思想基础就是要不断发展“科学技术”，特别是“工程科学”和“工程技术”。对于科学技术在工程演化中所发挥的动力作用，随着工程的发展和科技的发展，人们正在产生越来越深刻的认识和体会。

如果说社会需求是工程演化的强大“拉力”，那么科学技术——尤其是科技进步和科技创新，就是工程演化的强大“推力”了。在人类历史发展进程中，科学技术正在成为推动工程演化的“越来越强大”的“推力”。

1.2 工程演化动力系统的“力学模型”

上文谈到了工程演化的拉力和推力这两种基本动力。此外，还存在着工程演化的制动力和筛选力。这四种力量一起构成了工程演化的“动力系统”。在理解和解释工程演化的动力类型与动力关系时，不仅要注意发现、阐明和分析工程演化中存在哪些不同的动力类型和动力关系，更要注意这些类型不同的具体动力（推力、拉力、制动力、筛选力）的相互作用，还要特别注意这些复杂的动力形成的“动力系统”。如果运用“模型方法”分析和研究工程演化的动力系统问题，可以提出如图 1-7-1 所示的工程演化动力系统的“力学模型”。①

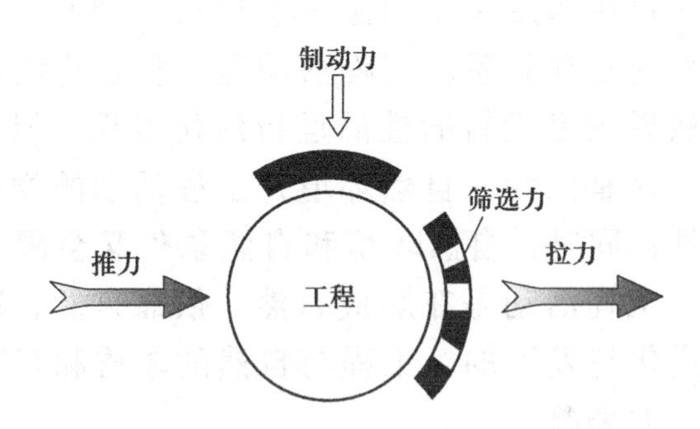

图 1-7-1 工程演化动力系统的“力学模型”

图 1-7-1 仅是一个示意图。如果将以上四种力量的内容进一步具体化，就有了如图 1-7-2 所示的“解析模型”。工程演化的推力主要来自新工艺、新装备、新资源等的推动；工程演化的拉力主要

① 殷瑞钰，李伯聪，汪应洛，等．工程演化论［M］.北京：高等教育出版社，2011：69.

来自市场需求和新兴相关社会公益需求的拉动；工程演化的制动力主要来自土地供应、资源供应、能源供应等施加的资源约束；工程演化的筛选力主要来自工程标准、社会文化、环境容量等施加的约束。这四种力量所构成的动力系统决定了工程演化的速度和方向。①

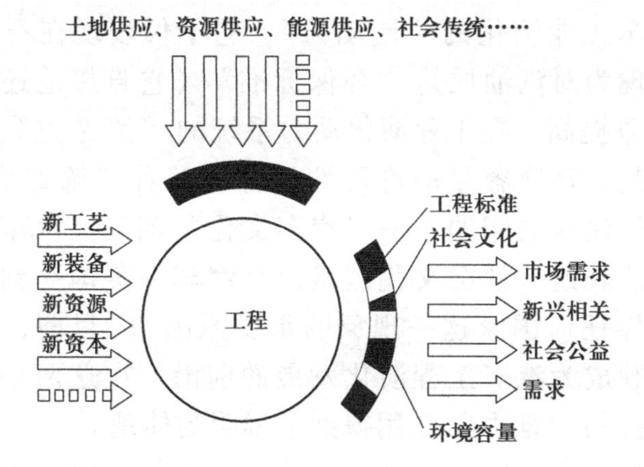

图 1-7-2 工程演化动力系统的“解析模型”

下面以汽车制造的演化过程为例，对汽车工程演化进程中动力系统的表现与作用进行一些简要分析。

在一百多年的汽车制造的演化进程中，绝不仅仅是单纯某一个动力要素发挥了作用，而是整个“动力系统”都在发挥作用。在工程演化动力系统的“推力”和“拉力”方面，人们不但看到了汽车技术（包括发动机技术、轮胎技术、方向控制技术、制动技术、制造材料技术等）的不断推陈出新对汽车工业的演化发挥了重要作用，而且还看到福特公司在开拓汽车市场营销对象和营销方式方面的创新发挥了“史无前例”的作用。技术创新、管理创新等方面的强大“推力”和大众需要的强大市场“拉力”，使汽车制造工程的演化进入一个新阶段。在演化动力系统的“制动力”方面，“能源供应”是一个发人深省的问题。汽车使用的能源是从石油中提炼的汽油。起初，“廉价汽油”曾经一度是有利于汽车工业发展的重要因素。

① 殷瑞钰，李伯聪，汪应洛，等．工程演化论[M]．北京：高等教育出版社，2011：70.

但是，出乎一些“汽车大亨”意料之外，国际环境风云突变，“石油危机”出现了。“石油危机”使许多人都感到措手不及。如果说，在最初的“石油危机”中，政治因素明显地起了重要作用，那么，在分析后来的“能源危机”“环保运动压力”对汽车工业发展所产生的影响时，应该如何分析和认识其在“工程演化动力系统”中的地位与作用方式，就不是一件简单的事情了。应该承认，目前汽油已经成为汽车工业演化的“制动力”，它不仅表现在石油价格波动方面，还表现为对汽油质量“环保标准”（它直接地还是一个技术问题）的日益提高。在工程演化动力系统的“筛选力”方面，工程的标准、规范、环境容量的许可性等都有某种“筛选力”的含量。还有一个值得注意的问题——“汽车文化”问题。汽车完全迎合了美国人的价值观这一社会文化因素，是汽车在美国受到欢迎的程度远远超过世界任何国家这一现象的重要原因。① 目前，电动汽车和汽车自动驾驶成为汽车工程演化发展的前沿。在这两个前沿方向的发展中，科技的“推力”作用得到了鲜明的体现。

2 工程演化的机制

在工程演化论研究中，工程演化机制也是一个重大问题。以下仅简述工程演化中的“选择与淘汰”机制、“分工与集成”机制和“遗传与变异”机制。

2.1 工程演化的“选择与淘汰”机制

在生物进化思想发展史上，达尔文主义和拉马克主义是两种不同的进化理论。达尔文主义强调“客观结果”的“自然选择”，而拉马克主义则强调在生物进化过程中“主观意志”发挥的关键作用。工程演化过程不是“纯自然”过程，因此，工程演化机制不可能是“纯粹的”“自然选择”机制；在工程演化过程中，“社会选择”发挥了重大作用。所谓“社会选择”，其具体内容包括许多方

---

① 曹南燕，刘立群．汽车文化——中国面临的挑战[M]．济南：山东教育出版社，1996：19.

面，如政治选择、伦理选择、市场选择、技术选择①、宗教选择等。在市场经济条件下，“市场选择”深刻地影响了工程演化的进程。市场选择具有复杂的本性和特性。市场选择成为一种复杂、多变、强大、既有主观性方面又有客观性方面的选择机制和选择过程。而市场选择机制不但具有达尔文主义的特征，而且同时具有拉马克主义的特征。

工程演化中“选择与淘汰”机制有着多方面的内容和表现。首先是资源、材料、机器和产品的选择与淘汰。工程演化的一个重要内容和表现就是对资源、材料、机器、产品的选择和淘汰。在工程演化过程中，不断有“过时的机器”和“过时的产品”被“淘汰”，不断有“新机器”和“新产品”通过“社会选择”机制而被“选择”出来、传播开来，于是出现了新产品与旧产品、新技术与老技术的“新陈代谢”，新的先进生产流程替代旧的落后生产流程的更替迭代，形成了工程演化的具体而生动的过程。

其次是工程活动的组织方式、工程制度和微观生产模式的选择与淘汰。从微观工程活动主体、微观生产单位来看，任何工程活动都是在特定的“微观生产模式”中进行的工程造物活动。自从进入农业社会和手工业出现后，在很长一段时期中，人类的“造物活动”主要以手工业作坊的组织方式和制度形式进行。② 然而，这种状况在近代时期发生了空前深刻的变化。首先是出现了以简单协作和分工协作为基础的“手工工场”。作为典型形态的以分工为基础的手工工场，起初主要集中在纺织、采矿、冶金、造船等需要很多人协作方能进行的行业。③ 后来扩大到更多的行业。然而，在第一次工业革命时期，出现了新的工程组织方式和新的工厂制度，并取得了很大成就。通过社会选择和市场选择，工厂制度和工厂化的工程组织方式成为社会上占主导地位的工程组织方式和制度形式，原

① 所有的技术都是人的创造，在这个意义上，技术选择也是可以被纳入“社会选择”范围之内的。

② 需要申明，为使问题简化，这里不讨论古代时期由“国家”和“统治者”组织的类似金字塔和万里长城那样的工程活动。另外，从广义上说，农业生产也是重要的“造物方式”，但这里也不讨论农业问题。

③ 谢富胜．分工、技术与生产组织变迁［M］．北京：经济科学出版社，2005：152-153.

先普遍存在的手工作坊制度被淘汰了。工厂的出现意味着同时出现了机器革命、社会关系革命、管理革命，出现了劳动方式、生产方式的突变。在第一次工业革命的过程中，原先普遍存在的手工生产方式和手工作坊制度被淘汰①，而新的工厂制度通过社会选择和市场选择而成为主导的造物方式和工程活动的制度形式，这是工程演化史上具有重大革命意义的历史事件和历史变迁。

2.2 工程演化的“分工与集成”机制

工程活动是集体活动。在集体活动中，必须进行分工，同时也要集成。于是，在工程活动中合理地处理分工与集成的关系，就成为工程发展演化的重要机制之一。

对于技术分工问题，亚当·斯密（Adam Smith）在《国富论》中有经典性的分析和讨论，许多人都很熟悉。需要强调指出的是，在工程活动中，不但要关注“技术分工”问题，而且要关注“非技术领域的分工”问题。

作为整体性的社会活动，一方面，工程活动不能没有分工，另一方面，工程活动更不能没有“集成”——不但包括对“诸多分工形态的不同技术”进行“集成”，而且包括对“技术要素和非技术因素”的“集成”，如工程中“技术”与“资本”的集成、“技术”与“管理”的互动等。

工程活动和工程演化不但表现在微观层次，而且表现在宏观层次。必须特别注意的是，在这三个不同的“层次”上都存在“自身层次”的“分工机制”和“集成机制”。更具体地说，存在微观层次（企业和工程项目层次）的“分工机制”和“集成机制”、中观层次（行业和“区域”层次）的“分工机制”和“集成机制”、宏观层次（更大和全球范围）的“分工机制”和“集成机制”。而使问题更加复杂的是，这三个不同层次的“分工机制”和“集成机制”存在着“层次间”（也就是“跨层次”）的“复杂互动”关系。

分工与集成是互为前提、互为条件、互相促进的关系，更精细的“分工”必然伴随更高级的集成。在工程演化历程中，“分

① 虽然仍然有少量手工作坊继续存在，但这种制度形式已经不是而且不可能是社会上工程活动中占主导地位的制度形式了。

工”——包括微观、中观和宏观层次——的越来越细化和与之相应的集成合作关系的越来越高级化，成为工程演化的最重要的内容和最突出的表现之一。如果说在流水线生产或现代制造工艺流程中生动地显示出微观的企业水平的“分工”和“集成”原则与机制，那么，在“同一行业”中“不同类型的企业”的“分工”和“集成”中就具体表现了中观层次的“分工”和“集成”原则与机制了。

在工程活动和工程发展演化中，如果具体分析和研究“产业链”“工程集群”“工程网络”和“层次关系”的发展演化，可以清楚地看出其中都包括了分工与集成的机制。

2.3 工程演化的“遗传与变异”机制

生物进化论把生物演化看作“遗传”与“变异”的统一。如果借用遗传学术语，在认识工程的演化时，我们可以把“工程传统”看作工程演化的“遗传基因”，把“工程创新”看作工程演化中的“基因变异”，而工程演化就是“工程传统”与“工程创新”相互渗透、相互作用的过程，因而也是“遗传”和“变异”的循环往复过程。

在工程活动中，工程传统的重要性是所有工程从业者都深有体会的。另外，在工程发展进程中，也不断出现工程创新。如果说工程传统更多地表现了工程活动中“稳定性”的方面，那么，工程创新就更多地表现出工程活动中“发展性”的方面。在工程活动中，绝不能忽视“工程传统”的作用，也绝不能忽视工程创新的作用。理论分析和现实经验都告诉人们，形成工程传统（遗传）并不断进行工程创新（变异）也是工程演化的重要机制。

在此，需要强调指出，工程创新包括“技术发明-首次商业化应用-产业扩散”三个环节，三个环节密切联系形成了一个“三部曲”。“三部曲”的第一乐章是“发明”——狭义上是指技术发明。许多技术发明没有“市场价值”。只有当新发明的技术能够有效地“嵌入”到实在的工程系统中并能有效率、有价值地运行时，才能导致工程创新。

弗里曼和苏特曾明确地把“创新”定义为“发明”的“第一次

商业应用”。[①] 在这个过程中，“包括新技术发明在内的技术要素”和“包括资本要素在内的各种非技术要素”相互渗透、相互融合，形成了“创新”。从工程演化的角度来看，虽然发明属于技术演化的范围，但由于工程是技术因素和非技术因素的集成，从而工程演化虽然包括技术演化但并不“全等于”技术演化。工程演化是综合“技术演化”和“非技术要素演化”两个方面互动的“整体性演化”。

紧随“第一次商业应用”之后的是“创新扩散”环节，即“产业（行业）扩散”。从社会整体的观点看问题，不仅必须重视技术发明，重视作为发明的第一次商业应用，更要重视创新的产业扩散。技术发明和首次商业化在本质上都主要是微观问题，而创新扩散特别是扩散速度和扩散规模问题的本质却成了宏观问题。一次单独的创新成功不可能形成一个新产业，只有伴随着大规模、大面积的扩散、模仿、赶超的“创新潮流”才能够形成新的产业，只有形成了新的产业集聚效应，才能够在经济社会影响和现实生产力上显现出意义重大的进展和演化。

在上述三部曲的每一个乐章中——特别是第二和第三乐章中——都不但打上了“创新的烙印”（变异）而且同时具有“工程传统的烙印”（遗传），从而构成了工程演化的基本过程。

以上简述了工程演化中的三个重要机制。应该承认，工程演化中还有其他机制发挥作用。在工程演化进程中，一方面，不同的机制都会发挥自身的特定作用；另一方面，这些机制在工程演化进程中不是“孤立”地发挥作用，而是在相互渗透和相互协同中发挥作用的。

---

① 弗里曼，苏特．工业创新经济学[M]．华宏勋，华宏慈，等译．北京：北京大学出版社，2004：7.

第八章

工程与社会

工程活动不但关涉和改变人与自然的关系，而且关涉和改变人与社会的关系。无论是从现实方面看还是从理论方面看，工程与社会的关系都不是外在的而是内在的关系，需要从多维度和多层面去认识与解释。本章将主要讨论三个重要问题：一是工程的社会性；二是社会对工程的影响；三是工程对社会的影响。

第一节　工程的社会性

在研究工程的“社会性”时，需要注意工程“社会性”的含义，在不同的情况和语境中，人们可以有不同的理解和解释。当人们把社会与自然二者相对而言的时候，这个“社会”和“社会性”的含义是广义的。广义“社会性”下“社会”的含义中包含了经济维度、政治维度、社会生活维度、人际关系维度、社会文化维度、体制维度、社会心理维度、伦理维度等许多方面。但是，人们也会把政治、经济与社会并列，这时，“社会”的含义常常就仅仅特指“社会生活”“民众”“社区”等方面的内容了。本章以下在谈工程的社会性或社会观问题时，根据语境的不同，有时会对“社会”的含义做广义的理解，有时取狭义的理解，这是需要读者注意的。

总体而言，工程的社会性是说，工程总是处在特定时空中的工程，具有地域性、民族性、历史性与时代性，即“当时当地”性。一个社会的经济、政治和文化状况直接影响工程活动的基本样态。任何工程不仅从特定历史条件下人们的社会需要出发，拥有具体的经济、政治、社会、文化、生态等目的或价值目标，而且是由工程共同体共同完成的“造物”的实践活动，离不开社会公众、消费者对工程的理解与接纳、批评与评价，都存在工程的社会实现问题。可以说，正是由于工程项目的目标明确，工程实施的组织性、计划性强，相应地，社会对工程的制约和控制也比较强。一个大型工程项目的立项、实施和使用往往能反映出不同阶层、社区和利益集团之间的冲突、较量、博弈与妥协。“重视工程的社会性有助于更全面、更准确地把握工程概念”。① 下面就从工程主体、工程目标、工程过程、工程评价、工程实现等方面考察工程的社会性。

1 工程主体的社会性

工程活动是集体性、社会性、群体性的活动，工程活动的主体是社会地组成的“工程共同体”，于是，对“工程共同体”的研究也就成为对“工程主体的社会性”研究的核心内容。

所谓工程共同体首先是指“工程活动共同体”——有组织地建立起来的从事工程活动的共同体。工程共同体由不同的角色组成，有共同的目标，在工程活动中有明确的岗位分工与合作关系，有一定的管理制度、操作规程和技术规范。

在科学哲学领域，库恩因提出“科学共同体”概念而名噪一时。科学共同体和工程共同体是两类不同的共同体。二者的不同主要表现在三个方面：① 从共同体的目的看，科学共同体以追求真理为目的，工程共同体以创造价值（包括经济价值、文化价值等在内的广义价值）为目的；② 从共同体的活动内容和活动方式看，科学共同体是从事“科学活动”的共同体，工程共同体是从事“工程活动”的共同体；③ 从共同体成员结构看，科学共同体是由科学家组成的“同质成员共同体”，而工程共同体是由工人、投资者、工程师、管理者以及其他利益相关者组成的“异质成员共同体”。②

从社会学角度看，工程活动共同体的社会性不但突出地表现在其组成成员类型的异质性，而且表现在其成员的层级性、秩序性、

---

① 朱京．论工程的社会性及其意义[J]．清华大学学报（哲学社会科学版），2006，19（6）：45.

② 李伯聪，等．工程社会学导论：工程共同体研究[M]．杭州：浙江大学出版社，2010：25.

紧密性和流动性等。①

工程活动共同体是由异质成员构成的。在不同的历史时期，工程共同体的各类具体成员会有变化。就现代社会而言，工程活动共同体的主要成员包括工程师、工人、投资者、管理者等，这些成员在工程活动中各有分工，相互配合，发挥着各自不可取代的作用。

工程活动共同体在从事工程活动过程中，一方面必须有分工，另一方面必须加强合作。工程共同体是追求共同利益的“利益共同体”，其成员虽然是异质的、有分工的，但必须遵守整体组织原则和纪律、具有合作意识。然而，这种紧密合作的工程活动共同体不是封闭的，而是开放、流动的，有自我调整和更新能力。

上文谈到工程共同体是“利益共同体”，由于工程活动共同体组成成员的异质性，又导致工程活动共同体具有利益主体的多元性，会产生利益冲突，这就显现出做好共同体内部的利益协调与平衡工作的重要性，并涉及了工程管理和工程文化等社会性问题。

需要强调指出的是，从社会生活和工程实践的现实状况看，所谓共同体内部的利益协调与平衡过程往往表现为不同的“利益主体”“相互博弈”的过程。由于在现代工程共同体中，工人群体往往是弱势群体，其利益容易受到侵犯，于是“工人群体”就组织起来，创立了“工会”这种组织形式，以保护工人群体的利益。与“工会”类似，还有“工程师协会”和“雇主协会”，这些“群团”都不具有“从事工程活动”的职能，而是以保护“本职业成员群体”的“利益”为基本目的，我们可以把这些群团称为“工程职业共同体”。

工程职业共同体是建立在工程活动共同体之上的，没有工程活动共同体就没有工程职业共同体。在现实生活和工程发展中，“工程活动共同体”和“工程职业共同体”各有自身的作用和功能，二者也常常表现出复杂的互动关系。

一般地说，“工程活动共同体”是“营利性共同体”（虽然不排除其从事的某些具体“工程项目”可以是“非营利性工程项目”），而“工程职业共同体”是“非营利性共同体”；“工程活动共同体”

---

① 李伯聪，等. 工程社会学导论：工程共同体研究［M］. 杭州：浙江大学出版社，2010：29-31.

是“异质成员共同体”，而“工程职业共同体”是“同质成员（同职业成员）共同体”。工会由工人组成，工程师协会由工程师组成，雇主协会由“雇主”组成。在工程活动和社会生活中，不但“工程活动共同体”和“工程职业共同体”相互之间会表现出复杂的相互关系，而且在“工程活动共同体”和“工程职业共同体”“内部”也会表现出复杂的社会关系，这就使“工程主体的社会性”成为一个极其重要而复杂的问题。

2 工程目标的社会性

每项工程都有其特定的目标。在工程的具体目标中，经济性和社会性是结合在一起的，往往工程的社会性是以经济性为基础的，而工程的经济内涵本身在许多方面同时也体现出了一定的社会性。

工程目标的社会性在多种情况下表现为工程的社会效益。工程的社会效益和经济效益可能一致，也可能不一致。不管两者是否一致，工程都包含有经济内容，都具有经济成本。在成本和效益的关系上，有的工程以经济效益为主，有的工程以社会效益为主。许多工程，尤其是公共、公益工程，其首要目标并不是经济效益，而是增进社会福利、促进社会公平、改善生态环境等。

在市场经济条件下，企业是进行工程活动的基本主体。在西方古典经济学的理论框架中，企业的目标常常仅仅被定位在为股东带来最大化利润上面，但是，随着时代的进步和认识的提高，人们越来越深刻地认识到企业还承担着重要的社会责任。从企业社会责任的意义上讲，以企业为主实施的商业性工程，虽然一定会考虑经济效益和企业营利方面的目标，但企业也应该把营利之外的社会目标包含进来，至少要考虑企业营利与工程社会目标的相容性。实践表明，只有那些符合社会发展需求，符合可持续发展理念的工程，才是具有生命活力的工程。

在现实的工程活动中，时常会出现营利目标和社会目标之间的冲突。这种现象不但频繁地发生在西方发达国家，而且也频繁地发生在发展中国家。工程活动中出现营利目标和社会目标之间的冲突，其原因是深刻而复杂的，要恰当地解决这方面的矛盾和冲突，往往不是一件容易的事情。但是，无论多么困难，都必须坚持正确的社会立场和原则。

3 工程过程的社会性

工程活动是一个要经历多阶段的复杂过程。本书前面的章节多次涉及工程的全生命周期，而工程的全生命周期正是工程的过程性的集中表现。

工程的全生命周期包括规划决策、设计、施工建造、运行、维护、退役等阶段。这个过程不但是“技术性”的“技术过程”和“经济性”的“经济过程”，同时也是“社会性”的“社会过程”。

所谓工程过程的社会性，不但表现为“工程的全生命周期”的每个环节（阶段）都要面对有关的社会因素和条件，而且表现为“工程的全生命周期”的每个环节（阶段）都具有自身的社会意义和社会影响。这就是说，人们不但必须从“技术性”和“技术过程”、“经济性”和“经济过程”角度认识与处理工程过程，而且必须同时从“社会性”和“社会过程”角度认识与处理工程活动。

在认识和处理工程活动的社会性时，绝不能忽视“工程过程的社会性”。

在此顺便谈谈“工程退役”的“社会性”问题。在最近几十年中，“四矿”（矿业、矿山、矿工、矿城）问题在我国引起了广泛的关注。应该注意，从“实际内容”和“实际问题”看，这里出现的不是“一般性”的“四矿”问题，而主要是“由于煤矿行业中那些已经资源枯竭的煤矿关闭”而导致的“四矿”问题，更具体地说，主要是煤矿进入“退役阶段”而出现的“社会问题”。目前，完全可以说，在“退役阶段”出现的“社会问题”之巨大、之复杂、之难以解决，都超出了“原先的想象”。如果从“四矿”问题举一反三，人们可以对工程过程的社会性有更进一步的深入的认识和体会。

4 工程评价的社会性

现代工程的数量、规模和社会影响都是史无前例的。既然工程活动都是有明确目标和花费一定资源（人力、物力、财力）的活动，有些工程更是投入巨大、花费巨大的工程，于是，关于工程社会评价的问题就被提出来了。工程的社会目标是否实现，工程对社会的影响如何，以及工程能否得到社会公众的心理与文化认同、理性博弈后的理解和接受等，这些问题都导致需要对工程进行社会评价。

在进行工程的社会评价时会遇到两个难题。首先，与经济效益的可计量性相比，工程的社会效益通常是难以计量的。因此，这必然提出如何恰当地确立科学的评价标准和评价指标体系的问题。其次，在一个价值观多元化与利益分化的社会中，同一项工程在不同的社会群体那里可能得到不同的价值判断，这就又提出了如何才能合理地确定评价主体以及合理的评价程序的问题。

社会评价标准的科学性和程序的合理性是统一的。社会是由人（群）组成的，社会规律具有不同于自然规律的特性，它是在人（群）的有意识的行动中形成的。社会规律是社会中人们有目的的活动规律，人所发现的社会规律的来源和应用社会规律的对象都是人的活动本身，就此而言，社会规律对人而言具有“反身性”。进行社会评价要以对“社会效益”的认识为前提和基础。但是，在一个利益分化的社会中，不同的人（群）常常对“社会效益”有不同的评判标准。于是，如何才能选择和确定出合理、恰当的评价主体又成为“前提性”的条件和“基础”，这意味着在评价程序中，“选择合适的评价主体”具有特别重要的意义。但这并不意味着评价标准和评价指标完全依赖于特定的评价群体，人们还应该承认评价标准本身具有相对的“独立性”。社会虽然是由个体组成的，但它具有不同于个体的整体性特征。一个社会的意识形态、文化传统、价值观等是不能简单还原为个体层次或某个群体层次的，这意味着有必要与有可能根据某种社会共识和普遍的价值观认定某种社会的整体利益。从理论上讲，评价主体和评价程序的选择如果是足够合理的，那么，其所形成的评价标准与认定的社会整体利益就应该基本上是吻合的。

5 工程实现的社会性

工程不仅创造价值，而且实现价值，发挥了其应有的社会功能，这就是“工程的社会实现”。[①] 任何工程只有获得社会实现，才有价值和意义。一个遭到社会排斥的工程难以获得社会实现，只有很好地完成社会嵌入的工程，才能最终获得社会实现。这就使工程的社会实现具有社会性。

科学求“是”，技术论“行”，而工程讲“成”。任何工程在决策的过程中无不考察能否顺利完成社会嵌入，尽量避免社会拒斥，并追求最终的社会实现。然而，一个工程的社会实现除了工程自身建设的目标定位是否合理、施工质量和售后服务是否得到保障外，还受许多其他社会因素的影响，如公众对工程的理解、接受程度，也就是工程的社会排斥或工程的社会嵌入问题。

随着社会公众对工程安全、工程风险的关注，特别是对重大工程的担忧与拒斥，如何让公众了解工程、参与工程决策，从而决定工程的去与留，于是就有了让公众理解工程即工程理解的问题。所谓工程理解就是通过有效途径——包括工程宣介、工程教育和引进工程决策的民主机制等——向公众公开工程项目的目标、设计规划，请公众参与工程决策、施工管理的监督，知晓工程消费、工程后果，以期获得公众对工程建设的支持、心理与文化上的认同。可以说，社会公众对工程的理解直接影响工程的社会嵌入，如果一个工程得不到公众的恰当理解，甚至公众对其持否定的态度，那么该工程就会遭到社会排斥，无法获得社会实现。

所谓工程的社会排斥是说工程方案的启动、实施乃至建成后的消费阶段都存在着社会公众和受众（消费者）的认同问题。如果不愿意甚至强烈反对或示威游行，那么该工程就遭到了社会拒斥或社会排斥。一旦某一工程遭到社会排斥，工程决策就面临工程的去与留的问题，直接影响工程的社会实现。因此，必须努力避免工程的社会排斥，而自觉赢得工程的社会嵌入。“工程的社会嵌入”是与“工程的社会排斥”相对应的一对范畴，李伯聪教授借助格兰诺维特关于任何经济行动都是嵌入到社会结构、社会网络中的观点，将“嵌入”概念移植到工程社会学中，进而提出“工程的社会嵌入”及与其相对应的概念“工程的社会排斥”。工程的运作力求实现工

---

① 张秀华．回归工程的人文本性——现代工程批判[M]．北京：北京师范大学出版社，2018：116.

程的社会嵌入，一旦某一工程的嵌入过程得以完成，就能在社会网络中发挥重要功能。

实际上，基于公众对工程的理解，工程的社会嵌入与工程的社会排斥问题都凸显了工程社会性的另一个特征，即工程的公众性。

总之，工程的社会性是“工程的内在本性”，它意味着，工程总是社会的工程，拥有当时当地性，是“具象化的科学、技术与社会”①，即工程作为科学、技术与社会互动的载体，呈现出集成性的特征，科学、技术与社会的相互作用正是通过一个个具体的工程实现的。不只如此，工程的社会性还体现在：工程的发生源于人们生活的社会需要，而需要本身又是社会历史性的生成；工程的动力来自社会的个人与社会自身的价值追求；工程的决策有赖于考察自然与社会的边界和约束条件，倾听各类利益相关者及社会公众的意见和建议，让公众选择工程的去与留；工程的实施离不开社会的财力、物力、政策的支持，一定社会或民族地域的经济状况、法律法规、文化观念和人文精神直接影响工程的规模、水平，制约工程活动的领域；工程活动的结果最终要获得社会实现，并确证工程主体、形塑人们的生存空间和生活方式。②

第二节 社会对工程的影响

从相互作用、相互影响的角度看，工程的社会性必然表现为“社会对工程的影响”和“工程对社会的影响”。本节着重阐述前一方面。

1 社会需求是工程活动和工程发展的强大拉力

工程作为一种实践活动，是在社会需求的拉动与牵引下，依据需求进行选择和建构的，需求往往直接引导工程活动和工程发展的

① 张秀华．工程：具象化的科学、技术与社会[J]．自然辩证法研究，2013，29(9)：46-52.

② 张秀华．回归工程的人文本性——现代工程批判[M]．北京：北京师范大学出版社，2018：117.

方向。

工程活动始于社会需求，满足人的社会需求是工程活动最初的最直接的动因。工程是在社会需求的驱使下，人类为实现某种目标，通过各种资源的有效配置和各相关要素的综合集成进行的创新实践活动，它是为改善人们物质、文化和精神生活而服务的。社会发展对工程的推动与拉动集中反映在社会需求上，社会需求既为工程的选择与演化指明了方向，又牵引和促进着工程的演化。可以说，社会需求是工程演化与发展的强大拉力。

所谓社会需求，其内容和表现形态是多方面的，如经济需求、政治需求、军事需求、文化需求、伦理需求、宗教需求、精神需求、健康需求、安全需求等，这些社会需求在不同的具体环境和条件下通过不同的方式与途径形成了工程活动和工程发展的动力。

在水利工程发展史上，调水工程的演化就是社会需求拉动的有力事例。在人类水利工程发展过程中，早期的调水工程大都只是为了满足缺水地区农业灌溉的需要，例如印度河流域的引水灌溉工程就是这类工程的典型代表。随着工业化、城市化的发展，也随着调水工程技术的日臻成熟，综合利用水资源的社会需求越来越强烈，这种强烈的社会需求推动了调水工程从单一的灌溉功能向供水、航运、水力发电、灌溉、过湿地区排水以及解决所有或几个地区水问题的多样化综合系统功能演化，于是就有了以实现综合效益为目标的更高水平的调水工程。从河系之间的水流再分配方面看，早期的调水工程主要是解决某些城市的供水需求或用于土壤改良灌渠的局域调水工程。随着经济社会的发展，这种局域调水工程已难以适应新的社会发展要求，不得不采取新的形式。为了进一步满足经济社会发展的需要，后来又有了流域内或跨流域调水工程。从水利工程的发展轨迹看，它是社会需求有力推动与牵引的结果。

我国航天工程的发展引起了国内外各方面的广泛关注。追溯我国航天工程的发展过程，可以看到，正是我国存在着的深厚的社会需求成为发展航天工程强大的牵引力。20 世纪 50 年代，为了满足国家政治、军事和人民财产安全的需求，我国在极其困难的情况下，集中有限的人力、物力与财力，以国家意志开始搞“两弹一星”工程，取得了辉煌成就。到了 20 世纪 80 年代末和 90 年代初，由于改革开放和经济社会发展，航天工程和航天技术的社会需求进一步剧增。以卫星的应用为例，由于通信、气象、广播电视、导航定位、矿产勘探、国土普查、农业、林业、海洋事业等社会活动都需要高度可靠、长寿命的卫星，这就形成了强大的市场拉力。上文谈道，所谓“社会需求”不但表现为“经济需求”“市场需求”，而且可以表现为“国家安全需求”等其他方面的社会需求。正是“综合性社会需求”的强大拉力作用，极大地刺激并拉动了我国航天工程的发展，促使航天人奋起直追，进而极大地推动了航天工程向更高、更深层次的发展。

在历史进程中，人的需求是不断提升和发展的，不仅有物质方面的需求，而且有精神、文化、心理情感和艺术方面的需求。当原有的工程活动满足了人类已有的生存和发展需要后，往往又会引起人类新的、更高级的需求，如享受的需求、审美的需求、自由全面发展的需求等，由此牵引着工程活动做出新的选择、新的调整，促成工程的不断演化。从人类住宅建筑工程的演化来看，在农业社会时期，住宅建筑工程主要是为了满足人类居住、安全等生存需要，因此建筑工程注重实用性、稳固性与持久性。当这种生存需求被满足之后，人们又产生了求美求奇、追求舒适度、讲气派等更高级的精神需求，这就使得工业化时代的住宅建筑工程更注重设计新颖、标准化规划建设，不考虑资源的消耗，注重规模的壮观，从而使住宅建筑工程走上了资源消耗高、环境污染大的发展道路。当代社会，人们在对工业化时代住宅建筑工程进行反思批判的基础上，又产生了新的需求，如环境和谐性需求、绿色低碳化需求、崇尚创新的个性化需求以及追求诗意化栖居和更美好的幸福生活的需求等。这种新的需求拉动知识经济时代的住宅建筑工程选择人性化设计、个性化发展、低碳化建造与循环利用资源的可持续发展道路。可见，正是在人类不断产生并更新的物质、文化、精神、心理需求的直接拉动下，工程活动才得以不断演化与发展。

也就是说，工程活动依赖于社会需求。当经济社会快速发展时就会产生对工程发展的强大社会需求和市场的强大拉动力；当经济社会发展缓慢或停滞时，对工程发展的社会需求大大降低，市场动力不足，就会抑制工程的发展。

2 社会领域其他因素对工程活动和工程发展的促进作用及积极影响

社会领域的其他因素——文化因素、政治因素、伦理因素、军事因素、心理因素等，也都会对工程活动和工程发展产生不同的影响。限于篇幅，以下只简述文化因素和伦理因素对工程活动与工程发展的促进作用及影响。

2.1 文化因素对工程活动和工程发展的促进作用及影响

文化是一个包含范围很广的概念。本书理论篇第三章第六节分析和研究了与“工程文化观”有关的一些问题，其重点是分析和研究“作为工程内在要素”的“工程文化观”，而本节此处的重点在于分析“作为社会要素的文化”与“工程”的相互作用、相互影响，特别是文化因素对工程活动和工程发展的促进作用及影响。

文化因素对工程活动和工程发展的促进作用及影响涉及太多的方面和具体表现，这里不可能全面介绍，只是着重从“社会文化需求”对工程发展的促进作用和影响的角度进行一些分析与阐述。

在社会发展中，文化发展需求也是一种重要的社会需求。所谓“文化发展需求”无疑要表现为“思想内容和思想需求”，但这些思想需求和思想内容又需要有“相应的物质载体”，包括图书馆、电影院、音乐厅、美术馆、博物馆、体育馆，甚至教堂、学校、科研院所等。如果没有“相应的物质载体”，相应的“文化需求”往往就无从实现。正是由于有了这些“文化发展需求”的作用和影响，这才促使社会要花费一定的财力和精力进行博物馆等文化工程的项目建设，并且这些设施完工后的运行（运营）状况，如博物馆、电影院和音乐厅的运行（运营）状况又成为社会文化发展水平和发展状况的重要标志。

文化作为社会因素对工程发展的促进和影响除以上表现外，还有多方面的表现。其一，文化提供共同价值观念、思维方式、行为模式，维持工程共同体总体和谐。工程共同体是典型的利益共同体，不仅承载社会公共利益，同时也承载共同体成员的自身利益。在工程活动中，各种规章制度把工程共同体成员整合为一个执行工程计划的共同体。然而，如果没有对于这些规章制度的基本认同，就没有共同体，也不可能在各种不同利益诉求的成员之间产生协同。其二，文化承载工程实践的历史经验、知识与智慧，引导工程创新与发展。就"文化手段"和"文化表现形式"而言，语言记录工程经验，数学描述工程规律，科技概括工程知识，文史传承工程故事……可以说，没有文化就没有创新。科技与人文携手并进，趋利避害，扬长避短，推动工程从传统走向现代。其三，文化是一个社会的民族传统，也是工程共同体的时代精神，发掘时代精神与民族传统的内在关联，并在工程实践中打上文化烙印，可以促进公众理解工程，提高工程嵌入社会的公众接受程度，推动工程目标的顺利实现与工程实践健康发展。

2.2 伦理因素对工程活动和工程发展的促进作用及影响

与文化因素类似，伦理因素对工程活动和工程发展的促进作用及影响也涉及了许许多多的方面和许许多多的具体表现。与文化因素有所不同的是，伦理因素往往具有"更加鲜明"的上层建筑和意识形态色彩，从而其影响方式往往更加直接，而文化影响的方式往往具有自发和潜移默化的特征。一般地说，伦理影响主要体现在三个方面。其一，伦理要求把工程纳入其社会评价范围，在考虑工程可行性评估时，强调必须"加入"人文和伦理"参量"，把伦理标准作为衡量工程可行性的根本标准之一，保障工程实践的健康发展。其二，所谓伦理评价，一方面要求在工程共同体的集体利益与工程的社会公益之间进行社会效益权衡，另一方面又要求在工程共同体内部不同群体利益之间进行经济利益均衡。同时，还必须在工程活动共同体与工程职业共同体之间进行岗位权益平衡，并通过意识形态的独特地位和作用引导社会舆论与国家政策，共同建构新的价值观念与思维方式，保障工程能够在复杂社会利益冲突中健康发展。其三，伦理渗透到工程共同体内部，通过确立与宣传形形色色不同职业岗位和角色的权利与义务，进行道德评价，树立工作样板，维护工程共同体的和谐。工程伦理的要求是，一方面促进工程活动效率与效益，另一方面又要追求个人利益、集体利益、整体性社会利益的统一。

 社会领域其他因素对工程活动和工程发展的制约及限制

所谓社会对工程活动和工程发展的影响，不但可以表现为社会领域其他因素对工程活动和工程发展的促进及积极影响，而且可以表现为社会领域其他因素对工程活动和工程发展的制约与限制作用。

无论是从理论上看还是从现实生活看，工程活动都是社会活动的一部分，是“嵌入”在社会结构之中的。社会对工程的制约性，从根本上来说，就来自工程活动的“嵌入性”。“嵌入性理论”本是新经济社会学中的一种独特的研究视角和分析观点，它由波兰尼首先提出，而由格兰诺维特进一步丰富和发展。格兰诺维特使用“嵌入性”概念的目的是要把握个体的经济行动与社会结构之间互动关系的真实情况。“嵌入性”可以理解为，行动主体在社会结构的约束下进行理性选择的一种行动过程。

从嵌入性理论视角来观照工程，工程活动（它首先是一种现实生产实践活动）可以看作嵌入在社会结构之中，它是社会活动的一部分，从而任何工程活动都无法脱离社会结构、社会关系的制约。这主要体现在以下几个方面。

（1）工程活动是社会系统结构中的一个变量，受社会系统整体的制约。任何工程项目和工程建设活动都是在社会大系统中展开和实施的，受到社会系统的选择、引导与调控。社会大系统是工程活动得以进行的基础和环境，工程活动的方方面面都要受到社会系统的制约和影响。

（2）工程系统的目标、结构与功能受社会结构制约。工程系统是一种人造系统（人工系统），工程系统目标、结构、功能是工程主体赋予、设置并定位的，工程实施方案、步骤与方式方法是工程实施主体设计规划的，工程活动的运作过程与结果是由工程主体调节控制的。工程主体是在社会结构制约下的社会行动者，他们的行动受到社会结构的约束与限制。所以，工程系统的目标、结构与功能受到社会经济、政治、文化、科技结构的限制与约束。

（3）工程系统的运行实施受社会制度的制约。完整的工程系统运行实施包括规划、设计、工程决策、实施、管理、运营、评估、

评论等一系列环节，它们都是在特定的社会制度背景和社会结构框架下运作的，因此，它们无疑会受到社会制度环境、社会结构状态与体制机制架构的制约和影响，呈现出不同的社会特征。由于任何工程都是在一定的社会建制下实施并完成的，它们是在一定的社会制度和社会关系框架下运作的，所以，工程的实现往往受到一定社会制度或组织的规范、调整和制约。作为嵌入在社会结构中的工程活动，由于社会制度、环境、条件，以及任务、目标等方面的不同，往往会造成工程决策、规划、设计、运营、管理、评价等方面的明显差异，既可能促进工程的演化，也可能限制工程的变化和发展。

(4) 工程活动的发展受社会利益结构与社会关系模式的制约。利益关系是观察和分析社会现象的一个重要视角，工程活动作为一种社会活动与人们的利益息息相关。工程活动的主体——工程共同体是多元异质群体，是由工人、工程师、投资者、设计者、决策者、建设者、管理者等构成的社会行动者网络，是由一定的利益纽带联结在一起的“合作-矛盾”共同体。这一共同体功能的发挥决定着工程的发展。因此，工程活动的利益在工程共同体内部的合理满足、公正分配、彼此分享、相互补偿等利益关系问题就成为影响工程发展的重要社会因素，而这些取决于社会利益关系的制度化安排与体制设计，取决于一定的社会关系模式，即取决于社会结构与制度。社会利益结构中出现的矛盾、问题将会制约工程活动的发展。

(5) 工程理念的产生、变化及实现受社会价值规范的制约。工程理念是工程活动的灵魂，它贯穿于工程活动的始终。工程理念反映着特定社会的文化价值，它根植并生成于一定的社会文化土壤中。工程理念随着社会文化价值的变化而变化，它集中地体现和反映了社会文化价值的内涵。

4 社会不断进行着对工程活动的“选择”和“形塑”

所谓“社会对工程的影响”，常常集中表现为社会不断进行着对工程活动的“选择”和“形塑”。由于工程活动必然集中表现为“工程传统”与“工程创新”的“统一”，这就使我们在研究这个问题时，可以把研究的焦点放在社会对“工程传统”与“工程创新”的“选择”和“形塑”的影响上。

正如生物演化进程中物种“遗传基因”的“稳定性”与“基因变异”的“创新性”的“对立统一”决定了生物演化的进程一样，工程演化进程也表现为“工程传统”与“工程创新”的对立统一，即在工程活动和工程发展中，一方面必须保持一定的工程传统，另一方面又必须进行工程创新。

可以认为，“工程传统”就是工程演化进程中的“工程的基因”。① 所谓“工程传统”，不但包括一代代工程人在工程实践中不断积累起来的工程知识、工程思维、工程方法、工程经验、工程制度、工程设施和工程规范等“显性内容”，而且包括“默会的工程经验”等内容。在社会发展进程中，原先历史地、社会地形成的“工程传统”，在新的社会环境和社会条件下，可能由于某些原因而“被排斥”，也可能“继续嵌入”在社会中，这就是社会对“工程传统”的“选择过程”和“选择机制”。

工程活动不但是继承工程传统的过程，同时又是不断创新的过程。工程创新是多种社会因素作用的结果。工程创新不仅涉及科学、技术的因素处理人与自然、环境的关系，而且涉及经济、政治和文化等社会因素。当“工程创新”被社会“接纳”而“得以嵌入”社会时，我们可以说“这个过程”也是社会对“工程”的“形塑过程”和“形塑机制”，是“工程基因变异”的过程。

在工程演化论研究中，我们已经关注了“工程传统”与“工程创新”的关系。② 现在，通过对工程社会性的研究，我们又进一步把对“工程传统和工程创新”的研究与“社会对工程活动的选择和形塑”的研究结合起来，这就进一步深化了对工程的选择、形塑、演化等问题的认识。

5 人类精神世界的变迁对工程活动和工程发展的影响

工程是造物活动，由于从事工程活动的主体是人，工程必然受

① 殷瑞钰，李伯聪，汪应洛，等．工程演化论[M]．北京：高等教育出版社，2011：62-64.

② 殷瑞钰，李伯聪，汪应洛，等．工程演化论[M]．北京：高等教育出版社，2011：64-68.

到人类精神世界的影响，或者说，人类精神世界的变化和发展对工程有着非常重要的影响。

在观察和研究人类精神世界的变迁对工程活动和工程发展的影响时，必须注意这里不但存在“形式”方面的历史性、多样性和复杂性，更存在“内容”方面的历史性、多样性、复杂性和深刻性。例如，由于不同时代的精神世界的不同影响，工程在不同的时代也呈现出不同的特征。前现代古埃及的金字塔、欧洲中世纪的大教堂、中国古代的宫殿都表现出庄严、神圣的价值追求。近现代的许多工程则体现出与科学技术的工具理性相符合的特征，如自动化、连续性、整体性和复杂性特征。如果说现代的工程在注重秩序的同时，往往更加关注人性化，注重审美，工程的设计和建造也更突出生态意识，那么后现代主义意识形态影响下的工程建造更注重形式的多样性、差异性，并以此对抗齐一性和基准的确定性。从而，使工程在演化的过程中表现出人类精神世界的更深刻的影响。

第三节 工程对社会的影响

工程的社会性不但表现为“社会对工程的影响”，而且表现为“工程对社会的影响”。由于所谓“工程的社会影响”在很大程度上也就是工程的社会功能、社会意义和社会后果，本节也就着重从这几个角度分析和阐述工程对社会的影响。

1 工程创造了社会存在和发展的物质基础

人类社会存在和发展的基础包括物质与精神两个方面。工程的社会功能首先体现为工程为社会存在和发展提供物质基础，满足人类生活的基本需求并提高社会生活质量。恩格斯说：“马克思发现了人类历史的发展规律，即历来为繁茂芜杂的意识形态所掩盖着的一个简单事实：人们首先必须吃、喝、住、穿，然后才能从事政治、科学、艺术、宗教等等”。① 著名学者马斯洛（Abraham H. Maslow）

① 马克思，恩格斯．马克思恩格斯选集：第 3 卷[M]．北京：人民出版社，1972：574.

认为，人的需求有生理的需求、安全的需求、爱和归属的需求、尊重的需求、自我实现的需求等，其中，生理需求是最基本的。衣食住行是人类生活的基本方面，是人类生存、发展和从事一切活动的基本保证。人类衣食住行的满足，无不依靠农业、食品加工、医药、纺织、建筑、交通等工程来实现。也正是在这一意义上，工程创造了社会存在和发展的物质基础。

从第一次完成工具的制造并实现人猿揖别的那一刻起，人类就开始了工程化的生存方式，此后，工程一直扮演着为人类社会的存在和发展提供物质基础的角色。从远古时代人类构木为巢、掘土为穴，到农业社会冶金、铸造、制陶、酿酒、榨油等手工业工程陆续发展，从而带来的农业与手工业的分工，再到近代以纺织机的革新和蒸汽机的发明及应用为标志的第一次工业革命，以电气为动力的第二次工业革命带来的划分更为细致的土木工程、机械工程、矿冶工程、水利工程、交通工程、电机工程等，使人类生活发生了翻天覆地的变化，直至今天，人类几乎已经生活在了一个完全人工化的世界里面，环顾四周，没有一件产品不是通过工程化的方式生产制造出来的。这也就不难理解为什么我们会以标志性的工程技术来指代某个社会形态和社会阶段，比如石器时代、铁器时代、蒸汽时代、电气时代、信息时代等。无疑，“工程”已标志着“社会”的生产力的状况及其进程和发展方向。从而，进一步说明“工程”对于“社会”的影响是极其深刻的。

2 工程丰富了人类的精神世界

工程活动中渗透着人类的精神活动，没有一定的精神活动的“引导”和“伴随”，工程活动就不可能进行和完成。

马克思在《1844年经济学哲学手稿》中深刻指出：“工业的历史和工业的已经生成的对象性的存在，是一本打开了的关于人的本质力量的书”。① 在认识和理解马克思的这个深刻体现历史唯物主义精神的观点时，应该特别注意，这个观点不但告诉我们必须在“工

① 马克思，恩格斯．马克思恩格斯文集：第1卷[M]．北京：人民出版社，2009：192.

业的历史和工业的已经生成的对象性的存在”中认识和理解“物质性的”“人的本质力量”；而且这个观点还告诉我们必须在“工业的历史和工业的已经生成的对象性的存在”中认识和理解“精神性的”“人的本质力量”。在社会历史发展进程中，人们通过改造对象世界的工程实践活动，也同时改变着人自身（包括人的精神）。可以说，正是现代工程使人类来到现代世界，并使我们成为拥有现代观念的现代人。这也表明，人们有规划的工程之“做”既“成物”也“成人”，任何“人之问”都需要来到“工程之问”这里，毕竟，人类是“做”以成人的。①

马克思关于“人的生产”与“动物的生产”的区分阐明，人的生产是能动的，能够按照内在尺度和美的规律去建造。所以，工程活动是物质性活动和精神性活动的统一。工程活动除了符合自然规律、科学原理之外，还凝聚着文化的内涵，彰显着其所处时代和所在地区的独有的精神审美观念。就是说，工程自身就具有精神、文化和审美价值。如果“任何工程活动都是历史的、具体的，都是植根于特定文化背景之上的……文化对工程有着挥之不去的影响”，那么“工程本身又塑造着文化，是一首诗、一个象征符号、一道景观、一支凝固的乐曲、一种生活方式”。②

因此，工程具有精神功能。优秀工程是科技、管理、艺术等要素的结晶。工程不仅构成了社会发展的物质支撑，在工程的造物活动中，还凝结着社会精神价值。标志性的工程会成为其所在地和所属民族的精神纽带，有助于增强民族和国家的自豪感与凝聚力。

有些历史上的工程，虽然失去了原本的生产功能，但其丰富而典型的社会文化蕴涵，包括精神意蕴，可能会将其造就为工业遗产；目前，全球已有包括钢铁厂、矿山和铁路等在内的30多处工业遗产被列入《世界遗产名录》。2017年12月，我国工业和信息化部（简称工信部）公布了第一批获得认定的国家工业遗产名单，包括鞍山钢铁厂、温州矾矿、汉阳铁厂等13家单位的11个工业遗产项目；

---

① 张秀华．“做”以成人：人之存在论问题中的工程存在论意蕴[J]．哲学研究，2017（11）：121-126.

② 张秀华．回归工程的人文本性——现代工程批判[M]．北京：北京师范大学出版社，2018：167.

2018 年、2019 年、2020 年又陆续公布了第二批、第三批和第四批国家工业遗产名单。这些工业遗产不但是特定时期的人类物质力量的凝结，同时也是特定时期的人类精神力量的凝结，它们已经成为教育后代的“思想教材”。

 工程作为社会变量直接影响社会结构

工程存在于社会系统中，是社会大系统中的变量之一。工程活动作为直接生产力，会影响和带来社会结构的变迁。

首先，工程会改变社会经济结构，促进产业结构调整与更新。科技进步最终要通过实施一系列工程才能对经济社会产生影响。在历史上，人类的建筑工程、蒸汽机动力工程和水利工程、电力工程、信息工程等在一定程度上都引起了生产力与生产关系的变革，推进了人类社会经济结构的演进。

其次，工程会改变人口的空间分布，带来城乡结构的变迁。近现代以来，工程的发展曾催生了许多由于某种产业（或若干产业）而新兴的城镇，吸引了人口的聚集，推动了城市化进程，例如美国由于汽车工业而新兴的底特律、由于石油工业而新兴的休斯敦，中国由于铁路工程而新兴的哈尔滨、郑州以及由于煤矿而新兴的大同、焦作，等等。可以说，现代工程孕育与成就了现代都市和现代文明。① 当代高技术产业聚集区的出现，也对人口流动产生了重要影响。

最后，工程作为社会结构的调控变量，还体现在可以作为宏观调控的手段，保持经济、社会、生态环境的协调发展，促进社会公平，如通过环境工程来治理环境、通过投资公共工程来调控经济发展等。在我国的区域发展战略中有西部大开发战略，其主要途径就是通过启动实施一系列工程，为西部地区的经济社会发展奠定基础，进而缩小区域差距，实现共同富裕的目标。此外，还可以通过引导与调控工程投资的数量、结构和区域分布，对于国家、地区宏观经济的健康持续发展也会起到重要作用。因此，有关工程的固定资产投资的规模、结构和布局是社会结构优化的重要调控参数。

---

① 张秀华．现象学视野中的现代工程与都市文明[J]. 兰州学刊，2016（11）：93-98.

工程是社会变迁的文化载体

工程具有社会文化功能。优秀工程是科技、管理、艺术等要素的结晶。工程不仅具有创造物质财富的生产功能，而且在工程的结构与性状中，还凝结着特定的社会文化价值。标志性的工程还会成为其所在地和所属民族的精神纽带，有助于增进民族和国家的自豪感和凝聚力。都江堰、赵州桥以及万里长城这些不朽的经典工程，不仅具有特定的实用功能，而且成为我国的重点保护文物、文化遗产，并激发起民族自豪感和文化自信心。

人类从古代社会来到现代社会，从农业文明进展到工业文明。现代化的文化源自现代工程，现代工程组建起不同于农业社会的民俗文化，进展到都市文明，后工业工程则将进一步寻求和谐发展的新文明——生态文明。[①] 如果说，单纯资本逻辑下的现代工程使得工程异化，导致工程人文本性的缺失，那么，随着人类工程范式的转化，我们有理由相信，工程的人文本性必将回归，新境界的工程会深刻地改变人们的思维方式、生活样态，最终实现使人类和谐生活、诗意栖居的工程理想。

工程社会功能的二重性

工程对社会的影响具有二重性。在看到工程对社会的上述正向功能的同时，还必须正视工程对社会的负向功能或负面影响。因为，在工程活动中往往难免出现某种程度、有时甚至是严重程度的异化现象，就是为人的工程反而奴役人本身。许多工程在满足人类特定需求的同时，也会给自然环境和社会带来负面影响。20 世纪 60 年代美国学者卡逊（Rachel Carson）出版的《寂静的春天》[②] 一书严重警告了现代工程带来的环境问题。在世界新科技革命方兴未艾的当今时代，信息工程、生物工程等在展示出良好前景的同时，也带来了大量已经出现和尚未被人类意识到的形形色色的社会风险。

① 张秀华．历史与实践——工程生存论引论[M]．北京：北京出版社，2011：237-246.

② 卡逊．寂静的春天[M]．吕瑞兰，李长生，译．长春：吉林人民出版社，1997.

工程带来的负面影响能否完全避免呢？能否完全控制技术使其只发挥正面影响呢？这是重要而复杂的问题。西方学者科林格里奇（D. Collingridge）认为：试图控制技术是困难的，而且几乎不可能。因为在技术发展的早期，我们没有足够的关于其可能的有害后果的信息，因而不知应该控制什么；当技术的后果变得明显时，该技术往往已经广泛扩散和被使用，占领了生产与市场，对其控制将需要很高的代价而且进展缓慢。这就形成了所谓科林格里奇困境。① 这一原理同样适用于对工程的理解。在工程的预评价和决策中，信息不完备和有限理性使决策者不可能完全预测到工程可能带来的社会影响。因此，从预测具有不确定性的意义上来讲，工程的负效应是有一定的必然性的，是难以完全避免的。就是说，工程风险难以完全规避，只能尽可能地规避。

但是，工程负效应的必然性并不意味着人类只能听之任之。从理论上讲，尽管结果具有不可完全预测性，但是结果毕竟是由过程决定的。因此，人们应该努力获取尽可能完备的信息，保持理性思维，合理协调与工程相关方的多元的价值目标，提高决策质量、优化设计，理性分析市场，尽最大努力减少工程的负效应，即减少负价值，增加正价值。

当前，一些国家正在推行建构性技术评估（constructive technology assessment，CTA）。CTA 主张对工程进行全程动态评价，形成对工程中潜在问题或出现问题的即时反馈，动员社会公众和利益相关者积极参与工程活动，建立起汇集社会建议、实行社会监督的有效途径和机制。我们在未来的工程建造中也应引入公众理解工程、批评和监督工程的民主机制，不断提升工程的积极功能，进而有效拟制工程的消极功能。

---

① Collingridge D. The Social Control of Technology [M]. London：Frances Pinter Ltd.，1980：19.

第九章

工程、哲学与真善美

真善美是人类的现实追求和永恒的理想追求，无论是认识世界，还是改造世界，都是这一追求的具体体现。如果说哲学致力于从思想上理性把握和预期真善美的话，工程则倾向于在实践中具体感受与践行真善美。哲学上对真善美的把握越是深刻，工程对真善美的感受越是强烈。与此同时，工程的践行越深入、越是拓展，哲学的预期就越清晰、越全面。工程与哲学正是在追求真善美目标的引领、预期和践行中，相互渗透、融合，走向理论与实践的统一。

“真”“善”“美”三者是相互渗透、辩证统一的，不能将其简单分割，但这也不意味着可以否认三者也有各自相对独立的内容和意涵。

工程哲学是工程与哲学相互渗透、相互融合的产物，是人类理性认知真善美和实践体现真善美的逻辑与在人类思想上的抽象统一，是人类对于工程真善美的理性预期和逻辑规范，也是人类真善美的价值之光对于现实工程活动的观照、反思与批判。工程哲学和工程活动求真、求善、求美。工程活动中真善美的统一和工程美的境界的创造就是工程哲学和工程活动的最高追求。以往的美学研究往往主要关注“自然美”和“艺术美”而忽视了“工程美”，实际上，在特定意义上，我们甚至必须肯定“工程美”才是具有最深刻内涵的最重要的美的形式和类型。应该深刻认识到，在工程活动中和工程哲学中，工程美的追求都是一个最高范畴和终极性理念。

本章是本书“理论篇”的最后一章，以“工程、哲学与真善美”为主题，内容包括两节。第一节是“工程、哲学与‘真’和‘善’”，第二节是“工程、哲学与‘工程美’”。

第一节 工程、哲学与“真”和“善”

工程、哲学与“真”和“善”都有极其密切的联系。

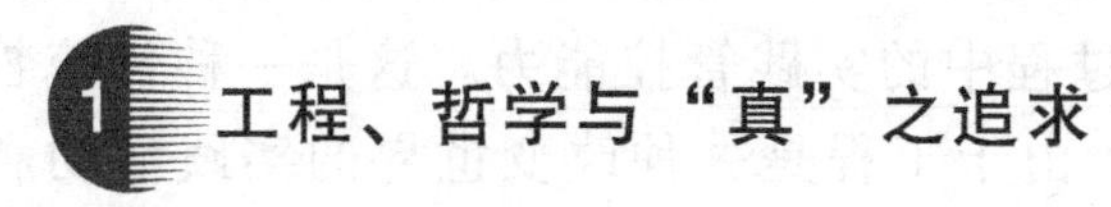

1 工程、哲学与“真”之追求

1.1 哲学与“真”之追求

“真”是传统哲学的基本范畴，凝聚着大自然运行的深层机制，需要人类实事求是、心存敬畏，从而也自然成为人类一切工程实践的前提和基础。工程始于人类的造物，进而构建人工物世界的活动，必须以对自己所造之物的一定程度的认识和理解作为前提条件，而且所造之物越复杂，所需要的知识也越系统、越完备。从这种意义上讲，“真”是工程哲学不可超越的基本价值追求，是工程哲学的基本范畴。

“真”是人类关于客观“自然”世界运动规律的真相、因果等认识的真实、确切和正确的反照，是对客观事物的正确认识。对于这种“正确”，许多西方哲学家特别强调其逻辑含义，要求遵循逻辑规范。工程哲学作为哲学，自然也要遵循逻辑规范。然而，工程是人类改造自然的社会实践，是人类在自然界中安身立命的基本途径和手段，所以不能够仅仅停留在逻辑领域。它需要进行实践。但工程也不可能漫无边际地去实践，毕竟造物是自己的使命，并且关于自然物的正确认识已经成为现代科学的鲜明特征。所以，工程只需要以科学作为逻辑以外的另一个规范就可以了。换句话说，工程同样不可以超越科学的规范，必须按照科学研究所揭示出来的客观规律办事，求科学规范之“真”。

“真”是人类关于“社会”的正确认识。工程活动不但涉及自然，而且涉及“社会”。所谓涉及社会，不但意味着涉及社会的“方方面面”，内容非常复杂；而且意味着涉及社会的“深层意蕴”，内容非常深邃。作为直接生产力的工程，直接涉及社会生产力和生产关系，以及生产力和生产关系的相互作用。工程活动不但必须立足于自然科学对“真”的认识，而且必须立足于社会，追求社会规范之“真”。

“真”是人类对“自己”的“实践管控能力”的正确认识。工程活动不是单纯的“思辨”，更不是不切实际的“幻想”。工程活动是“真真切切”地“改变世界”的“实践活动”。人类需要正确地、恰当地管理自己在工程过程中的实践管控能力。这是一种传统哲学所忽视的特殊的“真”。由于工程是一种改变世界的实践活动和过程，人类的工程活动就必须以人类对“自己”的“实践管控能力”的正确认识为前提和基础。脱离了对“自己”的“实践管控能力”的正确认识，把握好工程伦理和工程价值，否则工程活动就会发生异化。

1.2 工程实践与“真”之追求

应该强调指出：所谓对“真”的追求，不但是一个认识和认识论问题，更是一个实践和实践论问题。

在工程实践中，不但要以对“真理”和“真实（状况）”的认识为前提与基础，而且工程实践的过程更是一个把“仅仅存在于精神世界”的“‘虚存’的工程设计方案”转化为“‘现实世界’的‘真实’的工程成果”的过程，换言之，工程实践的过程是使“‘虚拟’的工程方案”“成‘真’”的过程。

在认识工程活动和“使设计方案‘成真’”的过程时，必须特别强调以下两个关键观点。

（1）必须把尊重客观规律、求真务实、实事求是作为工程活动的基本原则。

求真务实、实事求是是工程活动成功的前提和基础。在工程活动中，必须杜绝主观主义的妄想、幻想和狂想，否则，工程活动就难免失败。必须把尊重客观规律具体落实到咨询、评估、决策、规划、实施、检查、反馈、整改、验收、交接、运营等各个环节中，建立健全一系列奖罚分明的可操作性规章制度，以制度保障工程的必要性、可行性、有效性、可靠性和安全性等。

（2）必须把加强主体自身实践操控能力的培养和训练作为工程造物活动的前提与基础。

以往的哲学家往往更多地关注“已经存在的自然界事物之

‘真’”，而工程活动和工程过程的核心与本质特征不在于“继续维持已经存在的自然界事物之‘真’”，而在于要把“工程设计方案”从“虚存”状态转化成为“实存”状态，换言之，工程活动关注的“真”不是“已有之‘真’”而是“使设计方案‘成真’”。从这两种“真”的概念的区别中，我们可以更深刻地认识到工程活动和工程哲学的“实践”与“实践哲学”本质。

1.3　从工程哲学观点认识对“真”之追求

以上从两个方面分析了“对‘真’之追求”的内容和含义。

这两个含义虽有区别，但又有密切联系。如果把这两个方面结合起来，可以说，从内容和语义看，“真”就是真实、确切、正确。工程哲学中的“真”不但体现在对自然世界和工程活动规律、运行真相、客观因果等方面的正确、深入、普适性的认识中，而且体现在对工程活动的过程、人工物世界发展规律和特征的正确认识和正确实践中，体现在“使工程设计方案成真”的实践和过程中。人类不可能一蹴而就地“得到”“真理”，必须深刻认识到人类对“真”之追求过程必然是一个不断实践、不断反思、不断探索、不断前进的过程。

2　工程哲学与“善”之追求

哲学不但求“真”，而且求“善”。工程哲学也不例外。

2.1　哲学与“善”之追求

无论是在欧洲哲学传统中还是在中国哲学传统中，“善”都是一个基本的哲学范畴。虽然在对“善”的具体解释上，不同的哲学家（孔子、孟子、亚里士多德、康德等）有不同的观点和认识进路，但这些哲学家无不承认“善”是最基本的哲学范畴之一，“善”体现着普遍而秩序性的人文关怀。“善”的最核心的内涵之一就是“秩序性”。所谓“秩序性”将表现在自然的、人文的、社会的以及宗教的等方面，伦理行为中的“行善”和“向善”都与伦理秩序密切关联。以下就着重从这个角度阐释工程哲学中“善”之追求。

“善”是一种自然秩序、宇宙秩序的理念。可以说，虽然柏拉图、亚里士多德、中世纪基督教神学以及中国传统的儒释道文化其各自的具体观点和阐述多有不同，但大体而言，都认同“善”是一种崇尚自然秩序、宇宙秩序、社会秩序的理念。社会秩序是否是源于人道主义的“向善”规范以及人类自身的“善心”与“善行”，从而构建出和谐世界的秩序？“善”的理念深刻地影响了各种工程活动的设计和“运行”，在神庙、教堂、宫殿、寺院、祠堂等建筑上留下了诸多有关秩序性“理念”的深刻烙印。值得注意的是，许多现代生态主义、环保主义思想往往也把关于自然秩序、宇宙秩序的“善”的理念作为自己的理论基础之一。

2.2 工程实践与“善”之追求

在历史和社会发展进程中，伦理学家和社会各界人士不但普遍关注了“社会活动”“社会规范”中的“善”与“秩序”问题，而且普遍关注了“工程活动”“工程规范”中的“善”与“秩序”问题。自20世纪70年代以来，由于工程伦理学的兴起，工程界和社会其他各界人士对“工程善”“工程伦理”“工程秩序”的关注程度与认识水平更达到了一个新高度。工程界和社会各界更加深刻地认识到工程的灵魂不但表现在其中体现的自然秩序和宇宙秩序，同时也深刻地表现在其中体现的人类秩序和社会秩序。而应该注意的是，在工程的“善”之追求中，已经内在地体现出善待自然、善待社会、善待人类自己，并且其中同时也内在地包括了对“工程异化”现象的批判。

从工程伦理角度看，“善”是一种人工物秩序、产品秩序、装备秩序、操作秩序，总而言之，是人工物世界的秩序。

工程哲学追求的“善”应该是全面的、普适的，作为“向善”的要求，当前尤其应该关注工程的合理功能、工程价值的选择和优化、工程伦理的认知和反思。

在现代社会，工程作为人类改造世界的社会实践，肩负着人类自由和解放的历史使命，随着社会的发展进程，现代工程规模越来越大，造福于人类的范围越来越广，工程实践必须向善已成为社会共识。

伦理学认为“善心”“向善”和“善行”是密切联系、相互作用的。伦理学不但关注“善心”和“向善”，更关注“善行”。

许多“善行”往往都需要有一定的物质性前提和条件。如果没有这些必要的物质性前提和条件，“善行”往往就只能是“愿望”而不能成为“可以实施的善行”。例如，杜甫在《茅屋为秋风所破歌》中感叹说：“安得广厦千万间，大庇天下寒士俱欢颜。”在这两句诗中鲜明地表现了杜甫的人道主义“善心”。但是，由于不存在物质性的工程基础为“天下寒士”建设“广厦千万间”，杜甫不可能将“这个”“善心”变成“善行”。

可以看出，工程实践通过创造出“人类生活的物质基础”而具有根本性、基础性的“行善”和“向善”意义。

自工业革命以来，特别是现代社会中，人类正生活在一个由千姿百态的人工物所编织起来的人工世界中，如住宅、道路、桥梁、广场以及空调机、电视机等，人们的衣食住行在很大程度上受惠于工程活动。

古代哲学史、伦理学史上，哲学家已经深入地分析和研究了关于“善”的许多问题。但是，古代哲学家大多忽视了对“工程伦理”问题的研究。随着现代工程的发展，自20世纪70年代以来，工程伦理学得到了长足发展。随着工程伦理学的发展，人们对工程实践中出现的“工程伦理新难题”（如由基因工程、汽车自动驾驶等带来的“伦理难题”）和“工程伦理新期待”都有了许多新思考和新认识①。

总而言之，善是普遍的秩序和谐和性的人文关怀，是体现在思想意识、人文理念、工程思维、社会文化等方面对人类的普遍性的关爱，是正义、公平、公正原则和人类共同体的普适的价值观。工程哲学追求的“善”是“理论与实践统一”“现实性与升华性统一”的“善”，这种善不但必须体现在对工程价值的选择和优化、工程伦理的认知和实施的工程实践中，而且必须体现在善待自然界、善待人工物世界、善待社会、善待人类自己的境界中，体现在终极关爱的善之精神上。

---

① 这里举一个具体例子：“伴侣机器人”有可能挑战传统的家庭结构和家庭伦理观念。

第二节 工程、哲学与“工程美”

工程和哲学不但求“真”和求“善”，而且求“美”。工程哲学亦然。

1 美的三种类型：自然美、艺术美和工程美

“美”是“真”和“善”的融合与升华，是哲学的基本范畴之一，是人类不懈追求的自然价值、社会价值和人文价值。美的核心体现是协调和谐，协调和谐应该反映在自然物世界、人工物世界和艺术文化世界之中，这就形成了三种不同类型的美：自然美、工程美和艺术美。

自然物世界的美是“自然美”，人类艺术活动和艺术世界的美是“艺术美”，人工物世界的美是“工程美”。这三种不同类型的美既有相同、相通之处，又有各具不同特点之处。在以往的美学研究和美学传统中，许多人往往更关注“艺术作品美”和“自然美”，而常常忽视了“工程美”。实际上，“工程美”——与广义工程活动（包括人的“生产”和“生活”活动）联系在一起的“美”——也是最常见、最重要的美学现象。赵州桥之美、都江堰之美、金字塔之美、埃菲尔铁塔之美、人造卫星之美等都体现的是人工造物和人工世界之中的工程美。手工艺产品之美、桥梁美、建筑美、现代工程产品之美，都属于人工物世界的美，属于“工程美”。

对于工程美，马克思有一个极其深刻的观点：“动物只是按照它所属的那个种的尺度和需要来建造，而人却懂得按照任何一个种的尺度来进行生产，并且懂得怎样处处都把内在的尺度运用到对象上去；因此，人也按照美的规律来建造。”① 按照美的规律来建造，体现出来的就是工程美。

“工程美”是人工造物和人工物世界构建过程中“美”的体现。“工程美”既有物质性的含义，又有精神性的含义，是二者的辩证

① 马克思，恩格斯．马克思恩格斯文集：第1卷［M］．北京：人民出版社，2009：163.

统一。

“工程美”是工程哲学的一个基本范畴。正像“美”是“一般哲学理论体系”的基本范畴之一一样，“工程美”也是“工程哲学理论体系”的基本范畴之一。工程从业者在工程实践中创造“工程美”，工程师和哲学家又在工程哲学领域研究“工程美”，进一步又用“工程美”的思想和理论指导与启发“工程美”的创造，生活在“工程美的境界”中。

工程对象中的“工程美”是“美”的基本类型之一。在哲学史上，许多哲学家都关注了对“美”的理论研究，可是绝大多数哲学家在研究“美”的时候，主要以“艺术作品”的“艺术美”为研究对象，中国许多美学家还关注了对“自然美”的研究，但他们都忽视了对“工程对象”中“工程美”的研究。

工程哲学提出必须把“工程美”看作与“艺术美”“自然美”并列的“美学对象”“美学形式”和“美学概念”，应该把“工程美”看作工程哲学的基本范畴之一，可以认为，这也是工程哲学研究在“美学领域”中的一种新探索和新贡献。

2 工程美的表现形式和具体特征

“工程美”的表现形式和具体特征是多种多样的，更具体地说，“工程美”常常表现为以下几种形式。

(1)“工程产品”之美。

正像“艺术美”首先直接地表现在“艺术作品”中一样，工程美也首先直接地表现在“工程活动的产品”之中，成为“工程产品之美”。我们不但可以和必须把埃及金字塔、古希腊帕特农神庙、中国的都江堰、现代的胡佛水坝等称为“工程产品”，而且必须承认“新型纺织品”、新产品的电视机（包括其外观设计）等也都是作为工程活动的产品。在欣赏这些工程产品之“美”时，人们往往首先直接看到和感受到“工程产品”的“外观”与“功能”之“美”，但所谓“工程产品”之美，绝不仅仅表现为“形式之美”，更表现为“功能和形式统一之美”。

(2) 工程设计中的“艺术设计”之美。

就我国的情况而言，在改革开放之后，“工业设计”专业令许多人耳目一新，“工业设计”专业的发展可谓突飞猛进。特别是在2011年，在国务院学位委员会、教育部新修订的《学位授予和人才培养学科目录（2011年）》中，艺术学成为新的第13个学科门类，即艺术学门类。该门类下设5个一级学科：艺术学理论、音乐与舞蹈学、戏剧与影视学、美术学、设计学。虽然该目录也规定“设计学”学科“可授艺术学、工学学位”，但由于把“设计学”归属到“艺术学门类”之中，这就使这个“设计学”主要指“艺术设计”而不是“工程技术设计”（如发动机设计、钢厂设计）。我国许多院校都设立了“设计学”专业，由于其实际教学内容是“艺术设计”，这就培养了许多从事“艺术设计”——包括工程产品的外观设计——工作的人才。在最近一二十年中（就世界范围看，还可以追溯更长的时间），对于“艺术设计”的许多理论问题的研究也取得了长足的发展。在设计学的理论研究中，也有人专门研究了“艺术设计”中的美学问题，在对“艺术设计”之“美”的认识上取得了一定的进展。

（3）工程设计中的“工程技术设计”之美。

对于工程设计工作整体而言，虽然绝不可否认“艺术设计”的意义和专业性。但必须承认“工程设计”（如发动机设计、航天器设计、电站设计等）的核心内容是“工程技术设计”。

“工程技术设计”的本质特征和属性是“工程中的技术”，属于“工程系统技术集成之美”。正像“科学美”也是“美”的一个具体类型一样①，“工程美”也是“美”的一个具体类型。在工程美的研究中，“工程技术设计之美”无疑地是最重要的内容之一，遗憾的是，这方面的研究成果不多。

在工程设计工作和过程中，工程艺术设计和工程技术设计都具有自身的重要作用和意义，但工程设计的灵魂更在于如何实现“工程技术设计”与“工程艺术设计”的统一。绝不能仅仅把工程设计之美解释和理解为“工程艺术设计之美”。

在认识工程设计美时，不但要关注工程设计中的“形式美”“艺术美”，更要关注工程设计的“功能美”“技术美”。工程设计美是“工程技术设计”与“工程艺术设计”的统一。“工程设计美”

---

① 可参考《百度百科》“科学美”“科学美学”条目。

的核心意蕴是：以整体优化为指导思想；追求工程系统的动态自组织性的“涌现性”优化，要将其落实到单元要素功能优化，要素之间的关系优化和系统整体、结构及其动态运行的集成优化，也就是设计出体现整体的结构优化和运动协调和谐的工程美，要努力实现“工程技术设计之美”和“工程艺术设计之美”的“有机统一”。

（4）工程活动的“过程之美”和“创造力之美”。

正像“生物”和“人”有一个“从诞生到死亡”的“生命过程”一样，工程活动也有一个从“计划设计”“实施设计”到“管理运行”“维护”和“退役”的过程。在这个过程中，正如“生命诞生”“生命力发挥”“生命终止”有其“惊心动魄”的“美学意蕴”一样，工程活动过程中也有“工程创造力”“工程生命力”“工程过程”之“美”，可以肯定：这些都是工程哲学——更具体地说是工程美学——需要在未来深入研究的内容和课题。

（5）工程活动中的“精神”之美和“工程美”的精神。

工程活动是物质性活动与精神性活动的统一。“工程美”不仅体现着人工物的美，而且体现着人工物建构、运行过程中的理念、意识和审美情趣。

工程活动中，精神因素具有绝不可忽视的重要意义、作用和影响。在某些实例中，工程中的精神因素甚至具有“异常突出的意义和影响”，甚至形成了“特定的工程精神”——例如“大庆精神”“‘两弹一星’精神”“航天精神”等。我们不但可以在这些“特定的工程精神”中看到“工程精神”之“美”，而且在工程产品及工程活动中看到“工匠精神”和“工程师精神”的“精神之美”。

（6）工程美是系统之美。

“工程美”不但要表现为工程产品之美、工程技术设计之美、工程艺术设计之美、工程过程之美、工程结构之美、工程功能之美、工程能力之美，而且要表现为工程精神之美、工程创造力之美。总而言之，工程美是这些多重美的表现的辩证统一，要表现为系统整体之美，这些方面的协调统一使得“工程美”成为“工程系统之美”或“工程美之系统”。

美与系统是强烈相关的，美是铭刻在系统之中的。所谓系统，涉及物质、能量、时间、空间、信息和生命等基本维度，其中时间不可逆，能量、生命总是耗散的，系统之中的节能、省时都深刻地反映和体现出各类系统的美。就工程系统而言，在工程系统构成要素多样性、差异性的统一中，在形成可协同运行的结构设计和创造中，在工程活动体现的协调和谐中，都反映和体现了工程美。值得注意的是，由于工程结构表现为耗散结构、工程过程表现为耗散过程，工程美也要表现为耗散结构的美、耗散过程的美。工程师在工程活动的创造中，哲学家和其他人士在对工程活动的认识和评价中，都可以通过“工程系统诸要素的选择-整合-集成-建构过程的协同性、和谐性”而看到耗散结构美、耗散过程美的表现和体现。

上文谈到许多哲学家都认为美就是和谐。就工程哲学和工程美而言，美之协调和谐特征不但突出表现在工程产品之中，而且突出反映在生产过程之中、消费过程之中、社会生活、社会文明之中。工程活动、工程哲学追求的旨趣在于弘扬“工程美”。

超越，是美的灵魂。许多美学家关注了从现象到本质的超越，注重发现“本质之美”；同时也必须关注从感性到理性的超越。工程哲学所追求的“美”，既要超越造物者自己，又要超越自己所造的人工物，在“物我合一”的境界中理解和把握人类造物过程及其成果的“工程美”。

3 工程美的创造和真善美统一境界的追求

工程活动是人类创造人工物的过程。创造人工物的过程也是创造工程美的过程。

应该承认，工程活动的最初的、最直接的动机和目的是“实用”，在这个过程中，又进一步升华出“美”的要求和目的。人工物之所以能够降临人间，首先是因为有用。进一步，因为爱美是人之常情，随着生产力的发展，随着人类工程能力和工程水平的提高，工程美的意识、标准和水平也不断提高。

工程实践已经为人类创造了无数精美绝伦而堪称“美”的化身的经典作品，并在一定程度上铸就了一个民族的思维方式与价值取向，成为民族文化甚至社会心理的底层建构。回顾历史，人类历史上留下的一些工程遗迹同时也是艺术经典，而许多经典艺术也与工程有关。例如，古希腊帕特农神庙既是建筑工程的经典又是“艺术美”的经典。

随着现代科技的不断发展和民族文化的持续交流，未来的工程还将继续为人类创造更多、更新、更美的工程产品。人类的活动空间向外已走向太阳系边缘，向内则深入到海洋底部的马里亚纳海沟。在那里可以领略到前所未有的景色，刷新和丰富人类的审美感受与体验。例如，“天宫二号”已经揭开空间实验室序幕，科学家不仅可以获得地球上得不到的科研成果，还能够欣赏到属于太空才有的独特的美。当代中国别具特色的工程美追求已经为中国确立工程大国地位。世界上最长的港珠澳跨海大桥，就是现代工程与中国传统文化融合的产物，像一条飘带在茫茫大海上若隐若现，正是中国传统文化的审美追求与港珠澳现代经济社会发展要求的新统一。

美是“真”和“善”融合与升华，美的核心是协调和谐。这种协调和谐反映在自然物世界之中，也反映在人工物世界和艺术文化世界之中。自然美、艺术美、工程美这三种不同形式和类型的美不是相互无关的，而是密切联系、相互渗透的。

不能否认，工程美不但存在于人类社会生活、生产过程中，而且存在于和艺术美、自然美的密切联系之中。但也应该强调，对于工程哲学与工程活动来说，应该高度关注“工程美”的创造和弘扬“工程美”。

“工程美”既有物质性的含义，又有精神性的含义，是二者的统一。人类的工程活动、工程实践可以创造出工程产品美、工程设计美、工程建筑美等物质性的美，但创造不了自然美，自然美是宇宙自然演化的结果。但我们可以发现自然美，模拟自然之美，“道法自然”。工程美与自然美、艺术美是相通的，反映着不同侧面。物质性的工程美、精神性的工程美都渗透着美学理念中的协调和谐特征。工程的物质性建构过程及其运行过程要体现出要素间的协调和结构运动的和谐。工程人工物的存在、运动、演化要与客观自然、人的生活、人类社会文明以及宇宙演化相互协调并和谐相处。

有哲学家认为，人生过程和人类演化过程就是境界升华的过程。我国著名哲学家张世英认为人生境界提升的过程有四个阶段：欲求的境界、求实的境界、道德的境界、审美的境界。① 依据这种认识，我们对工程美的认识也可以提升到一个新的阶段：所谓工程美不但

---

① 张世英．境界与文化——成人之道[M]．北京：人民出版社，2007.

是工程设计之美、工程产品之美、工程过程之美，工程美更是“境界之美”。工程美不是天然美，工程美是创造出来的。工程活动的目的不但要追求实用，更追求创造工程美，要创造一个工程美的境界。

在社会的工程实践和工程演化发展中，同时出现了对“真善美统一”的“理想追求”和“工程异化”现象的“现实存在”。工程实践正是在二者的对立统一中不断前进、不断发展的。回顾历史，工程实践沿着“追求真善美统一”的道路走来；着眼现在，工程实践正沿着“追求真善美统一”的道路前进；放眼未来，工程实践将在“追求真善美统一”的大路上不断超越，不断达到新境界。在工程美中，人们不但看到了真性之光、善性之光，而且看到了灵性之美、活力之美、创造力之美，看到了“知行合一之美”和“物我统一之美”，领悟到了“真善美统一的新境界”。

工程美是人类展示自己美好心灵的最重要的途径和方式。在工程美中也必然蕴涵人类的真和善。没有真，违反客观规律，工程很难成功；没有善，工程异化难以避免。工程实践不仅是真善美的统一，而且是人类自己以独特的方式加以实现的真善美的统一。从这种意义上讲，工程实践就是人类展示自己真善美灵魂的过程。

“真善美的统一”是工程哲学的“最高原则”。工程活动离不开真、离不开求善，也离不开求美。工程活动是真善美统一的过程，而“真善美的统一”也成为工程活动的“最高原则”。

“工程美的境界”是理想与现实的统一，是真善美的统一。工程美的追求是人类创造人工物世界过程中不断超越的意识和实践的重要源泉与表现，人类的工程活动和人类本身都要在创造“工程美的境界”的过程与实践中不断发展、不断演进。

实践篇

Practice

PRACTICE

第一章

中国高速铁路创新发展的哲学思考

在人类交通工程演化发展进程中，铁路的发明和建设是一个革命性事件。1825 年，英国开通了第一条铁路，开创了世界铁路历史的先河。紧随其后，许多国家也都开始了大规模铁路建设。但是在 1949 年以前的中国，铁路工程建设却经历了格外艰难曲折的历程。新中国成立后，铁路发展明显加快了建设速度。尽管如此，仍难以满足经济快速增长的需求，与世界先进水平相比差距巨大。改革开放后，中国铁路人勇于创新，在列车速度问题上，基于财力有限的历史条件，以渐进性地开展“提速”的方式不断积累和创新，直至跃升走上了发展中国高速铁路的新阶段。

经过多年的奋斗，中国高速铁路建设取得辉煌成就，对经济社会发展发挥了重要支撑和拉动作用，并成为对外一张亮丽的名片。2020 年中国高速铁路营业里程达 3.79 万 km，约占世界高速铁路的 70%。自主设计制造的“复兴号高速列车奔驰在祖国广袤的大地上”，最高行车时速达 350 km，居世界第一，目前中国高速铁路网覆盖除西藏、台湾外的全部省份。客运量急剧增长，适应了人民群众出行的需要，既解决了多年的火车买票难问题，又缩短了旅行时间，提高了乘车便捷性和舒适性。与此同时，高速铁路作为中国铁路运输的主骨架，支撑了经济社会高质量发展，增强了沿线地区经济发展的吸引力和辐射力；缩短了时空距离，打造同城效应，加快经济社会运行节奏，促进了城市群、区域一体化；发挥了绿色交通的比较优势，为节能减排做出了重要贡献。

第一节 中国高速铁路创新发展历程

“水滴石穿，非一日之功”。中国高速铁路的孕育和发展曾是一个漫长的创新发展过程，经历了探索创新时期、快速发展时期、自主提升时期，目前正在进入高质量发展时期。

1 锲而不舍的探索创新时期

创新是梦想引导的活动，没有创新的梦想就不可能有创新的行动。然而实现梦想不可能是一蹴而就的，必须审时度势，创造条件，脚踏实地地开展创新活动。只有锲而不舍，不盲从，不跟风，把梦想与实践结合起来，探索和创新才有成功的希望。

中国高速铁路的孕育是由广深（广州—深圳）准高速铁路建设开始的。20 世纪 80 年代，中国铁路运能紧张，严重制约了国民经济和社会发展。旅客列车平均速度仅为 48 km/h，货物列车速度更慢。在计划经济体制下，每年国家 100 亿元左右的拨款只能修建几百公里铁路，显然无力建设高速铁路。提高运输能力主要靠既有铁路挖潜。1990 年，铁道部决定将长度约 150 km 的广深线作为提速改造的试点工程，最高速度从 100 km/h 提高到 160 km/h（其中 26 km 设有速度为 200 km/h 的试验段）。广深线作为我国第一条提速铁路（又称准高速铁路），开通后取得了良好的效果。为其所开发的大功率机车、新型客车、动车组以及可动心道岔等以及新制定的标准规范，为日后铁路大面积提速奠定了坚实的基础。从 1997 年开始，我国铁路陆续实施 6 次大提速，最高速度达 200~250 km/h。大规模的提速工程不但提高了铁路客运能力和服务质量，而且成为我国高速铁路发展的铺垫和前奏。

中国铁路人没有满足于既有铁路的大提速，进而提出建设高速铁路的设想，并率先对京沪（北京—上海）高速铁路开展了论证。20 世纪 80 年代，我国东部沿海地区经济起飞，既有的京沪铁路客货运量猛增，急需扩大运输能力。在做了大量研究的基础上，1990 年，铁道部向国务院报送了《关于“八五”期间开展高速铁路技术攻关的报告》。1993 年，国家科学技术委员会、国家计划委员会、国家经济委员会、国家经济体制改革委员会和铁道部组织专家编写《京沪高速铁路重大技术经济问题前期研究报告》上报国务院。报告认为，建设京沪高速铁路是迫切需要的，技术上是可行的，经济上是合理的，国力上是能够承受的，建设资金是可以解决的，建议国家尽快批准立项。随后，铁道部组织力量开展现场勘测设计工作，并对机车车辆、通信信号、线路桥梁、运输组织等开展系列研究。1996 年完成预可研报告并上报国务院。总理办公会议专门做了研究，认为建设京沪高速铁路是需要的，可考虑近期完成立项工作。1997 年，铁道部将《新建北京至上海高速铁路项目建议书》上报国家计划委员会。1998 年年初，中央把京沪高速铁路建设列入工作重点之一。

正当人们准备大干京沪高速铁路之时，不期然却陷入了长达五年的磁浮与轮轨技术制式之争——也就是关于中国高速铁路工程的“技术路线”之争。1998 年，德国公司以及我国几位学者提出京沪高速铁路采用磁浮技术的建议，并得到高层重视。然而铁道部却不赞同这一技术路线，理由是：采用磁浮技术路线除了技术掌握在外国公司手里、风险大外，最重要问题是新建的磁浮系统不能与既有铁路兼容联网；相反，若京沪间修建轮轨高速铁路，不但技术成熟、成本较低，还能在华东地区发挥更为广阔的辐射效应。这场技术路线的争论十分激烈，导致了京沪高速铁路建设长时间搁浅。

由于京沪高速铁路迟迟未能上马，1999 年开始建设的秦沈（秦皇岛—沈阳）客运专线便成为我国高速铁路的“试验田”。秦沈客运专线全长 405 km。线下工程按 250 km/h、线上工程按 200 km/h 设计，并设置了长 66 km、最高速度为 300 km/h 的试验段。这条线路的建设创造了中国铁路的众多“率先”和“第一”。路基率先按全新概念设计和施工，对填筑工艺提出严格要求；开发了新型钢轨、大号码道岔，铺设了超长无缝线路。桥梁上率先大范围采用双线混凝土箱型梁。接触网第一次在我国采用铜镁合金导线，受流性能明显改善。牵引变电所具有远动控制和自诊断功能，做到无人值守。信号系统取得突破，以车载速度显示作为行车凭证。“中华之星”动车组试验速度达到 321.5 km/h，刷新我国铁路的最高纪录。秦沈客运专线不但开发了新技术，积累了设计、施工经验，同时也培训了一大批人才，为后续高速铁路建设输送了技术骨干。

2 抓住机遇的快速发展时期

在现实的社会生活中，人们都对“机遇”问题有深切体验。对于工程发展和工程创新进程来说，如果能够及时抓住机遇，就会走上发展的快车道。

2003年，京沪高速铁路的轮轨和磁浮的技术路线之争结束，“轮轨技术”成为公认的选择。国务院先后于2004年和2008年相继批准《中长期铁路网规划》和《中长期铁路网规划（2008年调整）》，为我国铁路特别是高速铁路规划了发展蓝图。由于适逢国家追加“铁、公、机”投资的时机，紧接着高速铁路建设进入高潮，并创造了历史性的辉煌。合肥—九江、武汉—广州、北京—天津（我国第一条时速350 km的高速铁路）、郑州—西安、温州—福州、福州—厦门等高速铁路接连开通，在国内外引起热烈反响，得到社会公众的赞扬。其中，1 318 km的京沪高速铁路是当时世界上一次建成里程最长、标准最高的高速铁路线路。这一期间，实施了高速动车组等技术装备的大规模引进，并很快实现了国产化。例如，生产了CRH1、CRH2、CRH3、CRH5型动车组，进而在此基础上经过改进创新，推出CRH380A、CRH380B等系列高速列车，这样在技术和质量上又上了一个新台阶。

3 重大事件反思后的自主提升时期

2011年，甬温线特别重大铁路交通事故发生后，社会上关于高速铁路一片褒扬的舆论出现了如过山车般的跌宕，质疑之声一时间铺天盖地。关于高速铁路如何发展的问题，突然成为全社会议论的热点。

工程发展史的辩证法告诫人们：重大事故往往会成为工程发展中的一个“关节点”。如果能对事故进行严肃剖析和反思，就能发现重大技术和管理漏洞，进而能够深化对所建工程的认识，甚至会开创工程建设的“新阶段”；反之，也可能成为“一蹶不振”的“转折点”。那段时间，面对种种质疑，铁路人没有自乱阵脚，没有气馁。在国务院的领导下，铁道部深入分析了之前存在的不科学、不规范、不可持续的问题，调整了发展思路：以保证建设质量为前提，不再急忙抢进度；把握需求与可能，兼顾社会效益和经济效益，调整建设规模；充分考虑群众多层次需求和对票价的承受能力，做到建设标准与所在地区的发展水平相匹配；按300~350 km/h建设

“四纵四横”主通道高速铁路；按 200～250 km/h 建设高速铁路延伸线。就这样，通过调整发展思路，在加强管理、降低造价、保证质量和安全方面取得了明显成效。

与此同时，加大了自主创新攻关力度。经过几年的努力，开展正向设计、自主制造、自主试验，开发出系列具有自主知识产权的产品。“复兴号”动车组列车研制取得成功，列车控制系统、地震预警系统获重大突破，无砟轨道、跨度 40 m 简支箱梁、装配式隧道、聚氨酯固化道床等研究成果进一步优化了中国高速铁路线路工程技术体系。

4 进入新时代高质量发展时期

2017 年，党的十九大明确了建设交通强国的宏伟目标，铁路系统提出了“建设交通强国，铁路先行”的发展战略——统筹发展和安全，打造一流设施、技术、管理、服务，构建便捷顺畅、经济高效、绿色集约、智能先进、安全可靠的现代化的高速铁路系统。这标志着铁路系统进入新时代高质量发展时期。主要成就包括：推进高速铁路网建设在原有“四纵四横”的基础上，向“八纵八横”过渡。增强科技创新力度，实现运营调度指挥自动化，在世界上首次实现时速 350 km 列车的自动驾驶；开启速度为 400 km/h 的新型动车组的开发，为高速铁路进一步缩短旅行时间创造条件；试制高速磁浮列车，研究真空管道高速列车，为发展更高速度的交通方式做好技术储备；推进数字化、智能化建设，对运输组织、安全生产、客货服务、经营管理、建设管理等发挥支撑作用。提高工程质量，实现建筑信息模型（BIM）、大数据等新一代信息技术与高速铁路建设工程的集成融合。提升运输经营水平，实行一站式、个性化服务。推进绿色发展，使用清洁能源装备，减少噪声和污染物排放，促进高速铁路与生态的协调。

回顾三十多年的高速铁路发展历程，并非一路坦途，曾出现一些起伏和曲折。尽管如此，这一历程却是高速铁路系统不断升级的过程、技术和管理创新的过程，也是对高速铁路不断加深认识和统一思想的过程。尤其是在早期探索时期的十多年里，通过不同观点的辩论、各种方案的比较、技术路线（轮轨与磁浮）的激烈交锋，和“否定之否定”的螺旋式反复，对客观事物的理解逐步深化，最终导致认识上的升华，并在统一思想的基础上形成了正确的决策。如果没有先前的辩论和“交锋”，就不会有后来认识上的高度一致。看起来“统一认识”来得慢些，但正是这个“慢”就为后来的“快”（决策上马）做了准备，促成了“快速发展时期”的早日到来。由于“统一认识”来之不易，所以其后的决心和行动就坚定不移，不为外界各种议论所动摇。这就在思想上为我国高速铁路顺利发展创造了重要条件。

第二节 我国高速铁路的创新成就

1 技术创新成就

多年来，中国铁路始终坚持独立自主、开放合作，坚定不移地走自主创新之路，推进核心技术攻关和产业化应用。在工程建设、动车组、通信信号、牵引供电、安全保障、经营管理等领域实现重要突破，研制和推广了大量自主化新装备，取得“复兴号”动车组等一批重大科技创新成果；形成了包括工程建设标准、产品技术标准、运营技术在内的高速铁路标准体系。我国高速铁路在技术上总体上达到世界先进水平，部分领域为世界领先。

（1）工程建设领域。依托多年大规模铁路建设实践，在高速铁路路基、轨道、桥梁、隧道等方面解决了许多世界性技术难题，相继建成以京沪、京广为代表的一批高速铁路。路基轨道方面，攻克了复杂地质条件下地基处理、填筑工艺、变形控制、防止冻胀等技术，保证了高速铁路路基长期稳定和线路平顺；开发了CRTSⅢ型板式无砟轨道结构，形成了具有自主知识产权的成套技术；开展了聚氨酯固化道床研究，丰富了轨道结构类型。桥梁方面，建成了跨度、荷载等创世界纪录的高速铁路桥梁。例如：武汉天兴洲长江大桥，是世界上首座按四线铁路修建的双塔公铁两用斜拉桥；南京大胜关长江大桥，是世界上首座六线且荷载最大的高速铁路桥梁；沪通长江大桥和五峰山长江大桥分别为世界上跨度最大的公铁两用斜拉桥和高速铁路悬索桥。隧道方面，在岩溶、瓦斯、黄土、高地应力、高水压等复杂条件下的工程修建技术取得新突破，建成了一批特长、超深埋、超大断面、高海拔等隧道工程。例如：全长 27.8 km 的太行山隧道，是亚洲最长的高速铁路隧道；广深港客运专线狮子洋隧道是世界上最长的水下铁路盾构隧道。智能建造方面，将物联网、大数据、人工智能等先进技术成功应用于高速铁路建设，形成基于 BIM 的协同设计、智能施工体系。

（2）高速动车组领域。先期自主研发了“中华之星”等高速动车组，后来通过引进技术、消化吸收，实现动车组的国产化，形成了“和谐号”动车组系列，之后经过改进创新研制了 CRH380A、CRH380B 等动车组。特别值得称道的是，中国科技人员坚持正向设计，成功开发了具有完全自主知识产权的时速 350 km 的中国标准动车组——“复兴号”，树立了世界高速铁路建设运营新标杆。其后又以“复兴号”为基础，构建了高速动车组产品谱系化平台，满足了不同速度等级、不同运用环境、不同编组形式的需要，实现了“自主化”“标准化”。具体而言，在产品开发中开展了大量的基础研究、设计探索、仿真优化、台架试验及长期线路跟踪试验，在走行部技术、车体技术、牵引制动与网络技术等方面实现了新突破。在速度方面，继“和谐号”创造了 486.1 km/h 的世界轮轨铁路运营最高速度纪录后，“复兴号”创造了 420 km/h 的世界最高速度列车交会试验纪录。在安全方面，设置智能化感知系统对列车进行全方位监测，应用大数据、物联网等信息技术实现动车组健康管理。在节能环保方面，优化列车头型及车体空气动力学性能，采用镁合金、碳纤维等轻量化材料，降低了运行能耗和噪声。在舒适性方面，平稳指标达到国际优级标准。尤其应该指出，近期成功研制的用于京张铁路、京雄铁路的智能型“复兴号”动车组，在世界上首次实现了时速 350 km 自动驾驶。“复兴号”已经成为中国走向世界的王牌。为此，习近平总书记称赞道，“复兴号奔驰在祖国广袤的大地上”，“复兴号高速列车迈出从追赶到领跑的关键一步”。

（3）通信信号领域。通过引进和自主研发，采用 GSM-R 通信系统，突破无线闭塞中心关键技术，实现地面与动车组信息的双向实时传输，成功研发了自主化 CTCS-3 级列控系统，构建了自主列控系统技术体系，满足了列车时速 350 km 的运行要求，进而又成功研制了高速铁路列车自动驾驶系统。

(4) 牵引供电领域。研制了大张力全补偿链型悬挂等接触网新技术，改善了弓网受流性能。开发了具有设备远程控制、保护、监视、测量功能的智能牵引供电系统，保证了高速运行条件下牵引供电系统的安全可靠。

(5) 安全保障领域。建立包括实时检测、在线预警、综合分析、趋势预测和安全评估的综合检测技术体系。研发了风雨雪等自然灾害监测、异物侵限报警与地震监测预警技术，建成了覆盖高速铁路全线的综合视频监控系统，实现对设备状态、自然灾害和治安风险的立体防控。

(6) 运营管理领域。为保障大规模、多场景铁路运营，构建了由全路指挥中心、地区调度中心、车站执行中心组成的调度指挥体系，有效解决了不同动车组编组、不同速度、不同距离、跨线运行等调度难题，实现了调度指挥集中化、智能化。构建了世界上规模最大的12306实时票务交易系统，推出自助选座等一系列服务功能，提升了高速铁路运营服务品质。

综上所述，以上高速铁路的各技术领域（子系统）都取得了丰硕的创新成果。不过，各领域技术创新的特征和层次是有差异的。在工程建设和牵引供电领域，主要是在渐进式创新的基础上取得了集成性突破，即通过多年实践经验和知识的积累集成，实现从量变到质变，整体达到世界领先水平。高速动车组则是在自主研发的深厚底蕴的基础上，通过引进实现了高水平的再创新，在运行速度上反超日本、法国、德国等国家。通信信号创新与高速动车组属于同一类型，目前达到国际先进水平。安全保障技术和运营管理技术则是我国自主开发的结晶。

高速铁路是个复杂的大系统，是由多个子系统、上千种专项技术（要素）支撑的，而这些子系统及其要素常常是不可分割的。例如动车与轨道、动车与供电、动车与信号形成了相互耦合、相互制约的关系，有的甚至相互融合成一个整体，而安全保障技术和运营管理技术则渗透到高速铁路的其他子系统。众所周知，大系统整体作用大于子系统作用之和，所以在技术创新中，不但子系统内部各要素需要集成，而且各子系统之间也必须进行综合。反过来说，即使每个要素（子系统）不是最优，但可以通过有效的集成整合，实现工程大系统的优化。事实上也是如此，我国高速铁路并非基于全新的技术，并非都在最高档次上，而是以自主创新技术为核心，充分利用长期积累的成熟技术、消化吸收的引进技术，加以融合集成而形成的工程系统。多年来，我国高速铁路采取了建设、运营一体化，科研、制造、试验一体化，固定设施与移动装备一体化等综合开发方式，打通了不同专业、不同部门创新环节间的阻隔，形成了跨专业融合、上下贯通、协调一致的协作模式，从而综合创造了世界水平的技术系统。

2 管理创新成就

铁路是个社会性、开放性很强的工程系统，系统环境是铁路赖以生存发展的必要条件。对于计划经济烙印很深的铁路而言，改革开放以来，铁路所处的系统环境发生最突出的变化，即我国市场经济体制改革的不断深化。铁路逐步适应这种变化，实施了许多改革与管理创新。

(1) 先后组建中国铁路总公司和中国国家铁路集团有限公司，改变了长期以来铁路政企合一体制，在构建现代企业管理制度方面取得重要进展。

(2) 引入市场机制，改革高速铁路投资模式。吸收各省市以及社会资本，促进铁路投资多元化新格局的形成和高速铁路管理体制与运行机制的转变。铁路企业与地方政府开展密切合作，形成“路地共建”模式，既发挥了铁路企业在组织建设和运营管理方面的特长，又发挥了沿线地方政府在征地拆迁方面的优势，妥善解决了有关群众安置问题，化解了许多矛盾。

(3) 推进运输管理体制改革，创新经营管理模式。负责资产管理的各高速铁路公司不直接经营运输业务，而采取委托模式，由相关铁路局承担运输组织工作，并对设施基础、移动装备、运输安全进行管理和维修。这种模式有利于充分利用既有铁路设施和人力资源，便于与整个路网的协调配合，发挥更大效益。

(4) 开拓创新服务模式，改善服务质量。为适应旅客出行需要和客流量的不断变化，推出各种等级的长途、城际、市域列车等多样运输产品，建立客运“一日一图”运力调配机制；全面推广电子客票、网上售票、刷脸进站、互联网订餐、旅途在线娱乐等特色服务。实施列车票价差异化的市场化改革。

我国高速铁路建设运营之所以取得成功，改革与管理创新是重要因素。改革与管理创新从根本上改变了计划经济体制下的“高大半”（高度集中统一、大联动机、半军事化）的管理模式，既适应了社会主义市场体制机制大环境，又激发了企业的活力。

综上所述，技术创新和管理创新是一种相互依存、相互促进的关系。技术创新促进了管理创新，管理创新则支撑了技术创新功效得以发挥。技术创新与管理创新对我国高速铁路的发展起到了“双轮驱动”作用。

第三节　关于高速铁路创新发展中若干关系的哲学分析

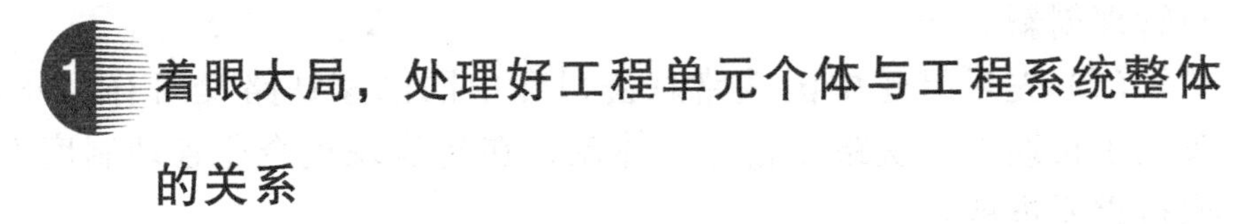

1 着眼大局，处理好工程单元个体与工程系统整体的关系

自然界的一切事物不是孤立存在的，都处于系统之中。高速铁路作为四通八达的运输体系，一方面与经济社会有着千丝万缕的联系，另一方面其自身又是个复杂巨系统。与一般的工程不同，高速铁路是由基础设施网、运营服务网、信息网、能源供应网等多层网络构成的系统。其中，基础设施网由多条线路和诸多枢纽组成。运营服务网由高速列车、列车控制系统、供电系统、信息系统、运输指挥和客货服务系统支撑。除此，高速铁路网不仅要与既有普速铁路网互联互通，还要与其他交通方式实现有效衔接。与此同时，高速铁路还要服务于经济社会发展的需要，既要着眼全国也要惠及有关省市。这就要求每一条线路、每一个枢纽的规划建设和运营不但要服从全局的需要，而且必须适应各地发展的要求。因此，高速铁路建设与运营必须从大局着眼，处理好每个工程单元个体与整个系统的关系。也就是说，为了实现我国高速铁路系统的优化，每项工程必须服从总体规划，技术制式的选择必须考虑全局的要求，所有

装备必须符合标准和规范，列车运营要服从统一调度。

由于多年来我国高速铁路建设坚持抓好顶层设计，上述各项要求已经兑现。这主要归功于我国的体制优势。例如，路网建设得到国家的高度重视，国务院分别于2004年、2008年、2016年三次批准“铁路中长期发展规划”，其中包括建设“四纵四横”“八纵八横”高速铁路主骨架。与此相应，有关部门和地方制定了落实计划与保障措施。

假如与美国早期铁路建设相比，我国走了完全不同的道路。当时美国铁路发展呈现放任、无序的态势，结果导致碎片化和重复建设，以至于后来不得不实施大规模兼并重组，并将十几万公里运量不大的铁路拆除。

其实，在我国高速铁路建设中，关于如何处理好局部与全局的关系并不是没有出现过问题。尽管有一些波折，但最终得到了解决。例如前面提到的京沪高速铁路技术制式抉择问题，即磁浮与轮轨技术路线之争，经过长期反复辩论后，才最终得出结果。正是这条高速铁路技术方案统一到全国轮轨制式的正确选择，为开启我国高速铁路建设高潮铺平了道路。

由于高速铁路建设重视把握工程单元个体与工程系统整体的关系，所以取得了良好的整体效益。

2 立足实践，既要重视渐进性创新，又要追求突破性创新

实践是创新的源泉，对中国高速铁路也是如此。以工程建设（土建）为例，其主要技术源自中国铁路自身多年建设实践。这是由于我国国情不同于日本、法国、德国等高速铁路先驱，我国疆土辽阔，气候与地质条件十分复杂，没有国外成套经验可资借鉴，况且中国高速铁路最高时速为350 km，已经超越了国外最高标准，更需自己探索前行。几十年来中国铁路大规模建路、架设桥梁、开凿隧道的极其丰富的工程实践（包括科学实验）孕育和支撑了高速铁路技术创新与管理创新。铁路人立足于丰富实践，将经验总结为方法，将领悟升华为理论，将认知转化为标准。而形成的这些方法、理论和标准又反过来再指导实践。大规模的实践是我国高速铁路超

越发达国家的重要原因，而原来领先的日本、法国、德国等国家由于高速铁路建设步伐放缓，缺乏最新实践，所以在许多领域被我们超越。

辩证法告知我们，立足于实践的创新有不同形式，既有量变（渐进性）又有质变（突变性）。这就要求在工程建设中既要重视渐进性创新又要重视突破性创新。

经验表明，大量立足于实践的创新是渐进性的，主要以技术或方法的“改进”“革新”形式出现，这类创新对于改善质量、降低成本、提高效率是十分重要的，而且可为重大突破式创新打下基础。与此同时，必须指出，渐进性创新在表现形式上，往往不局限于线性式“进化”，却常常表现为“阶梯式”跳跃。当工程出现某种局部的技术或管理突破性创新后，由于量变与质变二者的密切结合，就会产生创新跳跃台阶，并导致“阶梯式”的创新发展态势。例如，多年来建设的多座高速铁路跨江、跨海大桥，跨度越来越大、结构越来越新。尽管彼此设计方案与施工方法有很大区别，然而后者既是对前者的借鉴继承，也是对前者的优化升级，即每建一座新的大桥，在技术和管理上就会再上一个新台阶。又如，高速铁路的无砟轨道先后开发出了三种型号，即 CRTS Ⅰ、CRTS Ⅱ、CRTS Ⅲ，一个比一个更好，呈现了“阶梯式”发展。“阶梯式”发展不只是出现在高速铁路建设领域，中国铁路的六次大提速，也是很好的例证。每次提速都吸取了前一次的经验，在技术和管理上都有提升，最高速度也从 140~160 km/h 逐步提高至 200~250 km/h。这些“积小胜为大胜”的“阶梯式”的积累，为高速铁路建设打下基础。

经验还表明，重大突破性创新不但是实践积累的跃变，还是理论创新的结晶。开展多年的大量的科学实验不但解决了工程施工和产品开发中的现实问题，而且推动了高速状态下的轮轨关系等理论研究的创新。例如，基于列车与桥梁相互作用的系统研究，使得在大跨度钢桥设计参数、疲劳性能、材料应用等方面收获丰硕成果；由于揭示路基基床结构的动力响应规律和荷载传递特征，形成了动力分析与累积效应理论，有效控制基床的动应变等。理论创新促进了路基、桥梁、动车组设计水平的跃升，进而支撑了铁路从普速到高速的历史性大跨越。

就突破性创新而言，以集成形式实现系统性的突破并达到国际领先水平，也是中国高速铁路土建领域的特色。基于研究、设计、施工以及管理的整体优势，中国率先在世界上成套掌握了复杂环境下线路建设技术、复杂地质条件下隧道设计技术、深水大跨桥梁设计施工技术；建设了包括寒带、热带、大风、沙漠、冻土等不同气候和地质条件下的高速铁路。尽管中国在高速铁路工程建设（土建）方面还有一些薄弱环节，不过由于具有明显的综合实力，目前可称为该领域的世界"全能冠军"。

3 以我为主，处理好引进与自主创新的关系

引进是后发国家的合理选择。我国铁路建设比欧美国家约晚 50 年，早期铁路的技术装备基本从国外进口。我国高速铁路起步也落后较多，20 世纪 80 年代才开始跟踪研究世界高速铁路的发展，并通过考察、培训等方式学习先进经验。实践说明，这样的选择对于起步晚、底子薄的中国铁路来说是十分必要的，可少走不少弯路。事实也的确如此，技术引进使我们受益。以高速动车组为例，我国自 2006 年开始从日本、法国、德国、加拿大等国共引进了四种车型，由我国工厂按图生产。引进生产的动车组一度成为我国高速铁路不可或缺的组成部分，不但档次升级，而且改善了对旅客的服务；引进带动了我国动车组设计手段的提升、加工工艺和生产组织方式的改进；引进促进了企业加速技术改造和设备更新，增强了"精细化制造"意识，提高了质量控制和经营管理水平。此外，通过引进，在动车的检修设施建设、修程修制改革方面也弥补了国内的短板。尤其应该指出的是，引进的动车组采用交流传动等先进技术，性能优良，在此技术平台上，通过消化吸收，由我国企业再开发的 CRH380A 与 CRH380B 等高速动车组一段时间成为高速铁路的主力车型。

然而，市场换不来核心技术。在看到引进带来诸多裨益的同时，也必须正视出现的弊端。以高速动车组为例，发生了一些不容忽视的问题。其一，引进的动车组有四种之多，设计各异，标准不一，既对制造不利，也给高速铁路运营带来诸多麻烦。多种型号的动车组，车钩结构和高度不一、电气控制方式不同，彼此难以连挂及重联运营；轮对直径不同，需要多种备品；各种动车组由于定员人数

及座席布局不同，难以互为备用。其二，最重要的是核心技术受制于人。外方对诸如转向架、网络控制、变流装置、空气制动等关键硬件和软件技术都拒绝转让。我国得到的主要是生产图纸、制造工艺、质量控制、检测试验方法，即制造合格产品所必需的文件。至于原始设计依据、计算分析方法、关键参数选取、研究实验数据及控制软件则严加保密，以至于一段时间内动车组重要参数的调整还离不开外方的技术支持。

事实教训我们，期望“站在巨人的肩膀上”往往是靠不住的。外国公司的“看家”本领——核心技术是买不来的，越是先进技术，引进难度就越大。经验还启示我们，引进成效取决于自身实力。如果一个企业本身具有较深的底蕴和内功，其技术水平将会通过引进获得提升，这就是“借力发力”；相反，倘若企业缺乏自身“定力”，则有可能被人“绑架”，按照人家的“脚本”和节奏起舞，甚至只能接受“挨宰”的命运。高速动车组之所以与汽车引进的效果不同，是因为我国机车车辆工业有较强的实力，没有把自己的企业变成他人的加工厂，而是在消化引进技术的基础上，坚持“以我为主，为我所用”的原则，开发自主的新产品。我国之所以与一般的发展中国家也不同，就是拥有深厚的底蕴和创新的造血能力，可以迅速消化引进的技术（不包括未转让的核心技术），并进行再创新、再开发，最终研制成功中国标准动车组——“复兴号”。

综上所述，引进与自主创新对我国高速铁路发展都是不可或缺的，二者是互补的关系。因此，继续坚持开放式自主创新十分必要。一方面要开展交流与合作，不放弃一切机会利用国外资源，借鉴国外先进经验；另一方面，必须坚持自立自强，发挥“自身硬”的决定性作用。

4 培育创新能力，在诸要素中突出人的作用

树高叶茂系于根深。对于一个国家，对于一个行业，创新能力是最重要的。我国高速铁路之所以蜚声世界，归根结底是因为我国铁路有创新能力。经验告诫我们，先进产品可以用钱买到，但指望以引进方式购买创新能力几乎没有可能。以高速动车组为例，中国机车车辆工业的创新能力并非因引进而生成，而是在大规模引进之

前就已有了基础，只不过是在引进过程中又得到进一步增强。那么，创新能力究竟来自哪里？

创新能力是长期积淀的结晶。没有积淀，创新能力就是无源之水，对于传统产业更是如此。正如老子所说，“合抱之木，生于毫末；九层之台，起于累土”。自20世纪50年代开始起步，我国机车车辆工业逐步形成了完整的制造体系。多年来自行开发的电力机车、内燃机车不少于20个型号，生产了数以千计的机车、数以万计的客车，适应了铁路大提速的需要。即使在2004年大规模引进之前，我国还研制了多种动车组，其中包括为秦沈客运专线开发的高速动车组“先锋号”和“中华之星”。应该说，我国铁路车辆品种之多、产量之大在世界上是少见的。这意味着在研究—设计—制造—运行的各个环节都积累了很多的经验和教训。而这些正是培育创新能力的沃土。

创新能力来自试验设施的支撑。试验是创新的摇篮，没有试验手段就谈不上创新。几十年里，我国铁路建有许多重要试验设施。1958年建成的北京环行铁道试验线，是世界上规模最大的综合试验基地之一；1992年在西南交通大学落成的机车车辆滚动振动试验台，是世界上试验速度最高、功能最全的试验台。这些连许多发达国家都没有的大型试验设施，在中国铁路新型技术装备的研制中发挥了重要作用，以至于一些外国公司也慕名而来，测试改进自己的产品。此外，各企业也建有大量试验设施。更值得一提的是，中国铁路总公司曾利用建设中的大同—太原高速铁路而特别开设的90 km试验线（原平—太原），对开展“复兴号”等新型动车组的研究发挥了关键作用。

无论是深厚的积淀也好，还是试验设施也好，都与人才有关。也就是说，创新能力的载体是人，没有人才，何谈创新？而对人才的培养并非一朝一夕，需要长期过程。几十年来，中国铁路人“在游泳中学习游泳”，在工程建设和新产品开发中，经历难以计数的失败与成功，一步一个脚印，一步一份感悟，才使自己得以提升。特别是挫折与失败使中国技术人员增加了知识“厚度”。多年实践昭示我们，超大规模高速铁路建设是造就人才和领军人物的主战场，不经反复磨砺，就很难造就出一支高水平的专家队伍。人才队伍是最宝贵的财富，也是我国铁路立足世界的底气所在。令人欣慰的是，曾参与高速铁路建设的一大批中年骨干，业已成为新技术研发的领军人物，在他们的带领下，朝气蓬勃的年轻一代已经成长起来，挑起了今日创新攻关的大梁。

“人是要有点精神的”。也就是说，创新能力还源于人的自强不息精神。创新常常是被逼出来的。以机车为例，1960 年，我国电力机车诞生不久，苏联专家突然撤离，把刚刚接触新技术的年轻人搞得措手不及，但却激发了他们发奋图强的使命感，敢于对苏联不合理的设计“开刀”，以自身力量开展艰难的技术攻关，彻底解决了机车不能正常运行的问题。艰难困苦，玉汝于成，久而久之形成了自强不息的精神。由于有了这种自强不息的精神，有了一股不服输的“倔劲”，不但敢打硬仗，还大大提振了科技人员的自信。正是源于自信，一些企业即使受到引进的猛烈冲击却未曾放弃过自己的研发平台。再以京沪高速铁路为例，从构思到开工，铁路人坚守了 18 年。1998 年轮轨与磁浮两种技术路线之间发生激烈争论，一时间京沪高速铁路非磁浮技术莫属的呼声高企，铁路人尽管曾陷于困境，却一直在坚持自己认为正确的轮轨方案，从未中断有关研究设计工作，没有放弃涉及土木建筑、机车车辆、通信信号等上百个科技攻关项目。正是铁路人的锲而不舍，任由“上马”呼声潮起潮落，终于在 2008 年迎来了京沪高速铁路开工仪式和 2011 年建成通车。事情还不止于此，2011 年甬温线特别重大铁路交通事故发生后，接踵而来的关于高速铁路的质疑之声铺天盖地。高速铁路是否安全？动车还能不能坐了？面对来自社会的巨大压力，面对某些人的恶意攻击，铁路人保持清醒，没有迷失方向，坚持认为：高速铁路不但是低能耗、全天候的“绿色交通方式”，而且是我国旅客运输不可或缺的骨干力量，高速铁路建设继续前行的势头必然不可阻挡。没有这种坚守的精神，没有一股韧劲，就不可能取得今天的成就。无数事实说明，创新能力的铸就取决于多种要素，但关键在于要有高水平的人才和自强不息的奋斗精神。创新能力不是“形”，而是“神”。创新能力是内功，即经磨炼而成，难以用钱买来。创新能力从来不是速成品，是十数年乃至数十年的培育、磨砺、激发的结果。正所谓“不经一番寒彻骨，怎得梅花扑鼻香”。

5 坚持协同创新，把握好“产学研用”之间的关系

高速铁路是一个复杂系统，涉及领域众多，要实现技术与管理创新，只依靠铁路自身力量远远不够。因而构建形成以企业为主体、科研院所和高校广泛参与、产学研用紧密结合的协同创新体系十分重要。

正是按照协同创新的理念，铁路系统在高速铁路建设中联合有关高校、科研院所以及勘察设计、工程建设、装备制造等单位，建立开放平台，改变了新产品开发与用户脱节的状况，推动科研成果直接应用于高速铁路建设。实践证明，协同创新体系发挥了不可替代的作用。

以高速动车组研制为例，从“中华之星”直到“复兴号”诸多产品的研制，均建立了由几十家单位组成的稳定的“产学研用”联合体。在联合体中，铁路运输企业发挥龙头作用，生产企业从事设计制造，科研院所和高校负责研究试验，形成高效的协同创新体系。这样可以攥紧拳头，高效运作，不但使铁路运输企业受益，同时也降低了制造企业新产品研发的风险。应该说明的是，与制造企业在协同创新中起主导作用的通常做法不同，铁路作为“单一”用户，在重大“特定”产品开发中一直起着龙头作用。实践表明，这样做不但颇具特色，而且效果很好。这是因为，与面向市场的普适产品不同，铁路运输企业既是最了解使用场景的专用产品购买者，又是最终风险的承担者，理应成为协同创新的主导者。

综上所述，建立协同创新体系，通过整合人力、技术、信息等创新要素实现有效集成，十分必要。关于如何处理“产学研用”之间的关系，要具体问题具体分析。当产品面向众多用户的市场，制造企业一般可成为协同创新的主体；而当产品面向单一市场，则用户可以处于研发的主导地位。这就是说，在协同创新领域，没有放之四海而皆准的固定模式，有的只是能够适应不同条件下的实用模式。实用有效的模式就是好模式。

6 立足国情，发挥市场体制与举国体制双重优势

市场需求为我国高速铁路发展提供了历史机遇。我国幅员辽阔、

人口众多，随着经济社会快速发展、居民收入水平大幅增长，广大人民群众对美好旅行生活的期盼和向往，为高速铁路发展提供了巨大的市场。与此同时，改革开放的大气候为高速铁路发展激发出从来未有的活力。其一，在工程建设上充分引入市场机制，大量引入了地方和社会资本，解决了建设资金的来源问题。其二，在运输服务上为适应市场变化推出丰富的运输产品。其三，创新经营管理模式。同时，我国社会主义集中力量办大事的体制也是高速铁路快速发展极为重要的因素。高速铁路建设和运营牵涉经济、社会、国防、国土开发，离不开党和国家的关怀和支持。历史是最好的证明，党中央对铁路工作的高度重视为中国高速铁路发展提供了强有力的支撑，国家将高速铁路建设写入重要文件、列入国民经济发展规划，为其发展提供根本遵循，特别是在2008年国际金融危机爆发后，进一步加大了支持力度，出台系列有利于高速铁路建设的政策措施，这是西方任何国家所不能比拟的优势。此外，在京沪高速铁路、沪昆高速铁路等重点工程项目上，国务院领导同志亲自担任建设领导小组组长，统筹协调各方力量，对工程顺利进行发挥了重要作用。国务院有关部门对于高速铁路项目审批、土地划拨、融资贷款、技术研发等都作为重点，予以关照。仅以技术研发为例，科学技术部、发展和改革委员会、教育部以专门设立的国家科技重大攻关项目为依托，整合全国资源，支持高速铁路技术创新。

地方政府发挥自身特长，在征地拆迁、市政配套、站城融合发展等方面起到主导作用，从而形成了铁路与地方优势互补、合作共为的建设格局，保证了高速铁路建设有序推进。

综上所述，我国高速铁路发展既是市场体制机制发挥作用的结果，又是社会主义新型举国体制集中力量办大事制度优势的体现。市场体制和举国体制有机结合的制度创新，形成了强大合力，推动我国高速铁路创造了令人惊叹的中国速度、中国质量、中国品牌。

7 开放自主，为世界高速铁路发展承担更多责任

中国铁路作为落后的追赶者单方面从发达国家引进先进技术与管理制度已成历史。如今中国铁路已经进入世界前列，拥有世界三分之二的高速铁路里程和速度最快的高速列车；在有些技术领域实

现“领跑”，在有的技术领域做到“并跑”；市场竞争力不断增强，多家企业进入世界五百强，其中，中国中车股份有限公司销售额远超世界同类企业，以至于客观促成世界著名的阿尔斯通公司与庞巴迪公司轨道交通业务的合并，以应对来自中国的竞争。面对正在发生变化的世界铁路格局，中国高速铁路应该做些什么？这需要思考和回答。

中国高速铁路离不开世界，世界高速铁路也离不开中国。任何工程系统都是开放的，唯有与外界不断进行物质、能量、信息的交换，才能保持其旺盛活力。因此，我国高速铁路要继续构建开放创新生态，积极促进国际合作，维护和改善业已形成的产业链、供应链，以保持我国高速铁路发展的良好势头。与此同时要加快走出去步伐，要通过资本输出带动装备输出和技术输出，支持更多的企业进入国际市场，尤其是要热情帮助“一带一路”沿线国家修建高速铁路或铁路，造福当地人民群众。

应进一步增强自信，争取更强的国际话语权。尽管我国高速铁路在里程和速度上领先世界，然而在国际组织中的作用却与我国地位不相匹配，许多高速铁路技术标准尚未得到发达国家的认可。要加强国际化人才培养，积极参与国际交通规则制定，贡献中国智慧，推动中国标准国际化，提升我国高速铁路的影响力。

外因是发展的条件，内因是发展的根据。所以眼睛既要向外也要向内，特别要正确认识自我。虽然中国高速铁路已经取得世界瞩目的成就，然而却有不少短板和不足。就技术领域而言，目前中国的优势在于集成创新和引进消化再创新，而原始创新却相对缺乏，尤其是理论创新尚待重大突破，即使在相对领先的部分技术领域，许多设计软件尚需从国外购买，少数关键产品与器件还要进口。打铁还需自身硬；必须努力补短板、强弱项，要防止核心技术被人卡脖子。当前特别应该强调的是，我们正在进入轮轨高速铁路发展的“无人区”，没人领路，未知因素有很多。这既是严峻的挑战，也是难逢的机遇，需要奋进开拓，坚持创新。如果不勇往直前，迟早会被人超越，可能再次被抛在后面。与此同时，还要看得更远，在真空管道高速列车研制方面也应有所作为。

综上所述，包括高速铁路在内的世界铁路格局在变。作为铁路大国，我国就是要在变局中做到“守正创新”，换句话说，就是要把握好“变”与“不变”的关系。所谓“不变”，就是要坚持“对外开放，自立自强”；所谓“变”，就是要进一步开拓进取，敢于探索，加强原始创新，走别人没有走过的路，敢闯“无人区”，担当起世界高速铁路领跑者的责任，不但要为我国铁路发展也应为世界铁路发展做出重要贡献。

第二章

三峡工程的哲学分析

第一节　从水资源到水工程

水是一切生命机体所不可缺少的组成成分，也是生命代谢活动所必需的物质，是人类社会赖以生存、生活和生产的不可替代的自然资源。包括人类、动物、植物在内的任何生命现象都与水紧密相连、休戚相关。目前人类还无法找到水资源的替代品，这也是水资源区别于其他自然资源的一个显著特点。水在孕育生命的同时，也孕育了文明。没有水就根本谈不上文明与发展。文明往往发源于大河流域，在干旱缺水的荒漠地带，没有灌溉只能是寸草不生，更不能生长农作物。

联合国教科文组织（UNESCO）和世界气象组织（WMO）在1988年定义的水资源为“作为资源的水应当是可供利用或有可能被利用，具有足够数量和可用质量，并可适合某地水的需求而能长期供应的水源”。由于地球上时刻不停地在进行水文循环，世界上的水资源总量是恒定的，且在水文循环中形成了一种动态的可再生资源。

尽管全球水量恒定，但是在一定时空范围内，大气降水对水资源的补给量又是有限的，这就决定了水资源的时空分布不均。一个地区的气候、地貌、地质、植被等自然条件决定了该地水循环的特点，导致在一个大陆、一个地区或一个流域内水的数量在不断变化，各地的降水量和径流量相差很大。水资源地域分布的不均匀及其不稳定性是世界上许多国家水资源短缺的根本原因。单位地区、单位时间内，水量偏多或偏少往往会造成洪涝或干旱等自然灾害。人类历史上由于洪水、旱涝灾害而造成的人民生命财产损失触目惊心。

中国也是一个旱灾频繁的国家，一年四季都会发生，且持续时间长、涉及范围广、潜在危害大。

因此，为了兴利除弊，满足经济社会用水需求，必须根据天然水资源的时空分布特点与各地的需水量，修建必要的蓄水、引水、提水或跨流域调水工程，对天然水资源在时间上和空间上进行合理的再分配。这就必须依赖综合防洪减灾系统，建造堤防、泄洪道、蓄滞洪区和水库等多种水利设施，形成具有较强调控能力的大中型水库，同时建立和完善水资源的优化配置体系。上述此类工程措施可统称为水工程（water supply engineering），即在江河、湖泊和地下水源上开发、利用、控制、调配和保护水资源的各类工程。

随着水资源对于全世界都成为一种短缺的资源，便产生了这样的说法，“19 世纪争煤，20 世纪争石油，21 世纪争水。”2002 年，在南非召开的可持续发展世界首脑会议上，列出了全球可持续发展的五大课题，即水、能源、健康、农业和生物多样性，其中水资源问题被摆在了首位。从总体上讲，我国水资源是相对紧缺的。尽管我国水资源总量丰富，居世界第六位；但人均水资源占有量少，只有世界平均水平的 1/4。目前，世界各国纷纷开始提倡节约用水，加强水资源的调查和评价，贯彻综合开发利用的方针，重视水工程措施与非工程措施的结合，节水与开发利用水资源并重，推动人类社会的可持续发展。

第二节 水工程的发展演化

世界水利工程历史悠久，经历了一个与自然、经济、社会协同演化的过程。从原始文明到生态文明就是可持续发展系统演化的必然结果。[①] 在不同时期，由于多方面的原因，对于工程活动会有不同的社会认知和社会理解，会有不同的工程思想和工程观，这些都必然深刻地影响到社会对工程的理解、工程目标的设定与工程实践的导向等，从而影响到水利水坝工程的演化进程。

---

① 傅晓华. 论可持续发展系统的演化——从原始文明到生态文明的系统学思考[J]. 系统辩证学学报，2005，13（3）：96-99.

 原始的水利水坝工程

美索不达米亚东边扎哥罗斯（Zagros）山脉丘陵地带的农民也许是世界上第一批建造水坝的人，考古人员在该地区发现了 8 000 年前的灌渠。① 公元前 3000 年前建造的古城加瓦（Jawa，现约旦境内）供水系统的一部分，是迄今为止人们所发现的现存的建造最早的水坝。此后 400 年，埃及的石匠在开罗附近的季节性溢流堰上建造起所谓的异教之坝（Saddel—Kafra）。这座水坝在完工之前被洪水冲垮而功亏一篑。公元前 14 世纪末叙利亚境内建成了一座高 6 m、长 200 m 的填筑坝，至今尚存。②

而令世人惊讶的是最近几年在中国浙江的良渚有了重大的考古新发现：2009 年夏天，在距离良渚古城西北面 8 km 处的彭公，考古队意外发现了草裹泥，测年后认定为 5 000 多年前良渚时期的。此后正式开始了良渚古城水利系统调查工作。直到 2014 年共发现水坝 10 处，与 1996 年在塘山发现的“土垣”共同组成了水利史上的奇迹——良渚古城外围水利系统。

外围水利系统位于良渚古城的西北部和北部，是由自然山体组成的。目前共有 11 条堤坝遗址，主要修筑于两山之间的谷口位置，分为南、北两组坝群。南边低坝群由塘山、狮子山、鲤鱼山、官山、梧桐弄等组成，北边高坝群由岗公岭、老虎岭、周家畈、秋坞、石坞、蜜蜂弄组成，构成了前后两道防护体系。根据水利专家对溢洪道位置的估算，整个外围水利系统在良渚古城北部和西北部形成了面积约 13 km^2 的储水面，蓄水量可达 275 万 m^3。这一水利工程兼具防洪、防潮、航运、灌溉和滩涂围垦等综合功能，是世界上最早、规模最大的水利系统，也是迄今为止被发现的世界上最早的拦洪水坝系统。③

中国独特的地理环境，决定了洪涝灾害频发。最初，各部落为求得生存，往往逐水草而居。由于古代社会生产力水平极其低下，

① 麦卡利．大坝经济学[M].北京：中国发展出版社，2005：13.

② 潘家铮．千秋功罪话水坝[M].清华大学出版社，暨南大学出版社，2011：11.

③ 宋晗语．五千年前的水坝：良渚古城外围水利系统[N].余杭晨报，2019-07-02（8）.

人们只能被动地逃避洪水侵袭。传说中共工“壅防百川，堕高堙庳”和“鲧作城”可称为我国古代先民被动应对洪水的早期实践。原始社会末期，农耕文明开始兴起，黄河流域发生了一场空前的大洪灾，《孟子·滕文公下》记载“水逆行，泛滥于中国”久治难息。大禹吸取了前人教训，改变治水思路，以疏导为上策，疏通河道、宣泄洪水，历经 13 年，终于治水成功，大禹也由此成为中国历史上第一个王朝夏朝的首领。

2 古代时期的水利水坝工程

2.1 农业发展与水利进步

在公元前的最后 1 000 年中，石头和泥土修建的水坝在地中海地区、中东地区、中国和中美洲地区等地出现了。[①] 公元前 700 年至前 250 年，亚述人、巴比伦人、波斯人修筑了多座灌溉用的水坝。同一时期，在也门、斯里兰卡、印度也修筑了一些著名的水坝工程。直到公元前 1 世纪中叶，古罗马才接触到水坝工程。从公元前 4 世纪开始，斯里兰卡各城市便开始修建长长的土堤来蓄水。这些早期的土石坝之一在公元 460 年被加高至 34 m，是当时世界上最高的水坝，这个纪录保持了 1 000 多年。[②] 在西周及其以前的时期，中国传统水利技术较之古埃及、古巴比伦，特别是奴隶制高度发达的古希腊略逊一筹。古代时期的水坝工程表现出了以下特征。

(1) 铁制工具催生了大型水利水坝工程。在农业文明初期，人类只是在自然堤的启示下，建造一些低矮的堰坝。正如恩格斯在《家庭、私有制和国家的起源》中所言“铁使更大面积的田野耕作，广阔的森林地区的开垦，成为可能；它给手工业工人提供了一种其坚硬和锐利非石头或当时所知道的其他金属所能抵挡的工具”[③]，铁质工具使大型水利水坝工程的出现成为可能。

(2) 这一时期水坝功能目标简单。世界上早期水坝的功能经历

---

① 麦卡利．大坝经济学[M].北京：中国发展出版社，2005：13.

② 同①。

③ 马克思，恩格斯．马克思恩格斯选集：第 4 卷[M].北京：人民出版社，2012：179.

了从供水、防洪、水土保持逐步发展到农业灌溉的过程。亚洲西南部和非洲东北部在公元前3000年的前500年建造的水利水坝工程主要用于供水、防洪以及水土保持，以便为人类居住提供基本的生活环境。仅在以后的1 000年里，随着早期农业文明的兴起，人类才将水坝与灌溉联系起来。公元前1世纪，欧洲和中国几乎同时发明了水车，主要用来碾谷。这些水坝往往是单一功能坝。

（3）这一时期水坝多为凭工匠经验建成的“半人工物”。尽管在古代人们很早就发现了水文学及水力学的许多现象，出现了像阿基米德那样的科学家。但是那时科学与技艺之间尚存在明显的界限，筑坝工匠与科学家是互不交往的。以至于尽管古罗马时期阿基米德虽然已经意识到了水坝的最佳断面是三角形，这种形状符合大坝所承受的库水压力由顶至底增加的规律，然而这位科学家认为，用一定数量的低级坝以及不太完善的工艺就可以满足需要，这种忽视科学与技术的结合的态度一直持续到中世纪以后。[①] 这些水坝要么是填筑坝，要么是重力坝。

到了古罗马时期，出现了拱坝和支墩坝。除前面提到的那座异教之坝外，其他所有的填筑坝都是匀质坝，即均未设防渗心墙。[②] 在施工中，古罗马人采用了一些量具，并首次大量使用了由砂和卵石、熟石灰、水和火山灰或磨细了的砖粉而制成的三合土。

2.2　水坝工程在欧洲中世纪的停滞与文艺复兴时期的发展

很多人常常把文艺复兴时期（14世纪至16世纪）的工程看作近代工程的一部分，其理由是“工程实践变得日益系统化”[③]。不过，文艺复兴时期的筑坝技术并未取得革命性的进展。中世纪时期，欧洲建坝处于低潮，而东方则出现了许多大坝。17世纪末，日本15 m高以上的大坝有30座，截至19世纪中期，日本共建成了500多座。印度、巴基斯坦在中世纪曾出现过数万座水坝。

欧洲的水坝建设在11世纪达到高峰。欧洲中世纪的坝型有比较明显的南北差异，即罗马化的南欧国家修建的大多是圬工坝，其中

① 张惠英，等．世界大坝发展史[M]．北京：五洲传播出版社，1999：49.

② 同①。

③ Harms A A, Baetz B W, Volti R R, etc. Engineering in Time [M]. London: Imperial College Press, 2004: 54.

的灌溉用坝又多为支墩坝，也出现了少量的拱坝。而北欧国家则更流行填筑坝，这一偏好可能沿袭了古罗马将填筑坝用作支撑构件的传统。文艺复兴之后，欧洲坝工重新兴起，呈现出以下主要特征。

（1）水利基础科学初步建立，为建坝提供了科学依据。防渗心墙技术出现于14世纪兴起的文艺复兴运动，对以往神学与哲学观念进行彻底重估，为科学发展开辟了道路，技术发展的意义和价值重新获得社会肯定。一些对水利贡献重大的科学家，将数学、物理学、力学、水文学、水力学、岩土力学等不同门类的科学以及水工试验技术与水坝工程相结合，使水利基础科学有了较快进展。① 文艺复兴以后，欧洲筑坝技术走在世界前列，水坝防渗心墙技术成为那一时期重大的技术突破。1558年，这一技术应用于德国的厄尔山区的矿业用坝上，后来又在英国再度创新，用于园林中的艺术坝。此后出现了拱坝这一经典坝型，一直沿用至今。

（2）社会需求带动水坝工程的发展。随着欧洲从封建社会逐步过渡到资本主义社会，欧洲商业、手工业和交通运输的发达推动城市的繁荣，也为不断扩展的工程领域提供更为强大的动力。14—16世纪中期，欧洲的水坝工程又发展起来。那时欧洲的意大利、奥地利均有水坝，而水坝工程建设最活跃的国家当属西班牙。西班牙的水坝工程建设始于11世纪，16世纪末修建的蒂比（Tibi）拱坝高达46 m，这一纪录保持了将近3个世纪。

（3）动力用坝的出现与筑坝用途的多元化。“文艺复兴时期，工程师成为新的更加通用的动力源的建造者和使用者”②，在水车的启发下，创造了动力用坝，水能成为当时人类社会最重要的动力源。中世纪后期，瑞典、罗马尼亚、俄罗斯都陆续建造了不少的矿业用坝，后来还出现了磨坊水池和漂白池。13世纪的英国，毛纺业开始使用水力来驱动漂洗工人的重锤，乡村生产由此迅速发展起来，这一变化被卡鲁斯-威尔逊（E. M. Carus-Wilson）描述为“13世纪的

---

① 郑连第．中国水利百科全书：水利史分册［M］．北京：中国水利水电出版社，2004：2.

② Harms A A，Baetz B W，Volti R R，etc. Engineering in Time［M］. London：Imperial College Press，2004：54.

工业革命”。①

除灌溉、供水外，水坝的多种用途被逐渐发掘出来。那时的动力坝水库还兼做养鱼。从 13 世纪开始，公共供水业复兴，供水用坝数量增加。为统治者在宫廷园林中修建娱乐用的人工湖和喷水池成为水坝的新兴用途。在 17 世纪建造运河的热潮席卷北欧之时，人们开始用水库蓄水来保障航运。

16 世纪欧洲的征服者在向海外扩张的同时，也将筑坝与利用水力的新技术传播到其殖民地。拉丁美洲的某些文明国家利用欧洲新型筑坝技术对其原有水利水坝工程进行改进与创新，学会了建造圬工坝、修建磨坊水车等。这一时期，东方国家并未享受到文艺复兴的思想与科技成果，筑坝技术发展缓慢。

3 工业文明时期的水利水坝工程

工业文明时期出现了史无前例的建坝热潮，水能开发迅猛发展，水资源利用趋于综合化。

3.1 第一次工业革命后水坝工程的发展状况

第一次工业革命使人类第一次从农业、手工业生产方式过渡到工业和机器大生产占支配地位的生产方式，由此大幅度提高了社会生产力。

第一次工业革命并未对筑坝技术产生多少实质性的影响。与其他领域一样，坝工建设相关的许多技术发明都来自工匠在工程实践中的经验，科学和技术并未真正结合。直到 18 世纪末人们对于坝承受的荷载、坝内应力分布，以及对建筑材料和地基的要求尚缺乏清晰的理论认识，也几乎没有水流量或降水量的数据及其相关的统计和分析工具，水坝工程依然缺乏系统理论的指导。在这种情况下，水坝坍塌事故频繁发生。例如西班牙洛尔卡（Lorca）附近的蓬特斯（Puentes）重力坝，曾于 1648 年和 1802 年两次被洪水冲垮，1884 年第二次重建。马德里以西瓜达拉马（Guadarrama）

---

① 兰德斯．解除束缚的普罗米修斯[M]．谢怀筑，译．北京：华夏出版社，2007：98.

河上的加斯科（Guasco）重力坝于1789年被洪水冲垮，重建后坝高被迫从93 m降至57 m。① 美国的安全记录显示：该国1930年以前建成的土石坝中有十分之一失败了。惨痛的教训使人们深刻意识到，单靠水坝数量上的增长不可能为人们的生命财产安全提供坚实保障。

社会需求推动英国水坝建设迅猛增长。伴随着城市和工业用水的迅速增长，水资源的需求量剧增。英国成为近代欧洲筑坝活动最活跃的国家。19世纪，正在工业化的英国建成了200座左右的15 m高的蓄水坝，以满足不断扩大的城市用水需求。1900年英国大型水坝的数量几乎是全世界大坝的总和。在第一次工业革命期间，土耳其、德国、法国也建设了许多水坝。

水力仍是重要的工业动力源。第一次工业革命时，筑坝蓄水对当时社会上占主导的纺织业产生了重要影响。早期的蒸汽机无法像水轮机那样稳定、有效地运行，因此要扩大蒸汽机在纺织业中所占比重也并不容易。在动力用坝的推动下，在纺织业出现了水力纺纱机，一台珍妮机能顶手纺车6~24台，而水力纺纱机一台则顶手纺车数百台。迟至1850年，英格兰和威尔士的毛纺织业中还有超过1/3的动力供应来自水力。②

3.2 第二次工业革命后，人类历史上出现第二次建坝高潮

3.2.1 水轮机的出现催生了水电大坝

1870年以后，世界范围内出现了第二次工业革命，人类跨入了电气时代。水轮机的出现，真正开启了水坝工程的新篇章。法国工程师富尔内隆（Benoit Fourneyron）于1832年完善了首台水轮机，水轮机要比水车的效率高出很多。1849年，美国的弗朗西斯发明了混流式水轮机。世界上第一座水电站，建在威斯康星州阿普尔顿（Appleton）的一座拦河坝内，于1882年开始发电。翌年，在意大利和挪威也相继建成了水电大坝。此后，1889年，美国的佩尔顿发

① 郑连第．中国水利百科全书：水利史分册[M].北京：中国水利水电出版社，2004：245.

② 潘家铮．千秋功罪话水坝[M].清华大学出版社，暨南大学出版社，2001：65.

明了水斗式水轮机；1920 年，奥地利的卡普兰发明了轴流转桨式水轮机；1956 年，瑞士的德里亚发明了斜流式水轮机。随着电力工程的发展，水电开始造福人类。

3.2.2 筑坝理论和材料取得突破性进展

水利基础科学相较于其他领域一直发展缓慢。随着水力学、结构力学、土力学等学科的创立与发展，近代水利水坝工程逐步具备了技术科学的根基。这一时期，水坝工程的理论和实践进展主要包括：① 水利科学取得进展。19 世纪 50 年代，疏松土质的稳定性问题以及重力坝设计中砌石和基础的应力问题受到重视并取得进展。[①] ② 理论指导下的坝工结构设计开始出现。19 世纪 50 年代，以技术科学为基础的土石坝和拱坝的设计理论与分析方法开始出现，这些理论和方法直到 1922 年才开始正式应用于拱坝设计，土坝的合理设计还要更迟一些。1861—1866 年建造的古夫尔·登伐重力坝是世界上第一座利用现代技术理论建造的大坝。[②] ③ 筑坝材料出现重大创新，新型建筑材料陆续面世，使得新型水工建筑物成为可能。1824 年，英国人阿斯普丁发明了硅酸盐水泥，使土木工程建筑进入新的发展阶段。19 世纪下半叶，出现了钢筋混凝土，进一步推动了重力坝和拱坝的应用与推广。20 世纪科学技术的突破也带来了水利水坝工程的长足进展。20 世纪初，人们还只能根据经验和简单的准则及粗糙的试验，修建些不高的填筑坝或土石坝，且效果并不理想。建成几十米高的水坝已是空前盛举。到 20 世纪末，不仅全球有了几万甚至十万多座上规模的水坝，其中有些大坝的高度和规模更非世纪之初所能想象。[③] 至 1998 年，全世界已经建成 200 m 以上的高坝就有 28 座，在建的还有 8 座。[④]

---

① 郑连第．中国水利百科全书：水利史分册[M]．北京：中国水利水电出版社，2004：245.

② 同①。

③ 根据中国大坝协会 2010 年的资料统计的结果。

④ 陈宗梁．世界超级高坝[M]．北京：中国电力出版社，1998.

3.2.3 胡佛大坝与田纳西奇迹下的第二次建坝热潮

20世纪初至第二次世界大战前，主要资本主义国家开始进入工业化的起飞阶段。大坝工程因能满足工业发展对能源、电力和水资源的多重需求而获得了迅速发展的空间。以美国和西欧为例，19世纪初有190座高于15 m的大坝，19世纪末发展到930座，到了20世纪50年代末则发展到2 850座。在此期间，坝的高度和质量也都在不断增长。水资源利用也从主要为农业服务发展到为工业等更多领域服务，水资源综合开发利用的观念逐渐形成。

美国经济在开发西部的推动下迅速起飞，并引导了世界大坝建设的潮流。无论是在高坝大库的数量还是规模上，美国都独领风骚并带动了世界其他国家出现了第二次建坝热潮。特别是胡佛大坝，标志着西方“大坝时代”的来临。胡佛大坝工程始建于1931年，并于1935年完成。大坝为混凝土浇灌的拱形重力坝，具有防洪、灌溉、发电、航运、供水等综合效益。以胡佛大坝为代表，大坝被视作社会文明进步的标志。而田纳西河流域管理局的水电工程实践，则开创了以水电开发带动落后地区经济发展的典范，被世界各国纷纷效仿。胡佛大坝在技术上的领先性延续了相当长的时间，很多水坝都是参照胡佛大坝而建造的。

4 向生态文明转型时期的水利水坝工程

20世纪八九十年代以来，世界各国进入了从工业文明向生态文明转型的时期。这一时期，人与自然的关系发生了重大转变，出现了谋求人与自然和谐发展的强烈呼唤。最近十多年来，我国水利界也提出了新的治水思路，强调要从传统水利向现代水利转变，做到人与水、人与自然和谐相处，这是治水在工程理念上的突破。单以人与洪水的关系为例，以往人们主要倚重工程措施来控制洪水泛滥，现在人们逐渐认识到，单纯依靠修建防洪工程来抵御洪水的作用是有限的，防洪还需着眼于发展综合减灾的能力。同时，随着人们的社会需求的转变，水利水坝工程被赋予更多的社会责任。

进入21世纪以来，人类共同面临着全球气候变化和水资源危机，除了延续水坝工程以往的防洪、发电、灌溉等传统功能外，水电作为“清洁能源”，在应对全球气候变化、改善局部气候，以及推动水资源利用的可持续发展方面的作用日益凸显。

5 中国水坝从都江堰工程到三峡工程的演化

自春秋战国时期，中国水利工程建设有显著进展，此后的 2 000 年与欧洲交相辉映，并逐步位居世界水利科技的高端。都江堰是中国古代建设并使用至今的大型水利工程。通常认为其是由秦国蜀郡太守李冰及其子率众于公元前 256 年左右修建的，是全世界迄今为止年代最久、唯一留存、以无坝引水为特征的宏大水利工程。这座工程以充分利用自然资源为人类服务为前提，科学地利用地理条件——水流、水势、山脉等成功解决了泥沙、泄洪等问题，实现了人、地、水三者高度协合统一，自秦昭王时代一直沿用至今，逾 2 000 年而不衰，始终发挥着它巨大的作用。

自 20 世纪末开始，中国当之无愧地成为世界发展水利水坝工程的中心。三峡工程是人类在自然界中一项巨大的造物行为，是中国有史以来建设的最大型的工程项目。以三峡工程、南水北调工程等综合性的大型现代水利工程为代表，中国进入了现代水利工程阶段。

三峡工程是中华民族的百年梦想，是保护和治理长江的关键性骨干工程。从孙中山先生 1918 年首次提出设想，经过几代中国人 70 多年的勘测、试验、规划、论证、设计工作，到 1992 年全国人大通过了关于兴建长江三峡工程的决议。三峡工程建设采用“一级开发、一次建成、分期蓄水、连续移民”的建设方案，分 3 个阶段施工，总工期 17 年，2020 年正式通过整体竣工验收。三峡工程作为当今世界上最大的水利枢纽工程，具有防洪、发电、航运、水资源综合利用等多重功能，发挥了巨大的经济效益、社会效益和生态效益。

南水北调工程则是我国新时期另一项重大战略工程，兼具经济效益、社会效益和生态效益。南水北调工程通过跨流域的水资源合理配置，大大缓解了我国北方水资源严重短缺的问题，促进南北方经济、社会与人口、资源、环境的协调发展。

第三节　三峡工程的工程方法

工程活动是以自觉建构人工实在为目的的具体历史实践过程，

都需要经历一个从潜在到现实、从理念到实存、从施工建造到运行维护，直到工程退役或自然终结的完整生命过程。任何工程活动都必须运用一定的工程方法才能完成和实现，工程方法是多元的、动态的，同一工程在不同时期有着不同的工程方法。作为关乎国计民生的重大基础设施工程，三峡工程围绕“优质高效建设三峡工程、全面发挥综合效益”这一目标，在经历了决策阶段和实施阶段后，目前正处于其生命周期的运行阶段。不同阶段有着截然不同的阶段性目标、不同性质的工作内容，自然有着各具特色的工程方法。这些方法中，有些具有一般性工程方法的共性，有些则具有三峡工程的个性。

1 三峡工程规划论证决策阶段的工程方法

1919 年，孙中山先生在《建国方略之二——实业计划》中首次提出开发三峡水力的设想。新中国成立后，为根治长江洪患，三峡工程作为长江规划的主体被提上国家议事日程。几代中国工程专家针对长江三峡的工程地质、水文地质、气候条件等展开了近 70 年的勘察、监测和调查工作，深入探索了长江和三峡地区的自然规律。各方专家围绕三峡工程坝址坝线、水库水位、防洪目标、通航标准、装机规模等规划展开了深入的科学试验和规划设计工作。

1.1 科学论证

三峡工程历经 20 世纪五六十年代的初步论证、八十年代的水位论证和 1986—1991 年的重新论证，研究内容逐步丰富，专题设置更加全面。三峡工程规划论证从最初的主要考虑发电、航运效益，到重新论证综合考虑防洪、发电、航运、生态、移民等综合效益，人们对三峡工程的认识逐步深入，论证工作更加严谨。20 世纪上半叶，三峡工程的规划设计主要从开发长江水能、拓展长江航运方面考虑。新中国成立后，防洪成为修建三峡工程的首要目的。1979 年在湖北武昌召开的长江三峡水利枢纽选坝会议，200 多位专家代表就坝址、建筑物布置、航运、人防、施工等重大问题进行研讨。1981 年召开的三峡工程水位论证会议，200 余位专家代表针对经济效益、移民、通航、生态、防洪、大机组等 9 个重点问题进行研讨。

1986年组织的三峡工程重新论证，在此前论证工作的基础上，设置地质地震、防洪、泥沙、机电设备、生态与环境、投资估算、综合经济评估等14个专家组（图2-2-1）。①

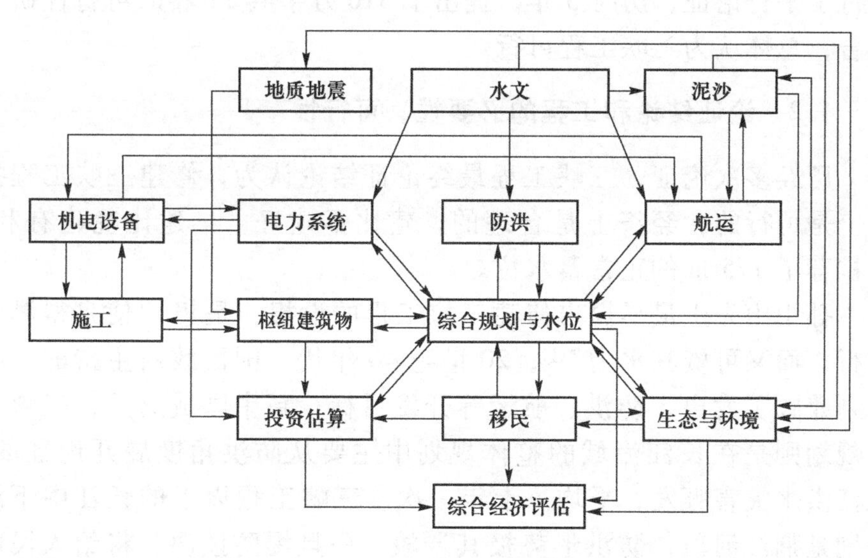

图2-2-1　三峡工程论证框架

专家组由各方面专家共412位组成，涉及40个专业。每个专家组或专家背后都有强大的科研团队，实际参加三峡工程重新论证工作的人数达数千人。需要强调的是，三峡工程重新论证工作并非纸上谈兵、闭门造车，而是围绕论证专题开展了大量试验、勘测、计算和科技攻关，以确保论证工作严格建立在科学基础之上。

三峡工程多次论证都遵循严谨的论证程序和工作方法，即先组织专家论证，再组织国家审查，特别是1986年的重新论证工作，充分体现了三峡工程论证决策的科学化。工作方法上，重新论证采取先专题后综合、专题与综合交叉结合的方法，从流域、地区和全国经济发展3个层次分别考虑。论证过程中，各专家组在本专业范围内独立负责工作，经过反复调研、充分讨论，而后提出专题论证报告，并签字负责。重新论证工作强调既利用过去的工作成果，又不局限于以往的结论，一定要有严格的科学基础，确保论证结论科学

① 潘家铮．三峡工程论证始末[J]．中国水利，1989（1）：24-27.

严谨。

中国专家组进行重新论证的同时，加拿大咨询集团和世界银行的专家在水利部长江水利委员会提供的资料的基础上，对三峡工程进行了平行论证，历时 3 年，提出了 310 万字共 11 卷的可行性研究报告，总体认为三峡工程可行。

1.2 论证结论和工程的必要性、可行性

历经多次论证，三峡工程最终论证结论认为，修建三峡工程技术上是可行的，经济上是合理的，建比不建好，早建比晚建有利，并推荐了 175 m 的正常蓄水位。

孙中山先生最早提出修建三峡工程的设想，是想“使舟得溯流以行，而又可资其水力”①；20 世纪 40 年代，国民政府主持的三峡计划兼顾了发电、防洪、航运等开发目标；新中国成立后，三峡工程规划则是在长江流域的整体规划中主要从防洪角度展开论证的。长江洪水灾害频发，平均每十年一次。三峡工程以下的长江中下游特别是荆江河段，防洪形势极其严峻，一旦堤防溃决，将给人民的生命财产造成严重损害。长期论证一致认为，三峡工程所在的位置和库容，能控制荆江河段洪水来量的 95%以上、武汉以上洪水来量的 2/3 左右，使荆江河段的防洪能力从十年一遇提高到百年一遇。三峡工程的防洪作用，是任何其他措施无法替代的，这就使修建三峡工程具有充分的必要性。三峡工程建成后巨大的防洪效益有力地证明了这一点。

三峡工程作为一个特大型水利水电工程，其工程的实施主要取决于技术和经济的可行性。技术方面，20 世纪上半叶，中国还没有大型水利水电工程施工的经验，随着 20 世纪 60 年代至 80 年代刘家峡、乌江渡、丹江口、龙羊峡、葛洲坝工程的建设和经济社会的发展，中国水利水电建设的技术和经验迅速提高，逐步跻身世界前列，三峡工程建设基本没有无法克服的技术障碍。经济方面，1949 年前后的近 20 年间，中国经济基础薄弱，经济发展缓慢，一方面缺乏建设三峡工程的充裕资金，另一方面由于社会电力需求不足也使三峡工程的经济效益凸显不强。随着改革开放后社会经济的快速发展和

---

① 郭涛．孙中山与三峡工程[J]．中国三峡，2016（3）：16-37.

市场经济体制的改革，三峡工程的经济可行性已经成熟。而今，三峡工程已按期完成工程建设，各项指标满足设计要求，投资完全控制在预算范围内，实践证明，三峡工程在20世纪90年代开工建设是可行的。

1.3 工程决策

三峡工程最后的论证决策过程分为三个层次：第一个层次是广泛组织各方面的专家，围绕各界提出的问题和新建议，从技术上、经济上进一步深入研究论证，得出有科学根据的结论意见，于1989年9月重新提出《长江三峡工程可行性研究报告》，为国家提供决策依据；第二个层次是1990年7月，国务院成立国务院三峡工程审查委员会，负责审查可行性研究报告，审查通过后提请中央和国务院审批；第三个层次是国务院向全国人民代表大会提交《国务院关于提请审议兴建长江三峡工程的议案》。1992年4月3日，第七届全国人民代表大会第五次会议对兴建长江三峡工程的决议进行表决，以1 767票赞成、177票反对、664票弃权、25人未按表决器的结果通过。决议批准将兴建长江三峡工程列入国民经济和社会发展十年规划，由国务院根据国民经济发展的实际情况和国力、财力、物力的可能，选择适当时机组织实施，对于已发现的问题要继续研究，妥善解决。三峡工程经过科学的论证、严肃的审查、民主的表决从而完成了决策程序，转入工程实施阶段。①

1992年三峡工程经全国人民代表大会表决通过后，长江水利委员会作为设计总成单位，在三峡工程可行性研究的基础上，进行了初步设计，包括枢纽工程、水库淹没处理和移民安置工程、输变电工程三大部分，并经国务院三峡工程建设委员会审查批准。②

2 三峡工程实施阶段的工程方法

三峡工程是我国确立建设社会主义市场经济体制后兴建的第一个大型水利水电工程，建设过程正值我国从计划经济向市场经济的

---

① 陆佑楣．三峡工程的决策和实践[J]．中国工程科学，2003，5（6）：1-6.

② 苑铭．三峡工程初步设计的十大问题[J]．中国投资与建设，1994（9）：4.

转型时期。三峡工程率先在国内工程建设领域实施以项目法人责任制为中心的招标投标制、工程监理制、合同管理制，从而在工程质量、安全、进度、投资控制和生态环保等方面取得成功。

2.1 建设管理体制

2.1.1 建立政府、企业、市场协同的管理架构

三峡工程借鉴国内外水利水电和流域开发管理经验，运用社会主义市场经济体制，建立了以“政府主导、企业负责、市场运作”为特点的管理架构（图 2-2-2）。成立了最高决策机构——国务院三峡工程建设委员会（简称三峡建委），是三峡工程重大问题的最终决策机构，负责统筹协调、资源配置和监督稽查；明确了三峡枢纽工程的责任主体——中国长江三峡工程开发总公司（简称三峡总公司），是三峡枢纽工程的项目法人，作为一个经济实体全面负责三峡枢纽工程的建设管理、筹资还贷、运行维护以及资产保值增值；成立了移民开发局，专项负责水库移民搬迁安置工作，并明确了“统一领导，分省（直辖市）负责，以县为基础”的开发性移民方针；明确了输变电工程的责任主体——国家电网建设公司（后与国家电网合署办公），实行电网统一建设、统一管理。①

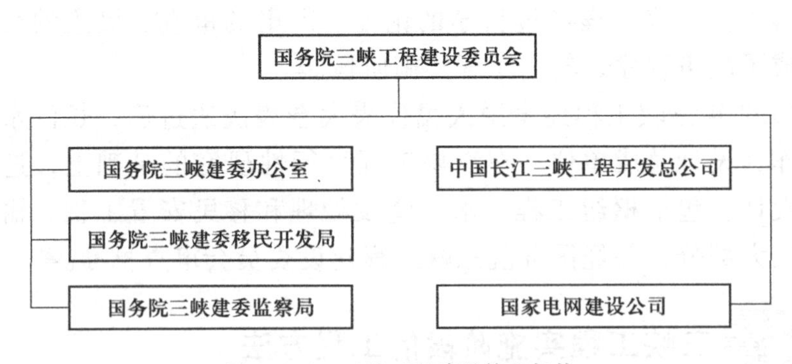

图 2-2-2 三峡工程建设管理架构

三峡建委的成立，使三峡工程所涉及的权责相关方有了一个统一的、最高的权力机构，将三峡工程建设市场运作和政府调控有机

① 陆佑楣. 长江三峡工程建设管理实践[J]. 建筑经济，2006（1）：5-10.

结合，从宏观层面为三峡工程建设理顺了管理体制。

2.1.2　实行以项目法人责任制为中心的建设管理体制

（1）项目法人责任制。1993年，国务院批准成立中国长江三峡工程开发总公司。作为项目法人，三峡总公司实行独立核算、自主经营、自负盈亏，承担一切债权债务，全面负责三峡工程的建设和经营，建立了产权清晰、权责明确、政企分开、管理科学的现代企业制度。①

（2）招标投标制。三峡工程充分运用市场竞争机制，严格执行公开招标、公平竞标、第三方公正评标、集体决策的原则，选择最有竞争力的承包商或供货商。

（3）工程建设监理制。监理制是保证工程建设达到预期的质量、进度和投资3项目标的重要制度。三峡总公司共聘请6家监理单位对承包合同履约和现场施工进行现场监督管理，并在个别重要项目中聘用了外国监理，促进了国内外监理经验的交流和融合。

（4）合同管理制。三峡工程实施阶段共计有6 000多项承包合同，三峡总公司以合同的方式明确了参建各方建设目标和权责关系，并延伸到承包商、监理、设计单位，形成参建各方对项目法人负责、项目法人对国家负责的工程建设运行管理体制。三峡工程合同金额较大、执行期长，按照“分类别按项目管理、分部门实施、分层次负责、综合归口”的原则进行管理，并建立了合同价和执行概算价两种价格体系。在执行合同价过程中如出现偏差，则按照合同条款中规定的调价公式和不同项目的调价权重，经会商决策后实施调价，从而较好地处理了合同执行过程中出现的各类问题。

2.2　投融资控制

2.2.1　实行以资本金制为基础的多元化融资方案

三峡工程是以防洪为主，兼顾航运、水资源配置等效益的水利枢纽，具有巨大的公益性功能和社会效益。基于公益性功能应由国

---

①　王梅地．项目法人责任制在三峡工程的初步实践[J]．中国三峡建设，1996（5）：1-3.

家投资的惯例，三峡工程建立了资本金制度。

三峡工程（枢纽工程和移民安置）资本金由政府设立，即所谓的三峡建设基金。其一部分由全国部分地区电力加价筹集（1 070.35 亿元），占三峡工程总投资的约 61.9%；一部分来自三峡总公司运营的葛洲坝和三峡两电站效益（336.39 亿元，葛洲坝电厂利润和增值税部分退税、长江电力所得税和股份分红、三峡电站所得税和增值税部分退税），占三峡工程总投资的约 19.5%；另有 18.6% 来自银行贷款、企业债券、股权融资以及出口信贷等（321.74 亿元）。它们共同组成了三峡工程总投资（枢纽工程和移民安置）的资金来源（表 2-2-1）。资本金制的实施为三峡工程提供了稳定、可靠的资金来源，改善了三峡总公司的财务结构，提高了公司的偿债能力和信用等级，为三峡工程多元化融资创造了良好条件。[①] 多元化的融资模式降低了融资风险和融资成本，不仅保证了三峡工程建设运行的顺利进行，还取得了良好的经济效益。

表 2-2-1 三峡工程资金结构表

资金结构		金额/亿元
枢纽工程和移民安置	电力加价	1 070.35
	电站效益	336.39
	其他来源	321.74
输变电工程	电力加价	209.13
	其他来源	135.15
三峡工程竣工财务决算总金额		2 072.76

2.2.2 实行“静态控制、动态管理”的投资控制模式

三峡工程建设周期长达 17 年，每年物价指数在不断变化，工程贷款所支付的利息也在变化，因此需要采取“静态控制、动态管理”的投资控制模式。[②] 静态控制即对静态投资的总量控制，业主以工程静态投资概算为最高限额，在没有发生重大变更的情况下，

① 李永安，胡柏枝．三峡工程财务管理问题初探[J]．中国投资，1994（4）：24-26.

② 杨亚，曾雪云，王化成．三峡工程“静态控制、动态管理”的投资控制模式[J]．财务与会计，2010（9）：27-29.

不调整初步设计投资概算，确保静态投资不突破初步设计概算。动态管理即在控制静态投资的基础上，对影响工程总投资的物价、利率、汇率等不确定因素进行年度跟踪测算，实行动态管理，主要是价差管理和融资成本管理。三峡工程静态投资概算为 1 352.66 亿元，考虑物价和利率等因素，测算核定动态总投资为 2 485.37 亿元。

“静态控制、动态管理”的投资控制模式是三峡工程的一个创新，它改变了不断调整概算的传统管理办法，把静态投资、物价上涨、融资成本、政策性调整区分开来，建立了责任清晰、风险分担、科学合理的投资控制机制，形成了项目法人自我约束的激励机制。三峡工程以静态概算控制工程的总投资，优化工程管理，降低工程成本和移民费用；以动态的价差支付和多元化融资模式降低融资成本，最终取得了良好的投资控制效果。2013 年，经审计署审定的三峡工程竣工决算静态投资与国家批准的概算完全一致；三峡工程竣工决算动态总投资为 2 072.76 亿元，比原测算动态总投资减少了 412.61 亿元。

2.3　进度控制

科学管理、稳步推进，以科技创新促工程建设保质按期完工。三峡枢纽工程总工期 17 年，施工期长、工程量大、高峰期施工强度高、重大技术难题多，给进度控制带来极大挑战。为按期完成建设任务，三峡总公司首先将任务分解，制定各阶段目标：第一阶段工期为 5 年，以实现大江截流为目标；第二阶段工期为 6 年，以实现蓄水、通航和发电为目标；第三阶段工期为 6 年，以枢纽工程全部完建为目标。其次，细化各阶段目标，明晰控制节点，分配到每一年度。再次，制定月度计划，确保实现年度目标。最后，以月度计划作为最小进度执行单元付诸实施，并强化落实。在工程推进过程中，始终坚持采用世界最先进的施工设备和最高效的施工技术，如引进塔带机连续浇筑技术确保施工高峰期的混凝土浇筑强度，确保关键节点施工任务按期完成；建立综合考评激励机制，设立合同综合奖、专项奖等奖项，通过对节点目标、阶段目标、总目标的考核奖励，促进工程进度按期推进。①

在严格的合同管理、先进技术保障和激励机制作用下，三峡枢纽工程各节点目标如期或提前实现，大坝提前 1 年全面发挥防洪作用、电站提前 1 年投产发电，初步设计规定的项目全部按期完工。同时，三峡工程创造了混凝土浇筑连续 3 年超过 400 万 m^3 等一系列水电工程建设新纪录，促进中国水利水电建设技术跻身世界先进行列。

2.4 质量控制和安全管理

树立质量和安全“双零”管理目标。三峡工程建设周期长、施工难度大、技术要求高，参建单位多、作业点分散、施工环境复杂、安全风险高，对三峡工程质量控制与安全管理提出了很高的要求。三峡工程建设首次在大型工程建设中提出并推行了“零质量缺陷”和“零安全事故”的“双零”管理目标，取得了良好效果。

质量管理方面，参建各方组建了施工单位自检、监理单位总体把关、业主项目部直接监督、质量总监专项负责的四级质量管理组织机构，建立了由组织管理体系、质量标准体系等 7 个子体系构成的工程质量保证体系，提出并形成了高于国家标准的三峡标准，消灭一切顽症，确保零质量缺陷。同时，国务院成立三峡枢纽工程质量检查专家组，每年至少赴工地进行两次质量检查，对工程质量作出评价和评议，进一步促进了参建各方质量意识和质量管理水平的提升。安全管理方面，建立了参建各方共同参与、各司其职的三位一体安全生产管理体系，实践了切实有效的安全奖励与事故处理办法，以人为本、关注细节，安全管理理念逐步实现从事后查处向事前防范转变，从集中整治向规范化、制度化、日常化管理转变，从人治向法治转变，确保零安全事故。在质量和安全管理上，参建各方共同成立三峡工程质量管理委员会和安全生产委员会，强化综合考评、突出激励约束，设立质量和安全特别奖、一线作业面特别质量奖等奖项，在一线农民工群体开展评优评先，营造人人争创一流、时刻确保安全的良好氛围。同时，业主还聘请在水电建设领域有丰

---

① 黄爱国，郭棉明．三峡工程进度控制与 P3 软件的应用[J]．水力发电，2000（6）：55-57.

富经验的中外专家担任质量总监和安全总监并实行动态管理，促进了三峡工程质量管理和安全管理水平达到国际一流水准。

“双零”管理目标实施后，三峡工程各项工程优良率显著提升，从80%左右提高并稳定在93%左右；安全事故的数量也逐年减少，并在2007年实现“零安全事故”的目标。

2.5 生态环保建设

坚持工程与生态环境同步建设。三峡工程对生态环境的影响研究始于20世纪50年代，历经近50年的勘测规划论证，形成了三峡工程初步设计——环境保护篇、三峡工程移民安置区生态与环境保护规划等5个规划设计，并由相关部门组织实施。三峡工程在建设之初，就确定了工程与生态环境同步建设的方针。生态保护方面，我国先后建立长江口中华鲟自然保护区和长江上游珍稀特有鱼类国家级自然保护区等多个自然保护区，通过立法、人工繁育、增殖放流、监测与研究等措施，对中华鲟、达氏鲟等珍稀物种和“四大家鱼”进行保护与繁育，维持长江水生生物多样性；投资建立了宜昌大老岭国家森林公园等多个动植物敏感保护点和保护区，3种陆生珍稀濒危植物通过引种栽培、迁地保护、人工繁育等多种措施得以有效保护，主要珍稀植物和古树木得到就地或迁地保护，保存了三峡库区具有重要经济价值和生态价值的基因资源与重要栖息地。此外，天然林保护和退耕还林工程也对三峡库区陆生动植物栖息地保护和恢复发挥了重要作用。环境保护方面，国务院根据三峡库区环境容量及时调整移民方针，由就地后靠安置调整为鼓励与引导更多农村移民外迁安置和加大搬迁工矿企业的结构调整力度，最大限度地减小了三峡库区的环境压力，为库区水土保持和水质污染防治创造了有利条件。同时，湖北、重庆两省（直辖市）出台了水污染防治条例，国家实施了《三峡库区及其上游水污染防治规划（2001—2010年）》和《重点流域水污染防治规划（2011—2015年）》，并采取了污染物总量减排、生态环境保护和建设等一系列有效措施。目前，三峡库区环境影响问题处于可控状态。施工区环境保护方面，国家明确三峡坝区实行封闭管理，在保障周边居民生产、生活条件的基础上，营造绿色、和谐、稳定的施工环境。严格执行《三峡工程施工区环境保护实施规划》，做好大气污染防治、噪声防治、水土保持及绿化等工作，打造人-大坝-自然和谐共生的生态坝区。①

三峡工程20多年的生态环境保护取得了良好成效，其最大的亮点是采取“先规划、后实施”的管理模式，从发展的角度提前对生态环境保护工作的内容进行周密的设定；在实施过程中，建立“中央统一领导、分省负责”的管理体制，出台管理办法和规章，实行以项目法人制为中心的“四制”管理体系，从政策、制度、程序上对生态环境保护的进度、质量、验收等各个环节进行规范化管理，有效地行使了规划、协调、监督的基本职能，确保了生态环境保护的有效实施。②

2.6 技术路线

采取全方位开放和引进消化吸收再创新的技术路线。三峡工程作为世界上最大的水利枢纽之一，有着截流和围堰施工难度大、混凝土浇筑强度高、水轮机组装机容量大、高边坡开挖和支护要求高等技术特点，传统的施工方法和技术水平难以满足要求。为确保将三峡工程建成为高标准、高质量的国际一流工程，三峡工程采取全方位开放的态度，充分吸收国内外先进施工方法和经验，积极引进世界最先进的工程技术，先后在大江截流及围堰施工、大坝混凝土材料和浇筑工艺、水轮发电机组设计制造等方面取得了技术突破，达到了世界一流水平。

2.7 库区移民安置

实行政府主导、各方参与的开发性移民方针。三峡工程建设，移民是成败关键。为确保移民工作顺利完成，国务院于1993年颁布《长江三峡工程建设移民条例》，以行政法规的形式明确了三峡工程移民安置实行开发性移民方针，实行“统一领导，分省（直辖市）负责，以县为基础”的管理体制和移民任务、移民资金“双包干”，对移民投资实行切块包干、静态控制、动态管理；实行国家扶持、各方支援与自力更生相结合的原则，采取前期补偿、补助与后期生产扶持相结合的政策，使移民的生产、生活达到或者超过原有水平。

---

① 孙志禹．三峡工程生态与环境保护[J].水力发电学报，2009（6）：8-12.

② 王儒述．三峡工程与生态环境保护[J].南水北调与水利科技，2008（5）：83-89.

同时，为减轻三峡库区的环境压力，国务院决定实行移民外迁的方针，将库区移民部分搬迁到东部沿海经济发达地区，最终实现了20万移民外迁。移民搬迁后的生活条件明显改善，库区城乡居民收入水平逐年提高，城镇化进程加快，库区社会总体和谐稳定，实现了"搬得出、稳得住、逐步能致富"的移民目标。①

三峡工程移民安置管理体制的创新，既确保了党中央、国务院对三峡工程建设强有力的指挥，又清晰地明确了各方的职责和权限，充分调动了各方积极性，为三峡工程建设的顺利进行提供了制度保障。

2.8　企业文化建设

三峡工程是中华民族的百年梦想，其作用之大、地位之重可谓"千年大计、国运所系"。工程施工期，三峡坝区内施工单位、设计单位、监理单位等共170多家，常年工作人员约2万人，最高峰达4万人。为此，三峡坝区成立了精神文明建设联络协调办公室，坚持"建坝育人"方针，通过各种形式将坝区全体三峡建设者凝聚成和谐整体。三峡工程建设者和百万移民怀着无限的爱国热情，以强烈的责任感和神圣的使命感，孕育形成了三峡精神。三峡精神以"为我中华、志建三峡"为核心，其基本内涵是：治水兴邦、造福人民的担当精神，民主决策、科学管理的求实精神，精益求精、勇攀高峰的创新精神，舍家为国、无私奉献的奋斗精神，团结协作、众绘宏图的圆梦精神。正是在三峡精神这面爱国主义旗帜下，全体三峡建设者发扬集体主义精神，坦然面对各种风险和挑战，攻克了一系列工程建设难关，创造了无数的水电工程奇迹，百万移民"舍小家、为国家"，使三峡工程成为中华民族实现伟大复兴的标志性工程。②③

3　三峡工程运行阶段的工程方法

三峡工程的运行管理，不仅要圆满实现防洪、发电、通航等设计功能，而且需要全面兼顾水库的泥沙、地质、地震、水环境等自

---

① 蒋建东. 三峡工程移民安置规划总结性研究[M]. 武汉：长江出版社，2012.

② 剑锋. 心态与风范[J]. 中国三峡，2011 (5)：18-21.

③ 周建华. 三峡精神的传承与创新[J]. 中国电力企业管理，2010 (2)：70-71.

然环境因素，以及库区、枢纽区和下游流域相关区域的社会经济发展对水库运行的要求。自2003年启动运行以来，三峡工程功能逐步完备、效益日益显现，运行管理水平在实践和探索中不断提高，逐步成熟。

3.1 运行管理体制

国家授权三峡总公司作为三峡枢纽工程的项目法人，全面负责三峡工程的建设和运行。三峡工程在工程建设阶段，及早谋划和筹建运行管理的组织机构，建立了建设、运行统一协调机制，实现了“建运结合，无缝衔接”。三峡总公司成立枢纽管理局、三峡电厂、梯调中心等机构，内部管理分工合作，形成合理的平衡机制。① 三峡总公司与国家防汛抗旱总指挥部、水利部、长江防汛抗旱总指挥部等相关各方建立高效协调机制，凝聚运行相关方合力。在坝区管理中，实行“业主为主、地方配合”的管理模式，建立了良好的企地共建协调机制，为枢纽运行创造了良好的外部环境。②

3.2 安全运行管理

三峡枢纽工程自开工即开始布置安全监测系统，时间跨度二十余年，覆盖面广、监测时间长，确保枢纽运行安全。三峡电厂在发电运行管理中，确立了以“管理先进、指标领先、环境友好、运行和谐”为基本特征的国际一流水电厂管理目标，经过十多年的发电运行管理实践，三峡电厂已经成为国际一流水电厂的标杆。三峡水库调度遵循“兴利调度服从防洪调度，发电调度与航运调度相互协调并服从防洪调度”的原则，实行泥沙减淤调度、生态调度等优化调度。③

---

① 李先镇．三峡工程的建设管理体制及其实践[J]．科技进步与对策，1997（3）：31-33.

② 张宝声．三峡工程建设管理体制及其运作[J]．中国三峡建设，2000，7（1）：6-10.

③ 刘昌栋，陈国庆．三峡电站运行管理与电力系统安全运行[J]．电力设备，2008（12）：150-152.

3.3　生态环保建设

全面投入，维护长江绿色生态走廊。以《长江三峡水利枢纽环境影响报告书》①②、《三峡库区及其上游水污染防治规划战略咨询研究报告》③ 等生态环境建设和保护工作为依托，三峡工程自2003年蓄水以来，持续开展了生态环境监测和科学研究。生态与环境监测方面，国家自20世纪90年代建立并不断更新完善三峡工程生态与环境监测系统，从三峡工程建设初期开始就对工程的生态环境状况进行全过程跟踪监测，并每年向国内外公开发布《长江三峡工程生态与环境监测公报》④。珍稀动植物保护方面，设立长江珍稀植物研究所和长江珍稀鱼类保育中心，开展珍稀植物繁育、珍稀鱼类保育及水环境修复等工作。库区水环境保护方面，建立三峡库区水华应急监测网络，开展原型监测，研究水华控制对策。水文与泥沙观测方面，制定泥沙观测具体方案和计划，持续开展泥沙问题研究，提高观测成果的精度和时效性。地震监测方面，建设长江三峡工程触发地震监测系统，提高地震应急快速响应和紧急处置能力。自三峡水库蓄水以来，枢纽工程没有因地震造成损失。

3.4　工程后评估

自2003年蓄水发电以来，三峡工程一直安全稳定运行。为了总结三峡工程建设和初步运行实践经验，对三峡工程论证和可行性研究结论、工程建设情况、工程运行效果、试验性蓄水、初步设计目标完成情况等方面进行科学分析和客观评价，提出对今后工作的意见建议，促进三峡工程更好运行、发挥更大综合效益，三峡建委先后3次委托中国工程院开展三峡工程评估工作。

2008—2009年，中国工程院组织实施了“三峡工程论证及可行

---

① 中国科学院环境评价部，长江水资源保护科学研究所．长江三峡水利枢纽环境影响报告书［R］．1989.

② 中国科学院环境评价部，长江水资源保护科学研究所．长江三峡水利枢纽环境影响报告书［R］．1991.

③ 中国工程院．三峡库区及其上游水污染防治战略咨询研究报告［M］．北京：中国环境科学出版社，2007.

④ 《长江三峡工程生态与环境监测公报》每年由中华人民共和国环境保护部（现生态环境部）发布。

性研究结论的阶段性评估”工作，完成《三峡工程阶段性评估报告》。[①] 综合评估认为，三峡工程在1986—1989年的论证与可行性研究的总结论和推荐的建设方案是完全正确的，经受了工程建设和初期运行的实践检验。综合评估同时总结了三峡工程建设坚持科学论证、坚持科技创新、坚持质量第一等5条基本经验，对库区生态环境、移民安置、地质灾害等方面提出了3个需要关注的问题，在库区经济社会发展模式定位、发挥三峡工程综合效益、建立长江水资源统一调度系统等方面提出了6项建议。

2013年，中国工程院组织实施了“三峡工程5年试验性蓄水阶段性评估”工作，完成《三峡工程试验性蓄水阶段评估报告》。综合评估认为，三峡工程实施试验性蓄水是完全必要的，将为今后工程的安全、高效运行奠定良好基础；三峡工程试验性蓄水达到预期目标，综合效益充分发挥，具备转入正常运行期的条件。综合评估同时对深化研究三峡水库优化调度方案、完善三峡工程安全高效运行体制、加强下游重点河段整治等下一步蓄水工作提出了8条建议。

2014—2015年，中国工程院组织实施了“三峡工程建设第三方独立评估”工作，完成《三峡工程建设第三方独立评估综合报告》。综合评估认为，三峡工程规模宏大，效益显著，影响深远，利多弊少。综合评估对三峡工程建设和试验性蓄水给予充分肯定，同时总结了三峡工程建设坚持深化改革、坚持以人为本、坚持与时俱进等6条基本经验，对三峡水库有效库容、下游河道冲刷、水库诱发地震、珍稀濒危物种保护等社会公众关心的若干问题进行了说明，对加强长江水系生态环境管理、统筹发挥三峡河段通航能力、加强地震监测和地质灾害防治等下一步工作提出了7项建议。[②]

上述3次评估工作，不仅对三峡工程决策、实施、运行阶段进行了客观评价，加深了人们对于三峡工程的理解和认识，更重要的是对三峡工程后期运行提出了具体的意见和建议，促进三峡工程发挥更大综合效益，促进工程与自然和谐可持续发展。

---

① 中国工程院三峡工程阶段性评估项目组．三峡工程阶段性评估报告：综合卷[M]．北京：中国水利水电出版社，2010.

② 中国工程院三峡工程建设第三方独立评估项目组．三峡工程建设第三方独立评估综合报告[M].北京：中国水利水电出版社，2020.

第四节　三峡工程的哲学思辨

17世纪法国哲学家笛卡儿曾提出一句著名哲学箴言“我思故我在”，我国工程哲学家李伯聪教授也提出了一句哲学箴言——“我造物故我在”①。“思”与“造物”是人类不可分割的完整的活动全过程。人类在自己生存和发展的环境中不断地实践、不断地思维、不停地造物，也创造了人类自己，也就是“实践—认识—再实践—再认识”，由初级的思维到高级的思维，由简单的造物到复杂的工程造物，永无止境，这就是人类的本质。没有无思的造物，造物关联着思维。

水坝工程是人类在自然界中的一种造物行为，通过改变河流、湖泊原有的生态环境状态来改善人类生存环境和可持续发展。这些变化和效益究竟是利是弊，它的利弊得失如何取舍？我们的对策是什么？必须遵循自然规律，我们必须以科学的态度，用工程的方法加以探索分析，揭示事物的本质，用哲学的方法进行思辨。

1 动态和谐的工程生态观

生态是指生物的生理特性和生活习性在一定的自然环境下生存和发展的状态，也是指自然界各生物种群间和同种生物群体间相互生存依赖关系的状态。这一状态在自然界是不停地发生变化的，所谓的生态平衡是相对于一个短暂时段而言，是指各种生物生存食物链和各种生存资源的平衡，生态的平衡是相对的，不平衡才是绝对的，唯有这一不平衡才产生了时时刻刻向新平衡方向的自然推动力，以期达到新的平衡，在新的平衡中又孕育着不平衡。如此周而复始推动着“适者生存”和“自然选择”的生物进化法则，这就是19世纪英国伟大的科学家达尔文的“进化论”的依据，它造就了今天的地球环境和人类的今天。

生物间相互依赖的生存状态中，处于主体地位的只能是人，这

① 李伯聪．工程哲学引论——我造物故我在［M］．郑州：大象出版社，2002.

是自然选择的结果，唯有人具有高度的生产本领、思维能力和丰富的情感。当今人类看到全球环境恶化、生物种群的减少，意识到人类自身未来的生存、发展和可持续发展的危机，注意到了保护环境、改善生态而且付诸巨大的努力，这一切都是为了人，是以人为本的，绝不是脱离开人的所谓要以“自然为本”。

生态的状况完全取决于环境。恐龙的消亡、人类的崛起与环境的变迁弥额相关。其实人本身就是自然界的“一分子”，人为的环境本质上是总体自然环境的组成之一，这本身就是自然规律，也是不以人类的意志为转移的。人类凭借自己在生存实践中积累的智慧，为了更好地生存和发展，不停地运用自然规律和利用自然资源改造自然环境。随着人类工业化进程的加剧，大自然对人类的警钟频频敲响，历史呼唤着新文明的到来。这种新文明，有人称为后工业文明，也有人称为生态文明，即人与自然相互协调发展的文明。从工业文明向生态文明的观念转变是近代科学机械论自然观向现代科学有机论自然观的根本范式的转变，也是传统工业文明发展观向现代生态文明发展观的深刻变革。在生态文明的背景下，水利水电事业在走出技术、资金、市场等因素的困扰后，又面临如何看待水利水电开发对生态造成的影响这一新挑战。在生态文明的建设中，人类逐渐学会遏制自己对欲望的无限制追求，防止破坏人类未来的生存发展权利，指导人类自己的行为。人类早已不是生活在原始的纯自然的环境中，而是生活在自然和人工的混合环境之中。用动态的眼光看世界，从来就没有存在过所谓的“原生态”。①

2 水坝工程演化与生态环境

史前时代，人类对于自然规律的认识还处于懵懂状态，暴雨、洪水、干旱等自然现象被认为是神灵的作用。即便到了农耕文明时代，人类仍然通过祭祀、占卜等方式祈求风调雨顺、趋利避害。这个时期，人类完全被动地受自然支配，因此在山川河流治理方面完全没有水坝工程这种人工物的概念。经过农业革命，人类的生产力

① 陆佑楣，张志会．“原生态”概念批判与动态和谐的工程生态观的构建[J]．工程研究——跨学科视野中的工程，2009，1（4）：346-353.

水平有了很大提升，出现了初级的工程造物活动，对自然产生了主动性的影响。但因生产力水平有限，人类还无法从根本上掌握对自然的主动权，因此大多采取因势利导、顺势而为的方式利用和改变自然，并获得了一些水坝工程知识。中国战国时期的都江堰就是这一时期水坝工程的典型案例。工业革命之后，人类的生产力水平有了质的飞跃，掌握了对自然的主动权，建造了许多新型人工物。进入 21 世纪，随着人类对自然规律的认识进一步加深，人类开始重新审视人与自然的关系，可持续发展的理念成为人类的共识。水坝工程更加重视对生态环境影响的研究，通过设计过鱼设施、实施生态调度等多种措施，寻求人水和谐的最佳契合点。

由于人类认识的局限性，传统水坝工程存在着对生态环境重视程度不足的现象，古代和部分近代水坝工程往往是为满足某个单一目的不考虑其他影响而规划建设。近代社会以来，人类对水坝工程的认识逐步深化，开始更加理性、全面地看待水坝工程对生态环境的影响。20 世纪六七十年代，人类开始科学地认识水坝工程的生态环境影响。迄今为止，人类对于水坝工程生态环境影响的研究已有广泛而深入的发展，诸如水质、泥沙淤积、河道及河口演变等方面，相应研究成果已经成为水坝工程优化运行的基础知识和指导方针。

3 三峡工程与生态环境

三峡工程规模巨大、涉及面广、影响深远，是人类在自然界中一项巨大的造物行为，它源自人类在自然界和人类自身社会中的生存和发展的实践，是经过长期思维的结果。早在 1918 年，孙中山先生就首次提出兴建三峡工程的设想。通过几代中国人七十余年的不断探索，进行大量的勘测、规划、设计、科学试验，深入的调查以及科学的论证决策思维，又经历了二十余年的建设实践“造物”过程，如今三峡工程已完成整体竣工验收，发挥着巨大的防洪、发电、航运和水资源综合利用效益。辩证地看，三峡工程的实质是人类为了自己的生存和可持续发展而进行的有效的工程造物活动。

三峡工程是自然和人类社会巨系统中的一个复杂系统工程，它涉及长江和长江流域的自然生态、人文环境、政治、经济以及工程本身的建设技术和基础科学的复杂问题。因此，在工程建设实施过程中，必须运用系统工程控制论的方法实行有机的、整体的目标管理，才有可能实现预期的思维目标。人们对三峡工程的认识不可能一步到位，在长期运行过程中仍然需要不断实践，遵循实践—认识—再实践—再认识的规律，在实践中检验事物的真理。

三峡工程的建设遵循自然规律，改造了某些不利于人类生存的环境，改善了以人为本的生态。任何工程措施都有一定的正负效应，如果片面强调三峡工程活动对生态环境的消极效应，忽视其积极影响，强调所谓的“原生态”和“让江河自由流淌”，必然会剥夺一部分人、一部分地区的发展权，导致环境正义的缺失。如果对环境正义伦理不加考虑，甚至因为揪住工程建设对生态的消极影响不放，让那些亟待脱贫的地区和人群放弃或缓建那些经济和社会效益良好的水坝工程，则会加重当前环境利益分配的不公。①

4 三峡工程防洪是最大的生态效益

长江在自然环境的演变中，由于泥沙淤积于中下游，造就了中下游广袤而肥沃的平原，但同时因为抬高了河床，致使中下游河道行洪能力不足，造成洪水泛滥，给人类带来难以抗拒的自然灾害。长江沿岸人口在增长、经济在发展，如发生洪水，造成的灾害损失也越严重，对中国经济的正常发展和人民生活质量的提高都造成了严重的威胁。减轻洪旱损失，实现水资源的优化配置就必须依赖综合防洪减灾系统，建立和完善水资源配置体系。而建造具有较强的调控能力的大中型水库是保证国计民生的重要举措，三峡工程对于抵御长江流域洪水具有巨大作用。

经过漫长的历史时段的科学研究，逐步形成了长江的防洪对策，就是要建立完整的防洪综合体系。其中包含停止盲目砍伐森林，保护植被，提高陆地涵水能力，减少泥沙入江，加固已有的江堤，提高抵御洪水能力，利用低洼地建设分蓄洪区作为超限洪量的临时储蓄地，在上游干支流修建水库，以拦蓄洪水、削减下游的洪峰流量

---

① 张志会，游艳丽．树立动态和谐的水利水坝大工程观[J]．中国水能及电气化，2010（8）：3-8.

等，这都是人类在长期抗洪斗争经验中形成的有效工程措施。

三峡工程就是长江防洪综合体系中关键的工程措施，即在三峡河段的末端也是长江上游河段的末端（控制着 100 万 km^2 的流域面积），兴建有足够容量的水库，以调蓄长江的洪水流量，削减下游河道的洪峰。经过调洪演算、综合比选，确定了三峡水库正常蓄水位为 175 m，总库容为 393 亿 m^3，其中 221.5 亿 m^3 用于防洪滞洪，可以将下游的荆江大堤抵御洪水能力从现有的十年一遇提高到百年一遇，直接保护了 1.5 万 km^2 的耕地、1 500 万人口以及数十座沿江重要城镇的安全，这可以说是长江最重要的防洪措施。经过认真的科学规划和论证，三峡水库的防洪作用不可能有其他方案可替代，也可以说防洪是三峡工程建设的必要条件。①

洪水灾害的本质是人与水争夺陆地面积的矛盾，如果没有人，也就不存在洪水灾害。随着人类活动范围的不断增大，必须给水留有一定的陆地，做出必要的让步，保护肥沃的平原，让出劣质的、贫瘠的山谷土地，以换取人类生存安全。三峡工程水库淹没了 638 km^2 的峡谷土地，其中耕地 238 km^2，搬迁居民 131 万人，而获得的是下游肥沃的 1.5 万 km^2 的平原耕地和 1 500 万人口的中游地区的安全。三峡水库淹没上游贫瘠土地，保护下游肥沃土地，得与失的关系值得思辨。从巨大的防洪功能看，三峡工程是促进人类可持续发展的生态工程。

可持续发展是人类随着社会进步而探索和追求的一种社会发展模式。由于生态意识的新觉醒，人们对水坝工程的负面效应的关注更多了，这不可避免地增加了水坝建设和发展的环保压力与社会成本，一定程度上形成了水坝工程建设的"制约"因素。但这种因素和力量的作用与效果，对于水利水坝工程的演化来说，绝不仅仅是"负"效应的表现，它同时也推动水坝工程向更高标准和更高阶段演化。由于人们环境保护意识的提高，以及对水库移民政策与现实困境的关注，水坝工程建设将被规范在一个更高的标准和水平上。于是，生态意识和新的工程思想必然发挥"筛选"作用，这无疑会促进"自然-工程-社会"的进一步协调可持续发展。

---

① 夏静，夏斐，张才刚．防洪：三峡工程最大的生态效益［J］．中国三峡建设，2007（3）：15-17.

为了适应生态文明发展的需要，工程界首先要树立起水资源的开发利用与环境保护相协调的水利水坝工程生态观，在工程实践中也必须践行与之对应的原则。要在工程设计开始时就确立“生态保护、环境友好”的原则，将河流与其上下游、左右岸的生物群落置于一个完整的生态系统中考虑，进行统一规划设计，因地制宜地进行开发建设，最大限度地发挥水利水坝工程对生态环境的积极效应，通过改善水生态系统，对流域范围内经济社会的可持续发展发挥重要保障作用。

“和谐”概念是中国哲学传统重要的哲学思想，强调人与人、人与自然关系的和谐，这是一个基本的哲学理念和工程理念。“有限理性”概念强调理性能力的有限性，它不承认有什么达到“全知全能”的理性。人类任何一项造物活动都是在一定的主观和客观约束条件下进行的，都不可能达到严格意义的“尽善尽美”，都存在有利有弊的两面。三峡工程是时间、历史和人类智慧的共同结晶，是一个科学、理性的造物工程。从认识上看，它既集中而又广泛地反映和凝结了人类在自然科学、社会科学、技术科学、工程科学、工程技术、工程设计、工程管理、工程施工、工程经济和其他相关领域的知识与智慧；从哲学上看，我们承认作为客观存在的自然界和人类社会是可知的，但“可知论”绝不等于“全知论”。我们清醒地认识到人类在任何一个“时间点”上的认识能力和认识水平都有其局限性，而这种局限性又随着人类实践的进展而不断被突破。虽然三峡工程已完成建设投入运行，但人类对三峡工程的认识和实践却远没有结束，三峡工程与环境、生态和自然、社会的关系一定会在动态和谐的道路上不断前进。

第三章

中国载人航天工程的哲学分析

载人航天工程是人类探索、开发、利用太空和地外天体的活动。其目的是把人类活动和生存的范围从陆地、海洋、大气层扩展到宇宙空间，开发太空资源，拓展人类生存空间。

苏联是世界上最早开展载人航天工程的国家，1961 年 4 月 12 日发射的“东方 1 号”载人飞船是人类第一个载人航天器。我国载人航天工程从 1992 年立项开始，按照“三步走”的发展战略实施，2003 年 10 月 16 日“神舟五号”载人飞船返回舱安全着陆，使我国成为继苏联和美国后第三个独立实施载人航天工程的国家。截至 2021 年 10 月，我国已经成功完成了载人航天工程的第一步和第二步，正在实施载人航天工程的第三步——建造中国的空间站。目前，空间站“天和号”核心舱已经在轨稳定运行。我国载人航天工程以建设国家太空实验室为目标，以载人飞船起步，以较少的投入，高标准、高质量、高效益地实现工程目标，走出了一条具有中国特色的载人航天工程发展道路。

第一节　中国载人航天工程的论证和规划

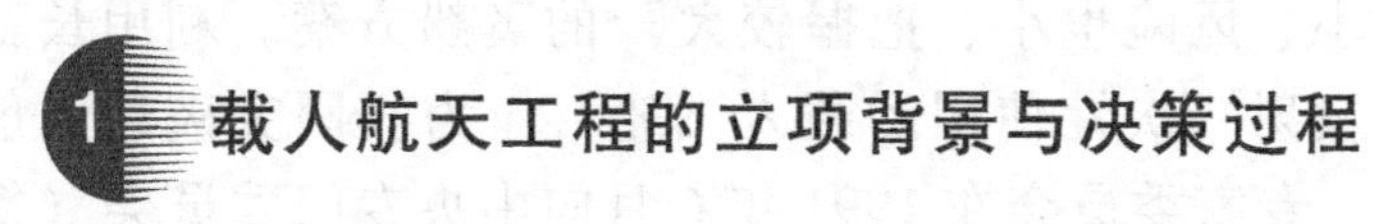

1 载人航天工程的立项背景与决策过程

苏联/俄罗斯共发展了三代载人飞船。第一代“东方号”飞船实现了人类第一次载人航天飞行；第二代“上升号”飞船是在“东方号”飞船的基础上研制的多人飞船；1966 年开始研制的第三代“联盟”系列飞船可乘载 3 人，可为空间站运送航天员，目前“联盟 MS”载人飞船仍在为国际空间站服务。苏联/俄罗斯从 1971 年发射“礼炮 1 号”空间实验室起，共发展了三代载人轨道站。

美国发展了四代载人飞船。第一代“水星号”飞船是单人飞船；第二代“双子星号”飞船是双人飞船；第三代“阿波罗号”飞船经过 6 次无人飞行试验和 4 次载人飞行试验后，于 1969 年 7 月 21 日实现了人类首次载人登月。美国在 1972 年开始实施航天飞机工程，共研制了 5 架航天飞机。目前，美国正与俄罗斯等 16 国共同运行国际空间站。

1966 年，中国科学院和第七机械工业部第八设计院提出了我国载人航天的设想，并由第七机械工业部第八设计院开展了我国载人飞船的总体方案论证工作。1970 年，我国第一次载人航天工程正式立项，代号为“714”工程，飞船取名为“曙光一号”。1975 年，由于当时国家经济基础薄弱、科技和工业水平较低，“714”工程中止。

进入 20 世纪 80 年代，我国自改革开放以来经济基础显著增强，科技和工业水平有了大幅提升，我国航天技术也取得了长足进步，多种运载火箭和卫星相继研制和发射成功。国际上，美国、苏联之间的空间竞赛仍在继续，世界各主要国家和地区竞相发展载人航天技术，载人航天成为航天活动的新热点。在这样的国内外背景下，1985 年，我国再次提出载人航天工程，启动了预先研究和综合论证。

当时的国防科学技术工业委员会和航天部向中央提出了将载人航天作为我国下一步航天活动发展方向的建议。1986 年，航天技术被列入国家《高技术研究发展计划纲要》（即“863”计划），包括两个主题项目：大型运载火箭及天地往返运载系统、载人空间站系统及其应用。经过充分论证，航天技术领域专家委员会在 1990 年上报了“投资较小、风险也小、把握较大”的飞船方案，利用长征二号 E 运载火箭发射一次性使用的载人飞船，作为我国突破载人航天技术的第一步。专家委员会在 1991 年 6 月向中央专门委员会（简称中央专委）汇报了《“863”计划航天技术领域的总体发展蓝图》，提出了我国载人航天工程分为三个发展阶段的建议。与此同时，1990 年国务院发展研究中心组织完成了“中国载人航天发展战略”研究，提出了发展策略和“中国载人航天 30 年发展蓝图（设想）”。

1991年航空航天工业部提出了《关于发展我国载人航天技术的建议》，建议我国载人航天以飞船起步。

1992年1月8日，中央专委第五次会议确认，立即发展载人航天是必要的，发展载人航天要从飞船起步。经过全国各单位200多位专家和科技人员集中论证，完成了《载人航天工程技术经济可行性论证报告》。同年8月1日，中央专委第七次会议上，同意我国载人航天分三步走的意见。会后，中央专委向党中央呈报了《关于开展我国载人飞船工程研制的请示》（以下简称《请示》），该《请示》是我国载人航天工程的顶层设计，考虑了工程可行性和先进性，明确了发展方针、发展战略、任务目标和三步走的总体构想，提出了工程要体现"技术进步、中国特色"的基本要求，提出了载人航天工程第一步即载人飞船工程的任务、系统构成以及经费、进度、组织管理等建议。1992年9月1日，党中央审议和同意了中央专委提交的《请示》，正式批准了我国载人航天"三步走"的发展战略（规划）和工程立项。至此，我国载人航天工程正式启动。

在1985年到1992年历时7年论证的基础上，党中央决策了我国载人航天工程以空间站为目标的"三步走"发展战略和以载人飞船起步的发展途径。这一科学论证和正确决策，凝聚了航天领域以及众多相关领域科技专家的集体智慧，体现了党和国家领导人的长远战略眼光与实事求是的科学风范。

2 载人航天工程发展途径的综合论证

在我国载人航天工程预先研究和综合论证过程中，各方面专家对构建空间站并开展空间应用的载人航天工程总目标的意见是一致的，但对工程的第一步怎么走，即如何解决天地往返运输系统的问题却有不同的见解。最初提出了几种运输系统方案，最后集中在载人飞船与小型航天飞机的两种发展途径之争。

论证团队从技术、经济和社会等多方面进行了综合分析和权衡比较。首先，从技术先进性、技术基础的可行性、技术难度和风险等方面对载人飞船方案和小型航天飞机方案进行了概念性研究与分析比较，认为载人飞船方案是相对优选的方案。其次，从费用概算、研制周期、社会期望等方面对两种方案进行了权衡和比较，认为载人飞船方案是国家财力可承受的、短期内可实现的方案。从构建我国载人航天工程体系方面考虑，空间站必须配有救生艇，载人飞船方案可以兼作救生艇，一举两得。经过两种方案的权衡、比较和分析，我国航空航天界逐步统一了认识，选择了以载人飞船起步的发展途径。这既符合载人航天工程的发展规律，又与当时我国技术水平、工业基础和经济条件等相适应。

在我国进行载人航天工程的预先研究和综合论证的同时，欧洲也开展了相关预先研究和综合论证，选择了以小型航天飞机起步的发展途径，不久中止了工程研制。美国的航天飞机也提前退役。我国载人航天工程的成功与美国和欧洲的挫折充分说明了载人航天工程发展途径选择的重要性。实践表明，我国从载人飞船起步发展载人航天工程的抉择是极为重要的，也是完全正确的，这一重要抉择直接影响甚至决定着我国载人航天工程能否顺利启动和持续发展。

3 载人航天工程的发展战略

在 1992 年，我国确定了载人航天工程的“三步走”发展战略：

第一步，发射载人飞船，建成初步配套的试验性载人飞船工程，开展空间应用实验。

第二步，突破航天员出舱活动技术、空间飞行器的交会对接技术，发射空间实验室，解决有一定规模的、短期有人照料的空间应用问题。

第三步，建造空间站，解决有较大规模的、长期有人照料的空间应用问题。

我国载人航天工程分三步走，即分为一期、二期和三期工程，分别称为载人飞船工程、空间实验室工程和空间站工程。

4 载人航天工程的系统构成

载人航天工程设工程总指挥和总设计师。工程由中国载人航天工程办公室统一管理，包括发展战略、规划计划、工程总体、科研生产、条件建设、飞行任务组织实施、应用推广、国际合作和新闻宣传等。工程依据系统组成原则，分层管理，分为系统、分系统、单机、部组件等层级。根据工程阶段任务设立和调整系统组成。

第二节　中国载人航天工程的任务与实施

1 载人航天工程第一步的任务与实施

载人航天工程第一步的任务是自主研制载人飞船，总体上要体现中国特色和技术进步，力争在 1998 年、确保 1999 年前发射第一艘无人飞船，在 2002 年左右发射第一艘载人飞船。

载人飞船工程由 7 个系统组成，包括航天员系统、空间应用系统、载人飞船系统、运载火箭系统、发射场系统、测控通信系统、着陆场系统。航天员系统负责选拔和训练航天员，空间应用系统负责空间科学和应用研究，载人飞船系统负责研制“神舟”载人飞船，（长征二号 F）运载火箭系统负责研制长征二号 F 运载火箭，（酒泉）发射场系统负责载人飞船（和空间实验室）的发射，测控通信系统负责运载火箭和航天器的测量、监视与控制，着陆场系统负责搜索救援航天员和回收飞船返回舱。

载人航天工程经历了无人飞船和载人飞船两个发展阶段。无人飞船阶段，发射了 4 艘无人飞船，验证载人飞船关键技术和飞船可靠性。载人飞船阶段，实施了 2 次载人飞行，均取得圆满成功。

1999 年 11 月 20 日发射的“神舟一号”无人飞船的飞行任务是验证飞船返回技术，根据任务简化了分系统配置方案。飞船飞行 14 圈后成功返回。

2001 年 1 月 10 日发射的“神舟二号”无人飞船的飞行任务是全面验证载人飞船功能和性能，轨道舱留轨开展科学实验。飞船技术状态与载人飞船基本一致，飞行 7 天后安全返回地面，轨道舱留轨运行半年，继续进行空间科学实验。

2002 年 3 月 25 日发射的“神舟三号”无人飞船的飞行任务是进一步验证飞船的性能和可靠性。飞船首次装载了拟人载荷设备，考核环境控制与生命保障能力。飞船飞行 7 天后安全返回地面。

2002 年 12 月 30 日发射的“神舟四号”无人飞船的飞行任务是

全面验证载人飞船工程各系统的可靠性和协调性，为载人飞行做最后的准备。为此飞船增加了人工控制和在轨自主应急返回等多项功能，飞行7天后安全返回地面。

2003年10月15日发射的“神舟五号”载人飞船是首次执行载人飞行任务的“神舟”飞船。中国首位航天员杨利伟乘坐“神舟五号”载人飞船绕地球飞行14圈后，于10月16日安全返回地面。通过载人飞行试验，全面验证了载人航天工程设计的正确性和协调性。“神舟五号”飞船载人飞行的成功，标志着我国突破了载人航天基本技术，成为世界上第三个独立开展载人航天活动的国家。

2005年10月12日发射的“神舟六号”载人飞船乘载着费俊龙和聂海胜两位航天员，在太空飞行5天后安全返回地面，实现了“多人多天”载人航天飞行。在轨飞行期间，进行了有人照料的空间技术试验，全面启动环境控制和生命保障系统，继续考核了各系统的性能。“神舟六号”载人飞船的成功，标志着我国载人航天工程第一步圆满完成。

载人航天工程第一步的实施取得了多项成果，包括：研制了“神舟”载人飞船和载人运载火箭，圆满完成了载人飞行试验；组建了航天员队伍，建成了现代化的航天应用、航天发射场、航天测控网和飞船着陆系统，初步建成了具有中国特色的载人航天工程体系；突破了载人航天器天地往返技术，攻克了一批具有全局性、带动性的关键技术，掌握了一批具有自主知识产权的核心技术，提升了我国航天技术，使我国成为自主掌握载人航天技术的国家之一。

2 载人航天工程第二步的任务与实施

载人航天工程第二步的任务是突破出舱活动和空间交会对接技术，研制和发射空间实验室，解决有一定规模的、短期有人照料的空间应用问题。

空间实验室工程由11个系统组成，在载人飞船工程系统组成的基础上，增加了空间实验室系统、货运飞船系统、长征七号运载火箭系统和海南发射场系统。空间实验室系统负责研制“天宫一号”和“天宫二号”空间实验室，货运飞船系统负责研制“天舟”货运飞船，长征七号运载火箭系统负责研制长征七号运载火箭，海南发射场系统负责发射货运飞船和空间站舱段。

空间实验室工程分两个阶段实施：第一阶段，主要突破航天员出舱活动技术、空间飞行器交会对接技术、组合体控制与管理技术；第二阶段，发射空间实验室，突破和掌握航天员中期驻留和推进剂在轨补加技术，为空间站建造运营积累经验。

2008 年 9 月 25 日发射的"神舟七号"载人飞船乘载着翟志刚、刘伯明和景海鹏 3 位航天员，9 月 27 日，航天员翟志刚着我国自主研制的"飞天"舱外航天服完成了首次出舱活动。"神舟七号"载人飞船突破了自主式舱外航天服、出舱活动气闸舱一体化设计、中继卫星通信等关键技术，使我国成为世界上第三个自主掌握空间出舱活动技术的国家。

2011 年 9 月 29 日发射的"天宫一号"目标飞行器是我国为实施交会对接任务自主研制的第一个试验性空间实验室，飞行任务是完成交会对接试验和组合体控制试验。"天宫一号"完成了与"神舟"八号、九号和十号飞船交会对接任务，接纳了两个飞行乘组共 6 名航天员，累计 22 天驻留，验证低轨道长寿命的载人航天器技术和组合体控制技术，为空间实验室和空间站建设奠定了技术基础。

2011 年 11 月 1 日发射的"神舟八号"无人飞船于 11 月 3 日与"天宫一号"目标飞行器成功交会对接，突破了空间交会对接技术。

2012 年 6 月 16 日发射的"神舟九号"载人飞船乘载着景海鹏、刘旺和刘洋 3 位航天员，6 月 18 日航天员进入"天宫一号"目标飞行器，并驻留 10 天，其间由航天员刘旺完成了首次人控交会对接试验。"神舟九号"飞船全面验证了交会对接技术、组合体载人环境支持技术，我国女航天员刘洋完成了首次太空飞行。经过 9 次飞行试验的全面考核，"神舟号"载人飞船已具备作为空间站载人天地往返运输器的能力。

2013 年 6 月 11 日发射的"神舟十号"载人飞船是"神舟"载人飞船第一次应用飞行，为空间实验室运送了聂海胜、张晓光和王亚平 3 位航天员。其间，航天员王亚平完成了首次太空授课，取得了良好的社会效益。

2016 年 9 月 15 日发射的"天宫二号"空间实验室的飞行任务

是与“神舟十一号”载人飞船和“天舟一号”货运飞船交会对接，验证航天员中期驻留、在轨维修、推进剂在轨补加等关键技术。为此配备了我国自主研制的可以接受补加的推进剂储箱和补加设备。“天宫二号”空间实验室接纳了由两名航天员组成的飞行乘组驻留30天，接纳了“天舟一号”货运飞船，完成了推进剂补加试验，为空间站建设奠定了坚实基础。

2016年10月17日发射的“神舟十一号”载人飞船是“神舟”载人飞船第二次应用飞行。10月19日，景海鹏和陈冬两位航天员入驻“天宫二号”，驻留30天后返回。

2017年4月20日发射的“天舟一号”货运飞船的飞行任务是突破推进剂在轨补加技术。在“天舟一号”发射之前，于2016年6月25日成功完成了长征七号运载火箭首次飞行试验，验证了用于发射货运飞船的运载火箭和新建的文昌航天发射场的可靠性。2017年4月27日，“天舟一号”与“天宫二号”成功完成首次推进剂在轨补加试验，突破了推进剂在轨补加技术，使我国成为世界上第三个独立掌握这一关键技术的国家。

载人航天工程第二步取得的主要成果包括：研制了可为空间站提供人员和货物天地运输服务、功能完备、满足载人安全性和可靠性要求的“神舟”载人飞船、“天舟”货运飞船、长征二号F和长征七号运载火箭；建成了全球覆盖的天基-地基一体化测控通信系统、大中型运载火箭发射场和快速响应的回收系统；突破了出舱活动、空间交会对接、组合体控制、推进剂补加、航天员中期驻留和中继卫星通信等关键技术；开展了多项空间科学实验、空间技术试验和科技普及活动，取得了良好的科技效益和社会效益。

3 载人航天工程第三步的任务与实施

载人航天工程第三步的任务是建成近地载人空间站，突破近地空间长期载人飞行技术，开展长期近地空间有人参与科学实验、技术试验。

空间站工程由13个系统组成。在空间实验室工程的基础上，增加了空间站系统、长征五号B运载火箭系统、光学舱系统，不包括空间实验室系统。空间站系统负责研制空间站，长征五号B运载火箭系统负责研制长征五号 B 运载火箭，光学舱系统负责研制光学舱平台。

“天宫”空间站由“天和”核心舱、“问天”实验舱和“梦天”实验舱 3 个舱段组成（图 2-3-1），呈 T 字构型，空间站设置有前向、后向和径向 3 个对接口。“巡天”光学舱与空间站长期共轨飞行开展天文观测，短期对接空间站进行推进剂补加和维修维护。

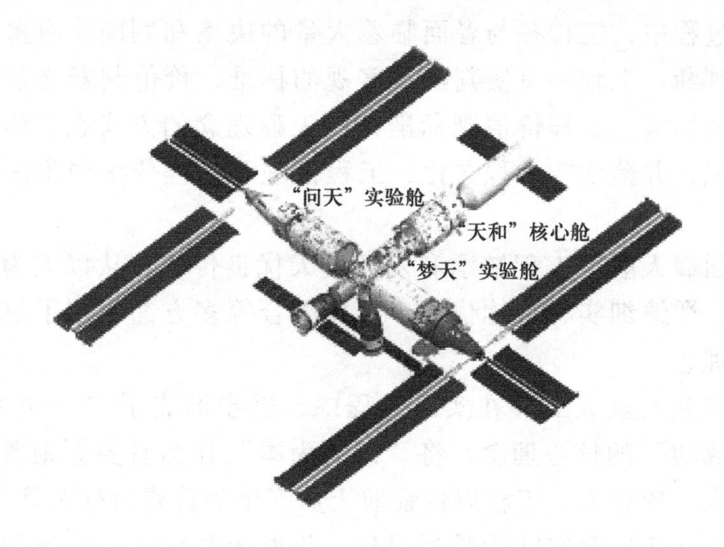

图 2-3-1　“天宫”空间站舱段组成

2021 年 4 月 29 日，“天和”核心舱由长征五号 B 运载火箭从文昌航天发射场成功发射，标志着我国空间站工程进入任务实施阶段。2021 年 5 月 29 日，“天舟二号”货运飞船采用 6 小时快速交会对接模式与“天和”核心舱交会对接。2021 年 6 月 17 日，“神舟十二号”载人飞船采用 6 小时快速交会对接模式与“天和”核心舱交会对接，空间站首批航天员乘组聂海胜、刘伯明、汤洪波进驻空间站，完成核心舱状态设置，在机械臂支持下开展了 2 次出舱活动。完成 3 个月驻留任务后，于 9 月 17 日安全返回。“神舟十二号”飞行任务期间验证了物理化学再生生保技术、空间大型机械臂技术、出舱活动技术和人机协同技术。

第三节 中国载人航天工程的工程理念与工程思维

中国载人航天工程的工程理念

工程通过造物活动满足人们的物质需求。在工程规划、设计和实施的过程中，工程参与者面临着大量的决策和判断，有事实判断和价值判断。工程的事实判断有客观的标准，价值判断必然受到社会环境的影响。工程价值判断准则以工程理念的方式在工程团队中形成共识，并蕴含在工程文化、工程伦理和工程传统中不断传承和发展。

中国载人航天工程继承和发扬航天优良传统，从以人为本、独立自主、严慎细实、整体优化、开放融合等多方面丰富了航天工程的工程理念。

中国载人航天工程在实施过程中，逐步形成了“一切为载人，全力保成功”的核心理念，将“以人为本”作为首要原则要求，一切为了人，依靠人。工程以保证航天员安全为首要目标和评价准则，以为人类开拓生存空间为长远目标，为航天员在地球以外的生活和工作创造安全、高效、舒适的环境，保证了载人航天工程持续健康的发展。工程设计上充分发挥航天员和地面飞行控制人员的主观能动性，处理和解决在探索与试验中遇到的各种复杂问题，极大地提高了工程的成功率。

“独立自主、自力更生”是航天工程的传统文化基因，也是中国载人航天工程的工程理念，通过自主创新与吸收消化再创新突破和掌握了载人航天关键技术，靠自己的力量建成了完整的载人航天工程体系。

“严慎细实”是航天工程的研制经验，继承和发展成为中国载人航天工程的工程理念与行为准则。“严”字当头，强调严谨的作风、严密的策划、严格的要求、严肃的处理。“慎”是强调高风险的载人航天工程必须持审慎的态度，要求综合权衡、吃透技术、规避风险、控制状态、试验验证。“细”是强调对复杂产品必须采用细致的工作方式，关注细节，精细管理。“实”是载人航天工程工作的落脚点，要求作风务实、责任落实、基础夯实、信息真实、取得实效。

中国载人航天工程秉承航天整体最优的工程理念，不为了创新而创新，不追求局部高指标，实事求是，注重集成创新，以安全、可靠、成熟、经济的方案实现工程目标。

中国载人航天工程提倡开放、和平、共赢的国际合作理念，欢迎各方参与中国空间站的国际合作，谋求共同利益。2018 年 5 月 28 日，中国代表团与联合国外空司共同举办发布会，邀请世界各国积极参与中国空间站的科学实验和应用。共有来自 17 个国家的 9 个项目入选第一批空间科学实验项目。中国坚持和平利用、平等互利、共同发展的原则，与世界上所有致力于和平利用太空的国家和地区一道，开展更多的交流合作，将中国空间站打造成人类共同的家，让太空成为促进人类共同福祉的新疆域。

2 中国载人航天工程的工程思维

载人航天工程继承和发展了我国航天工程思维，形成了战略思维、系统思维、辩证思维、创新思维和底线思维等工程思维。

工程立项之初，高度重视战略思维，分析世界载人航天的总体发展方向，结合我国的实际国情，把握全局，科学选择整体目标和阶段目标，确定了“三步走”的发展战略。

继承钱学森先生创立的中国航天系统工程思想，着力应用系统思维，将建立完整的载人航天工程体系作为工程的重要目标，通过综合集成将各组成部分有机地形成一个整体，通过协调工作提供更大的效益。

针对工程目标的阶段性，技术、进度、质量、经费等工程需求和约束的多样性与矛盾性，运行过程的动态性和不确定性，运用辩证思维，综合比较、动态分析多种方案优劣，运用多目标、多约束、多学科系统优化方法，解决工程矛盾。

弘扬航天工程传统，注重创新思维。选择方案、遇到困难时发扬技术民主，依靠团队集体智慧，群策群力。不唯书、不唯上、不唯洋，通过工程实践研究和解决问题。解决方案确定后坚决落实执行，保证工程协调推进。全面分析和发现工程中存在的问题和薄弱环节，作为工程的关键技术、关键项目、短线项目重点突破和保障，保证工程整体按计划保质完成任务。

针对高风险的特点，载人航天工程注重底线思维。在争取任务圆满成功的同时，针对工程研制风险和运行中可能出现的故障，制定应对措施和预案，尽全力保证航天员安全。

第四节 中国载人航天工程的工程知识研究

中国载人航天工程积极为人类和平利用空间、推动构建人类命运共同体贡献中国智慧、中国方案、中国力量，也形成了具有中国特色的载人航天工程知识系统。

工程知识可以从多种维度加以分类，本节以工程语言为基础，从工程设计知识、工程技术知识、工程管理知识和工程环境知识等方面说明载人航天工程知识的结构特征。工程语言是工程知识的基础和载体。工程设计知识是工程项目本身概念、功能、组成、特性、过程等知识的表达，工程技术知识是工程的经验积累和所需技术与方法的集合，工程管理知识是工程活动全程管控和协调的方法与经验，工程环境知识包括工程相关的国内外经济、社会、政治与生态环境等，也包括地外空间和星体表面的物理环境。

1 工程语言

人区别于动物最本质的特征是劳动，人类创造和使用工具提高劳动效率，创造和使用自然语言协调群体劳动，由此产生了社会活动。从广义上讲，人类最初的劳动就是原始工程，现代的工程就是更复杂的劳动。工程与人类最初的劳动相比其知识和技能要求更多，使用的工具和协作关系更复杂，这必将对语言提出更高的要求。

1.1 工程语言的概念

自然语言是人类心智发展到符号阶段的产物，是适应于最初简单劳动合作需求的初级“工程语言”。这已经与动物产生了本质的区别，促使人类快速的发展。

随着劳动越来越复杂，催生了以文字和几何图形为代表的更高级的符号系统。在人类生存和发展的历史上，苏美尔文明、埃及文明、中华文明和玛雅文明，文字和大规模的建筑工程几乎是相伴而生的。这说明语言和工程是同步发展的。

到了工业文明阶段，自动运转的工具以及更复杂、更密切的劳动协调催生出“工程”这个复杂劳动的概念，也带来了最初的机械图纸，逐步扩展为由力学、热学、电学、化学等科学知识以及相应的符号系统组成的更精确、更复杂的机器时代的工程语言。

信息时代，计算机语言表达的数字模型正在一定范围内取代纸质的图纸和文件，成为新一代的工程语言。人们通过数字化模型语言提出需求、设计系统、协调接口、验证方案、控制制造、运行系统，模型化趋势已经不可阻挡。

人类的语言一直在与文明同步发展，相互影响。先进的语言会促进文明的发展，落后的语言制约文明的发展。

工程语言是人类语言的组成部分，是人类为了表达与协调人、工具和人造物三者之间日趋复杂和密切的关系而建立和发展的符号系统。工程文件和工程图纸都是工程语言的重要表现形式，是工程知识的载体，是工程设计和实施的条件，是现代人造系统运行的核心。

工程语言与其他人类语言一样，具有可分离性、可组织性、理智性和可继承性的特点，是人与人之间协调传输信息的工具，也是文明知识的载体。工程语言正在成为人与机器间的语言，用于指导或控制人造物行为，协调人与人造物的操作。工程语言具备自然语言和文字不具备的特点，包括：立体性、精确性、专业性、动态性等自然语言无法表达的信息，具备人与人、人与机器、机器与机器之间复杂的空间动态协调的功能，以及人造系统事先（制造之前）验证的功能。这是自然语言和文字无法实现的功能，也是复杂工程现实的需要。

1.2　工程语言在载人航天工程中的应用

我国载人航天工程立项论证时，正值计算机和计算机辅助设计（computer aided design，CAD）兴起，论证工作经历和见证了工程语言数字化的过程。图纸和文件从手工纸质文档向电子文档和计算机辅助制图过渡，诞生了计算机工程分析方法，控制设备从模拟电路向计算机数字电路过渡，计算机软件正在成为工程语言之一。工程语言数字化大幅提高了论证工作的效率。

载人航天工程第一步实施过程中，实现了数字化。电子文档、计算机二维图纸和计算机软件成为正式的工程语言并大量应用，数字化的工程文件开始网上审签。数值分析也已经广泛应用。载人飞船返回舱口框和座椅等复杂曲面外形的零部件开始采用计算机三维设计和数控机床制造。航天器主要基于数字电路实现飞行控制。载人航天工程初步实现了基于数字工程语言的工程设计知识表达、验证、生产制造、运行的全过程，大大提高了设计制造水平和效率。为加强对软件质量的管理，载人航天工程提出了软件工程化要求，并成立专家组指导把关，有力保障了工程软件的质量。

载人航天工程第二步实施过程中，实现了工程语言的网络化，数字化的工程语言逐渐成熟。设计文档无纸化，审签过程网络化，产品结构设计全三维模型，并可转换为力学分析、气动分析、热分析、电磁场分析等工程模型用于数值验证，并进一步生成数控加工程序用于生产制造，工程各系统计算机网络控制普遍应用，数字化研制过程逐渐规范。

载人航天工程第三步实施过程中，积极探索模型化，研究和应用基于模型的系统工程方法。设计文件开始从基于数字文档向基于模型转变，工程设计知识逐步模型化，工程语言正从人与人沟通协调的工具逐步成为人与机器、机器之间沟通协调的工具。

2 载人航天工程设计知识

工程是有组织的造物活动。工程建造的是自然中不存在的物质系统，人造物是什么样子，各部分如何运行和协作，所有参与者必须有相同的认识才能完成，这需要由工程语言准确定义。工程需要一套完整的、有关本工程项目的、用工程语言表达的、具体可实施的工程设计知识来定义将要建造的人造系统。这是所有工程都必须具有但各具特色的知识。载人航天工程是由成千上万的工程技术人员共同协作完成的复杂工程，要集成数千台（套）设备，按照协调一致的程序运行，就需要完整的、协调一致的、正确的工程设计与实施知识，用来指导载人航天工程的制造、集成、验证、发射、运行、回收活动。

载人航天工程设计知识按照设计层次分为工程总体、系统、分系统、单机、部件，直到材料、元器件的设计知识。按照组成分为航天员、应用、载人飞船、运载火箭、空间实验室、空间站、发射场、测控通信、着陆场等系统设计知识。按照研制流程分为方案论证阶段、方案设计阶段、初样阶段、正样阶段和工程运行阶段等设计知识。

3 载人航天工程技术知识

载人航天工程需要以各相关领域的技术为基础，并研发自身特有的技术，这构成了载人航天工程的技术知识体系。其中有很多是与航天工程甚至是其他工程所共有的，包括喷气推进、制导与控制、轨道控制、姿态控制、热控制、电源、航天信息管理、航天测控、火箭和航天器制造与试验、火箭与航天器发射、航天器返回等航天工程共用技术知识。此外，载人航天工程还需要开发航天员选拔训练、环境控制与生命保障、仪表与照明、逃逸与救生、航天员医学监视与保障、航天员出舱活动等载人航天专用技术知识。

载人航天工程技术知识体系注重体系的系统性，“横向”足够广，注重考察技术要素的健全性。新发明的技术如果在工程中应用得当，将起到巨大的推动作用。工程所必需而尚未掌握的技术就成了工程的障碍和壁垒，要对工程起阻碍作用。技术发明和技术知识是提出工程活动解决方案的前提与基础，技术知识越丰富，方案可选择空间越大，工程的效益也会越好。当然对于工程而言，不是技术越先进越好，而是越适合自己越好、综合效益越高越好。例如，环境控制与生命保障技术有非再生环控生保、物理化学再生生保和生态再生生保多种技术方案。对于载人飞船这类短期飞行载人航天器，选择非再生生保系统简单代价小。空间站等长期载人航天器则选择物理化学再生生保，对地面上行运输的需求小，工程效益更高。未来，如果人类需要远离地球长期生存，必须突破生态再生生保，彻底摆脱对地球补给的需要。

对于工程研制中存在的技术壁垒，应该集中力量开展针对性的攻关，突破壁垒，获得新的知识。各主要航天国家及相关机构针对自身目标，面向未来发展，进行航天技术体系预先研究与开发，保障航天持续发展。从这个角度看，工程对于技术知识的不断丰富有着重要的牵引作用。

载人航天工程管理知识

载人航天工程是由工程总体、系统、分系统、子系统和单元组件按层次严密组合成的有机整体，需要多领域专家、技术人员、管理人员和制造人员的共同协作。工程管理涵盖工程的全生命周期，协调工程系统到航天科技工业体系等多个层次，需要多方面、多门类的管理知识。系统工程管理知识成为航天工程管理的核心知识。航天工程在钱学森先生的带领下在国内最先开始系统工程方法的应用，积累了大量的系统工程知识。系统工程知识保证了载人航天工程高安全、高质量、高效益的实施。

载人航天工程环境知识

载人航天工程需要考虑三类环境，包括国内外政治经济社会环境、工程直接相关的协作环境，以及载人航天工程所处的特殊物理环境。

国内外政治经济社会环境知识是关于工程的宏观社会环境知识。载人航天工程作为国家战略性工程，受国内外政治经济环境尤其是国家政策的影响十分显著。

工程直接相关协作环境知识是关于工程项目直接相关的外部组织的知识，包括政府管理、用户、协作单位、原材料元器件供应商、科技合作与技术引进机构等。载人航天工程涉及的协作面广，对工程的质量、进度、成本都有重大影响。

载人航天工程物理环境知识是关于工程所经历的全部物理环境的知识。从工程实施过程分为地面环境知识和空间飞行环境知识。从环境的来源分为自然环境知识和诱导环境知识。自然环境是天然存在的（如高真空、冷背景、辐射、温度等）和飞行必然产生的环境（如失重等）。诱导环境是航天器工作或在空间环境作用下产生的环境（如振动、冲击、污染等）。空间环境对航天器和航天员的工作与生活有显著影响。

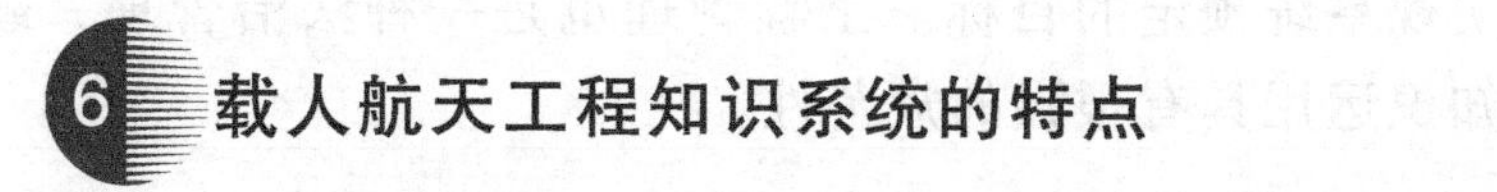

6 载人航天工程知识系统的特点

6.1 目的性强

载人航天工程是探索与利用太空的工程活动，带有强烈而明确的目的性。为将人安全送入太空这一目标进行工程系统设计，并按照“载人”工程的更高质量、更高可靠、更高安全的管理要求进行组织管理等，这些工程设计知识和管理知识都具有强烈的目的性。

6.2 探索性强

载人航天工程的使命是使人类探索和利用宇宙的梦想变为现实，并不断挑战新的疆域。这决定了在工程知识运用中，必然需要不断探索新环境、研究新问题、发现新原理、发展新技术和新方法并不遗余力将其转化为航天装备产品。载人航天工程知识具有很强的探索性。

6.3 牵引性强

载人航天工程博采现代科学技术的最新成果，又不断对科学技术的发展提出了更多的需求，带动了一系列新技术的发展。空间站工程作为国家太空实验室为基础科学和应用科学创造前所未有的新环境与条件。航天工程技术的转移转化也带动了其他新兴产业与传统产业技术进步，带动了人类知识体系的更新。

6.4 集成性强

载人航天工程是蕴含跨学科、多门类的技术的复杂高科技工程，无论是在型号系统研制还是在工程活动实施过程中，各门类技术知识的集成创新与集成运用是工程的基本特征。

6.5 规范性强

为实现载人航天工程目标，必须建立一系列的标准规范、规章制度、组织体系，将相关的资源有效地组织起来，在一定的约束条件下确保实现系统预定的目标。工程管理也是一种法治管理，载人航天工程知识运用具有很强的规范性。

第五节 中国载人航天工程的工程方法研究

工程方法是工程参与者为实现目标采用的实践方法。工程方法具有目标一致性、系统关联性、运行协调性、评价综合性、实施操作性等特点。科学方法是对现实存在的对象的组成和行为进行分析，并通过实验验证，找出规律，越符合客观实际越好。工程方法是关于现实中尚不存在的人造系统的应有目标的分解、应有组成的分析、应有行为的设计，获得效益的预期，最终实施经过实践的检验，综合效益越高越好。在航天工程实践中涌现出了目标分解法、系统分析法、行为分析法、系统综合法、工程验证法等工程方法。在航天工程实践中总结出了先定性后定量、先分解后综合、先设计后验证、先设计后实施等经验方法，具有鲜明的实践性。航天工程将这些方法和经验提炼出系统工程方法，并不断改进完善。

载人航天工程分为工程总体、系统、分系统、单机设备、部组件等多个层级，各级以上一级的要求和同一级之间的接口作为输入，以向下级提出要求和向上级交付所需系统产品作为输出。载人航天工程活动包含工程系统设计、工程系统实现和工程系统运行 3 个过程，通过工程管理协调和控制。工程系统设计包括总体方案设计和总体综合集成等设计活动。工程系统实现包括生产制造、系统集成、工程试验等活动。工程系统运行包括航天器的发射、运行和回收。工程管理包括可靠性和安全性管理、技术状态管理、质量管理、风险管理等 11 个管理要素。从系统工程管理的角度出发，载人航天工程将研制过程分为概念研究阶段、方案论证阶段、方案设计阶段、初样研制阶段、正样研制阶段 5 个阶段。

载人航天工程继承和发扬了航天系统工程方法，在航天领域率先吸收项目管理方法丰富系统工程理论，系统探索实践基于模型的系统工程方法，并在实践中不断总结完善。

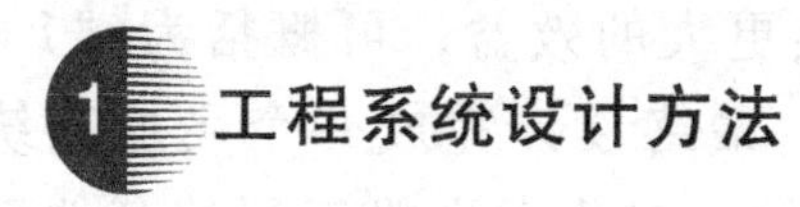

1 工程系统设计方法

1.1　载人飞船系统设计方法

载人飞船系统设计（又称总体设计）的任务是在技术基础、投资强度、研制周期等约束条件下，设计一个能满足工程任务要求的、整体性能优化的飞船系统，并能成为载人飞船工程体系的有机组成部分。飞船总体设计包括总体方案设计和总体综合集成两部分，先进行总体方案设计，再进行总体综合集成。

总体方案设计的任务包括：一是在工程任务分析的基础上，提出实现系统任务的总体方案设想，包括系统功能、组成、飞行方案和技术途径；二是进行总体方案论证、选择和优化，将工程任务要求量化成飞船整体功能和性能参数，并能适应相应的工作环境以及载人飞船工程的其他系统（运载火箭、发射场、测控通信、空间应用等系统）的约束性要求，确定功能基线；三是将飞船整体功能和性能参数分解到各个分系统，并且提出各分系统研制任务书，确定分配基线；四是制定飞船系统研制的技术流程。

总体综合集成的任务包括：一是机械综合集成，把各分系统的仪器设备，在机械方面连接成完整的航天器；二是电气综合集成，把各分系统的仪器设备在供电和信息传输方面连接成具有特定功能的载人航天器；三是姿态轨道控制综合集成，综合各种传感器信息，根据预定控制策略综合控制各类执行机构协调动作，完成航天器的运动任务；四是环境控制综合集成，把航天员和各分系统设备工作产生的热量，经过集成地收集、输送、利用，最后排放到空间，将航天员代谢产物集成收集、处理、储存、利用，保证航天员生活和工作环境。总体综合集成有多种方案可供选择，需要进行权衡比较，力求在满足任务要求的情况下寻求最佳方案，最终形成系统的产品基线。

飞船系统设计过程先进行总体方案设计，是“自上而下、从合到分”的逐级分解设计过程。然后进行总体综合集成，是“自下而上、从分到合”的逐级集成过程。通过总体综合集成将各自独立的组成部分有机地形成一个整体，可概括为“1+1=1”。通过总体综合集成各组成部分的协调工作提供更大的效益，可概括为“1+1>2”。通过这样两个过程反复迭代，最终设计完成一个飞船系统整体，使它成为能够适应各种环境条件、与载人飞船工程的其他系统相匹配的、满足工程任务要求的飞船系统。

1.2 空间站总体设计方法

我国空间站系统组成规模大、系统功能多样、系统复杂度更高。为此，空间站在总体设计方法方面探索和发展了基于模型的系统工程（model based system engineering，MBSE）方法，采用了基于模型的协同设计与多学科仿真验证方法。

在基于模型的系统工程方面，空间站利用需求、功能、产品、工程、制造和实做 6 类模型来承载研制信息，以模型作为唯一数据源实现系统-分系统-单机各层级以及各学科专业的设计协同，解决系统复杂度高带来了设计协同与配备困难的问题。由于模型具有虚拟仿真验证的功能，因此可以在实物产品投产前先通过模型虚拟仿真对方案设计进行综合闭环验证，提前暴露设计问题，避免研制过程的反复，实现“构造即正确”。空间站在设计过程中通过模型进行了系统设计闭环和产品设计闭环验证，实现对系统设计尽早、尽可能全面的验证，解决系统复杂度高带来的设计正确性验证困难的问题。

2 工程系统实现方法

2.1 系统集成方法

在充分利用各种成熟技术和突破一系列关键技术的条件下，对载人航天工程各种技术进行综合集成，才能构建出全新的功能技术集成体——载人航天工程。工程的系统集成表现在系统产品组装集成，本质上是多专业技术集成。系统集成是工程的工程系统实现过程的主要活动之一，也是形成载人航天工程产品质量状态的关键阶段。载人航天工程规模大、集成技术新、生产数量少、人工操作多，系统集成的质量控制是工程实施的难点和成功的关键。产生问题的根源是产品数量少、验证不充分，导致系统产品性能不稳定。针对上述问题的工程解决方法是采用产品检验、筛选、调试、匹配、试验和改进等工程方法保证产品质量稳定。

2.2 工程试验方法

科学实验、技术试验和工程试验都是验证方法，但目的和对象不同。科学实验的目的是发现和验证规律，对象是自然物。技术试验的目的是验证方法，对象是过程。工程试验的目的是验证性能是否符合要求，对象是人造物。

科学实验关注规律可信，技术试验关注方法有效，检验大多在实验室环境下，剔出干扰因素的影响。工程是科学运用和技术集成，要在施工现场和实际运行环境下成千上万次地应用这些方法和体现这些规律，因此更关心的是在实际运行环境下的工程系统性能的稳定性。从工程的角度，用成熟度来评价技术，标准就是在什么环境下保持什么样的稳定性。只有成熟度达到一定水平才能够应用到工程。对于成熟度不满足要求的技术，就需要通过由简单到复杂、由平和到严酷、由分散到集成，不断地试验和改进提升成熟度，直到满足要求为止。这个过程就是关键技术攻关，也是技术成熟的过程。工程提升成熟度或适应成熟度的方法通常叫作工程化。工程化主要的方法就是通过工程试验发现问题，暴露缺陷，然后进行改进。对于工程上暴露的问题和缺陷，可以对该技术方法本身进行改进，也可以利用其他方法保证性能稳定。例如，通过增加反馈控制系统保证系统输出稳定，通过存储数据冗余解决空间环境下单粒子翻转问题。工程化方法还有定期维护和维修等。工程试验方法是确认系统是否稳定可用的方法，也是使技术成熟的方法。

载人航天工程系统复杂、技术跨度大、可靠性和安全性要求高、工程风险大和经费投入大，作为航天器无法反复试飞测试，必须减少对飞行试验的依赖。地面试验是验证设计方案、鉴定产品性能和检验制造质量的重要手段，是载人航天工程不可缺少的重要环节。本着经济性原则，载人航天工程以充分的地面试验为主、飞行试验为辅。“神舟”载人飞船仅通过5次无人飞行试验、3次载人飞行试验，就突破了载人天地往返关键技术，确定了空间站阶段载人飞船的技术状态，转入了应用飞行；通过两次空间实验室的飞行试验，就突破了组合体管理和推进剂补加等关键技术，开始了空间站的验证和建造。高度重视地面试验，开展充分有效的地面试验验证和持续改进是载人航天工程以较低的投入、较短的时间、较少的飞行子样就取得了重大突破和连续成功的保证，也是我国基于几十年来实施各项航天工程的成功和教训所取得的宝贵经验。

3 工程系统运行方法

通常成熟的工程项目完工后都交由使用方运行，工程建设单位负责必要的维护。工程的运行需要运行人员操作、能源和生产物资供应、产品的处理和分发、废料处理，形成的人流、物流、能流、信息流需要管理。载人航天工程的运行，既有与其他工程相同的特征，也有自己的特点，下面以空间站工程为例。

空间站是太空实验室，由操作人员管理、配备能源系统，需要物资保障和废物处理，实（试）验样品和数据需要回收、处理和分发。航天员需要定期轮换形成天地间人流，物资需要上下行形成物流，能源需要发电和分配形成能流，信息需要采集、传输、存储和处理形成信息流。载人航天工程通过不同功能的系统协作配合，建立与管理人流、物流、能流和信息流，满足空间站的稳定运行的需要。

与其他工程不同，空间站建在地球轨道上，相对地面系统，其运行具有许多更复杂、更特殊的特征。空间站工程通过载人飞船、货运飞船、运载火箭、发射场、着陆场保证人流和物流，通过太阳电池阵、电池和配电系统保证能流，通过测控通信系统、飞行器信息系统和人机界面保证信息流。特别是，作为探索性特别强的工程，空间站工程难免有未成熟之处，工程建设单位还需要参与空间站工程运营，工程研制队伍需要参加工程运行管理。航天员不仅是试飞员，还是飞行员、飞行工程师和载荷专家，分别负责在轨运行指挥、空间站维护维修和现场实（试）验操作。工程研制人员在完成系统产品研制任务后，还需要继续参加发射、地面飞行控制、航天员搜救和返回舱回收。在轨实（试）验的样品和数据需要经工程人员处理后分发，交给科学家和研究人员，由他们分析和应用，转化为科学成果、技术方法和可靠产品。

我国空间站是在工程总体的统一领导下运行，采用集中加分散运行管理体制。在发射、交会对接、出舱活动和返回等关键阶段，由于协同关系复杂，故障处理要求响应及时，所以采用集中飞控模式。在稳定运行期间，协同相对简单，为提高运行管理效率，采用分散飞控模式，由多个相对彼此联系、功能相互独立的中心协调运行。

4 工程管理方法

载人航天工程的管理目标包括：① 进度目标，合理安排和优化研制流程，实现“用 30 年左右的时间完成空间站建造”的目标；② 经费目标，合理安排和优化试验项目，严格控制经费支出，实现“在预算的经费内完成任务”的目标；③ 风险目标，提高风险防范意识，采取风险控制措施，实现“高可靠、高安全”的目标；④ 人才目标，大胆使用并在工程实践中锻炼年轻队伍，实现“建立一支队伍”的目标。

载人航天工程在系统工程管理方法的基础上，吸收项目管理的方法，在管理过程中边实践边探索，逐步建立起适应载人航天工程特点的管理模式。主要体现在以下两个方面。

一是组织结构方面，实行总指挥负责制，负责工程的技术、质量、进度、人力资源和经费管理，建立了工程办公室和系统项目办公室，作为总指挥的办事机构，分级负责工程研制的管理。

二是管理要素方面，形成了具有载人研制特点的 11 个管理要素：技术状态管理、可靠性和安全性管理、软件工程化管理、集成管理、进度管理、质量管理、风险管理、经费管理、物质保障管理、人力资源管理、沟通与信息管理。

在载人航天工程管理实践中，应用系统工程管理理论实现了：全要素管理、统一管理和集成管理；全系统技术状态基线体系建立和技术状态变更管理；可靠性和安全性专项管理；完整计划体系的建立；质量管理由事后管理向事前管理的转变，以及“步步归零、阶段清零”的质量问题管理程序；对各类风险进行定性和定量分析识别，制定防范和应对措施，形成了一套适合载人航天工程的风险管理方法。

5 工程方法论方面的认识和思考

系统工程理论和方法在中国载人航天工程中发挥了重要作用，保证了载人航天工程任务的成功。中国的航天系统工程思想更接近系统论，强调以系统为对象，注重从整体出发来研究系统和组成系统各要素的相互关系，强调以系统整体达到最优为目标。钱学森先生从系统科学和科学方法论视角思考，提出的综合集成方法是一种全新的系统方法。它吸收了还原论方法和整体论方法的长处，弥补了各自的局限性，是科学方法和工程方法理论上的重要发展。

中国载人航天工程在钱学森先生的系统工程方法的基础上，探索和实践了基于模型的系统工程方法。广义的基于模型的系统工程方法不仅可以规范人与人之间的工程交流，还可以规范人与机器之间的交流，最终实现快速转换并直接造物。在人的意识和自然之间增加了一个虚拟的交流空间，从而大大提高了人类的劳动效率和劳动质量。对此我们应当持有乐观和谨慎的态度，如何与现有的航天器研制系统工程过程有机结合，充分发挥其提升研制效率与质量的作用，还有许多问题都有待深入研究。

第六节　中国载人航天工程对社会的贡献

社会是在特定环境下人与人关系的总和。工程的主要目的是建设社会赖以存在的生活和生产环境，例如保障生活居住环境的市政工程建设、保障农业生产环境的农田水利工程建设、保障交通通信环境的道路工程和通信工程建设、保障文化环境的图书展览交流纪念等文化工程建设、保障工业生产环境的生产线工程建设、保障战场环境的国防工程建设、保障科学研究环境的实验室和大科学工程建设等。载人航天工程与其他建设工程一样，都是为了建设人类居住、生产、交通、通信和研究等环境。但载人航天工程是在地球以外主要靠人工建设航天员乃至人类生活和工作的环境，拓展人类生存空间的活动，工程的特点更加突出，系统性更强。

在人类历史发展进程中，工程、技术、科学、艺术、社会在相互渗透与相互促进中不断发展。随着工程规模的扩大，推动着社会从家庭向村落、城邦、国家扩展。随着工程能力的提升，推动着社会从原始社会向农业社会、工业社会、信息社会发展。工程建设大大地提高了生产效率和生活品质，进而推动了科学的产生和艺术的进步。科学是工程的倍增器，提高了工程造物活动的效率。艺术是修饰器，提高了工程造物的品质。只有工程才能满足人类社会的物质需要和环境需求。从长远看，载人航天工程是人类探索太空，在地球以外拓展生存空间的活动，是为了满足人类长远生存的物质和空间需要，也是为了满足传播地球人类文明的精神需要，将人类文明从地球文明演化为太阳系文明甚至银河系文明。从近30年的发展看，载人航天工程大幅提升了我国航天产业基础能力，培养和造就了人才队伍，铸就了载人航天精神，进一步激发了人民爱祖国、爱科学的热情。

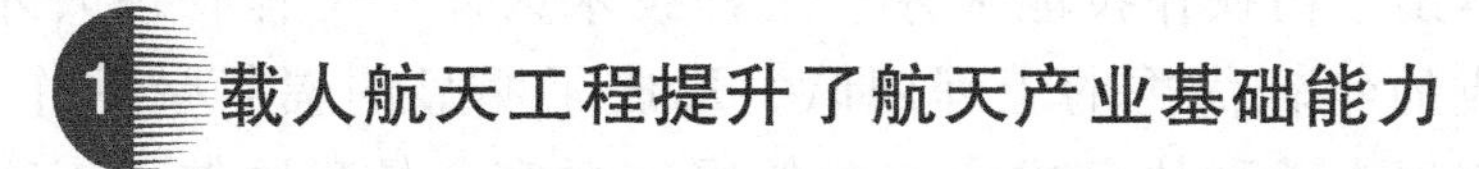

1 载人航天工程提升了航天产业基础能力

载人航天工程规模大，技术复杂，对基础设施要求高。为完成载人航天工程任务，建设了载人航天工程体系、技术体系以及配套的大型航天基础设施，大大提高了我国航天产业的能力和水平。在配套工程建成之前的20世纪90年代，我国年均研制发射卫星的数量不到2颗。随着“神舟一号”的发射，配套设施投入使用后，2000—2009年，我国年均研制发射卫星的数量超过6颗。配套设施工程建设能力也同步提升，从成套引进到自主建设，再到出口，部分设施建设能力已经国际领先，带动了相关产业的发展。

2 载人航天工程造就了优秀的工程团队

载人航天工程团队是载人航天工程的主体，工程团队以工程总体团队、航天员和航天员选拔训练团队、科学应用和技术试验团队、运载火箭和载人航天器研制团队、载人航天器测试发射团队、载人航天器飞行管理团队、航天员搜索救援团队为主力，以大专院校、科研院所、各行业配套单位为支撑。一大批有志于航天事业、为国争光的各个领域的工程技术人员和优秀科学家投身我国载人航天事业，形成相当规模的工程团队，有力地支撑了我国载人航天工程，是我国载人航天工程自主创新的强劲动力。

在载人航天工程活动中，逐步形成了“骨干、专才、将才、帅才和大家”五个层次的工程人才体系。工程骨干是承担工程的主体力量和中坚。工程专才是能够创造性地解决专业领域的技术难题，并引领专业技术发展的人才。工程将才是指系统总指挥、总设计师，他们能够直接领导和指挥工程项目实施。工程帅才是指能够总揽全局、为国家重大航天工程的发展做出卓越贡献的杰出人才。工程大家是指航天工程的开拓者、奠基人，钱学森先生是公认的航天工程大家。

在载人航天工程活动中加强了年轻队伍的培养，大胆使用优秀的年轻人才，让他们在工程实践中经受锻炼，努力营造良好的传帮带机制，促进他们知识和经验的快速积累，加速人才成长。载人航天工程培养出了由操作技能人才、工程技术人才、工程管理人才和航天员组成的年轻优秀的工程团队，形成了明显的辐射带动作用。我国航天工程人才群体已成为宝贵的国家财富，是我国航天工程不断取得成功和持续发展的根本保证。

3 载人航天工程铸就了载人航天精神

载人航天工程孕育并铸造了载人航天精神。参与我国载人航天任务的工程团队，面对当今世界最具挑战性的大型科技工程，在技术基础相对薄弱、财力有限的条件下，直面前所未有的困难和挑战，高起点、高可靠地自主开展载人航天工程，在“两弹一星”精神的激励下，以高度的文化自觉、崇高的价值追求和执着的理想信念，以惊人的毅力和勇气战胜了各种困难，创造了非凡的工程业绩，同时并生了具有工程共同体特质的“特别能吃苦、特别能战斗、特别能攻关、特别能奉献”的载人航天精神。随着载人航天工程的深入实践，以“热爱祖国、为国争光的坚定信念，勇于登攀、敢于超越的进取意识，科学求实、严肃认真的工作作风，同舟共济、团结协作的大局观念，淡泊名利、默默奉献的崇高品质”为时代特征的载人航天精神的内涵不断被丰富，已成为中国精神谱系的重要组成部分，是中华民族精神的又一宝贵财富。

伟大的精神成就伟大的事业。参加载人航天工程研制的工程团队在载人航天精神的激励和鼓舞下，在较短的时间内、以较少的投入突破了一系列载人航天关键技术，圆满完成了载人航天工程前期发展战略任务，使中国载人航天顺利进入空间站时代。工程实践表明，载人航天工程的成功离不开载人航天精神，载人航天精神是我国载人航天工程发展和我国航天事业前进的不竭动力，未来必将转化为巨大的物质力量。

第七节　中国载人航天工程的哲学思考与分析

中国载人航天工程是大规模复杂工程的成功范例，在工程实践活动中蕴涵着丰富的哲理，有许多哲学问题需要思考和研究。从工程哲学角度审视和解读载人航天工程具有重要的理论和现实意义。

1 社会需求是载人航天工程的直接牵动力，技术进步是载人航天工程的重要推动力

工程是满足人类社会物质和精神需求的造物活动。社会需求在一定环境和条件下形成工程的动力。我国基于政治、经济、科技、人才、精神等方面的社会需求，启动了载人航天工程，体现了国家在特定历史条件下的整体发展战略意图和国家意志。

物质性工程都需要一定的技术手段作为基础性条件，工程也为技术发明活动提出明确和具体的需求，以及推进技术成熟的环境。长征二号 E 运载火箭的成功和返回式卫星的成熟技术，推动了我国载人航天工程的立项。而载人航天工程的实施，也推动了交会对接、中继通信以及大型试验设施建造等技术的成熟。

纵观世界航天工程的发展历程，载人航天工程与社会需求和技术进步密切相关。人类探索外层空间的不懈追求是载人航天工程发展的主要动力。

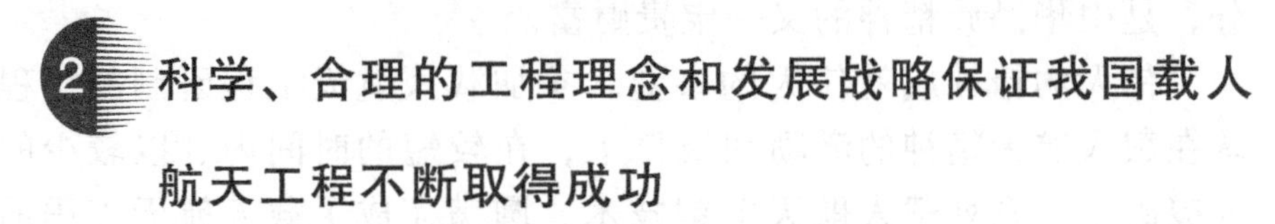

2 科学、合理的工程理念和发展战略保证我国载人航天工程不断取得成功

工程理念是工程建设者在实践中形成的对工程的总体性观念、理性认识和理想性要求，是工程的出发点和归宿。工程发展战略是对工程长远性、总体性的谋划，是战略思维的结果，是从全局、长远的观点策划工程的发展方针、目标、重点、步骤和对策，在工程中发挥着指导性、战略性、全局性的作用。

载人航天工程高度重视发展战略的研究和制定。在工程立项前，开展了7年的综合论证，用辩证思维和系统思维方法分析了我国发展载人航天的有利条件和困难挑战，研究了在经济和技术基础比较薄弱的条件下如何发展载人航天。在此基础上，我国确立了载人航天“三步走”发展战略，提出独立自主建设“技术进步、中国特色”的载人航天工程体系的要求。在工程实施过程中，形成了“一切为载人，全力保成功”以人为本的核心理念。实践表明，科学、合理的工程理念和发展战略是我国载人航天工程顺利开展和取得成功的重要保证。

3 围绕工程目标，不断积累渐进性创新，分阶段实现突破性创新是载人航天工程发展的基本路径

工程是有组织的创新活动。根据创新的性质和强度，创新活动分为突破性创新和渐进性创新。一方面，大量的工程创新是量变到质变的过程，大量渐进性工程创新经过不断积累会产生突破性的工程创新，这是工程创新和演化的基本路径。另一方面，科学重大发现和技术重大发明也会推动工程实现突破性创新。以实现工程目标为原则，正确处理量变与质变的关系，掌握渐进性创新积累到突破性创新的变化规律，有效地推进工程创新的进程是一个需要研究和把握的现实问题。

我国载人航天工程立项时，按照工程演化发展的规律和我国国情确定“三步走”战略，实施过程中守住初心，一张蓝图绘到底，坚定不移地按战略规划实施。在继承我国返回式卫星和捆绑式运载

火箭的技术基础上，有步骤地突破核心关键技术，用了30年时间和20次载人飞行任务，以最少的投入实现了自主建设空间站的突破式创新，使我国载人航天技术走到了世界的前列，并走出了具有中国特色的载人航天工程的发展道路。

4 全面、协调、准确的工程知识是载人航天工程成功的基础

工程知识是工程人类造物活动的前提条件，是人类最宝贵的精神财富。人类建造的物质环境可以被摧毁，但只要具有工程知识的人还在，人类就可以重建家园，继续生存和发展。工程语言是工程知识的载体，是人类语言的组成部分，是人类为了表达与协调人、工具和人造物三者之间日趋复杂且密切的关系而建立与发展的符号系统。

载人航天工程继承和发展航天工程技术知识，初步实现了工程知识的数字化，大大提高了设计制造水平和效率。载人航天工程全面掌握工程的环境知识，系统地确定工程设计知识，学习和应用先进的工程管理知识，实现了高安全、高质量、高效率的工程目标。

5 应用和发展系统工程方法高效实施载人航天工程

工程的目标是通过建设者有组织的活动，集成各组成部分，构建新的能力和环境。从系统思维的角度，工程建造的人造物都具有系统性。系统工程是设计、建造和运行人造系统的方法。载人航天工程应用系统工程方法，由不同专业的人员，将具有不同功能的设备和设施有机地组成在一起运行，实现了工程目标。数字技术、数字制造技术和互联网技术的应用提高了系统工程的能力，载人航天工程正在从基于文档向以基于模型转变，推动系统工程理论和方法的发展。

6 载人航天精神和航天工程人才队伍为我国载人航天事业发展提供了不竭动力和根本保证

科学研究主要靠个人聪明才智，工程建设必须靠团队齐心协力。

工程团队是工程活动的主体，是工程创新的推动者和实践者。工程活动是各类工程人才的活动舞台，会培养和造就优秀的工程团队和各类工程人才。载人航天工程在工程实践中全面加强工程团队的培养和锻炼，也在培养创新型人才队伍方面积累了成功经验。

工程文化是工程团队在工程活动中形成的特有文化。经过载人航天工程艰难的创新实践活动，形成了“以人为本”“祖国利益至上”和“自力更生”等为特色的载人航天工程文化，孕育和铸就了“特别能吃苦、特别能战斗、特别能攻关、特别能奉献”的载人航天精神。载人航天精神是“两弹一星”精神在新时期的发扬光大，是中华民族的民族精神生动体现。实践表明，载人航天精神对我国载人飞船工程发挥了促进作用，是我国载人航天工程发展的不竭动力。

第四章

中国现代信息通信工程的发展演进

第一节　信息通信的起源和发展

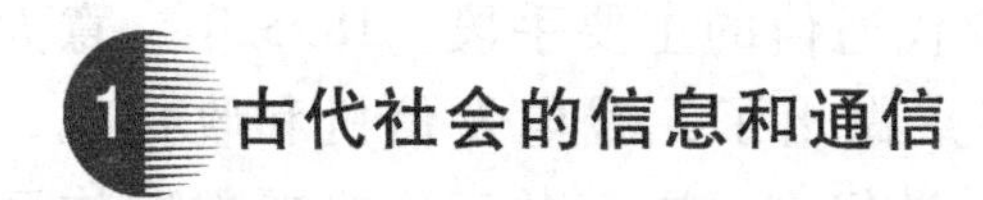

1 古代社会的信息和通信

信息是随着生物演化特别是人类从动物进化而来的过程而出现的。人类有别于动物的一个主要特点是脑功能的发育，产生了思维，逐渐形成了思维能力，而思想的表现形式就是信息。人类原始的信息方式主要是声音，人类所发出的声音从动物的简单声音逐渐形成了一定规律的有所特指的语声，也即开始有了语言。语言逐渐从简单到复杂，从零碎到系统，到了一定阶段后，人类又创造了书面语言。书面语言的信息形式由声音扩展到了光线，即视觉方式。在古代文明史上，古埃及、古巴比伦、古印度、古波斯、古希腊、古代中国都创建了自己的文字。古埃及的象形文字、古巴比伦的楔形文字后来都失传了。中国古代的甲骨文经过多次字体演变成为现代的汉字。

在人类历史发展的进程中，随着人类活动范围的扩大和活动方式越来越复杂，人类通信的范围也不断扩大。但是，由于多种原因，古代社会中的信息活动和通信工程一直处于低级形式和局限地域。

2 现代通信工程的技术手段和发展进程

第一次工业革命是人类工程发展和产业发展进程中的伟大革命。

第一次工业革命之后，“古代工程体系”发展成为“现代工程体系”。而且开创了许多“新兴工程（行业）”，例如以蒸汽机为代表的现代动力工程。后来又发生第二次工业革命，涌现了更多的新兴类型的“现代工程（行业）”，如电气工程。

19 世纪中期之后陆续出现了电信技术的三大主要发明，它们成为现代电信工程开创和发展的技术前提。

2.1 现代电信技术的三大主要发明

1844 年，美国人莫尔斯（Samuel Finley Breese Morse）用其发明的电报机和电码拍发了世界上第一份电报，开创了现代通信的先河，并奠定了电报作为远距离通信工具的基础。1876 年，美国人贝尔（Alexander Graham Bell）制成了实用的电话装置，实现了世界上第一次电话通信，使电话成为现代通信的主要手段。1895 年，意大利人马可尼（Guglielmo Marconi）做出了无线电发信机和收信机，进行距离达 3 km 的通信。到 19 世纪末，电信的三大主要发明均已完成，为 20 世纪电信的大发展奠定了基础。

2.2 电报和电话技术的若干特点及其发展

从 19 世纪中后期开始，先是电报然后是电话通信逐渐进入使用，首先是在西方工业化国家内部及互相之间通信。同时由于与殖民地之间联系的需要，欧美各国也很快建立了与亚、非、拉美等各地的远距离通信。由于电报通信对传输技术要求比较低，所以早期远距离通信尤其是洲际通信手段主要是电报。电报通信由于有书面记录，也适合于当时远距离通信主要是政务（包括军事）、商务上的需要，相当长时期内电报报文可作为凭证之用。

电话通信作为人与人之间的直接通信技术，很快就激发出了大量需求。首先是发展了短距离的电话通信，即同一城市内的市内电话；而远距离传输时由于信号衰减很快，需要用直径较粗的铜线，因而成本很高。用无线短波传输可以达到长距离，但容量很小，质量也很差，且通信质量受大气状态的影响。后来发明了在各种导线上加信号放大系统的技术，才逐步解决了远距离电话通信的问题。为了增加容量又发明了各种载波复用系统，使得可以在一对线上同时传送几十对、几百对甚至上千对的电话。

随着技术进步和工程设施的逐步发展，从地理上看，逐渐建立起了地区通信网、国家通信网、国际通信网乃至全球通信网。从使用者角度来看，开始时只有少数人——主要是上层人士和特种职业者（如航运、商务、旅游等）——使用现代通信技术，后来才逐渐扩大到一般民众。美国在 20 世纪上半叶即已普及电话，欧洲、日本等地区和国家在 20 世纪中叶到六七十年代也实现了电话普及。

电报从一开始就是公众电报。用户拍发电报要到电报局去，接收端由专职送报人员送到收报人处。后来发展出了用户电报。用户可在自己所在场所直接拍发或接收电报，与电话通信相似。

电话由于用户众多，不可能在每两个通话用户间建立固定专用线路，而必须通过一个中心在有通话需求时临时建立通路，这就产生了交换技术。连接方式由人工接续（即由话务员接通）发展到自动接续，自动接续技术又由机械式发展到电子控制再到数字程序控制，即计算机控制。

在信息通信工程的传输手段方面，由架空明线发展到地下电缆，容量大大增加，介质主要是铜（也有铝），早期有少量用钢。无线传输可以使用长波、短波到微波等各种波段，其中微波接力通信具有较大容量，后来又有了卫星通信，在一段时间内成为洲际通信的主要手段。

到 20 世纪下半叶通信工程更有一些新的重要发展，主要是从 70 年代开始，光纤和移动电话得到了使用（两者的发明还要早些）。光纤使传输容量有了革命性的提高，且摆脱了对金属线的依赖，后来成本也不断下降。而移动通信使人们摆脱了位置的束缚，使任何地点之间的通信成为可能。

作为信息技术的基础，20 世纪中期晶体管的发明及后来集成电路的出现和发展成为近几十年信息通信技术飞跃发展的“新基因”。

2.3　现代信息通信工程的若干理论分析

从以上简述中可以看出，现代通信工程是不断发展的社会需求和不断发展的现代科技相互促进、相互渗透的进程与结果。

大体而言，在研究现代通信工程的理论问题时，必须关注三个方面的问题：一是有关通信科学和技术问题；二是有关通信工程的社会需求和社会功能影响问题；三是与以上两个方面的互动有关问题。

现代通信工程提出和涉及了许多重大、深刻、复杂的理论与现实问题。这里仅略谈其中的两个问题。

2.3.1 对电信传播方式的若干理论分析

从信息传播方式看，现代通信工程使用了电气通信即电信这种新的通信方式，实现了通信方式的革命。电信号不同于声信号。电信号的传递、加工转换、存储、接收都有自身特点和规律。完整的电信息传递过程如图 2-4-1 所示。

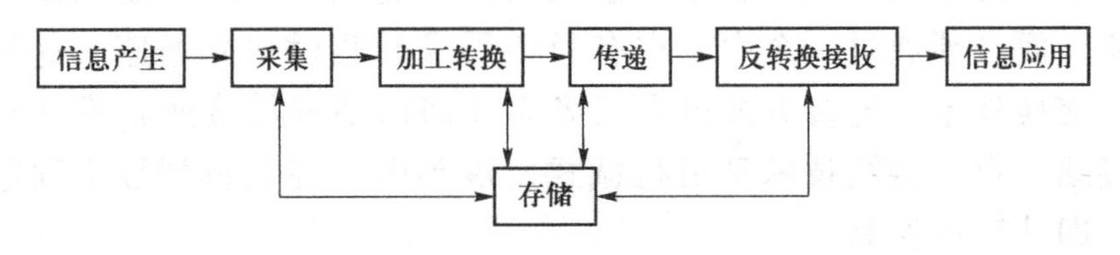

图 2-4-1 电信息传递过程

最早的电报通信的信息形式是一种编码的符号，电报的传输速率很低，当发展到高速传输时便产生了数据通信，现在高速数据的传输速率已达到原来电报的成千上万倍。

电话通信由于其直接简便，很快成为主要通信方式，其信息形式是语音。

图像作为信息形式有着更丰富的内容，人们很快对图像通信有了需求。首先是发明了静止图像的传递技术即传真。然后随着电视的发明，远距离传递活动图像就提上了日程，可视电话、电视会议等也都应运而生。

由于技术的发展，语音信号和图像信号都可以通过编码转变为数据形式，因此现在通信网中传送的主要是数据信号，并且信道能力以数据传送速率来衡量。从最初出现的电报就是简单的数据形式，发展到电话和视频的高级模拟信号形式，再到从模拟信号通过各种编码变成统一的数据形式，充分体现了“否定之否定”“螺旋上升”的规律。

2.3.2 “信息通信工程”概念简述及其发展阶段

本章的基本主题是通信工程。

如果从基本概念方面看，通信是完整的信息发展演变中的一个阶段。再从工程类型和经济社会发展方面看，“通信工程”是“信息工程”中最早发展起来并贯穿发展过程始终的关键内容，并且通信工程中也包括了转换和存储等内容。因此人们就广泛应用“信息通信工程”这个概念来描述现代信息发展过程和内涵。

从发展过程和涉及范围的扩展看，现代世界整体性信息通信工程的发展大体可以分为三个阶段（领域）。第一阶段是从19世纪中后期开始到20世纪后半期的现代通信工程作为主体单独发展的时期。第二阶段是从20世纪中期计算机开创发展以及到20世纪后期计算机网络发展的时期。第三阶段是21世纪新一代信息技术及其相关工程快速发展时期。在这个阶段，信息与物质、能量以空前的广度和深度交叉融合，信息技术向社会经济、政治、产业、文教领域渗透出现新趋势和新景象，目前这个过程还在逐步开展中。应强调指出的是，这三个阶段的关系并不是“截然分割”“互不相关”的，而是存在“渗透融合”关系的。计算机出现后与通信两者从并行发展逐渐融合，新一代信息技术更是在通信和计算技术支撑下发展起来的，同时通信和计算机本身仍在不断持续地提高。

第二节 中国现代通信工程的发展过程

世界各国现代通信工程发展的具体进程并不完全相同。中国现代通信工程肇始于晚清时期，民国时期继续有所发展。但新中国成立后，中国的现代通信工程才真正进入新的发展时期。以下就简述新中国成立后的现代通信工程发展的3个阶段。

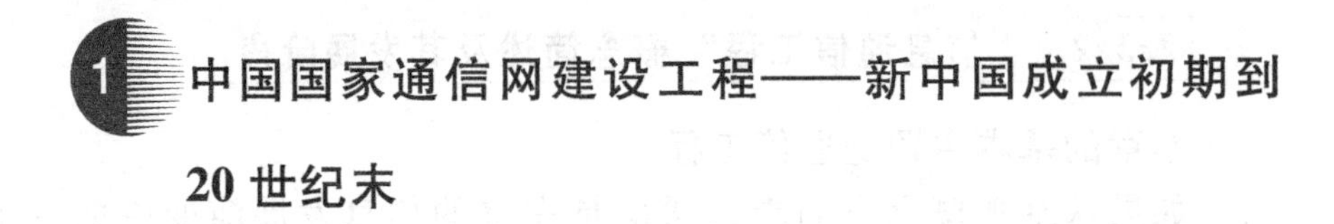

1 中国国家通信网建设工程——新中国成立初期到20世纪末

1.1 概况

新中国成立前，我国的电信网很落后，最早是由外国企业开始建设和运营的。从清朝末年起国家就不断努力建立自己的通信系统并逐步收回国家的电信主权，但直到1949年时，全国电信网仍是支离破碎的，并且一些大城市的电信设施仍由外国公司掌握。

新中国成立后，虽然很快统一了全国的电信网，但规模和装备非常落后。在新中国成立初期引进了苏联、东欧国家的一些通信设施，但这项工作很快就因政治原因而中断了。

我国逐步建立起了自己的研发和制造产业体系。经过艰苦努力，研制出了一些较先进的设施，如电缆和电缆载波、无线微波系统，机电式市内电话交换机、传真机等。在“文化大革命”中后期还研制了当时国际上也属先进的同轴电缆载波系统和大容量微波系统，并已开始数字通信设备和长途自动交换设备研制，但直到“文化大革命”结束，全国只建了一条（京沪）中同轴电缆1800路干线系统。

在改革开放前，电话系统的功能主要是为各级党政军首脑机关服务的。新中国成立前在大城市中已有的少数居民家庭电话也消失了，老百姓有急事需联系时，只能用电报这种单向非实时的方式联系。

统计数据显示，1978年全国共有电话368万部，包括市内电话236万部、农村电话132万部。电话普及率为0.38%，即平均千人中只有3.8部电话。市内电话中自动化比例为57.4%，长途电话没有自动化，要经过层层话务员的人工转接。大城市间通话有时要等几个小时，而边远地区通话，有时几天也打不通。全国通信线路总长19.3万km，其中架空明线占96%。全国邮电局所近5万个，职工72.3万人，当年收入12.48亿元，其中电信约占一半。①

① 参考原邮电部计划局内部资料《邮电统计资料汇编（1949—1978年）》。

1.2　主要目标

改革开放给我国电信事业带来了极大的压力和推动力。对现代经济活动来说，信息传递是关键要素和条件之一。各类企业之间、企业与市场之间、企业与人员之间的联系日益频繁，对通信畅通的要求越来越强烈。

同时改革开放还带来了两个方面对通信爆发式的需求：一是外商来华后与其基地企业之间的联系；二是国内大量外出务工人员与其家庭的联系。

当时的电信主管部门经反复研究，确定了要尽快建立通达全国和世界各地的现代化的国家电信网，具体目标如下。

（1）实现高速增长，尽快缓解极其紧张的“供需矛盾”。

长期以来，我国电信的增长速度迟缓，甚至低于国民经济的增长，这种情况必须扭转。针对当时国家提出的到 20 世纪末国民经济翻两番的目标，提出了通信量到 20 世纪末翻三番来保国民经济的翻两番（后来实际上大大超过了这个目标）。

（2）尽快提高水平。

水平的提高主要体现在自动化上。在建设次序上，首先尽快实现市内电话自动化，然后实现长途电话自动化，再到国际电话自动化，有条件的地方农村电话也逐步实现自动化。从地区分布上，则从特大城市向大城市、中等城市、小城镇一步步地发展，直到全部农村地区，逐步实现全国自动化。

提高水平的另一方面是通话的质量问题，包括接通比例、等待时长、通话时的音质音量和稳定性等问题，这些方面都有相应的技术标准，要逐步提高水平，达到国际通用标准乃至先进水平。

（3）形成可持续发展的能力。

包括人员、资金、装备、技术和管理各方面。从技术装备方面来讲，需要交换设备程控（计算机控制）化、传输设备光纤化、整个系统数字化。设备如果国内没有，可以从国外买，但购买设备就要有资金、有外汇、有人（因为买得来设备，买不来人）。电信行业创新和发展速度很快，必须把形成可持续发展的能力作为根本性的目标，在资金、技术装备和人员上都要可持续，否则就难免要陷入“引进—落后—再引进—再落后”的循环。

1.3 主要措施

1.3.1 争取“支持”

建设国家电信网是全国的事情，如果做不好，会延误现代化建设的进程，因此需要举全国之力来支持，而能否做到这一点，又需要电信部门的主动工作。从中央政府主管部门到全国各地电信部门，在观念上，都一改过去“电信是专政工具，必须实行垂直领导，而与当地政府无多大关系”的观念，主动向当地政府汇报，说明电信的重要性，争取支持。从实际效果来看，中央政府从历任总理到各位副总理都大力支持电信发展，到各地视察工作时都强调要把发展电信放在首要位置。各地方分管领导都亲自过问电信建设。有的领导说，财政有困难，要钱没有，但可以给政策。

“支持”内容包括认识和态度上的支持，以及具体政策上的支持。从中央政府来说，直接投资的金额并不高，但通过政策支持方式进而体现在资金的效果上就大了好多倍。有关政策主要有“三个倒一九”政策、初装费政策和加速折旧政策等。“三个倒一九”政策即电信部门的利润可留成90%，只上交10%；非贸易外汇收入留成90%，只上交10%；预算内拨款改贷款资金只偿还10%。“三个倒一九”政策成为建设资金和购买国外先进电信设备的基础资金来源。初装费政策和加速折旧政策都是从外国经验中学来的，如日本电信发展前期就实行了初装费政策。

各地方政府根据当地条件在征地拆迁中给予优惠，开挖道路埋管道时给予便利条件，建设项目和引进设备进行快速审批等。有的地方还给予了直接的资金支持，有的成立了省（市）通信建设领导小组，以促进工程进展。

在实践中，逐步总结出“中央、地方、企业、个人”四个一起上的方针，后来又形成了“统筹规划、条块结合、分层负责、联合建设”的十六字方针。①

---

① 杨泰芳．中国改革开放辉煌成就十四年：邮电部卷[M]．北京：中国经济出版社，1992.

1.3.2 从引进到消化吸收、自主研发解决设备问题

新中国成立后，由于电信技术与国外差距大，改革开放时国外已大量采用数字程控交换机，因为急需，我们也只能先购买国外的设备。采购量还比较大，来源也包括欧美多个国家。有的项目引起国务院领导的关注，列入国与国之间的一揽子交易中。同时，也要引进国外的工厂到中国来生产，20 世纪 80 年代初，在引入生产线时，由于“巴统”① 的限制，只有欧洲一个小国的公司表示愿意对华出口。双方在上海成立了上海贝尔电话设备公司，中方占股 60%，外方占股 40%，生产 S-1240 型程控交换机。同时衍生出了上海贝岭公司，生产相应的大规模集成电路，这也是我国引进的首条大规模集成电路生产线。后来随着中国发展壮大，市场需求的增加，日本、德国、加拿大等国的公司为了拓展市场纷纷提出到中国来建厂，有的项目还是直接与我们国家领导人谈的。与往昔相比，这时谈判桌上的形势发生反转。

同时，国内自主研发也逐步展开。除电信部门的研究所和工厂外，国内其他有关方面也纷纷投入。主管部门采取制定标准，平等对待，只要达到要求就允许入网。于是，一些研发单位快速成长起来，包括中兴、华为、大唐、烽火等公司，有国有的，也有民营的，国有的也分属不同部门。研发工作很有成效，逐步形成我国自己的现代化的通信设备制造业。在传输设备方面，我国自主开发的同轴电缆载波系统和大容量微波系统投入建设，并在通信网上得以应用。在数字设备和光纤系统方面我国也开始了研发工作，但水平与国外还有差距。由于工程急需，引入了一些干线光纤系统，如沪汉、沪广等干线，同时和荷兰飞利浦公司谈判建立了合资的武汉长飞光纤光缆厂。国内的武汉邮电科学研究院（简称“武邮院”，后建立烽火科技集团）研发了全套光纤通信系统。同时一些民营光纤光缆厂也逐渐形成规模，如亨通集团、富通集团等。20 世纪 90 年代初，我国还决定依靠自己力量，由武邮院和工厂合作提供设备，相关设计施工单位做工程建设，在 18 个月内建成了当时通信极其紧张的中

① 巴黎统筹委员会的简称。其是西方国家为限制对社会主义国家出口先进技术和设备尤其是敏感技术和设备而设的机构。

轴线京广架空光缆系统，为全网提高水平做出了贡献，同时也锻炼壮大了自己的队伍。

对于电信设备，我国提出了“直接买设备—引进生产线建厂—自主研发”的三步走战略，事实证明这个战略是完全符合实际的，是成功的，成为引进与自主研发相结合发展壮大的一个范例。

1.3.3 具体问题具体分析，因地制宜，协调发展

我国是一个大国，各地发展不平衡、条件不相同，同一具体措施往往不宜在全国“整齐划一”地推行，而需要根据各地的具体情况具体分析、具体对待。在学习国外经验、与外国打交道时，也要采取灵活的态度和办法。具体有以下几点：① 不拘泥于国外专家提出的必须在电话普及率达到10%以上时才可以实现长途自动拨号的论断。在普及率不到2%时就开始进行自动拨号工程，同时采取加大公用设备等措施，使工程进展顺利。② 在全国交换程控化的同时，接受某国好意提出的准备把其拆换下的还完全可用的机电式交换机无偿赠送给我国的建议，并用于中西部经济困难的地区，使其较快实现自动拨号并为购买程控机积累资金。③ 在全国省会以上城市全部实行自动拨号时，对尚无条件引入程控机的拉萨采用国产的简易自动拨号设备，使其与全国联网。④ 由于货比三家和一些外事上的需要，引入了多国多制式的市内用程控交换机，同时采取技术措施，使全网能正常运行。虽然多付出了精力，但使各方面都较满意，使国家通信网建设工程整体上较顺利进行。

1.3.4 加大培训力度，提高人员水平，使工程实践发展与工程人才成长相互促进

改革开放之初，电信从业人员不少，但技术水平受到行业落后的制约，更与快速发展的现代通信网的需求存在较大差距。由于多种原因而存在保守的思想和观念，因此必须通过各种方式，提高人员的技术和管理水平，转变观念。除学校教育培养外，对于在职人员办培训班是一个主要的途径和措施。培训班有时间相对较长的(几个月)，但更多是短期的，利用具体项目或针对某种设备办班。联系实际的培训往往效果更快、更直接。针对管理水平方面的问题，办过县局长班、地市局长班，而对省局长则主要采用在年度会议、

各种专业会议中加入培训内容的方式。20 世纪 80 年代，在北京举办了十余期全国县局长培训班，目的不仅仅是讲解一些基本管理理论、方法和技术知识，更重要的是使行业中最基层但又负有全面责任的干部有机会到首都北京看一看，使他们能把自己从事的工作、承担的责任与国家发展和国家命运联系起来。

在对外开放、经济全球化的大环境下，电信网络是一个国际性、全球性的网络，需要一批了解国际情况、善于吸取国外先进经验的骨干人员，因此需要组织出国培训，到国外对口部门和单位学习，从对比中发现问题、找到差距。在经历过国外培训的人员中，后来有不少人成长为各个层次的骨干。

1.3.5 制定网络规划，指导建设工作

对于全国大网的建设，必须要有统一的规划。对于干线初期是一条线一条线地规划，后来进展快了，就必须要有全国全网的总体规划。例如“八五”时期，就制定了全国 22 条干线的规划，到“九五”时期，又发展成为“八纵八横”干线网规划。在全国规划的基础上，各省又制定了省内长途和本地网的规划。这些规划不单包括物理线路，而且包括具体路由走向的组织，在各种故障情况下的迂回路由及其次序等。同时，还制定了全国号码的规划、信令网及其路由走向的规划等。在进行规划时，虽然有国外的一些参考资料，但主要还是根据我国自己的情况来制定的，关键是数量（用户数、话务量及其分布）、质量、安全、成本效益等多方面的平衡。

1.3.6 用经济手段调动全体人员积极性

电信部门是垂直领导体系，经济上长期统收统支。在快速发展期，这种体制严重阻碍问题的及时解决和工作的快速处理，并且不能调动广大中西部企业和人员的积极性。

针对体制的弊端，提出了“全网经济核算制”，即测算出每个生产环节的成本，并根据成本来分配收入。成本测算中考虑了各地自然和社会条件的不同而确定不同的单价，基本上维持了公平。总部相当于一个结算中心，西部地区成本高则结算价也高。这样做全国各地都相对比较均衡，中西部地区摘掉了亏损的帽子。东部沿海地区虽然有不满意之处，但总的来看，他们结算后的收入还是比内

地高得多，所以也接受了这种结算制度，这样就解决了全国全网积极性的问题。①

1.4 实现情况

经过大约 20 年的努力，到 2000 年，我国（固定）电话用户达到 14 482 万户，比 1978 年增长 40 倍（这是与 1978 年全国电话机数量相比的数据，如果按接入电话局的用户来计算，则增加了 57 倍），全部实现自动化，电话普及率达到 12%，增加了 30 多倍；当年电信收入 3 014 亿元，比 1978 年增长了 300 多倍。当年电信投资 2 224 亿元，电信职工约 50 万人（邮电职工总数约 100 万人，增长 30% 多）。电话初装费一再下降，到 2001 年 7 月 1 日正式取消。

自 1985 年起，我国的邮电业务量增长速度超过国内生产总值（gross domestic product，GDP）增长，其中 1991—2000 年年均增长 41.6%，为 GDP 增速的 4 倍，最高的 1993 年增长 61.8%。1992 年，我国的电话新增 700 万部，是 1978 年全国存量的两倍。到 2002 年，我国电信网规模达到世界第一，当年局用交换机达 2.86 亿门，固定电话用户 2.14 亿户，光缆长度 48.8 万 km。②

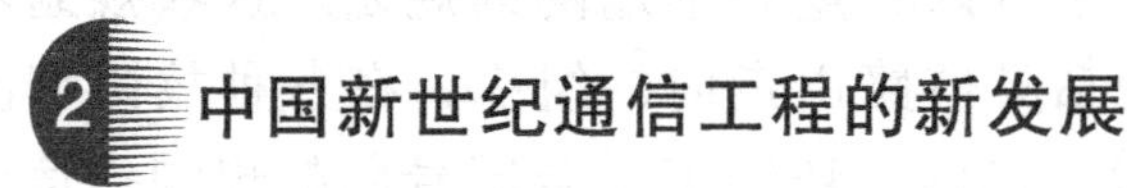

2 中国新世纪通信工程的新发展

2.1 向全国发展

到 1995 年，全国电话达到 4.66 部/百人，其中城市电话普及率为 17 部/百人，但农村电话普及率仅约为 1.2 部/百人，距离电话普及仍存在巨大差距。

全国电信“九五”规划中明确提出，到 2000 年，城市电信网要具备家家通电话的能力，农村要实现“村村通电话”。

经过几年的努力，到 2000 年年底，全国电话普及率达 20.1 部/百人，城市电话普及率达 39 部/百人，农村已通电话的行政村比重达 80%，基本完成了“九五”规划的任务指标。但发达地区与落后

① 朱高峰．邮电经济与管理[M]．北京：人民邮电出版社，1995.

② 中国通信企业协会．2011—2012 中国通信业发展分析报告[M]．北京：人民邮电出版社，2012.

地区、城市与农村、富裕人口与贫穷人口之间的信息服务差距仍然较大。①

电信业“十五”（2001—2005年）发展规划中明确提出，要力争实现全国95%以上的行政村通电话。2005年年底，全国已通电话的行政村比例达97.1%。

电信业“十一五”（2006—2010年）发展规划则进一步提升为“双百”目标，即100%的行政村通电话，20户以上的自然村通电话的比例要达到94%以上，以及100%的乡镇能上互联网，通宽带的比例要达到98%。

“十一五”是村村通工程建设的攻坚时期，从97%到100%的最后3%，虽数量不大，但大多位于地理环境更加恶劣、更加偏僻的高山大漠。

2007年，自然村村村通工程正式启动。2009年，又提出了乡镇上网的三步走战略，即建设设施、搭建平台、信息服务；要形成县、乡、村三级信息服务网点体系。

“十一五”期间，村村通工程累计直接投资5 000亿元，实现100%行政村通电话和100%乡镇能上网的目标，大力改善了农村通信服务水平。

“十二五”规划中规定，电信普遍服务要“宽带进行政村，电话进自然村”，做好行政村通宽带、20户以上自然村通电话和信息下乡的三方面工作，实现“村村能上网”的目标。

从电话到上网，是通信发展史上一个从窄带到宽带的本质的飞跃。

到2016年，全国所有地级市基本建成“光网城市”，光纤宽带用户在宽带用户总数中占比78.6%，达世界领先。到2017年第一季度，我国的光纤到户（fiber to the home，FTTH）接入家庭达9.6亿户，比2012年提升10倍之多。截至2018年第三季度，固定宽带家庭用户累计达3.82亿户，固定宽带家庭普及率达85.4%，移动宽带（3G和4G）用户累计12.94亿，普及率达93.1%。

2.2 移动通信及其更新换代

蜂窝式移动通信在20世纪70年代开始在西方国家出现，80年

---

① 唐守廉．电信管制[M].北京：北京邮电大学出版社，2001：295-296.

代逐渐得到使用，并开始传入我国，90 年代开始在我国有了应用，并逐步开展网络建设。

移动通信开始是作为弥补固定通信的不足，使人们在处于移动过程中仍可保持通信联系而用的，因此开始只是为了部分对此有切实需要的人所用，同时发展初期成本和价格也很高，主要是部分富裕人士使用，而且所谓移动的场景也主要是在轿车上，主要形式是车载电话。但当传到东方后，例如在香港等地，一些富人以有手持机为身份的象征，因此手持机（当时体积还较大）在粤语中被称为“大哥大”。

起初，移动通信的成本和价格很高，随着技术的进步，移动电话的性能不断提高，而价格也快速下降，在东方和西方同时逐步为大众所接受，而通信业务从商务、军事的需要扩展为日常个人之间的联系。而后者在体量上则大大超过前者，因此手持机逐渐占据了主要地位。

从技术上来看，第一代移动通信采用的是频分多址技术，欧美各国都一样。从第二代移动通信开始，就出现了时分多址和码分多址的区别，当 20 世纪 90 年代初欧洲开发了时分多址的第二代移动通信技术并正式投入使用时，美国由于其第一代技术较好，没有开发新技术的迫切需求，因此没有使用时分多址。同时美国的高通公司开始开发更新的码分多址技术。中国在第一代时完全是购买外国的设备，在转向第二代时经权衡选择了时分多址方案，开始了中国移动通信网的建设，但仍有一些单位和专家研究码分多址技术。到第三代时，随着技术的成熟，欧美都采用了码分多址技术，此时，中国的专家们也奋力研制了具有特点的时分同步码分多址（time division-synchronous code division multiple access，TD-SCDMA）技术和系统，并且与欧美系统同样获得国际组织认可，被接受为国际标准之一。由于一段时间内意见上的分歧和决策过程的复杂性，TD-SCDMA 系统在实用化上拖延了一段时间，因此在国外并未得到采用，而只是在国内发展，并且国内同时还引入了西方的第三代系统。

21 世纪前十年，各国都认识到通信系统还是要走统一标准的道路，这样建网、联网的成本低、效率高，因此国际组织就提出在开发第四代移动通信中统一标准体系，各国应共同努力合作开发。中国的科研院所和企业在国家的统一支持下，以专项的方式进行了第四代移动通信技术（4G）的研发，并在国际的统一标准中提供了不亚于他国的贡献，实现了从购买到跟跑再到并跑的目标。在21世纪第二个十年中，中国的移动通信有了飞跃的发展，用户规模早已是世界第一，并大大超过固定电话，截至2020年达到15.94亿户①，技术上已是4G为主体。

在4G研发完成后，中国继续与国际同步开展了第五代移动通信技术（5G）的研发，并在其中做出了较大的贡献，5G标准必要专利声明数量占比超过38%。经过多次试验和改进，在2019年10月31日5G商用正式启动。在5G网络建设中，中国更是一马当先，截至2021年上半年，已累计建成5G基站超81.9万个，占全球比例约为70%；5G手机终端用户连接数达2.8亿，占全球比例超过80%。②

2.3 通信装备制造业的崛起

通信业的发展带动了通信装备制造业的成长。改革开放前，中国已经有了自己的电子工业，其中包括通信装备制造业，当时提供了国内所需的各种通信装备，从线缆、传输设备和机电式自动交换机，各种终端设备、电话机、电报机和传真机等，即使在“文化大革命”期间，通信设备的研发也没有停顿，还有所加强，研发出了当时较为先进的1800路干线同轴电缆载波系统和960路微波系统，并开始了数字通信设备的研发。

改革开放后，随着需求量的爆发式增长，以及对国外最新技术和装备的引进，国内迅速学习、消化吸收，提高自己的技术水平，开始向数字设备包括光纤光缆转移，同时在经济体制向社会主义市场经济转变的前提下，出现了两支新的力量，一是中外合资企业，二是民营企业。同时国内其他领域的力量也看到了通信装备市场的巨大需求，纷纷进入这个领域。这几个方面的力量的合作和竞争使得产业迅速发展，水平快速提高，其中最突出的是数字程控交换机和光纤光缆，后期迅速赶上并在国际上显露头角的是移动通信及手机。从20世纪80年代到90年代初期的大量引进，逐渐转向

---

① 工业和信息化部．2020年通信业统计公报［R/OL］．（2021-01-22）．

② 5G标准必要专利声明数量位列全球首位［N］．人民日报，2021-05-17（01）．

90 年代中后期与外国企业平等竞争，再到世纪交替时逐渐在国内市场占有主导地位，并向国外发展，这一过程中国有企业如烽火、大唐，民营企业如华为、中兴，合资企业如上海贝尔、长飞，均得到迅速发展壮大，此后又涌现出如小米、OPPO、VIVO 等一批知名民营企业。中国人的聪明才智在改革开放的条件下得到充分激发。

2.4 全球化中的中国通信工程

世纪之交，中国加入世界贸易组织后就积极主动地融入全球化的过程，通信工程也同样走出国门，融入世界。最早在 1993—1994 年，苏联解体后，原各共和国独立，东欧各国也获得了自主发展的机会。中国当时即提出了建设亚欧光缆工程的建议，设想从我国乌鲁木齐西向出阿拉山口经哈萨克斯坦等中亚各国和俄罗斯、东欧等到达德国，向相关各国提出建议后，中亚各国反应积极，曾开过几次会议商讨并达成一定共识，但俄罗斯方面不够积极，中亚各国虽有积极性，但能力有限，我国当时力量也还不够雄厚，因此就搁置下来，没有进一步研究探讨。

在此后 20 多年中，中国的通信业逐渐走出国门，积极参与国际事务。一是积极参与国际组织，由中国提名的候选人高票当选国际电信联盟（简称国际电联）秘书长（一把手），我国技术人员较大量地参与国际电联活动并在国际标准制定中有了较大的发言权。二是我国还积极参加欧洲标准组织（包括官方的和民间但有实权实力的组织），在国际标准制定过程中发挥了不可或缺的作用。

我国通信企业在世界各国开展业务，确保与全世界的通信畅通，并在一些国家参与当地的业务发展，我国先后同日本、美国等达成协议，建设国际海底光缆等骨干工程，使上海等地成为重要的国际通信枢纽，我国也充分发挥香港作为国际中转枢纽的特殊作用。在国际网络的建设中，我国还在一些国家（主要是发展中国家）建设了一些通信项目，帮助他们发展现代通信。

我国的设备制造商也积极打入国际市场，以同等质量下的较低价格获得了不少国家（包括欧美等发达国家）的市场，在交换设备、光纤光缆等方面占了国际市场较大份额，华为在 5G 建设中是国际市场的主要供应商之一，小米等则在国际手机市场上排在前列。

第三节　中国计算机和互联网工程的发展

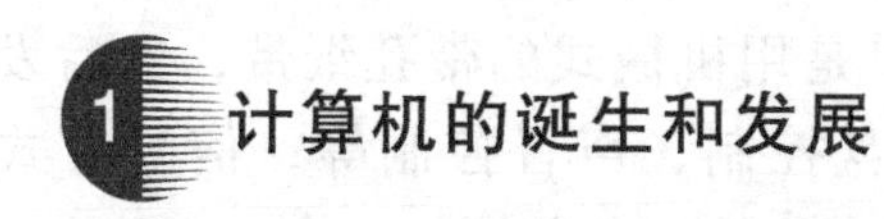

1 计算机的诞生和发展

1.1　计算机的诞生及其体系架构

在经历了机械计算器和机电式计算机阶段之后，20 世纪 40 年代诞生了现代数字电子计算机。由于当时的计算机都建立在电子管的基础之上，所以初期的计算机体积庞大、耗能很高。那时的计算机主要用于科学计算，解决一些科学和工程上的难题。

随着晶体管和集成电路的发明与进步，计算机经历了电子管、晶体管、小规模集成电路、大规模集成电路、超大规模集成电路等发展阶段。一部机器内含电子器件量越来越多，相应的计算能力也越来越高。计算机运作的基础是电子器件的状态变化，而器件的状态最简单的就是电极之间的“通”与“不通”两种状态，这符合于二进制数字的“0”与“1”，所以称为电子计算机。

大量的电子器件需要在一起协同工作，完成共同的任务，这就要解决两个方面的问题：一是这些器件如何连接组合到一起；二是连起来以后如何有规律地运作。前者是计算机的体系架构问题，后者是操作程序问题。一般把计算机所用的器件及其体系架构统称为硬件，而把操作程序称为软件。

现代计算机的体系架构很复杂，但原理上主要包括“三个部分”，如图 2-4-2 所示。其中，“输入、输出部分”是与外界的联系接口，输入端接受任务，输出端给出结果。中间是“数据处理部分”，也就是计算部分，这是计算机的核心，是完成任务的关键。第三是“存储部分”，既包括对计算进程中产生的大量数据做中间过程性存储，也包括对输入和结果数据做保存性或备份性存储。

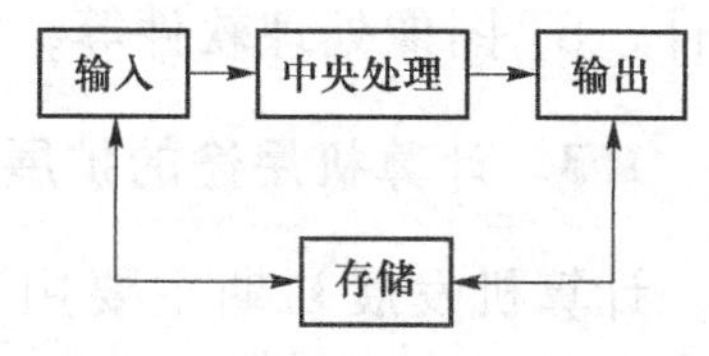

图 2-4-2　现代计算机的体系架构

1.2 硬件和软件

半个多世纪以来，计算机技术在不断快速发展，速率在不断提高，容量在不断扩大。

计算机输入-输出的形式最早是用机械式的带孔纸带，然后发展成多种输入-输出形式，包括键盘控制、声音控制等；信号方式有光、电等；信号载体可以是磁带、磁盘、光盘等。

中央处理部分由电子器件组成，目前都用大规模至超大规模集成电路芯片。高性能计算机中用多块芯片并行处理，目前最多已用到几千甚至上万块芯片。并行处理大大提高了计算机性能，但也带来了技术上的难题。一是这么多处理器如何高效连接，使能力损失最小。二是在使用时如何把一个任务合理分配给这么多处理器分别处理，然后再正确合成，因此在计算机应用中出现了算法这个重要领域。

存储部分。中间存储可以用各种电子器件，但大容量的长时间存储则还是要用磁性装置，即磁盘和磁带，其优点是容量大和保存性能好，不易丢失。近年来也用光盘。大容量信息存储也逐渐从计算机中独立出来形成数据库及其产业。磁盘和光盘的容量与性能也随之不断提高。

软件系统也越来越复杂，并逐渐分化成为基础软件、应用基础软件和专业应用软件。基础软件称为操作系统；应用基础软件是应用范围较广的工具性软件，如办公软件、文字处理软件等；专业应用软件是针对性很强、只用于某一具体领域的软件，例如电信计费软件、CT 图像处理软件等，需要与应用领域专业人士共同开发。

1.3 计算机用途的扩展

计算机发展初期主要用于科学计算，后来则拓展到各个方面，如军事领域的应用——导弹弹道计算等。其中最复杂、变量最多的为气象变化、天气预测预报和地质勘探、找矿等方面的应用。高性能计算机的开发大多也是由于这方面的需要。

但人们逐渐发现计算机还可用于日常生产和各种社会事务的处理，如工业控制、生产自动化，以及各种政府事务管理、社会服务提供，以至各种商业、金融业务等，应用面极广。其计算性能不一定要达到前述高性能机的水平，但需要有一些专门性能，如专用输入-输出、专用的软件系统、专门的外形结构等。有的不一定用独立的计算机，而是植入在其他装备中，如各种数控设备中的数控部分。这种植入式的计算装置统称为嵌入式。

非常重要的是，人们还逐渐发现，从需求和功能方面看，计算机还可以为个人所使用，使用场境形形色色、千变万化，包括：在工作中作为相应业务网络的终端，取得工作中所需的各种信息或发出要求网络处理各种事务的工具；同时可以作为个人间的通信交流手段，还可以作为个人娱乐的手段。例如，人们开发出各种计算机游戏，可以单机用，可以联网用；还可以用计算机看电影、听音乐等。

这样就产生了对计算机的大量需求，个人计算机（微机）的数量大大超过了其他计算机，而高性能计算机只是很少量的高端产品。现在电话机（包括移动手机）、电视机、个人计算机（包括“笔记本”）已成为三大类最普及的电子信息产品。

中国在新中国成立之初即开始了电子计算机的研发，也取得了不少的成绩，但主要还是在跟随发达国家的步伐，并且政策还有过不少变化，因此到改革开放开始时与国外的水平还相差很大。在“文化大革命”后期，我国某研究所获得了一个美国产的带函数的计算器后，如获至宝，科研人员轮班使用此计算器设计所开发的产品。改革开放后，由于大量国外产品涌入，国内虽也有人学习借鉴，但多数还是直接使用，以至有专家多年呼吁要开发我们自己的操作系统、自己的基础软件，但多数人甚至一些政府部门还是依赖进口的产品，国内研发也大多为一些应用研究。后来人们逐步认识到这个问题，一些研究单位开始在大型计算机架构等方面持续下功夫，研制出我国自己的超级计算机。在2013—2018年间，其运算能力还曾占到世界排行榜首。但在基础方面，我国与国外的水平还有很大差距，一个是硬件的基础——半导体，一个是软件的基础——操作系统。多年来，我国在操作系统上一直依赖于美国的Windows系列，后来在移动手机操作系统上则依赖于安卓系统，其间曾自主研发过，但由于有关方面支持不力和其他多种原因而未能成功，直至最近才开始有自主操作系统投入使用。

2 互联网的产生和发展

随着计算机的发展和功能的提升，计算机之间产生了信息传递的需求，连接起来就形成了计算机网络。接入网络的计算机必须符合一致的接口性能、操作规则和数据格式等。异地的计算机之间进行互联时，还需要通过通信骨干网络；于是计算机的出/入口信号格式也就要同时符合通信网络的要求，即要符合数据通信的技术标准。

根据地域覆盖范围的不同，计算机网络可分为局域网、城域网和广域网（相对于通信网络的内部网、本地网和长途网）。互联网（Internet）就是一个全球范围的广域计算机网络。计算机就是互联网的信息终端设备。

互联网源于美国20世纪六七十年代各大学之间的科教网和各军事机构之间的军用网，后来合起来组建了互联网。如今的互联网可以传送文本、语音、图像、视频信息，可以实现丰富多彩的服务业务，既包括传统的通信业务，也可实现广播业务，可服务于生产和生活各个领域，正在发挥着重大的作用。

20世纪90年代初，互联网在美国开始投入应用后，不久又出现了万维网（world wide web，WWW）技术。采用WWW技术的互联网适应性强，接入使用灵活方便，使计算机网络工程很快发展起来，并且迅速从专业人士使用拓展到广大民众和社会生活各个方面，从美国拓展到世界各国。

互联网虽然在远距离通道上借用通信网线路，但和通信网的网络机制完全不同。互联网和通信网是两个独立的不同的网络，传送信号的方式也不同。通信网初始主要是实时传送语音信号，要求严格的系统完整性、自然性和实时性。通话时，通信网给通话双方提供一条完整的电路，即要采用电路交换的方式。通话的内容、音量、音调、音色以及感情流露等都完整地向对方传递。互联网最初传送的是报文，即已编码的信号，是延迟传递。只要报文最终能完整复原，没有必要一直保持完整的信道，可以通过把报文切段，即分组交换的方式发送信息，以尽量减少通道的空闲时间，提高网络的效率。通信网络主要采用电路交换方式，计算机网络则采用分组交换即包交换的方式。除交换方式不同之外，计算机网络和通信网络的控制信令方式也不同。

尽管世界各国的通信网之间互联互通，但其主权仍各归属各国。各国通信网之间遵循国际电信联盟制定的规则标准进行相互连接和相互结算。国际电信联盟是联合国下属机构，是政府间组织，非一国所能控制。

互联网是从美国向西方发达国家以及全球各个国家推广的。美国掌控着互联网的主干和绝大部分根服务器，掌控着互联网的标准制定机构和地址分配机构。20 世纪 90 年代初，美国政府提出了信息高速公路的设想。1994 年春，时任美国副总统戈尔在国际电信联盟第一次世界电信发展大会上提出了全球信息高速公路（global information highway，GII）的设想，意在推广互联网以控制全球信息系统。尽管该次会议没有达成相关决议，但是互联网很快得以在美国主导下在全球推广。

我国在 20 世纪 80 年代末 90 年代初就有科教系统的计算机网络开始与国际互联网连接，主要出于自发行为，并不是政府行为。直到 1994 年，国家主管部门同意中国科学院高能物理研究所与互联网联通，才成为一个正式的开端。由于我国经济技术进步很快，大量应用计算机，网络研发水平也逐渐达到世界前列，再加之人口众多，2017 年我国接入互联网的人数就达 7.72 亿①，已达世界第一。我国在互联网应用方面如电商、电子支付等也位居世界前列。但世界互联网的主导权至今仍在美国手中。

在发展过程中，通信网和互联网逐渐互相借鉴融合。通信网由于干线传输容量快速增长，而电话对宽带需求有限，故数据业务得以逐渐增多，并占有了主要比重，其中包括以数据方式传送的容量需求大的视频业务；另外由于包交换方式的质量有较大提高，用其传送实时语音信号也得以较快发展，即网络电话。互联网的骨干传输网也大量采用了现成的通信网线路。

3 信息的全过程与两网融合

如前已述，信息的全过程包括信息的产生、获取（采集）、传

① 中国互联网协会．中国互联网发展报告 2018［R］．2018.

递、加工转换、存储、应用各个方面，在早期由于大多是原始信息，特别是语声、文字，主要用于交流、传播，因此通信成为信息领域中的主体。但随着社会和技术的发展，信息来源多样化，获取途径多元化，对其形式转换、内容加工等也都有了较大的需要，因此信息范围逐渐扩大到了信息的全过程、全领域，对技术手段的要求也更多样。这方面互联网具有更全面的功能，同时互联网在传输路径上又离不开通信网的支撑，因此通信网和互联网两者的融合就是必然的途径，而在通信网中，虽然现在移动用户占了大头，但移动设备只涉及末端，中间的传输和交换还是原来的通信网，并未变化，所以两网融合并不受影响。

通信网本身体系架构在不断演进，互联网也同样在演变。例如由于地址容量问题，由 IPV4 向 IPV6 的演进。因此在两网融合的前提下，下一代网络究竟是什么样的，各国、各方面都在探索中，已有不少人提出下一代网络的概念框架，并进行了各种实际试验，但还多是各说各的，远未达成共识，其中如何解决互联网实质上由美国控制的情况将是一个不能回避的问题。

第四节　新一代信息技术

近年来，信息领域出现了一批新型技术，其中有的是随着原有信息技术发展所提供的环境和产生的需求而出现的，有的是概念早已有，但由于当年技术手段不足而未发展起来，而近年来又再次崛起的，现概述如下。

1 云计算

一个完整的信息系统包括采集、传递、存储、处理和应用各个环节。不同功能环节的经济容量是不同的。采集和应用环节靠近信息源或信息应用者，可实行分别处理，对容量要求不大。存储和处理环节面对大量数据资料，规模越大才越经济，即具有规模效应；故应该把不同来源的信息进行集中的存储和处理。信息集中存储和处理的平台离各个分散的信息源和应用较远，似乎架在它们的上空中，因此被称为“云”。而信息集中后由计算机集中处理，因此称之为“云计算”。

云计算中心的工程设计者和建设者需要从经济角度考虑其位置和规模。不同来源的信息需要传递到“云”。如果“云”离信息源和信息应用者距离远，传递的成本就会上升。“云”的容量和位置选择取决于传递成本和存储处理成本。在信息源相对集中的城市中，“云”的设置是经济的。在相隔较远的异地之间，是否需要集中到同一“云”，就应做比较精确的成本分析。另外，“云”的地理位置选择还要考虑地理和气候条件、能源条件以及地价房价等。信息存储处理设施需要较大能耗，包括机器耗电和机房降温耗电，因此需要考虑不同地方的电价和气候等，尤其是大规模的云计算中心。因此，电价较低和气温较低的地区由于机房降温成本低而具有优势。“云”如果覆盖范围过大，其信息传递成本和存储成本就会加大，以致不经济。因此在“云”下设低一层的“雾计算”中心或者分别设小的“边缘计算”处理中心都是可行的。

云计算中心的工程设计者和建设者还需要考虑云计算中心所面对的服务对象和相关法律问题。云计算中心可分为私有云和公有云。前者由某个单位或部门自用而建，后者则面向社会提供公共服务。若私有云也同时为他人提供服务，则称为混合云。不论是公有云还是混合云，被服务者都需要把自己的信息资源交给他人处理。信息是特殊资源，容易被复制、窃取和篡改，因此必然存在信任问题，也就是云提供者的诚信问题。云计算中心必须符合可检验的信任标准，即必须是可信云。

云计算自出现以来，已被迅速工程化和产业化。2020 年，我国云计算整体市场规模达 2 091 亿元。①

2　大数据

相当一部分信息是可以进行数字编码的，即可以表示为具体数值，被称为数据。不同类别数据就其数量规模、涉及对象、覆盖范围、同类数据的内部关联等方面各有不同。对相关数据进行收集、

① 中国信息通信研究院．云计算白皮书［R］．2021.

归类、分析、处理、加工，可以获得更多或更有意义的信息，可以更好地解析事物的本质特性。例如对国家或地区的人口进行分年龄段的分析，可以得出平均寿命、劳动年龄人口比例、人口老龄化程度和人口抚养比等重要信息，对政府、社会、家庭、个人都有重要意义。

还有一类信息，例如某一条街道上某一时间段内通过的人群或某一个商店某一时间段内的顾客数等，可以按时间序列排列出一些统计信息，但却难以进行因果关系的分析。长期以来，人们对此类信息甚少关注，因为既不清楚其规律，更无法考虑其价值。现在，有人开始尝试用相关性而非因果关系来分析此类信息，并得出了一些有用的结果。通常，此类信息数量规模很大，故而被称为“大数据”。但分析处理成本较高，否则也不至于长时间未得到很好的研究。近期由于技术进步，处理成本下降到可接受程度因而引起关注。

“大数据”的概念被提出后，首先被应用于商品零售。一些商家通过用户的购买轨迹分析其爱好，并适时对其推送新产品或特定商品的介绍，或者通过网络进行个性化广告宣传，取得了较好的效果。其他领域也纷纷仿效。大数据分析也被应用于生产领域的产品质量控制。目前，人们不但分析现已存在的大数据，还尝试主动寻找和收集大数据，包括某些消费类产品的销售情况或消费行为的大数据，例如影视作品的点击率、餐馆及某些菜品的点击率等。

进行大数据分析有助于加深对自然和社会的认识，有助于理解和掌握客观规律，优化决策，强化管理和控制。

建设大数据分析中心不但需要掌握相应的信息技术，还需要明确其建设目的、处理的大数据对象、加工处理的模型和方法、可能的分析结果和可信度，还要明确其投资规模和产出效益。

重视数据及其分析是社会的进步。过去，对数据分析工作的重视不够。政府多年来一直提倡不同部门要互相提供和融合数据资料，但一直未见明显效果。大数据概念的提出，使社会各界包括政府对数据的重视程度大有提高，各类数据工程也被提出，有些正在付诸实施。

但是，人们对大数据分析也存在一些理解误区，甚至有人不理解却天天讲大数据，这未必有益于发展数据产品和数据产业。首先，数据量大未必就是大数据，数据量也并非越大越好。例如街道上安装监控器，每隔10 m装一个摄像头比每隔100 m装一个收集到的数据量大10倍，成本也高了10倍，但并不见得有相应的效果。即使是国家统计局依据全国的数据资料发布的经济指标，因为不是从相关关系所取得的，也不能说就是大数据了。其次，大数据也并非就比小数据好。大数据中所含有用数据的密度通常较低，因而处理和提取有用信息的成本就较高。一般数据能够解决的问题就不必非要去获取大数据。再者，大数据分析揭示的是数据之间的相关关系，而非因果关系。大数据分析是按照概率来估计后果的；因此据此进行决策时一定要注意，由于预期的结果是按概率出现的，从而非预期的结果也有可能出现。在充分重视大数据分析的同时，政府也应真正理解大数据分析的有限性，在决策时做更全面的考虑，减少非科学决策。

3 人工智能

人工智能科学企图从人类智能的本质，研究出能够模拟人类思维过程和导致行为的智能机器。计算机就是智能机器的基础。简言之，人工智能就是要让计算机像人一样思考和决策。

人工智能要让计算机像人一样学会学习。学习包括连续型的学习，即从解决问题的经验中获取知识，并运用这些经验知识再去解决问题，进而形成规律性知识。学习还包括跳跃型的学习，即人类的“灵感”或“顿悟”，实现从量变到质变的学习过程。计算机可以进行连续型的学习，产生知识量的提升，但很难进行跳跃型的学习，实现知识质的提升。如果计算机能够学会产生“灵感”或“顿悟”，人工智能就将实现突破性的发展。

目前，人工智能已经得到广泛的重视和应用，主要是用机器模拟人的视觉、听觉、触觉及思维方式，具体涉及智能识别（人脸、视网膜、虹膜、掌纹和指纹识别等）、自然语言和图像理解，引申到机器翻译、智能推理（定理证明、逻辑推理）、智能博弈、智能感应（信息感应与辩证处理）、智能搜索、智能制造、智能控制、自动程序设计、专家系统等。

机器翻译是人工智能最先应用的领域之一，但就机译效果来看，离终极目标仍相差甚远。因为语言需要模糊识别和逻辑判断，机译要想达到“信、达、雅”的程度几乎是不可能的。

人工智能的广泛应用，包括各类机器人，一方面可以简化甚至替代人的某些体力和脑力工作，加速生产和技术进步；另一方面也会带来就业被替代等问题，引发社会结构转变，如果处理不当，甚至会引起动荡。

人工智能至今还缺少一个公认的确切定义。人工智能的发展目标到底是什么？是要超过人类，还是辅助人类？目前还看不到人工智能有全面超越人类的可能；而局部超越则更多地表现为体力或者脑力的某个方面。

人工智能学科现已成为一门前沿交叉科学，涉及计算机科学、神经生理学、认知科学、数学、心理学、语言学、哲学等自然科学和社会科学学科。进行人工智能研究，需要多学科的交叉和融合。

4 物联网

通信网和互联网应用于人与人之间的联系，物联网则应用于物与物或物与人之间的联系。

物不同于人，物本身不可能产生信息。物的联系是把与物相关的物理量（物的质量、体积、性质、类别，所处位置，环境温度和湿度，所受压力等）转换成可以表达的度量信号，即信息，再上网传递，进行联系。

物理量的转换依赖于传感器，例如二维码识读设备、射频识别（radio frequency identification，RFID）装置、红外线感应器、激光扫描器、全球定位系统等。不同的传感器对应于不同的物理参数，不同等级的传感器对应于不同等级的参数精度。

物联网连接着多个信号源（传感器）和多个控制执行设施。物物相连的目的，是从传感器采集所识别物的状态及其所处环境的参数，交由控制中心分析对比这些信息，以便实行识别、定位、跟踪、监控和管理，以决定是否需要采取措施或采取何种措施，进而产生控制信号，触发执行装置行动，以维持或改变其状态。

建设物联网，既要考虑相关的传感器和控制系统，更要考虑其建设目的和建设规模。互联网是一个极其庞大和复杂的全球性网络；而物联网并不要求全球互联和万物互联。物联网可以按照地域和目的将相关的传感器连接到控制中心，从而形成一个个专属网。也可按照对象组网，例如远程监控系统，只针对被监控对象组网。不同的专属物联网有不同的形态和不同的用途。

物流系统就是一种最简单也最常见的物联网应用。物流的基本参数是位移。位移可大可小，小到限定在一个仓库之中，一个仓位到另一个仓位的移动；大到在全世界范围内的移动。一件物品的准确定位很困难。与其对不断移动的物品准确定位，不如给这件物品一个特定的独一无二的标识。不管在哪里，只要见到这个标识，就能确定这件物品。最早用数字做标识，后来改用全球通用的条形码，大大提高了物流的准确性，简化了识别过程，降低了成本。

制造业也是物联网应用的重要领域。制造企业应用物联网可以完善和优化供应链，提高原材料采购、库存、厂内物流和销售的效率，从而降低成本；可以用于生产线的过程监测、实时参数采集和材料消耗监测，从而提高生产线的智能化水平，提高生产效率和产品质量；可以用于对生产设备的监控，实现生产设备的自动操作记录、设备故障的远程监控，以及提供设备维护和故障解决方案；可以用于对生产过程中产生污染的实时监控，对重点排污企业安装传感设备，实时监测排污数据，及时关闭排污口，以防止环境污染突发事件；可以用于生产安全监控，通过传感器对不安全信息做到实时感知、准确辨识、快捷响应、有效控制，以防止安全事故发生。

5G

在上述各种技术发展的同时，原有各方面的技术仍在持续发展，其中最耀眼的就是第五代移动通信技术（5G）。

移动通信系统大概10年时间更新一代，每一代性能大体上比上一代提高一个数量级。5G所提供的信道速率比4G提高10倍以上，用5G传一部完整的电影所需的时间以秒计算。5G的主要特点是高速率、低时延和广场景，已经不完全是满足传统意义上的通信，而是要为信息融合提供基础手段。目前5G网络在全球还只是局部建成，中国无疑地在其中处于领先地位。而5G的应用还只是一个起步，其潜力要充分发挥还会有一个比较长的时段。

同时，世界上已经提出下一代移动网络，即6G，并已开始研发工作。当然，6G 的性能、技术、标准等还需要相当长的一段时间才会逐步明晰。另外，6G 究竟要做什么、达到什么目标，还是一个要进一步探讨的问题。新一代信息技术目前还在快速发展，它们所带动的产业也在快速增长，但目前在规模上距主导产业还有较大差距，一段时间内还不能成为产业主体，在具体技术发展中还存在不确定性。当前国家提出的新一代基础设施建设是为信息领域各种技术发展提供基础条件。

第五节 几点思考

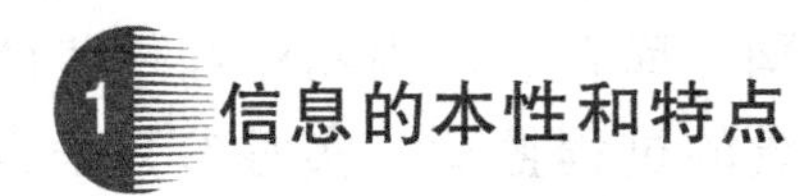

1 信息的本性和特点

信息、物质与能量是构成世界的三大基本要素。但信息与后两者有本质上的不同。信息本身具有非物质性。虽然信息的产生、获取、传递、加工、存储、应用等需要有物质手段，信息的载体是物质的，但其本身却是非物质性的，因此信息一经产生就不会自行消灭。信息可以被消费，可以被复制，特别是在理论上可以无限复制，因此在认识和对待信息上，不能完全沿用对物质和能量的办法。

由于上述特点，信息数量、信息规模可以快速增长，但在现实世界中，其价值与规模之间并无线性关联，因此单凭规模并不能说明信息的重要性。当然，实物产品太多时超过了实际需求也是无用的，有时甚至会产生某些副作用。但由于实物量有限，受自然环境和经济成本的约束，人们不会去大量做产品过剩的事。但信息由于复制成本极低，却可能造成大量冗余。同时由于人们接受信息的能力有限，因此在信息大量冗余的情况下，人们应该接受其中哪些部分就成了一个问题，有时甚至是严重的问题。例如目前已大量出现的学生玩手机“成瘾”的问题，已严重影响青少年的成长甚至影响到正确价值观的形成。实际上，很多成年人在无用甚至有害信息上也同样消耗了太多的时间和精力。

在工程领域，人们定义了工程是造物活动，但信息却具有非物质性，因此在对信息工程的理解上需要进一步深入思考。当然信息系统的建设、信息设备的制造等都是物质性的，也就是现在讲的新一代基础设施是物质性的。但信息的使用、消费则是非物质性的，这应引起对工程含义的进一步探索。

2 信息的发展和融合

信息发展的整个过程是一个融合的过程，包括内部与外部的融合。其中第一步是信息系统内部的融合，这在前面已经较详细地展开了。第二步则是信息与物质世界的融合，这里又可分为两个阶段，在物质世界中人们从事生产活动，其整体过程如经济学中所分析的：生产—分配—交换—消费。

这个过程中，一方面是物理实体的变动过程，另一方面是以货币为代表的价值的变动过程。现在信息要渗透进这个过程中，要实现信息化，但信息要与物质实体融合有相当难度。所以在第一个阶段，信息只是与分配和交换（包括其实物形态——流通）起关联作用，因为在分配和交换中实物形态并无变化，流通也就是实物的位移，并不触及实物内部，因此融合过程比较简单和容易，信息在其中起到控制和管理作用，因此相对较快地发展起了融合的形态。其中的中介——货币，实际上只是价值（特别是经济价值）的载体，可以说，它也是信息的某种形式的表现。我国在这个领域目前已经有了较大的发展，形成了大大小小的一些新业态。这也是建立在我国较快、较多地采用货币的电子形式作为支付手段的基础之上的。人们现在称之为消费互联网，实际上是交换或流通互联网，并不涉及消费本身。至于信息本身的消费，如影视节目、新闻媒体等则是另一回事，需要另外的专题研究。

但当要涉及渗透到物质生产环节时，情况就大不一样了。因为实物生产千头万绪、种类繁多，大小产业就有成千上万种，具体到产品种类可能达百万量级，而工业化以来大量各种生产设备、机械、工具、工艺等更是千差万别，设备内部信息传递形式是各产业、企业在开发过程中自行设定的，要形成统一格式对外联系沟通就非常困难了。前几十年工业信息化过程中大多做的是单机的数控和局部的车间内分区、分段式的联网，能做到全厂联网的大多是产品数量和物流信息，真正实现网络化智能生产的目前还只是凤毛麟角。至于多厂联网、地区统一等更是来日方长。因此5G发展中的企业应用（to B）、工业互联网的上中下游打通等目前还大多是一个目标，实现仍有个较长的过程。关键在于信息技术（information technology，IT）和生产操作技术（operation technology，OT）的融合，尽管IT发展迅速，看起来比OT风光得多，但OT远比IT复杂，主要是一方面物质领域的进步是实打实的，要有较长期的积累和耐心，古人说的十年磨一剑就是这个道理；另一方面OT内涵非常繁杂，包含多个领域、多个门类，没有统一的规律可循。就工业、制造业来说，不解决各门类中基础技术的进步，光靠信息技术来提高效率，是难以提高产品的质量和档次的。

3 增长趋势问题

从半导体、集成电路技术出现以来，人们就面对着指数增长规律的现实。所谓摩尔定律，即同样面积芯片上的器件数约每18个月增长1倍，抛开它的物理内涵不说，从数学角度看这就是模型的指数增长规律。

同时由于可用无线电波段不断向短的方向发展，从米波到分米波到厘米波再到毫米波，波长每降低一个量级，频段宽度就增长一个量级，即增长10倍。这与摩尔定律和光纤上可用波段的指数增长（被称为光纤定律）一起构成了近几十年来信息通信技术超高速增长的物理基础。

在正常社会生活中，人们习惯于大体按线性增长规律来考虑问题，但当遇到指数增长情况时，有时会迷醉其中，并幻想永续保持。客观地讲，这是不可能的，例如很多国家在工业化起步时会面临一段时间的高速增长，这段时间有长有短，但往往引人迷醉，以致形成长期高速增长的幻想。实际上，从各国情况看，高速增长长则二三十年，少则十余年。如果认识清楚，早做准备，可以较稳定地转到中速或中高速增长阶段；如果没有清醒认识，就会跌入中等收入陷阱，例如一些拉美国家所经历的。

但摩尔定律（以及光纤定律、频谱资源扩展规律）终究会有失效的一天，因此信息技术不可能永远这样高速发展，当然现在各种新的半导体材料（硅以外）也在探索开发中，但实际结果还待展现。从较长期来看，对量子时代有所期望，但还会有一段较长时间的探索，届时各种规律也许会有很大不同。

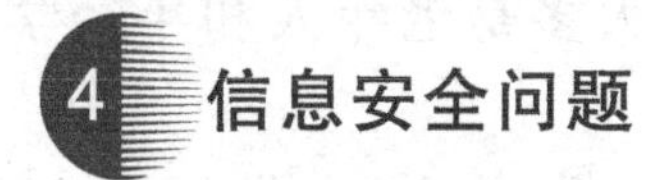

4 信息安全问题

安全是一个多维度的理论与现实问题，从国际到国内，从国家安全到社会安全，从经济安全到金融安全，从生态安全到环境安全，从生产安全到生活安全，从家庭安全到个人安全等。

信息通信系统也面临安全问题。信息系统的安全除有与物质系统同样的问题外，还有其特殊的问题。

信息系统的安全包括物理安全、功能安全、内容安全等多方面内容。其中的每个方面都又包括许多重要而复杂的问题。由于信息具有自身的特殊本性，在认识和处理信息系统的安全问题时也必须有更深入、更缜密、更全面的分析和思考。由于信息系统联系影响面广，有时触及全社会各个方面，因此信息骨干系统遭到破坏时其后果会非常严重。

信息系统的功能性破坏后果是，除了不能工作外，还可能出现功能被对方操控，以致出现虚假性或破坏性操控，包括敲诈勒索等，后果甚至可能比物理性破坏更为严重。

信息内容安全问题包括内容被窃取、被替换或被引入虚假信息。被窃取的真实信息会被恶意利用，而被导入的虚假信息则可能被误用而导致破坏性后果。

信息系统由于是网络型结构，需要多处对外联络，因此其可能引发安全问题的机会和途径就很多，因此安全保障问题就更为复杂、更为突出。

在信息通信系统建立和运营过程中，安全保障问题必须放在第一位，有时甚至要因此而在性能和功能上做出一定让步或牺牲。

5 负面影响问题

不良影响或负面影响也可以说是广义的安全问题，但其具体含义往往与前文所说的安全又颇有不同。信息通信系统在其对社会各方面产生重大良性、积极作用的同时，其所带来的不良影响也不容忽视，有的方面还相当严重，具体包括：

(1) 经济上、生活上信息欺诈手段的多样化，包括直接诈骗、隐性诈骗等多种手段，尤其其欺骗对象大多是老年人和年轻学生，造成的后果更为严重。

(2) 一些企业用信息手段垄断市场、欺骗用户、欺压职工。例如电商平台的二选一、杀熟，用带货、造节等方式欺骗性营销，用极限算法压制快递员时限等。

(3) 盲目推崇流量，带偏带坏粉丝文化，严重影响青少年的人生观、价值观。各种打赏等给一些青少年追星族及其家庭造成严重的经济损失。

(4) 宣传低俗文化，中国社会较长期处于性保守的状态，一旦无底线开放后，很容易被低俗文化俘获而不能自拔，尤其是某些年轻人，一些内容被禁后往往又改头换面地再出现。

(5) 一些娱乐类内容包括电子游戏等吸引大量青年人沉迷其中，浪费了大好时光，还造成一些人精神上萎靡不振、消极低沉。

(6) 知识碎片化会带来不认真读书，难以形成系统性、整体性思维等多方面的负面影响。

(7) 在人工智能、大数据的发展中，算法中的某些潜在规则可能由于不受人控制或被某些人恶意掌控而形成歧视等伦理问题。

(8) 个人信息可能在不同场合被某些机构、企业等强制获取，负面后果难以预计。

对于以上现象，我国主管部门目前已采取一系列措施试图加以管控，但由于多种原因，仍然多有未尽如人意之处，有待进一步分析和研究。

信息通信工程涉及许多重要、深刻的理论和现实问题，需要理论工作者、有关从业者和社会各界共同面对，共同分析和研究。

第五章

青藏铁路工程方法研究

21 世纪初，在世界屋脊上建成的被誉为“天路”的青藏铁路，实现了几代中国人特别是西藏各族人民百年来梦寐以求的夙愿。中国铁路建设大军以自强不息的精神战胜重重困难，以自主创新的勇气攻克道道难关，以自立于世界民族之林的气概勇攀科技高峰，取得了巨大的工程建设成就，并荣获国家科学技术进步奖特等奖。青藏铁路成功建成通车，归功于党中央、国务院的正确领导，归功于社会各界的大力支持以及广大建设者的拼搏奉献，也得益于全面创新的工程思维与方法。从认识论、方法论层面剖析青藏铁路工程，有利于深刻认知和构建青藏铁路工程方法体系，揭示青藏铁路工程方法研究与推广应用的显著价值。

第一节　青藏铁路工程方法体系

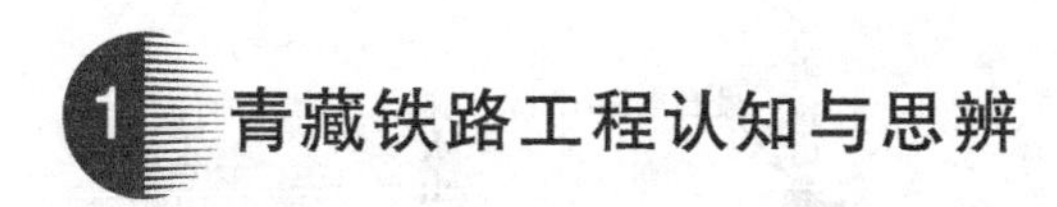

1 青藏铁路工程认知与思辨

青藏铁路工程建设面临多年冻土、高寒缺氧、生态脆弱等世界性工程技术难题，是当今世界铁路最具挑战性、最富创造性的宏伟工程。对青藏铁路工程特性及辩证关系的深入认识与剖析，为研究青藏铁路工程方法提供了认识论的思想基础。

1.1 青藏铁路工程概况

1.1.1 地理位置

青藏铁路自青海省省会西宁市至西藏自治区首府拉萨市，全长 1 956 km，其中西宁至格尔木段（简称“西格段”）长 814 km，于 1979 年铺通投入临管运营；格尔木至拉萨段（简称“格拉段”）长 1 142 km，于 2001 年 6 月 29 日开工建设，2006 年 7 月 1 日通车运营。青藏铁路格拉段海拔 4 000 m 以上地段有 960 km，占格拉段全线长度的 84%；经过多年冻土地段约 550 km，占格拉段全线长度的 48%；铁路翻越唐古拉山时，线路最高点海拔 5 072 m。青藏铁路格拉段平面位置及其纵断面分别如图 2-5-1、图 2-5-2 所示。

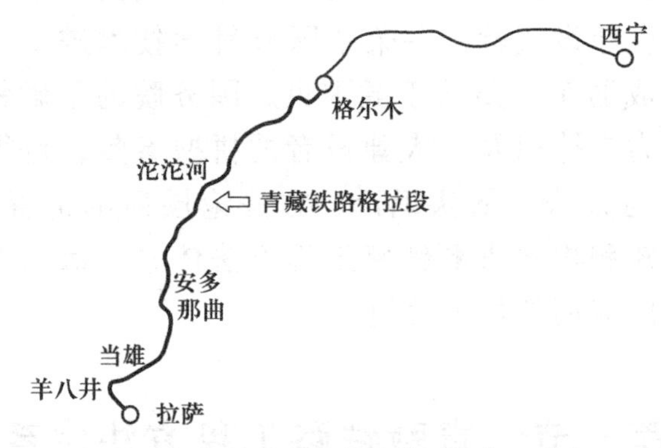

图 2-5-1 青藏铁路格拉段平面位置示意

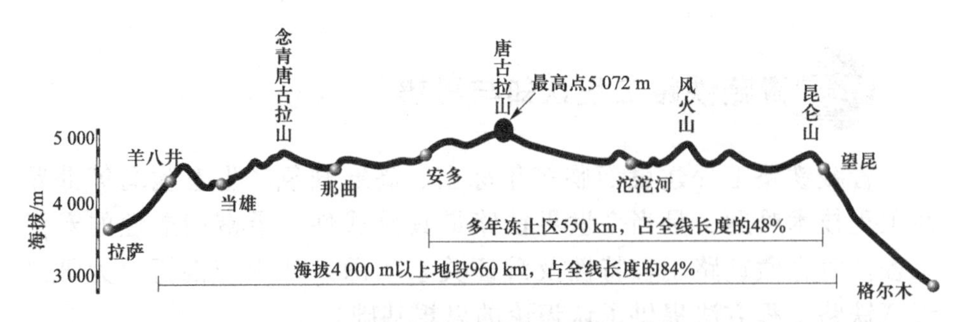

图 2-5-2 青藏铁路格拉段纵断面示意

1.1.2 艰难历程

新中国成立时，西藏交通设施十分落后，同其他地区联系极为不便。奉命进藏的解放军，一面进军，一面修路。1954 年 12 月 25 日，川藏公路、青藏公路通车。后来开通了民航，又修建了输油管道。

青藏铁路建设走过“三上两下”的艰难历程。1958 年，青藏铁路西格段开工建设。1961 年因国家经济困难，青藏铁路西格段停工缓建。1974 年青藏铁路西格段恢复施工，1979 年 9 月铺通后开办临管运输，1984 年 5 月交付铁路局正式运营。鉴于当时对高原缺氧、多年冻土这些难题尚无有效对策，1978 年 8 月青藏铁路格拉段停止勘测工作。21 世纪之初，作为西部大开发战略的标志性工程，青藏铁路格拉段于 2001 年 6 月 29 日正式开工，经过 5 年艰苦奋战，于 2006 年 7 月 1 日全线开通运营，圆了中国人民百年梦想。① （以下“青藏铁路”均指青藏铁路格拉段）。

1.1.3　重要意义

青藏铁路成为西藏和青海两省（自治区）对外联系的重要交通方式，对提高沿线地区可持续发展能力、实施西部大开发战略具有重要意义。青藏铁路促进了沿线经济结构调整，加快了旅游服务业和绿色优势产业发展；有效降低了商品运输成本，改善了各族人民生活，增强了民族团结和社会进步；为巩固西南边防提供了强大的运能保障，对维护国家主权和领土完整发挥着重要作用。目前，青藏铁路的重要战略意义呈现在世人面前，其巨大影响和深远意义将在今后持续彰显。

1.2　青藏铁路工程特性

青藏铁路是世界上海拔最高、线路最长的高原冻土铁路，具有艰巨性、复杂性、探索性等不同于一般铁路工程的内在特性。

1.2.1　艰巨性

青藏铁路沿线海拔高、气压低，空气稀薄，氧气含量仅为平原地区的 50%～60%，不少地段更是人迹罕至，被称为“生命禁区”。沿线气候多变、风沙很大、太阳光辐射很强，又处于鼠疫自然疫源

① 《青藏铁路》编写委员会．青藏铁路[M].北京：中国铁道出版社，2016.

地，不少地段饮用水缺乏，保障建设人员身体健康和生命安全成为建设的首要任务。现有青藏公路病害严重，通信系统尚未建设，生活物资和建设物资保障特别困难。在这样极其艰苦的环境下，要攻克技术难关，完成规模宏大的铁路工程，任务十分艰巨。

1.2.2 复杂性

青藏铁路沿线地质十分复杂，面临着一系列工程技术难题。处于中低纬度、高海拔的青藏铁路多年冻土，比北欧、俄罗斯等高纬度、低海拔地带的多年冻土更加敏感，随着全球气温升高变得更加复杂，筑路技术难度更大。沿线生态环境独特、脆弱，植被一旦破坏便很难恢复，野生动物正常活动一旦受阻将影响物种繁衍。沿线地震频发，自然灾害严重，混凝土耐久性要求很高。青藏铁路工程建设较之其他项目尤为复杂。

1.2.3 探索性

修建青藏铁路是世界铁路史上的伟大壮举。在高海拔、中低纬度多年冻土区修建铁路，在青藏高原腹地实施环境保护工程，在严重高寒缺氧环境下大群体、长时间施工，这些具有挑战性的工程难题在世界上无成功先例。因此，必须以开拓创新的精神和求真务实的态度，在借鉴国内外有关工程经验教训的基础上，开展科技攻关和工程试验，不断探索科学规律，依靠科技创新为青藏铁路建设开路，通过"实践—认识—再实践—再认识"，建设世界一流高原铁路。

1.3 青藏铁路工程中的辩证关系

青藏铁路建设中遇到许多矛盾和困难，需要运用哲学思想和方法来解决。通过对整体论与还原论、认识与实践、静态与动态、特殊性与一般性、矛盾对立统一等辩证关系的理性认知①，正确处理工程与自然、工程与社会、工程与人的辩证关系，是青藏铁路工程认识论的基础，也是研究青藏铁路工程方法的重要前提。

---

① 殷瑞钰，汪应洛，李伯聪，等．工程哲学[M]．2 版．北京：高等教育出版社，2013.

1.3.1　工程与自然的关系

青藏高原是全球特殊的地理单元和区域，生态系统独特，自然景观多样，特有珍稀物种丰富，生态环境非常脆弱。保护好沿线的一山一水、一草一木，是青藏铁路建设的重要任务，也是建设世界一流高原铁路的应有之义、应尽之责。青藏铁路建设全过程各阶段都突出环境影响评价，遵循客观规律，因地制宜，注重实效，有效保护好青藏高原的自然景观、江河水质及野生动物等，使铁路工程与自然环境相协调，把青藏铁路建成了具有高原特色的生态环保型铁路。

1.3.2　工程与社会的关系

青藏铁路作为实施国家西部大开发战略的重大工程项目，不仅为区域经济发展提供了运力支持，而且为国防建设和民族团结提供了可靠保障，得到社会各界的大力支持。各铁路企业竞相履行社会责任，提供就业机会，开展公益活动，尽力为社会各界服务。青藏铁路建成通车结束了西藏不通铁路的历史，全天候、大运力的铁路运输改善了地区发展环境，加快了沿线旅游业发展，带动了沿线工业、建筑业及农牧业发展，促进了青海、西藏两省（自治区）走上发展“快车道”，这对加快脱贫致富、改善各族人民群众生活、实现全面建成小康社会将发挥重要作用。

1.3.3　工程与人的关系

青藏铁路建设始终坚持把为人民群众着想、保护人的权益放在首位。建设期间，为确保参建人员的生命安全和职业健康，制定并实施了一整套完善的健康安全保障体系；重视各层级人员需求，维护人的劳动价值，充分满足人的精神需求。采取先进的技术设备，创造良好的运营维护条件，实现列车快速通过高原、设备高可靠少维修、减少沿线运营管理人员；研制高原供氧列车，打造良好的旅行环境，确保运营期间旅客和铁路从业人员安全。

2　青藏铁路工程建设理念

建设理念具有先导性、基础性、全局性作用。青藏铁路建设倡导的“以人为本、环境协调、持续创新、系统优化、服务运输”的新理念①，是实现青藏铁路工程目标的思想灵魂与关键所在。

(1) 以人为本。这是科学发展观的核心，也是青藏铁路工程建设理念的核心。其实质是以人民群众为本，始终将为沿线人民群众服务和保障参建人员的健康安全作为全部工作的出发点，并为旅客和运营人员健康安全创造良好条件。

(2) 环境协调。青藏铁路建设坚持“预防为主、保护优先”的原则，做到人人环保、依法环保、科技环保，努力做到工程建设与环境保护相协调、人与自然相和谐，体现了尊重客观规律，坚持可持续发展要求。

(3) 持续创新。在青藏铁路各个阶段持续开展专题研究，丰富创新成果。建立多年冻土、环境保护、水土保持及健康安全长期监测系统，不断深化研究，在诸多领域保持国际领先水平。

(4) 系统优化。应用系统工程原理，统筹兼顾，协调推进，实现系统整体功能优化。设计施工阶段重视总体把关与界面协调，验收阶段强化联调联试、动态验收和运行试验，使各专业系统相互协调、项目整体系统优化。

(5) 服务运输。青藏铁路建设以满足运输需求为出发点和落脚点，不仅要满足客、货运输需求，而且要满足安全、便捷、舒适、经济等服务质量要求，以及服务国防要求。

3 青藏铁路工程方法体系框架

在建设新理念指导下，围绕着实现“建设世界一流高原铁路”的总目标，青藏铁路制定了“拼搏奉献、依靠科技、保障健康、爱护环境、争创一流”的建设方针，做出了施工全面部署和分年度工作安排。基于对青藏铁路工程特性及辩证关系的认知，在青藏铁路工程探索与成功实践过程中，形成青藏铁路工程方法体系。

青藏铁路工程方法体系（图 2-5-3）以规划决策、工程设计、

① 孙永福，等. 铁路工程项目管理理论研究与实践[M]. 北京：中国铁道出版社，2016.

施工建设、工程验收阶段为主线（运营阶段工程方法将另行研究），突出施工阶段目标管理、组织管理和技术创新等，包括规划决策方法、优化设计方法、目标管理方法、组织管理方法、技术创新方法和竣工验收方法。该方法体系对项目决策与实施发挥了重要指导作用，保证了青藏铁路优质高效提前建成。

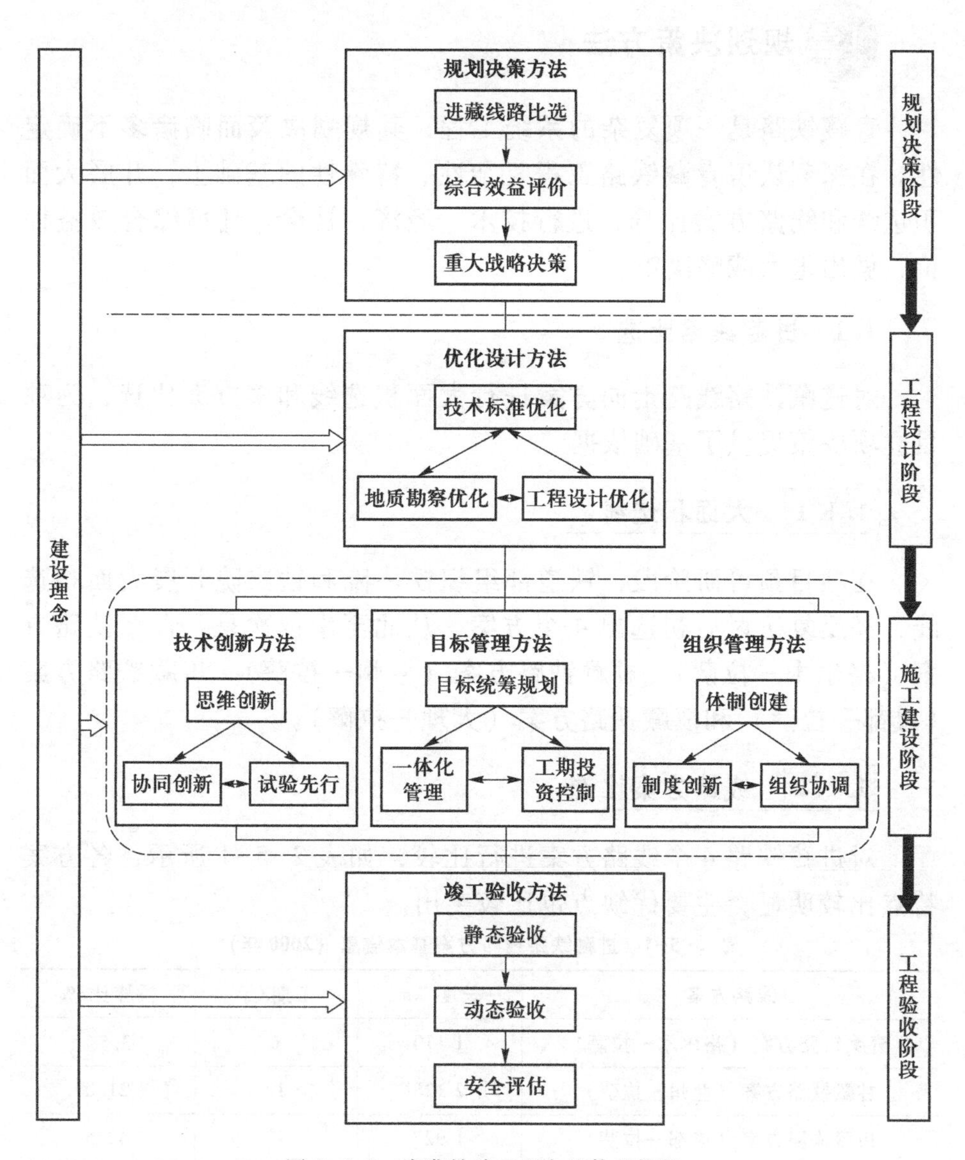

图 2-5-3 青藏铁路工程方法体系框架

第二节 规划决策和设计优化方法

本节分别讨论规划决策方法和优化设计方法。

规划决策方法

青藏铁路是一项复杂的系统工程，其规划决策面临诸多不确定性。在深刻认识青藏铁路工程复杂性、特殊性的基础上，开展大面积选线和线路方案比选，进行技术、经济、社会、环境综合效益评价，做出重大战略决策。

1.1 进藏线路比选

对进藏铁路线路走向方案进行大面积选线和多方案比选，为项目立项决策提供了基础依据。

1.1.1 大面积选线

在项目预可研阶段，铁道部组织铁一院和铁二院开展大面积选线，经反复研讨后初选出 4 个方案，从北至南依次是：青藏铁路方案（格尔木—拉萨）、甘藏铁路方案（兰州—拉萨）、川藏铁路方案（成都—拉萨）和滇藏铁路方案（大理—拉萨）。

1.1.2 线路方案比选

对进藏铁路 4 个线路方案进行比较，如表 2-5-1 所示，各方案特点比较明显，主要优缺点也比较突出。

表 2-5-1 进藏铁路线路方案基本信息（2000 年）

线路方案	长度/km	工期/年	桥隧比/%
青藏铁路方案（格尔木—拉萨）	1 110	6	3.5*
甘藏铁路方案（兰州—拉萨）	2 126	12	21.0
川藏铁路方案（成都—拉萨）	1 927	12	42.5
滇藏铁路方案（大理—拉萨）	1 594	12	43.0

注：* 2006 年 6 月青藏铁路竣工时，桥隧占线路总长比例为 15.32%。

青藏线沿线地形起伏不大，桥隧工程占全线比例小，新建线路短。铁路走向与青藏公路大体平行，工程物资和生活物资运输较有保障，投资少，工期短。但线路经由青藏高原腹地，海拔高度4 000 m以上地段965 km，其中有约550 km为多年冻土地段，这给建设和运营都带来很大困难。

甘藏线沿线资源比较丰富，人口相对较多。线路经过极不稳定多年冻土地段约177 km，相对较短。海拔高度大于4 000 m的线路长达1 394 km。气候条件和地质环境都比较复杂，滑坡、沼泽、泥石流等自然灾害严重。新建线路长，投资多，工期长。

川藏线地理位置适中，沿线资源较为丰富，人口也比较多，两地联系密切。但沿线通过高海拔地区长，穿越三江并流的横断山区，地形地质复杂，自然灾害严重。新建线路长，工程艰巨，投资多，工期长。

滇藏线经由地区海拔高程相对较低，气候和自然条件较好，资源较为丰富，基本没有多年冻土问题，可为西藏物资出海提供便捷通道。但沿线经过横断山脉和高烈度地震区地段较长，地质条件复杂。新建线路较长，工程艰巨，投资多，工期较长。

铁道部组织专家研讨一致认为：青藏线与甘藏线相比，青藏线优先；川藏线与滇藏线相比，滇藏线优先。最后，再对青藏线与滇藏线深入进行综合效益评价。

1.2 综合效益评价

进藏铁路方案综合效益评价立足于进藏铁路在国家战略中的地位和作用展开。同时，要深入分析项目主要风险及相应对策。这是对诸多因素的综合价值进行权衡、比较、优选的重要方法。

1.2.1 评价指标

进藏铁路工程评价突破传统的“技术可行、经济合理”原则，从技术、经济、环境、社会多个维度对进藏铁路方案进行综合效益评价。

技术维度——从青藏高原特殊的气候、地理、地质环境考虑，进藏铁路方案在技术上应具有可行性，不仅能保证工程质量良好，而且能确保铁路运营期间安全畅通。

经济维度——进藏铁路方案应符合经济性要求，以合理工期和资金投入完成铁路工程建设，并为降低铁路运营成本打下基础。

环境维度——进藏铁路方案应对沿线环境影响进行认真评估，降低铁路建设和运营期间对环境的影响。

社会维度——进藏铁路方案应能够服务于国家战略需求，有利于地区经济发展、民族团结、社会稳定，有利于巩固西南边防。

1.2.2 评价方法

进藏铁路工程综合效益评价采用定性与定量相结合的方法进行，包括专家评估法、层次分析法和模糊综合评价法等。在指标量化和权重系数的确定过程中以决策者对工程价值的判断为依据，不能片面强调项目自身的经济效益，而要重视项目对生态环境的影响和节能减排的贡献以及项目的巨大社会效益，作出综合评价。根据综合效益评价结果，推荐青藏铁路方案。

1.3 重大战略决策

在实施西部大开发战略指引下，青藏铁路前期工作比较充分。在多年进行大面积选线和多方案比选的基础上，深入研究青藏铁路方案，为国家决策提供科学依据。

1.3.1 方案充分论证

2000 年，青藏铁路勘察设计工作加快进行。铁道部同国家计划委员会、中国国际工程咨询公司等部门多次组织现场考察，一方面了解线路走向、自然环境、工程地质、水文地质、重大工程方案等，另一方面同青海、西藏两省（自治区）政府以及科研机构、部队、公路等部门座谈，听取多方面意见。铁道部多次组织专家研讨会对重大问题进行充分论证，对青藏铁路工程技术、健康安全、环境保护、投资和工期等可能出现的风险进行深入分析，并研究相应对策。2000 年 11 月 10 日深夜，江泽民总书记在铁道部报告上做出重要批示：修建青藏铁路是十分必要的。我们应下决心尽快开工建设。这是我们进入新世纪应该做出的一个重大战略决策……国家计划委员会于 2000 年年底将青藏铁路格拉段项目建议书上报国务院。

1.3.2 国家批准立项

国务院领导曾多次听取青藏铁路设计和现场考察情况汇报。2001年2月7日，朱镕基总理主持召开国务院总理办公会议，对青藏铁路项目建议书进行审议，认为：修建青藏铁路十分必要，时机已经成熟，条件基本具备，可以批准立项。党中央、国务院做出的这一重大战略决策，鼓舞全体建设人员以高度的使命感奋力建设青藏铁路。

2 设计优化方法

青藏铁路工程的独特性、探索性，决定了其勘察设计工作的多次性与反复性，随着理念升华和勘察工作进一步深化，需要不断优化工程设计。青藏铁路优化设计方法具有高标准、全方位、系统性、持续性等特点：高标准，将“建设世界一流高原铁路”的总目标落实到全部设计工作；全方位，所有站前工程和站后工程都要做出优化设计的具体部署；系统性，按系统思想进行优化，使各专业成为有机整体；持续性，坚持在不同阶段有针对性地推进设计优化。

2.1 技术标准优化

铁路工程项目技术标准是开展勘察设计的准绳。一般而言，铁路工程项目技术标准主要依据预测运量、地形地质条件等确定。青藏铁路预测运量不大，但具有重要战略意义。铁道部围绕“建设世界一流高原铁路”的宏伟目标，研究优化工程技术标准，以指导地质勘察优化和工程设计优化。

2.1.1 技术等级优化

铁路等级是铁路工程项目最重要、最基本的技术指标，是确定项目其他主要技术标准和铁路建筑物有关技术标准的基础与依据。在预可行性研究阶段，从青藏铁路预测运量不大、沿线人烟稀少等需求考虑，主要技术标准按照国铁Ⅱ级、单线考虑设计。在可行性研究阶段，考虑到冻土工程和生态环境特性，将青藏铁路等级确定为国铁Ⅰ、Ⅱ级混合标准，其中线下工程等级为国铁Ⅰ级。在施工图设计阶段，明确“建设世界一流高原铁路”的总目标，秉承“以人为本”建设理念，从提高通行速度、减少运营维护、保障人员安全角度出发，将青藏铁路等级确定为国家干线Ⅰ级。

2.1.2 质量标准优化

为实现高起点、高标准和高质量建设青藏铁路的目标，在借鉴国内外冻土工程研究和实践经验的基础上，研究制定了《青藏铁路高原多年冻土区工程勘察暂行规定》《青藏铁路高原多年冻土区工程设计暂行规定》《青藏铁路高原多年冻土区工程施工暂行规定》《青藏铁路高原多年冻土区工程质量检验评定暂行标准》《青藏铁路高原多年冻土区工程施工质量验收暂行标准》等一系列与青藏铁路沿线地质、气候、环境等条件及运输需要相适应的成套规范，为建设高原冻土铁路提供了勘察、设计、施工和验收的技术依据。

技术等级优化全面提升了线路标准，质量标准优化填补了我国高原冻土铁路建设技术规范的空白，为确保青藏铁路安全、高效运营奠定了基础。

2.2 地质勘察优化

地质勘察是工程设计的重要基础。青藏铁路工程沿线地质条件复杂，勘察设计单位运用技术要素与管理要素相结合的方法优化地质勘察。

2.2.1 综合勘察

采取综合措施加大勘察深度，在遥感判释的基础上采用钻探、物探、坑探、原位测试等勘察手段，查明冻土分布及特征、沿线活动断裂分布及影响。开展复杂地形选线、地质选线、环境选线，对翻越昆仑山、风火山、唐古拉山地段山区断裂带构造、多年冻土等复杂地形地质地段以及经过国家自然保护区地段，开展专项勘察评价，进行比选。例如完成昆仑山隧道进出口路桥方案比选、清水河以桥代路方案比选、二道沟至尺曲多年冻土区填挖平衡方案比选等，使线路位置尽量绕避不良地质地段，不能绕避时必须采取可靠工程措施。再如，为保护林周县黑颈鹤自然保护区，线路采取了经由羊八井的绕避方案。

2.2.2 补充勘察

考虑到青藏铁路多年冻土区的特殊性，在开工之初采取补充勘察措施加深对冻土工程性质的认识和细化勘察工作的精度，进行多冰少冰段落复查、已施工工程复查、多年冻土区地质平推检查、多年冻土地温分区及不良冻土现象分布调查的可靠性评价、施工对冻土影响的监测等补充勘察工作。例如对昆仑山和风火山两座冻土隧道进行超前地质预报、冻土工程试验段变形涵洞地质勘察、复杂冻土地段以桥代路工程地质勘察等，对青藏铁路工程沿线地质进行动态跟踪，及时掌握地质变化情况，为青藏铁路优化设计和完善施工方案提供了支撑。

2.2.3 勘察质量管理

针对青藏铁路工程勘察中面临的自然环境恶劣、冻土特性参数存在季节性特征、参数获取周期长等问题，铁道部和勘察单位通过广泛搜集整理国内外研究成果和工程实践经验、编制勘察设计暂行规定、组织科技攻关等措施全面提高勘察质量。突出勘察重点，组织中国科学院、国家地震局等专业科研单位，查明多年冻土地带、高地震烈度区、湿地、风沙、泥石流等不良地质现象。在铁路建设中首次开展了地质环境勘察工作。坚持寒暖季调查，采用滚动推进模式，细化地质勘察工作，保证了勘察质量。

2.2.4 勘察监理

为规范和管理地质勘察工作，保证勘察工作质量和持续优化，青藏铁路创新管理制度，首次实行勘察监理制度。强化勘察资料和成果评估，保证勘察质量。

2.3 工程设计优化

在系统思想指导下，正确处理局部优化与整体优化的关系、阶段优化与全寿命周期优化的关系，使工程设计达到优质效果。工程设计优化主要体现在点线运输能力协调，固定设备、移动设备与控制系统协调，铁路工程与沿线社会环境协调，以及安全、可靠、经济适用等方面。

2.3.1 设计思想转变

青藏铁路工程在设计过程中面临建设目标要求高、建设环境恶劣又缺乏实践的矛盾，要想在地质、气候及建设目标等条件约束下取得相对满意的设计成果，需要设计人员以工程思维辨析设计问题，以创造性智慧制定设计方案，将先进建设理念融入设计之中。在工程思维和创新思维的引领下，青藏铁路集全国科研力量攻克建设难题，在知识积累和科学实验的基础上提出了包括针对多年冻土、保护环境、地质灾害和其他特殊情况的一系列设计优化与技术创新，为全线成功建设和安全运营提供了有力支撑。通过几十年的实践—认识—再实践—再认识，突破传统的冻土设计局限，青藏铁路创造性地提出“三大转变”的设计思路，即：对冻土环境分析由静态分析转向动态分析，对冻土保护由被动保温转向主动降温，对冻土治理由单一措施转向多管齐下、综合施治。针对青藏高原脆弱的生态环境和特有珍稀物种展开现场实验研究，提出设置桥梁下部、隧道顶部和路基缓坡三种野生动物通道（以桥梁下部通道为主要形式），保证野生动物自由迁徙。

2.3.2 系统集成优化

青藏铁路工程实行项目设计总体负责制，加强各专业系统设计协调。特别是青藏铁路工程采用了许多新技术、新设备，如数字移动通信（GSM-R）、列车运行控制系统（ITCS）、调度指挥系统（CTC）、计算机连锁系统、监测系统等。需要强化总体设计，对接各专业接口，使各专业设计在运营系统中相互协调匹配，使组合效应最大化。新技术、新设备的集成优化，对提高设计质量至关重要。

2.3.3 现场核对优化

针对青藏铁路工程特性，制定了《青藏铁路建设施工图现场核对优化办法》。对青藏铁路所有工程逐工点进行现场核对优化，以保证建设目标的实现。青藏铁路通过建设单位、设计单位、施工单位和监理单位进行联合现场调查，找出存在问题，优化工点设计。例如对于位于多年冻土区或深季节冻土区的缓斜坡地段路基工程，采取支挡或以桥代路等措施。又如对于安多以南深季节冻土区路基边坡阴阳面出现的不均匀冻胀和开裂情况，采取阳坡面增加片石（碎石）厚度等综合防护措施。现场核对优化体现了随着设计主体认识提高和设计客体要素变化而进行的动态设计，提高了工程设计质量，保障了运营安全。

第三节　目标管理方法

目标管理是以目标为导向、用目标统领项目全过程的现代管理方法。青藏铁路工程运用系统思想进行目标统筹规划，以全线指导性施工组织设计为依据，进行目标分解和责任落实。将质量、职业健康安全、环境保护三个相对独立的管理体系进行整合，实施“质安环”一体化管理。运用 PDCA 循环持续推进目标管理全过程控制，确保建设目标全面实现。

1 目标统筹规划

目标统筹规划是目标管理的首要内容。青藏铁路工程目标统筹规划贯彻系统思想和战略要求，体现整体论与还原论的辩证统一。针对青藏铁路工程特点，立足“高起点、高标准、高质量”要求，制定了建设总目标——建设世界一流高原铁路。从整体上认知质量、环境、安全、工期和投资五大目标及相互关系，凸显铁路建设新理念、新要求，确保青藏铁路工程建设规范、有序、可控。

1.1　目标体系构建与目标分解

1.1.1　目标体系构建

在全面分析青藏铁路工程建设客观条件和影响因素的基础上，充分吸取和借鉴国内外既有高原、冻土工程建设经验，对“建设世界一流高原铁路”总目标进行分析，制定了“质量控制-健康安全-环境保护-工期控制-投资控制”五大目标体系，构成一个互有联系、互相影响的有机整体，如图 2-5-4 所示。目标体系特别强调增设健康安全目标与环境保护目标，体现了先进建设理念中“以人为本、环境协调”的重要内容。

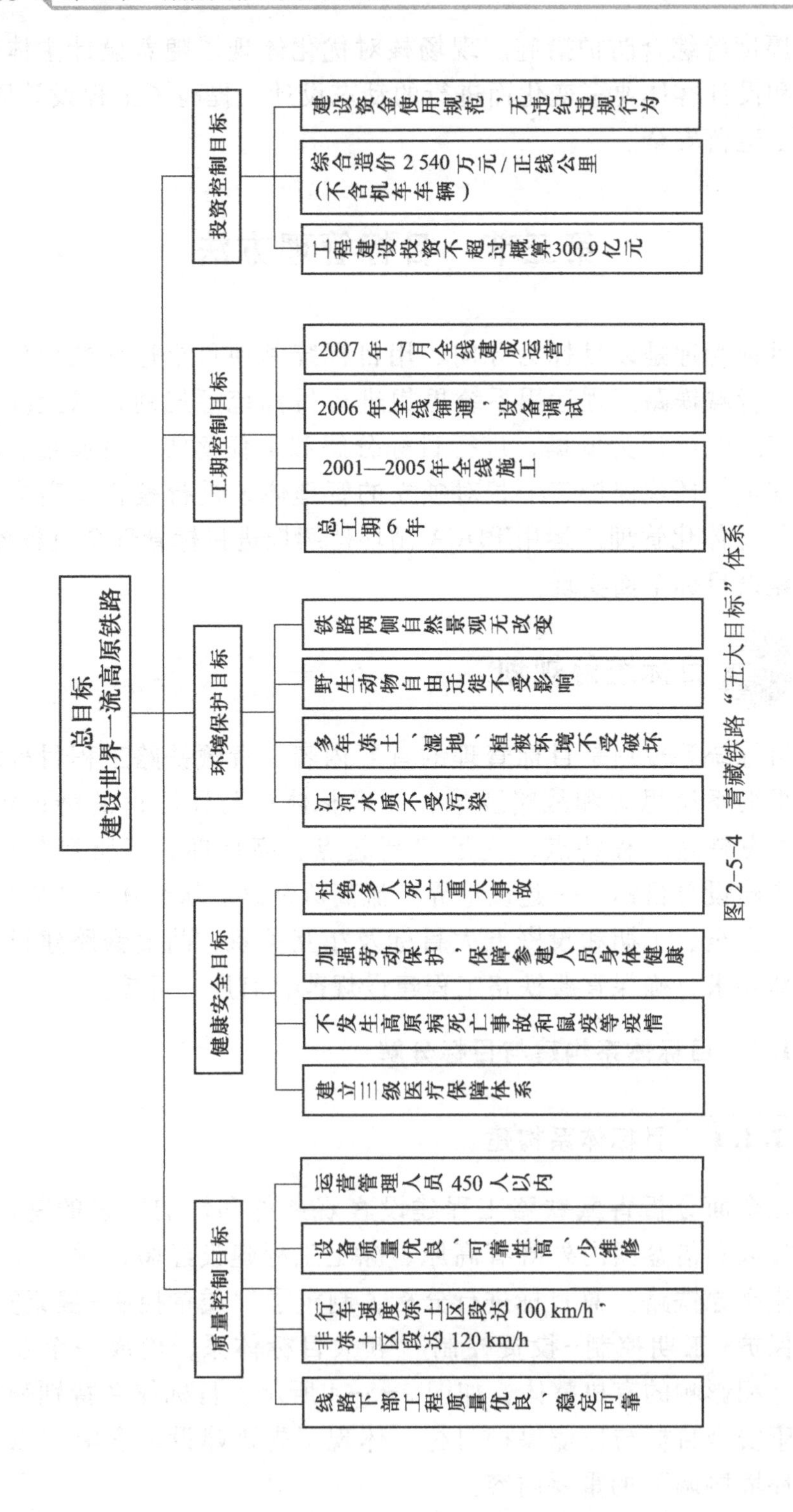

图2-5-4 青藏铁路“五大目标”体系

1.1.2 目标责任分解

青藏铁路公司运用系统分解法（system breakdown approach, SBA）实现目标的细化，并以此作为部署任务、检查落实、总结评比的依据，保证目标管理有效运行。首先将整个项目按建设阶段、功能或空间标准、专业组成、具体部位进行层层分解，建立项目分解结构（project breakdown structure, PBS）体系，回答“项目对象是什么”的问题；其次在 PBS 的基础上将工作过程和工作任务层层梳理、分解，建立工作分解结构（work breakdown structure, WBS）体系，回答“有哪些工作”的问题；最后在 PBS 和 WBS 的基础上明确项目或工作各层级责任单位、责任部门和责任人员，建立组织分解结构（organizational breakdown structure, OBS）体系，回答“谁来做”的问题。

以 PBS、WBS 和 OBS 为基础，将各项目标逐层细化，建立明确的目标责任体系。青藏铁路通过目标的“自上而下层层展开、自下而上层层保证，全员参与，全方位落实，全过程控制”，确保建设总目标实现。比如工期目标分解，青藏铁路公司按总工期要求，编制分区段、分年度施工计划和施工措施，每年都提出具体目标和行动口号，把工期管理目标落实到各参建单位。

1.2 指导性施工组织设计

青藏铁路公司遵循“精心组织、科学管理、快速有序、优质高效”原则，编制全线指导性施工组织设计，审查各施工单位编制的所承包标段实施性施工组织设计及重点控制工程施工组织设计，运用网络计划技术，进行实施方案分析与论证，实现了工期优化、投资优化及资源配置优化。

1.2.1 总体部署

2001 年，根据青藏铁路建设领导小组及铁道部有关批复意见，青藏铁路公司在对全线工程特点、实物工作量进行全面调查、系统分析的基础上，制定“由北向南，逐步推进，分段建设，分段铺轨”的全线工程施工总体部署。在确保工程质量的前提下，以铺架为主线，以多年冻土区工程为重点，统筹安排站前和站后各类工程衔接，科学制定施工总体工期计划。2003 年，青藏铁路公司根据工程进展及设计变更情况，对全线指导性施工组织设计作了调整。总体部署调整为“由北向南，逐步推进，分段建设，多向铺轨”，以加强铺轨作业力量，加快全线铺通进度。

1.2.2 年度进度计划及重难点工程

青藏铁路于 2001 年 6 月 29 日开工，2006 年 7 月 1 日通车运营。分年度进度计划如表 2-5-2 所示。

表 2-5-2 青藏铁路工程分年度进度计划表

年度	形象进度计划	具体进度计划
2001 年下半年	开工建设	格尔木至望昆段路基和冻土工程试验段（除安多）基本完成
2002 年	重点攻坚	格尔木（南山口）至望昆铺轨；望昆至秀水河线下工程基本完成，秀水河至唐古拉山线下工程完成 30%
2003 年	全面攻坚	铺轨至二道沟；秀水河至唐古拉山线下工程基本完成；唐古拉山至拉萨线下工程完成 30%；格尔木至望昆段站后工程开始施工
2004 年	整体推进	铺轨至雁石坪；安多铺轨基地形成能力；唐古拉山至拉萨线下工程全部完成；格尔木至望昆段站后工程基本完成，望昆至唐古拉山段站后开始施工
2005 年	全线铺通	铺轨至拉萨；全线站后工程基本完成
2006 年上半年	开通运营	全线完成站后配套工程，联调联试达到验收标准，6 月底交付运营

青藏铁路公司优先组织工程试验段和重难点工程施工。通过全线 9 个工程试验段建设，指导设计和施工。确定铺轨架梁、多年冻土、路基、桥梁、隧道工程以及车站、通信、信号、电力等 32 项控制工期的重难点工程。以重点工程突破带动全线工程全面推进，以分年度进度控制保证总工期目标实现。

1.2.3 实施方案

为落实总体部署和年度施工计划，青藏铁路公司从前期准备、施工过程、管理细则、作业保障等方面制定全线实施方案，确保工程整体创优。

提前安排科研试验，用取得的阶段性成果指导完善设计和施工；组织设计单位加强协作，确保各标段施工图及时到位；组织专家开展设计咨询，进一步优化施工图设计。提出施工组织工序化、构件预制工厂化、施工作业机械化的组织原则，推广应用先进成熟施工工艺，如路基工程按“四区段、八流程”工艺组织标准化施工，桥梁混凝土采用自动拌和、泵送、大块整体钢模施工，钻孔桩推广旋挖钻干法成孔施工等。认真落实项目实施与环保工程同时设计、同时施工、同时验收的“三同时”环保措施要求。构建覆盖全线、较为完备的卫生保障体系，采取科学的防治高原病、鼠疫病措施，形成一整套人员健康安全监控保障制度。

青藏铁路施工组织设计科学合理，努力做到整体工程创优、整体功能最佳、整体效益最好，全面保证“五大目标”的实现。

2 “质安环”一体化管理

质量可靠是工程建设的核心目标，参建人员健康安全是工程建设的重要保障，环境保护是可持续发展的根本要求。工程质量、健康安全、环境保护之间相互关联，相互影响，为实施“质安环”一体化管理奠定基础。通过建设、施工、监理三方协同管理与联动控制，切实有效落实“质安环”一体化管理。①

2.1　要素整合

实现工程质量、健康安全、环境保护一体化管理的可行性，体现在管理要素可整合、工作方法可结合。虽然三项管理工作内容、标准各有不同，监管部门也不一样，但调用的工程资源具有集聚性和一致性，在项目管理层面上可以实现三者资源共享，从根本上避免三项管理工作的人为分割及部分管理工作的交叉重复。

青藏铁路建设中将工程质量、健康安全、环境保护各项要素进行整合，对各项指标进行量化，并将“质安环”一体化管理要求纳入工程合同之中，使承发包双方责任明确、目标清晰、指标量化、具有可操作性。同时，将工程质量、健康安全、环境保护三个相对

---

①　孙永福．青藏铁路建设管理创新与实践[J]．管理世界，2005（3）：1-6.

独立的管理体系，整合成同时满足 ISO9000、HSAS1800 和 ISO14000 管理体系标准要求的一体化综合管理体系，充分利用管理资源，体现管理的整体性原则，做到统筹兼顾，协调一致。

2.2 多方联动

青藏铁路“质安环”一体化管理，实施全员参与、全方位落实、全过程控制。建设、施工、监理三方均按“质安环”一体化管理模式开展工作。建设单位将工程质量、健康安全、环境保护作为一个整体进行综合考核评比，对三项管理真正做到同部署、同落实、同检查、同考核；施工单位将工程质量、健康安全、环境保护一体化管理目标、任务和要求层层分解到各个项目、工点和每个岗位，建立严格的管理保障制度，认真落实；现场监理单位不仅对工程质量认真把关，且对健康安全、环境保护进行严格监督。建设、施工、监理三方通过实行“质安环”一体化管理，科学协调工程质量、健康安全、环境保护之间的相互关系，提高了项目管理效率和水平。“质安环”一体化管理最终转化为全员的自觉行动，全面确保了工程质量、健康安全和环境保护目标的实现。这既是树立和落实科学发展观的必然要求，也是建设世界一流高原铁路的重要途径。

2.3 全面控制

青藏铁路公司根据铁道部有关规范和标准，提出“质安环”细化要求，各单位制定“质安环”保证体系，监理单位加强监管检查，建设单位开展检查评比，树立典型，深入推进。

2.3.1 工程质量控制

青藏铁路牢固树立“百年大计，质量第一”的思想，实施“建设单位统一管理、科研单位先行指导、施工单位严格自控、监理单位认真核查、设计单位优化配合、使用单位提前介入、政府监督到位”的全面质量管理模式。综合采取多种质量管理措施，如补充制定高原冻土铁路施工规范标准、完善质量管理制度，严把设计质量、开工报告审批、过程控制、检测评估质量管理“四道关”，采取试验先行、样板引路、用试验研究成果指导全线工程设计和施工等，确保质量目标实现。

青藏铁路实现全线各专业分部分项工程质量全部合格，工程优良率达95%以上，共创优质样板工程385项，冻土区工程质量达到国际领先水平，非冻土区工程质量达到国内先进水平，经受住了通车运营的各种考验。

2.3.2 健康安全控制

青藏铁路贯彻执行“预防为主、卫生保障先行”的方针，建立了覆盖全线的三级医疗保障网络，对建设人员开展卫生知识宣传教育，实行体检准入和三检（工前体检、工中体检、工后体检）等制度，加强饮食营养和防寒防晒等劳动保护措施。对鼠疫实行“三报”（报告自然病死鼠獭、报告疑似鼠疫患者、报告不明原因的高热和急死患者）和“三不”（不私自捕猎旱獭、不剥食旱獭和其他病死动物皮和肉、不私自携带疫源动物及其产品出疫区）制度。

青藏铁路建设创造了高原病“零死亡”、鼠疫疫情“零传播”的奇迹，确保建设队伍能够上得去、站得稳、干得好。

2.3.3 环境保护控制

青藏铁路建设贯彻落实“预防为主、保护优先、开发和保护并重”的原则，认真执行“环保设施与主体工程同时设计、同时施工、同时投产”的“三同时”制度。率先在铁路建设中实施环保监理制度，构建了“建设单位统一组织领导，施工单位具体落实并承担责任，工程监理单位负责施工过程环保工作日常监理，环保监理单位对施工单位和工程监理单位的环保工作质量实施全面监控”的“四位一体”环保管理体系。增强全员环保意识，推行“生态环保与工程质量并重”“环保管理措施与技术措施双管齐下”的建设管理思路，切实做到依法环保、科技环保、全员环保。把增强全员环保意识作为重要工作，通过环保手册、环保宣传资料、环保知识培训、环保专业技能培训、“环保工作程序”提示牌和数以百计的环保宣传牌等方式持续强化全员环保教育，确立可持续发展思想，使环境保护成为全体参建人员的自觉行为，“保护环境，从我做起”落到了实处。

青藏铁路生态环境保护效果显著。有效保护了高寒植被生态系统，野生动物栖息环境完整，多年冻土环境稳定，生态功能区功能完好，水土保持效果显著，环境污染得到有效控制。环保工作得到社会广泛认可，当地群众满意度高，为大型建设项目环保管理提供了宝贵经验。

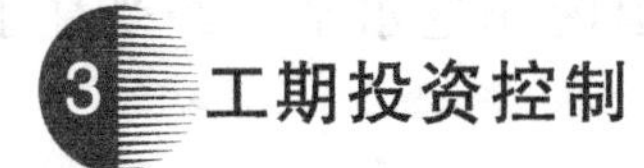

3 工期投资控制

青藏铁路在确保质量安全环保目标的前提下，加强工期和投资控制。采取各种措施合理配置生产要素，严格控制建设资金、非建设性用款和管理费用，在解决技术难题的同时保障工期计划有序推进、资金使用安全高效。

3.1 工期动态控制

青藏铁路工期管理以“统筹全线工程、突破重点工程、动态控制进度”为指导，以铺轨作业为主线，以多年冻土区工程为重点，以动态控制和 PDCA 循环为手段，统筹安排站前和站后各类工程衔接，实现工期总体可控。具体体现在：统筹协调，突出重点，抓主要矛盾，抓关键路径，强化科技支撑，优化资源配置；及时掌握信息，针对新问题、新情况进行适当调整，牢牢掌握主动权。

对于工期控制关键路径的重点、难点工程，青藏铁路公司与施工单位认真编制工点实施方案，加强施工技术指导，优先保证人力、物力、财力，确保整体工程按期完成。加强调度指挥，强化资源配置，制定包保措施，认真协调线下工程、轨枕预制、铺架施工和站后工程，做到平行交叉、均衡生产、有序展开、顺利推进，齐心协力实现工期进度目标。冬季除特殊工点施工外，露天作业全部停止，利用冬休期从人力、物力、技术等各方面做好充分准备。气候转暖后合理配置生产要素，集中优势力量高效施工。这不仅减少了冬季施工费用，而且有利于保证工程质量。另外，针对工程建设中不断出现的新情况、新问题，实施了进度计划动态控制，必要时调整全线施工组织设计，牢牢掌握工程进度管理主动权。例如 2003 年下半年，鉴于多年冻土工程进展比较顺利，但由于复杂冻土地段采取“以桥代路”措施使桥梁数量增加，由北向南单向铺轨对工期的控制更加突出。青藏铁路建设总指挥部报经铁道部批准，增设安多铺架基地，变单向分段铺轨为两基地三向铺轨，使铺架进度加快，工期目标提前实现，如图 2-5-5 所示。

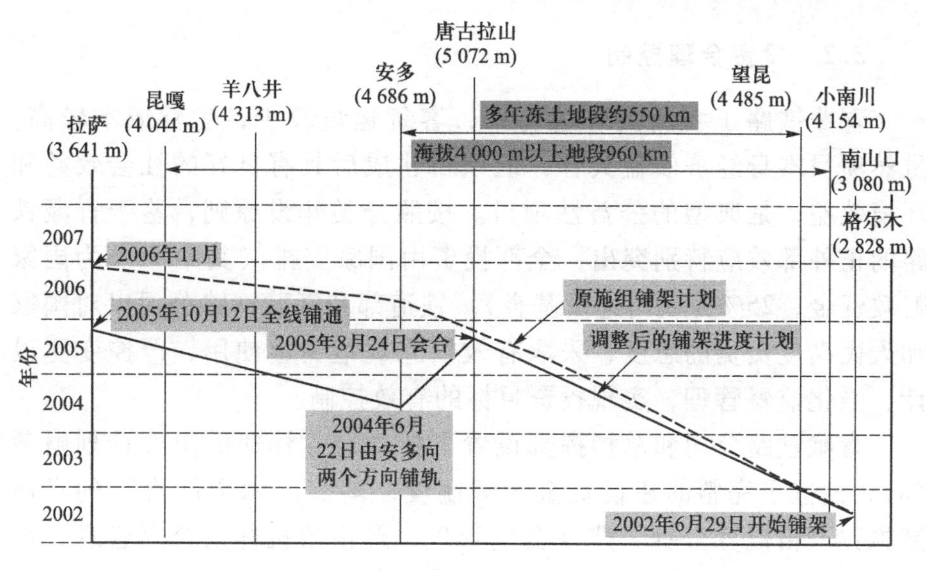

图 2-5-5　青藏铁路铺架工程进度计划对比图

青藏铁路公司在工期控制过程中，运用前馈控制、实时控制、反馈控制手段及 PDCA 循环方法，实现工期动态控制，其控制流程如图 2-5-6 所示。

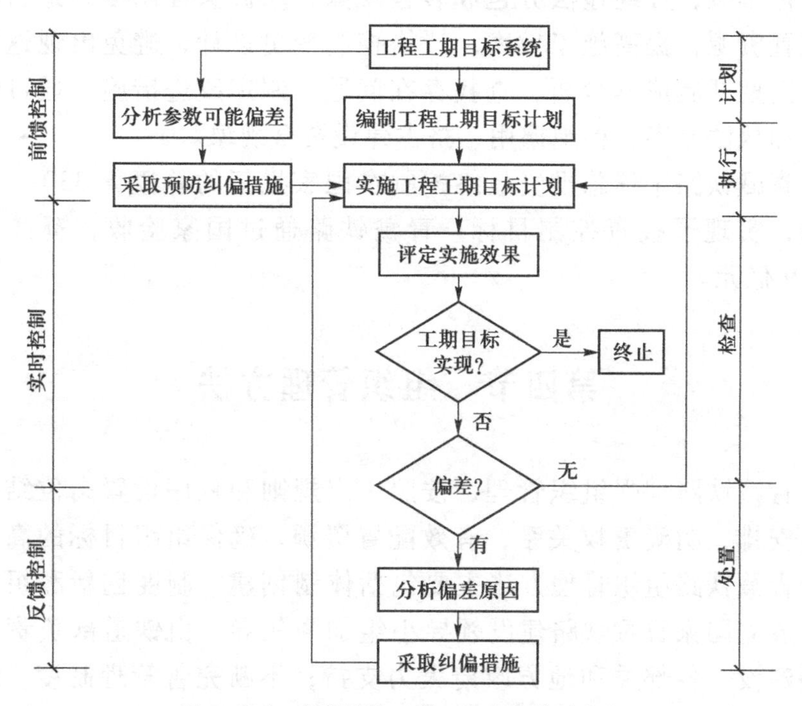

图 2-5-6　青藏铁路工程工期动态控制流程

3.2 投资合理控制

青藏铁路工程所处环境特殊，客货运量较少，运营成本较高。虽然项目本身经济效益欠佳，但项目建成后具有良好的社会效益和环境效益，是典型的公益性项目。按照分类建设原则，鉴于青藏铁路的正外部效应特别突出，全部投资由国家安排（其中75%为国家财政资金，25%为铁路建设基金）。铁道部和青藏铁路公司以对国家和人民高度负责的态度，采取有效措施规范资金使用，严控变更设计，强化监督管理，实现投资目标的有效控制。

青藏铁路公司和总指挥部设置了独立财务管理机构（计划财务部），建立了完整的建设资金管理制度，落实“六个严格”的具体措施：严格概算分劈、严格资金管理、严格招投标及合同管理、严格工程价款结算、严格控制建设管理费支出、严格控制工程变更设计。以批准的年度投资计划为依据，按月拨付建设资金，实施专户存储，单独管理，确保质量、安全、环保设施投资，严格控制非生产性支出。在优化设计和优化施工组织的基础上，通过招标择优选择中标单位，杜绝违法分包和转包现象，从源头控制工程造价。合理配置资源，提高施工效率。严格控制变更设计，避免出现返工浪费。定期开展成本分析，查找存在问题，制定改进措施。通过内部审计和执法监察，杜绝挪用、挤占建设资金现象。

青藏铁路工程总投资最终控制在国家批复的总概算330.9亿元之内，实现了投资控制目标。青藏铁路通过国家验收，资产共计330.9亿元。

第四节 组织管理方法

青藏铁路加强组织管理，按照一定规则和程序设置岗位结构与人员安排，明确责权关系，有效配置资源，确保组织目标的高效实现。青藏铁路组织管理方法主要包括体制创建、制度创新和组织协调。成立国家青藏铁路建设领导小组加强领导，由铁道部负责青藏铁路建设，各部委和地方政府大力支持；不断完善管理制度，保证青藏铁路建设有法可依、有章可循，同时培育和弘扬青藏铁路精神，发挥青藏铁路精神的引领作用；通过路地共建、界面协调、队伍管理等，解决青藏铁路工程建设中责任主体多、专业分工细、管理跨度大等难题，保证青藏铁路建设顺利进行。

1 体制创建

体制创建以“建设世界一流高原铁路”的总目标为出发点，统筹设置铁路建设组织机构，明确各级责权利及隶属关系，实行项目法人责任制，强化铁路建设管理。青藏铁路建设组织机构如图 2-5-7 所示。

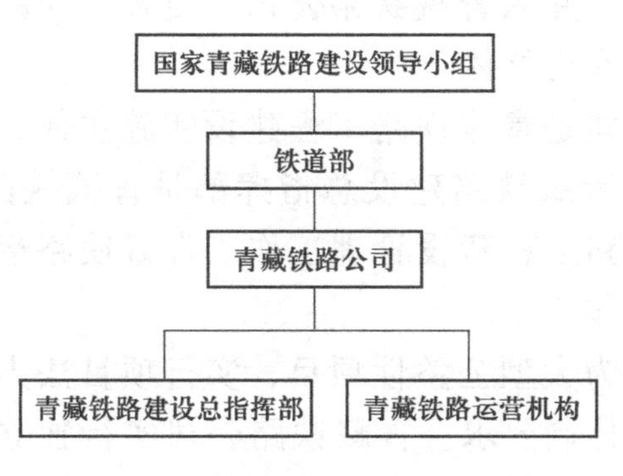

图 2-5-7　青藏铁路建设组织机构

1.1　组织领导体制

2000 年 12 月 14 日经国务院批准成立了国家青藏铁路建设领导小组，加强对青藏铁路建设领导，负责统筹协调建设重大问题。领导小组成员单位有国家计划委员会、铁道部、财政部、国土资源部、国家环保总局、卫生部、中国科学院、中国国际工程咨询公司，以及青海省、西藏自治区政府。领导小组办公室设在铁道部，负责处理日常工作。铁道部作为铁路行业主管部门，负责具体组织青藏铁路建设工作。

青藏铁路领导小组成员单位全力支持青藏铁路建设。特别是两省（自治区）党委、政府和沿线各族人民群众，把建设青藏铁路当成自己的事情来办。两省（自治区）主要领导亲自负责支援铁路建设工作，设立专门机构，制定优惠政策，协助解决征地拆迁、地方物资供应、维护铁路安全等问题，营造了良好的建设环境。充分彰显了中国特色社会主义的体制优势和中华民族的强大凝聚力。

1.2 项目法人责任制

2001 年 5 月青藏铁路即将开工之际，铁道部研究成立项目法人治理结构问题。由于时间紧迫，决定先由铁道部工程管理中心负责青藏铁路开工建设，成立了青藏铁路建设总指挥部。2001 年年底成立了青藏铁路公司筹备组接替总指挥部，负责现场组织指挥。2002 年 9 月经国务院批准，青藏铁路公司正式挂牌成立，首次在大型公益性铁路工程中实行建设项目法人责任制。2004 年 6 月，铁道部决定将西宁铁路分局并入青藏铁路公司，使青藏铁路公司成为建设和运营管理统一的有机整体。

青藏铁路公司是青藏铁路工程建设实施主体，负责青藏铁路建设与运营管理。青藏铁路建设总指挥部是青藏铁路公司派出机构，直接负责青藏铁路工程建设管理工作。青藏铁路运营机构负责青藏铁路运营管理工作。

青藏铁路作为大型公益性项目，实行项目法人责任制，符合社会主义市场经济体制要求。青藏铁路公司实行独立经济核算，有利于明确经济责任。建设、运营紧密衔接，为建好、管好、用好青藏铁路创造了有利条件。同时也有利于接受政府主管部门的管理和监督，形成严格的监督考核机制，使项目投资控制得以实现。

2 制度创新

青藏铁路公司实施项目法人责任制、招标投标制、合同管理制及工程监理制，规范工程管理工作。针对特殊条件及制度空白，结合工程实际进行相应的补充与细化，形成高原冻土铁路建设制度体系，使工程建设有法可依。在完善制度的同时，积极培育和弘扬青藏铁路精神，发挥青藏铁路精神的引领作用，实现了制度与文化的有机结合。

2.1 制度体系

制度体系是制度规范与制度创新的辩证统一体。缘于建设管理制度的通用性（共性）与青藏铁路制度的专用性（个性），青藏铁路既要遵循国家基本建设管理制度，又要立足青藏高原冻土等工程难题进行制度创新。在正式开工前，青藏铁路建设总指挥部制定了一些急需的管理制度并下发执行。随着工程建设顺利展开，有针对性地提出若干具体要求，不断完善各项管理制度，形成青藏铁路工程管理制度体系，如图 2-5-8 所示。

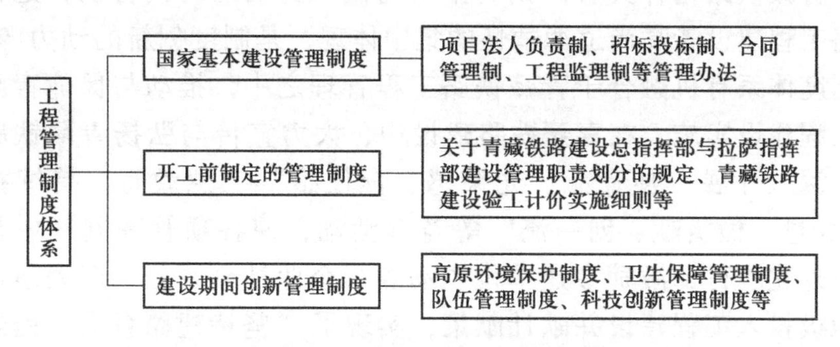

图 2-5-8 青藏铁路工程管理制度体系

青藏铁路建设中工程环境复杂，新问题、新矛盾层出不穷，不仅许多工程难题无成功经验可以借鉴，相关制度、规范也存在空白，必须在实践中不断探索总结，将创新成果纳入制度规范，基于工程难题实施制度创新。青藏铁路建设严格执行国家和铁道部有关规范制度，同时结合国内外冻土科研成果，总结国外冻土铁路、我国东北森林铁路和青藏公路等的经验教训，在正式开工前，由铁道部和青藏铁路筹备机构组织专家编制《青藏铁路多年冻土区工程勘察暂行规定》等制度，规范青藏铁路工程建设管理。正式开工一段时间，根据暂行规定实施情况进行总结修改完善，形成正式制度规定。相继制定了高原环境保护制度、卫生保障管理制度、队伍管理制度、科技创新管理制度等，经过试行、修改和完善，实现管理规范化、制度化、标准化，提高了青藏铁路工程建设管理水平。

2.2 精神引领

在 21 世纪之初的青藏铁路建设中，广大建设者用辛勤汗水与聪明智慧培育和铸就出青藏铁路精神——“挑战极限、勇创一流”。“挑战极限”是指广大建设者以不畏艰险的英雄气概和求真务实的科学态度，在极其困难的“生命禁区”挑战生理、心理极限，攻克三大世界性工程难题；“勇创一流”是指广大建设者以敢于超越前人的大智大勇开拓创新，用一流标准、一流管理创造先进水平，建设世界一流高原铁路。青藏铁路精神的总结提炼，源于青藏铁路建设实践，反映青藏铁路建设特点，体现青藏铁路建设主旨和广大建设者的追求与意志。

青藏铁路精神具有深刻的丰富内涵和鲜明的时代特征，是青藏铁路工程建设者高尚道德情怀的集中体现，是制度创新的动力源泉，与制度体系有机融合于青藏铁路工程管理之中，推动与保障青藏铁路工程建设实施。在青藏铁路建设中，大力宣传与弘扬青藏铁路精神，深入开展“使命感、光荣感、责任感”三感教育，持续推动“学先进、做贡献、创一流”等竞赛活动，使各项管理制度内化于心、外化于行，激励参建单位主动履行企业社会责任，广大建设人员积极投入工程建设并献计献策，实现了“坚持建路育人，锤炼过硬队伍，培养优秀人才”的目的。

2006 年 7 月 1 日，胡锦涛总书记在青藏铁路通车庆祝大会上发表重要讲话，号召全党全国各族人民学习和弘扬“挑战极限，勇创一流”的青藏铁路精神，教育与激励全党全国各族人民团结奋斗，不断开创中国特色社会主义事业新局面。以“不辱使命的责任意识，顽强拼搏的奉献精神，务实创新的科学态度，关爱生命的人本理念，勇攀高峰的攻坚品格”为基本内涵的青藏铁路精神，将引领我国广大建设者不断为祖国和人民建功立业。

3 组织协调

青藏铁路工程探索组织协调方法，在路地共建、界面协调、队伍管理等方面取得了显著成效。

3.1　路地共建

建设世界一流高原铁路，在优质高效完成建设任务的同时，要带动地方经济发展，造福沿线各族群众，这是铁路和地方的共同愿望。

铁路建设要考虑地方政府和人民群众的需求，兼顾地方利益。车站位置尽量靠近城市，符合地方发展规划要求。尽量使用当地民工和当地建筑材料，增加就业机会，促进地方增收。选送藏族学生到铁路院校学习，培养铁路运输的民族技术管理人才。施工单位主动履行企业社会责任，为当地修路、修桥、修水渠，捐资助学、送粮送药，临时设施无偿留给地方使用等。地方政府和各族群众大力支持铁路建设，做出很大贡献。特别是完成征地拆迁、文物保护，提供生活资料和卫生保障，加强环境保护监督，维护社会稳定等方面，为青藏铁路建设创造了良好的社会环境。

铁道部和青藏铁路公司与青海、西藏两省（自治区）政府加强联系并积极沟通，抓主要矛盾和矛盾主要方面，协调解决工程建设中出现的问题，形成了融洽的路地关系。既保证了青藏铁路工程建设顺利进行，又造福了当地百姓，为沿线经济发展做出贡献，进一步增强了民族团结和社会稳定。

3.2　界面协调

青藏铁路建设战线长、参建单位多、专业类型多，加上目标差异、信息黏滞等影响，存在许多界面问题。加强界面协调，解决界面矛盾，对提升青藏铁路建设整体绩效特别重要。青藏铁路界面协调涉及工程实体界面、组织界面、专业界面、合同界面等，这里着重阐述组织界面协调和专业界面协调问题。

组织界面协调坚持“共同目标、协同合作”原则。以青藏铁路公司为核心，联合科研单位、设计单位、施工单位、咨询单位、供应商等，组成铁路工程联合体，解决组织界面问题。倡导“风险共担、利益共享”，在满足各参建单位基本需求情况下，协调各利益相关方的不同诉求，实现高起点、高标准、高质量的建设目标，形成合作共赢局面。

专业界面协调是铁路工程界面管理的重要环节。对专业界面实施有效管理，可以有效提高工程质量和效益。青藏铁路工程设计阶段设立项目总体负责人，由项目总体负责人协调各专业界面关系，做好统筹规划、系统设计。施工阶段由项目经理部协调桥梁、涵洞、隧道与路基工程界面及各专业界面。竣工验收阶段由建设单位加强对设计、监理、施工等单位之间的协调，做好专业界面协调工作。

3.3　队伍管理

随着深化铁路改革，实施政企分开，设计、施工单位同铁道部脱钩，没有行政隶属关系。建设单位同设计、施工单位是经济合同关系。针对这种新情况，青藏铁路公司积极从队伍管理模式、民工权益保障等方面探索建设管理新路子，提高参建队整体素质。

青藏铁路建设总指挥部设立党工委，吸纳设计、施工单位主管领导为党工委成员，将行政上无隶属关系的设计、施工单位通过党工委实行统一领导，形成既管建设又管施工队伍、既管工程又管思想政治的新模式。[①] 各参建单位坚持党政工团齐抓共管，开展深入、细致的思想政治工作和建功立业劳动竞赛，表彰先进典型，活跃文化生活，将全体建设者的智慧和力量凝聚于“建设世界一流高原铁路”的总目标。

青藏铁路工程强调要加强民工队伍管理。各级领导充分认识到“民工是产业工人的重要组成部分”，是青藏铁路建设队伍的重要辅助力量。保证民工合法权益是各级领导的应尽责任。形成了“青藏铁路公司宏观调控、施工单位主管实施、地方政府监督协调”的青藏铁路建设农民工管理责任体系。各参建单位按照青藏铁路公司要求，认真贯彻落实农民工管理各项制度，建立农民工权益保障和激励机制，把农民工纳入职工队伍管理，与职工同样享受居住条件、饮食标准、医疗保障的“三统一”和后勤生活、医疗卫生、劳动安全、表彰奖励的“四个一样”待遇，提高了农民工的社会地位和各项待遇，极大地调动了农民工的积极性。

第五节 技术创新方法

青藏铁路工程技术创新方法以突破多年冻土、高寒缺氧、环境脆弱“三大难题”为目标，遵循“工程思维创新—协同创新—试验先行”的创新思路，大胆革新设计思维，组织优势科技资源联合攻关，坚持研究试验先行，全力推广科技成果应用，形成了具有中国特色的高原冻土铁路技术标准体系。

---

① 孙永福．发挥思想政治工作威力 建设世界一流高原铁路[J]．思想政治工作研究，2003（7）：14-15.

1 工程思维创新

1.1　提出三大“创新构想”

创新源于创造性思维的引领。创造性思维是对再现性思维（或常规思维）的突破。从本质上说，创造性思维就是打破传统、打破常规，发现新的规律。工程思维创新更要把认识世界和改变世界统一起来。青藏铁路工程思维创新主要表现在“主动降温”“主动预防”和“主动适应”三大“创新构想”的提出。

1.1.1　“主动降温”的多年冻土治理技术

国内外多年冻土理论研究和工程实践表明，冻土路基稳定性与地温关系十分密切。几十年来，一直沿用单纯依靠增加热阻（如抬高路堤高度、在路堤中设置保温材料、在路基顶部设置遮阳棚等）来保护冻土，这类工程措施都是被动消极的方法，不能完全消除冻土路基的融化下沉，尤其在全球变暖背景下更难保持工程稳定。我国科研人员从石头遮阳降温、宁武“万年冰洞”等现象中受到启示，从调控辐射、调控对流和调控传导等方面进行研究，进行路基结构和材料的实验室试验与现场试验，表明片石路基、片石（碎石）护坡具有热二极管效应，可以冷却片石（碎石）下面的土体。暖季时，片石（碎石）表面受热后热空气上升，片石（碎石）中仍然维持较低温度，片石（碎石）孔隙中的对流换热向上，因此传入地基的热量较少。寒季时，冷空气沿孔隙下渗，对流换热向下，较多的冷量可以传入地基中。片石（碎石）以其较大的空隙和较强的自由对流，使得冬夏冷热空气由于空气密度等差异而不断发生冷量交换和热量屏蔽，其结果使地基中多年冻土人为上限抬升（通俗而言，就是地基土冻得更实），有利于保护多年冻土。[①]

科研设计人员由此萌生了变“保温”为“降温”的新思路，提出“主动降温、冷却地基、保护冻土”的设计思想，首创了包括片

① 马魏，程国栋，吴青柏．解决青藏铁路建设中冻土工程问题的思路与思考[J]．科技导报，2005，23（1）：23-28.

石气冷路基（横断面如图 2-5-9 所示，实景如图 2-5-10 所示）、碎石护坡路基、通风管路基、热棒（原理如图 2-5-11 所示，实景如图 2-5-12 所示）、桥梁钻孔桩基础、隧道衬砌增设防水保温层等一整套工程措施，研究提出高原恶劣环境下结构耐久性解决方案，保证了多年冻土工程结构物功能稳定。

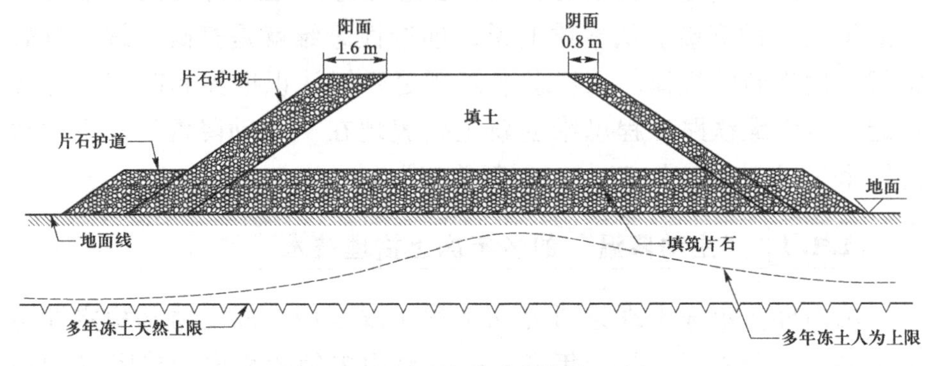

图 2-5-9 片石气冷路基横断面示意

图 2-5-10 片石气冷路基实景

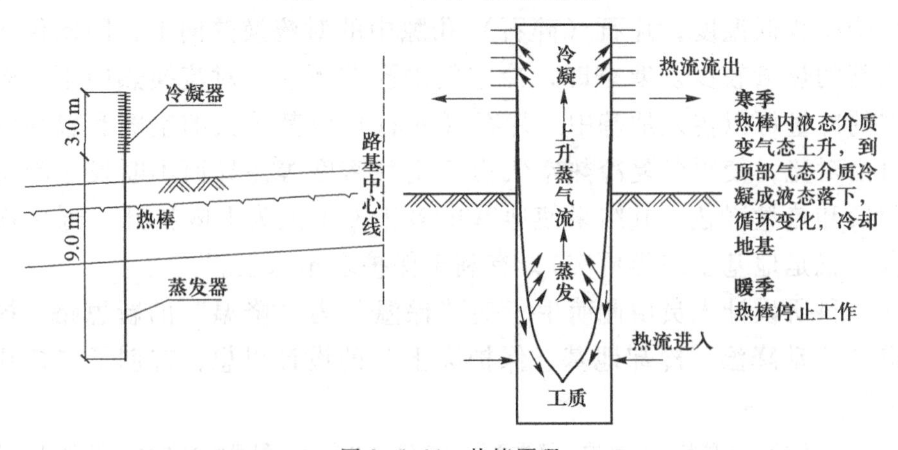

图 2-5-11 热棒原理

图 2-5-12 热棒实景

1.1.2 “主动预防”的卫生保障技术

青藏铁路建立了完整的高原病预防和治疗体系。严格掌握高原准入标准，实行体检筛选制度，进行阶梯式习服适应，从源头上确保健康人员进入高原。建立三级医疗体系和劳动保护措施，设置高压氧舱救护站，研制高海拔制氧机，实现隧道弥散式供氧，改善作业条件。建立预防突发疫情工作机制和应急预案，实现鼠疫疫情零传播、“非典”零感染。主动预防的卫生保障技术收到了良好效果。

1.1.3 “主动适应”的环境保护技术

青藏铁路建设秉持敬畏自然的态度，树立“人与自然和谐发展”的思想，参建人员主动承担环境卫士责任，在施工中严格控制活动范围、集聚生活，保护水源和自然景观，尽量减少对生态环境的影响。为保护野生动物正常活动，通过对野生动物生活迁徙规律的探索，设置多处野生动物通道，主动引导野生动物适应新环境。为保护植被环境，通过高原现场试验，选择适应性好的草种，研究草皮种植技术。在有条件的地方，将路基范围内草皮进行异地养护，待路基形成后再移植作为边坡防护。在唐古拉山以南形成绿色长廊，保障生态平衡与和谐。

1.2 提炼科研选题

提炼科研选题是实现思维创新的关键环节。青藏铁路紧紧围绕建设目标，采取自下而上、上下结合的方式，广泛听取意见并进行评审论证。从冻土区筑路技术、健康安全保障技术、环境保护技术、运营装备技术以及抵御地震、风沙等自然灾害能力等方面，优先安排科学研究课题。

在青藏铁路冻土技术方面，主要有 9 个方面选题：科学实施冻土工程地质勘察、确定多年冻土铁路选线原则、总结成套主动降温工程措施、运用先进桥梁工程技术、增强隧道衬砌防冻胀能力、研究先进施工工艺、攻克长距离大坡道铺架难题、建立冻土工程长期观测系统、预测气温升高影响冻土工程趋势。在健康安全保障技术方面，主要有 3 个方面选题：高原病综合预防技术、防治早期高原病措施、科学开展鼠疫疫情防控。在环境保护技术方面，主要有 4 个方面选题：保护野生动物迁徙环境、实施高寒植被恢复、车站低温缺氧污水处理工艺、高原固体废弃物处置方式。在运营设施和装备方面，主要有 3 个方面选题：研发高原供氧客车、攻克通信信号关键技术、研究先进电力技术。在行车安全保障系统方面，主要有大风监测预警系统、应急救援指挥系统等选题。

2 协同创新

协同创新是通过创新主体自愿联合，进行全方位交流与协作，实现创新资源整合和优势集成。协同创新的关键在于充分发挥青藏铁路技术创新的系统性、开放性及协同性，形成稳定、坚实的创新合力，实现技术创新突破。

2.1 论证立项

青藏铁路科研项目采取分层级管理办法。铁道部先后安排了 90 多个大项、150 多个子项的科技试验计划，青藏铁路公司结合现场实际开展了有针对性的 20 个科技试验项目，各施工单位开展了 80 多项课题科研攻关。科技管理坚持“超前研究与回顾总结相结合”原则：一方面超前安排科研项目，工程试验先行，试验成果指导工程施工；另一方面不断回顾前期工程实践效果，观测多年冻土区各项工程状态，验证设计方案、工程措施和冻土工程理论。青藏铁路工程建设期间，铁道部先后组织专家学者对各科研课题项目可行性研究报告和实验大纲进行审查论证和评估，确保科研试验科学合理、方向正确、先进实用。按照《青藏铁路公司科技研究开发计划课题招标投标管理办法》严格审查立项，明确课题承担单位责任与要求，为科研项目的顺利实施打下良好基础。

2.2　联合攻关

青藏铁路工程技术创新聚集了全国相关专业的研究力量。由铁道部、青藏铁路公司作为双甲方同各类科研项目承担单位（包括联合体）签订科研合同，明确科研项目承担单位的任务、责任和权利。各科研项目承担单位成立科技攻关领导小组，制定项目实验大纲和实施方案，明确主要创新任务和具体分工；同时倡导多单位进行联合研究，由牵头单位总负责，参加单位分工协作、成果共享、风险共担，加快科研成果转化为实用技术，实现政、产、学、研、用协同合作创新。

针对多年冻土问题，铁道部组织铁道第一勘察设计院、中国科学院寒区旱区环境与工程研究所、中铁西北科学研究院等有关设计单位、科研机构及高校开展联合攻关，取得大量室内试验和现场观测数据，提出了阶段性研究成果报告，对修改设计和施工暂行规定、完善设计思路、优化工程措施起到了重要作用。为攻克保护环境难题，铁道部组织环保科研力量，与建设、设计、施工单位一起开展环保技术攻关和环保工艺创新，用科研试验成果指导环保设计和施工。面对高原氧气稀薄难题，青藏铁路在应用高压氧舱和推广解放军研制的一氧化氮治疗仪、“高氧液体”等新技术的同时，由施工单位与高等院校合作联合研制出每小时生产 24 m^3 高纯度氧气的高原医用制氧设备，创造性地实现了风火山隧道掌子面弥漫供氧和工地氧吧供氧，有效改善了作业环境，提高了施工效率。针对青藏铁路工程施工及运营期内劳动保护、医疗卫生保障等进行研究，确保高原铁路建设人员职业健康安全。

青藏铁路建立了协同创新机制，实现创新主体壁垒突破、创新要素集成整合。动力机制是驱动协同创新的源泉，全体技术创新参与者秉承高度的使命感、光荣感及责任感，积极、主动地投身于青藏铁路工程技术创新中。共享机制是保障协同创新的基础，通过青藏铁路工程管理信息系统，全方位收集、整理、分析及共享工程信息资料，提高了青藏铁路工程协同创新效率。合作机制是支撑协同创新的关键，由项目牵头单位与各有关方面形成联合体，实现优势互补，齐心协力、共同攻克技术创新难题。在协同创新机制的驱动、保障及支撑作用下，建立了我国高原铁路技术标准体系，确保青藏铁路工程质量和效益。

2.3 现场指导与协调

试验工程开展后，铁道部领导及青藏铁路科技领导小组成员多次深入工程现场，检查和指导科技试验进展情况。青藏铁路建设总指挥部成立了“青藏铁路试验工程现场协调组”，加强与设计、施工、研究单位的联系，及时研究解决试验工程中出现的问题，把科研试验成果及时、准确地应用于设计和施工实践，使科研成果在青藏铁路建设中发挥更大作用。

2.4 成果评审及推广应用

组织专家严格按照科技成果管理办法、评审流程及评审标准，开展阶段性成果审查会、科技成果鉴定会，对创新成果的质量、水平等进行评审，作出评审结论，提出具体建议，为成果应用提供依据。铁道部、青藏铁路公司组织专家组进行课题阶段性成果审查及成果鉴定，主要包括冻土区路基、桥梁、隧道施工，植被恢复与植草防护，太阳能房屋、给排水自动控制、污水处理、无缝线路等。经过连续几年的努力，形成了一大批自主创新科技成果，获得多项拥有自主知识产权的先进性发明及技术性专利。妥善处理科研成果推广应用与知识产权保护的辩证统一关系。为青藏铁路成功建设与开通运营提供了技术保障。

3 试验先行

青藏高原自然环境和地形地质特别复杂，在全面开展施工之前先建设工程试验段，检验理论成果、实验成果在高原环境中的实施效果，验证设计思想和工程措施，包括新结构、新工艺、新材料等，发现薄弱环节并改进完善，指导设计优化和全面展开施工。

3.1 试验段选定原则

对各类工程试验段要统筹安排、充分论证，做好顶层设计。试验段设置原则主要有：环境典型性、措施针对性、研究系统性、观测长期性等。

（1）环境典型性。在调查研究的基础上，选择能够反映高原工程环境特点、在全线具有典型性和代表性的地段作为工程试验段。

（2）措施针对性。围绕设计、施工中的关键技术开展试验研究，重点验证工程措施的可靠性和适应性，为推广应用提供可靠依据。

（3）研究系统性。充分发挥现场试验功能，对各种新技术、新设备、新材料和新工艺等进行系统试验，测试有关参数，实现整体效果良好。

（4）观测长期性。现场试验周期有限，必须作出长期观测的试验安排。通过长期测试，积累丰富资料，掌握动态变化规律，为铁路建设和运营维护提供技术信息。

3.2　试验段选址建设

在青藏铁路全面展开施工之前，选取全线最具代表性的地段，结合前期科学研究取得的成果及设计文件，先行建设工程试验段。青藏铁路共建设了 9 个工程试验段，包括 5 个冻土工程试验段、1 个站后工程试验段和 3 个植被恢复与再造试验段，如图 2-5-13 所示。

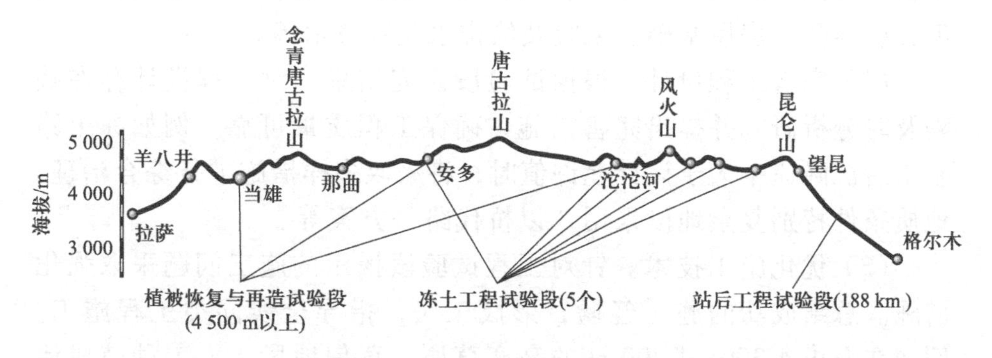

图 2-5-13　青藏铁路工程试验段示意

其中，依据不同地温、含水量和地质特点，在清水河高温冻土细粒土地段、北麓河厚层地下冰地段、沱沱河融区和多年冻土过渡地段、安多深季节冻土地段、昆仑山和风火山隧道 5 处建设冻土工程试验段。建设了格尔木至不冻泉 188 km 站后工程试验段，安排通信、信号、电力、房建和给排水 5 个专业 21 个科研试验项目。植被试验段建在沱沱河、安多及当雄3处路基，示范基地共56 700 m^2，筛选出近30种草籽进行试验。这些试验段取得的重要成果，为全面开展施工提供了可靠技术。

3.3 试验段评估

工程试验段评估首先要对试验时间评估，保证该项试验经历全部季节循环，周期以年计算。主要评估工程技术的适用性、可靠性，检验其是否达到技术标准和设计要求。评估工作由建设单位牵头组织技术专家实施。

工程试验段为科研试验提供现场攻关平台。根据试验段评估结果，完善工程技术措施。设计单位主动跟踪试验研究进展，根据研究成果及时完善设计。

3.4 试验段成效

青藏铁路工程试验段在攻克特殊环境技术难关、确保工程质量、提高建设水平方面发挥了十分重要的作用，主要有以下五个方面。

(1) 掌握关键技术。在理论分析和试验研究的基础上，确立正确的设计思想，研发具有自主知识产权的关键工程技术，如路基新结构、桥涵隧道关键技术，植被恢复与再造关键技术，电气设备选型关键参数，房屋基础、采暖及给排水关键技术等。

(2) 完善工程设计。根据试验段研究结果，对工程设计存在缺陷及时分析研究并提出完善措施，确保工程质量可靠。例如冻土路基工后沉降速率大于设计允许值时，将采取多样措施进行综合治理，地质条件特别复杂地段采用"以桥代路"方案等。

(3) 优化施工技术。针对工程试验段揭示的施工问题采取强化措施。总结成功的施工经验，形成工法，指导全线同类工程施工。例如在海拔4 300~4 700 m的高寒草原、草甸地段，人工种植成活率低的情况下，辅以喷播、覆膜等培育技术，总结出植被恢复与再造技术。

(4) 制定标准规范。通过工程试验段获得大量珍贵的技术资料和测试数据，经过反复验证逐步形成相关技术标准和施工规范（试行）。例如GSM-R施工工艺、工法，被铁道部编入《青藏铁路通信施工标准》。

(5) 培育专业人员。通过工程试验段使参加建设的工程技术人员掌握新技术的原理与方法，成为专业技术骨干。这批专业技术骨干结合实践经验推广应用新技术，培育大量的专业人员，为全线工程乃至后续建设提供丰富的技术人员储备。

第六节　竣工验收方法

青藏铁路工程既重视建设过程管理，更重视对建设成果进行系统检验和整体评价。铁路工程项目竣工验收是从建设阶段转入运营阶段的关键环节，通过对已完工程进行检查测试，考核工程项目是否达到国家批准的设计文件要求和有关标准规定、是否具备开通运营条件，体现工程合同双方的履约成果。青藏铁路工程竣工验收工作按照铁道部验收规定执行，主要包括静态验收、动态验收、初步验收、安全评估、开通运营、国家验收等，其验收程序如图 2-5-14 所示。由于初步验收与国家验收属于程序性工作，在此不做方法阐述。

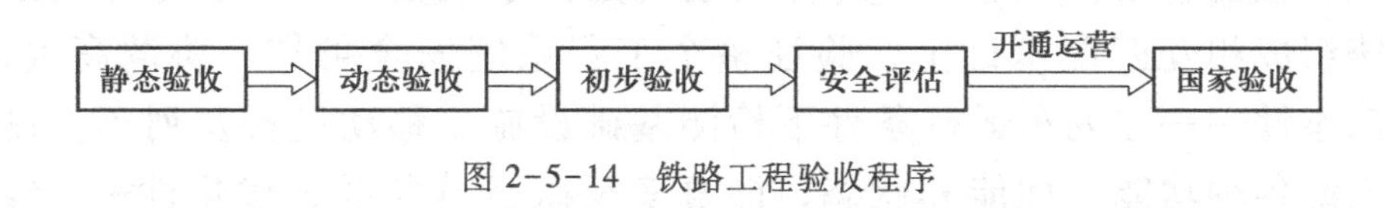

图 2-5-14　铁路工程验收程序

1 静态验收

铁路工程项目完工后，铁道部、建设单位组织项目验收工作组，对建设项目进行静态验收，确认工程是否按设计文件完成且质量合格，系统设备是否安装齐备并调试完毕。静态验收方法主要采用内业检查（内业资料全面完整性）、外业检查（观感质量、主要功能和实体质量检查）和重点抽查相结合的方式进行，包括专业现场验收和静态综合系统验收。

专业现场验收是在施工单位按照合同约定完成施工和设备安装工作并自检合格后，由项目验收工作组按照项目构成分专业、分系统对征地、环保、水保、文档等内容进行现场检查和验收。

在专业现场验收合格后，按照系统集成理念经过综合调试对项目进行静态系统检查验收工作。验收合格后，建设单位编写《静态验收报告》，包括项目专业现场检查验收和静态综合系统验收过程、存在问题及整改情况、验收结论等内容，并附相关数据和试验报告。①

2006年2月至6月，铁道部成立青藏铁路格拉段工程初验委员会，组织10个专业组对全线站前工程和站后工程进行检查，完成静态验收。质量监督部门对全线32个重点工程质量进行无损检测或破损抽查，合格率达100%。②

2 动态验收

动态验收是完成静态验收之后，在不同列车速度下对工务、电务、供电、客货服务等系统及各系统接口等进行功能性能检测，发现问题及时整改，直到质量达标满足运输需要。动态验收是对传统的静态验收方法的新发展，也是促进设备性能优化，进行系统功能验证，确保运行安全可靠的重要手段。动态验收方法包括联调联试、动态检测和运行试验，③ 其特点主要是：系统性——检验各专业系统组成相互匹配基础上，验证整个工程系统安全可靠、协调高效；动态性——在列车运行条件下检测基础设施、移动设备及列车控制系统各种功能、性能和状态，能真实反映运营状况；优化性——经过反复测试、调整使整个工程系统性能状态不断优化提升，使之适应正式运营需要。

2.1 联调联试

联调联试以青藏铁路开通运营时达到设计速度为目标，采用检测车或检测列车，对青藏铁路工务、电务、供电等专业系统的功能、性能、状态和系统间匹配关系进行综合检测、验证和调整、优化，使整体系统达到设计要求。检测车或检测列车在规定测试速度下对

① 参考《铁路建设项目竣工验收交接办法》（铁建设〔2008〕23号）。

② 参考《青藏铁路格拉段工程初验报告》（2006年6月）。

③ 参考《客货共线铁路工程竣工验收动态检测指导意见》（铁建设〔2008〕133号）。

全线各系统进行综合测试，评价和验证供变电、通信、信号、客运服务、防灾等系统功能，验证路基、轨道、道岔、桥梁、隧道等结构工程和振动噪声、声屏障、电磁兼容、综合接地及列车空气动力学等适用性；检验相关系统间接口关系；对全线各系统和整体系统进行调试、优化，使各系统和整体系统功能达到设计要求。

联调联试由测试和调整两个部分组成。测试工作要制定合理的试验方案，选择有效的检测手段，以便发现实际运转情况与设计功能的差异，查找单项测试难以发现或潜在的问题。调整工作主要结合测试发现的问题，有针对性地进行整治，有些问题需要多次精调，复杂问题甚至需要进行综合整治，以消除存在缺陷。测试与调整是相互关联的有机体，需要反复进行才能达到标准要求。

2.2 动态检测

动态检测是采用检测车或检测列车，按设计文件和技术标准要求，对列车正常运行状态下的系统功能、动态性能和系统状态进行检测、确认。例如：工务系统检测线下基础性能，轨道几何状态、轨道结构、道岔、路基、桥梁、隧道；电务系统集成性能，GSM-R通信、ITCS列控、CTC、车站联锁等；供电系统主回路性能，变电站工作状态；通信、信号、供电、道岔的远程监测和控制可靠性，以及各项车载设备运行状态等。

动态检测是对青藏铁路系统性能的综合验证与确认，一般结合联调联试工作进行。在联调联试中已经确认各相关系统功能基本达到设计要求后，对青藏铁路整体系统关键性能和功能、各系统间接口关系进行验证。特别需要关注多因素耦合作用带来的复杂影响。动态检测结果为动态验收提供了依据。

2.3 运行试验

在完成青藏铁路联调联试工作后，按运营相关规章和运行图组织列车运行试验。通过运行试验，测试运行图参数，包括全程运行时分及各区间运行时分，起停车附加时分，列车间隔时间等，为运营提供参数依据。要求设置典型故障场景进行控制演练，以检验对整个工程系统的适应性，检验出现设备故障、突发事件或自然灾害条件下的应急处理能力。

通过对青藏铁路整体系统在正常和非正常运行条件下的行车组织、客运服务以及应急救援等能力进行全面演练，对运营人员进行全面培训，对设备进行运用考验，验证青藏铁路是否具备开通运营条件。运行试验是在联调联试结束后，为正式运营严格把关的重要环节。

完成联调联试、动态检测、运行试验，验证了青藏铁路整体系统的功能和性能。铁道部通过了青藏铁路动态验收报告，运营接管部门和人员进入工作岗位。

3 安全评估

经初步验收合格，且初步验收发现的有关安全问题得到解决后，由铁道部运输部门进行项目安全评估。主要目的是对线路和设备是否满足安全运营作出评价，对运营接管单位各项准备工作（包括人员、制度、环境等）是否到位作出评价，并责成建设单位、接管使用单位完善安全措施。安全评估程序①如图 2-5-15 所示。

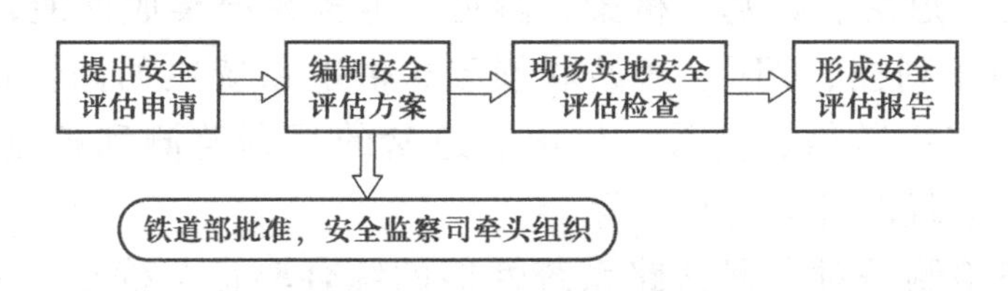

图 2-5-15 安全评估主要程序

安全评估报告是新建铁路开通运营的重要依据。2006 年 6 月 9 日至 13 日，由铁道部安全监察司牵头、有关部门参加组成安全评估组，分设车务、机务、车辆、客运、工务、电务、安全、应急预案等 11 个小组，对青藏铁路开通运营安全进行全面评估。通过检查、考核认为，线路设施稳定，控制系统可靠，管理制度完善，列车运行安全，运营准备工作合格，同意开行旅客列车。②

---

① 参考《新建铁路项目安全评估暂行办法》（铁安监〔2008〕53 号）。

② 参考《青藏线格尔木至拉萨段开行旅客列车安全评估报告》（2006 年 6 月）。

开通运营与国家验收

2006 年 7 月 1 日，青藏铁路正式开通运营。在青藏铁路安全畅通运营一年后，2007 年 7 月国家验收委员会组织青藏铁路正式验收。

国家验收委员会认为：青藏铁路格拉段在建设过程中，按照建设世界一流高原铁路的目标，创新建设管理体制、设计理念和建设技术，三大世界性工程难题攻关取得重大成果，积累了建设高原铁路的宝贵经验。开通运营以来，冻土工程基本保持稳定，运行速度达 100 km/h，创造了世界高原冻土地段铁路运行速度最高纪录。卫生保障成效显著，环境保护和水土保持全面达标，管理达到较高水平。采用先进的技术设备，运营管理人员仅 450 人（不含线路、通信等外委维修养护人员）。设备维修引入市场机制，创新铁路设备维修管理模式。工程质量安全可靠，运输能力适应沿线经济社会发展需要，实现了预期建设目标。

第七节　青藏铁路工程方法研究体悟

青藏铁路建成通车，结束了西藏不通铁路的历史，突破了进出藏的交通“瓶颈”。青藏铁路通车运营已经十余年，发挥了运输骨干作用，成为进出藏旅客运输重要方式、货物运输主力，促进了地区综合交通运输发展。青藏铁路改善了沿线地区发展环境，拓展了沿线旅游产业，带动了沿线物流业、工业和农牧业发展，为地区经济社会发展做出了突出贡献。青藏铁路提高了沿线地区城镇化水平，促进了民生改善，弘扬了西藏民族传统文化，对地区社会进步起到了促进作用。青藏铁路国民经济效益良好，包括时间节约效益，消费者费用节约效益，安全和环保节约效益，增加旅游效益，民航客运诱增效益，节能减排效益等。青藏铁路为西部大开发奠定了重要基础，为“一带一路”建设创造了有利条件，为国防建设、民族团结提供了运输保障，其影响将更加深远。

举世瞩目的青藏铁路建设，展示了铁路技术创新、管理创新的丰硕成果，体现了我国铁路工程管理的最新水平。源于青藏铁路工程实践与认识而总结凝练出的青藏铁路工程方法体系，不仅对青藏铁路工程成功建成发挥了重要保障作用，而且极具推广应用价值，对高原高寒地区铁路建设和加强我国铁路工程项目管理具有重要示范和指导作用。青藏铁路工程方法体系研究，为深入开展行业层面的铁路工程方法论研究以及宏观层面的工程方法论研究，提供了可资借鉴的宝贵经验。

第六章

桥梁工程方法论研究

桥梁工程是满足人类“行”的需求的造物活动，通过跨越自然天堑（江河湖海、峡谷沟壑）以实现社会沟通交流的目的。

近30年来，我国展开了大规模的路桥工程建设，在新建的300多万千米的公路上架起了50多万座桥梁，占我国现有桥梁总数量的80%和桥梁总长度的86%，一大批具有国际先进水平的跨江海、山谷的特大型桥梁工程相继被建造成功。黄河上已架起桥梁200余座、长江上已有桥梁150余座，这两条“母亲河”的干流上平均每30 km就有一座现代桥梁。过去以“小时”“天”计的江河轮渡和翻山越岭，被以“分钟”计的“桥面驰行”所取代。这些全天候的通道贯通了南北东西，路网由相互孤立、割裂的“局域网”联通成为统一的“广域网”，改变了“划江河分治”和“以山谷分界”的局面，产生出了巨大的经济、社会和政治效益，已经并将继续显现出深远的历史性影响。

现代特大型桥梁工程复杂程度高，工程实践中存在着数以万计的具体方法和方法集，本章以长江三角洲、珠江三角洲等地区国家重点工程和涉外项目的特大型公路桥梁项目为研究对象（如图2-6-1所示），探索全生命周期（规划—建造—运营）的工程方法与方法论。

从历史和演化上看，桥梁工程经历了“个体工程—简单协作工程—系统性工程—复杂系统性工程”的发展过程，经历了跨越“水网—江河—峡湾—海域”的技术进步。桥梁工程越来越呈现出多学科、多领域、多地界交叉融合的特点，所面对的技术和管理挑战越来越严峻，工程系统演化并内化出的“统筹、协调、集约”决策理念、“继承、发展、创新”技术演化和“综合、集成、建构”管理思维的哲学内涵越来越丰富。现代桥梁工程建设已成为在系统工程

图 2-6-1 长江三角洲、珠江三角洲等地区和涉外跨江海桥梁案例

方法指导下的一项复杂的工程系统构建活动。

与一般土木工程建筑一样，桥梁工程周期包括规划（论证与决策）、建造（设计与施工）、运营（维护与管理）三个阶段。① 建设过程充满着战略性决策思维、战术性组织实施、集团化协同管理，是典型的集战略、战术、战法为一体的工程造物活动，具有高效可持续性的效益释放特征。面对现代桥梁长达百年的全生命周期，桥梁工程建设必然要以综合集成方法论来指导工程认识与实践。

第一节 规划：论证与决策

自然界的江河、峡湾、海域把陆地隔离开来，而人类又通过建设桥梁而把被水面、沟壑隔离的地域连接起来，于是，桥梁就成为

① 限于篇幅，暂不涉及工程退役阶段。

了重要的经济和社会基础设施，造福民生，经济社会影响巨大，一些重大桥梁的建设工程更具有区域范围甚至国家范围的战略性作用和意义。

一项桥梁工程建设方案的决策，要历经路网规划研究、项目预可行性研究（立项研究）、项目工程可行性研究、总体方案概念设计和初步设计等“前期工作阶段”，亦即“规划”阶段。

桥梁工程规划的基本路径与方法是：从经济社会全局、区域整体规划、综合运输系统等宏观约束条件出发，以目标需求为导向，运用创造性、建构性的工程思维，综合考量工程技术要素和包含经济、社会、政治、文化、环境在内的非技术要素，循序渐进、逐步深化，反复比选确定工程建设方案（涵盖建设条件、工程规模、技术标准、桥位桥型、建设工期和造价等主要内容），以使最终所决策的工程方案充分体现“安全、适用、耐久、环保、经济、美观”的建设理念。

1 工程必要性论证——“交通需求”驱动工程建设供给，是桥梁建设必要性、工程规模、主要技术标准的基础性依据

桥梁绝不是孤立存在的、作为“点”工程；桥梁通过两端延伸的道路接“线”（路网），实现人类社会活动区域“面”的沟通融合，达到“空间”的扩展。从这个意义上说，桥梁工程建设的需求要协调“点、线、面”的关系，要有广域“空间”的统筹性定位。

规划工作要回答的首要问题是工程建设的必要性、技术标准和工程规模。研判的前提与基础依据是经济、社会活动所产生的交通需求量，且不仅需考虑当前的需求，还要预测未来几十年内可能增长的交通量需求，做到前瞻性预判。规划工作的核心是统筹交通与区域的经济社会发展、城乡发展，统筹公路交通与综合运输系统的发展，统筹交通与政治、文化、生态、环境的协调发展。对这些非技术要素考量得充分与否直接影响着桥梁工程的品质。因此，有必要深入开展经济社会调查、交通调查，汇总并分析历史数据，并对

未来经济社会发展趋势进行预判，做到对交通需求量的科学预测。

交通量的预测一般是以机动车 OD（起讫点）调查为基础，采用区域交通分析常用的交通发生、交通分布、交通方式划分和交通分配“四阶段预测”方法。基于交通量与经济社会发展的关系，预测通过桥梁的总交通需求量，然后以未来道路网（包括所有综合交通设施）为对象，分析出各种通道和各种运输方式的可能交通量，同时，预测出本建设项目的交通量。预测流程如图 2-6-2 所示。

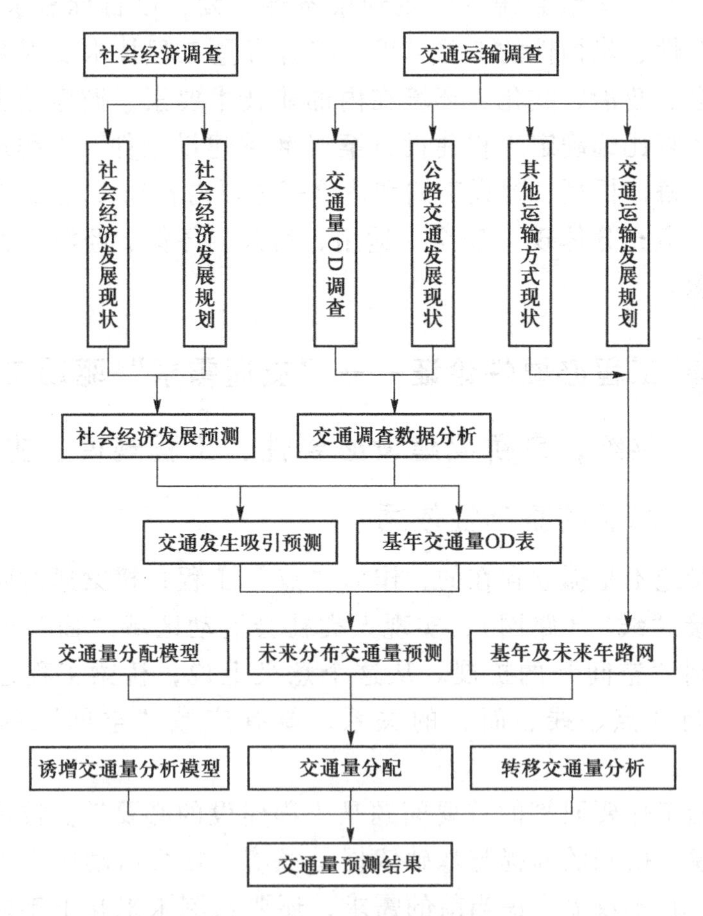

图 2-6-2 交通量预测流程

根据交通运输部现行《公路建设项目交通量预测试行办法》规定，交通量预测年限为 20 年。结合项目特点及可能的实施计划，设定几个特定年限进行预测。

交通量预测按正常交通、转移交通、诱导交通三者分别分析，三者累加形成总交通量。

交通量预测的准确度取决于经济、社会、交通发展调查样本资料的深度与广度。预测方法从“每通过一辆车放一粒黄豆”的原始手工计数方法逐步发展为今天的基于 GPS 和移动终端大数据实时监控分析的 OD 统计。预测方法的演化反映了调研技术手段、理论分析模型和统筹流量分配等方面的不断进步。

历经“定性”分析、模型计算至得出“定量”结果的交通量预测方法，不仅是工程建设必要性、紧迫性的判断依据，还是建设规模、技术标准（路线技术等级、行车道数、设计速度等主要技术指标）和效益评估的决策依据。

实例 1　江阴长江公路大桥交通量预测研究

长江三角洲是我国经济社会发展最为活跃的区域之一。20 世纪 90 年代初期，南京下游近 400 km 的长江区段仅靠轮渡沟通南北，成为严重制约经济社会发展的瓶颈。苏南、苏北的经济差异很大，形成了土地、人口“南三北七”，经济水平“南六北四”的状况。①江苏省结合公路网长远发展规划，确定了要在 2020 年前、利用 30 年时间分期建成江阴长江公路大桥、南京长江二桥、润扬长江公路大桥、南京长江三桥和苏通长江公路大桥 5 座长江公路过江通道。

从 1986 年开始规划研究至 1994 年国家批复初步设计，首座跨江大桥——江阴长江公路大桥的前期规划工作历时 8 年。研究结论提出，长江江苏河段需修建多处全天候通道，并应先行建设江阴—靖江河段通道（江阴长江公路大桥）。②

基于南北区域经济社会和交通发展的调研，江阴跨江通道交通量预测结果详见表 2-6-1。

根据功能和适应的交通量要求，公路被划分为高速和一、二、三、四级公路 5 个等级。其中，（双向）四、六、八车道高速公路

---

① 江苏省交通规划设计院．江苏省长江第二过江通道可行性研究报告［R］．1990.

② 李厚祉，蔡家范，等．江阴长江公路大桥前期工作综述［M］//江阴长江公路大桥工程建设论文集．北京：人民交通出版社，2000.

表 2-6-1 江阴跨江通道交通量预测表（1990 年编制）

单位：辆/日

年份	类目	小客	大客	小中货	大货拖挂	合计	折合小客
1995	正常	2 393	1 126	6 059	1 988	11 566	20 793
	转移	358	391	519	228	1 488	2 626
	诱增	355	167	900	296	1 718	3 081
	合计	3 098	1 684	7 478	2 512	14 772	26 446
2000	正常	3 227	1 448	7 905	2 518	15 090	26 953
	转移	470	524	695	305	1 994	3 518
	诱增	492	220	1 206	385	2 303	4 114
	合计	4 189	2 184	9 416	3 208	18 997	33 805
2015	正常	7 203	2 974	16 830	5 128	32 135	57 067
	转移	982	1 095	1 452	638	4 167	7 352
	诱增	1 079	445	2 520	768	4 812	8 545
	合计	9 264	4 514	20 802	6 534	41 114	72 964

注：各种车辆折合小客车的折算系数参照交通运输部制定的交通量调查法要求，即小客车为 1.0，大客、小中货、大货拖挂为 2.0。

应能适应的日平均交通量分别为 2.5 万~5.5 万辆（折合成小客车，下同）、4.5 万~8 万辆、6 万~10 万辆。根据预测的交通量需求，江阴长江公路大桥选择以六车道和设计速度 100 km/h 的高速公路标准建设。

江阴长江公路大桥于 1999 年建成，成为我国首座跨径超千米的桥梁工程（跨径为 1 385 m），截至 2014 年通行过桥车辆累计达 21 076 万辆（折合前的绝对数，下同），日平均交通量达到 38 495 辆，其中，2014 年日平均过桥车辆达 68 700 辆。在 2008 年我国南方遭遇的 50 年一遇的冰雪灾害中，江阴长江公路大桥日交通量陡增到 8 万辆，在整个路网交通运输困难的情况下，确保了跨江大动脉的安全畅通无阻。

当今社会已进入信息时代，通过大数据分析对反映交通量需求的因素加以挖掘、预测、参数检验，对于统筹认识桥梁工程建设的必要性和判定通道交通量、工程规模与技术标准、桥位等基础核心指标至关重要。

总之，工程必要性论证既要有正向思维引导出的普适性需求，又要有横向思维发现的潜在性需求，还要有深度思维下的创造性需求。与此同时，逆向思维下的否定性质疑也是论证不可缺少的内容。涵盖众多非技术要素的经济社会发展下的民生需求是工程造物的原动力，战略性、前瞻性、开拓性思维的需求分析是工程必要性论证的主线。

2　技术可行性论证——“权衡比选”是优化工程方案的普适方法，是构建结构、功能、效益合理化概念模型的进路

当工程建设的必要性、技术标准、建设规模确定之后，工作重心将被转移到工程可行性研究的阶段。可行性研究是建设项目论证具有决定性意义的工作，在投资决策之前，需对拟建项目进行全面的技术经济分析论证。

以土木工程技术为主体的工程可行性研究，是在水、陆、空的自然界约束条件下，在水运、车驶、空航的安全界限控制下，拟定各类可行的跨越方案，进行同深度、多指标的技术经济比较和综合优选，并确认全生命周期内工程建设的指导原则，构建出总体概念模型。

跨江通道方案并不具有唯一性，除桥梁方案外，还存在隧道方案。对不同方案在体系安全性、结构适用性、材料耐久性、建造可操作性和经济与美观的合理性等方面进行分析比较，评价各方案的优缺点，并推荐出相对较优的方案或嫁接而成的组合方案，为工程最终的决策提供定性且定量的意见。

以技术要素为主体构成的桥梁整体方案的拟定，被称为概念设计或方案设计，内容涵盖桥位选定、桥跨布设、桥型选择、结构选型、材料认定，以及美学景观的考虑、造价估算等。其重要性体现

在：明确了后续初步设计、技术设计、施工图设计和加工、制造、现场施工等工程建造全过程应遵循的指导思想与基本准则，以及工程交付运营后长达百年的有效服务中的技术需求。

权衡决策应遵循决策方法科学化、决策主体民主化、决策时间有效性、决策与实施空间一致性，以及决策表决公平性的原则。

实例 2 苏通长江公路大桥桥、隧通道方案比选

进入 21 世纪以来，南京下游江段上分别于 2005 年建成润扬长江公路大桥、2008 年建成苏通长江公路大桥。苏通长江公路大桥连接长江南岸的苏州市和北岸的南通市，大桥西距江阴长江公路大桥 82 km、东距长江入海口 108 km，当时被称为“长江第一桥”。苏通长江公路大桥是交通运输部规划的国家高速公路沈阳至海口通道（G15）和江苏省公路主骨架的重要组成部分。

桥、隧工程方案的研究与比选是跨江通道预可行性研究（简称预可）的工作重点之一。苏通跨江通道工程管理部门编制形成了“预可行性研究总报告”“桥梁工程方案研究分报告”和“隧道工程研究分报告”。研究工作从建设规模、过江结构物形式、对河道与岸线稳定性的影响、工程地质条件、区域地质（地震）稳定性、对长江航运的影响、对环境的影响、与周边交通网的协调关系、与城建及港区规划的协调关系、工程技术方案实施的可行性、设计施工技术和经验、建设周期、项目投资、经济评价及项目后期营运（通过能力、行车安全、服务水平、运营成本）等方面，对推荐的桥梁工程方案和隧道工程方案进行了综合分析、比选论证。论证认为：尽管隧道方案对通航、水利、环保等的影响小，受恶劣气候影响和限制较小，但桥梁方案与隧道方案相比，其通行能力大，行车安全性好，服务功能强，运营成本低，防灾能力强，有相对成熟的技术和施工经验，投资较小。因此，苏通跨江通道项目以采用桥梁方案为宜。①

---

① 参考江苏省交通规划设计院：《江苏省苏通长江公路大桥预可行性研究报告》。

实例 3　泰州大桥桥型方案比选

泰州大桥于 2007 年年底开工建设。大桥东距江阴长江公路大桥 57 km，西距润扬长江公路大桥 66 km。泰州大桥的前期工作主要是从城市规划、岸线利用、河势影响、通航条件、工程造价等方面对 3 个桥位方案进行了综合比较，优选出了现桥位。

泰州大桥推荐桥位处江段平面形态呈微弯，江宽相对于上下游稍窄。桥位区河床断面具有明显的 W 形特征，深泓区在右侧、其最深处河床高程为−30 m，中部相当宽的范围内床面高程约−15 m，冲淤变化主要出现在右侧深泓区的一定范围内。

桥下通航要求其净空为 760 m×50 m（主通航孔），并为船舶进出锚地留出 220 m×24 m（副通航孔，偏北）的专用航道。桥位区属长江中下游冲积平原，土质松软，覆盖层厚，基岩埋藏一般在−190 m 以下。

据此，泰州大桥可行性研究阶段拟定出 3 个桥型方案进行比选（图 2−6−3）：① 主跨 980 m 斜拉桥方案（两个主塔位于江中）；② 主跨 1 328 m 悬索桥方案（两个主塔临近岸边）；③ 三塔双千米主跨连续悬索桥方案（中间桥塔位于江中间）。由于长江下游航运繁忙、岸线港口码头众多，桥型方案选取需要尽量减少桥梁工程对船舶通航与岸线利用的干扰和影响；同时，桥位处中部水深较浅，且冲淤变化小，适合在中部设置基础。采用三塔双主跨（2×1 080 m）的悬索桥方案跨越了桥址区整个江面，使 3 个桥塔避开了深水区域，且最大限度地保护了码头岸线这个不可再生的资源，优势明显。虽然该方案造价较斜拉桥方案高，但因其有利于“黄金水道”通航，并可为两岸岸线留出足够的发展空间，符合可持续发展的理念。基于上述技术、经济、社会等方面的综合考虑，设计方案最终选定为三塔双主跨悬索桥方案，这也意味着对世界首座千米级主跨连续悬索桥技术创新的挑战。

3 个方案的技术经济比选①详见表 2−6−2。

---

① 参考江苏省交通规划设计院：《泰州公路过江通道工程可行性研究》。

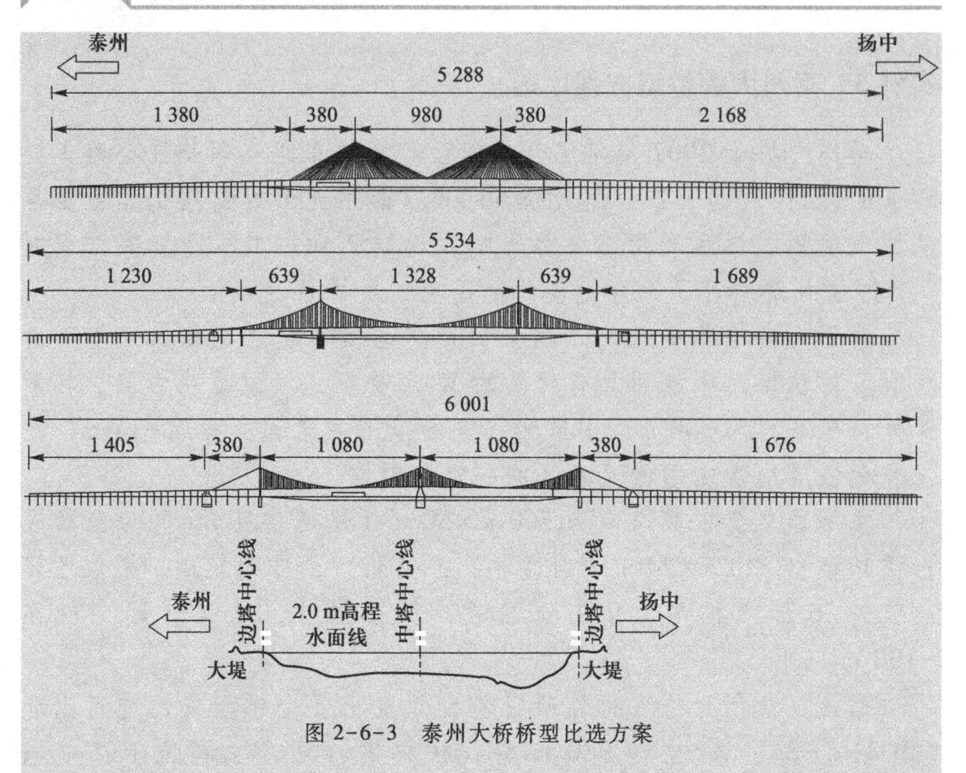

图 2-6-3 泰州大桥桥型比选方案

表 2-6-2 泰州大桥方案技术经济比较

要点方案	双塔斜拉桥	双塔悬索桥	三塔悬索桥
主跨径/m	980	1 328	2×1 080
钢主梁长/m	1 860	2 400	2 160
方案可行性	通过结构静力、动力分析，方案成立	通过结构静力、动力分析，方案成立	通过结构静力、动力分析，方案成立
设计难度	体系简单，受力明确，设计难度不大	体系简单，受力明确，设计较容易	体系略复杂，需解决的问题多，设计有创新
设计成熟程度	介于苏通长江公路大桥和南京长江二桥的建设规模之间，技术成熟	比国外同类桥型跨度小，与国内同类桥型跨度相当，技术成熟	国内外已有多座多跨悬索桥的方案研究经验，从技术角度看，方案是可行的

续表

要点方案		双塔斜拉桥	双塔悬索桥	三塔悬索桥
施工及其控制难度		规模小于在建的苏通长江公路大桥，施工及其控制难度不大	国内外均有类似工程实例，施工及其控制难度较小	受力较复杂，但依目前的技术，施工控制难度较小
施工速度		施工速度较快	主梁架设长度最长，有两个深水基础，施工速度较慢	只有一个深水基础，施工速度较快
河势影响		有较多的水中基础，对河势将产生局部影响	有两个较大的水中基础，对河势将产生局部影响	定床模型试验表明，对河势影响最小
航运影响		与现在定线制航道相符，船只进出锚地要绕行	与现在定线制航道相符，提供了宽裕的主航道通航口条件，船只进出锚地较方便	提供了宽裕的通航条件，有利于岸线开发，对船只进出锚地和通过航行警戒区的影响小
防船舶撞击安全性		船撞概率较大，船撞击力亦较大	索塔基础离航道距离远，船撞概率小，船撞力亦较小	船撞概率较小，中塔自身刚度要求基础较大，抗撞能力较强
经济性	建安费/亿元	20.32	21.38	21.14
	指标/(万元·m^{-2})	3.21	2.62	2.88
	推荐意见	拟作为比较方案	拟作为比较方案	拟作为推荐方案

实例4　港珠澳大桥桥位方案论证——外生变量对工程方案的制约与应对①

港珠澳大桥是我国继三峡工程、青藏铁路和京沪高速铁路工程

① 参考港珠澳大桥管理局、南京大学：《中国港珠澳大桥工程决策实践、经验与理论思考研究报告》，2015。

之后的又一重大基础设施工程。大桥的建设将加速粤港澳大湾区经济一体化进程，提升大珠江三角洲地区的综合竞争力，加速港澳新一轮产业结构调整，促进港澳经济持续繁荣和稳定发展，有利于粤港澳大湾区扬长避短，深化区域分工，推动内地市场体系发展，促进泛珠江三角洲地区乃至东盟自由贸易区的经济发展及广泛联系。

港珠澳大桥是跨越珠江口伶仃洋水域、连接香港-珠海-澳门三地、沟通珠江口东西两岸的陆路通道。由于工程的“一桥两制连三地”的跨界特殊性，使大桥工程重大问题的决策（不仅包含工程技术层面的专业性因素，更存在“一国两制”下的法律、政府行政管理等因素）已不能简单地套用传统的工程思维和常规方法。三地决策者群体需要根据所面临的政治、法律、经济、技术等背景差异，结合工程实际情况，研究新问题，寻找新办法，在不断的融合和探索中，通过理念创新、方法创新，实现决策分析与决策管理的创新。

大桥工程桥位方案主要包括确定大桥在三地的登陆点位置以及线位走向。桥位的选择综合考虑社会效益的长久性、经济的合理性、规划的兼容性、环境的外部性以及工程技术的可行性等，进行多方案、多因素的综合比较。根据总体规划，大桥起讫点及登陆点分别位于三地，由于大桥的建设会对三地的城市规划、交通网络布局等产生直接影响，三地政府必然会对登陆点及线位走向提出种种约束和意见，三方利益与目标的冲突增加了协调的难度；另外，大桥跨越伶仃洋，其线位方案受到区域规划、交通组织、航空、航道、河势、环保、军事及国家安全等多方面因素的影响和制约，备受国家与社会各界的关注，需要综合权衡各方案利弊，进行深度的方案比选；此外，桥位方案是投融资方案、建设管理模式选择等诸多重要决策的前提和基础，方案的变动会引发一系列连锁反应，增加新的不确定因素，甚至可能导致已形成的决策方案失效而需重新论证。因此，对桥位方案的决策必须十分谨慎、统筹兼顾。

在初步确定香港侧、澳门侧、珠海侧各自的三个登陆点备选后，理论上共出现了 3×3×3 共 27 个桥位及走线方案。通过三方政府部门对登陆点备选方案的初步优劣对比和共同商讨后，登陆点和桥位线方案被减少至 6 个，在一定程度上节约了后续研究的资源。从最初的调研与分析，到初步方案的提出与比选，再到方案的进一步调整与优化，港珠澳大桥桥位及登陆点决策历经了一步一步的迭代、调整和优化，整个决策过程是一个逐渐逼近、筛选的动态过程。

港珠澳大桥的登陆点和桥位线决策的实践表明，随着工程可行性研究的逐步深入，工程决策层级也逐渐提高。在初始阶段，仅需要三方根据自身情况权衡利弊，结合着陆点、桥位线两要素的影响和制约，筛选与收敛出可行的着陆点。这一阶段的决策主体是国家发展和改革委员会协调指导下的三地政府组成的“前期工作协调小组”。在后续阶段，因面临技术标准、建设规模、工程方案等重大事项的最终确定，需要有更高层级的决策机构进行协调。为此，由国家发展和改革委员会牵头成立了交通运输部、国务院港澳事务办公室等部委参加的“中央专责小组”开展协调工作。由此可看出，决策主体群体也是动态演化的，具有一定的柔性和拓展性。

大桥线位基本确认后，在解决全桥整体跨越方案时，需要满足两个“刚性”的约束条件。第一，伶仃洋海域船舶通航环境复杂，为保证航运畅通无阻，要留出足够的主航道宽度，水面上不得设置任何建筑物。换句话说，在这些航道范围内不能有桥梁工程，唯一可行的通道方案就是建设水下隧道。因此，桥梁与隧道要在海上实现转换，唯一可行的方案就是设置人工岛。这就是概念设计方案中“23 km 桥梁+6.7 km 隧道+两个10万 m^2 面积的海中人工岛”3项组合而成的“桥岛隧集群工程”的由来。第二，为了在珠江口外海域海床不产生因人工构造物而引发的泥沙演变，要求大桥工程水中构造物造成的“阻水率”不得超过10%。这一约束条件对桥、岛、隧水下基础工程提出了减小“阻水率”的新挑战，因此，要采用适当加大总计约200跨的非通航孔桥梁的跨径布设、减少桥墩数量、且桥墩基础大体积承台需埋入海床面以下等具体的技术手段和措施。总之，工程在概念设计阶段制定的建设原则、技术标准和整体方案会在后续的几个设计阶段中层层深入、步步细化，最终在结构设计中得以体现，在工程施工中得到具体落实。

总而言之，在研究、分析和处理工程问题时，其解决问题的路径和方案往往不是唯一的。在特定的环境条件下，诸多解决方案中“最后胜出”的方案，往往是通过综合、协调、权衡和妥协而得到的相对优化的结果，而不是单纯“逻辑演绎”的结果。在工程实践领域，工程建设者对权衡、妥协和相对较优的重要性有切实的体会，权衡比选原则和方法的重要性在工程方法论的视域下，较科学方法论、技术方法论更为突出，是工程建设所具有的普遍的共性特征。

3 规划论证决策——以“辩证统筹”方法分析处理技术性与非技术性复杂交织的矛盾问题，进行多层次统筹论证与决策，是工程规划方法论的精髓

复杂大型项目的论证要重视“不可行性论证”，特别是科学、全面的风险分析。针对土地资源、生态环保、社会稳定、工程防灾减灾与安全等风险评估，按照“迭代式”生成路径与复杂性降解等原理，对可行/不可行、造福/引祸的矛盾辩证、各方利益博弈、各要素的利弊权衡，运用战略思维，多层次、多维度、反复地协调妥协、辩证预判，努力寻求多方效益的最大公约数，进行多层次统筹，最终做出全局性、战略性的统筹集约决策。

随着工程项目规模的增大、造价的升高、利益相关方的增多，以及对环境与生态保护、融合百姓生活的美学景观要求的增多，工程可行性评估和方案比选的论证日益受到社会的重视，立项决策愈发困难，国内外不乏因方案之争议而难决、被迫搁置拖延的工程实例。辩证思维是工程决策方法论的精髓。无论是对实施具体操作的工程师，还是对项目业主（甚或地方行政长官）而言；无论是对项目的利益相关方，还是对纳税人而言，辩证思维与科学认知都显得越来越重要。

在我国的体制下，对于特大型桥梁工程立项所开展的各项论证工作，如交通量预测、登陆点及桥位、桥型比选与优化、投资效益与投融资模式等，决策主体多为政府、政府职能部门与委托代理的专业单位等。实践表明，由于决策问题自身的复杂性以及决策主体认识能力的局限性，对决策主体主观认识与决策问题客观复杂性之间差距的缩小和改进是由表及里、由此及彼、由浅入深的逼近过程，不可能一蹴而就。因此，在制定决策方案的过程中，需要进行大量的方案选择（即比对）；同时，在比对的过程中，决策主体也会逐

步提升其对复杂决策问题的认识，提高其科学决策的能力。

实例 5 港珠澳大桥规划中特殊性问题的解决

(1) 生态环保问题。

在选择了港珠澳大桥“相对较优”的桥位线后，“前所未遇”的新问题出现了——对中华白海豚的保护。中华白海豚是国家一级保护动物，有“海上大熊猫”之称。珠江口是我国中华白海豚分布最集中的水域，估计现存群体资源数量为 1 000~1 200 头。为了更好地保护这一珍稀濒危物种，香港特别行政区于 1997 年确定中华白海豚为香港回归祖国的吉祥物，并在与广东省相邻水域的沙洲、龙鼓洲建立海岸公园，保护中华白海豚。1999 年，广东省政府建立了珠江口中华白海豚自然保护区，2003 年国务院批准其升格为国家级自然保护区，总面积约 460 km^2。

由于大桥桥位线方案穿越珠江口“中华白海豚自然保护区”，与我国现行环境保护法及其相关法规存在冲突。从环境保护刚性约束出发，决策者直面桥位线可行/不可行性的问题。基于服从科学研究、用研究成果数据作为决策依据的原则，为取得大桥推荐桥位附近区域的第一手环境资料，研究者在伶仃洋海域开展了艰苦的环境调查工作。研究者沿大桥的线位布置了 6 座沉积和底栖生物采样站，垂直于线位呈 C 字形布置了 6 座用于调查生物学和水质化学的采样站，获取了大量的样本数据；在对中华白海豚的观察中，采用国际惯用的船基截线调查方法，观测截线约 450 km，调查船只以平均7~8 kn 的速度航行，运用多种分析方法，并结合香港方既往的观测数据，得到了中华白海豚群体现状的数据。

在大规模科学研究的基础上，桥位穿越保护区不利影响的减缓措施、临时调整保护区内部功能区划、生态补偿方案这三部分被整合为中华白海豚的整体保护方案。通过评价与权衡各部分的特性及相互关系，协调分目标，采取各种措施以将大桥对中华白海豚的影响降至最低程度，最终实现保障中华白海豚未来生存的总目标。桥位线是否穿越中华白海豚自然保护区的主要决策者是农业农村部渔业渔政管理局，调整保护区、生态补偿的主要决策者是三地政府。

中华白海豚保护决策历经4年时间，通过反复论证和博弈，桥位线与保护区调整方案和生态补偿方案不断被完善，逐渐形成一个有科学依据的各方都接受的方案。分析表明，大桥工程对中华白海豚产生的不利影响不可避免，但是通过对不利影响的减缓措施，可以将大桥对中华白海豚的负面影响降至最低水平，大桥建设基本不会对珠江口中华白海豚物种产生影响；通过施工期间临时调整保护区功能划分的方案消除了法律上的障碍；通过生态补偿提高了水域生产力，可以建造对白海豚生存有利的生存环境。

实践表明，凡是涉及工程与生态、环境、经济、社会等不同领域的矛盾冲突时，多领域专家共同参与能够保证决策的专业性和科学性；同时，不同领域的政府部门形成决策权力的制衡，可以避免单一领域专家、单一部门决策的弊病。

(2) 口岸设置与查验模式问题。

大桥连接香港、澳门、珠海三地，根据三地边界管制、海关通关情况，必须设置可供三地进行查验的口岸，口岸模式的决策又是一个全新的复杂过程，特别是口岸决策涉及三地的法律问题，增加了决策难度。

口岸布设方式共有“一地三检”、两个“一地两检”和“三地三检”3种方式。“一地三检”是指在同一地点（如珠海）建设三地联合查验的口岸，但三地的口岸管区均相对独立；两个“一地两检”是指在大桥靠近澳门、珠海的地方分别建设两个独立的口岸区(可填筑两个独立的人工岛)，即香港/澳门口岸、香港/珠海口岸；“三地三检”是指大桥在香港、珠海、澳门的登陆点处，在各自的辖区内分别建三个独立口岸，以港珠澳大桥连接三地口岸。

研究发现，两个“一地两检”模式的口岸工程量增加较大，且不便于整合利用管理资源，因此被首先否决。进而，国家相关部门以及三地政府对口岸布设的“一地三检”和“三地三检”方式表达了不同的看法。进一步研究发现，“一地三检”模式存在许多实际障碍，通过在内地（一地三检口岸区）成立香港、澳门“特定管理区”，需要将香港口岸至粤、港海域分界线内海域上的一段桥面及其指定的向上空间交由香港管辖，将澳门口岸至粤、澳分界线内地海域上的一段桥面及其指定的向上空间交由澳门管辖，即引发了三地司法管辖权的调整；而且，由于三地分别建设自己区域内的桥段，将会造成内地、香港、澳门三套建设标准并存，大桥离开珠海口岸的部分（特别是主体工程段）在运营、养护和维修过程中易引发管理及司法管辖方面的混淆。从法律特别是司法管辖权来审视，“一地三检”存在较大问题，且无先例可循。因此，大桥最终决策选择“三地三检”口岸查验模式。

纵观大桥口岸专题的研究，从 2004 年提出到 2008 年年底可行性报告报批，共花费 4 年多时间，研究过程饱含严谨的态度、科学的认证和民主的精神。

在明确工程建设的民生必要性和技术可行性，以及各种风险评估、利益博弈、利弊权衡论证的同时，前期工作的重要内容还包括建设资金的筹措。众所周知，基础设施建设需要资金支持：从 30 年前花费几百万、几千万元的单个跨水网桥梁，到 20 年前投入几亿、十几亿元的简单协作跨江河桥梁，再到 10 年前耗资几十亿、过百亿元的跨峡湾的工程巨系统，直到如今需要数百亿、近千亿元支持的跨海集群复杂工程系统，随着建设项目规模与技术难度的增加，建设资金的数额也持续增长。因此，选择合理的投融资方法、确认资金筹措渠道是解决需求与目标间矛盾的重要论证内容。资金来源不落实，工程就无法启动，因此资金筹措问题具有重要的“一票否决性”。

实例 6　广州—珠海公路四座大桥“贷款修路，收费还贷”的首次实践

20 世纪 80 年代初期，为发展经济、突破水网对交通的阻隔，广东省在政府财政难以满足建设需求的情况下，迈出了筹资贷款建设广州—珠海公路四座大桥的第一步（图 2-6-4）。1984 年建成通车时，交通部赠送锦旗，写着“桥梁建设的创举”。国务院在同年出台了“贷款修路，收费还贷”的政策。这一举措突破了旧有计划经济体制下的政府单一投资模式，破解了建设资金筹措的难题，支撑起了此后中国高速公路网络和跨江海桥梁群的建设，对全国基础设施发展具有深远的意义。

關於貸款建設廣珠公路四座大橋協議書

（摘要）

图 2-6-4 广州—珠海公路四座大桥“贷款修路”的首次实践

国内外普遍认为，“贷款修路，收费还贷”的融资政策是促进与保障中国公路交通事业发展的成功政策。

作为国家重要的工程项目，特大型桥梁工程现阶段的资金筹措方式主要是由政府出资作为项目资本金（一般占工程造价的35%），其余部分由国内外金融机构贷款而得，工程投入运营后收取通行费以逐年偿还贷款。随着时代的进步，桥梁工程建设投融资方法也在不断发展，例如BOT（build-operate-transfer）的特许经营类模式，即由政府向私人机构颁布特许权，允许其筹集资金建设工程并在一定时期内对该设施进行管理和经营（允许收费），到期后移交回政府。近年来，国内外流行的PPP（public-private-partnership）公私合作类项目融资模式，鼓励私营企业、民营资本与政府合作，参与公共基础设施的建设。

无论何种类型的投融资模式，在工程实践中都有可能面临新问题，应当通过对具体问题具体分析，探索出利益相关方都可接受的解决方案，以推动投融资方法的不断创新。

实例 7 港珠澳大桥投融资问题

工程投融资决策在前期规划工作中具有重要的意义。项目投融资决策取决于投资者的投资价值取向、对投资效益的期望和对投资风险的评估，还取决于项目所在地区经济社会环境、项目投资规模、项目投资者的能力等因素。

港珠澳大桥的投融资决策难点主要在于：港珠澳大桥属于三地联合投资项目，且投融资额巨大，在确定主体工程资本金投融资模式的同时，还需确定三地的投资责任分摊比例。大桥的前期投融资方案深刻反映出了两种经济体制、多主体合作、超大规模跨界工程的特殊性、复杂性和艰难性。在“均衡投融资决策主体利益”的指导思想下，大桥投资责任分摊的可能方式有 4 种：三地均摊原则、属地分摊原则、获益对等分摊原则和效益费用比相同分摊原则。

对 4 种分摊原则分析后发现，“三地均摊原则”下香港和内地的经济内部收益率较高，而澳门的经济内部收益率远小于其社会折现率，说明此分摊原则下澳门承担的费用比例较高，因此，“三地均摊原则”不可行。同样地，“属地分摊原则”和“获益对等分摊原则”均会使三方中一方的利益受损，这两种分摊原则也不可行。“效益费用比相同分摊原则”保证了三方相同的投资效益，可以实现三方共赢。在前期工作协调小组会议上，三地政府一致同意按“效益费用比相同分摊原则”计算三地在大桥主体工程段的投资比例，而各自的口岸和连接线则由属地政府自行负责投资建设。定性与定量方法适时、适事的运用，使大桥投融资决策这一具有挑战性的问题得以顺利解决。

随着可持续发展理念深入人心和生活品位的不断提高，民众对桥梁工程的“品质”有了更高的需求，突出表现在对“美观”的要求上。桥梁方案论证、比选和决策的内容之一。

有人认为，“工程美”往往是通过工程活动中所涉及事务的外在形式来表达的，但是，这还不够，“工程美”要充分地表达“和谐、愉悦的感受”，它应该是外在形式与内在功能的有机结合。

追求工程的功能效用性与追求形式完美性是一致的，只有当两者有机结合起来，才能更好地实现工程设计的总体理念和最终目标。工程的结构合理性、整体运行有效性与完善性，工程与周围环境之间的融合关系等，既是衡量该项目是否成功的标准，也是工程美的具体表现方面。但不顾工程结构合理性而一味追求所谓“奇异”的设计会受到民众的排斥。

虽然，追求与环境相和谐的“自然美”是大众的“共识”，但当对工程的“标志性”意义有特殊需求时，往往会增加工程造价。国际上一般有不超过工程总价10%～15%的掌控标准，但也有地区公民投票决定取舍的做法。

总之，任何工程，无论规模大小，都应该体现功能与形式的完美统一。在工程评价时片面强调使用功能而忽视外形美观以及片面强调形式美而忽视功能都是不合理的。

决策问题的非结构化，外部环境的不确定性、动态性，以及决策主体能力的不足是导致决策复杂性的几个关键因素。运用综合集成方法论确定的从定性到定量、有效分解与综合，以及比对、逼近、收敛的决策技术路线，能够有效降低决策问题的非结构化与不确定程度，信息知识平台（各种模型库、知识库等）的建立以及“人机结合、以人为主”能够有效发挥智能优势、集成优势，提高决策主体应对决策复杂性的能力。

综上所述，大量工程实践表明，桥梁工程建设的规划工作质量与工程成败、品质优劣、效益好坏等具有高度相关性。

工程规划是在一定的经济、社会条件下，对诸多影响工程的要素集成和优化的过程，实现了技术要素和非技术要素的统筹，因此可以说“辩证统筹”是工程规划方法论的精髓。从工程管理者的视角来看，规划工作的辩证统筹思维与方法存在以下“三大”要点。

一是“辩证统筹”要具有“大战略”思维。所谓的“大战略”思维，不是着眼于一时一地微观、局部、部分的得失，而是要放眼于覆盖工程全生命周期的宏观、全局、整体性的可持续发展过程。

二是“辩证统筹”要体现“大工程”理念。所谓的“大工程”理念，不是计较体量上的大小，而是工程思维要具有足够的视野广度、主体与客体（工程共同体与工程实践）统一的理念高度以及工程成败辨识的深度。

三是“辩证统筹”要依托“大数据”技术。所谓的“大数据”技术，是在调查、采集“海量”数据的基础上，通过各种“建模计算”方法进行分析、辨识，解读出不仅是定性更重要是定量的判断，提炼出符合实践规律的可靠结论。

简言之，“辩证统筹”就是整体论、系统论、辩证论下的分析与综合，比选与优化，这一基本原则体现了对复杂系统的全局把握与工程思维。按照“宏观经济效益可持续、概念设计方案合理可行、环境社会安全风险可控”的理念，统筹、集成技术要素与非技术要素，融合工程与经济社会、工程与科学技术、工程与和谐文化，以期达到通过“造物”实现“造福”的工程目标。

第二节　建造：设计与施工

工程最基本的属性在于它的实践性。世界上不存在两项建设条件完全相同的工程，也不可能有一项工程可以完全照搬其他工程的做法，每项工程都必须根据当时当地的条件，结合自身特点进行不同程度的改变。工程的建造要在具体项目层面走出具有个体特性的技术进步之路。

工程方法是随时代发展而演变的，直接反映了不同时代生产力与生产关系的变化。不同的时代有不同的理念，有不同的技术和认识水平，时代的更迭推动工程方法与时俱进。总体而言，工程方法的演变朝着结构化、功能化、效率化、程序化、协同化、和谐化的方向发展。

众所周知，我国曾拥有以赵州桥为代表的古代桥梁文明，而自18世纪中期英国工业革命与炼钢法发明之后的近两个世纪，欧美国家“领跑”了世界桥梁技术的发展，涌现出了一批在理论与分析、体系与结构、材料与连接、工艺与机具等方面具有开拓意义的桥梁工程，奠定了桥梁工程理论、标准与管理的基础。桥梁工程突破了木、石、混凝土材料的束缚，铸铁、熟铁、钢和混凝土、钢筋混凝土、预应力混凝土等材料得到了创新发展，钢桁架式结构曾在大跨径桥梁中扮演了长达一个世纪的主角。① 中国人设计与监造的第一座现代化大桥是1937年建成的钱塘江大桥，随后，我国在1957年与1968年先后建设了具有自力更生标志性意义的武汉长江大桥与南京长江大桥两座长江公铁大桥。在世纪之交伴随着经济社会持续发展的30年中，中国桥梁实现了从“学习与追赶”到“提高与紧跟”再到“创新与超越”的技术进步，在梁式、拱式、斜拉式和悬索式4种类型的最大跨径桥梁工程中，中国桥梁占据了“半壁江山”，荣获了各类国际桥梁奖项，为世界桥梁技术进步做出了中国贡献。

桥梁建造不允许失败，工程建造要确保“万无一失”。桥梁建造技术是伴随着“精益求精”的理念而逐步得到发展的，结构设计的“精准”、建造技术的“精细”、管理方法的“精益”提高了工程的品质。

1 三阶段式设计——“创造性设计”是工程理念转化为工程实体的关键环节，是实现功能定位契合千变万化工程现场实况的创造性智力劳作

桥梁工程属于土木工程领域，桥梁构造物的基本功能是承受桥上的车辆荷载。由于工程置身于大自然，因此还受到气象、水文、地质等环境的影响。例如，对于东南沿海三角洲地区的跨江海桥梁，工程实体要具有“抗风、抗震、抗船撞”和“防冲刷、防腐蚀、防疲劳”的能力。

桥梁分为梁式、拱式和缆索承重式（包括斜拉式和悬索式）3种类型。桥梁工程一般划分为下部工程与上部工程两大组成部分，其下部工程的基础与墩台“扎根于大地，挺立于水中”，依托岩土工程、水工工程等知识与理论支撑；上部工程通过梁、拱、索等结构实现空间跨越，依托结构工程的知识与理论支撑。桥梁结构要满足静态、动态荷载作用下的“强度、刚度、稳定性”要求，以及构件之间变形的协调一致。稳定平衡和变形协调的力学原理是桥梁工程理论的精髓。

---

① 凤懋润，赵正松．中国路桥工程复兴之路的理性认识[J]．中国工程科学，2013，15（11）：36-43.

工程设计的成果是蓝图，是工程建造的依据。工程设计是工程品质的灵魂，是工程师因地制宜发挥经验与才智，体现可持续发展理念的创新舞台。从古代工匠凭借大自然的启示和个体悟性，用石木砌筑小桥起步发展到今天，桥梁设计已经成为集现代工程理论、材料科学、综合技术手段为一体，并依靠群体性协作进行渐进式创新的实践活动。

桥梁设计文件是建设项目审批、投资控制、招标文件编制、施工组织、竣工验收和运营期检测、维护的重要依据。设计文件按照基本建设程序、管理办法、项目批准文件，以及有关标准、规范、规程进行编制。

技术复杂的桥梁项目按照三阶段开展设计，即初步设计、技术设计和施工图设计。初步设计的目的是基本确定设计方案；技术设计则解决重大、复杂的关键技术难题；施工图设计详细确定总体设计、主桥、引桥、接线工程等设计方案、结构类型及施工详图，同时，确定全线环境保护措施及实施方案、结构耐久性与桥梁景观设计实施方案，明确桥梁安全风险分析结论与对策措施。设计工作的要点是通过方案比选确定合理的设计方案。各比选方案应进行同等深度的技术、经济（全生命周期成本）等多方面的比选。

实例1　泰州大桥上部工程和下部工程设计

(1) 上部工程体系、结构、材料方案的选择。

泰州大桥经过前期的论证与决策，主桥采用2×1 080 m的三塔连续悬索桥方案。

三塔悬索桥与常规双塔悬索桥的区别在于体系的不同，设计难点在于处理中间桥塔顺桥向的可挠性，以保持极端（不对称）荷载条件下主缆水平拉力的平衡传递问题。换句话说，掌控中间桥塔的力学行为和纵向刚度是三塔悬索桥体系的技术突破点。

泰州大桥的设计工作由研究三塔悬索桥的静力、动力特性开始，查明在各种工况下的受力变形特征，找出控制性工况下结构之间的约束关系，探明从总体上解决技术问题的途径、找出最佳的设计参数，选取最合理的结构支撑体系。

设计中比较了顺桥向A形、人字形、独柱形3种中塔结构（图2-6-5），以及钢筋混凝土、钢结构和钢/混组合3种中塔材料的适应程度，结合设计目标，最终选定了纵向人字形的钢结构中塔。

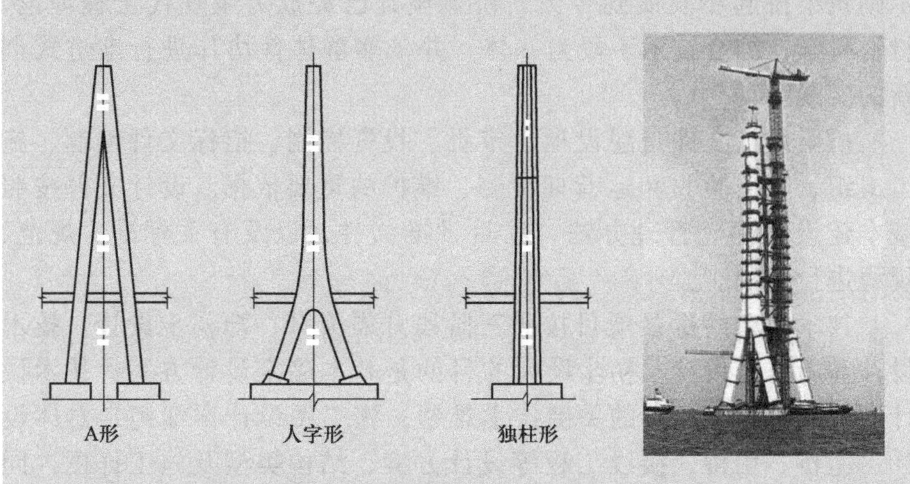

图 2-6-5 三塔连续悬索桥中塔塔形比选及泰州大桥人字形中塔

顺桥向人字形中塔在分叉点以上是单柱结构，分叉点以下为双柱，通过调整分叉点高度、塔柱张开量和柱体截面尺寸实现中塔纵向刚度的调节，以兼顾中塔纵向刚度和主缆抗滑移安全度的要求。① 与钢筋混凝土结构、钢/混组合结构相比，钢结构的适应变形能力强，特别是分叉点以上的独柱结构具备较好的可挠性，改善了中塔的受力；由于降低了极端工况下中塔两侧主缆拉力的不平衡差值，主缆与中塔顶部鞍座之间的抗滑移问题得以妥善解决。

基于理论分析和科学实验研究的泰州大桥最终选定了顺桥向人字形、横桥向门式框架形的全钢结构中塔，总高度200 m，用钢量达到13 000 t。

泰州大桥建成之后，我国又建设了多座各具技术特色的三塔悬索桥，依据每座桥的建设条件和技术要求，在体系与结构、材料与构造等方面做出了新的探索。

---

① 杨进，徐恭义，韩大章，等. 泰州长江公路大桥三塔两跨悬索桥总体设计与结构选型[J]. 桥梁建设，2008（1）：37-40.

（2）下部工程沉井基础的方案选择和施工实践反馈。

泰州大桥中塔坐落于江中的水下地基之上，基础的刚度及稳定性直接关系到其上主塔的力学行为，基础类型选择与施工安全性考量成为本桥设计需解决的关键性技术难点。

经过群桩基础与整体式沉井基础的比选，本桥最终选择了平面尺寸为 58 m×44 m、总高度 76 m 的圆角型矩形沉井，将沉入 19 m 深水和 55 m 河床覆盖层中。

实践中，设计方案的比选确定，还要考虑实施的可实现性。泰州大桥中塔沉井体量为当时国内最大，施工难度前所未遇：受水文、气象、航运、冲刷等综合因素影响，沉井精确定位、着床等难度大；受水流及河床局部冲刷影响，在下沉过程中可能会发生突沉、倾斜、扭转，沉井几何姿态控制难度增大；沉井下沉到接近设计标高时下沉系数仍然较大，若采用常规陆上施工清基封底的方式，则有可能引起超沉。

为此，开展了水中沉井施工关键技术的研究，包括：掌控施工期河床冲淤变化，制定沉井下沉施工预案；38 m 高大型钢壳沉井浮运技术和稳定性保障；沉井精确调位、定位，平稳着床技术；沉井稳定下沉、安全封底技术；沉井下沉数字化动态监控技术（实时掌控沉井几何姿态及物理参数）等。

泰州大桥从沉井入水浮运到定位、着床、接高、下沉、清基、封底完成历时 14 个月（图 2-6-6），终沉后刃脚标高、平面偏位、扭角、倾斜度都满足了设计要求（表 2-6-3）。

图 2-6-6　泰州大桥沉井施工

表 2-6-3 沉井终沉几何状态①

序号	项目		允许偏差	封底前状态	封底后状态
1	平面偏位	沉井顶	≤50 cm	偏上游 11.4 cm; 偏南 2.4 cm	偏上游 12.7 cm; 偏南 6.5 cm
		沉井底	≤50 cm	偏上游 28.4 cm; 偏南 14.4 cm	偏上游 29.8 cm; 偏南 18.4 cm
2	垂直度	i_x	≤1/150	1/630	1/638
		i_y	≤1/150	1/444.1	1/444.1
		整体垂直度	≤1/150	1/363	1/364.5
3	扭角		≤1°	10.8′	14.9′

泰州大桥因技术创新获得了国际桥梁协会 2014 年度“杰出结构工程大奖”，获奖评价为“泰州大桥创造了跨越长大距离的工程建设新突破，引领了多塔连续长大悬索桥建设新时代”。此外，英国结构工程师协会将 2013 年结构工程上的最高奖项授予了泰州大桥，并评价泰州大桥取得了非凡的成就。工程实践证明，今天的创新技术将是明天广为使用的先进技术，创新助推着土木工程的跨越式演化。

如上所述，方案比选是设计的重头戏。无论是总体设计、工程的构件设计还是连接细部构造的设计，均要在选择时对多个方案进行比较和权衡。实践表明，工程创新性活动中既要考虑技术要素，也要顾及非技术要素。在出现两个方案都合理、可行的情况时，最后的抉择就取决于安全风险的可控性和具体施工单位的经验、装备、实力等要素。

① 参考泰州大桥建设指挥部：《泰州长江大桥沉井基础施工》。

实例2 苏通长江公路大桥基础方案和比选——创新设计与施工风险考量

按照通航净空要求，经过前期方案研究和初步设计多方案比选，苏通长江公路大桥最终选定主桥为1 088 m跨径的斜拉桥方案，这意味着苏通长江公路大桥将超越当时的世界纪录——890 m跨径的日本多多罗大桥，成为国际上首座跨径超过千米的斜拉桥。

苏通长江公路大桥300 m高的桥塔通过68对（136根）斜拉索拉住桥面钢箱梁，桥塔承受总计20万t的竖向力，这些力经由塔下基础传递至地基（基础的自重也将达到20万t级）。此外，基础还要计及水平向1.3万t的船舶撞击力。

大桥建设面对的第一道难题是：桥梁基础坐落在270 m厚的软弱覆盖层中，该软土层由长江水中夹带的泥沙逐年淤积而成（第四系冲积层），因此，基础工程的稳定性就成为无法回避的挑战。

为此，基础工程设计提出了两个方案：① 整体沉井方案，沉井顶口尺寸88 m×44 m，底口78 m×40 m，平面面积相当于9个篮球场，沉井高90 m，相当于30层高楼；② 群桩基础方案，每座塔基由131根变直径钻孔灌注桩组成，直径2.8 m/2.5 m，平均桩长120 m，桩顶有114 m×48 m承台（平面面积相当于13个篮球场）将群桩联系起来整合承力，并采取桩端压浆工艺提高桩的承载力。两个基础方案的实体体量都属世界最大型之一，工程的技术含量与施工难度均为国际先进水平，体现出了集成创新性。经由国内外权威专家咨询会议评议，两种基础方案均是合理的和可行的。

事实上，两个方案各有优缺利弊：沉井方案整体性好、刚度大，但在长江江口区段流速大、地基软、冲刷深度达29 m的工况下，沉井下沉垂直精度难以控制，偏斜与突降的施工风险很大；群桩方案是单根桩施工，风险易于控制，施工队伍具有百米长桩施工经验和机具设备。方案比选时，基于具体问题具体分析的认识论、成功把握来自经验积累的实践论和不允许失败的风险分析理念相结合的辩证思维，按照施工风险可控性的基本原则思辨，最终选择了超大型群桩方案，将整体风险化解为局部风险，将难于控制的风险化解为可控风险。

经过长达两年的精心施工，总计262根长桩全部达到优良目标，超大规模群桩基础建设成功（图2-6-7）。

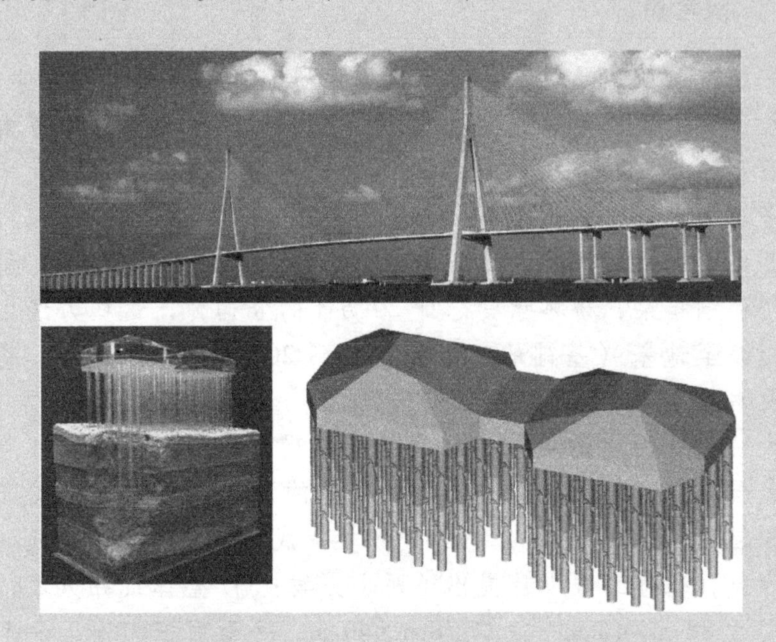

图2-6-7 苏通长江公路大桥主桥和群桩基础示意

苏通长江公路大桥作为世界上首座跨径超过千米的斜拉桥，获得了国家科学技术进步奖一等奖、美国土木工程师学会等授予的多项国际奖项，为世界斜拉桥的技术进步做出了重要贡献。

建设者对桥梁工程的技术创新有着切实的认识，即工程建设不是为创新而创新，而是为了解决自然界的各种新难题而不得不创新。以最新的技术实现更大的跨越始终是桥梁技术发展的主题。特殊结构桥梁根据工程设计的需要总是提前开展科学技术研究，在科研的基础上开展创新活动。

实例3 港珠澳大桥大圆筒快速成岛技术——生态保护驱动创新

港珠澳大桥设有两座离岸的人工岛，实现了水下隧道与桥梁工程相互连接并转换场地的功能。这两座人工岛长度为625 m，最宽处分别为 183 m 和 225 m，面积各约 10 万 m^2。岛壁建设按照常规抛石围岛作业方法，需两年时间，而且施工中需上万艘次船只运送砂石，对施工现场周围中华白海豚的干扰很大。工程创新性地采用了直径 22 m 的钢结构大圆筒作为护壁结构的新技术（图 2-6-8）。

图 2-6-8 港珠澳大桥大圆筒护壁筑岛施工

由工厂加工制造的 40~50 m 高的大圆筒通过专用船只直接运到施工现场，平均 2.5 天震动插打下沉一个，创造了 7.5 个月完成 120 个圆筒围筑两岛的纪录，较世界上常规抛石围岛作业缩短了 1.5 年工期。大圆筒快速成岛技术是筑岛工程实践的重要创新，是缩短现场施工时间、减少施工现场风险、保护现场施工环境的一次成功实践。这一工法最大限度地降低了施工给中华白海豚带来的干扰，有效实现了在施工海域保护中华白海豚的目标。

桥梁工程体系、结构、构造、材料、连接等技术进步支撑起工程设计的新发展。结构工程技术进步的历史表明，结构力学理论与计算分析技术的提高（有限元计算分析技术）使得工程师对静、动荷载作用下结构的力学与变形行为越来越“了如指掌、一清二楚”。精准的理论分析保证了结构安全、体系稳定的基本需求，为设计奠定了基础。

按照工程全生命周期设计的理念，桥梁生命周期的成本应该包括从规划、设计、建造、使用、维护，到最终拆除的全过程期间可能发生的总成本，因此，要建立起“全生命成本优化”的概念，以工程全生命周期内的综合效益成本最优为目标。基于此，在设计阶段就应一并考虑工程建成后养护、维修和管理的问题，力求达到总体资源消耗最小的目的。降低初期建设成本不能以增加后期维修成本为代价，要克服追求建造成本较低而招致服务维护期高额养管费用的弊病。[①] 设计工程师要考虑维护工作的“可到达、可检查、可维修、可更换”需求。事实上，这些原则都应该在设计中得到体现，在建造中得以落实。

2 集零为整式施工——“精细化建造”是工程分解与重构的核心原则，是锻造精品工程亘古不变的方法，是工程安全和耐久的根本保障

土木工程是在大自然环境下进行的造物活动，建造本身就是挑战自然。“化整为零”（分解工程整体为节段/构件、零件）再“集零为整”（整合零件、构件为工程整体）是土木工程建造的通用方法，古代工匠就是通过在土胎（堆）上或木支架上砌筑一块块的石料来建造桥梁。随着桥梁跨距的需求越来越大，在支架上建桥的方法已行不通，现实情况中许多地方也无法搭建支撑物。需求牵引、难题导向、实践创新是工程建设的内在原动力。在工程造物的历史进程中，先进的方法不断被创造出来，同时落后的方法被淘汰，针对不同的各类具体工程，建设者不断集成有效的方法，组成方法集（工程界也称为工法或成套方法）应用于工程实践。例如，在预应力技术的支撑下，20 世纪中叶“节段悬臂工法”应运而生，随后挂篮施工、缆索吊装等不断更新的工艺、工法推动着桥梁技术的新发展。

体量硕大、挺拔高耸、纤柔细长的各类桥梁结构都是先划分成节段筑制（或现场浇筑，或工厂预制），而后逐节连接成整体。这一过程蕴涵了“分解”与“重构”、“还原”与“整体”的哲理。现代桥梁工程的演化史就是由“小”单元到“大”构件、由“分体”加工到“整体”建造。为了工程品质的提升，工程演化走出了

① 凤懋润．中国的跨江海桥梁建设工程：成就、创新及管理实践[J]．工程研究——跨学科视野中的工程，2013，5（1）：35-52.

理念、技术、管理不断追求精细的进步过程，其发展永无止境。

实例 4 港珠澳大桥桥梁工程“工业化”的探索与实践

在港珠澳大桥集群工程中，桥梁长度有 23 km，共有 135 孔 110 m 跨径的整体式全钢结构箱梁，和 74 孔（分幅式 148 片）85 m 跨径混凝土面板/钢结构梁的组合梁。桥梁梁体用钢总量达到 42.5 万 t，等同于 10 座“鸟巢”、8 座苏通长江公路大桥和 12 座香港昂船洲大桥钢结构的工程量。由于大桥设计使用寿命为 120 年（与英国 BS 标准一致），因此对钢梁质量要求很高。在工期上，香港昂船洲大桥 3 万 t 钢梁制造用时 3 年，而在同等质量标准要求下，港珠澳大桥要在同样时间内完成 42.5 万 t 的钢梁制造。钢结构加工制造的质量一致性（稳定性）是港珠澳大桥面临的前所未有的严峻挑战。

钢箱梁的加工制造由最小的板单元加工开始（图 2-6-9）。当时，国内桥梁钢结构制造企业的板单元下料、组装、焊接等关键工序主要依靠手工或半机械化作业，自动化水平低，钢梁质量受焊工水平和机械设备的制约，质量稳定性较差，生产效率较低。而且，短时间内无法组织起足够的高水平一线焊工，更无法保证焊工在完成如此大数量的钢梁焊接任务中，始终保持稳定的高质量。此外，对于钢箱梁的整体拼装，除人力方面要保证足够数量的高素质一线工人外，同时还要尽可能地避免天气等环境因素及开放式生产方式对工程的不利影响。

港珠澳大桥钢梁制造唯一的出路是基于“大型化、标准化、工厂化、装配化”的理念，走“工业化”制造之路。港珠澳大桥钢梁制造工厂化、自动化与智能化技术创新的决策和实践，不仅有力保证了大桥钢箱梁质量的高标准、稳定性与制造进度要求，而且有力地推动了中国钢结构制造行业的技术进步（图 2-6-10）。

大桥钢箱梁制造“工业化”实践的内核是精细化的提升。“精细”是工程安全和耐久的根本保障，是对工程品质的无止境的追求。加工、制造、建造工艺的发展史就是由“粗放”到“精细”的过程。从人的手工劳作发展到机器加工，从自动化生产到智能化制造，产品质量有了“质”的提升。

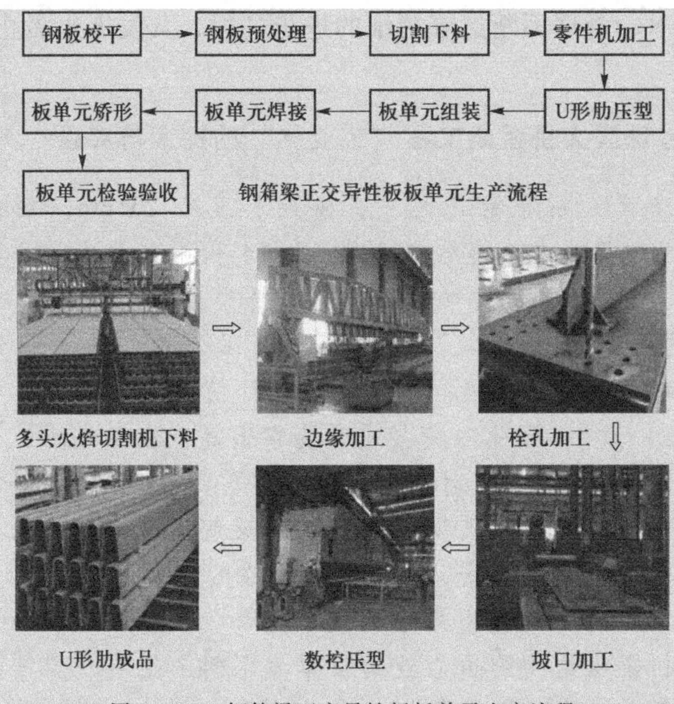

图 2-6-9 钢箱梁正交异性板板单元生产流程

图 2-6-10 钢箱梁结构的现场拼装

无论是大桥建造，还是构件制造，“标准、程序、控制”是精细化建造的三个管理点。“高标准，细程序，严监控”是高品质产品制作方法的要点。从中国制造企业承担美国旧金山新海湾大桥4.5万t钢塔、钢箱梁结构制造的实践中，可以对比得到切实的体会和“刻骨铭心”的启示。

实例5　美国旧金山新海湾大桥工程“高标准、细程序、严监控”的启示

美国旧金山新海湾大桥是一座自锚式悬索桥，设计使用寿命为150年，抗震等级为8级，是世界上标准最高的桥梁工程。因此，对钢结构设计与加工制造有着“极高标准、极细程序、极严监控”的要求（图2-6-11）。

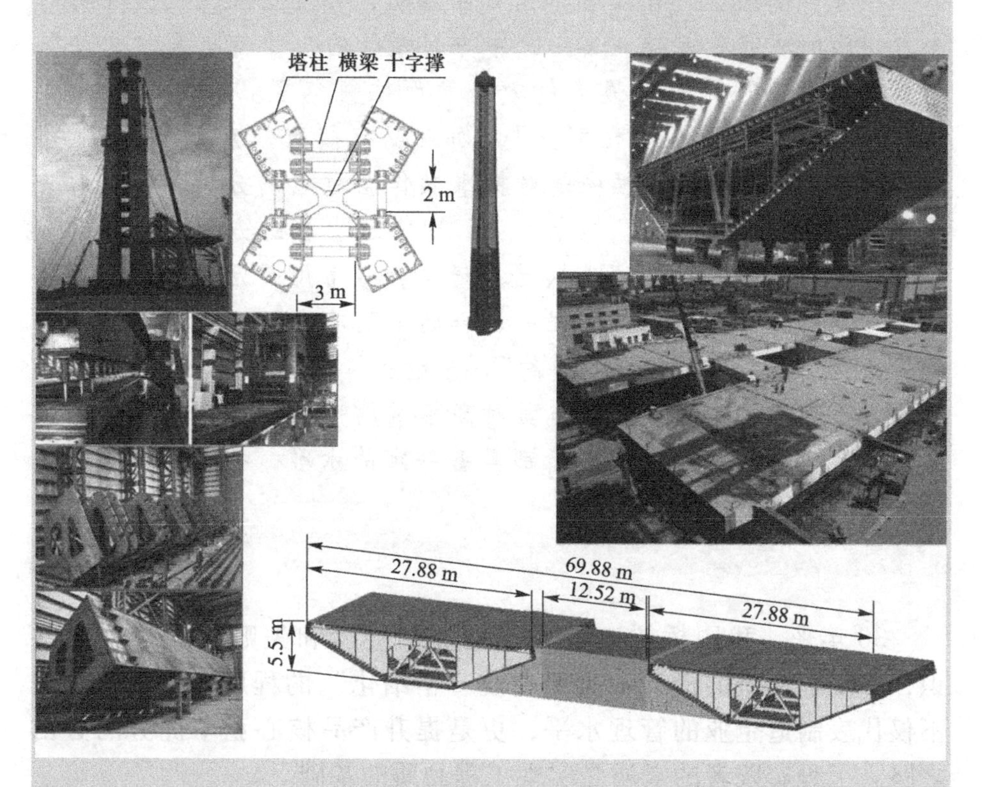

图2-6-11　美国旧金山新海湾大桥钢塔、钢箱梁结构加工制造

总计 4.5 万 t 的钢结构在我国长江口长兴岛上的工厂加工制造，大型钢塔、钢箱梁的节段和施工用浮吊装备等分 8 批装船横渡太平洋，先后运往美国西海岸的旧金山海湾桥梁工地，再由美国工人完成拼装架设。在中国完成的焊缝总计 100 万条，累计长度超过 1 000 km。按照美国总包方的质量管理制度，焊接质量控制实施每天、每个班组加工试件的“首件认可制”（而非整个分项工程的“首件认可制”），监测采用先进的“相控阵”技术，120 名外国检验工程师实施监测认定。历经 6 年中外合作的“精细化”实践，全部钢结构加工制造提前 5 个月完成制作；全部钢塔与钢箱梁上的 146.6 万个螺栓孔实现完美对接，没有一处错位返工；由 8 节段预制段拼装而成的 160 m 高钢塔的垂直度远低于合同约定的 1/1 000 误差，达到 1/2 500，产品质量获得美方的高度认可。

中方制造企业的管理者总结 6 年经历，体会最深刻的是中外理念与实践的冲突和差异。其一，中方习惯性的工作特点是“求快”，希望在最短的时间取得最大的效益，而往往忽视“程序化”的要求；相反，外方严把“程序关”，如果没有按照规定的程序去做，监控者绝不通过。因为程序是对标准操作全过程的分解，是对每一步质量要求的过程控制。相比之下，中方过去在这方面就做得比较粗放。其二，中方在管理上缺乏严谨性，常常用灵活性、潜规则甚至个人意志的影响使标准、程序、合同受到冲击；而外方“按规范执行，按规程操作，按合同履约”，拒绝任何变通。其三，人员整体素质方面存在差距，特别是当面对高标准的产品时，需要人的素质和行为标准以及对事物的判断都具备一定的水准，技术工人在制造业发挥着最关键的作用。

30 年来，我国桥梁工程建设的成功经验和失败教训铸就了共识，即工程品质的提升取决于建设“精细化”的程度。精细化管理不仅代表制造企业的管理水平，更是提升产品核心竞争优势的必由之路。工程实践者的素质是实现工程品质的基础。

3 全程式建设管理——“综合集成”是桥梁工程活动的普遍性方法，是实现工程生命周期、管理职能、工程共同体“三位一体”的基本路径

我国桥梁工程建设成功的经验表明，工程品质的提高，与自然科学领域先进技术和社会科学领域现代人文管理方法的集成运用密切相关。纯技术的应用本身并不能确保工程特别是大型复杂工程的建设品质。

工程方法的整体结构一般包括 3 个部分：硬件（hardware）、软件（software）和斡件（orgware）。“一般地说，工程活动是工程共同体的集体活动，这就使得工程活动中必须进行工程管理。没有特定的工程管理等组织措施，工程活动就会陷于混乱状态，工程活动就不可能顺利进行。这个关于工程组织和工程管理的方面就是‘斡件’。在管理科学和工程管理学兴起之前，人们往往忽视了斡件的重要性。在管理科学和工程管理学兴起之后，愈来愈多的人开始认识到了斡件的重要性。”①

我国特大型桥梁的建设将“系统工程”理论与桥梁建设管理实践相结合，使理论“落地生根”，不断发展出集成管理的新模式。其中，综合集成方法论是具有中国特色的关于系统复杂性管理的方法论，同时也是解决复杂问题的有效途径之一。

实例 6　苏通长江公路大桥工程管理体系的构建②

苏通长江公路大桥工程管理体系的构建包括基础层、管理层和控制层三个层面（图 2-6-12）：基础层包括组织建设、制度建设和文化建设三个方面，构建并稳定工程建设的组织环境，为工程活动提供组织制度保障与基础服务；管理层包括决策管理、设计管理、

① 殷瑞钰，李伯聪，汪应洛，等．工程方法论[M]．北京：高等教育出版社，2017.

② 盛昭瀚，游庆仲，李迁．大型复杂工程管理的方法论和方法：综合集成管理——以苏通大桥为例[J]．科技进步与对策，2008（10）：193-197.

招标管理、创新管理、信息管理和风险管理六个方面，为工程建设提供各项协调与支撑，指导工程操作与执行；控制层包括安全控制、质量控制、进度控制和投资控制四个方面，对关键管理环节实施监控。

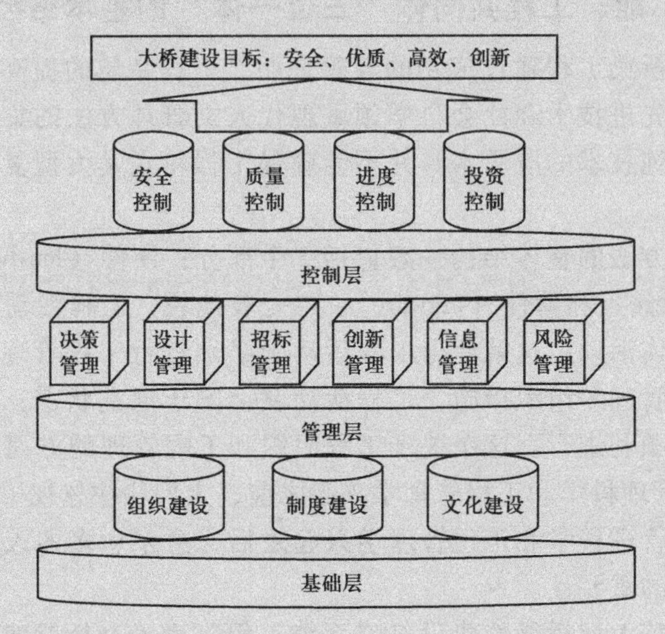

图 2-6-12 苏通长江公路大桥工程管理体系的构建

三层管理体系互相协调，在三个基础条件下，通过六项管理实施对资源的有效整合，支撑四大控制任务的完成，最终实现工程目标。这一管理体系的设计体现了苏通长江公路大桥工程管理中系统分解与系统重构的统一。

建设现代化的桥梁工程，必须有现代化的管理理念，以及现代化的管理方法和手段。事实上，在特大型桥梁工程建设管理中可作为综合集成工具、方法和技术使用的要素有许多，如制度、机制、文化、规章、协议、程序、细则、条件、规范、标准、约定、会议、平台、联想、衔接、界面、接口、划分、模型等，以及由它们组合成的工具、技术和方法。

实例7 黄埔大桥建设管理——执行控制管理体系的提出与运行①

黄埔大桥位于广州东南部经济产业带（工厂、学校、公园、码头、交通干线、高压线网等密布），是京港澳高速和沈阳—海口高速公路并线的控制性工程。大桥全长7 016.5 m，包括主跨383 m独塔斜拉桥、主跨1 108 m钢箱悬索桥（宽度达41.69 m）以及连续梁和连续刚构桥引桥。项目建设面临地质复杂、珠江航道净空标准高、地形地物限制、交叉结构重叠等难题。大桥于2005年4月开工，2008年10月建成（图2-6-13）。

黄埔大桥针对工程建设过程中执行力不足、责权利不清和管理模式可复制性低等难题，基于执行力理论和管理控制原理，深度剖析“执行”与“控制”既相对独立又相互作用的内在机理，提出了“执行控制”的理念，提炼出执行控制的关键基因，构建了由文化子系统、目标子系统、组织子系统、CPF（合同+程序+格式）子系统、信息化子系统和评价子系统构成的执行控制管理体系（图2-6-14），体系中各子系统既相互独立又相互支撑，是一个动态、开放的有机整体，将“执行与控制”和“凡事重在落实”作为所有行为的最高准则和终极目标，贯穿于项目建设的全过程。

执行是指实施和实行管理计划中规定的事项；控制是指通过事前预防、过程跟踪和事后考核来保障执行效果、确保目标计划落实，并落实控制主体对工程建设的全过程管理和监督。执行控制是将项目建设相关的各种技术、人力、物力、财力及信息进行合理配置，树立正确的工程世界观和方法论，保证项目组织架构内参建主体各单位和各岗位人员严格遵守国家颁布的各项法律、法规和项目管理制度，应用工程建造技术规范、标准，开展公益创新，并采用先进管理技术信息平台，实现项目预期目标的一整套管理理念、方法、措施。在执行控制管理体系中，提出了以管理目标合同化、管理内容格式化、内容执行程序化、执行手段信息化为核心内容的工程“CPFI”管理技术和目标内容规范、内容格式规范、格式执行规范、执行手段规范的规范化管理内涵。

① 张少锦，王中文，刘士林，等．珠江黄埔大桥大跨度桥梁建设与养护技术[M]．北京：人民交通出版社，2012.

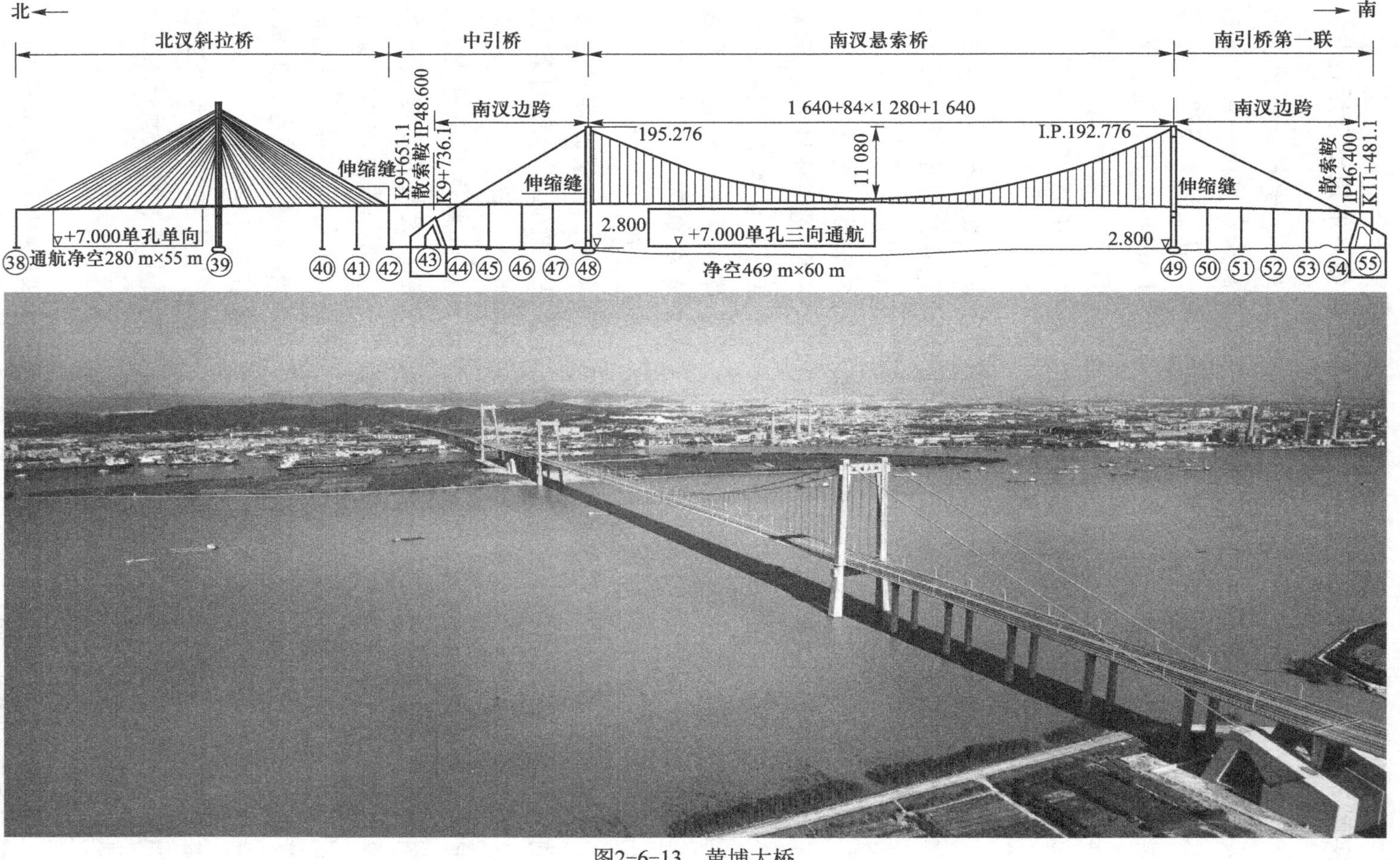
北
南
北汊斜拉桥
中引桥
南汊悬索桥
南引桥第一联
南汊边跨
1 640+84×1 280+1 640
南汊边跨
195.276
I.P.192.776
11 080
伸缩缝
伸缩缝
伸缩缝
K9+651.1
散索鞍 IP48.600
K9+736.1
散索鞍
IP46.400
K11+481.1
+7.000单孔单向
通航净空280 m×55 m
2.800
+7.000单孔三向通航
2.800
净空469 m×60 m
38
39
40
41
42
43
44
45
46
47
48
49
50
51
52
53
54
55

图2-6-13 黄埔大桥

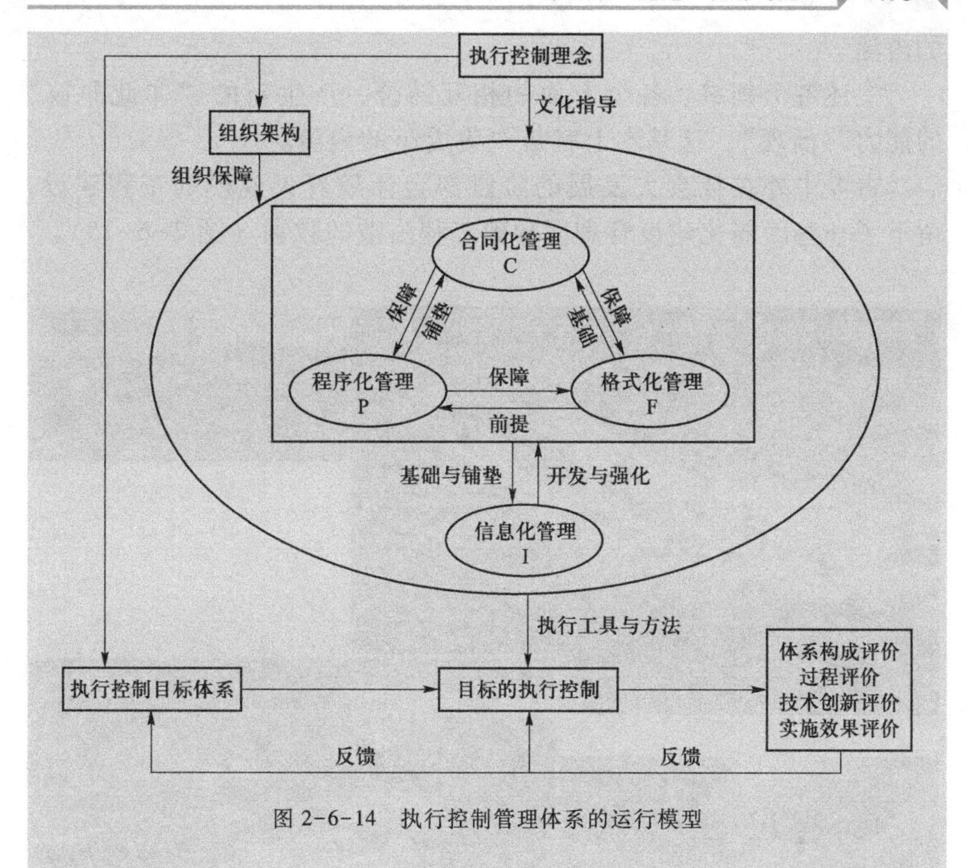

图 2-6-14 执行控制管理体系的运行模型

通过对相关合同、制度规范、技术标准的有效执行和实施计划的有效控制，黄埔大桥实现了三年半快速建成和建设过程无技术停顿及零质量事故的目标。

正如其他复杂工程系统一样，桥梁工程建设管理问题繁多，从逻辑关系看，其中既包含技术性、结构性问题，也包含非技术性、非结构性问题。工程涉及经济、社会、工程技术及人文各个领域。即使在同一领域内，也不能仅依赖一种理念、从一个角度、用一种方法、使用一种工具、依靠一部分人就试图解决工程建设管理中全部的复杂问题。因此，在处理大桥工程建设管理问题时，将自然科学与社会科学相结合、政府职能与市场职能相结合、专家经验与科学理论相结合、定性方法与定量方法相结合，并且使这些结合相互渗透、融为一体，形成新的“融合”力量，这基本上就是“综合”

的内涵。①

上述各个领域、各个方面的相互结合，产生新的“非此非彼”的能力“涌现”，这基本上就是“集成”的内涵。

古今中外在社会大发展的阶段都会伴随着大规模的工程建设，留下了一些因弱化建设管理而导致工程失败的教训（图 2-6-15）。

图 2-6-15 2007 年世界各地主要桥梁坍塌事件

2007 年国际《桥梁》杂志的主编在“寄语”中写道：刚过去的 3 个月对桥梁界来说应该保持高度的警惕。美国明尼阿波利斯的I-35W 桥梁、中国在建的桥梁以及印度、巴基斯坦和越南的桥梁相继出现了戏剧性的和骇人听闻的坍塌事件。粗略估计一下，仅在两个月内由于桥梁坍塌就造成约 140 人死亡，这还不包括世界各地在建

① 盛昭瀚，游庆仲．综合集成管理：方法论与范式——苏通大桥工程管理理论的探索[J].复杂系统与复杂性科学，2007（2）：1-9.

工程意外事故造成的人员伤亡。①

“寄语”中提及的美国明尼阿波利斯的I-35 W桥梁，建于美国高速公路“大干快上”的1964年。桥梁已经运行了40多年，其坍塌夺走了12条生命，坍塌原因被归结为钢桁梁关键性节点板强度不足（属设计失误，维护期也未及时发现）的安全隐患导致的破坏。而“寄语”中提及的“中国在建的桥梁”指的是地方二级公路上的连续石拱桥，该事故调查表明，坍塌的直接原因是主拱圈砌筑材料未满足规范和设计要求，上部构造施工工序不合理，主拱圈砌筑质量差，降低了拱圈砌体的整体性和强度。随着拱上施工荷载的不断增加，造成一侧边孔主拱圈最薄弱部位强度达到破坏极限而坍塌，受连拱效应影响，整个大桥迅速坍塌。而究其建设管理的深层次原因，是工程为了赶期“献礼”，盲目抢工，倒排工期，把最关键的主拱圈施工由3个月压缩成1.5个月；与此同时，下达20次之多的要求整改或停工的“监理工作指令”没有得到执行。塌桥惨剧导致64人丧生、22人受伤。

我国桥梁工程项目绝大多数都是国家投资的工程，行政领导直接插手工程建设决策、强制压缩合理工期等违反科学规律和粗放管理的现象层出不穷、屡禁不止。1998年建设高潮到来之际，“合理工期、合理造价、合理标段”的技术政策适时出台，针对的就是当时建设管理中的各种乱象。

桥梁工程失败的教训揭示，如果违反了工程规律，如果科学理论和技术标准的基石不牢，如果建设管理缺位、粗放设计与施工，工程就会留下质量隐患，且迟早会暴露出来。建设管理的根本任务就是抓住成桥质量，以避免工程“体质先天不足”为其安全服务埋下的祸根。成功的经验与失败的教训从正反两面证明了桥梁工程建设管理的重要性。

总而言之，在设计过程中，从一张白纸构思出美好的桥梁蓝图，由总体到结构再到构造细部、细节、连接部，“设计”实现了由工程整体到局部再到细部的层层分解；在施工过程中，在一片山水中造出融入自然的桥梁工程，由细部到局部再到整体，“施工”实现了由构件到结构再到总体的步步构建。

① Russell H. Preface [J]. Bridge, 2007 (1): 1-2.

桥梁工程建造中的失误是实现桥梁服务交通职能的最大安全隐患，无论是设计的缺欠，还是粗放的施工，都无法在后期通过维护完全补救。因此，如果说规划阶段的概念设计是战略上的行动部署，那么，工程建造就是实实在在建构工程品质的关键环节。集成管理释放生产力，技术创新产生爆发力，精细建造规范执行力。“创造性设计、精细化施工、综合集成管理”是工程建造方法论的核心内容。

我国桥梁建设以大型工程建设为依托，由业主引导，多单位合作，多学科交叉，其工程管理研究与工程建设同步展开、相互推动的发展路线，蕴含了工程管理理论来源于工程实践，并及时、有力地指导工程实践的辩证唯物思想，切实提高了我国工程建设者认识工程复杂性和驾驭复杂性工程的能力。

第三节 运营：维护与管理

桥梁工程竣工验收（一般在交工验收后两年）标志着工程正式投入运营，国际标准一般要求特大型桥梁工程有百年使用寿命，重要工程则提升至 120 年、150 年，愿景的研究目标则瞄准了 200 年。工程的服务期一般都远远长于其规划与建造期，工程的效益是在百年服务期中发挥、积累和显现出来的。从这一层面出发而言，以维护和管理为主要任务的工程“运营”实质上是工程建造的延续过程。

随着交通的发展与社会的进步，人们对桥梁工程的维护与运营管理的重要性和复杂性的认识与实践都上升到了一个崭新的阶段。

1 百年“养生”维护——“预防性养生”涵盖健康性检查、预防性养护、延续性再造，是保障桥梁工程长期处于良好使用状况的系统性维护方法

大桥建成通车只是发挥其生命价值的起点，只有保证大桥的健康与安全，才能充分发挥其应有的作用。服役期内的长大型桥梁在载荷疲劳效应、环境腐蚀、材料老化等因素的耦合作用下，将不可避免地出现桥梁结构损伤积累和抗力衰减，从而降低其抵抗灾变的

能力。这些损伤若不能得到及时的发现和修复，轻则影响行车安全和缩短桥梁使用寿命，重则导致桥梁突然破坏和坍塌。

桥梁工程养生观的重要体现是“健康性检查”“预防性养护”“延续性再造”。

“健康性检查”的核心是掌握桥梁的健康状况，确保桥梁的安全运行，是正常开展桥梁养护工作的基础，是保证桥梁养护得以科学开展的前提。

“预防性养护”的核心是采用“最佳成本效益”的养护措施，强调养护管理的主动性、计划性和合理性。适时开展“预防性养护”，延长工程使用寿命，能够提高资金使用效益，保持桥梁较高的服务水平。

“延续性再造”的核心是循环经济与可持续发展理念。桥梁工程面临复杂的自然条件和地质环境，创新技术首次在工程中应用也会暴露出一些新问题（建造的隐患或认识之外的新挑战），这些情况需要采用相对应的再建造技术与方法予以解决，继续保障和提升工程的服务水准。

传统上，健康性检查通过人工目测检查或借助便携式仪器测量得到的信息而进行，通常可分为经常检查、定期检查和特殊检查。经常检查主要以目测方式配合简单工具进行；定期检查主要以目测结合仪器检查方式进行；特殊检查应采用专业仪器设备，检查周期视检查内容而定，通过检测或试验的方法，结合理论分析，对桥梁的缺损状况、病害成因、承载能力或抗灾能力作出科学明确的判定，并根据检测结果提出针对性的维修处置措施建议。

实例 1　黄埔大桥养护管理实践

黄埔大桥在养护管理实践中，充分整合了各方资源，在预防性管理理论指导下，推行了主体结构“一站式”养护总承包管理模式。“一站式”的综合养护是按照“建、养、运一体”的管理思路，围绕养护质量和安全终身制目标，在管理单位的统筹下，由养护主体单位牵头，联合相关专业生产单位形成养护联合体，实现养护检查、评估、设计、施工、监理、验收等业务过程资源共享的管理模式。①

另外，日常养护检查、定期质量检测、长期健康监测是落实桥梁养护质量与安全管理的3项并行并相互补充的措施。黄埔大桥综合集成各类养护管理的手段与方法，定期对桥梁养护质量及运行状况进行综合评估与反馈，形成开展专项桥梁养护决策的基础性依据，从而构建起了“三位一体”养护质量管理模式（图2-6-16）。

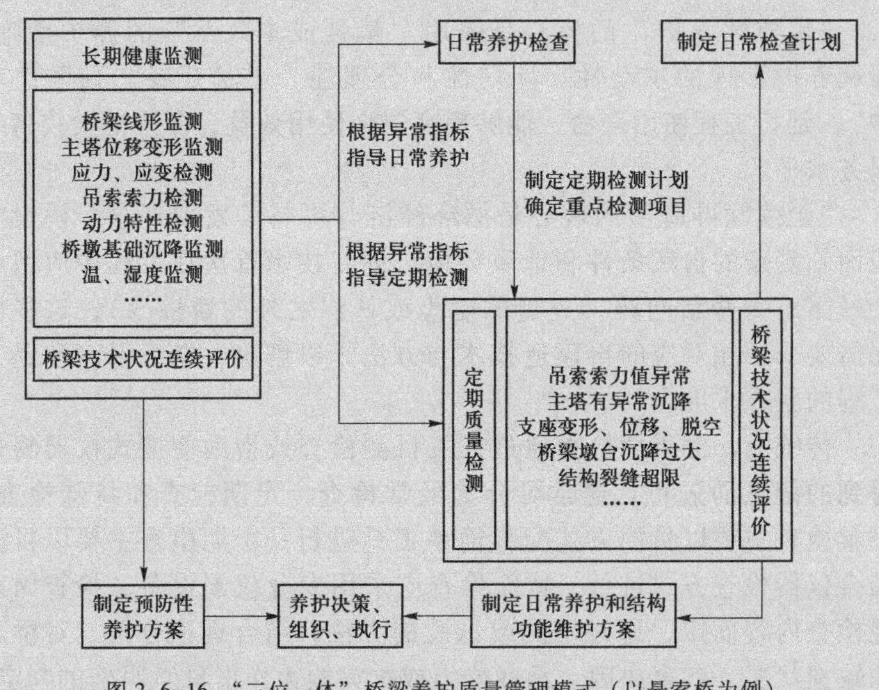

图2-6-16 “三位一体”桥梁养护质量管理模式（以悬索桥为例）

通过预防性管理理论和“三位一体”养护技术的有效执行，很好地解决了桥梁结构本体和养护工作的质量问题，确保了黄埔大桥运营以来长期处于一类桥梁技术等级，同时养护成本明显低于地方和全国平均水平。

依据检查结果，桥梁技术状况等级评定分为一至五类。一类桥

① 张少锦，王中文，刘士林，等．珠江黄埔大桥大跨度桥梁建设与养护技术[M]．北京：人民交通出版社，2012.

的技术状况处于完好或良好状态，仅需对桥梁进行保养维护；而五类桥的技术状况处于危险状态，部分重要构件出现严重缺损，桥梁承载能力明显降低并直接危及桥梁安全。①

通过预防性管理理论和“三位一体”养护技术的有效执行，黄埔大桥桥梁结构本体和养护工作的质量问题得到了很好的解决，大桥自运营以来长期处于一类桥梁技术等级，同时其养护成本明显低于地方和全国的平均水平。

随着近年来传感、通信和计算机技术的迅猛发展，结构健康监测技术在桥梁尤其是大型桥梁中得到了广泛的应用，已成为对传统人工检查方式有益和必要的补充。结构健康监测系统利用布设于桥梁上的传感设备获取相关数据，通过对包括结构响应在内的结构系统特性分析，达到监测、检测结构损伤或退化的目的。这相当于为桥梁增加了一套神经系统。在桥上布设的各类传感器类似于神经末梢，感知各种信息，再通过有线、无线的传输方式（类似于神经网络）传回后方计算机（相当于大脑），通过分析来得到结论。

据不完全统计，当今，结构健康监测技术已在全世界数百座大型桥梁上得到应用，仅在中国就已有超过百座大桥建有规模各异的桥梁结构健康监测系统。

实例 2　杭州湾跨海大桥的维护管理探索与实践

杭州湾跨海大桥全长 36 km，设计使用寿命 100 年，大桥于 2008 年 5 月建成通车，总投资 134 亿元（图 2-6-17）。通车以来，大桥共通行各类车辆超过 6 000 万辆次，日均通行约 3.4 万辆次，未发生重大安全事故，交通事故发生率、伤亡率、直接经济损失等指标达到了发达国家高速公路运营管理水平。②

杭州湾跨海大桥的维护工作针对实际情况，按照《公路桥梁和隧道工程设计安全风险评估指南》对地震、风灾、船撞、火灾、暴

① 交通运输部公路科学研究院．公路桥梁技术状况评定标准：JTG/T H21—2011 [S]．北京：人民交通出版社，2011：5.

② 朱国金，沈翔．七连冠是怎样养成的——“三解”杭州湾跨海大桥养护管理精髓 [N]. 中国交通报，2015-05-11（8）.

雨、冰雪、大雾、基础冲刷、地下水采集导致地面沉降、无节制围涂、车辆超载、危险品运输等十几种风险导致的21类事件的风险等级进行评估。

图2-6-17 杭州湾跨海大桥

杭州湾跨海大桥所处的自然环境恶劣。杭州湾是世界三大强潮海域之一，潮差大、流速快，北岸记载的最大潮差为7.57 m，桥轴线附近2001年实测最大流速为4.25 m/s；海水、海风腐蚀性极强，海水盐度平均为23.5‰；海域多台风、大风、暴雨、大雾、团雾、冰冻等恶劣天气，对桥梁结构耐久性损害极大。经过对大桥各主要构件的易损点进行分析研究，杭州湾跨海大桥制定了养护重点，除去常规的典型易损点，将大桥独有的易于发生的预制墩湿接头开裂、钢管桩承台开裂、钢管桩锈蚀、海中平台桩基冲刷等现象置于重中之重的监控之中。

杭州湾跨海大桥的养护在“技术先进、安全可靠、适用耐久、经济合理”的理念引领下，实施了“预防性养护、智能化管理、高科技应用”“三管齐下”的方法。

第一，在大桥检查、检测、保养、维修等方面积极吸取先进的技术手段，提高大桥养护的质量和效率。积极落实预防性养护，将“事后被动式”检测、维修、加固的传统管养技术提升为“主动、预防式”的养护维修管理方式，节约了管养成本，保障大桥达到预期的使用寿命。

第二，大桥建立了四套大型智能化管理系统，除了健康与安全监测系统外，还有桥梁养护管理系统、平台匝道桥智能化实时监测系统和特大型桥梁智能化机电管理系统。系统基本覆盖了全桥所有设施设备，极大地提升了大桥的养护管理监控水平。

第三，研究开发了“恶劣天气下特大型桥梁交通安全事件智能分析及预警系统”，从而弥补了人工监管和传统监控系统的缺陷，将传统的道路视频监控技术提升到了新的层次，真正实现了主动监控和自动管理。

目前，杭州湾跨海大桥的维护基本实现了全覆盖、全方位、全时段的监控管理，养护管理的信息通过智能化系统得到统一整合，管理机构可以方便、快捷、实时地掌握大桥的运营状况，养护与管理的技术水准得到了提升。

基础理论、数值仿真与模型试验是现代桥梁工程技术进步的三大推动力。大型桥梁的力学特性和结构特点，以及所处的特定环境在设计阶段难以被完全掌控。健康监测技术的应用，相当于在桥梁现场建立了现场实验室，可提供有关结构行为与环境规律的最真实的信息，可对检验理论、仿真和模型试验结果的准确性，以及修正和优化结构分析理论与构造设计发挥重要作用。健康监测技术正逐步成为桥梁工程进步的第四大推动力。

实例 3 江阴长江公路大桥“延续性再造”实例——破解常规检测无法发现的病因

江阴长江公路大桥于 1999 年建成，2003 年被发现主桥伸缩缝存在运动障碍（此为特大型索桥的常见病、多发病），尽管采用了设置标尺定期观测伸缩量的方式进行人工检查，但一直未能找到病因。2005 年大桥健康监测系统升级改造时增设了梁端拉绳式位移计，通过该传感器的实测数据与其他桥梁监测数据的对比发现：大跨悬索桥与斜拉桥的梁体纵桥向运动形态上具有很大差异，江阴长江公路大桥（悬索桥）的 1 385 m 长钢箱梁体在纵向上不仅随温度变化而伸缩，而且由于车辆、风的激励作用产生每天累积达到近百米的往复震荡位移和较大的冲击加速度。大约两年的累积位移就能消耗完伸缩缝滑块的磨耗层，使滑块失灵，造成伸缩缝损坏。作为首座超千米大桥，上述情况是当初设计时未能预见的，亦是国外伸缩缝厂家未遇到过的。2006 年，江阴长江公路大桥实施伸缩缝更换时改进了滑块材料，同时采取安装梁端纵向阻尼器等技术措施，使大桥至今运行状态良好。这一“延续性再造”的经验有效指导了随后建造的特大型索桥的体系设计和伸缩缝技术标准要求。

主缆是悬索桥的“生命线”，作用是承担桥面荷载和将其传递给置身于地基的锚锭。两根直径近 1 m 的主缆一般由 2 万~3 万根 5 mm 粗细的高强度钢丝捆绑而成。主缆钢丝的防腐成为世界性难题。虽然采用了多层防腐措施，但运行了几十年的国外桥梁局部“解剖”（开缆检查）检测发现，钢丝锈蚀情况十分严重。江阴长江公路大桥在自主研发的除湿系统的基础上完成了对主缆的防腐改造，通过在封闭的主缆内部输送干空气以进行除湿，为保证主缆永久性的干燥环境做了新的实践探索。

众所周知，我国 400 m 以上跨径的特大型桥梁建设只有 30 年的历史，首座跨径超千米的江阴长江公路大桥只有 20 多岁。因此，桥梁维护期的养护与管理工作还在探索中前行，一批跨江海桥梁正在不断创造着新的经验。

实例 4　特大型桥梁工程规范化、制度化建设是优化养护管理的基础性工作

江阴长江公路大桥养管单位 20 多年来始终致力于探索与构建特大桥梁的维护制度和维护规范，编制了《江阴大桥维护手册》，建立了一套维护“法案”。根据悬索桥的特点，主桥被分成缆索、钢箱梁、锚固系统、塔及附属结构五大部位，各部位的检查频率和要求按照《江阴大桥维护手册》的规定执行，并根据每次的检查结果和构件的维修或更新反馈，不断对手册进行更新，现已更新至第三版。通过对检查频率及部分内容的调整，既没有增加新的资源消耗，又能全面、动态地把握桥梁结构各部件的技术状况，确保了桥梁的安全运营。

2009年建成通车的西堠门大桥创造了世界钢箱梁悬索桥的跨越新纪录（跨径1 650 m），而且创制了分体式钢箱梁结构新型式，2015年该桥获得了国际咨询工程师联合会（FIDIC）“杰出项目奖”和国际桥梁协会（IABSE）“国际杰出结构奖”。大桥的维护工作从最基础的制度建设入手，针对舟山跨海5座大桥（含西堠门大桥）各桥特点，先后编制了《大桥巡检养护手册》《舟山跨海大桥突发事件应急预案》《舟山跨海大桥营运安全生产操作规程》《舟山跨海大桥施工安全作业手册》《舟山跨海大桥重要部位安全管理制度》《大桥内部管理制度汇编》等多项管理制度，为特大跨径跨海大桥管养提供了扎实的基础。

2012年舟山跨海大桥组建了全国首个大桥管养专家技术委员会，30余名桥梁专家通过定期召开专家咨询会的形式，为大桥维护工作提供权威、专业、前沿的技术支撑，对运营维护中重大技术方案、关键技术难题、质量控制标准、科研课题等进行咨询指导。

2 灾祸风险防治——“社会管理”是保障“人-车-桥”系统安全有序运行的方法

工程投入服务后，运营管理成为保障工程构造物可持续服务的重要内容。公路交通运输系统（共路、多车行、多人行）有别于铁路交通运输系统（专轨、专车行），前者的系统开放性高于后者，熵增引致的复杂度更高，必须引入社会系统运行管理方法，才能有序地引导运行。近些年来，严重超载车辆压垮桥梁、违规行驶密集重车压翻桥梁、危险品运输车辆桥上爆炸摧毁桥梁，以及船舶偏航撞塌非通航孔桥梁、非法采砂挖空桥墩基础导致坍塌等恶性安全事故不断出现。各类事故的深刻教训是：无论是路桥的使用者，还是运输管理的执法者，若有法不依、有章不循，法规将成为一纸空文，运输将处于“无序”状态，最终导致“乱象”丛生，基础设施的“生存”环境恶化（图2-6-18）。

图 2-6-18 违规运行导致桥梁坍塌事故

按照维护管理工作制度，当出现“突发事件”时（桥梁损毁中断交通；大型、特大型桥梁出现严重病害危及桥梁安全；车辆或船舶与桥梁设施相撞，造成严重后果），桥梁管养单位和交通主管部门在接获有关信息后要立即上报上级机关直至交通运输部，同时启动应急预案，组织开展应急处置管理。

桥梁工程投入运营后就进入了“人（使用者）-车（辆）-桥（梁）”的工程系统活动，这一活动中加入了桥梁工程本体之外的使用者驾驶的车辆，这就使得工程维护管理工作要涵盖社会人在内。没有对“人-车-桥”工程系统的特定管理，这一工程系统的活动就会陷于混乱状态，不可能顺利延续其职能。服务于使用者的交通工程社会管理被视为该类工程的“斡件”。

发展中国家的发展实践表明，在交通基础设施不断完善并对经济社会发展发挥越来越大的支撑作用的同时，加强“社会管理”这一斡件建设以创造有序环境，是交通安全畅通、社会长治久安的根本保障。人这一因素是斡件建设的核心，提高社会人的科学素养、守法意识、社会责任感等综合素质已经成为构建“人-车-桥”工程系统的基础。

从“安全交通”的理念与需求出发，开展“防御性监控”是维护和管理的新内涵。“防御性监控”的核心思想是利用现代科技手段实时监控和预警风险。实时监控对大桥有可能造成危害的风险源（如超载车辆、危险品运输、违规行驶行为、偏航行船、桥区挖沙行为等），有利于尽早发现和消除风险威胁。桥梁工程的安全预警系统和应急机制建设也正在研制中，确立“点-线-面”的空间联防理念，桥梁“点”的安全保障要由“线、面”来保障，利用现代信息技术实现区域性安全管控，有助于保障桥梁工程“点”安全的万无一失。

实例 5　黄埔大桥运营安全管理——“三巡两检一控制”

黄埔大桥运营安全管理中的“三巡”包括：① 管养单位的监控应急中心和安全监管部门利用高清视频和流媒体技术，对道路安全风险点和危险源进行不间断巡查和监管；② 路政部门根据工作规程规定频率不定时地对现场交通安全、周边环境安全、养护作业安全等进行现场巡查，发现隐患及时排除；③ 养护作业单位根据养护规范和养护手册规定频率不定时地对运营环境、养护质量、构建设施等进行现场巡查，发现隐患及时排除。“两检”指管养单位的养护工程部门对养护作业单位的养护质量和运营安全进行经常性的管理检查，以及管养单位或监督部门定期组织对养护质量和运营安全的考核监督检查。“一控制”指管养单位根据安全风险评估内容及责任要求，对工程重点结构、关键部位、风险区域、重大危险源等按照“查原因、立整改、追责任、受教育、促提升”的“五不放过”原则，建立“一事一档”进行管理，同时对关键结构部位采取专项技术和安全保障设施，确保结构主体运营的高度安全。“三巡两检一控制”管理模式如图 2-6-19 所示。

“三巡两检一控制”管理模式有效地解决了桥梁运营环境的安全问题。黄埔大桥通过“三巡两检一控制”和“三位一体”管理及其具体技术内容和联系，构建了桥梁运营安全管理技术体系（图 2-6-20），并开发了桥梁运营安全应急调度管理系统，实施了以预防为主、与快速救援相结合的防灾、减灾、治灾方法和技术对策。

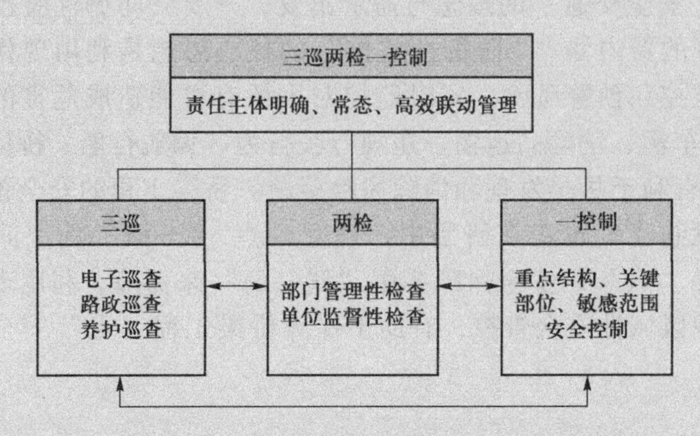

图 2-6-19 “三巡两检一控制”管理模式

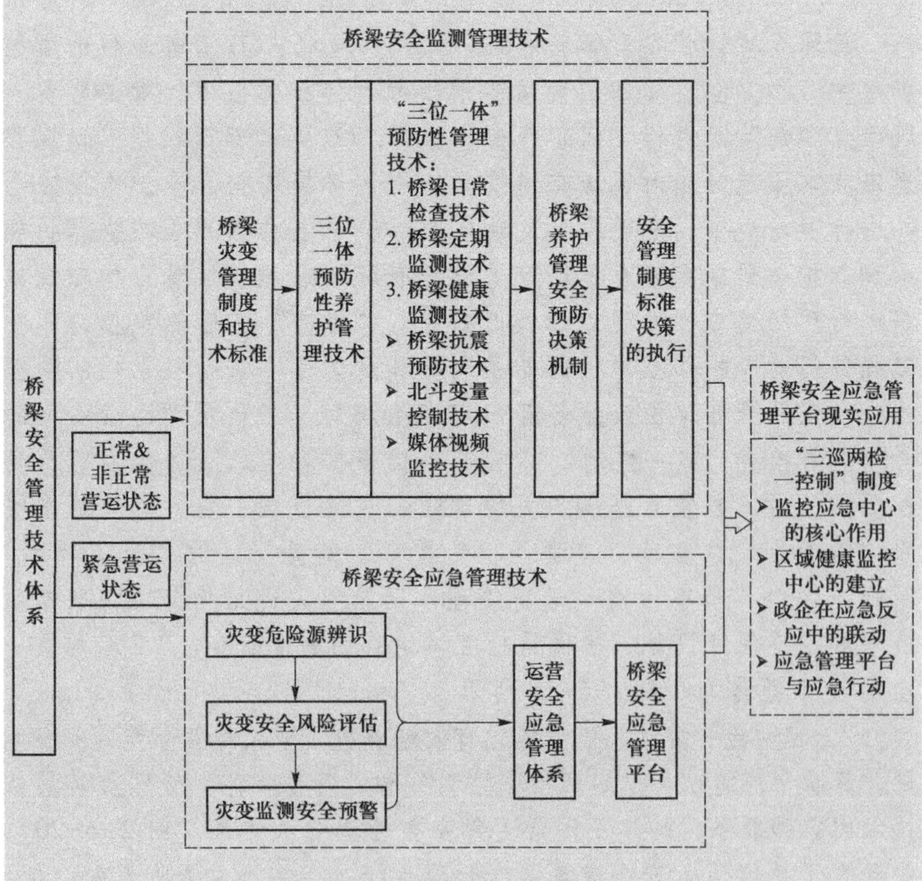

图 2-6-20 桥梁运营安全管理技术体系

实例 6　江苏省长大桥梁健康监测“数据中心”发挥“防御性监控”作用

国际桥梁协会（IABSE）的调查研究表明，尽管科技进步使得船舶的装备水平、安全监督管理水平以及桥梁的建设与管理水平等有了长足的进步，但历年来船撞桥事故仍不断发生，且自20世纪80年代以来事故次数甚至还呈增长态势。近130年世界各地发生了143例桥梁垮塌事故。统计表明，船舶撞击是导致各类桥梁垮塌事故的第三大因素。但更多时候，船舶的撞击只是使桥梁受损而非垮塌（例如，武汉长江大桥自1957年建成至1999年，40年间被撞70余次），但这些损伤仍需得到及时检测，同时应及时判定是否限制桥上交通、进行整修维护，并及时追查肇事船只。

江苏省建立了全国首个区域桥梁数据中心——江苏省长大桥梁健康监测数据中心，该中心利用梁端水平转角幅值、报警启动后首周期峰谷值和横桥1阶自功率谱密度幅值3个指标构建了船撞主梁报警指标体系，可以很好地识别出船舶所带来的异常结构响应。该体系经江阴长江公路大桥和润扬长江公路大桥的实际数据检验，效果良好。此外，该中心利用江阴长江公路大桥、苏通长江公路大桥等多座跨江大桥实测的2005—2012年15次台风数据，建立了基于长期实测的华东地区强/台风谱模型，能够更加准确地进行跨江大桥在强/台风作用下的影响分析与可能损伤分析，并对未来类似桥梁的抗风设计起到了重要的指导作用。

如上所述，路桥设施安全管理应该包括基础设施硬件建设、软件建设和运营秩序斡件建设三方面，对于维护工程方法的整体结构来说，硬件、软件和斡件都是不可或缺的，三者互相渗透、互相影响，因此必须将三者相互配合、相互作用、相互整合。人-车-桥交通系统的集成管理、路桥使用者与管理者的集成管理、社会人科学认知与规则意识的集成教育等构成了交通现代化建设的新的严峻挑战。

3 工程后期评估——“工程评估”是对工程价值的再认识，是提升工程认知与再实践的经验源泉，工程对民生的贡献最终要由社会和百姓做出评判

桥梁百年服务期交通运输的安全畅行是实现桥梁工程造物的最大效益。地球不会永无止境地给予人类“造物”的机会，所以，每个工程机会都极其宝贵。只有人类工程活动真正符合自然规律，实现与自然环境、社会环境的和谐发展，工程才能根本地、长远地造福于人类和社会。工程后评价是对工程论证决策的检验和对工程实践成果的再认识。科学公正的后评估是推动工程进步的最有价值的总结。

实例 7　江阴长江公路大桥全面体检——大桥建设质量与工程效益的后评估

江阴长江公路大桥在通车的20余年中，定期开展全面的检查与评估，全面掌握大桥结构状态。其中动力特性测试数据与成桥荷载试验对比结果表明，主桥振型、频率数据良好，大桥整体性能未发生明显变化；由静载试验数据可知，主梁应力、主缆变形、主梁变形和吊索力未见异常。新获取的关键参数与通车初期的相关参数高度吻合。检测表明主桥结构整体受力处于良好状况，整个桥梁结构安全可靠。

江阴长江公路大桥运营的20余年，正是我国经济快速发展的黄金20余年。大桥刚刚开通时，每天的交通流量约为1.4万辆。如今，江阴长江公路大桥平均每天的交通流量达到10.1万辆，是开通初期的7倍。特别是国家实行节假日小客车免费放行以后，高峰日流量达到了16.1万辆，已经超出了大桥的设计标准。20余年来，大桥累计通行的车辆已经达到了4亿辆，通过大桥的客车和货车比例约为3∶1。按每辆车载客6人粗略统计，20余年内有24亿人次通过大桥，几乎相当于每个中国人都在江阴长江公路大桥上通过了一个来回。

大桥的建设使两岸经济得到了快速发展。通车初期，江苏省委、省政府就做出了两岸联动开发的战略决策，将不同的地域经济融合在一起，促进区域社会发展。1999 年江阴、靖江两地的国内生产总值（GDP）合计 396 亿元；截至 2019 年，两地的 GDP 合计已达 4 980 亿元，整整增长了 12 倍，这与大桥对改善投资环境、拉动经济发展的贡献密不可分。

实例 8　苏通长江公路大桥经济社会效益后评估

连接苏州与南通两市的苏通长江公路大桥于 2008 年建成通车，结束了“南通南不通”的历史。大桥将长江南北两岸原本割离、独立的公路网络紧密联结在一起，改变了南通一直以来受长江天堑阻隔的不利条件，缩短了南通与上海、苏南之间的时空距离，使南通融入了上海“一小时都市圈”，并逐步成为整个华东路网的南北交通要冲。

苏通长江公路大桥建成通车后的 5 年间（2008—2013 年），南通的区位条件得到了巨大的改善，大桥对南通经济社会发展产生了一系列积极的影响。南通经济总量迅速跃升，在全国大中城市的排位前移了两位；地方公共财政预算收入提升 2.6 倍，位居全国地级市第五位。上海、苏南庞大的市场需求也促进了南通农业的产业化进程，南通源源不断地向上海和苏南提供优质农副产品，每年销往上海的农产品年均成交额达 60 多亿元。与此同时，上海、苏南等先进地区的产业也发生了跨江向北梯度转移，特别是在合作共建园区方面成效显著。上海、苏南在南通落户的企业和项目累计达 322 个。这一地区先后建设了苏通科技产业园、锡通科技产业园、上海市北高新（南通）科技城等 12 个跨江合作园区。①

由此可见，一座桥，不仅仅可以改变一座城市，更可以带动一个区域的经济发展、人文交流，实现区域经济社会的“一体化”。交通关键结点的工程建设，有效地解决了江河湖海、峡谷沟壑等阻断交通所带来的瓶颈制约，加快疏通了我国交通路网的血脉。

---

① 黄镇东. 路桥建设释放中国发展的潜力[J]. 桥梁，2015（1）：15-16

苏通长江公路大桥和杭州湾跨海大桥通车后，公路沿海大通道（G15 沈阳—海口高速公路）将长江三角洲地区与环渤海区域、珠江三角洲地区这 3 个全国最发达的经济区域连通起来，长江三角洲地区的经济发展和区域联动产生了质的飞跃。舟山连岛工程使舟山本岛与陆地连通，使得该地区不但融入了长三角都市圈，还成为首个以海洋经济为主题的国家级新区。这一工程不仅促成了当地从交通末梢到交通枢纽的飞跃，更通过物流、资金流、信息流的汇聚和扩散影响了经济社会发展的各个领域，促进了苏浙沪经济圈的协同发展。这也印证了，"当今世界，科学技术作为第一生产力的作用愈益凸显，工程科技进步和创新对经济社会发展的主导作用更加突出，不仅成为推动社会生产力发展和劳动生产率提升的决定性因素，而且成为推动教育、文化、体育、卫生、艺术等事业发展的重要力量。"①

从这些案例中可以清楚地认识到交通基础设施建设与经济发展之间相辅相成的关系。作为高速公路网节点的桥梁工程建设为国家经济社会发展、政治稳定起到了重要的支撑作用，同时，中国经济的持续快速发展也为桥梁工程的进步提供了历史机遇。

综上所述，从工程全生命周期角度看，桥梁开通运营后，它就开始履行社会服务职能。无论何种不安全因素导致交通中断，不仅会严重影响工程的服务水平，而且会造成社会经济效益的直接损失。因此，必须建立起工程"社会成本"和"全寿命成本"的概念，树立起"建造是生产力，维护管理也是生产力；建造是发展，维护管理同样是发展"的哲学思维与工程理念。

伴随大量新桥逐年投入运营，我国桥梁维护高峰期日渐到来，发达国家"基础设施在老化，维护与更换的速度已经跟不上它们的劣化速度"的状况近在眼前。"重建设轻维护管理"会导致服役桥梁"肌体后天失养"而折寿。维护与管理已成为继大规模建设之后的全新课题。

---

① 让工程科技造福人类、创造未来——习近平主席在 2014 年国际工程科技大会上的主旨演讲［EB/OL］.（2014-06-04）.

第四节　展望：桥梁工程方法的与时俱进

方法论是认识、分析、解决一类问题所规定的思路与原则。当然，在这一思路与原则之下，要解决具体问题，还要有具体的技术、工具和程序，这就是方法论“规定”下的方法。如今，构建“数字桥梁”已经变成现实。桥梁信息系统（BrIM）就是以工程项目的各项相关信息数据作为基础，构建起工程全生命数字仿真模拟模型。这一“数字化”平台将支撑起“智慧桥梁”的发展。应该说，作为复杂工程系统的桥梁全寿命周期的方法论在认识上有了革命性的提升，被置入了“智能化”的特质。

“互联网+”时代的数字桥梁工程建设已经启动，展现出了如下特征：

——在规划阶段，以经济社会、综合交通等基础性“海量数据”为基础，通过大数据和建模计算，为交通量预测得出准确度更高的预测和分析结果，是需求预测方法的革命性创新。

——在设计阶段，工程师可以运用高度发展的计算机辅助手段，进行精准的整体与局部的结构力学仿真计算，模拟工程在地震和台风袭击下的表现。虚拟现实（virtual reality，VR）技术的应用可以预先逼真地呈现桥梁建成后的外形、功能、对环境的影响和形成的昼夜景观等，便于设计的修改完善和方案决策。

——在桥梁的制造和架设阶段，可以运用智能化的制造系统在工厂完成部件的加工，采用全球定位系统（GPS、北斗）和遥控技术，由建设和管理者监督、指挥、操控桥梁的施工。

——在桥梁建成交付使用后，可通过日常养护管理系统、健康监测系统和资产管理系统保证桥梁安全与正常运行。一旦出现故障和损伤，健康诊断和专家系统会自动报告损伤部位并提出养护对策。

可以预见，桥梁工程建设方法将随着科学技术的进步而与时俱进，逐步完成由量变到质变的提升，而桥梁工程方法论的核心内涵——“系统工程思想指导下的技术与非技术要素集成辩证统筹论、实践观指导下的需求与问题导向的渐进式创新论、可持续发展观指导下的价值工程认识论”也将随之不断丰富和完善。

我国已成为世界桥梁大国，桥梁工程实践者秉承辩证唯物主义世界观，坚持工程实践与工程哲学、工程演化论、工程本体论、工程方法论等理论相统一，不断地探索与应用先进的辩证统筹决策、综合集成构建、养生增寿维护和系统社会管理方法，并促使“智能化”决策、建造、维护等工程方法逐步成为现实。在桥梁发展的征程中，桥梁工作者保持着在实践中再认识的热情，践行着探索并适应新环境的精神，对桥梁工程方法进行着不懈的完善与创新。

第七章

桥梁工程知识论研究

交通工程是人类文明程度的指标，桥梁作为连接工程，是交通工程的重要组成部分。桥梁是架起来的路，跨越江河湖海、峡谷沟壑，满足人类“行”的需求。桥梁工程是人工构造物，作为交通基础设施，既是社会资源，又是现实生产力，支撑经济社会发展，同样也是社会文明、科技进步的象征，代表着时代的精神与审美特征。

工程是造物，实践是工程的内在特征。工程造物实践是人类工程知识的源泉，“实践、认识、再实践、再认识，这种形式，循环往复以至无穷，而实践和认识之每一循环的内容，都比较地进到了高一级的程度。”① 一切知识都是以经验开始，认识能力受到激发而行动，工程知识从经验知识开始，以现实的、具体的感性直观经验为基础，进而发挥人的主观能动性，通过知性、理性，对经验因素进行关联、分析、综合和扩展，创造性地加工出具有一定普遍性的、专业性的工程知识。

人类认识世界的方式，既包括处理认识世界能力的理论理性，如逻辑、数学、科学等，也包括处理改革世界能力的实践理性，如伦理、制作、技术等。理论理性的客观实在性依赖于对对象的观察与实验；与此不同的实践理性，则体现为对对象的改革或实现对象的能力。实践理性与对客观世界的改革直接联系，是不断改造世界的认识与能力，是产生新知识的主要源泉。工程是现实的生产力，工程知识既包括从直观感性经验的积累到理论的升华过程，也包括从概念、原理等理论因素到工程实践的具体结合过程，在工程实践情境的场域与约束条件的不断变化中，“实践”与“理论”的双向

① 毛泽东．实践论[M]．北京：人民出版社，1992：21.

互构过程推动着工程知识的不断丰富和扩展。

工程是技术要素与非技术要素的集成；工程知识是自然科学知识、应用技术知识与人文社会科学知识的集合。按照对桥梁工程本征特性（实践性、创新性和社会性）的理解，桥梁工程知识体系总体上包括基础知识、专业知识和人文社会知识三大类知识系统。

第一节 桥梁工程知识系统概论

纵观人类工程史，工程知识的内容、载体、传播是随时代发展而演进的，直接反映了不同时代生产力水平与生产关系的变化。不同的时代有不同的工程建设理念，有不同的理论认识和技术水平，以及不同社会历史的文化嵌入，时代的更迭推动工程知识的与时俱进。

1 桥梁工程知识的来源和演化

工程造物起源于人类生存的需求，大自然鬼斧神工造就的溪流上的倒树、峡谷上的岩拱、沟壑上的藤缆等都为人类提供了“仿生”造桥的原始样板。实际上，这些不同方式“跨越”的概念存在的时间与人类的历史一样悠久。从“仿生”桥的经验出发，“跨越如何成为可能?”作为桥梁工程核心命题，引导着桥梁工程知识体系的不断演化和发展。

众所周知，我国拥有以河北赵州桥、福建万安桥和云南霁虹桥等为代表的石拱桥、石梁桥和铁索桥（悬吊桥）等古代桥梁文明。中国古代桥梁的成就，属于历代桥工匠师的劳绩，他们在建桥实践中，都是在从无到有地摸索，经过无数次改良、改进、创造，不断积累经验，从“知其然”逐步达到“知其所以然”。[①] 从哲学观点看，就是从个别的经验知识到与人文理念、社会文化相融汇的相对普遍知识的升华。由此形成了独具特色的中国古代桥梁工程知识体系，凝聚着中国古代造桥理念、经验性的桥梁技术知识和审美、伦

① 茅以升．桥梁史话[M]．北京：北京出版社，2016.

理等人文社会知识。

石拱桥在中国古代桥梁中应用最广、数量最多。隋代工匠李春建造的赵州桥（又名安济桥）到现在已经 1 400 多年了。桥长 50 多米，桥宽 9 m，中间行车马，两旁走人。多道石拱圈并列砌置，以五分之一的矢跨比跨越 37 m 河面。大拱上面的左右两边，还各有两个拱形的小桥洞（敞肩拱形式）。平时河水从大桥洞流过，发洪水时河水还可以从小桥洞流过。这样设计，既减轻了流水对桥身的冲击力，使桥不容易被大水冲毁，又减轻了桥身质量，节约了石料。敞肩拱设计早于国外 1 200 多年，为中国首创；赵州桥的结构显示出的弹性拱理论，直到 19 世纪 80 年代欧洲才提出来。赵州桥形成的工程建筑知识体系，成为我国石拱桥的工程知识范式，被继承、传播、发展。

在中国古代桥梁史上与赵州桥齐名的是宋代泉州的万安桥（又名洛阳桥）（图 2-7-1），是一座典型的石柱石梁桥，同时，也是世界桥梁史上举足轻重的跨海大桥。万安桥建在石基之上，石基上用牡蛎加固胶结，使所有的巨石胶固成整体。万安桥桥墩基础的上下游两头作尖状，以分水势，在现代桥梁工程中称为“筏形基础”，是中国建桥工程中的一大发明，也是世界桥梁中的首创。

图 2-7-1　中国古代桥梁之赵州桥、万安桥

西方古代的工程知识同样来源于其造物理念、经验性技术知识，以及嵌入其文化的人文社会知识三方面有机融合的“综合集成”。古罗马学者维特鲁威在其《建筑十书》中就认为“建筑都应根据坚固、实用和美观的原则来建造”①，十分鲜明地揭示了西方古代土木工程知识的构成特征。

自文艺复兴后，启蒙运动以来，西方土木工程走过近300年的跨越式发展，并对国际土木工程产生了重大影响。在这段时间里，欧美国家先后建设了一批有里程碑意义的桥梁工程并逐步发展为在基础理论和应用技术方面具有开拓意义的工程知识体系，实现了从“经验性”工程知识到“理论性”工程知识以及二者相结合的跨越式发展。

1638年，意大利学者伽利略在其著作《关于两门新科学的对话》中论述了材料的力学性质和强度的概念；随后，1660年，英国学者胡克发现了胡克定律，建立了材料的应力和应变的关系；1687年，英国学者牛顿提出了力学三大定律，共同奠定了土木工程的理论基础。这是近代土木工程长达105年的所谓“理论奠基时期”（1660—1765年）。

1715年，法国政府率先成立了路桥部，并于1747年建立了世界上第一所工科大学——法国巴黎路桥学校。1765年，法国工程师研究了石拱桥的压力线，并用力学和材料强度理论对拱圈与桥墩的尺寸进行了计算，建造了许多拱桥。虽然欧洲石拱桥的出现比我国隋朝的赵州桥晚了1 000多年，但却是建立在科学化理论基础上的工程设计。

近代桥梁发展的第二个时期是从英国工业革命到第一次世界大战前的“进步时期”（1765—1874年）。在这个时期，金属材料（主要是铸铁和锻铁）逐渐替代了天然的石料和木材，成为桥梁的主要建筑材料。1779年，英国工程师设计建造了世界上第一座跨度为30.65 m的铸铁拱桥、1849年又创造了带系杆的拱桥。

第三个时期（1875—1945年）是近代桥梁的“发展期”。1874年，美国用钢材代替锻铁建造了第一座钢拱桥，开启了大跨度钢桥建设的新时代。此后，工程师们逐渐放弃了铸铁和锻铁，转而采用

① 维特鲁威．建筑十书[M].陈平，译．北京：北京大学出版社，2013：68.

更高性能的钢材，桥梁跨度也不断加大。1890年，英国建成了跨度达521.2 m的福斯桥；1875年，法国工程师建造了第一座跨度13.8 m、宽4.25 m的钢筋混凝土人行桥，也是钢筋混凝土桥的先驱；1890年，奥地利工程师发明了用劲性骨架作为拱架、浇筑钢筋混凝土的新工法，使拱桥的跨度超过了100 m；1909年，美国建成了连接纽约长岛和曼哈顿的昆斯桥，第一次采用低合金钢（含镍3%），其强度比碳钢增大了40%，大大减轻了桥的自重。奥地利工程师米兰于1888年创立了悬索桥挠度理论。1912年，美国工程师第一次用挠度理论设计了曼哈顿大桥并获成功。①

20世纪下半叶，随着战后重建，欧洲国家实施高速公路建设和城市化的计划，出现了预应力技术推广、斜拉桥兴起和钢箱梁悬索桥应用3项最重要的标志性成就，大大推进了现代桥梁工程的飞速发展。②

1937年建成的钱塘江大桥采用了当时世界上流行的桁架式结构，由我国自主设计和施工，为我国后来建设跨越长江天堑的桥梁工程积累了经验和人才。20世纪五六十年代，横跨天堑的武汉长江大桥和南京长江大桥建成，为我国建桥技术进入新阶段打下坚实的基础（图2-7-2）。最近30年，我国开展了大规模的桥梁工程建设，在工程知识和建造技术方面追赶上了国际先进水平，在如大跨径钢管混凝土拱桥、多塔连续悬索桥、分体式钢箱梁索桥等桥梁工程技术方面为丰富世界桥梁工程知识与技术宝库做出了中国贡献。

桥梁工程发展至今，有了梁式桥、拱式桥、斜拉桥和悬索桥4种桥型（后两种桥型又称索支撑桥）的基本跨越结构（图2-7-3）。简言之，桥面在竖直荷载作用下：梁式桥的梁体截面受弯；拱式桥的拱肋断面承受压力；斜拉桥是将梁体用若干根斜拉索挂在塔柱上，桥塔“一柱顶千金”；悬索桥是把梁体挂在悬索上，悬索的截面只承受拉力。由于不同桥型的受力特点各异，跨越能力也依次增加，各种桥型形成、发展和演进了各自的工程知识体系与组合工程知识体系。

---

① 项海帆，等．桥梁概念设计[M]．北京：人民交通出版社，2011.

② 项海帆，等．中国桥梁史纲[M]．上海：同济大学出版社，2009.

图 2-7-2　中国近现代桥梁之钱塘江大桥、武汉长江大桥、南京长江大桥

图 2-7-3　桥梁工程的 4 种桥型

现代桥梁工程知识体系的构成和发展规律

桥梁工程知识的历史演变表明，现代桥梁工程知识体系的构成仍然离不开造桥理念、桥梁科学技术知识、嵌入其文化的人文社会知识三个方面的有机“综合集成”。而现代桥梁工程知识体系的发展则深刻地依靠于创新。从本质上讲，工程实践活动本身就是随着认识的提高而不断创新的过程，工程创新过程中离不开“工程知识的创新”和“工程创新的知识”。今天创新的工程知识就是明天被普遍应用的先进工程知识的来源。现代桥梁工程知识体系的三个方面在工程创新的实践情境中才能真正有机地构成，也只有通过工程创新才能进一步发展。可以说，工程创新的机制是现代桥梁工程知识体系构成和发展的内在规律，工程知识的创新除了以科学、技术为主导因素的创新之外，还必然包括以政治、经济、文化、社会、生态、审美、伦理等“非科技”因素的创新。在桥梁工程实践情境中呈现出如下具体的特征。

（1）桥梁工程经历着由易到难的跨越“沟壑—水网—江河—峡湾—海域”的建设实践，以最新的知识和技术实现更大的跨越始终是桥梁工程技术发展的主线。工程知识和工程技术的演进与创新是永无止境的。

20 世纪初，钢筋混凝土结构在土木工程界得到了大规模使用。但随着工程结构跨径的增大，混凝土会过早出现开裂的现象，因此限制了钢筋混凝土的应用。

随着试验、检验、实验的验证，工程师对混凝土性能、特性的了解逐步深入。1928 年，新型的预应力混凝土结构出现了，并于第二次世界大战后被广泛地应用于工程实践中，使梁式桥梁的跨越能力由几十米增长至几百米。

预应力混凝土的原理是在构件使用（加载）前，预先给混凝土一个预压力，即在混凝土的受拉区内，用人工加力的方法，将钢筋进行张拉，利用钢筋的回缩力，使混凝土受拉区预先受压力（图 2-7-4）。当构件承受由外荷载产生拉力时，首先抵消受拉区混凝土中的预压力，然后随着荷载的增加，才使混凝土受拉，这就限制了混凝土的伸长，延缓或不使裂缝出现，预应力混凝土知识获得了世界性的、

极为广泛的工程应用。

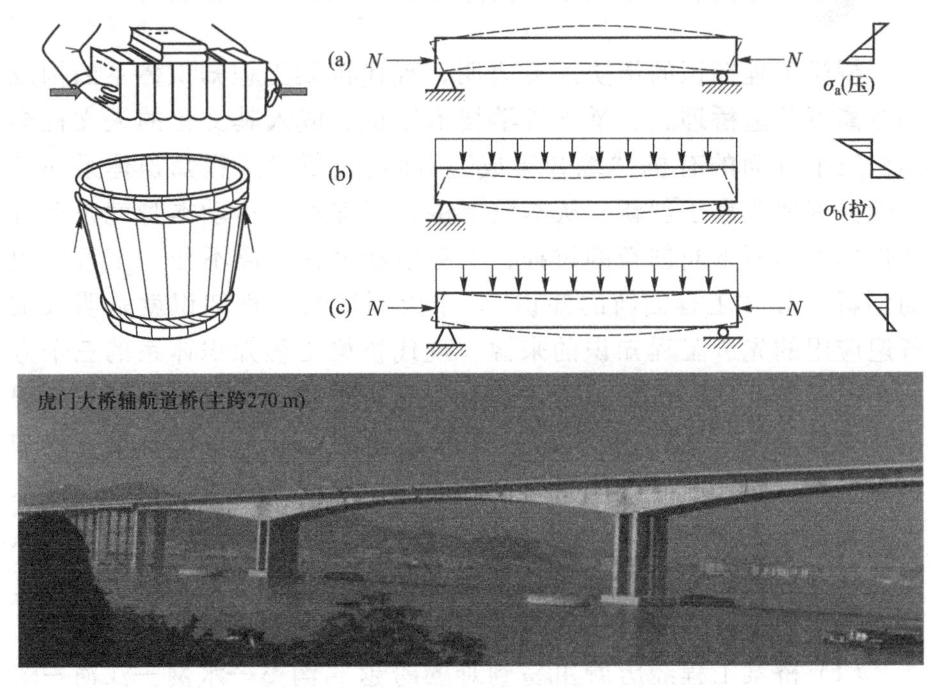

图 2-7-4 “预应力”基本原理和桥梁工程应用

(a) 预加力；(b) 没有预加力的梁受力；(c) 有预加力的梁受力

为了这一知识在具体工程中实现和广泛应用，研发了各类预应力力筋（高强度钢丝或粗钢筋）、相配套的锚具、张拉力筋用千斤顶设备等一整套预应力技术，至今预应力应用技术仍在不断优化和完善之中。

工程最基本的属性在于它的实践性。世界上不存在两项建设条件完全相同的工程，也不可能有一项工程可以完全照搬其他工程的做法，每项工程都必须根据当时当地的具体条件（实况），结合自身特点进行不同程度的关联、综合、扩展。工程的建造往往要在具体项目层面走出具有个体特性的技术进步之路。

工程不是科学。科学是求真的过程和结果。工程是造物，工程可以创作，工程具有价值判断，是真、善、美的综合。工程师们可以根据自己的经验去创造新的事物。因为经验不是唯一的，所以工程建设是灵活的，可以变通的。也正是这种灵活，使得工程师们有了选择的空间，甚至可以在特定的条件下创造新的结构形式，以满足桥梁的工程要求。

为改善重庆石板坡长江大桥（以下简称老桥，1980 年建成，双向四车道）通行压力，21 世纪之初，业主决定在老桥旁边平行建设复线桥（简称新桥）。出于美观考虑，要求新桥的总体造型要与老桥一致，即采用梁式连续刚构桥型。经过三峡通航能力论证，要求新桥将老桥的 5 号至 7 号桥墩之间合成一跨（即 174 m+156 m 两跨合并），也就是说新桥主孔要跨越 330 m（老桥的 6 号桥墩将来改建时再行去掉）。采用连续刚构桥桥型实现 330 m 跨越的“刚性”需求，就需要创造新的世界跨越纪录。

事实上，当时我国连续刚构桥最大跨径只有 270 m，已是预应力混凝土桥梁的“极限”跨径，当跨度再增大时，混凝土梁的承载能力会被结构自身的质量消耗掉；而世界纪录也仅有 301 m，由挪威建造，采用了从美国进口的轻质陶粒骨料配制的“轻质混凝土”而构建。

我国没有轻质的陶粒骨料产品，是否从国外进口或另寻出路？工程经验、工程知识和工程创新在此时发挥了作用，总体设计工程师构思了走“钢结构和混凝土结构组合”之路：梁体跨中的 108 m 采用钢箱梁结构，与两边预应力混凝土 T 形刚构的悬臂（各 111 m）刚性连接，组合形成 330 m（111 m+108 m+111 m）跨度（图 2-7-5）。直观经验和进一步计算分析表明，330 m 跨钢混组合结构与270 m 预应力混凝土结构将产生大体相等的混凝土梁根（即桥墩位置）的弯矩反应。

这一创新设计破解了 330 m 跨越的难题，但随后要解决的技术问题是在混凝土结构与钢结构连接部位的力学行为，确保力的安全与稳定过渡，这就需要由相关的科学实验研究来加以保障。①

工程实践活动与千变万化的工程现场实况相结合。每一个工程现场，既是工程专业知识的应用，又是对工程专业知识的创造性扩展，以实现工程的功能定位。千百年来工程演化积累的不断更新的工程专业知识是应对新工程挑战的智力资源。

20 世纪 90 年代初，我国首座超千米跨径的江阴长江公路大桥

① 邓文中．Extending the Possibilities［C］. Civil Engineering，2006.

图 2-7-5 重庆石板坡复线桥——钢混组合连续刚构桥

开展设计，北岸锚碇基础遇到了难题。

江阴长江公路大桥为悬索桥，北岸锚碇传递 6.4 万 t 主缆力，埋置于 90 m 厚的软弱覆盖层中，基础的稳定是该桥成败的关键。设计优选采用重力式锚碇配深埋沉井基础的方案——面积相当于 9.5 个篮球场的大小（69 m×50 m）的矩形沉井。竖向分 11 节段筑造，逐节下沉（穿过 4 层不同土质，下沉过程长达 20 个月），最后达到 58 m 深，以紧密含砾中粗砂层为持力层，打破了锚碇必须建在岩层上或建在斜桩基础上的框框。施工中成功分批加载，控制住基础不均匀沉降和锚碇水平位移，使设计方案得以成功实现（图 2-7-6）。

（2）在工程造物的历史实践中，工程中存在的瑕疵虽不影响正常使用，却是工程的遗憾，也一定是下一个工程的完善目标；另外，工程病害影响工程的服务水平，降低工程寿命，危及服务安全，也必须进行技术革新。

实践是认识的来源，工程推进过程中遇到新问题，通过细化、深化解决问题，对常规的知识进行必要的调整与优化，蕴含着工程知识创新的内涵。通过科学总结与反复检验，最终会上升为新的工程知识。换句话说，工程知识是问题导向的知识，是解决工程问题

图 2-7-6　江阴长江公路大桥北岸锚碇巨型沉井基础

的知识。工程方法（措施）以工程知识为基础，是工程知识的外化。

在芜湖长江公路二桥的建造中，自主研发了一种新型拉索体系——同向回转拉索系统（图 2-7-7），并在国内外大跨径斜拉桥中首次使用。

同向回转拉索系统是将每根拉索穿过桥面一侧锚具，绕过索塔后，锚回到桥面同桩号截面的另一侧锚具，形成一对同编号拉索。鞍座巧妙地将拉索的拉力转换为环形径向压力传递给索塔，同时成为上塔柱环向预应力。①

同向回转拉索系统是建立在半个世纪以来千百座斜拉桥各种拉索体系实践后创新的成果。②

（3）古今中外桥梁坍塌损毁的安全事故给世人留下了刻骨铭心的血的教训，也是推动桥梁工程知识和技术创新的重要推动力。

已故的林同炎教授在他所著的《预应力混凝土结构设计》一书

① 梅应华，胡可，朱大勇．芜湖长江二桥桥塔锚索系统性能研究[J].世界桥梁，2017，45（6）：42-47.

② 刘效尧．塔上挂索构造的演化[J].桥梁，2017（3）：40-43.

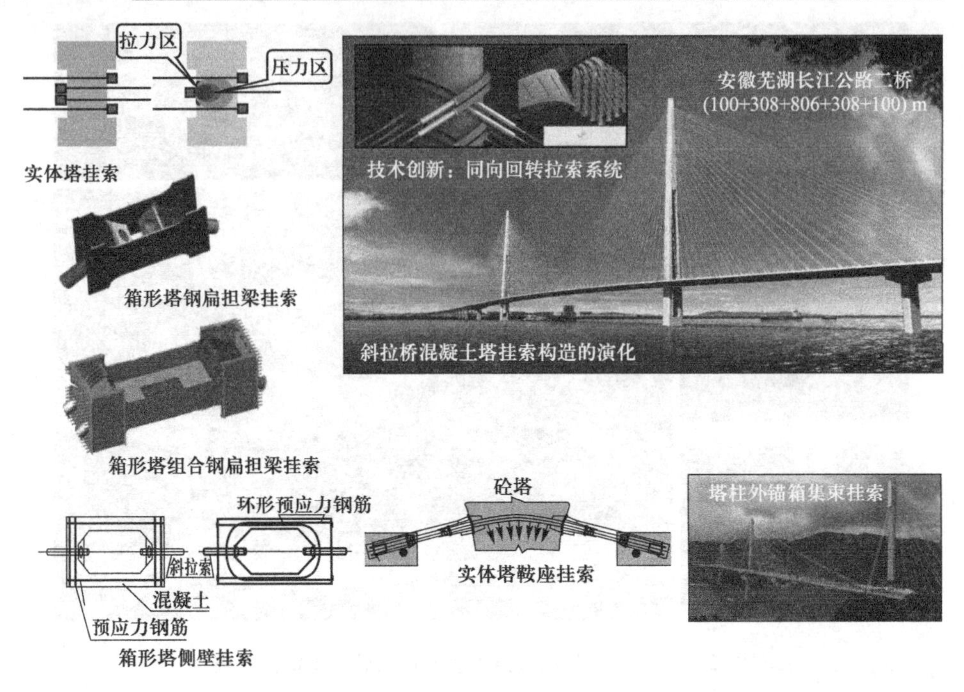

图 2-7-7 塔上挂索构造演化与芜湖长江公路二桥桥塔同向回转拉索系统

的封面赠言中写道："给不盲从规范而寻求遵循自然规律的工程师。"显而易见，规范是写在书本上的，而自然规律并不如此。这就是为什么严守规范要比遵循自然规律容易得多。①

1940 年美国塔科马悬索桥在低风速下发生的风毁事故开启了全面研究大跨度桥梁风致振动和气动弹性理论的序幕。当今，大型桥梁工程尤其是大跨径索桥工程都要经过风洞试验和/或计算机数值模拟试验，以检验其风的动力稳定性能。

上海卢浦大桥的跨径是 550 m，它刷新了保持 30 多年的拱桥跨度的世界纪录。卢浦大桥采用钢结构拱肋，拱肋断面近似矩形（钝体断面），为了克服这样的钝体产生的涡振，经过潜心研究并依据数值分析结果，认为增设隔流板的效果是最好的（图 2-7-8）。该方法可以产生上面顺时针旋转的涡和下面逆时针旋转的涡，从而使涡振振动相互抵消。正是这样的机理和发明，才使我们做出了对于桥

① 邓文中．造桥的艺术[N]．中国交通报，2007-01-02.

梁技术的一大创新，并在随后建设的许多座大桥中得到了非常好的应用。①

1940年塔科马大桥风毁事故

图 2-7-8　桥梁风致振动损毁和卢浦大桥抗风稳定性研究

我国西堠门大桥地处我国东南沿海台风频发地区，设计风速高达 78 m/s（当时世界上所有已经建造的桥梁抗风的纪录）。经大量的风洞试验研究，采用中间开槽 6 m 的分体式钢箱梁来抵抗风荷载的作用最为有效（图 2-7-9）。这一创新使西堠门大桥成为世界上跨径最大（1 650 m）的钢箱梁悬索桥。

20 世纪初，旧金山大地震和关东大地震两次灾难引起了工程界对结构抗震研究的重视。我国 1976 年的唐山地震和 2008 年的汶川地震后，促进了我国公路桥梁抗震研究的深入。随着船舶撞击桥梁事故的发生，国内外船撞桥问题的系统研究也始于 20 世纪 80 年代。

“工程的目的是为人类社会的需求服务。”工程师在经验积累的基础上，改善着人类的建筑环境。经验永远不会完结，但是工程师们显然不能等待科学发现工程设计和建造所有必要的原理。中国的长城、古埃及的金字塔和其他伟大的建筑物建造时还没有发现万有引力定律，建筑材料的物理性能理论也还没有。工程师们必须基于

① 葛耀君．从自主建设到桥梁强国[J]．桥梁，2020（3）：15-19.

图 2-7-9 西堠门大桥抗风稳定性研究成果：分体式钢箱梁

已有的经验进行构思和建造。2 000 年前的情况是如此，本质上今天也还是一样！

工程的基础是我们从过去的经验中学到的，包括成功的和失败的经验。从错误中吸取教训是特别有价值的，因为它能告诉我们什么是可以做的，什么是不能做的。①

工程建设内涵的知识（工程知识）中融合了自然科学领域和社会科学领域的知识，亦即多领域、多学科、多专业的知识。简言之，工程知识是集成性知识，工程知识的关键词就是有效集成。

具体地说，桥梁工程知识体系中蕴含着发挥理论支撑作用的工程科学知识、转化书本知识与设计“蓝图”为工程实体的工程技术知识和指导工程规划论证的工程人文社会知识等几个部分。

以上所述，可以小结如下。古代工程中“能工巧匠的经验发挥了核心性的作用，虽然古代能工巧匠的发明创造从现代科学的角度分析也是符合科学原理的，但那些发明创造并不是在科学原理的指导下创造出来的。”② 换句话说，工程实践并不是基始于科学，工程

① Tang M-C. The Story of the Koror Bridge [C]. IABSE, 2014.

② 徐匡迪．树立工程新理念，推动生产力的新发展[J]. 工程研究——跨学科视野中的工程，2004 (1)：4-8.

实践是基始于经验；桥梁工程的起源发展不是科学的衍生品，桥梁工程的起源发展是基于经验的积累。

自18世纪中期英国工业革命与炼钢法发明之后的近两个世纪，欧美国家引领了世界桥梁技术的发展，涌现出了一批在理论、体系、结构、材料、工艺等方面具有开拓意义的桥梁工程，奠定了桥梁工程理论、标准与管理的基础。桥梁工程突破了木、石、水泥材料的束缚，铸铁、熟铁、钢和混凝土、钢筋混凝土、预应力混凝土等材料得到了创新发展。

近代史上的“桥梁理论奠基时期”功不可没，随着桥梁工程基础理论的诞生，人类完全依据经验造桥的历史结束了。这些经验一旦插上科学的翅膀，桥梁技术进步便是如虎添翼。事实上，也正是随着土木工程基础理论体系的不断完善，桥梁工程才开启了工程经验和科学知识互相促进、互相发展的新阶段。

第二节　桥梁工程科学知识与技术知识

每一项工程建设都是工程知识的创造性运用，工程的新需求拉动工程知识更新并牵引工程专业知识的创造，这是工程师的责任担当。

工程科学知识是基础，工程技术是适应当时当地具体条件而实现工程构建的一种知识与工具（方法）的综合体。桥梁工程知识发展历程彰显了工程科学知识与工程技术知识相辅相成、相互促进的发展特征。

在工程知识的基础上，桥梁工程建立起标准规范、结构分析、模型试验、建筑材料、加工制造、工法工艺、施工机具、质量控制、监测检测、计算机辅助工程等专业应用知识体系，推动了桥梁工程理论与分析、体系与结构、材料与连接、工艺与机具等的全面技术进步。

在高等院校土木工程学科桥梁专业的课程设置中可以找到理论力学、材料力学、结构力学，工程地质与勘察、土力学地基与基础、水力学与桥涵水文、建筑工程材料，结构设计原理、桥涵设计、桥涵施工技术、施工组织设计、工程造价、工程招标投标，道路勘测设计、交通工程、施工项目管理、工程经济分析、工程结构检测技术、道路养护技术等专业课程，以及高等数学、物理学、计算机辅助工程、工程测量、工程制图等基础性知识与技能课程。

1 桥梁工程科学知识

桥梁工程作为土木工程的一员，其基础理论知识立论于结构力学行为（力的平衡、变形协调和结构稳定）的基本需求，因而工程力学知识构成了它最基本的理论支撑，广义的工程力学涵盖理论力学、材料力学、结构力学、工程流体力学、土力学、弹性力学、塑性力学、断裂力学等理论知识，其中的理论力学、材料力学和结构力学被称为土木工程专业的“三大力学”，也是桥梁工程专业基础理论中的核心部分。

工程力学涉及众多的力学学科分支与广泛的工程技术领域，是一门理论性较强、与工程技术联系极为密切的技术基础学科，工程力学的定理、定律和结论广泛应用于各行各业的工程技术中，是解决工程实际问题的重要基础。

理论力学是力学的一个分支。它是力学各分支学科的基础。理论力学通常分为三个部分：静力学、运动学与动力学。其中静力学研究作用于物体上的力系的简化理论及力系平衡条件；动力学则是理论力学的核心内容。理论力学中的物体主要指质点、刚体及刚体构成的体系。

当物体的变形不能忽略时，则成为变形体力学（如材料力学、弹性力学、塑性力学等）的讨论对象。材料力学是研究材料在各种外力作用下产生的应变、应力、强度、刚度、稳定和导致各种材料破坏的极限。材料力学的研究对象主要是棒状材料，如杆、梁、轴等。弹性力学和塑性力学研究更为复杂的问题，如三维实体、板壳和材料非线性等问题，可以看作高等或扩展的材料力学。

结构力学主要研究由杆、梁等构成的工程结构的受力和传力的规律，以及如何进行结构优化的学科。结构力学研究的内容包括结构的组成规则，结构在各种荷载（如外力、温度效应、施工误差及支座变形等）作用下的响应，包括内力（轴力、剪力、弯矩、扭矩）的计算、位移（线位移、角位移）计算、结构自身的动力特性（自振周期、振型）及在动力荷载作用下的动力响应的计算等。

工程流体力学主要研究工程流体（如水和空气）的静、动力学特性及计算方法，为桥梁在水流、波浪、风等流体作用下的效应计算提供理论支撑。

从工程知识论的视角分析，工程力学可以列入工程科学知识的范畴，是桥梁工程结构的知识基础。从知识层次角度来说，它是建立在最底层的数学和物理学之上、专业知识之下的一个知识层，连接着基础知识和专业知识。

由结构力学矩阵位移法发展出的有限元法，成为利用计算机进行结构计算的理论基础。结构工程技术进步的历史表明，结构力学理论与计算分析技术的提高（有限元计算分析技术）使得工程师对静、动荷载作用下结构的力学与变形行为（力学行为）越来越“了如指掌、一清二楚”。精准的理论分析保证了结构安全、体系稳定的基本需求，为设计奠定了基础。

2 桥梁工程技术知识

工程施工是工程技术知识和技术进步展现的舞台。要使工程设计蓝图“落地”成为工程实体，就是要运用工程技术知识托起的新工艺与新工法以实现工程的构建。工程的“唯一性”造就了工程技术创新的需求，用最新的技术实现工程设计的目标，是推动工程演进的原动力。

任何一项技术的发明或改良都是有目的的，它的目的基本上是为了为某一个或者多个当时的或者将来的工程解决问题。如果没有这些工程，就不会有这些技术的发明。如果没有工程上的需要，技术发明只会沦为空中楼阁，束之高阁。而且，同一项工程，不同工程师可以依他的经验意向选择不同的技术。这就突显一个“主从”的关系：工程是主，技术是从。

(1)“需求牵引，难题导向”是工程技术知识演进的内在原动力。在工程造物的历史进程中，先进的工法不断被创造出来，同时落后的工法被淘汰，针对不同的各类具体工程，建设者不断集成有效的工法，组成工法集（工程界也称为成套技术）应用于工程实践。

在预应力知识和技术的支撑下，20 世纪中叶，“节段施工法”应运而生。节段施工法是一种快速、安全而又经济的施工方法，因而，在大跨径混凝土桥梁施工中得到了广泛的推广应用。

由悬臂浇筑到悬臂拼装，由预应力混凝土结构到钢结构，以及挂篮施工、悬臂吊机、缆索吊装等工法与工艺不断更新，推动着桥梁技术知识的新发展（图 2-7-10）。

图 2-7-10 节段施工法与装备的技术进步

(2) 工法是以工程为对象、以工艺为核心，运用系统工程的原理，把先进技术和科学管理结合起来，经过工程实践形成的综合配套的施工方法。工法具有很强的针对性和实践性，以及技术的创新性。

“因此，要想让工程实践在空间场域与时间情境中顺利展开，必须要对工程发生的场域与情境条件，以及自然环境与社会环境进行综合的、系统的评价”，“工程主体必须从自身的知觉和体验出发，对工程发生的场域与情境条件有所评判、有所把握，才能保证工程活动的有效开展。”①

港珠澳大桥是粤港澳大湾区跨越伶仃洋的桥岛隧集群工程，其中由三方共同建造的 30 km 主体工程中，桥梁工程长 22.9 km。

由于港珠澳大桥建设有“10%以下阻水率”的刚性要求，因此海中非通航孔桥承台不得不采用埋置式承台方案（最大外形尺寸 16 m×12 m），并创新采用预制安装工艺，通过后浇混凝土与桩基连接。

为克服桥址复杂的地质情况及自然条件，承建人根据自身的技术力量、设备状况、管理水平和施工经验，采用 3 种工法施工——大圆筒干法安装、分离式胶囊柔性止水和无内支撑结构双壁锁口钢套箱围堰，分别利用大圆筒、钢围堰与分离式胶囊止水结构（安装在承台和钢管桩结合处）和钢套箱围堰与封底混凝土等创造干施工环境，分别对 68、55、62 个墩台实施整体安装和后浇混凝土施工（图 2-7-11）。

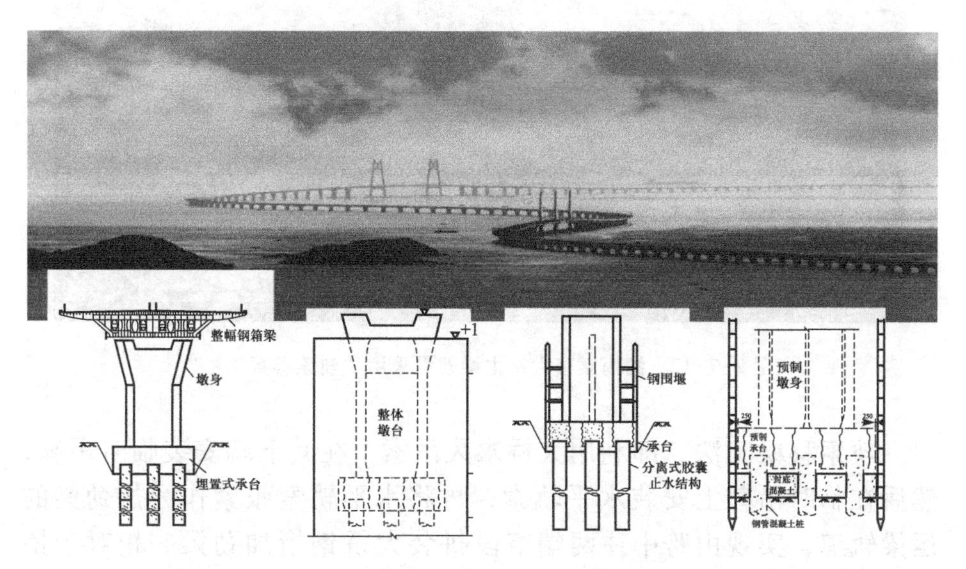

图 2-7-11　港珠澳大桥海中非通航孔桥梁埋置式承台施工工法

实践表明，3 种施工方案均能较好地克服恶劣海况的影响，有

① 邓波，罗丽．工程知识的科学技术维度与人文社会维度[J]．自然辩证法通讯，2009，31（4）：35-42.

较好的适应性和施工效益，并能在预定时间内完成承台施工。

通过工程造物的感悟，桥梁工程师总结出了桥梁工程知识的哲理："对工程的认知和经验都源自对工程实践的学习。经验是要积累的，技术的发展也是没有止境的。发现问题，研究和解决新的问题，才能推动桥梁技术的发展。"①

湖南矮寨大桥（悬索桥，主跨径为 1 176 m）地处深山峡谷，地形地貌复杂，桥面距离谷底高度达到 355 m。由于常规的"散拼法""吊装法""荡移法"等主梁架设工法难以在该桥上实施，受桥梁顶推工艺和高空缆车技术的启示，创新采用了"轨索移梁工法"（图 2-7-12）架梁。

图 2-7-12　湖南矮寨大桥主梁架设采用"轨索移梁工法"

轨索移梁工法，即利用大桥永久吊索，在其下端安装临时吊鞍，然后在临时吊鞍上安装水平轨索，再将水平轨索张紧作为加劲梁的运梁轨道，实现由跨中往两端节段拼装大桥钢桁加劲梁。相对于桥面吊机拼装方案，轨索移梁方案大大减少了钢桁梁的高空拼装作业量，既可节省工期和节约投资，又有利于保证施工安全及施工质量。矮寨大桥主梁建设两个半月就完成了架梁，架梁速度较传统工艺提高了近 10 倍。

---

① 陈新．老工艺新体验[J]．桥梁建设，2011（1）：12-17.

（3）“有相当多的经验形态的技术知识，如诀窍、技能等，由于它们的存在依附于人的大脑或身体操作的技能，通常只能在操作行动表现出来，而行动如何往往又依赖于特定的情境。”①

我国桥梁建设中活跃着一批“金牌工长”（誉称为“大国工匠”），在挑战桥梁建设的“疑难杂症”中发挥着不可替代的作用。他们匠心独具，丰富的工程实践经验孕育出巧妙的悟性与技艺，在技术与工艺方面有独创性。工匠们专心致志，持之以恒，精益求精，追求卓越，体现出“工匠精神”。

港珠澳大桥沉管隧道（可视为水下钢筋混凝土连续闭合箱梁）永久接头止水作业的风险化解就是例证。

在总长 6.7 km、由 33 个预制管节对接连通的沉管隧道施工中，难度最大、风险最大的环节是 12 m 长的最终接头的安装。最终接头是一个纵向可伸缩的折叠结构，它将双翼伸出，按压在 E29、E30 沉管管节上，可为管内作业人员提供一个临时的（一个月）干作业环境。只有在连接最终接头与管节的“永久结构”做完，双翼才能收回。

实施时发现，顶板钢板焊接与临时止水部位的距离只有 10 cm 多一点，焊接产生的高温，很可能令橡胶止水带的模量发生变化，导致漏水。为解决这个难题，焊接单位连夜咨询岛隧项目设计分部，试图从设计方案上找到化解风险的突破口。然而，经过彻夜研究，设计方没有找到替代方案，顶板焊接作业陷入暂停。

顶板合拢焊接晚一分钟，止水体系转换时间就长一分钟，风险就多一分。

决策层请来了在现场待命作业的国际焊接大师、全国劳动模范一同商讨。大师提出焊缝可分三道焊接，只要保证连续不间断焊接，将温度控制在 60 ℃以上，100 ℃左右，就能既保证焊接质量，又避免止水带表面温度过高。

设计方立即与远在荷兰的密封产品厂家确认，半小时后收到答复：止水带在超过 100 ℃高温时仍能保证 4 h 的水密安全度。

最终采用焊接大师的建议，150 多名焊工在狭窄、湿热、封闭

---

① 邓波，贺凯．试论科学知识、技术知识与工程知识[J]．自然辩证法研究，2007（10）：41-46.

的结合腔内 24 h 不间断接力施工，共完成了 498 块接头板、近 2 300 m 焊缝的装配焊接任务，消耗焊材 20 余吨、气体 2 000 余瓶（图 2-7-13）。所有焊缝均经探伤检验合格。圆满完成永久性结构焊接任务。

图 2-7-13　港珠澳大桥沉管隧道永久接头止水作业

以上所述，可以小结如下。

桥梁工程专业知识和工程专业技术覆盖了工程的“道、法、术、器”四大要素。“道”即理念；“法”即标准规范、法律法规等规矩；“术”即工程方法、工法等；“器”即基本资源，工欲善其事，必先利其器等。简言之，“道”是灵魂，“法”是“规矩”，“术”是“方法”，“器”是“工具”。在“道”的统领下，四大要素彼此独立又互相支撑、互相渗透、互相影响、互相制约，确保了工程体系的有效运转。

由于工程设计和建造知识具有专业性，而工程的实现具有集成性和创新性。工程需求驱动创新实践，催生了工程专业知识与工程应用技术的不断进步。

桥梁工程演化的历史证明，工程知识和关键技术（结构分析的软技术和工程构建的硬技术）都是不断发展、不断创新、不断突破的。

第三节　桥梁工程人文社会知识

随着造物的“个体工程—简单协作工程—系统性工程—复杂系统性工程”的发展过程和可持续发展理念的逐步提升，桥梁工程与经济发展和社会进步的关系越来越密不可分，越来越发挥出重要的作用价值。

工程建设理念是工程知识的重要内容。工程品质是理念的体现和质量哲学，是安全、适用、耐久、经济、美观、环境等质与品的融合。

“从知识的性质看，工程知识既不具有纯粹的科学性质、技术性质，也不具有纯粹的社会性质、人文性质，而是众多种类知识的综合集成。”①

桥梁工程所涉及的人文社会知识涵盖交通运输知识、工程经济知识、环境生态知识、人文艺术知识、工程管理知识、工程伦理知识和工程美学知识等，是人类在经济社会、环境生态和美好生活等社会性需求在桥梁工程的综合运用和体现。

“桥梁工程与社会”知识

众所周知，桥梁工程是服务于经济社会和百姓生活的交通基础设施，是人工创造的新社会资源，是追求经济社会效益最大化的价值工程。

作为交通网络重要节点的桥梁工程规划需要通盘考虑区域、城乡、交通，统筹兼顾经济、社会、民生、文化，科学平衡近期、中期、远期交通需求，是集约人类文化知识、社会民生知识、交通预测知识、效益评价知识、环境生态知识与工程专业知识等的认识过程。

论证决策是综合知识的高度集约，以战略性视野、可持续理念、哲学性思维为指导，综合经济、社会、政治、环境、生态等的历史、

① 邓波，贺凯．试论科学知识、技术知识与工程知识[J]．自然辩证法研究，2007(10)：41-46.

现实与未来时空要素，基于工程技术水平和建设资金实力，对工程规划进行定性与定量的比选、平衡与妥协：求取约束条件下的最大公约数，协调求同与存异的关系；求取开放条件下的最小公倍数，以最小的互让换取最大的互惠。充分协调桥梁建设的宏观目标及桥梁建设条件的现实约束的辩证关系，实现桥梁自身的工程价值。

继港珠澳大桥建成之后，粤港澳大湾区又一交通工程——深圳—中山通道（简称深中通道）工程开工建设。

深中通道工程位于我国广东省珠江口（东四口门）出海口的河口湾、深圳市宝安国际机场南侧、广州南沙港下游，路线穿越了广东省两大出海航道——伶仃航道和矾石水道，这两大航道交通繁忙、船舶密集。此外，该工程还穿越了国家一级保护动物中华白海豚的洄游区，面对生态保护的挑战。所有这些建设环境可以统称为工程社会条件，统筹集约的思维基础就是“工程与社会”知识。

工程规模宏大、建设条件异常复杂，项目建设涉及：公路、水运、民航、港口、防洪、水利、环境、海域、水土保持、国土规划、文物等数十个领域；海工工程、岩土工程、桥梁工程、水文、地质、泥沙运动、气象、防洪水利、环保、水土、通风、消防及防灾救援、交通工程等数十个专业。

深中通道项目前期工作历经 13 年，针对项目建设条件及海中段工程方案进行了长达 6 年多的反复研究和论证，组织完成了 52 项建设条件、关键技术等专题研究，对其中的海底隧道方案研究、通航标准等关键技术问题组织了国内外多家单位开展平行研究。

项目建设遵循了“系统工程”理念，一方面使得项目建设能基本满足各领域（包括公路、水运、民航交通与防洪水利、环境保护等）可持续发展，另一方面经过充分论证，尽可能使项目建设条件要求合理、工程规模适度、风险可控，具备可实施性。深中通道作为超大型跨海通道项目，充分征求和听取各行业及沿线地方政府、企业关于项目建设方案意见，本着不遗漏任何有价值的方案原则，对可能的有价值的跨海工程方案均进行论证研究。

最终，通过功能、安全风险控制、海洋环境、工期和造价等方面综合比选，国家发展和改革委员会批复同意项目采用东隧西桥方案（图 2-7-14）。

图 2-7-14 深圳—中山通道线位方案比选

深中通道工程北距虎门大桥约 30 km，南距港珠澳大桥约 38 km。路线全长约 24 km，跨海长度为 22.4 km，采用设计速度 100 km/h 的双向八车道高速公路技术标准。

工程方案由 6.8 km 八车道海底公路隧道、海上 1 666 m 特大跨径悬索桥、西人工岛、水下高速公路互通立交等分部工程构成，项目工程规模宏大、建设条件异常复杂、技术难度高、建设品质要求高，是复杂巨系统工程，是我国公路交通基础设施建设领域的又一严峻挑战。

工程实践证明，工程知识中的规划知识是工程成败的前提与关键。工程规划知识融合社会、经济、政治、文化、环境、生态等非技术性要素和技术性要素，思索追溯历史，兼顾当前与长远的风险与效益等，因此综合思维、辩证思维、逻辑思维是工程规划知识的内涵和特色。

2 桥梁工程人文知识

概念设计是工程设计的核心，是对工程整体的构思，以确保工程功能定位的实现。一项设计任务的成败和优劣在很大程度上也取决于概念设计的品质。

“安全、实用、经济、美观”是对工程的基本要求。为了满足这些要求，工程师必须充分调动其在结构力学、材料学、经济学、社会学、美学等方面的综合知识，深入思考各项约束条件和指标，才能形成可行的解决方案。在这个过程中，工程师的洞察力非常重要，这一洞察力包括直觉、天才、灵感、学识和经验，远远超出了工程专业知识的范畴。

随着时代的发展，百姓对工程和谐自然的建筑美的渴求越来越强烈，对工程是艺术的认知也越来越得到提升。

有国际桥梁大师认为："工程是一门艺术。这里指出桥梁工程不是科学而是艺术，正是提醒工程师们，泛泛涉猎结构分析理论并不能造出卓越的桥梁工程。"卓越工程师从来是将蕴含的工程经验与知识、人文艺术与哲学素养融为一体，智由心生能绘出"神来之笔"。

重庆是"山拥水、水绕城、城依山"的城市，"山、水、城"相交融的独特城市景观历来就是山城重庆的象征。新近建设的"两江大桥"桥位临近长江与嘉陵江两江交汇处，接南山、跨两江、穿渝中、连江北，串联起重庆最具代表性的城市景观。

"两江大桥"项目全长约 3 km，包括跨越长江的东水门大桥和跨越嘉陵江的千厮门大桥，以及公路和轨道交通下穿渝中半岛的隧道。两座大桥跨越两江，连接四岸，兼具轨道交通和市政道路双重功能。

"两江大桥"连接的是主城最繁华之处（商业核心），周边高楼林立，大桥建设可谓牵一发而动全身。除了一般大桥都需要涉及的选址、通航、涉河、水保、地灾、地震、环评等专项论证以外，还有明确的限制条件和需要考虑的重点包括：通航、景观、文物保护、嘉陵江索道、洪崖洞建筑、大剧院等。

桥位处独特的区域特征决定了两江大桥必须为优美、和谐、谦逊、平衡、具有历史延续并不失现代气息的桥型结构，必须能够起到与城市景观统一、相互衬托、锦上添花的作用。

总设计师确立了"不与景观争空间，追求和谐美"的理念，在"通透，尽量减少桥梁结构对周边景物的遮挡"的思路指导下，构思出"单索面部分斜拉梁桥（索辅梁桥）方案"和"两江姐妹桥"的概念设计方案，充分利用公路/轨道交通（双层桥面）共建的特点，不仅获得了协调的、最少遮挡的、通透的景观效果，也为后续设计阶段解决出现的增加道路接引匝道、与洪崖洞建筑结构冲突、轨道结构形式的选择等都提供了很好的适应性。

两座桥梁工程创新性地设计了两位一体、造型美观的稀疏单索面、开敞钢桁梁、空间曲面塔的部分斜拉桥，与环境高度融合协调，又具有精致的美学景观效果，深受山城百姓喜爱，成为城市桥梁建设的又一范例（图 2-7-15）。

图 2-7-15　重庆“两江大桥”概念设计

“城市桥梁方案创作是综合了各种技术条件和城市要素，诸如城市空间、城市艺术以及其他城市功能的高度综合，涵盖了具体的硬科学和抽象的软科学内涵的创造性、创新性工作。这种方案创作，通常由于结构的创新性和特殊性，需要一些辅助的、用以阐述方案的技术可行性等技术问题的计算分析工作。它需要设计者既具备桥梁工程专业技术知识，又具备空间想象力和构筑造型、感悟美学的艺术创作基础技能。”①

以上所述，可以小结如下。

桥梁工程在实践中确立了“通盘考虑生产、生活和生态，统筹兼顾经济、社会、民生、文化，协调安排功能、布局、环境、景观，科学平衡近期、中期、远期”的哲学思想认识。

事实上，“从经济的、政治的、军事的、生态的、环境的、文化的、科学技术的、人文的、审美的等众多维度的对工程进行全方位的评价”② 已然构成了工程知识中不可缺少的组成部分。社会人文知识不仅丰富了工程知识，在一定程度上也指引了工程知识的发展方向。

美国在“土木工程 2025 愿景”的纪要中列举了 2025 年土木工

---

①　徐利平．城市需要什么样的桥梁设计师——同济大学城市桥梁美学创作交叉课程建设[J]．桥梁，2018（5）：100-104.

②　邓波，贺凯．试论科学知识、技术知识与工程知识[J]．自然辩证法研究，2007（10）：41-46.

程师应该具有或表现出符合展望要求的个人素质。素质可以分别定义为有价值的知识、技能和态度。

在列举的知识中，除了工程基础知识和专业知识外，还包括：

——风险性或不确定性知识，包括风险识别、基于数据和知识的类型、概率及统计；

——社会、经济和自然界的可持续性发展；

——公共政策和管理知识，包括政策制定、法律法规、筹资机制；

——商务基础知识，如业主的合法权益、利润、损益表与资产平衡表、决策或工程经济以及市场营销等；

——社会科学，包括经济、历史和社会学；

——道德规范，包括保守客户机密、工程社团内外的道德准则、反腐败、合法需求和伦理期望间的界限以及保障公共健康、安全和福利的职业责任等。①

这些都充分说明了社会人文知识对于土木工程的重要性。

纵观人类发展长河，知识就是力量，知识改变命运。

包括桥梁工程在内的土木工程知识是人类知识体系的重要组成部分，它帮助人类走出了原始的愚昧和旷野，创造了辉煌的古代文明，它更借助近现代科学技术的进步而日新月异，为人类的进步、文明和发展做出了巨大的贡献。

随着经济社会的迅猛发展，特别是信息技术和智能技术的快速推进，工程规划、建造、运维的逻辑思维正在随之进行系统性变革。从工程哲学的角度反思工程建设思想，完善工程知识体系，以促进以人为本及可持续发展目标的实现，是摆在一代代桥梁人和工程师面前的重要课题。

事实上，在人类千百年的造物实践中，工程师正是在从宏观到微观的钻研、从感性到理性的思索中，在从微观到宏观的统筹、从局部到整体的集成中，在充满辩证思维的工程世界中探寻着造物本源之道，在改造自然中顺应自然，又在与自然和谐相处中寻求超越

① American Society of Civil Engineers. The Vision for Civil Engineering in 2025 [M]. 2007.

之道。只要人类存在，人类造物实践就不会终止，工程知识更新发展也永无止境。

桥梁工程师和桥梁人的使命就是要发挥无限创意和巨大勇气，循宇宙之规律，借自然之力量，不断地创造，推动工程知识不断地创新，把人类之梦想变成现实，让世界更加畅通！让人类生活更加美好！

第八章

建筑工程设计的哲学思考与实践

如果说工程是现实的、直接的生产力；工程活动是实现现实生产力的过程，是人类最基本的实践活动，是社会存在和发展的物质基础；工程哲学是从人类世界出发，改变世界，又回归到人类生活世界的哲学；那么建筑工程是人类为提高生存质量而创造人工空间的实践活动。建筑工程是人类世界最常见、最广泛的工程实践活动之一。

建筑工程是以“人工实在”为主要对象、以建造为核心的活动。在建造之前需要进行精心的谋划和设计。与其他工程一样，建筑工程也是通过选择-集成-构建 3 个过程来达成现实的生产力；并逐渐突出开放、动态和系统的特征，关注整体结构、功能、效率优化、环境适应性的问题；需要经过发现问题—分析问题—解决问题的基本思路，解决一系列基本问题：即遇到什么样的工程问题—采取什么样的原则和理论—采取什么样的思维方法或技术手段去解决问题—如何控制工程过程和进行工程管理。其中，建筑工程的设计工作决定了工程的性质、价值、合理性，以及建筑工程的形态、风格等。

由于建筑工程的大量性、日常性、艺术性等特征，使其不仅涉及形而下的“器”，也涉及形而上的“道”。对它的研究从物质实体出发，也超越了物质实体本身。

对于具体的建筑工程设计，我们已经积累了丰富的经验，逐渐总结出一些理念和方法。在此基础上，我们应进一步提高认识，从建筑工程设计的演化、理念、价值、知识、方法、思维等方面，以及对设计中的真善美等问题加以深入思考，将建筑工程设计研究上升到哲学高度，达到实践过程与哲学追问相通、认识体系与实践体系融合、工程语言与哲学语言互释。

因此，本章将重点从建筑工程的相关知识概念、建筑工程的设计原则与理念、建筑工程的设计思维方法、建筑工程的设计过程维度方法等方面结合典型建筑工程设计案例展开分析和论述。

第一节　建筑工程与建筑设计

建筑工程是以房屋建筑为对象的工程类型，具有数量大、种类多、范围广的特点，与人们的日常生活息息相关。现代的建筑工程在建造和使用之前，均需进行工程设计工作，而建筑设计则是建筑工程设计工作中重要的一部分。

要研究建筑工程，研究建筑工程的设计实践，需要先理解建筑、建筑工程与建筑设计的相关定义、特点以及它们之间的关系。

1 建筑与建筑工程

建筑是人为的空间，是为适应社会生产和生活而创造的空间，是为满足人类物质和精神需求的空间。建筑是建筑实体与建筑空间的矛盾统一体，在《老子》中曾表述道“凿户牖以为室，当其无，有室之用，故有之以为利，无之以为用”,① 如果说建筑实体是“有”，则建筑空间是“无”。建筑生成和建造的过程的着眼点在于建筑实体，但建筑的核心使用价值却在于建筑的空间。

建筑工程是以建筑为对象，以空间与实体为目标，应用相关的科学知识和技术手段，通过人们的有组织活动实现具有预期使用价值成果的过程。

建筑工程与其他工程一样，具有功能性、技术性、社会性与实践性等基本特征，但也具有一定的特殊性。

(1) 建筑工程是科学与艺术的结合。

建筑既具有传统工科的科学理性与技术性，同时也需要满足诸如对称与均衡、比例与尺度、整体与局部、对比与和谐、节奏与韵

① 语出：老子《道德经》第十一章。

律等普遍的艺术规律。建筑工程的西方词源 art+tec 就很明确地揭示了它是科学与艺术的结合。早在 2 000 多年前，古罗马的维特鲁威在《建筑十书》中要求："建筑师必须擅长文笔，熟悉绘画，精通几何，深悉历史，勤听哲学，理解音乐，对于医学亦非无知，通晓法律学家的论述，具有天文学的知识。"①

（2）建筑工程既是物质载体，也是精神载体。

建筑既涉及"器"，也涉及"道"，既是物质产品，又是艺术创作。它具有物质性、功能性，要满足人们的实际使用需求，同时也是物质化的精神载体，承载了人们的情感需求。在《建筑十书》中，维特鲁威提出建筑的三要素"实用、坚固、美观"，其中就包含了物质与精神两个层面的体验和要求。

（3）建筑工程具有共性，也具有个性。

建筑的类型多样、数量众多。同类建筑往往具有一定的共同规律，如技术规范性等，这是它们的共性。但每一个具体建筑因为所处的地域、环境、社会条件等不同，设计要求也千变万化，从而形成差异和个性。

2 建筑工程及其基本要求

2.1 建筑工程的范畴和定义

建筑工程是为新建、改建或扩建房屋建筑物和附属构筑物设施所进行的勘察、规划、设计、施工、竣工等各项技术工作和完成的工程实体，最终目的是为人类生产和生活提供适宜的场所。建筑工程通常指房屋建筑工程②，指有承重构件、维护构件和装饰构件以及能够形成内外部空间，满足人们生产、生活、公共活动的工程实体，包括住宅、商店、学校、医院、剧院、旅馆和厂房等。

与"建筑"相比较，建筑工程更关注建筑的实体部分以及与之

① 维特鲁威．建筑十书[M]．高履泰，译．北京：知识产权出版社，2001：16.

② 建筑工程是建设工程的一部分。建设工程通常包括土木工程、建筑工程、线路管道和设备安装工程及装修工程等。与建设工程相比，建筑工程的范围相对较窄，专指各类房屋建筑工程。故此，桥梁、水利枢纽、铁路、港口工程以及不是与房屋建筑相配套的地下隧道等建设工程均不属于建筑工程范畴。

相关的设备等。它以具体的房屋建筑为对象，运用一定的科学和技术手段，通过合理的流程使其得以实现。

2.2 建筑工程的类别

建筑工程是一个庞大的体系，有不同的分类标准。按照使用功能划分，一般可分为民用建筑工程、工业建筑工程和农业建筑工程（图 2-8-1）。顾名思义，这三类建筑工程分别对应不同行业领域的使用要求，每个大类下又可划分为相应的小类别，例如民用建筑工程又可划分为居住建筑工程、公共建筑工程等。其中民用建筑工程是与人们日常生活使用最密切、规模最大、类型最丰富、功能较复杂的一种类别，相应也是综合性最强、设计要求和难度较高的一种类型。本章所阐述的建筑工程主要以民用建筑工程为研究对象。此外，建筑工程还可以按照重要性分为一类、二类、三类、四类建筑工程；按照建筑高度则可划分为多层、高层、超高层建筑工程。

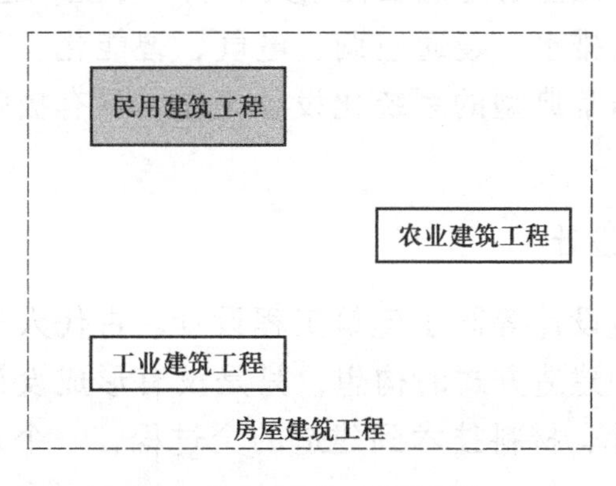

图 2-8-1 建筑工程的类别

2.3 建筑工程的基本要求

建筑工程与其他建设工程一样，要利用各种材料、使用一定的技术手段，在保证安全的前提下满足人们物质和精神的不同使用需求。

建筑工程首先要满足安全性的要求。安全性体现在多方面，包括：要保证结构坚固，在必要时能有效抵御严酷的外部环境，能抗震防灾，切实成为人类的庇护所；在建筑的使用过程中要无害化，在发生安全事故时能有效疏散等。

建筑工程既然为人类所使用，当然要确保其使用功能满足人类的空间使用需求，容纳人类行为活动的发生，承载相应的设施和设备等。

建筑工程还需要与环境协调发展。建筑工程的建造和使用过程消耗了目前全球能源的一半以上，因而建筑工程的可持续发展、减少碳排放等问题已经被置于重要的位置。

建筑工程设计与建筑设计

3.1 建筑工程设计

建筑工程设计是以建筑工程为对象的设计工作。建筑工程设计具有一定的程序，包括规划、勘察、方案设计、初步设计、施工图设计等过程。它涵盖与建筑工程相关的众多专业，包括规划、建筑、景观、结构、给排水、暖通空调、电气、智能化、节能等。建筑工程设计是一个非常典型的系统化设计工作，具有极强的专业化和综合性。

3.2 建筑设计

传统的建筑设计等同于建筑工程设计。古代人类搭筑房屋就有关于房屋样式和建造方式的构想，只是没有形成设计图纸文件。总工匠负责从设计、材料技术到建造的全过程，一个人统领设计、施工及其管理。

随着社会的发展和科学技术的进步，建筑工程所包含的内容、所要解决的问题越来越复杂，涉及的学科越来越多，建筑工程设计逐渐演变为一个系统的设计工作，常涉及建筑学、结构以及给排水、暖通、电气、消防、自动化、建筑声学、光学、热工学、工程造价、园林绿化等多方面的知识，需要各类工程师的密切协作。加上建筑物往往要在一定时间期限内竣工，难以由匠师一身多任，需要更为细致的社会分工，这就促使建筑设计逐渐从建筑工程设计中分化出来，成为一门独立的分支学科。

我们当前所说的建筑设计一般是指建筑学专业范畴内的设计工

作（图2-8-2）。尽管如此，建筑设计所包含的内容仍较为庞杂，并且作为工程项目的牵头专业，与其他专业具有千丝万缕的联系。

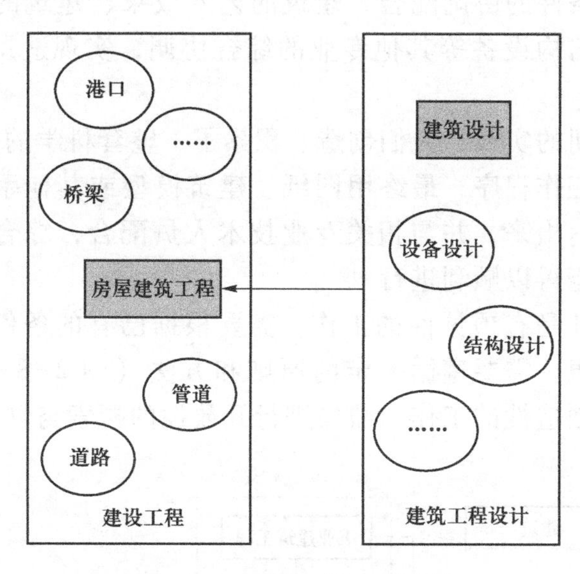

图2-8-2 建筑工程与建筑设计

普通意义上的建筑设计是指在建造建筑物之前，设计者按照建设任务，把施工过程和使用过程中所存在的或可能发生的问题，事先做好通盘的设想，拟定好解决这些问题的办法、方案，用图纸和文件表达出来，作为备料、施工组织工作和各工种在制作与建造工作中互相配合协作的共同依据，便于整个工程得以在预定的投资限额范围内，按照周密考虑的预定方案，统一步调，顺利进行，并使建成的建筑物充分满足使用者和社会所期望的各种要求。①

3.3 建筑设计的范畴与核心

建筑设计是针对房屋建造展开的空间构想思维活动，所要解决的是有关人类生活与工作的建筑空间环境的问题，如建筑与人、建筑与自然、建筑与社会等的关系问题，其最终目的是帮助人类同自然环境和建成环境和谐共处，创造一个适宜栖居的空间环境，并给人以美的精神享受。

---

① 《中国大百科全书》总编委会．中国大百科全书：建筑、园林、城市规划[M]．2版．北京：中国大百科全书出版社，2009：241.

建筑设计的主要工作包含建筑功能、建筑技术、建筑艺术形象、经济合理性等，即建筑功能与空间的合理安排、建筑与周边环境、与外部各种条件的协调配合、建筑的艺术效果、建筑的细部构造方式、建筑与结构设备等其他专业的综合协调，实现适用、经济、绿色、美观。

通过长期的实践，人们创造、积累了一整套科学的方法和手段，通过一定的工作程序，最终用图纸、建筑模型或其他手段将设计意图确切地表达出来，并与相关专业技术人员配合，综合解决各类矛盾，使工程能得以顺利进行。

建筑设计是有预见性的工作，需要根据已有的条件来进行合理的规划和设想，需要遵循一定的原则和方法（图 2-8-3）。建筑设计也是具有创造性的工作，需要进行开放性的探索与创新。

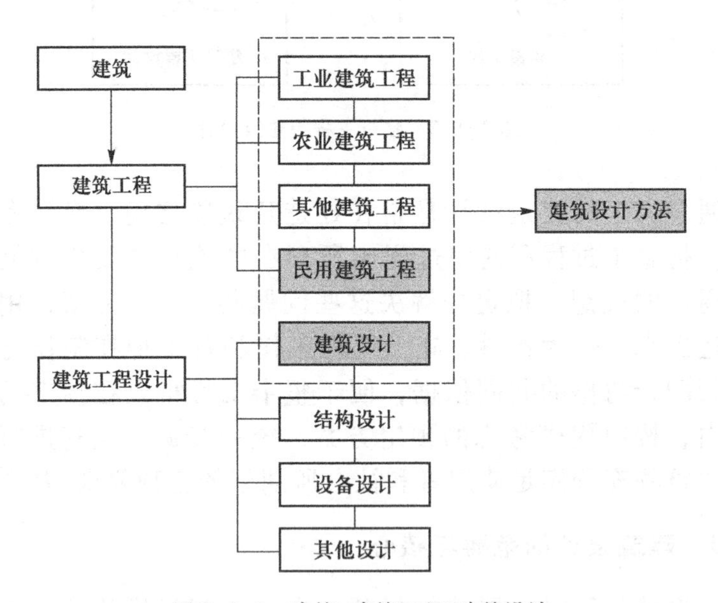

图 2-8-3 建筑-建筑工程-建筑设计

第二节 建筑工程的设计原则与理念

在漫长的建筑工程的发展历程中，建筑工程及其设计需要遵循一些基本的原则、规律。而随着人类社会的进步与发展，建筑工程的类型、规模不断扩展，品质不断提升，对建筑设计也提出了更高的要求，人们也逐渐形成了对建筑工程及其设计的新认识与新理念。建筑工程呈现出更丰富的面貌以适应人类对美好生活的向往。

建筑设计的基本要求

建筑从诞生之初就是为人类提供栖身之所，要满足人类的基本安全需求以及生理和心理的需求。如何满足人的各类需求、实现建筑的价值是建筑设计的出发点和基本要求。

1.1　以人为本

人类是与自然和谐发展的统一体，同样也是社会发展的核心，是建筑存在与发展的灵魂。因此，满足人类的发展和需求是建筑设计的出发点，也是其追求的基本目标。

古希腊先哲普罗塔格拉斯（Protagoras，约公元前 481—前 411 年）认为“人是万物的尺度，是一切事物存在的尺度，是一切不存在的事物不存在的尺度”。建筑设计应树立人在其中的主导地位。从城市到建筑、从整体到局部、从空间到形态等各个设计环节均应考虑人的活动与感受，创造适合人类活动的人性化空间，以及安全便利、舒适优雅的环境。

另外，建筑从来都不是一个纯空间、纯技术或者纯经济的产物，它不可能脱离物质环境和文化环境而存在。以人为本的建筑设计要基于地域自然地理与人文环境条件，体现地域文化特色，突出建筑文化内涵和精神关怀。

当然，以人为本主要指向的是在人与建筑（场所）的主客体关系中，要凸显人为主体的价值，并不能异化为“以人类为中心”，而是要在人-环境-建筑之间探寻和谐共生的关系。

1.2　“适用·经济·绿色·美观”的建筑方针

建筑的目的是满足人类生产与生活的需要，具有适用性；建筑能够抵御风雨与外来侵袭，具有坚固性；建筑需要耗费大量材料和人力、物力，又具有经济性；建筑是实用的艺术和石头的史书，还具有美观性。维特鲁威在公元前 32 年撰写的《建筑十书》中第一次提出“坚固、实用、美观”的建筑三原则，奠定了建筑学理论基础。1952年，我国在全国建筑工作会议中首次提出建筑设计“适用、坚固安全、经济与适当照顾外形的美观”的总方针；1956年，国务院明确提出“在民用建筑的设计中，必须全面掌握适用、经济、在可能条件下注意美观的原则”；2016年2月6日，国务院提出建筑新八字方针——“适用、经济、绿色、美观”。相较而言，新的建筑八字方针已经被赋予了新的内涵：

——“适用”除了恰当确定建筑规模，布局合理，确保良好的卫生、保暖、隔热、隔声条件，符合使用要求或舒适空间以外，还扩展到了与自然环境协调共生、满足审美心理需求等更高层面，体现了以人为本的人文关怀。

——“经济”也不仅仅是节约投资、降低造价，其概念也延伸到了集约、高效的范畴。关注整体环境、可持续发展，尽可能地节约与优化资源配置，创造生态、节能的绿色建筑，同时考虑建筑长期运营的经济性。

——“绿色”则代表低碳、环保、健康的建筑要求，建筑设计应符合自然生态系统客观规律并与之和谐共生，最大限度地保护环境、节约资源和减少污染，减轻建筑对环境的负荷。

——随着社会的进步，“美观”也从“在可能条件下注意美观”的准则发展成为需要普遍关注的设计原则。美观意味着遵循建筑形式美的法则，运用建筑语言展现优雅动人的形象，并反映其所处的自然环境、文化历史，继承和发扬民族特色与地域特色，融入时代精神的建筑审美。

2 建筑设计的原则

“以人为本”“适用、经济、绿色、美观”的建筑基本要求可以视为建筑生存的土壤。而随着时代的发展、社会的进步，建筑与社会的政治、经济、文化的方方面面都产生了千丝万缕的联系。建筑设计与使用功能、自然环境、地理气候、经济技术和社会文化等因素息息相关，如何全面协调这些因素，适应社会发展的需求，适应人们日益增长的对美好生活的新愿景、新要求，除了秉承以人为本以及“适用、经济、绿色、美观”的基本要求之外，还要坚持整体和谐的原则、可持续发展的原则，以及体现地域特征、文化内涵和时代精神的原则，即在空间上要求体现整体，在时间上体现可持续发展，在设计中要融合地域、文化与时代三个方面的要求。

2.1 整体和谐的原则

建筑是一门综合性极强的学科，它受许多因素影响和制约。就宏观而言，建筑与社会的政治、经济、文化、科技和环境有密切关联；同时，建筑也涉及城市规划，建筑体型、功能、内外空间营造，材料技术的应用等具体的技术问题。建筑师的作用，就是把这些因素统筹起来，形成一个有机和谐的整体。建筑是以其建构的整体纳入城乡空间中，为社会服务、为大众创造一个优美的人居环境，就像音乐家一样，通过音符的组合谱写优美悦耳的乐章。

建筑的整体性首先体现在构成建筑的各个要素之间的整合。整合的过程并非各要素的拼凑，而是围绕所要表达的主题，遵循正确的理念和法则，从城市整体、群体协调、建筑内外空间和细部延伸等不同角度，分清主次地对各要素进行分析、归纳、优化和整合，总体把握，贯彻始终。

建筑整体观的核心是和谐和统一。一个优秀的设计，从本质上讲就是要处理好设计对象中各影响因素的对立统一关系。统一并非简单的同一，而是在统一中求变化，既有主旋律、突出主题，构成主题特征，并加以贯穿、提炼和概括，形成韵律和秩序逻辑，又结合具体环境和条件“和而不同”，在和谐中做到丰富多彩。此外，还应注意细部的设计，使整体风格特征从总体到局部得以延伸，让设计更趋完美。

建筑的整体观既是一种设计理念和思想，也是一种创作方法。建筑实施的全过程就是一个整体优化综合的过程，需要每一个部门、每一个工种、每一个环节协同配合，形成一个整体，才能实现预期的目标。

2.2 可持续发展的原则

人类在大规模建设自己家园的同时，给自然和生态环境带来了一定破坏，人们赖以生存的基本条件受到了影响。与此同时，世界性的文化趋同也对建筑文化的地域性、民族性产生了较大冲击。人类逐渐意识到建筑不但要满足当代人的居住与生活需要，也不能危及后代人的生存与发展，归根结底要可持续发展，要创造条件促进建筑与自然的协调，建筑科技与人文同步发展。

建筑的可持续发展体现在建设的全过程和建筑的全生命周期中。2020年的统计数据表明，建筑全生命周期能耗总量占全国能源消费总量的比重为46.5%。建筑全过程碳排放占全国碳排放总量的比重超过一半。建筑领域为我国主要碳排放来源之一。2021年，“碳达峰、碳中和”被纳入生态文明建设整体布局，并被首次写入政府工作报告，要求：在2030年前，实现“碳达峰”，即二氧化碳的排放达到峰值，之后碳排放会逐年降低；到2060年，实现“碳中和”，即通过平衡二氧化碳人为排放量与人为去除量，实现净二氧化碳零排放。碳达峰、碳中和目标下节能减排任务重大，建筑领域推行绿色建筑与节能措施，是实现碳中和目标的重要手段。建筑的可持续发展理念具有了新的内涵和要求。

建筑可持续发展理念要求建筑设计以自然生态承载能力为基础，不以牺牲环境为代价，建筑与自然和谐共生，实现建筑、经济、环境与资源协调一致发展，不掠夺或污染环境，使人类的生存环境能够持续地面向未来。具体措施包括：生态环境的保护、对资源的有效利用，大力发展低碳节能，低耗高效的建筑，采用可循环绿色材料和技术，利用先进、智能、能效比高的建筑设备，不仅降低建筑的建造及使用能耗，而且减少建筑使用运营过程的能耗，并避免污染废弃物的产生。

2.3 体现地域特征、文化内涵和时代精神的原则

地域特征是建筑与建造地点的自然地理、人文地理方面的关联性与一致性，是地方建筑区别于其他地区建筑的特点所在。文化内涵是建筑所承载的人类生活方式和社会文明，反映出建筑风格特征和精神内涵。时代精神是当代社会经济、科技和文化在建筑之中的综合反映与物化表现。地域特征是建筑赖以生存的根基，文化内涵反映并提升建筑设计的品位，时代精神体现建筑科技，促进地方技术与文化传承的创新发展。地域特征、文化内涵和时代精神三者相

辅相成、不可分割，并统一融合于建筑设计之中。①

建筑设计应体现建造地点的地域特征，反映城市和场地的文化内涵，并融入现代建筑技术与当代科学技术，弘扬时代精神，推动地域建筑技术和传统建筑文化更新发展。体现地域特征、文化内涵和时代精神的原则倡导从地理环境和气候出发进行设计，从地域建筑形式和场所内涵中寻找依据，从诠释地域性建筑文化中获取灵感，并不断吸纳先进技术和建造经验，吸取外来先进建筑文化，发展地方传统建筑观念，更新地域文化思维，融入时代科技，大胆推陈出新。

3 当代中国特色建筑设计理论的探索

改革开放以来，中国开展了全球最大规模的工程实践，建筑工程呈现出蓬勃发展的态势。经历了40余年的高速发展，中国的建筑实践取得了举世瞩目的成就，积累了丰富的建设和设计经验。在这个过程中，中国的建筑师在中西方现代文化的碰撞交流中，在前所未有的大发展、大规模实践过程中，开始对建筑与城市特色危机、环境危机等进行深刻认识与反思，并进行经验总结，继而不断在实践—认识—再实践的循环过程中提升认识水平，逐渐形成了自主的建筑认知，这些点点滴滴的努力不断与实践相结合，中国建筑文化的价值、中国当代建筑工程实践的价值也逐步得以凸显。

在国家不断强盛、文化建设不断深入和世界格局不断变化的背景下，越来越多的学者将目光投注到中国特色建筑创作和理论上，多年来不断反思本土建筑文化，学习西方建筑理论，总结实践经验，努力探索出一条适合当代中国建筑的发展道路，这期间的建筑理论构建呈现多元与开放的特征。

一些学者将理论与实践结合起来不断探索，如：吴良镛提出“人居环境学”和“广义建筑学”；齐康关注城市文脉和“地区性城市设计和建筑设计”；程泰宁立足此时、此地与自己的“意境”思想；何镜堂在不断实践与理论陈述中建立起“两观三性”建筑理

① 何镜堂．基于“两观三性”的建筑创作理论与实践[J]．华南理工大学学报（自然科学版），2012，40（10）：12-19.

论；崔愷提出“本土建筑”、孟建民提出了“本原设计”等。与早期急于向西方寻求借鉴不同，这些学者是在内化和拣选之后，又回到了中国本土建筑问题的探讨，也可以视为对大量西方建筑理论涌入的一种抵抗与反思。尽管教育背景和实践经历不尽相同，但大家不谋而合地在研究当代中国建筑的本土话语，将理论研究与实践结合起来，提出建筑创作理念与思想，向世界提供“中国经验”“中国方案”，显现了当代中国智慧。

这些理论思考体现出扎根本土、源于实践、时代推动的特点。首先是从历史中寻根，在中国自身历史脉络中去衡量和界定，以此为背景提出问题，并予以追问和解答；其次是源于本土的建筑实践，经历了对具体问题的抽象思考和提炼，才能逐步形成系统性的知识；最后是关注时代需求，顺应时代发展，直面中国当下的建筑问题，将研究的触角扎入我们的社会现实，与时代同步发展，从根本上提升我们的建筑观念、机制和技术水平。

这些思考是中国文化与中国当代实践相结合的产物，它们扎根于中国传统，并将传承与创新结合起来，也切实指导了当下形形色色建筑工程的设计工作，并都经历了不断完善、不断修正的过程。

理论的建构是一个长期的过程，往往以不同的设计原则和理念为基础，通过它们之间的关系建构形成了新的内涵，从设计思想与方法论层面，高度概括并能实现建筑工程的基本规律和要求，形成了一个开放、动态、综合的思维方法。例如，“两观三性”建筑理论就是基于建筑设计中不同影响因素，把这些因素从地域、文化、时代三个方面重点把握。建筑的地域性包含了建筑物质环境、风土人情、气候等因素，它是建筑赖以生存的根基；文化性则决定建筑的内涵和品位；时代性体现建筑的精神和发展。这三者相辅相成，不可分割。在这个基础上，从两个维度去考虑，即空间的整体观和时间的可持续发展观，从而形成对建筑的理解。这就是“两观三性”理论（图2-8-4）。在错综复杂的矛盾和各种因素的作用下，建筑师懂得如何取舍就决定创作的好坏。这种取舍依据的就是“两观三性”理论。我们如果充分认识到建筑的整体观与可持续发展观，抓住了建筑的地域性、文化性与时代性，同时结合项目的环境特征和设计任务的内在要求，才能创作出合理、适用、有创造性的建筑作品。

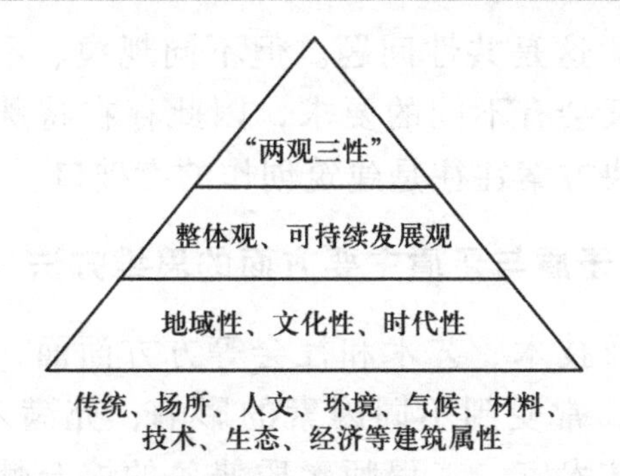

图 2-8-4　何镜堂的"两观三性"理论体系

当代中国特色建筑理论体系的探索基于对中国当代实践的总结，体现了从中国经验转向中国知识，反映了中国建筑界对建筑工程的认识的飞跃，工程实践与建筑哲学开始相通，建筑工程语言与哲学语言开始互释。我们以新时代的文化自信，参与到全球话语体系的构建。

第三节　建筑工程的设计思维方法

在从事建筑工程的设计活动时，始终贯穿着人的设计思维活动，我们常把指导这种思维活动的方法称作建筑设计思维方法，它不仅需要符合建筑专业领域的原理与方法，也要符合工程哲学的基本原理和方法。

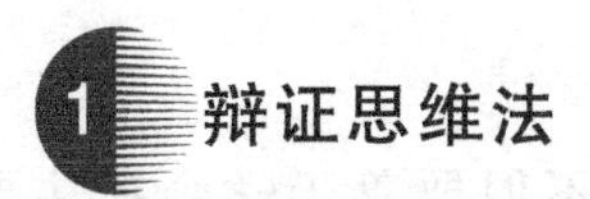

辩证思维法

1.1　普遍性与特殊性相结合的思维方法

在建筑设计过程中，面对各种复杂的矛盾，需要运用普遍性与特殊性相结合的思维方法。这里的普遍性，是指在建筑设计中必须要考虑的共性问题；而特殊性，是指因独特影响因素等所引发的特殊性问题。

首先，建筑设计中的共性问题是普遍存在的。例如，电影院的设计，无论在什么地方、规模多大，都要满足观众"听得见、看得清”的基本要求，这是共性问题。但不同规模、不同地域、不同环境的电影院设计又会有不同的要求，因此存在特殊性的问题。寻求特殊性问题的解决方案往往是建筑创作的突破口。

1.2 抓主要矛盾与矛盾主要方面的思维方法

建筑工程涉及技术、艺术和社会等方方面面，并且因时间、地点和条件的不同，常受到不同因素的影响，充满矛盾性和复杂性。建筑设计师作为艺术家、工程师素质兼备的综合性人才，在建筑思维方法中，要学会辩证、综合地分析问题，不但要善于学会抓主要矛盾，还要善于学会抓矛盾的主要方面。

1.2.1 抓主要矛盾

矛盾论指出，在复杂事物的发展过程中，有许多的矛盾存在，其中必有一种是主要的矛盾，由于它的存在和发展，规定或影响着其他矛盾的存在和发展。具体来说，在不同的建筑设计项目中，常常对不同的问题各有侧重；而设计中需要解决的重点问题，也因时间、地点和具体条件不同而不同。所以在建筑设计过程中，要有辩证的思维，善于在错综复杂的问题中找出主要的矛盾。例如在文化性、纪念性建筑中，因定位、场所精神以及所表达的情感的不同，着重要解决的问题也有所不同。必须针对每一个项目详细解题，将相互联系、相互制约的因素分清主次，抓住重点，寻求合理的建筑语言加以表达。

1.2.2 抓矛盾的主要方面

设计过程本身就是一个优选的过程，不但要善于学会抓主要矛盾，还要善于抓矛盾的主要方面。现实中矛盾双方的发展是不平衡的，它们相互制约、相互作用的辩证关系中，必然有一方占支配、主导地位，另一方则处于受支配、次要的地位。建筑工程的性质往往由矛盾的主要方面所决定。[①] 建筑设计中，需要本着综合、优选的思维方法，重视先考虑什么，后考虑什么，不要颠倒主次先后关系。

---

① 何镜堂. 我的建筑人生[J]. 城市环境设计，2013，112（2）：37-43.

1.3　对立与统一的思维方法

当今建筑设计需要面对变化与统一、传统与现代、地域与全球等矛盾对立统一的问题。因此，需要倡导“和而不同，不同而又协调”的思维方法。这种设计思维方式，就是强调认同世间万物，在保持独特性、多样性的基础上，建立起协调发展、相互依存的关系。

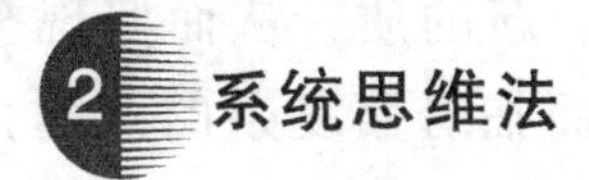

2　系统思维法

2.1　整体的思维方法

2.1.1　突出整体的思维观念

整体的思维观念是指在建筑设计中，对各设计条件要加以整合分析，即综合考虑各种因素。在建筑设计过程中，有时一些概念，孤立看是好的，但是与其他条件综合起来就不一定恰当。因此，建筑设计要具有综合思维的能力，善于在错综复杂的诸因素中，把握工程的主要目标，从整体到局部，层层展开思维。

2.1.2　规划、建筑、景观三者整合的思维

一个建筑或建筑群的设计，离不开与周边城市环境、自然环境关系的协调，建筑与规划、景观不可分割，必须加以整体考虑。这就要求建筑设计师具有宏观的视野，具有统合全局的能力，能从建筑设计中适当拓展出去，整合全局。例如一个大学校园的规划建筑设计，应该是一个“规划、建筑和地景”三位一体的整体，应该运用系统的思维来思考校园的整体性。不仅要考虑校园与周边城市功能、交通、空间、景观的关系，也要考虑校园内部功能、流线、空间、景观的关系。

2.1.3　建筑专业与其他专业相整合的思维

一个建筑或建筑群的设计，还离不开其他工程知识的配合，所以要有与其他专业整合的思维方式。在建筑设计中，要坚持建筑、结构、设备、材料、绿建、智能化等多专业协同，促使各专业人员

协同攻关，进行设计深化，从而形成完善的设计成果。例如，法国的埃菲尔铁塔既是经典的建筑作品，也是结构技术的精彩体现。

2.2 联系的思维方法

建筑的系统思维方法，在于承认系统各要素之间的普遍联系。各要素不是孤立的，而是相互联系、相互影响甚至相渗透的，正是这种广泛的联系使得系统产生了新的能量、新的质，从而实现整体机能大于局部的效应。同样，建筑工程中面临纷繁复杂的问题，诸如自然、经济、社会、文化、历史、技术等多方面的问题；这些问题大致可以归纳为地域性的问题、文化性的问题和时代性的问题。这三大类问题不是孤立的，而是相互联系、相互影响的。例如：从地域方面去理解，就是地域的环境、地域的文化；从文化方面去理解，就是民族的文化和建筑本身的文化体现；此外还要从时代风貌方面去理解建筑，地域和文化也随时代而累积和变化。

2.3 发展的思维方法

建筑的系统思维方法，还在于承认建筑整体系统的持续发展。建筑各要素之间的联系、相互作用构成了事物的运动和发展。一个创作形成的全过程，正是设计各阶段解决不断变化问题的过程。实际上，在建筑设计的不同时期、不同阶段，有着不同的重点，需要思路清晰，把握先后顺序的关系。

3 创造性思维法

建筑的创造性思维，通俗地讲，就是倡导传承、发展、融合，反对照搬、抄袭、复制。建筑的创造性思维，要回归建筑的本质，以人为本，同时兼顾人与自然的和谐，兼顾对城市历史文化的传承，而且又不失时代的风貌特征。

3.1 理性与感性结合的创造性思维方法

在建筑思维中往往体现出理性与感性交融的特征。

首先，建筑设计离不开理性思维。由于建筑工程活动的目的是改善生存条件，创造良好的居住、工作和生活环境等。明确的目标要求其思维方法是理性的。

其次，建筑设计又具有感性的特征。建筑与纯科学不同，建筑工程问题的答案具有非唯一性，设计者需要在众多的答案中选取“最优、最美”或者“卓越、优秀”的答案，这使得建筑工程思维产生了感性的考量。因此，建筑师既要具有“1+1=2”的逻辑思维能力，又要学会“1+1≠2”的感性思维方法。面对错综复杂的建筑影响因素，建筑师要善于在理性与感性相结合的对立统一关系中寻求建筑设计方案的突破点，构思出最佳的设计方案。

3.2 传承与创新结合的创造性思维方法

建筑工程是不断发展的，既要传承又要创新。

首先，对于建筑工程来说，传统是人类应对自然和社会严峻考验过程中积累的宝贵文化财富。任何一个国家和民族文化的发展都是在原有文化基础上进行的。建筑工程活动，如果离开传统、断绝血脉，就会迷失方向、丧失根本。

其次，传统作为稳定社会发展和生存的前提条件，只有不断创新，才显示其巨大的生命力，没有传统的文化是没有根基的文化；相反地，只讲传统，抛弃创新，社会就会停滞，文化就会陷入保守和复古。①

3.3 理论与实践结合的创造性思维方法

建筑设计必须强调理论与实践结合的创造性思维方法。一名医生如果仅仅是研究医学理论，没有临床经验是不行的；同样，一名成功的建筑师不仅要掌握深厚的建筑理论，还必须紧紧依托实践，靠作品来说话。

理论与实践结合的创造性思维方法，主要体现在以下两个方面：第一，除了精通本学科的理论，对相关学科的知识也要有较深的了解；第二，要能熟练地运用理论去指导实践。在设计时，首先要吃透项目要求，进而分析当地的文化、环境、地理条件，找出与其他项目不同的地方，在此基础上创新。与之相对应，实践也可以提升理论认识。知识和素养是土壤，对于推动设计的深入及创新、提升

① 何镜堂．文化传承与建筑创新[J]．中国勘察设计，2011（7）：18-20.

设计的科学水平具有突出的意义，而实践是知识的实用化与物化，在实践中才能锻炼解决实际问题的能力，在实践中才能体现理论的价值，在实践中才能检验真理。

建筑的创造性思维不是求奇、求特、求怪，或者一味地照搬照抄。创造性思维的“灵感”不是凭空产生的无本之木，而是在设计师多年综合素养基础上“思维的爆发”，不仅是实践过程诸多巧妙方法的升华，而且是以理性为基础的顿悟。

第四节 建筑工程的设计程序与工作方法

工程是阶段性的、有序的、动态的、有反馈的、全生命周期的集成与建构过程。建筑工程是一项复杂的系统工程，涉及多学科、多专业、多工序的相互配合，科学的建筑设计程序与工作方法是设计作品得以实现的保证。

建筑设计过程一般分为方案设计阶段、初步设计阶段、施工图设计阶段和施工配合阶段。每一阶段，后者是前者的延续，前者是后者的依据，循序渐进，不断深化。只有如此，才能保障建筑设计的科学性、合理性与可行性，才能保证建筑工程顺利实施。

1 方案设计阶段

方案设计是各设计阶段的起点，确定了建筑工程的大方向和总体架构，在建筑设计中具有举足轻重的地位。

一般而言，建筑方案设计的过程大致可划分为设计前期准备、构思和深化完善三个阶段，整个过程从整体到局部、抽象到具体逐步深入。它需要在不同阶段、不同的子系统中解决所面临的主要问题，需要综合运用系统思维、辩证思维和创新性思维。

方案设计阶段要在前期调研和掌握设计各方面条件的基础上做出合理的设计定位，通过多方案比较和设计深化，形成包括建筑概念、空间、功能、流线、技术要点等相对完整的成果。该阶段的工作重心在于建筑设计专业，其他专业依据不同工程的特点提供必要的协助。

1.1　设计前期准备阶段

前期准备阶段是设计师对项目背景及制约条件逐步了解的阶段，对项目的整体认识程度取决于外部信息的加载数量以及对其综合处理的能力。前期准备阶段也是发现问题，发现主要矛盾的阶段。

1.1.1　熟悉设计任务书

对设计任务书的解读是指对设计要求、地段环境、经济因素和相关规范资料等重要内容进行系统的分析研究；按照技术政策、规范和标准，校核任务书的内容，从具体条件出发，对任务书中的相关内容提出补充或修改意见。

1.1.2　设计前的调查研究

（1）基地勘察。
（2）实例调研。

1.1.3　收集必要的设计资料

（1）气象、水文资料。
（2）交通、市政、景观等相关资料。
（3）规范性资料。
（4）其他资料。

1.2　构思阶段

构思阶段包括设计定位、立意与构思和多方案比较，是发挥设计者创造性潜能的重要阶段。其过程往往呈现不断否定，反复比较，螺旋上升的状态。

1.2.1　设计定位

设计定位决定了设计的基本方向，需要在对各方面条件的综合分析之后，抓住主要矛盾、解决主要问题。设计定位应针对工程的具体建筑类型、环境条件、经济技术等因素，统筹考虑当地的历史文化、风俗习惯、气候特征及发展状况，因地制宜、因势利导。

1.2.2 立意与构思

在确立整体定位的方向原则之后需要进行立意与构思。立意贯穿于构思的整个过程，立意是目标，而构思是手段，二者相辅相成。

好的建筑设计源于对设计对象的社会、历史、文化背景，以及场地精神、环境要素、技术经济的认识。具体方案构思可以从主题、功能、环境等入手，也可以从结构及经济技术入手。不同的切入点，可以形成不同的方案。

方案构思借助于设计师形象思维的能力，通过建筑语言把设计理念物化为具体的建筑形态。在这一阶段，以发散思维尝试不同的构思，拓展思路，为比较、优化方案打下基础。

1.2.3 多方案比较

为实现方案的优化选择，应提出有差别的多方案，通过有意识、有目的地变换侧重点来实现方案在整体布局、形体组织等方面的多样性。比较方案的合理性主要在于定位、功能结构、设计指标、建筑与环境、建筑造型等。分析研究不同方案的优劣、归纳总结、筛选，逐步缩小范围，从多方向到优选方向、到确定整体方案。

1.3 深化完善阶段

经过比较选择出的方案还需要进一步调整和深化。这一阶段主要是解决多方案比较过程中所发现的矛盾与问题。在对方案做最终的调整与完善时，通过对技术性问题的解决和对方案成果的推敲，对以前的方案构思具有提升作用。

2 初步设计阶段

初步设计是在方案设计的基础上，进一步深入研究、完善方案，逐步落实经济、技术、材料等物质需求，将设计意图逐步转化成真实建筑的重要筹划阶段。初步设计强调各专业之间的配合，最终提供符合初步设计深度的设计图纸和说明书。

2.1 初步设计的内容与表达

初步设计的内容包括：确定建筑物的组合方式；选定所用建筑

材料和结构方案；确定建筑物在基地上的位置；说明设计意图；分析论证设计方案在技术上、经济上的合理性和可行性。

初步设计文件应深化解决方案阶段尚未细化的工程设计问题，把接下来施工图设计和施工过程中所存在的或可能发生的问题，结合各专业的配合，事先做好计划，用图纸以及说明文件等形式表达出来，作为施工图深化的主要依据。

2.2 初步设计关键问题

2.2.1 与城市各种制约因素的协调

在初步设计阶段需落实外部建设条件，展开与城市各种制约因素的协调，确定建筑、道路和绿地等的空间布局和景观规划设计可行性，需要与规划、市政、交通与景观等部门及相邻建筑单位沟通协调。

2.2.2 概算

工程概算是建筑工程的重要环节，与建筑设计原则中的“经济”相关。它不仅影响到工程项目造价的控制，还会影响投资计划的真实性和投资资金的合理分配。初步设计阶段，是确定建筑设计重大技术问题、方案和标准的主要阶段，而这些因素都是控制工程项目造价的重要因素。概算工作会与设计工作进行对接和反馈，在一定程度上也会影响设计的进程和方向。

2.2.3 解决技术难点

初步设计阶段还要确定基本结构体系、其他设备系统以及部分重大的技术细节问题。在初步设计阶段，每项技术难点均需要进行详细分析，并综合考虑对各专业的影响，逐个攻破，有效推动设计的深入。

2.3 初步设计阶段的专业配合

初步设计阶段，除了建筑专业以外，结构、设备、概算等专业要充分融入设计之中，提出工程整体在系统层面和关键技术要点方面的解决方案。应尽早发现建筑专业与各专业之间的矛盾，以便及早解决问题。[①] 甚至，其他专业的意见可能改变最初的方案构思。

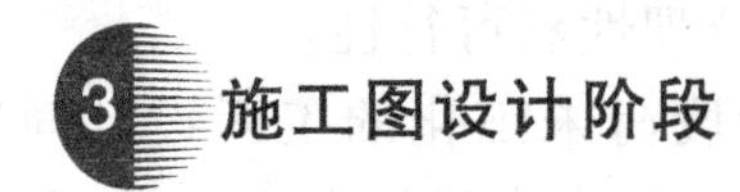

3 施工图设计阶段

施工图设计阶段应根据已批准的初步设计文件，进一步完善建筑细部尺寸和标高、节点设计、构造做法及所用材料，并配详细的设计说明，编制满足施工要求的全套图纸，为工程施工中的各项具体技术要求提供准确、可靠的施工依据。施工图还要从艺术上处理细部与整体的相互关系，包括思路上、逻辑上的统一性，以及造型上、风格上、比例和尺度上的协调等。

建筑施工图的设计，除了体现完整的建筑方案外，还要满足其经济性、安全性、环境保护、节能等的要求。作为一名建筑设计师，只有树立起全面的质量意识，以及与时俱进的创新能力，才能真正做到建筑施工图设计质量和水平的不断提高。

3.1 施工图设计的特性

(1) 施工图设计的严肃性：施工图设计是将设计构思细化的过程，必须以方案设计与初步设计为依据，忠实于既定的基本构思和设计原则。施工图是设计单位最终的“技术产品”，是进行建筑施工的依据，对建设项目建成后的质量及效果负有相应的技术与法律责任。

(2) 施工图设计的复杂性：建筑工程施工图是一项系统性工程，需要通过各专业间的反复磋商、配合协作，才能形成一套安全、可靠、经济且施工方便的设计图纸。当前的施工图设计工作中，管网综合、BIM 等技术的介入对于复杂工程起到了良好的整合作用。而包括钢结构、幕墙、声学专项的深化设计等专业化设计的介入则进一步提高了施工图设计的科学性和深度。

(3) 施工图设计的精确性：施工图设计是相对微观、定量和实施性的设计，必须处处有依据、件件有交代。除了图纸细化外，还要用设计说明、工程做法、门窗表等文字和表格，完整交代有关配

① 比如，电气专业要告诉建筑专业需要多大的配电室及大概的位置，暖通专业告诉电气专业需要多大的用电量，结构专业也开始建模并初步计算，它将给建筑专业提供梁的高度、柱子的截面尺寸。

件、用料和注意事项。

3.2　建筑施工图的内容与表达

按工种分类，施工图纸由建筑、结构、给排水、暖通、电气、智能化等图纸和说明（包含计算书等）共同组成。各工种的图纸又分为基本图、详图两部分。依据相关的深度规定、制图标准、逻辑模式，正确表达施工图的内容，主要使土建施工和设备制作者、安装者、审查和监理者易于理解与实施。

3.3　施工图设计关键问题

3.3.1　各专业配合及深化

施工图设计是工程施工的依据文件，需要提供详细、精确的图纸。其工作可分为两部分：一是各专业的配合与协调，保证施工图设计成果作为一个系统工程能够达到经济、安全、适用、美观的要求；二是各专业全方位落实自身的设计细节，通过平、立、剖面图与大样图、详图等各层图纸与说明完整且精确地表达建筑的空间与造型、结构与维护、材料与工法、设备与管线等设计内容。

3.3.2　关键节点设计

施工图的精细程度直接关系到施工质量，一些重要空间与节点的构造详图要有明确表达。对于个性化的要求，宜因地制宜，可进行创新性设计，但要符合各专业技术要求与施工工艺，用精确的大样图表达，满足项目的施工实施需要。

3.3.3　材料选择

不同的建筑材料（如钢铁、玻璃、清水混凝土、红砖、木材等），具有不同的质地和颜色，可以表达出不同的内涵，给人以不同的空间和场所感受。

4　施工配合阶段

施工图设计完成后仅仅是设计工作告一段落，而建筑工程建造才刚刚开始。施工配合阶段是设计工作的延续和工程实践的开端，是连接设计和施工的重要环节。对于设计方而言，施工配合工作量较大，包括与业主的合作、与施工方的合作、与各深化设计专业的合作、材料的选择等。在沟通协调过程中，局部功能或做法可能又会有反复，这就要求设计人员要在深化设计的同时展开设计的调整工作。

施工配合阶段一方面是对之前设计阶段的查漏补缺，另一方面在施工过程中也会出现一些新问题，当问题发生时，需要能较快地妥善处理好各种矛盾，保持施工图的及时更新和正常的施工秩序。

施工配合涉及较多技术、经济等方面的琐碎而具体的问题，但同样会较大影响建筑工程的质量和效果。随着工程越来越复杂，要求越来越高，工程设计师对施工配合的重视程度也在不断提高。

第五节 “中国特色 时代精神”——2010 年上海世博会中国馆建筑工程设计

2010 年上海世博会以“城市，让生活更美好”为主题，中国馆场地位于上海世博规划区的世博轴东侧。建筑总用地面积 7.14 万 m^2，整体用地为一不规则的四边形，用地范围内场地平整，轨道交通 M8 号线在基地西北角地下穿过并通过地铁周家渡站与场地内建筑连接，规划磁悬浮轨道在南面经过。

中国馆由国家馆和地区馆两个部分组成。世博会期间，国家馆将充分表现“城市发展中的中华智慧”，地区馆则为全国 31 个省（自治区、直辖市）提供展览场所。世博会结束后，中国馆将与其他永久保留的“一轴三馆”——世博轴、主题馆、世博中心和演艺中心一起，联合周边的星级酒店、商贸中心等，共同打造集会议展览、文化交流、商务贸易和旅游休闲于一体的上海新的国际商贸文化活动中心（图 2-8-5）。

中国馆建筑设计方案的选定经过了三个主要阶段。首先是于 2007 年 4 月启动了全球华人方案征集，共收到 344 个方案。华南理工大学建筑设计研究院的“中国器”方案被评为第一名。随后 8 家入围单位进行了第二轮设计竞赛，华南理工大学建筑设计研究院方

图 2-8-5 从黄浦江看中国馆

案与清华安地建筑设计顾问有限公司+上海建筑设计研究院有限公司联合体方案并列第一名。最后，由以上两个设计主体、三家设计单位组成联合设计团队，何镜堂院士任总建筑师，进行方案融合、深化，经国家有关部门审批，确定以“东方之冠，鼎盛中华”为理念的定稿方案，并于2007年12月18日举行了方案发布会。

2010年上海世博会中国馆建筑工程在国内外都具有广泛的影响力，建筑规模较大，功能较复杂，工程设计和建设过程中遇到各种各样的问题，最终均一一化解，并取得理想的工程效果。在其设计全过程中，清晰地体现了建筑设计理念、设计思维方法对设计的影响，可以作为一个研究建筑工程设计的典型案例。它的设计过程也按照建筑工程设计的程序经历了四个阶段，每个阶段均有不同关键问题，是需要解决的主要矛盾。

1 方案设计

方案设计阶段主要包括背景及基地调研、资料的搜集及分析、宏观定位、设计立意、总体设计、造型比对、功能配置、流线组织、立面选材初定等工作。当然在该工程中，方案设计阶段最重要的是解决设计立意与设计造型的问题，以回应时代与民众的期待。

1.1 方案设计的关键问题

中国馆设计、建造之时正是古老的中华文明接受全球化浪潮洗礼的时代；是新中国改革开放后国力上升，民族精神复兴的时代；是商品经济推动着社会迅猛变化与发展的时代；是科技进步成为人类生存发展的双刃剑，生态与可持续发展思潮高涨的时代。设计的过程伴随着对两个基本问题的反复追问：一是设计如何包容中国元素，体现中国特色；二是呼应当今世界的发展观与时代性，这个建筑应该以一个怎样的姿态出现在世界各国来宾的面前。

1.2 设计定位——中国特色与时代精神的融合

面对以上问题，中国馆的设计定位和目标给出了鲜明的答案：中国特色与时代精神的融合。

中国馆的设计，宏观层面上从中华文化以及整体的上海城市格局、城市空间出发；中观层面上，对其布局、功能、形式、空间等进行综合考虑和方案比对；微观层面上，在选材、细部构件等方面进行反复推敲和深化设计。

设计团队从一系列中国印象——山水、庭院、器皿、意境、符号、木构体系、传统城市肌理中获取灵感，希望中国馆能呈现一种多元的文化解读（图 2-8-6）。

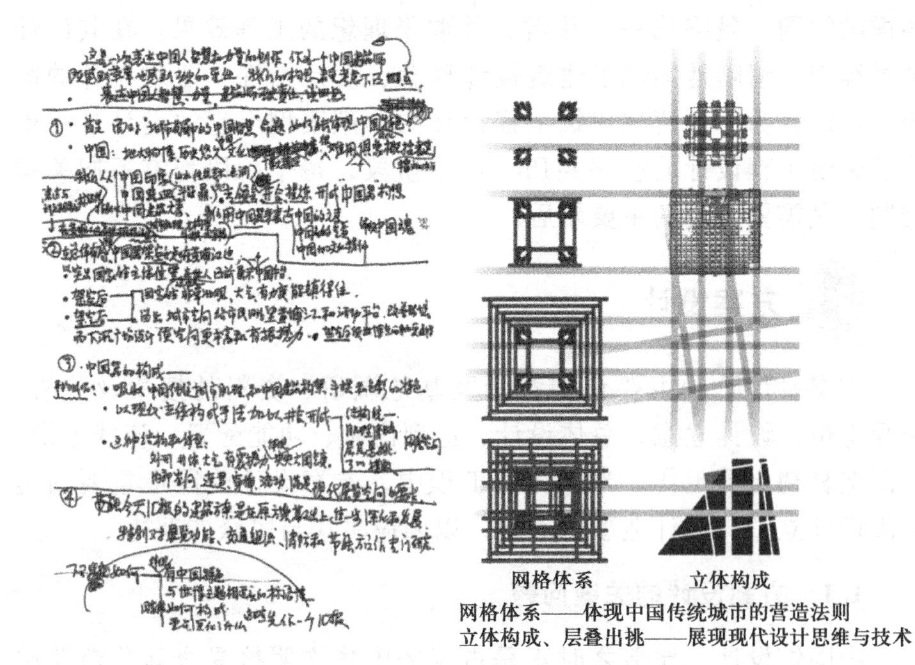

图 2-8-6　中国馆设计概念构思

中国馆的设计体现了“两观三性”建筑理论的主要观点，整体观和可持续发展观始终贯穿设计的全过程，同时也体现了地域性、文化性、时代性三者的统一，这是人文关怀在建筑设计上的体现，是最纯粹的建筑创作出发点。

1.3 设计构思

1.3.1 总体布局——架空升起

在总体布局上，国家馆、地区馆功能上下分区，造型主从配合，空间以南北向主轴统领，形成壮观的城市空间序列，形成独一无二的标志性建筑群体。

国家馆居中架空升起、雄浑有力、庄严华美，宛如华冠高崇，集中体现中国精神与东方气韵。地区馆水平展开、汇聚人气，形成华冠之下层次丰富的立体公共活动空间，以舒展形态的基座平台映衬国家馆。

1.3.2 造型特点——层叠出挑

在构成方式上，国家馆吸取了中国传统城市的营建法则、构成肌理以及中国传统建筑的屋架体系、斗拱造型的特点，以纵横穿插的现代立体构成手法生成一个逻辑清晰、结构严密、层层悬挑，以2.7 m为模数的三维立体空间造型体系。

这个体系外观造型上整体、大气、富有震撼力；内部空间构件穿插、空间流动、视线连通，满足现代展览空间的要求；结构上也体现了现代工程技术的力学美感。

1.3.3 空间构成——立体花园

中国馆架空升起，空间结构由一系列立体的城市花园组成——从地下 -8 m标高的预留城市地下公共商业区域，0 m标高的地区馆公共大厅，9 m标高的国家馆架空大堂，13 m标高的“九洲清晏”屋顶花园，一直到60 m标高的城市眺望平台——这一系列连续的立体城市广场，形成了一个多层次的交通缓冲体系，使人流在不同的空间得以有效疏导，大大减轻了会中高峰期的客流对中国馆乃至世博园区其他场馆在交通组织管理方面所构成的巨大压力。与此同时，立体城市广场承担起城市公共空间的职能。在平日，这里是观众与普通市民休憩活动的场所；在节庆日，它们则成为举行庆典及户外商业展示活动的最佳场所。

1.3.4 功能配置——后续考量

世博会结束后，国家馆继续作为展示和传播中华文化艺术的博物馆，地区馆转化成标准的会展展馆。为应对这样的定位与功能的转变，除了建筑及结构设计对会中及会后做了弹性的空间及荷载预留之外，功能配置方面设有大小不同规模的会议室、洽谈室、多功能厅，并预留了快餐厅及其厨房等功能空间；60 m 标高的屋顶上的观景平台将成为餐饮消费服务区，为未来新城市中心提供了鸟瞰全景的大厅。在平面设计中还体现了通用性，同时充分考虑与地下交通的接驳，为会后的中国馆适度引入商业、休闲、娱乐等功能提供可能。

1.3.5 立面肌理——红色经典

中国馆外墙的材料肌理设计首先要体现中国特色，同时也要呼应当今世界的发展趋势，展现其时代性。因此，整体、大气、体现红色经典是设计的首要目标；此外，满足不同观赏距离的视觉要求、控制夜景灯光的效果，是对现代科学技术的一种全新诠释。

1.3.6 被动节能——自遮阳体系

国家馆的形体本身就是一个自遮阳体形，经计算，5 月至 10 月除早晚外，其余时段阳光均无法直射室内；而在较冷季节阳光则能较好地投射室内，更好地满足节能要求；架空中庭形成的自然通风使公共活动空间获得良好的热舒适环境。

1.4 方案定案

经过多次的方案整合，在 2009 年中，中国馆最终呈现了“东方之冠，鼎盛中华”的创作理念。帝冠、斗拱、鼎器、粮仓、莲花……尽管公众对中国馆的第一眼印象各不相同，但中国馆浓郁的本土特色让其无论屹立在哪个国度，都具有鲜明的地域性和可读性。

2 初步设计

方案定稿公布之后，整个设计团队的工作转入初步设计阶段。该阶段的主要任务是把总体布局和建筑构成落实到图纸上，并展开结构、设备与建筑专业之间的配合，同时不断听取来自建设单位和参与各方的意见与建议，融入并完善设计，最终提供符合初步设计深度的设计图纸，进行初步设计审批，为进一步的施工图设计打下基础。

这个阶段，整体观对工程设计的指导作用开始凸显，整体观不仅体现在方案设计阶段进行构思立意的整合，而且一直延续到整个设计过程包括注重专业配合的初步设计阶段；各个关键问题需要专线推进，同时也要整体统筹，形成整体。可持续发展观的指导作用同样渗透到各层面，既包括建筑功能不仅要考虑会中需求而且要考虑会后使用的可持续性，也包括可持续建筑技术的具体运用。

2.1 关键问题一——基本结构体系与设备系统的确立

结构体系根据建筑造型和分区的鲜明特点，把国家馆主体与地区馆基座进行分别处理：国家馆采用钢筋混凝土筒体+组合楼盖结构体系。为满足室内公共空间无柱的建筑使用功能要求，利用落地的楼梯、电梯间设置4个18.6 m×18.6 m的钢筋混凝土筒承担全部荷载，按照建筑的倒梯形造型设置了20根800 mm×1 500 mm的矩形钢管混凝土斜柱，为楼盖大跨度钢梁提供竖向支承。大跨度楼盖要求承受12 kN/m^{2}的展览荷载。

地区馆的主展区采用钢管混凝土柱、钢桁架+现浇钢筋混凝土楼盖结构体系，最大柱网为36 m×27 m，屋面覆土厚1 m，为了增加结构的侧向刚度，于展厅周边适当的位置设置了柱间支撑，满足了36个省、市、自治区展位的均好性要求（图2-8-7）。

设备系统除按照规范与建筑需求满足展览功能以外，还有两个重要的设计深化工作：一是建筑与结构专业密切配合，确定室内公共空间的设备管道布线系统，确保使用净高；二是空调进风、排风、消防排烟等设备端口与建筑造型的纵横构架的端头紧密结合，使设备系统与建筑造型紧密结合。

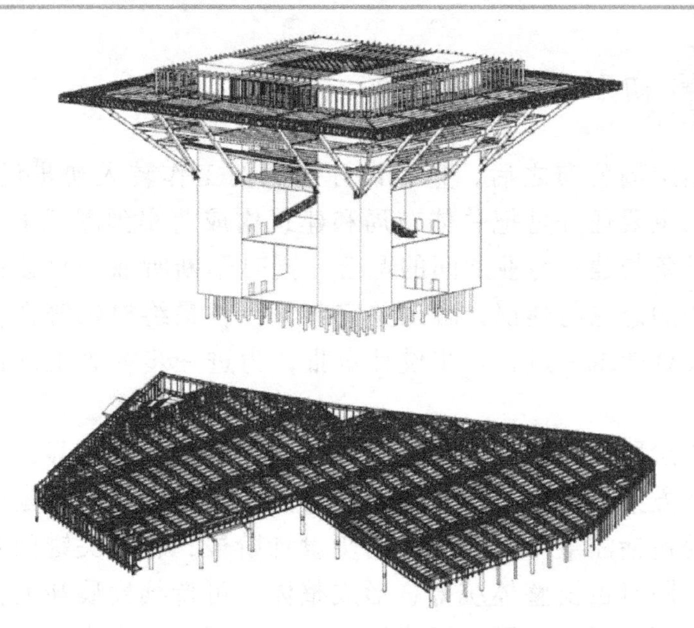

图 2-8-7 中国馆结构体系模型

上图为国家馆结构模型（主体），下图为地区馆结构模型（基座）

2.2 关键问题二——已建成地铁线穿越建筑基地带来的结构设计专题与建筑设计应对

已建成的地铁 M8 号线在西北角穿过中国馆基地并设有站厅；而从地面的城市关系出发，建筑的总体布局需要较为完整的基座平台，裙房体量的边角与地铁线及站厅出现水平交叠。因此，结构专业在搭建整体建筑的结构体系之外，还要比较精确地制定结构避让地铁线以转换承托地面建筑的可行性方案。同时，建筑专业也要做出应对，主要为地下层功能布局与流线组织与地铁展厅衔接，以及地铁风井借用建筑核心筒的大致方案（图 2-8-8）。设计过程在搭建总体体系与探索精细难题两条线索同时推进。

2.3 关键问题三——消防性能化设计

中国馆把国家馆展厅放置在高层部分，这是一种新颖的布局，也是整体构思得以成立的必然延续，可以预见这将在一定程度上突破既有的消防规范。因此，在初步设计阶段就开始推进消防性能化设计，以便及早在采取有效加强措施以局部突破规范的消防安全框

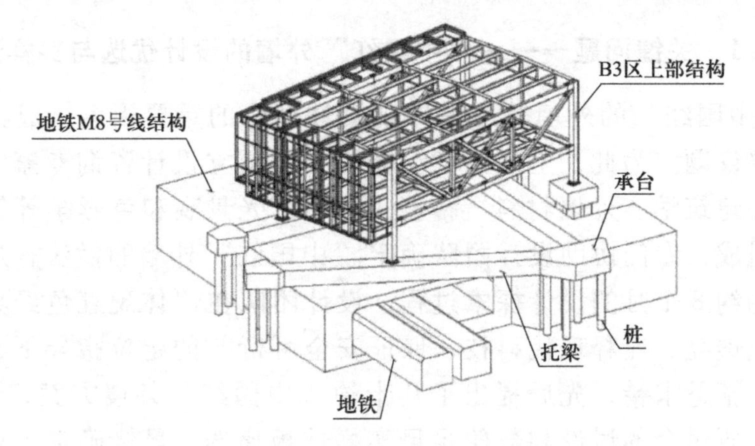

图 2-8-8 地铁转换托架结构模型

架内展开深化设计，避免将来可能出现的不必要的设计反复。

2.4 关键问题四——生态环保节能技术集成设计

中国馆的时代精神主要体现在生态环保节能技术的集成应用。在初步设计阶段，设计团队将其作为一项专项设计，除了建筑构成本体具备的自遮阳体形与架空中庭自然通风，还集成了屋面太阳能光伏系统、雨水收集系统、冰蓄冷系统、能源综合管理系统、绿化屋面、喷雾降温系统及集约化机房设计、透水广场砖等一系列节能技术措施和环保材料。绿色建筑集成设计与整体设计框架同步推进，使绿色环保理念贯穿设计全程。

3 施工图设计

初步设计审查图纸提交之后，设计团队的工作转入施工图设计阶段。本阶段主要任务是继续深化各专业之间的精细配合，各专业也全方位落实自身的设计细则，通过平、立、剖面图与大样图、详图等各层次图纸与说明，完整精确地表达建筑的空间与造型、结构与围护、材料与工法、设备与管线等设计内容，最终提供符合施工图设计深度的图纸，进行施工图审查，为施工建设提供依据。

不同设计理念的融贯综合的指导思想从总体设计一直渗透到建设阶段的外墙材料与肌理选定等具体环节。任何设计专题的推进，都以整体和谐为根本目标。

3.1 关键问题一——“中国红”外墙的设计优选与实样选板①

“中国红”的外墙效果是体现设计理念的重要因素，成为设计的重要议题。为此，上海市建交委科技委成立设计咨询专家组，由国内外建筑学、外墙材料、幕墙工程、灯光景观和色彩学等领域的专家组成，专门协助设计团队确定“中国红”外墙的做法，从此展开为期约 8 个月的设计探索过程。设计团队在“体现红色经典、夜晚红色透亮、诠释现代科技、保证安全可行”的定位指导下，放开思路、精益求精，先后提出了几十种“中国红”外墙方案，经过 4 次专家研讨会的讨论和数轮足尺实样挂板比选，最终确定了外墙挂板的材质、色彩、构造和灯光效果，其中色彩方案听取色彩学专家建议，采用外部 4 种、内部 3 种共 7 种微差渐变的红色铝板，组成外墙的整体“中国红”的视觉效果（图 2-8-9）。外墙施工图设计的进程是结合着设计优选与实样试板过程而同步进行的。

3.2 关键问题二——展陈需求反作用于室内空间布局的设计应对

在施工图设计阶段，后期的展陈设计会影响到建筑设计特别是室内空间布局。竞标阶段的国家馆室内空间是一系列螺旋上升的平台，并有一个通高中庭。展陈设计坚持布展需要建筑预留更多的平层大空间。经过多轮讨论和反复权衡，建筑团队尊重展陈的需求，把国家馆的空间调整为较为集中的三层平层大空间，与此同时，在功能平面与外墙构架之间拉开一道空间，设置了连接上下层展厅的、与 45°倾斜的玻璃面紧密结合的观景坡道，从而把建筑体验的重点从中心转移至外围，把中国馆转化为整个园区的观景阁。地区馆的平面布局和结构设计，由于要平衡会中与会后的使用以及适应不规则用地边界，并保证 36 个省、市、自治区展位空间的均好性，也进行了反复的设计探索与修改。

这种情况下，设计团队需要一边深化设计，一边展开方案调整层面的工作，并迅速把设计深度推进至与总体进程匹配的程度。

---

① 在不同的设计阶段，同一关键性问题会反复出现，需要循序渐进地加以解决，例如结构系统问题、中国红外墙问题等。

挂板试验现场——阶段一
挂板试验现场——阶段二
挂板试验现场——阶段三
挂板试验现场——阶段四

图 2-8-9 中国红外墙试板过程

3.3 关键问题三——屋顶层使用功能优化的设计应对

在施工图深化设计过程中，建设单位希望国家馆屋面能充分利用屋顶层良好的空间资源。经过设计探索，设计团队将屋顶层往外扩展 7.5 m 并合理压缩原来布置的设备用房面积，增加了屋顶接待区的用房面积。建设单位还专门请来艺术顾问单位参加室内装修及陈设设计，确定了江南文化品相的室内设计基调。

3.4 关键问题四——建筑、室内、景观与展陈的一体化设计

建筑的效果是一个整体环境综合作用的结果。在施工图设计阶段，建筑、室内、景观与展陈设计都在同步展开，需要展开积极的设计配合相互协调以塑造整合的一体化空间体验。

4 施工配合

中国馆的施工设计配合采取例会与驻场相结合的方式，在总建筑师与副总建筑师定期赴现场参加例会以解决问题、指导施工的同时，也设有常驻现场的驻场建筑师，确保施工推进过程中的问题能得到及时、有效的设计解答或反馈。例会与驻场相结合是中国馆项目取得成功的一个制度保障。

作为一个大型公共建筑，中国馆的施工阶段大致分为基础及地下部分、主体结构、设备安装、建筑外墙、室内界面、景观场地等。这符合大型公共建筑工程的一般共性（图 2-8-10）。

图 2-8-10 中国馆建造过程

中国馆工程施工设计配合的主要工作内容包括：① 参加工程进

度例会，协调解决工程建设的设计相关事宜；② 解答施工单位的疑问，解释图纸；③ 会同业主与参建各方对建材进行看样定版；④ 审阅施工单位与厂家的深化设计图纸，确保其符合建筑设计要求；⑤ 确保施工按照设计图纸实施，遇到因现实可行性制约不能直接按图施工时，应维护总体设计意图，抓大放小，作出设计判断与修正。

其中主体结构、建筑外墙、屋面景观三个重点阶段对项目的重要性又比一般建筑工程项目更为突出，凸显为关键难题，在中国馆施工配合工作中具有突出的意义。

4.1 关键问题一——主体结构斜撑柱的设计与施工

结构结合建筑特征的鲜明特点，在于设置了20根800 mm×1 500 mm的矩形钢管混凝土斜撑柱，来实现层层出挑的建筑造型。斜撑柱的安装成为结构设计和施工的重点与难点，随着4个落地的钢筋混凝土筒体结构的施工分成3个阶段，分别解决斜撑与不同标高主要水平面之间的连接固定。斜撑柱每个阶段施工之前，结构人员都要现场复核钢管与混凝土筒体连接的构造大样、钢管结构构件选材与构造大样，确认混凝土配比以及灌注浇筑方式的可行性，并在施工之后进行现场检验，以确保达到结构设计要求。

4.2 关键问题二——“中国红”的建筑外墙效果

“中国红”的外墙效果同样也是施工设计配合的重中之重。驻场建筑师参加每一次设计咨询专家组会议，了解设计进程，并在会后协助业主组织现场挂板工作。在现场挂板看样会后，就建筑设计、业主、专家等各方意见与不同的幕墙公司与材料厂家进行沟通，推进设计修改与优化，推动设计从图纸走向真实建造。为保证外墙板材（1.35 m×2.7 m）的平整度，最终选用0.8 mm厚肌理铝板面板+20 mm厚蜂窝铝板背板的复合做法。在外墙安装阶段，建筑师经常与幕墙公司沟通，到现场观察主体结构、幕墙结构与外墙板材各层次的交接工艺，提出构造优化意见，最终确保了“中国红”外墙建成的实际效果。

4.3 关键问题三——地区馆屋面景观“新九洲清晏”

屋面景观的设计方案是在施工过程中优化定稿的，其以地形地貌为主题的景观设计理念对塑造起伏地形提出建造轻量化的要求，也对水电的管线及设备末端提出设置转换层的要求。这些设计要求，一方面落实到屋面景观设计的施工图，另一方面也依靠基于既定实际情况的现场设计才能有效实现。“新九洲清晏”施工准备及建设期间，设计人员多次到地区馆屋面现场，除解决景观树定位等常规景观设计问题之外，也格外关注协调水电管线及设备末端转换定位与景观要素的配合，以及监督轻量填充材料在地形塑造时的正确运用（图 2-8-11）。

图 2-8-11 从地区馆屋面“新九洲清晏”看国家馆

中国馆是一个构成复杂的大型公共建筑，施工分拆的工部和相应的施工分包单位比较多，施工设计配合的集中工作量是在施工全程持续对不同分包单位的图纸进行审阅，反复与施工技术人员进行交流互动，提出设计修改与优化意见，与业主、监理与总包单位一起促使各个关注不同分项的参建单位的工作能够衔接成一个符合总体设计意图的整体建设结果。

第九章

钢铁冶金工程设计与工程哲学

第一节 概 述

钢铁材料的地位与作用

第一次工业革命以后，贝赛麦转炉炼钢工艺的发明（1856 年）使钢铁制造真正走向工业化生产。第二次世界大战以后，随着氧气转炉、连续铸钢、大型高炉、连续轧制及信息技术的应用与开发，全球钢产量在起伏中不断发展。20 世纪，钢铁冶金实现了由技艺向工程科学的嬗变。①

由于钢铁资源丰富、成本相对低廉、材料性能优越、易于加工且便于循环利用，因此，钢铁仍然是当前世界上重要的基础材料和结构材料，也是世界上消费量最大的功能材料。② 钢铁等金属材料在 20 世纪得到了蓬勃发展，成为推动全球经济持续发展和社会文明进步的重要物质基础。2020 年，全球粗钢产量已达到 18.78 亿 t。当前乃至未来一定时期内，钢铁仍将是工程活动的“必选材料”或者“首选材料”，同时也是可以循环利用的材料。由于钢铁材料的综合优异性能，在世界主要基础工业、基础设施乃至居民的日常消费中仍不可替代；在成本竞争性方面，钢铁材料的优势也是显而易见的。同时，在世界范围内，铁矿石资源储量大。随着社会进步和经济发

---

① 徐匡迪 . 20 世纪——钢铁冶金从技艺走向工程科学[J]. 上海金属，2002（1）：1-10.

② 殷瑞钰 . 冶金流程工程学[M]. 2 版 . 北京：冶金工业出版社，2009：1-10.

展，废钢资源成为重要的铁素资源，废钢的资源化回收和综合利用，将成为低碳绿色循环经济社会的重要环节。由此可见，未来钢铁材料仍将是全球经济发展和社会文明进步中不可或缺的“必选材料”。可以预测，在可预见的未来世界里，钢铁作为一种重要的结构材料和功能材料的地位将不会发生重大变化。

 传统钢铁冶金工程设计方法

钢铁冶金工程设计是以冶金工厂设计为对象，运用与冶金工程相关的基础科学、技术科学、工程科学的研究成果进行集成与应用，并实现工程化的一门综合性学科分支。①

我国冶金工程设计理论在20世纪50年代由苏联引入，长期以来基本沿用苏联“定型”设计方法，属于典型的“静态-分割”经验型设计方法。20世纪80年代以后，随着宝钢工程的设计建设，我国冶金工程设计又相继引入了日本和欧美的设计方法，但仍属传统的“静态-分割”设计方法，即静态的“半经验-半理论”的设计方法。

(1) 经验型设计方法。

20世纪50—70年代，冶金工程设计方法基本上是照搬苏联的经验型“定型设计”方法，生产能力、工艺装置和设备配置都是规格化、系列化、模数化的。例如高炉容积就设定有1 033 m^3、1 513 m^3、1 719 m^3、2 000 m^3、2 700 m^3、3 200 m^3等若干个固定的容积系列，其工艺装置的配置也是固化的，基本不考虑原燃料条件和生产操作条件，而是模型化、系列化地简单僵化地套用或比拟放大，缺乏因地制宜的变革和设计理论基础，是一种典型的经验型设计方法。

(2) 半理论-半经验型设计方法。

20世纪80—90年代，中国改革开放以后，以宝钢工程设计建设为代表，全面引进了日本和欧美等国外先进技术与设备，在冶金技术装备水平提高的同时，在工程设计方法方面也开始接受日本和

---

① 张福明，颉建新. 冶金工程设计的发展现状及展望[J]. 钢铁，2014，49 (7)：41-48.

欧美的设计理念与理论，由纯经验型逐渐转化半理论-半经验型。半理论-半经验型设计方法的特点是：在单元工序的设计上，突破了传统的经验型设计模式，不再简单地照搬照抄和僵化生硬地套用，开始注重理论计算和工艺设备配置的合理性、适宜性。例如，高炉容积不再简单追求系列化、定型化，而是结合实际条件，逐渐形成了1 260 m^3、1 350 m^3、1 800 m^3、2 500 m^3、3 200 m^3、4 000 m^3、4 350 m^3 等几个主要高炉容积级别，工艺配置和技术装备也根据具体的生产条件因地制宜地合理选择，而不是简单地照搬和套用。这一时期，随着计算机技术的快速发展，单元工序的数学模型或专家系统研究开发成功并得到工程化应用，促进了计算机信息技术与钢铁工业的结合。

与此同时，基于传输理论的数学模型、仿真计算以及运筹学等理论和方法的应用，使单元设计优化成为现实，仿真设计技术开始在单元设计中应用，使工程设计不再拘泥于原有传统经验的照搬照抄和比拟放大，不再是简单地堆砌和拼凑，逐渐形成了具有理论基础和计算优化的设计方法。应当指出，这一时期的设计方法依然没有完全摆脱对经验型设计方法的依赖，即重视单元工序的设计及其优化，忽视上下游工序的协调匹配，不同工序间的产能、工艺配置和设备选型依然是相互独立的、割裂的，还主要是依靠数学衡算和经验推演而确定，缺乏全局性、系统性的设计理论，更没有充分认识到工序之间界面技术的重要性。

归纳起来，传统的钢铁冶金工程设计方法存在以下主要问题。

(1) 工程理念方面。

传统钢铁冶金工程设计方法基本上是在“征服自然”工程理念的主导下，对资源和能源供给能力、生态环境承受能力和市场接受能力重视不足，是以粗放型、简单扩张型发展为主导的工程理念，缺乏对资源/能源供给有限性的认识，缺乏与环境/生态和谐相处的理念，缺乏工程设计要以工程科学、工程哲学为理论基础的意识。

(2) 工程思维方面。

长期以来，传统钢铁冶金工程设计方法的工程思维基本上是以“机械还原论”的思维模式处理问题，也就是将钢铁制造流程分割为若干工序、装置，再将工序、装置解析为某种化学反应过程或是传质、传热和动量传输的过程，以工序之间简单拼接、叠加就算形成了制造流程，其时间/空间问题涉及较少，动态运行过程中的相互作用关系和协同连接的界面技术往往被忽视。

（3）工程系统观与系统分析方法。

传统钢铁冶金工程设计方法基本上没有形成现代工程系统观及工程系统分析方法，或者说是以模糊整体论与机械还原论为基础的分析方法，反映在钢铁制造流程运行的状态上：不同工序/装置各自运行，相互等待，再随机连接、组合，构成了不协同、不稳定、连续化程度不高的生产流程。不太注重制造流程系统动态运行过程物理本质的研究，整个生产过程经常处于混沌状态之中。产生的结果是造成钢铁制造流程的生产效率低、消耗高，过程排放多，而且产品质量不稳定，经济效益差、环境负荷大。从工程哲学角度分析，传统钢铁制造流程工程设计过程和生产运行过程，集中注意的是局部性的“实”，而往往忽视贯通全局性的“流”。

（4）传统钢铁冶金工程设计方法的缺失。

传统钢铁冶金工程设计方法局限在以基础科学（解决原子、分子尺度上的问题）和技术科学（解决工序、装置、场域尺度上的问题）的思维方式来解决工程科学（解决制造流程整体尺度、层次和流程中工序、装置之间关系的衔接、匹配、优化问题）问题，使得建设项目在工程设计的思维方式上存在着先天不足。

传统的钢铁冶金工程设计方法拘泥于经验模型，大多属于简单的“比拟放大/缩小”或设计参数的调整或人为设定的“赋值”，缺乏深入的理论研究和系统性、全局性的思考与研究。20 世纪 80 年代以后，随着冶金技术装备的引进和欧美、日本等工业发达国家设计方法的引入，开始关注单元装置/设备的功能研究和设计优化，由传统的“经验型”设计方法演化为“半经验-半理论”的产品型设计方法，但仍然是注重于针对钢铁制造流程单元装备/装置设计方法的研究，而忽略了对钢铁制造全流程设计方法的研究，特别是忽视了流程结构设计理论和方法的研究。从系统观、整体观方面看，传统冶金工程设计方法强调了单元子系统的设计及其优化，忽视了系统-子系统、子系统-子系统之间的动态运行关系的设计。

3 现代钢铁冶金工程设计方法的形成

20 世纪 80 年代以后，中国钢铁工业的迅猛发展促进了冶金工作者对冶金工程设计理论及方法的深入研究，新的研究成果不断涌现。直到目前，中国已初步建立起现代钢铁冶金工程设计的知识体系框架并且不断完善，主要表现如下。

（1）2004年5月《冶金流程工程学》（第1版）正式出版①，2007年7月《工程哲学》（第一版）正式出版②，2013年7月《工程哲学》（第二版）正式出版③，2013年10月《冶金流程集成理论与方法》（第一版）正式出版④，2018年7月《工程哲学》（第三版）正式出版⑤，标志着我国对工程设计理念的研究趋于形成。2009年3月《冶金流程工程学》（第二版）正式出版⑥，2007年9月《工程系统论》正式出版⑦。这些具有里程碑意义的学术著作相继出版发行，标志着我国对工程系统理论的研究趋于形成，同时也标志着我国对冶金工程学科从基础科学、技术科学到工程科学的知识体系已经建立。

（2）进入21世纪以来，首钢京唐钢铁厂的工程设计、建造、运行及管理，遵循《工程哲学》《工程系统论》《冶金流程工程学》《冶金流程集成理论与方法》《工程演化论》⑧ 等的工程科学理论，在徐匡迪、殷瑞钰、干勇、张寿荣等一大批院士专家的直接指导和具体参与下，在2003—2008年期间，召开了数十次首钢京唐钢铁厂方案论证会，工程技术人员经历了学习、理解、应用现代钢铁冶金工程设计理念和方法的过程。最终，首钢京唐钢铁厂运用现代钢铁冶金工程设计方法进行工程决策、规划、设计、建造、运行等并获得成功，进一步验证了现代钢铁冶金工程设计方法推广应用的重大理论价值。

首钢京唐钢铁厂新一代钢铁制造流程是建立在对钢铁制造流程

---

① 殷瑞钰．冶金流程工程学[M].北京：冶金工业出版社，2004.

② 殷瑞钰，汪应洛，李伯聪，等．工程哲学[M].北京：高等教育出版社，2007.

③ 殷瑞钰，汪应洛，李伯聪，等．工程哲学[M].2版．北京：高等教育出版社，2013.

④ 殷瑞钰．冶金流程集成理论与方法[M].北京：冶金工业出版社，2013.

⑤ 殷瑞钰，汪应洛，李伯聪，等．工程哲学[M].3版．北京：高等教育出版社，2018.

⑥ 殷瑞钰．冶金流程工程学[M].2版．北京：冶金工业出版社，2009.

⑦ 李喜先．工程系统论[M].北京：科学出版社，2007.

⑧ 殷瑞钰，李伯聪，汪应洛，等．工程演化论[M].北京：高等教育出版社，2011.

动态运行的物理本质深入研究的理论基础上的，不是对已有工序/装置的表象性改造，而是以物质流、能量流、信息流的动态集成构建起来的新系统。

新一代钢铁制造流程以现代钢铁冶金设计理论和方法指导顶层设计，并以优化的顶层设计来统筹工序、装置等工艺要素的合理选择和动态集成。顶层设计包括工序/装置等要素的优化选择、流程总体结构的形成和优化、流程功能的拓展和合理安排，流程动态运行效率的超越等内涵。

新一代钢铁制造流程，使冶金学从孤立的局部性研究走向开放的动态系统研究，从间歇-等待-随机组合运行的流程走向准连续-协同-动态-非线性耦合的动态-有序、协同-连续流程。

钢铁厂的演化和新一代可循环钢铁流程的构建，实际上是工程思维模式的转变和创新，这是从“还原论”思维模式所暴露出的缺失中探索到了整体集成优化的新思路。

从工程哲学角度分析，在钢铁制造流程设计中，不仅要研究“孤立”“局部”的“最佳”，更重要的是要解决整体动态运行过程的最佳；不能用机械论的拆分方法来解决相关的、异质功能的而又往往是不易同步运行工序/装置的组合集成问题。重要的是要研究多因子、多尺度、多层次的开放系统动态运行的过程工程学问，要厘清工艺表象和物理本质之间的表里关系、因果关系、非线性相互作用和动态耦合关系，并探索出其内在规律。

第二节 工程哲学与现代钢铁冶金工程设计

1 工程哲学对现代钢铁冶金工程设计的指导作用

工程哲学对现代钢铁冶金工程设计的指导作用，主要是建立起现代工程思维、工程理念、工程系统观及工程系统分析方法等，并与钢铁冶金工程的决策、规划、设计、建造、运行等过程有机地结合起来，并发挥指导作用。

2 工程哲学与钢铁冶金工程设计的关系

从工程问题认识的角度和未来发展的角度分析，钢铁冶金工程设计都需要先进的工程理念和工程思维——工程哲学的指导。钢铁冶金工程设计是在基本要素、原理、工艺技术、设备（装置）、程序、管理、评价的基础上进行集成、建构的过程。从对钢铁冶金工程要素的合理选择、集成出发，建构出结构合理、功能优化、效率卓越的可运行、有竞争力的工程实体。主要是围绕着工程整体的结构化、功能化、效率化和环境适应性等多维度下展开的。

钢铁冶金工程设计的最主要的命题是：解决好整体流程的结构、功能和动态运行过程中的多目标优化；解决好流程中工序/装置之间动态-有序、协同-连续/准连续的问题，并形成物质流网络、能量流网络和信息流网络；解决好工序、装备和信息控制单元本身的结构-功能-效率问题。因此，钢铁冶金工程设计理论是一门复杂的学问，需要以工程设计、工程运行和工程管理等实践中的范例与失败教训为基本素材，利用基础科学、技术科学特别是工程科学的最新成就加以研究、总结，概括出新的认识——新的工程设计理论和方法。

3 基于工程哲学对现代钢铁冶金工程设计新的认识

3.1　对工程设计地位和作用的新认识

工程理念是工程建造和工程运行的灵魂。承载工程理念的工程设计，则是对工程项目建设进行全过程的总体性策划和表述项目建设意图的过程，是科学技术转化为生产力的关键环节，是实现工程项目建设目标的基础性、决定性环节。没有现代化的工程设计，就没有现代化的工程，也不会产生现代化的生产运行绩效。科学合理的工程设计，对加快工程项目的建设速度、提高工程建设质量、节约建设投资、保证工程项目顺利投产并对取得较好的经济效益、社会效益和环境效益具有决定性作用。钢铁厂的竞争力和创新看似体现在产品和市场，其根源却来自设计理念、设计过程和制造过程，工程设计正在成为市场竞争的始点，工程设计的竞争和创新关键在于工程复杂系统的多目标群优化。这一认识决定了构建现代钢铁冶金工程设计方法的重大理论价值。

3.2 对钢铁制造流程物理本质的新认识

钢铁制造流程的物理本质是：在一定外界环境条件下，物质流（主要是铁素流）在能量流（主要是碳素流）的驱动和作用下，按照设定的“运行程序”，沿着特定（设定）的“流程网络”作动态-有序的运行，实现多目标的优化。钢铁冶金工程设计属于典型流程制造业的工程设计。现代钢铁冶金工程设计要从“三传一反”（热量传输、质量传输、动量传输和反应器工程优化）对钢铁制造流程各单元工序工艺及装备设计层面，上升到“三流一态”（即物质流、能量流、信息流处在动态-有序、协同-连续运行的状态）对钢铁制造流程动态运行物理本质的认识高度。进而言之，钢铁制造流程动态-有序运行的基本要素是“流”“流程网络”和“运行程序”。其中，“流”是制造流程运行过程中的动态变化的主体，“流程网络”（即“节点”和“连接器”构成的图形）是“流”运行的承载体和时-空边界，而“运行程序”则是“流”的运行特征在信息形式上的反映。从热力学角度分析，钢铁制造流程是一类开放的、非平衡的、不可逆的由相关的异构-异质单元工序通过一系列“界面”技术群之间的非线性相互作用和动态耦合所构成的复杂系统，其动态运行过程的性质是耗散过程。这一认识决定了构建现代钢铁冶金工程设计的理论深度与广度。

3.3 对现代钢铁制造流程功能的新认识

现代钢铁制造流程的功能拓展为先进钢铁产品制造、能源高效转换、消纳和处理废弃物并实现再资源化的“三个功能”，再通过“三个功能”的拓展获得新的产业经济增长点，并逐步融入循环经济社会。

现代钢铁厂钢铁产品制造功能是在尽可能减少资源和能源消耗的基础上，高效率地生产出成本低、质量好、排放少且能够满足用户不断变化需求的钢材，供给社会生产和生活消费。能源转换功能与钢铁制造功能相互协同耦合，即钢铁生产过程同时也伴随着能源转换过程。以高炉—转炉—热轧流程为代表的钢铁联合企业，其实质是冶金-化工过程，也可以视为是将煤炭通过钢铁冶金制造流程转换为可燃气、热能、电能、蒸汽甚至氢气或甲醇等能源介质的过程。废弃物消纳-处理和再资源化功能，即钢铁厂制造流程中的诸多工序与装备可以消纳、处理来自钢铁厂自身和社会的大宗废弃物，改善区域环境负荷，促进资源、能源的循环利用。这一认识决定了构建现代钢铁冶金工程设计方法的目标域（视野）进一步拓展。

第三节 现代钢铁冶金工程设计

1 钢铁冶金工程设计问题的识别与定义

1.1 钢铁制造流程的物理本质及其特征

如前所述，钢铁制造流程的物理本质是物质、能量和信息在不同的时-空尺度上流动/流变的过程，也就是物质流在能量流的驱动、作用下，按照设定的“程序”，沿着特定的“流程网络”作动态-有序的运行，并实现多目标的优化。优化的目标包括产品优质、低成本，生产高效-顺行，能源使用效率高，能耗低，排放少、环境友好等。演变和流动是钢铁制造流程运行的核心。

钢铁制造流程是由各单元工序串联作业，各工序协同、集成的生产过程。一般前工序的输出即为后工序的输入，且互相衔接、互相缓冲-匹配。钢铁制造流程具有复杂性和整体性特征，复杂性表现“复杂多样”与“层次结构”两个特点。

1.2 钢铁制造流程动态运行的特征要素

钢铁制造流程动态运行的特征要素是“流”“流程网络”“运行程序”，其中“流”是制造流程运行过程中的动态变化的主体，“流程网络”（即“节点”和“连接器”构成的图形）是“流”运行的承载体和时-空边界，而“运行程序”则是“流”的运行特征在信息形式上的反映。

1.3 钢铁制造流程运行的特点

从钢铁制造流程运行的物理本质分析，可以推论出钢铁制造流程运行的实质是一类开放的、远离平衡的、不可逆的、由不同结构-功能的相关单元工序过程经过非线性相互作用，嵌套构建而成的流程系统。在这一流程系统中，铁素流（包括铁矿石、废钢、铁水、钢水、铸坯、钢材等）在能量流（包括煤、焦、电、汽等）的驱动和作用下，按照一定的“程序”（包括功能序、时间序、空间序、时-空序和信息流调控程序等）在特定设计的复杂网络结构（如生产车间平面布置图、总平面布置图等）中的流动运行现象。这类流程的运行过程包含着实现运行要素的优化集成和运行结果的多目标优化。

以钢铁制造流程整体动态-有序、协同-连续运行集成理论为指导，钢铁冶金工程设计的核心理念是：在上下游工序动态运行容量匹配的基础上，考虑工序功能集（包括单元工序功能集）的解析优化，工序之间关系集的协调-优化（而且这种工序之间关系集的协同-优化不仅包括相邻工序关系，也包括长程的工序关系集）和整个流程中所包括的工序集的重构优化（即淘汰落后的工序装置、有效“嵌入”先进的工序/装置等）。

1.4 钢铁冶金工程设计方法的路径

基于上述对钢铁制造流程的认识，钢铁冶金工程设计的重要目的，就是通过选择、综合、权衡、集成等方法，构建出符合钢铁制造流程运行规律和特点的先进流程，可以归纳概括为：

(1) 钢铁制造流程具有复杂的时-空性，复杂的质-能性、复杂的自组织性、他组织性等特点，并体现为多因子、多尺度、多层次、多单元、多目标优化。

(2) 钢铁冶金工程设计是围绕质量/性能、成本、投资、效率、资源、环境等多目标群进行选择、整合、互动、协同等集成过程和优化、进化的过程。

(3) 钢铁冶金工程设计是在实现单元工序优化的基础上，通过集成和优化，实现钢铁冶金全流程系统优化的过程。

(4) 钢铁冶金工程设计是在实现全流程动态-精准、连续（准连续）-高效运行的过程指导思想统领下，对各工序/装置提出集成、优化的设计要求。

（5）钢铁冶金工程设计创新要顺应时代潮流，从单一的钢铁产品制造功能进化到实现钢铁厂“三个功能”的过程。

因而，钢铁冶金工程设计方法的路径是建立在描述物质/能量的合理转换和动态-有序、协同-连续运行过程设计理论的基础上，并努力实现全流程物质流/能量流运行过程中各种信息参量的动态精准，并进一步发展到计算机虚拟现实。

2 钢铁制造流程的动态运行与界面技术

2.1 钢铁制造流程动态-有序运行过程中的动态耦合

研究钢铁制造流程动态-有序运行的非线性相互作用和动态耦合是现代钢铁冶金设计方法的重要内涵，体现在钢铁制造流程区段运行的动态-有序化、界面技术协同化和流程网络合理化。动态-有序运行过程中的动态耦合是流程形成动态结构的重要标志。钢铁制造流程区段运行的动态-有序化的设计原则如下：

（1）第一区段为铁前区段，应以高炉连续稳定化运行为中心，即原料场、焦炉、烧结机等应适应和服从高炉连续运行，包括烧结等较低温的连续运行过程要适应和服从高炉的高温连续运行；而高炉的连续运行对烧结、焦炉、原料场等工序/装置的物料输入/输出生产节奏、产品品质等提出参数要求。

（2）第二区段为炼钢区段，应以连铸机的长周期连续运行为中心，出铁、铁水输送、铁水预处理、转炉冶炼及二次精炼等间歇运行的工序要适应和服从连铸机的连续化运行，而连铸机的连续化运行要对转炉（电炉）冶炼节奏、二次精炼节奏乃至铁水预处理节奏、铁水输送节奏和高炉出铁节奏提出参数要求。

（3）第三区段为热轧区段，加热炉间歇的出坯过程服从连续的轧制要求，而轧机连续轧制的过程要对连铸机的铸坯输出、铸坯的输送过程和停放位置以及铸坯在加热炉的输入/输出等时间点、时间过程和时间节奏提出参数要求。

2.2 钢铁制造流程“界面技术”协同化

所谓“界面技术”是相对于钢铁制造流程中炼铁、炼钢、铸锭、初轧（开坯）、热轧等主体工序之间的衔接-匹配、协调-缓冲技术及相应的装置（装备）。“界面技术”不仅包括相应的工艺、装置，还包括平面图等时-空的合理配置、装置数量（容量）匹配等一系列的工程技术，如图 2-9-1 所示。

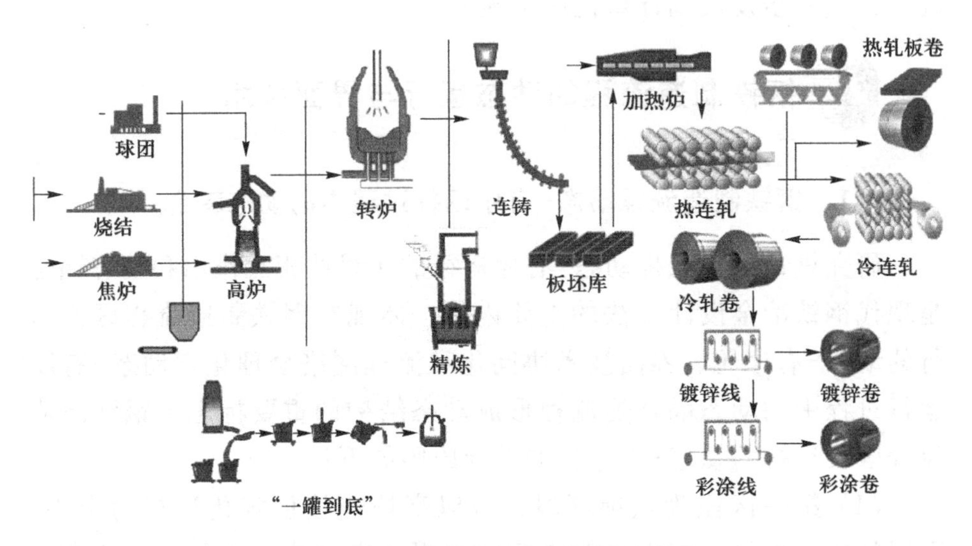

图 2-9-1 现代钢铁制造流程的界面技术

“界面技术”主要体现实现生产过程物质流（应包括流量、成分、组织、形状等）、生产过程能量流（包括一次能源、二次能源以及用能终端等）、生产过程温度、生产过程时间和空间位置等基本参数的衔接、匹配、协调、稳定等方面。

“界面技术”是在单元工序功能优化、作业程序优化和流程网络优化等流程设计创新的基础上所开发出来的工序之间关系的协同优化技术，包括了相邻工序之间的关系协同优化或多工序之间关系的协同优化。“界面技术”的形式分为物流-时/空的界面技术、物质性质转换的界面技术和能量/温度转换的界面技术等。

现代钢铁冶金工程设计中，“界面技术”主要体现在：① 简捷化的物质流、能量流通路（如平面图等）；② 工序/装置之间互动关系的缓冲-稳定-协同；③ 制造流程中网络节点功能优化和节点群优化以及连接器形式优化（如装备个数、装置能力和位置合理化、运输方式、运输距离、输送规则优化等）；④ 物质流效率、速率优化；⑤ 能量流效率优化和节能减排；⑥ 物质流、能量流和信息流的协同优化等。

3　钢铁制造流程的能量流网络

现代钢铁冶金工程设计将能源看作贯穿全流程的重要因素（甚至是与物质流同等重要），而且考虑到其与物质流的相关因果性和动态耦合性，有必要上升到能量流行为和能量流网络的层次来研究。

对能量的研究及工程设计必须建立“流”“流程网络”和“运行程序”等要素的概念，来研究开放的、非平衡的、不可逆过程中能量流的输入/输出行为；也就是要从静态的、孤立的某些截面点位计算走向流程网络中能量流的动态运行。其中包括了有关钢铁制造流程能量流运行的时间-空间-信息概念，而不能局限在质-能衡算的概念上。在钢铁制造流程设计和改造过程中不仅应该注意物质流转换过程及其“程序”和“物质流网络”设计，同时也应重视能量流、能源转换“程序”与“能量流网络”的设计。

钢铁制造流程中有一次能源（主要是外购的煤炭等）和二次能源（如焦炭、电能、氧气、各类煤气、余热、余能等）。分别形成了能量流网络的始端节点（如原料场、高炉、焦炉、转炉等），从这些始端“节点”输出的能源介质沿着输送路线、管道等连接途径——即连接器，到达能源转换的终端节点（如各终端用户及热电站、蒸汽站、发电站等）。在能量流的输送、转换过程中，需要有必要的、有效的中间缓冲器（缓冲系统），如煤气柜、锅炉、管道等，以满足能源在始端节点与终端节点之间在时间、空间和能阶等方面的缓冲、协调与稳定，这构成了钢铁制造流程的能量流网络。

4　现代钢铁冶金工程的概念设计

概念设计研究是钢铁冶金工程设计根本的立足点和出发点。现代钢铁冶金工程概念设计的主要内容如下。

4.1 建立现代工程思维模式——概念设计

概念设计是工程科学层次上的问题，首先要从创造流程的耗散结构、耗散过程出发，突出流程应该动态-有序、协同-连续运行的概念。在新一代钢铁制造流程的设计研究中，概念设计研究要建立起系统分析研究钢铁制造流程物理本质和动态运行特征的工程思维模式，采用解析与集成的方法，整体研究钢铁制造流程动态运行的规律和设计、运行的规则。因此，对新一代钢铁制造流程的研究首先应从研究整体流程的动态运行本质开始，进行流程层次上整体动态运行的概念研究。对流程动态运行进行理性抽象的方法是：系统地思考生产流程动态运行的物理本质，用解析与集成的方法，整体研究流程动态运行的规律和设计运行的规则。

4.2 现代钢铁制造流程两类基本流程的选择

结合市场和资源供给能力，针对现代钢铁制造流程已演变成的两类基本流程进行选择。一种是以铁矿石、煤炭等天然资源为源头的高炉—转炉—精炼—连铸—热轧—深加工流程或熔融还原—转炉—精炼—连铸—热轧—深加工流程；另一种是以废钢为再生资源、以电力为能源的电炉—精炼—连铸—热轧—深加工流程。研究表明，无论是哪一种流程结构，流程动态运行系统本身都是一种耗散结构，必须构建一个优化的耗散结构，使物质流得以动态-有序、协同-连续地持续运行。

5 现代钢铁冶金工程的顶层设计

钢铁工业的未来发展，必须在充分理解钢铁制造流程动态运行过程物理本质的基础上，进一步拓展钢铁厂的功能，以新的模式实现绿色化、智能化转型，融入循环经济社会。

通过对钢铁制造流程动态运行过程物理本质的研究，可以推论出现代钢铁制造流程应该具有“三个功能”。“三个功能”是以概念设计出发，推演出来的顶层设计目标。

(1) 铁素物质流运行的功能——高效率、低成本、洁净化钢铁产品制造功能。

(2) 能量流运行的功能——能源合理、高效转换功能以及利用过程剩余能源进行相关的废弃物消纳-处理功能。

(3) 铁素流-能量流相互作用过程的功能——实现过程工艺目标以及与此相应的废弃物消纳-处理-再资源化功能。

现代钢铁制造流程工程顶层设计以概念设计为基础，并确立钢铁制造流程中“流”的动态概念，强调以动态-有序、协同-连续运行的观念，形成集成的、动态-精准运行的工程设计观。在顶层设计中突出流程结构优化和流程功能的拓展，以“三个功能”为设计的总体目标，强调以要素选择、结构优化、功能拓展和效率卓越为顶层设计的原则。在方法上强调从顶层（流程整体）决定底层（工序/装置），形成从上层指导和规范下层的思维模式和设计逻辑。

6 现代钢铁冶金工程的动态-精准设计

现代钢铁冶金工程设计方法形成了基于冶金流程工程学、冶金流程集成理论与方法的钢铁制造流程动态-精准设计方法，从开始设计就以“流”和“动”的概念为指导，将分割-粗放的传统设计方法进化到动态-精准设计方法，这是建立在钢铁制造流程动态运行物理本质基础上，特别是钢铁制造流程动态-有序运行中的运行动力学理论基础上的工程设计方法。

以先进的概念研究和顶层设计为指导，运用运筹学、图论、排队论和动态甘特图等先进工具和方法，研究高效匹配的界面技术实现动态-有序、协同-连续的物质流设计、高效转换并及时回收利用的能量流设计及以节能减排为中心的开放系统设计，从而在更高层次上体现钢铁制造流程的“三个功能”。动态-精准设计方法是建设项目工程设计顶层设计阶段的进一步深化，是宏观尺度下工程设计动态-精准设计的具体方式和方法。

7 现代钢铁冶金工程的经济、社会和绿色评估

资源、能源、环境、生态是钢铁厂必须面对的时代性命题。低碳、绿色、循环将成为21世纪包括钢铁冶金工程在内的产业经济发展的主导理念，在全球“碳达峰、碳中和”的背景下，未来钢铁冶

金工程可持续发展进程中，钢铁制造流程的功能必须拓展为“三个功能”。

按照新一代可循环钢铁流程的理念，通过绿色制造过程走生态化转型的道路，逐步形成城市周边型和海港工业生态（带）型两种钢铁厂发展模式，所承担的社会经济职能体现于：钢铁厂是铁-煤化工的起点，既要生产出质量更好、性能更高、更廉价的钢材产品，又要开发新的清洁能源；钢铁厂是未来海港生态工业-贸易园的核心环节之一；钢铁厂也可以是城市社会大宗废弃物（如废钢）的处理-消纳中心，也是邻近社区居民生活热能的供应站；钢铁厂是某些工业排放物质再资源化循环、再能源化梯级利用和无害化处理的协调处理站。

第四节 首钢京唐钢铁厂工程设计

首钢京唐钢铁厂工程，是在新一代可循环钢铁制造流程理念和冶金流程工程学理论指导下，将钢铁冶金有关的技术创新及各项重大单元技术成果进行系统集成，构建的新一代可循环钢铁制造流程的示范工程。该厂是我国第一个自主设计建造、沿海靠港的全部生产板带材的专业化钢铁制造基地，代表了21世纪新一代钢铁制造流程的发展方向。

1 首钢京唐钢铁厂概念设计

（1）确立了基于系统分析研究钢铁制造流程物理本质和动态运行特征的现代工程思维模式，采用解析与集成双方相动的方法，从整体上研究钢铁制造流程动态运行的规律和设计、运行的规则。

（2）根据市场需求和资源供给能力，选择现代钢铁制造流程更为成熟、可靠、稳定的基本流程：以铁矿石、煤炭等天然资源为源头的高炉—转炉—精炼—连铸—热轧—深加工流程。

（3）根据市场分析、技术分析、产品分析、用户分析，确定产品结构为汽车、机电、石油、家电、建筑及结构、机械制造等行业提供热轧、冷轧、热镀锌、彩涂等高端精品板材产品，生产规模为

870 万~920 万 t/a，其中冷轧产品占全部产品的比例达到 60%以上。

(4) 以确定的全薄带材产品结构为基础，基于钢铁制造流程工序功能集合解析-优化、工序之间关系集合协调-优化、流程工序集合重构-优化的技术思想，进而确定钢铁厂结构优化的钢铁制造流程。

(5) 基于钢铁制造流程动态运行过程物理本质的认识，确定了京唐钢铁厂钢铁制造流程具有“三个功能”：铁素物质流运行的功能——高效率、低成本、洁净化钢铁产品制造功能；能量流运行的功能——能源合理、高效转换功能以及利用过程剩余能源进行相关的废弃物消纳-处理功能；铁素流-能量流相互作用过程的功能——实现过程工艺目标以及与此相应的废弃物消纳-处理-再资源化功能。

2 首钢京唐钢铁厂顶层设计

2.1 要素优化

要素的选择与优化包括：技术要素的选择与优化；技术要素优化和经济基本要素的协同优化。技术要素的选择与优化主要包括：

(1) 在成品轧机的选择上，方案一为 1 套薄板热连轧和 1 套中厚板轧机，生产规模约为 700 万 t/a；方案二为 2 套薄板热连轧机，生产规模约为 900 万 t/a。不同的轧机配置方案，将直接影响到炼钢厂的规模、工艺和装备，还影响到炼钢厂的结构和动态运行效率，进而影响到高炉的座数、容积和平面布置。经过慎重研究决策，最终采用方案二。

(2) 炼钢厂工艺流程设计中①，在全薄板生产工艺的选择上，针对传统的工艺流程和铁水“全三脱”预处理—炼钢—二次精炼—高拉速、恒拉速连铸的“高效率、低成本洁净钢生产工艺流程”，进行了深入的理论分析和对比研究。② 最终经过科学论证、反复研

① 殷瑞钰．关于高效率、低成本洁净钢平台的讨论——21 世纪钢铁工业关键技术之一[J]．中国冶金，2010，20（10）：1-10.

② 殷瑞钰．高效率、低成本洁净钢“制造平台”集成技术及其动态运行[J]．钢铁，2012，47（1）：1-8.

究，决策采用铁水“全三脱”预处理冶炼工艺的高效率、低成本洁净钢生产工艺流程。①

(3) 炼铁工艺流程设计中，对于高炉座数、容积的科学选择进行了深入研究分析和思考，建立了钢铁厂流程结构优化前提下的高炉大型化设计理念。针对设计建造 2 座 5 500 m^3 高炉还是 3 座 4 000 m^3 高炉，开展了精细的对比研究和科学论证。② 研究确定采用 2 座 5 500 m^3 高炉，配置 2 台 500 m^2 烧结机、1 条 504 m^2 带式焙烧机球团生产线、4 座 70 孔 7.63 m 焦炉为高炉提供原燃料，实现以高炉为中心的铁前系统流程结构优化和工艺装备的合理匹配。与此同时，还可以简化工艺流程、降低工程投资，有利于铁素物质流、碳素能量流运行效率的提高。

(4) 在炼铁厂-炼钢厂界面技术的研究中，经过大量的调研、考察、试验工作，最终选择了铁水罐多功能化技术，即铁水“一罐到底”直接运输工艺，降低了工程投资，减少了铁水温降和环境污染，提高了铁水脱硫预处理的效率。

(5) 在能量流网络结构设计中，根据能量流和不同能源介质运行过程的行为和转换特征，设计了完善的能源供应体系、能源转换网络系统和设计建设了基于实时监控、在线调度、过程控制、集中管理的能源管控中心。对于能源的高效转换和能源结构的优化配置进行了深入研究与系统优化，充分回收利用钢铁制造流程的二次能源，充分利用钢铁厂余热、余能发电，钢铁厂自发电率达到 96% 以上，钢铁冶金过程的各种伴生煤气实现近“零排放”。

(6) 在循环经济、绿色制造、节能减排工程设计中，采用先进大型的工艺技术装备，提高生产效率，节约能源消耗。4 座 70 孔 7.63 m 焦炉配置采用 2 套 260 t/h 干熄焦装置，吨焦发电量达到 112 kW · h；5 500 m^3 高炉采用 1 300 ℃高风温技术、煤气全干法除尘、36.5 MW 高效 TRT 余压发电技术；转炉煤气采用干法除尘技术；冶金过程的伴生煤气经过 300 MW 发电机组进行发电，发电后

---

① 殷瑞钰. 关于新一代钢铁制造流程的命题[J]. 上海金属，2006，28 (4)：1-5, 13.

② 张福明，钱世崇，殷瑞钰. 钢铁厂流程结构优化与高炉大型化[J]. 钢铁，2012, 47 (7)：1-9.

的“乏汽”作为低温多效海水淡化热源，用于5万t/d的海水淡化装置，与淡水伴生的浓盐水直接供给化工厂用于制碱。

2.2　流程结构优化

经过上述一系列工序/装置要素的优化选择和“界面技术”优化，集成为紧凑高效、流程顺畅、系统集约的流程网络，首钢京唐钢铁厂建立了以2座高炉+1个炼钢厂+2套热连轧为框架的“2-1-2”高效流程结构，构建了以连铸为中心、生产规模为870万~920万t/a且具有“三个功能”的新一代可循环钢铁制造流程，并以此为核心架构构建了动态-有序、协同-连续的动态运行结构（图2-9-2）。

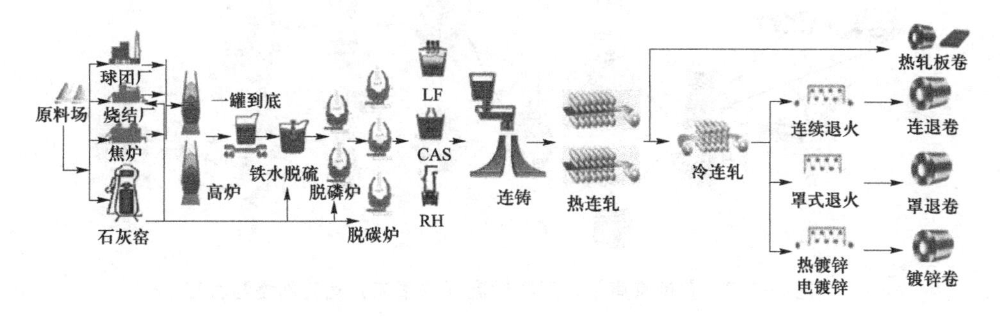

图2-9-2　首钢京唐钢铁厂钢铁制造工艺流程

2.3　功能拓展与效率优化

在工序/装置要素的优化选择和流程结构优化的同时，必须重视功能拓展和效率优化。也就是要把传统上的钢铁厂单一功能拓展成为“三个功能”，而且功能的内涵也更加富有创新。例如，钢铁产品的制造功能可以集成为高效率、低成本洁净钢生产体系；能源转换功能要形成以全厂能量流网络结构优化为基础的，以输入/输出动态运行优化为特征的，实现生产工艺装置、能源转换装置协同高效地全网、全过程能源高效转换，高效回收利用、更高层次的节能减排；在消纳废弃物并实现资源化、实施循环经济方面，要构建起以钢铁厂为核心的循环经济链，进而拓展为工业生态产业园，实现多产业融合发展。①②

首钢京唐钢铁厂的工程设计以“流”（物质流、能源流、信息流）为核心，构建最优化的“物质流、能源流、信息流”动态耦合的制造流程（图 2-9-3、图 2-9-4），实现物质-能量-时间-空间-信息的相互协同，促进钢铁生产整体运行高效、稳定、协同，实现高效化、集约化、连续化。③

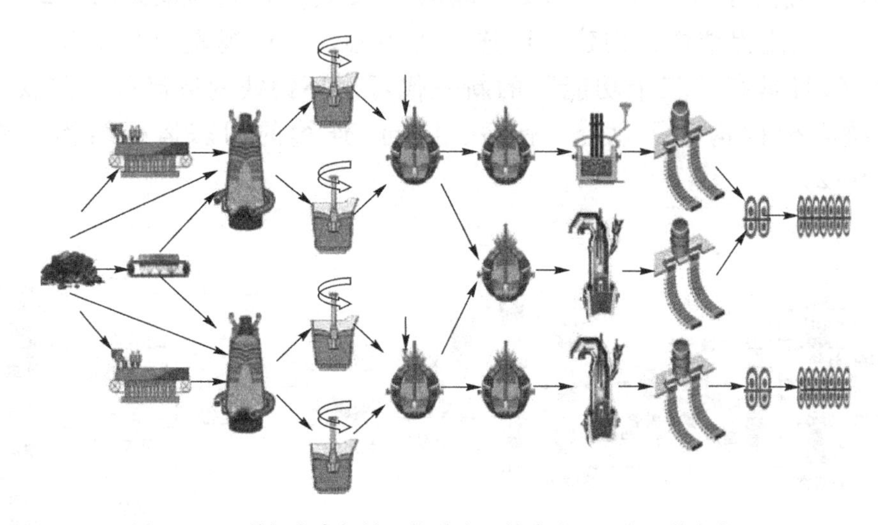

图 2-9-3 首钢京唐钢铁厂物质流（铁素流）运行网络与轨迹

钢铁厂总图布置最大限度地实现了紧凑、高效、集约、美观，物质流、能源流和信息流实现高效协同，实现了工序间物料运输的紧凑集约、高效快捷。原料场和成品库紧靠码头布置实现了原料和成品最短距离的接卸与发运；高炉到炼钢的运输距离只有 900 m；连铸到加热炉、热轧实现了全程辊道直接连接，连铸板坯库缩减到 3 跨；1 580 mm 热轧成品库紧靠 1 700 mm 冷轧原料库，实现了流程的紧凑型布局；钢铁厂吨钢占地为 0.9 m^2，达到国际先进水平。④

---

① 殷瑞钰．中国钢铁工业的崛起与技术进步[M].北京：冶金工业出版社，2004.

② 张春霞，殷瑞钰，秦松，等．循环经济社会中的中国钢厂[J].钢铁，2011，46（7）：1-6.

③ 张福明，崔幸超，张德国，等．首钢京唐炼钢厂新一代工艺流程与应用实践[J].炼钢，2012，28（2）：1-6.

④ 尚国普，向春涛，范明浩．首钢京唐钢铁厂总图运输系统的创新及应用[J].中国冶金，2012，22（8）：1-6.

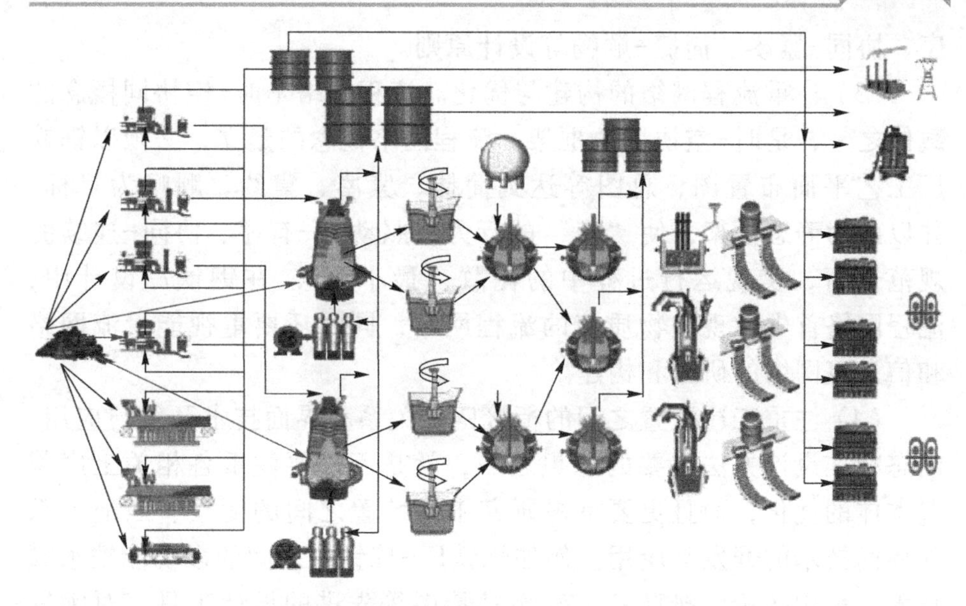

图 2-9-4　首钢京唐钢铁厂能量流（碳素流）运行网络与轨迹

3 首钢京唐钢铁厂动态-精准设计

（1）核心思想理念。钢铁冶金工程动态精准设计方法，是以对钢铁制造流程动态运行物理本质的深刻认识和理解为基础，在设计过程中突出对“流”“流程网络”和“运行程序”三个要素的设计，不仅重视各工序装置内物质、能量的有效装换，更加重视在不同工序装置之间动态-有序、协同-连续地运行的物质流和能量流的效率。同时，在设计过程中要充分体现出时间、空间、矢量以及网络的动态特征，以实现实际生产过程中作业时间的动态管理，有利于钢铁企业的生产组织和管理调控。

（2）建立时间-空间的协调关系。对于动态-精准设计体系，时间是个重要的参数，它反映的是流程的连续性、工序的协调性、工序装置之间工艺因子在时间轴上的动态耦合性，以及运输过程、等待过程中因温度降低而产生的能量耗散等。当工艺主体装备选型、装置数量、工艺平面图、总图布置确定以后，就表明钢铁厂的静态空间结构已经“固化”，钢铁厂的“时-空边界”已经被设定。这也是在很大程度上“固化”了制造流程的耗散结构，一旦固定，很难更改，因此，空间因子——总平面图等的设计要高度重视动态-有序、协同-紧凑、简捷-顺畅等设计原则。

（3）注重流程网络的构建与优化。流程网络是时-空协同概念的载体之一，是时-空协同的框架。流程网络概念的建立，必须以钢铁厂工艺平面布置图、总图等达到简捷、紧凑、集约、顺畅为目标，并以此为静态框架，使“流”的行为按照动态-有序、协同-连续的规范运行，实现运行过程中的耗散“最小化”。在钢铁厂设计中，流程网络首先体现在物质流的流程网络，同时还要重视能量流网络和信息流网络的研究和构建。

（4）注重工序装置之间的衔接匹配关系和界面技术开发与应用。动态精准设计方法重要的思想之一，就是不仅要注重各相关工序装置本体的优化，而且更要重视研究工序装置之间的衔接、匹配关系和界面技术的开发与应用。例如炼铁厂-炼钢厂之间的多功能铁水罐技术，采用图论、排队论、动态甘特图等先进的设计工具，对钢铁制造流程中工序装置及其动态运行进行预先周密的设计。①

（5）突出顶层设计中的集成创新。钢铁冶金工程设计是以工序装置为基础的多专业交叉、协同创新的集成过程，实质上是解决设计中多目标优化的问题。集成创新是钢铁冶金工程设计的重要内容、重要方式。要求不仅对单元技术进行优化创新，还要把优化了的单元技术有机、有序地集成起来，凸显为钢铁制造流程层次上顶层设计的集成优化，从而形成动态-有序、协同-连续、稳定高效的流程系统。②

（6）注重流程整体动态运行的稳定性、可靠性和高效性。动态-精准设计方法要确立动态-有序、协同-连续运行的规则和程序，不仅重视各单元工序的动态运行，而且更注重流程整体衔接匹配、非线性动态耦合运行的效果，特别是动态运行的稳定性、可靠性和高效性，这是动态-精准设计方法追求的目标。

研究并采用新一代钢铁厂精准设计和流程动态优化技术，通过建立动态-有序运行的理论框架和物理模型及仿真模型，对钢铁厂各工序（子系统）从原燃料的消耗、产能匹配、各项工艺参数的确

---

① 殷瑞钰．节能、清洁生产、绿色制造与钢铁工业的可持续发展[J]．钢铁，2002，37（8）：1-8.

② 殷瑞钰．以绿色发展为转型升级的主要方向[N]．中国冶金报，2013-10-31（1）.

定、能源动力的消耗到能源设施的布局、工序之间的衔接等进行了深入的解析研究，在温度、物质的成分品位、运行时间节奏、能源的输入和输出等方面均进行了精准的计算与优化配置。通过运用精准设计理论，构建了首钢京唐钢铁厂动态-有序、连续-紧凑、精准-协调的生产运行体系。

应当指出的是，钢铁冶金工程的概念设计、顶层设计和动态-精准设计是一个完整的设计体系，是现代钢铁冶金设计方法程序化的具体体现，如图 2-9-5 所示，表述了钢铁冶金流程设计的思维逻辑和步骤。

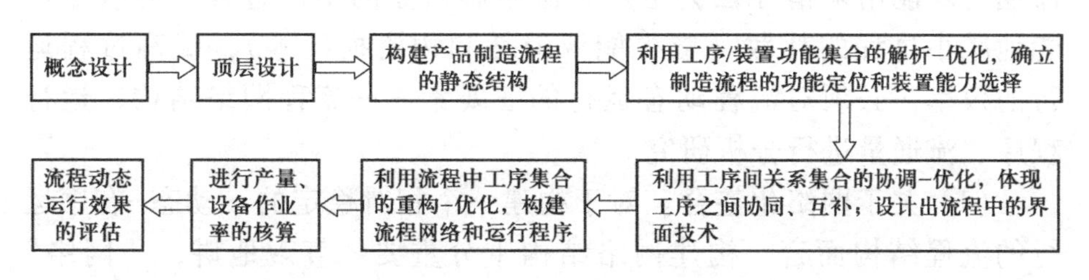

图 2-9-5　现代钢铁冶金工程设计的程序化框图

第五节　以工程哲学视野对钢铁工业发展的思考

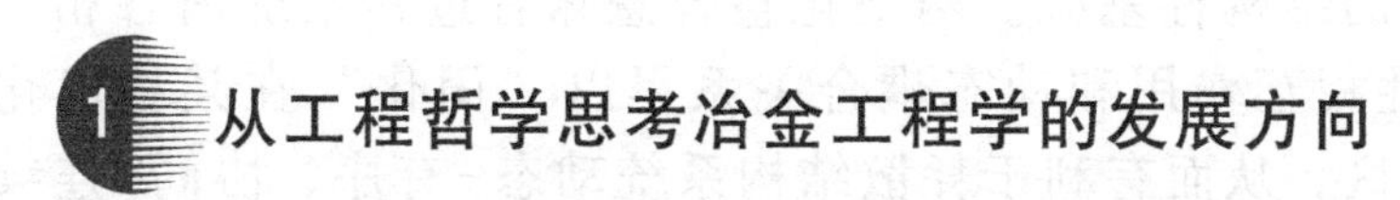

1　从工程哲学思考冶金工程学的发展方向

从工程哲学的视角来看，有关钢厂的工程设计过程和生产运行过程长期以来集中注意的是局部性的“实”，而往往忽视贯通全局性的“流”。在今后的钢厂工程设计、生产运行和过程管理中既要解决具体的、局部的“实”，更应集中关注贯通全局的“流”。生产流程脱离了“流”的动态概念，等于失去了“灵魂”，效果就不好了。企业的生产运行和工程设计从表象上看似很“实”（针对工序/装置的设计和运行），但从本质上看这种“实”恰是贯通全局“流”的动态运行体现，即工序/装置这个“实”是流程运行的动态组成形式和运动的一个局部，“流”的动态-有序、协同-连续运行（即耗散结构的自组织优化，使过程耗散优化）才是企业生产运行和工程设计的目的，这是灵魂；工程设计和工厂生产运行都要“虚”“实”结合，必须首先确立理念——“虚”；构建并形成动态-有序、协同-稳定、连续-紧凑的开放系统——优化的耗散结构，即通过工程设计和动态的生产运行付诸实践——“实”，追求流程运行过程中的耗散“最小化”，实现复杂系统的多目标优化。总之，应该从要素-结构-功能-效率集成优化的观点出发，在工程设计中体现出动态-有序、协同-连续的流程运行优化，这是动态-精准设计和钢厂实际生产运行过程的理论核心。

耗散结构与自组织理论是物理命题，物理命题需要转化为工程命题，才能用来指导社会生产。流程制造业的生产过程，应该尽可能地减小过程的耗散（减少能源消耗和物资损耗等），提高过程运行的效率，必须对流程动态运行的三要素——流程网络结构、运行程序、流通量进行分析研究。

(1) 关于网络化整合。对于构建一个相对稳定的、动态-有序运行的流程结构而言，构建网络结构十分重要。直观地讲，“网络”是由节点和相互连接的线（弧）组成的图形，通过图形形成特定的结构。引申出去可以认为：在过程系统处于动态-有序-协同运行态势下的网络结构应是系统内各相关节点之间非线性相互作用的“力”和“流”的动态耦合的优化区域。这种“力”与“流”的非线性相互作用和动态耦合优化区域的构建，是过程动态运行耗散“最小化”的结构性基础。网络化整合意味着过程系统内各相关节点的非线性相互作用和动态耦合关系得以“固化”在某种优化的“合力”场区，从而有利于耗散结构系统动态-有序、协同-连续地运行。

对钢铁制造流程而言，网络化整合意味着工序/装置的容量（能力）、功能、个数、位置和布局的合理选择，意味着总平面图的简捷化、紧凑化、顺畅化，并使铁素物质流尽可能保持“层流式”运行，能够顺畅、快速通过，即“阻力”最小化。“阻力”最小化在很大程度上将体现为铁素物质流运动过程能耗降低和过程时间缩短。网络化整合对于能量流及其运行优化是同样重要的，这意味着要突破物料平衡、热平衡的静态观念的束缚，要以开放的、动态的输入/输出的观点来分析研究钢铁制造流程中的能量流行为，而不应局限在各个工序/装置的局部的物料平衡、热平衡的静态衡算上，特别要注意到在钢铁企业内部，能量流与铁素物质流的关系是时合-时分的，并不是完全的“相伴相随”。因此，对于能量流也有必要进行网络化整合和程序化协同，以提高能源转换效率并充分利用、及时回收各类二次能源（如余热、余能等）。

反之，如果“流程网络”（包括物质流网络、能量流网络和信息流网络）不理顺、不合理，则运行过程中“流”的行为往往易导致空间因素、时间因素的无序化或是不时出现混沌状态，这必将导致物质流损耗、能量流耗散的增加。必须认识到，冶金制造流程动态运行的有序性，不仅取决于各个工序/装置各自运行的有序性、稳定性，而且受到“流程网络”集成化整合程度的促进或制约。

（2）关于程序化协同。钢铁制造流程的程序化协同主要是各类信息的程序化协同，关联着制造流程内工序功能集的解析-优化、工序间关系集的协同-优化和流程组成工序集的重构-优化，也意味着空间序的紧凑化、简捷化、层流化。这些都与网络化整合密切相关，并在一定程度上决定了制造流程的静态结构。程序化协同应该表现为合理的功能序设计，更重要的是体现在空间程序、时间程序和时-空程序的设计与程序编制上。时间程序的设计和编制必须要充分理解时间这一因子在钢铁制造流程动态运行过程中的各种表现形式（如时间序、时间点、时间域、时间位、时间周期等），力求流程全网全程内时间程序的协同化、快捷化。时-空序的设计则体现在优化的动态框架结构中，体现在物质流、能量流动态-有序运行的高效化、协同化、稳定化上，实现流通量的合理化和物资损耗、能量耗散的“最小化”。程序化协同应该突出地体现在各类动态信息的协同-优化并实现可调控性。从一定意义上讲，钢铁制造流程的程序化协同，究其根本就是信息流网络与运行程序的协同，这种协同不仅体现在单元工序，还体现在不同工序之间以及全流程的协同，这也是构建钢铁制造流程信息物理系统（CPS）、提高全流程自组织水平的关键所在。

（3）关于物质流通量。物质流通量的合理化，首先取决于产品的特征，对钢铁企业而言，生产薄板类产品的物质流通量是相对大的，其生产线的年产量可以在200万~550万t之间，而生产长材类产品的流通量是相对小的，其作业线的年产量可以在60万~120万t之间。这就决定了不同钢铁产品生产流程动态运行过程中的物质流通量（单位为 t/min）。由此可见，所谓装备“大型化”只是一种表象，其实质是相对于不同的钢铁产品制造流程，应该有一个合理的物质流通量水平，而不是盲目地强调装备“越大越好”。片面追求装备“大型化”会引起生产过程中不协调、不合理的现象出现。例如用 300 t 转炉生产长材，其物质流通量是不协调、不合理的。反之，如果采用生产能力过小或不协调、不匹配的工艺和装备，也是不合理、不协调、不顺畅的，甚至会造成流程的混乱、无序，物质和能量的大量耗散以及更多的过程排放和环境污染。例如，以多座 450 m^3 的小高炉，匹配 200 t 的转炉炼钢，炼铁-炼钢的连接“界面”就十分复杂，无论是物质流，还是能量流，都会出现混乱和无序。因此淘汰落后的工艺和装备，合理选择工艺流程，既不能盲目追求所谓的“大型化”，也不能因循守旧、故步自封，要以流程的合理和耗散优化为前提，科学、合理地进行流程设计和装置选择。

在钢铁制造流程中，可以将它割裂为炼铁、炼钢、轧钢等工艺过程，它们分别运行着，而且也许可以找到各自独立运行的“最佳”方案，然而，随着时代的发展，作为一个制造流程的动态运行过程，不仅要研究“孤立”“最佳”，更重要的是要解决流程整体动态运行过程的最佳。可见，不能用机械论的拆分方法来解决相关的、异质功能的而且往往是不同步运行工序/装置的组合集成运行问题。因此，重要的是要研究多因子、多尺度、多工序、多层次的开放系统动态运行的过程工程学问，一定要分清工艺表象和物理本质之间的表里关系、因果关系、非线性相互作用和动态耦合关系，找出其内在规律。这对钢厂的设计和实际生产运行过程的优化与调控是十分重要的。

由此，作为支撑钢铁业发展的冶金工程学（包括科学、技术、工程与设计、管理等）应重视研究如下问题，以问题带动学科及其分支的发展，促进学科交叉：

（1）深入开展对钢铁生产流程动态运行的物理本质的研究，探索动态过程中物质流、能量流和信息流的集成理论；

（2）重视钢厂动态运行过程中“流”“流程网络”“运行程序”的研究，以及对钢铁企业的要素、结构、功能、效率的影响；

（3）重视以网络化整合、程序化协同为重要手段（流程结构集成创新的措施)，提高钢厂流程的设计水平和生产过程的运行效率；

(4) 重视新技术、新装备的开发、设计和制造，并通过多工序、多层次、多尺度、多因子集成优化，将这些工艺技术和装备有效地、动态地“嵌入”钢铁生产流程中；

(5) 高度重视全厂性、全流程层级上能量流研究及其网络化整合，提高能源利用效率，进一步从流程总体的层次上推动节能减排；

(6) 高度重视与物质流、能量流动态运行过程优化相结合的信息有效调控性研究，促进信息流在钢铁生产流程中的贯通；

(7) 高度重视具有综合知识素质精英人才——卓越工程师、战略科学家的培养、训练与使用；

(8) 高度重视关于环境保护、生态、气候变化等时代责任和社会伦理命题的战略性对策研究。

通过上述有关冶金工程学的一系列研究，将有助于未来钢铁工业发展方向的判断和竞争活力的源头性探索。

2　关于新一代钢铁制造流程的认识

新一代钢铁制造流程不同于薄带连铸、非高炉炼铁等个别前沿性技术的探索研究和中间试验，更不是所有探索性技术的简单组合。新一代钢铁制造流程是建立在对钢铁制造流程动态运行的物理本质深入研究理论基础之上的，不是对已有工序/装置的表象性改造，而是以物质流、能量流、信息流的动态耦合和集成而构建起来的新系统。其理论核心是建立起物质流、能量流、信息流的概念，通过流程网络（物质流网络、能量流网络、信息流网络）以及相应的动态运行程序的协同整合、设计建构起来的具有先进的构成要素、动态-有序、协同-连续、运行高效的流程结构，并且具有高效率-低成本-高质量的钢铁产品制造功能、高效能源转换功能、消纳-处理废弃物并实现资源化功能的工程系统。

新一代钢铁冶金制造流程由异质、异构、相关协同的工序构成，钢铁企业以不可拆分的制造流程整体协同运行的方式存在，适合于连续、批量化生产。钢铁制造流程中存在着许多复杂的物理、化学过程，甚至往往出现气、液、固多相共存的连续变化，物质/能量转化过程复杂，难以全部实现数字化。钢铁冶金制造流程是复杂的大系统，输入的原料/燃料组分波动，外界随机干涉因素多，难以直接实现数字化。组成钢铁制造流程的单元工序/装置的功能是不同的，钢铁冶金制造流程属于异质、异构单元组合的集成体。钢铁冶金单元工序/装置之间的关系属于异质、异构单元之间非线性相互作用、动态耦合过程，匹配、协同的参数复杂多变，实现数字化的难度很大。产品性能、质量、生产效率取决于工艺流程设计优化，各个工艺过程的运行优化和全流程运行的整体优化。钢铁冶金工厂的智能化主要应体现在制造流程动态运行过程的智能化。

根据钢铁冶金制造流程的技术特征，其智能制造的含义应该是以钢铁企业生产经营全过程和企业发展全局的智能化、绿色化、产品质量品牌化为核心目标研发出来的生产经营全过程的数字物理融合系统。其关键技术是生产工艺/装置技术优化、工艺/装置之间的“界面”技术优化和制造全过程的整合-协同优化，以此为基础嵌入数字信息技术，以“三流”协同、“三网”融合为切入口，从而构成体现制造流程智能化特色的信息物理系统（CPS）。[①]

智能化是钢铁工业的重要发展方向之一，必须高度重视，不能错失时机，但也不会在短时内一蹴而就，要经历一个探索、研发、积累、集成、创新的过程。钢铁厂智能化要与信息物理系统的概念相对接，以设计构建钢铁制造流程信息物理系统为核心[②]，突出“流”“流程网络”和“运行程序”的概念，特别是优化的物质流网络、能量流网络和信息流网络之间的协同运行，实现全厂性动态运行、管理、服务等过程的自感知、自学习、自决策、自执行、自适应。钢铁冶金制造流程物理系统优化是钢铁厂智能化的重要基础性前提，要充分认识制造流程的运行特点，不宜盲目搬用离散型制造业的某些概念和方法。在钢铁冶金工厂中，“界面技术”的研发是信息物理系统建构中的一个缺失环节，“界面技术”优化对于“三流”协同、“三网”融合具有重要价值，作为解决智能化钢铁厂的

---

① 殷瑞钰．关于智能化钢厂的讨论——从物理系统一侧出发讨论钢厂智能化[J]．钢铁，2017，52（6）：1-12.

② 张福明．智能化钢铁制造流程信息物理系统的设计研究[J]．钢铁，2021，56（6）：1-9.

重要内容之一，必须予以高度重视。[①]

3 冶金学的时代命题

冶金工业已经发展到21世纪，其共性的时代命题是绿色化、智能化。绿色化、智能化都是整体性、系统性命题，需要原子/分子层次、工序/装置层次特别是需要制造流程层次的科学及技术来支撑。

时代命题不仅分别地要求三个层次的科学技术支撑，更进一步要求将三个层次的知识通过数字化、信息化手段集成为工程科学，站在工程科学的立场上，打通制造流程、沟通三个层次，开创新的学说。也就是要将以原子/分子层次为研究对象的微观基础冶金学、以工序/装置层次为研究对象的专业工艺冶金学和以制造流程为研究对象的宏观动态冶金学关联起来，建立冶金流程工程学新学说（图2-9-6）。这种集成综合学说，需要各种形式新的自组织学说和他组织学说，以及与之相应的结构化理论和方法，需要建立开放、动态、结构（网络）、时-空序（程序）、耗散等概念，建立起“流”的概念，以“流”观化。“流”是冶金工厂运行的主体、整体，这是根本立场——“流”乃本体。一切整体性、系统性、战略性问题，都应站在制造流程的层次来观察、研究流的运行规律和变化的方向，评估其价值——以“流”观化。

(1)“打通流程，沟通层次，开新说”。

随着21世纪来到，制造业特别是流程制造业的矛盾不再是供给量的问题，其根本命题已经集中在市场竞争力和可持续发展问题上。

市场竞争力和可持续发展问题看似是产品竞争，若进一步深究，则是制造过程和供应链、服务链的竞争及其与生态的和谐问题。

制造过程和供应链、服务链的竞争以及生态和谐则取决于对制造流程的本质理解、工程设计和流程运行过程的合理构建与调控。

为了深入理解流程制造业的物理本质和运动规律，应该将制造流程作为一个整体来认识，并对流程的物理特征、信息内涵进行深入的理论研究，这需要新的研究视野，建立新的概念。我们需要将

① 颉建新，张福明．钢铁制造流程智能制造与智能设计[J]．中国冶金，2019，29(2)：1-6.

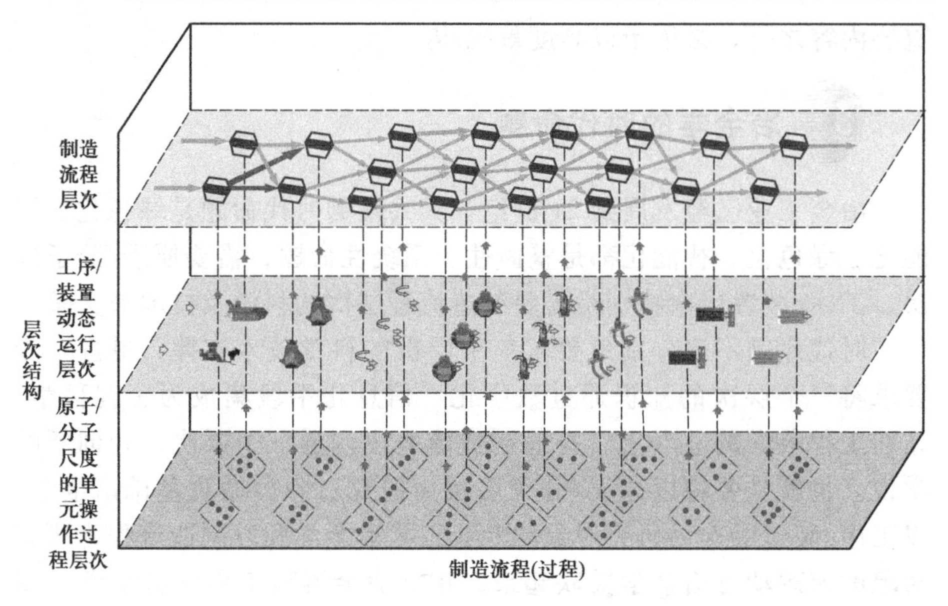

图 2-9-6 流程型制造流程内不同过程之间多尺度嵌套性的层次结构

原有理论进行系统链接、沟通层次，“开新说”。不能总在原来的层次上“原地打转转”——“跟着人家说”。

“打通”“开新说”是源于时代进步，判断出新的战略目标——绿色化、智能化，需要有新的视野（不仅是生产产品优化，是多目标优化）、新的概念（开放、动态、自组织结构、他组织调控、整体涌现等）、新的术语（“流”“节点”“链接件”“流程网络”“运行程序”等）新的方法（解析-集成、整体论-还原论结合的方法等），建立新的模型，建立新的学说来引导产业发展，促进社会和谐。

绿色化、智能化在目标上是有所区别的，但在本质上是有所关联的，说到底都是制造过程乃至使用过程中耗散的相对“最小化”。

新视野的拓展、新概念的建立就是要冲破“孤立系统”概念束缚，以开放、动态系统的自组织理论来理解制造流程的结构、功能，各种行为和运动规律。确立“流”的观念，以“流”观化。

这就是：开放生“流”，“流”者必动，动者循“网”，“网”动依“序”，“序”关耗散。体现出：“流”乃本体，以“流”观化，以耗散结构理论为支撑，拓展出新的视野和观念。

(2) 针对“缺失”谋求“升级”——“美”的转变。

1925年以来，自英国法拉第学会在伦敦召开“炼钢过程中的物理化学”会议以后，冶金学走上了科学化的道路，推动、引导着冶金工业的发展。第二次世界大战以后，钢铁工业中出现了氧气转炉、连续铸钢两个颠覆性技术，引起了钢铁厂生产流程的变革，冶金学得到相应的发展。然而，在冶金学理论中存在着一些缺失，表现为：

——局限在“孤立系统”的概念上讨论、认识问题，缺乏开放、动态、结构的概念，时空概念局限在微观、介观的尺度上，缺乏宏观尺度上的输入/输出的时空概念，习惯性的静态平衡概念长期以来束缚着动态运行概念。

——缺乏层次性关联、结构性设计观念，忽视流程整体动态运行的有序性、协同性、涌现性、稳定性等命题的深入研究。

——排斥或忽视了工序/装置之间关系的合理性、稳定性、协同性研究，存在“界面”技术（链接件）的研究缺失，导致自组织涌现缺失和制造流程整体优化缺失。

概括地说，冶金学长期以来囿于以“孤立系统”的概念来处理问题，或以“封闭系统”的概念来处理场域层次上的问题，特别是工序/装置层次上的问题。这些概念是有用的，但是不能滥用、不可任意套用。在流程层次上研究问题，必须挣脱“孤立系统”概念的束缚，需要的是整体、开放、动态、结构、程序、耗散等概念，而这些正是传统冶金学所缺失的。

针对“缺失”就是导向，就是新目标，即所谓问题导向也。

纵观钢铁冶金工业的演化进程和冶金学的发展历史，展望未来钢铁冶金工业和冶金学的发展，可谓是：“今日长缨在手，何时缚得苍龙？”

所谓“苍龙”就是冶金工业的绿色化、智能化，这是时代的大命题。其根本是物理系统——制造流程，所谓“长缨”是“流”的优化、流程结构及其时-空序的动态优化。“潜心找长缨”——研究制造流程，“意在缚苍龙”——实现冶金工厂转型升级和低碳发展（绿色化、智能化）。

“流”的物理体现包括物质流、能量流、信息流。“流”的运行优化重在自组织“涌现”——出现动态-有序、协同-紧凑-连续的状态。自组织涌现与物质运动、能量转换、时空变化等因素集成起来形成的动态结构优化、耗散结构优化有关——即全流程整体耗散过程优化。也就是说，要以物质、能量、时间、空间、信息等方面序参量的演化“涌现”出层级化的结构，进而从层级化的结构“涌现”出整体优化的制造流程——“天外有天”，层层嵌套、协同运行、流程整体和谐运动。

事物演化是分层次的，新事物生成是“涌现性”的，是层次性与结构美的统一。联想、类比体现着人的思维分维-分形性，事物运动、演化过程中某些相似性，会唤起人的新的想象、感受和意念。

微观（原子/分子）、介观（工序/装置）、宏观（制造流程）之间协同演化，组成了和谐的系统整体，体现出分维分形演化生长的状态和规律。

从钢铁冶金工业和冶金学的发展进程来看，目前已经是时候了，冶金学应该上升到以“流”观化的观念，要创新说、发新论。新的冶金学理论应该是微观基础冶金学（原子/分子层次的）、专业工艺冶金学（工序/装置层次的）和宏观动态冶金学（制造流程层次的）三个层次的冶金学，通过信息、数字化路径集成、融合构建起来的工程科学。以此推进钢厂三个功能的实现——低成本、高效率洁净钢制造功能，能源的高效转换和及时回收利用功能，社会大宗废弃物的消纳-处理和再资源化功能。进而促进钢铁企业（冶金工厂）的绿色化、智能化。

冶金流程工程学是以冶金工厂制造流程作为研究对象，以实现制造流程整体功能优化为目的，研究制造流程的内涵、结构，制造流程动态运行的物理本质、本构特征及其动态运行的规律；对冶金制造流程的动态运行特征和运行规则及其信息内涵进行物理侧的系统研究；是以新的概念、新的术语、新的模型来阐述冶金制造流程整体运行问题，并采用新的方法和工具对流程功能进行多目标优化的新学说。

冶金流程工程学是一个新的冶金学分支，其定位是总体集成的冶金学，顶层设计的冶金学，宏观动态运行的冶金学，工程科学层次上的冶金学。①

---

① 殷瑞钰．冶金学的时代命题——打通流程，沟通层次，开新说[J]．钢铁，2021，56（8）：4-9.

可以预见，在工程哲学、工程方法论、工程知识论等哲学理论的引领下，在冶金流程工程学、冶金流程集成理论与方法等工程科学的指导下，钢铁冶金工程设计必将从传统的静态-经验型设计，走向面向未来的动态-精准设计、智能化设计，冶金工程设计将取得更大的发展和更高的提升。

冶金工程设计面向未来，冶金工程设计引领未来，冶金工程设计创造未来！

第十章

工程哲学视角下的石化工程

石化工业是现代工业的重要分支之一，是国民经济的支柱产业。石化产品应用于国民经济的各行各业，对于发展经济、改善民生、保障国防有举足轻重的作用。从世界角度看，石化工业对全球经济的发展和人民生活水平的提升发挥了支撑性的作用。2020 年，世界炼油能力达 51.1 亿 t/a，乙烯产能达 1.98 亿 t/a；我国炼油能力为 8.8 亿 t/a，乙烯产能为 3 478 万 t/a。石化工业已形成规模庞大的工业体系。

石化工业是由石化工程构建的，石化工程是石化工业的根基。为了推动石化工业实现高质量发展，需要用工程哲学的视角审视石化工程，以期得到有益的启示。

第一节　石化工业与石化工程的特点

1 石化工业的特点[①]

石化工业投资大、技术复杂、原料和产品大多易燃易爆，技术、经济和安全性要求高。现代石化工业具有以下几个特点。

1.1　装置大型化、基地化

21 世纪以来，世界石化工业发展迅速，产业结构调整力度不断

① 王基铭，袁晴棠，胡文瑞，等．石化工程知识体系[M]. 北京：中国石化出版社，2021.

加大，产业集中度进一步提高，单厂平均规模增加，装置规模趋于大型化。2000—2020 年，世界炼厂平均规模从 550 万 t/a 增至 771 万 t/a；乙烯装置平均规模从 35.9 万 t/a 提高至 58.7 万 t/a。我国炼厂平均规模由 2000 年的 195 万 t/a 增至 2020 年的 600 万 t/a，千万吨级炼厂由 2000 年的 4 座增至 2020 年的 28 座；乙烯装置平均规模由 2000 年的 22 万 t/a 增至 2020 年的 70 万 t/a。百万吨级乙烯厂由 2006 年的 1 座增至 2020 年的 14 座。单系列装置规模不断扩大，常减压装置规模达到 1 600 万 t/a，乙烯装置规模达到 150 万 t/a，工厂的技术经济指标明显提升，装置大型化的优势充分显现。

为了进一步优化资源配置，充分发挥炼化装置的规模优势，我国建成了一批大型炼化一体化基地，形成了长三角、珠三角、环渤海三大石化产业集群。近年来，我国不断优化产业布局，推进产业集聚发展，提升产业集约化、规模化、一体化水平，相继规划建设了广东惠州、江苏连云港、浙江宁波、福建漳州古雷、大连长兴岛、上海漕泾、河北曹妃甸等石化产业基地。

1.2　技术密集，产业关联度高

作为流程工业，石化工业综合应用了一系列工艺技术、设备技术、工程技术和建造技术，技术密集度高，集成难度大。相关技术水平的高低，决定了石化产业的发展水平。比如，为了实现清洁汽油生产，使油品质量达到国Ⅴ、国Ⅵ标准，中国石化开发应用了催化汽油吸附脱硫（S Zorb）技术和烷基化技术。石化装置重大装备（如工业炉、反应器、压缩机、大型储罐等）的设计与制造技术，也对石化产业的发展产生了重要影响。在石化工程建设过程中，还要应用许多先进的施工安装技术，对提升施工安装水平、保证工程质量起到了重要作用。

石化工业是一个关联非常广的产业。通过重大工程项目建设，既能实现本产业的快速发展，又能带动汽车、电子、建材、机械制造等相关产业发展。同时，石化工业所生产的合成树脂、合成橡胶、合成纤维、精细化学品以及化工新材料等产品，广泛应用于国民经济各个领域，对其产生较强的支撑、辐射、带动和提升作用。

1.3　安全风险大，管理要求高

石化装置的物料、介质和产品大多易燃、易爆，石化企业在产品生产、储存、运输过程中存在的危险因素有火灾、爆炸、中毒、机械伤害、噪声、腐蚀等，且有的生产过程伴有高温、高压、深冷等，安全风险比较大，生产管理要求高。例如，为了应对腐蚀问题，对设备、管道、阀门等提出了严格的防腐要求，包括材质防腐、工艺防腐和涂料防腐等。在装置设计和运行过程中，要进行腐蚀风险分析和腐蚀适应性评估，并将评估结果应用于腐蚀风险管理控制的全过程。

1.4 环保要求高，绿色化和低碳化趋势明显

为了满足环保要求，近年来，各国石化企业排污总体呈下降态势。我国石化工业贯彻落实国家绿色低碳发展要求，不断降低能耗物耗，提高资源利用率，减少污染物排放，不断提高油品质量。从2019年起，我国全面实施国Ⅵ标准，已经成为世界上油品标准最严的国家之一。当前，我国已向世界庄严承诺，到2030年前二氧化碳排放要达到峰值。为兑现这一承诺，石化工业正在全面落实二氧化碳减排措施。

为了实现石化工业的绿色低碳发展，石化企业正在不断推进生产过程的绿色化和低碳化，包括积极采用绿色工艺和先进的三废（废水、废渣、废气）处理技术，减少生产过程的SO_2、NO_x、挥发性有机物（volatile organic compound，VOC）、化学需氧量（chemical oxygen demand，COD）和固体废弃物排放；积极采用节能技术，减少能源消耗等。

1.5 新一代信息技术正在深刻影响石化工业

当前，互联网、物联网、大数据、云计算、人工智能等新一代信息技术正在推动商业模式、经济业态的重大变化，深刻影响着石化工业。目前，我国石化企业正在应用新一代信息技术，全面推进炼油及石化生产过程物质流、能量流、信息流的集成优化，努力实现原油采购、配置、运输的优化和智能化，生产过程控制的优化和智能化，生产过程水、电、蒸汽、燃料使用配置的优化和智能化，油品调和产品配送的优化和智能化。中国石化镇海炼化、九江石化、元坝天然气净化厂等一大批企业正在开展智能工厂建设，初步实现了贯穿生产运营管理全过程的自动化、数字化、可视化、模型化和

集成化。

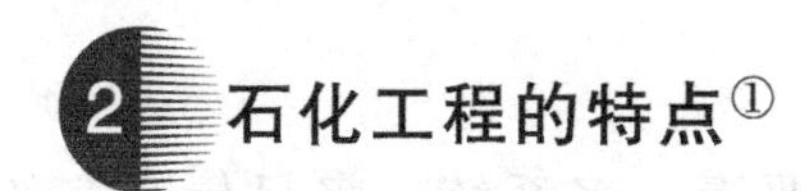

2 石化工程的特点[①]

石化工程属于资源、资金、技术高度密集型工程，具有技术复杂、专业领域多、关联范围广、工程投资大、建造周期长和质量安全环保要求高等特点。

2.1　技术复杂

石化工业的技术复杂性决定了石化工程的复杂性。石化工程是科学成果转化为现实生产力的载体，综合应用了众多的工艺技术、设备技术、工程技术、建造技术、安全环保技术、信息技术等，技术复杂，集成难度大。工程项目技术的合理性和先进性决定了工程项目的建设质量和水平，也决定了所建成的石化装置的内在运行基因。因此，工程技术管理是贯穿于项目管理活动全过程的一项重要工作，它在项目的前期策划、过程控制、结果评判、最终考核记录等各运行环节充分发挥管理效能，是实现工程项目目标的重要保证。特别是在项目前期和项目实施过程中，要不断优化设计、建造和施工技术方案，开展技术方案评审，确保方案的先进性和适宜性。

2.2　专业领域多

在石化工程项目的前期咨询、设计、采购、施工、开车过程中，涉及数十个专业。比如，在咨询设计阶段，涉及工厂设计、工艺、热工、储运、给排水、总图运输、管道、材料、应力、建筑、结构、设备、机械、加热炉、电气、电信、自控、安全与健康、分析化验、暖通空调、环境工程、估算、技术经济、信息技术等二十多个专业。在施工阶段，涉及土建、吊装、设备安装、焊接、无损检测(NDT)、电气、仪表、给排水、防腐与绝热等十余个专业。在项目实施过程中，各专业之间的协同配合水平将直接影响项目能否顺利开展，影响项目执行效率和水平。工程项目要综合应用各专业的知识、技能和方法，强化专业协作，注重项目方案的整体优化，实现

---

① 王基铭，袁晴棠，胡文瑞，等．石化工程知识体系[M]．北京：中国石化出版社，2021.

工程项目的目标。

2.3 系统性强

现代石化工程具有多界面、多要素、多系统、多目标、多约束等特征，为了实现目标最优化，在工程建设过程中必须将各类资源要素按照一定的协同关系、逻辑关系进行系统集成和优化组合，因此石化工程是一个复杂的巨系统。石化工程从不同维度、不同层次可以划分为若干子系统，比如规划子系统、设计子系统、建设子系统、管理子系统等。子系统还可以继续划分为小系统，小系统还能继续划分为更小的系统。此外，石化工程必须遵循必要的建设程序，通常分为 5 个阶段，即前期工作阶段、项目定义阶段、项目实施阶段、试运行与竣工验收阶段、后评价阶段。依据不同工作过程，上述 5 个阶段可进一步划分为 55 个子过程。

2.4 关联范围广

石化工程项目的关联范围广，利益相关方众多，主要包括行政主管单位、政府机构（包括政府建设行政主管部门、环保部门、消防部门、招标投标管理部门、质量技术监督部门、安全监督部门、海关、工程质量监督站等）、监理公司、业主委托的第三方（如项目管理、检验）、设备或材料供应商、承包商、合作方、社会公众等。所以，在项目实施过程中，应科学分析利益相关方的需求和期望，加强项目界面管理和沟通协调，确保项目的顺利进行。

2.5 工程投资大

现代石化工程正在朝着大型化方向发展，炼油规模一般在 1 000 万 t/a 以上，乙烯规模一般在 100 万 t/a 以上，这就决定了项目投资规模也越来越大。千万吨级炼油工程及配套的投资额一般在 150 亿元以上，百万吨级乙烯工程及配套的投资额一般在 200 亿元以上。一套百万吨级乙烯装置的动静设备有 860 多台套（约合 16 000 t），钢结构约 2 万 t，混凝土浇筑量约 5 万 m^3，工艺管线约 300 km，DCS 及仪表总量 6 000 多台/件，仪表电缆总长约 800 km，电气设备及器材总量 4 000 多台/件，电缆总长约 600 km。

2.6　建造周期长

石化工程项目的建设周期一般都比较长。从工程设计到建成投产，通常 1 000 万 t/a 炼油工程的建设周期在 32 个月左右，100 万 t/a 乙烯工程的建设周期在 38 个月左右。在如此长时间的建设过程中，存在各种难以预测的风险，比如项目资源风险、进度风险、安全风险、环保风险、设备材料价格风险等，因而必须强化过程管理，严格管控风险，才能保证项目按计划完成。

2.7　质量安全环保要求高

石化装置的物料、介质和产品大多是易燃、易爆的化学品，有些装置的操作条件为高温、高压、深冷、真空等，质量、安全、环境风险都比较大，一旦发生事故会造成生命财产的重大损失，甚至对周边地区自然生态和居住环境构成严重威胁。为了保证石化装置"安稳长满优"运行，必须在工程建设阶段确保工程质量，保证本质安全和本质环保，打造石化装置的优质基因。

第二节　石化工业及石化工程演化过程与特征

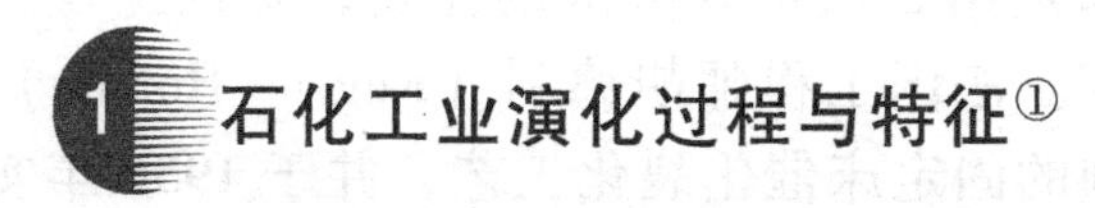

1　石化工业演化过程与特征①

石油的发现、开采和利用已有很长的历史，但石化工业的真正建立和发展主要发生在近代。随着汽车工业的快速发展、世界大战的军事需求以及原油供应的增加，石油炼制和石油化工工业得到了迅速发展，高分子合成材料开始大量问世，一些有机化工产品和精细化学品生产由以煤为原料转向以石油为原料，世界石化工业开始快速发展，并作为独立的产业部门从化学工业中分离出来。

1.1　石油炼制工业

石油炼制工业（简称炼油工业）始于 19 世纪 30 年代。经过

① 殷瑞钰，李伯聪，汪应洛，等．工程演化论[M].北京：高等教育出版社，2011.

100 多年的发展，世界炼油工业已成为最大的加工工业之一，其发展大体上经历了以下 3 个阶段。

第一阶段为炼油工业的诞生阶段：1823 年，俄国杜比宁三兄弟在莫兹多克建立了第一座釜式蒸馏厂，标志着石油炼制工业的诞生。到 19 世纪末，全世界已建设了许多炼油厂或炼油装置，大都采用釜式间歇蒸馏或釜式连续蒸馏，主要生产供照明用的煤油，汽油和重质油一度成了难以处理的废料。1876 年，俄国建造了一座从重质油大规模炼制润滑油的工厂，石油润滑油开始取代动植物油脂。

第二阶段为近代炼油工业阶段：19 世纪末 20 世纪初，汽车发动机和柴油发动机相继问世以后，汽油和柴油很快取代了灯用煤油的地位。由于汽车工业的突飞猛进以及第一次世界大战的刺激，仅从原油蒸馏生产汽油已远不能满足需要，于是人们进行了将大分子烃类裂化成小分子烃类的试验。1913 年，伯顿（W. M. Burton）液相裂化工艺首先实现了工业化，使石油馏分在一定的压力和温度下进行热裂解，生产更多的汽油。1930 年，美国建成延迟焦化装置，生产轻质油品和石油焦。自 20 世纪 20 年代初，杜布斯裂化装置等一系列热裂化装置先后投产时，炼油技术已开始从一次加工发展到二次加工。

第三阶段为现代炼油工业阶段：20 世纪 40 年代，为了增产汽油和提高汽油辛烷值以满足第二次世界大战的需要，炼油工业开始由热加工向催化加工转变。法国工程师胡德利（Eugene Houdry）发明了用活性白土作催化剂的固定床催化裂化工艺，并于 1936 年实现工业化，这是炼油工业发展中的一项重大突破。1942 年和 1943 年又先后开发了流化床催化裂化装置和移动床催化裂化装置，掀起了建设催化裂化装置的高潮。1936 年和 1943 年我国分别在独山子和玉门建立了炼油厂，但技术较为落后，油品产量满足不了国内需求。

20 世纪 50 年代是炼油工业催化加工全面发展的时期。为了将质量差的直馏汽油转化成高辛烷值汽油，以满足市场需要，美国环球油品公司于 1949 年开发了固定床铂重整工艺，1952 年和 1955 年又分别出现了流化床催化重整和移动床催化重整工艺，但固定床催化重整仍占主导地位。此外，开始使用电化学精制和分子筛精制工艺，并出现了流化焦化装置，同时开始大量生产合成润滑油。我国于 1959 年兴建了生产规模较大、技术水平和自动化程度较高的兰州炼油厂，标志着我国炼油工业进入了新的阶段。

20世纪60年代初期，催化重整副产大量氢气以及喷气式飞机的发展，促进了加氢裂化工艺的开发。1959年，第一套加氢裂化装置在美国投产以后，其发展越来越快。20世纪60年代出现了含分子筛的催化裂化催化剂，以及采用极短反应接触时间的提升管裂化技术，大大提高了产品产率、油品质量，并降低了催化剂的损耗。这一时期，我国通过科技攻关先后开发了以流化催化裂化、催化重整、延迟焦化、尿素脱蜡以及炼油催化剂和添加剂“五朵金花”为代表的中国炼油技术多项创新，为我国炼油工业的快速发展奠定了坚实的技术基础。

20世纪下半叶以来，由于环保要求的日趋严格以及市场对清洁油品、高性能产品和化工用油的需求增加，石油资源受限等因素影响，各炼油公司开始大力改进催化剂、革新工艺流程、改变操作条件、采用高效节能设备，以适应原料变劣、操作变苛、产品方案灵活、环保要求严格的需要，出现了更多的含硫重质油转化新工艺，各种产品的加氢精制和重质油加氢脱硫工艺的应用更加普遍，同时也研制出不少新型催化剂。这使得炼油装置的能耗明显下降，并且使世界炼油工业在节能和环保方面取得了很大进展。

改革开放以后，我国炼油工业实现了突飞猛进的发展，原油加工能力从20世纪80年代初的1亿t/a发展到2020年的8.8亿t/a，居世界第二位；已建成20余座千万吨级炼厂，工艺装置单系列最大能力常减压蒸馏为1 600万t/a、加氢裂化为400万t/a、渣油加氢处理400万t/a等，基本达到世界同类装置的最大规模；我国已拥有具有自主知识产权的炼油成套技术，其中重油催化裂化和渣油加氢技术已达到国际先进水平，成功开发了清洁燃料系列生产技术、重油及含硫、含酸原油加工、油化结合等方面的特色技术，并依靠自有技术建设千万吨级炼厂。

1.2 石油化工工业

石油化工工业是20世纪20年代随炼油工业的发展而产生的，第二次世界大战后，石油化工工业的高速发展使大量化学品的生产从传统的以煤及农林产品为原料转移到以石油及天然气为原料，逐步形成了独立的工业体系。石油化工工业的发展大致经历以下4个阶段。

起步阶段：1917年美国人埃利斯（C. Ellis）用炼厂气中的丙烯合成了异丙醇，1920年美国新泽西标准油公司采用此法进行工业生产，标志着石油化工工业的开始。1919年联合碳化物公司研究了乙烷、丙烷裂解制乙烯的方法，随后林德空气产品公司实现了从裂解气中分离乙烯，并用乙烯加工成化学产品。1923年，联合碳化物公司在西弗吉尼亚州的查尔斯顿建立了第一个以裂解乙烷为原料的石油化工厂。20世纪30年代后，随着乙烯裂解技术和催化裂化技术的发展，为石油化工提供了更多低分子烯烃原料，大量高分子合成材料开始陆续问世。1931年为氯丁橡胶和聚氯乙烯，1933年为高压法聚乙烯，1935年为丁腈橡胶和聚苯乙烯，1937年为丁苯橡胶，特别是1939年聚酰胺纤维（尼龙66）的问世，结束了人类只能用植物纤维和动物毛皮制作服装的历史。第二次世界大战的需求促进了丁苯橡胶、丁腈橡胶等合成橡胶技术快速发展。1941年，美国陶氏化学公司从烃类裂解产物中分离出合成橡胶单体丁二烯；1943年，美国杜邦公司和联合碳化物公司应用英国卜内门化学工业公司的技术建设聚乙烯厂。自20世纪50年代起，世界经济由战后恢复转入发展时期，合成橡胶、合成树脂、合成纤维等材料迅速发展，石油化工在欧洲、日本等地区广泛受到重视，一些新产品和新技术相继问世。1950年开发了腈纶；1953年开发了涤纶；1957年开发了聚丙烯；1953年德国化学家齐格勒（Karl Ziegler）研究成功了低压法生产聚乙烯的新型催化剂体系；1954年意大利化学家纳塔（Giulio Natta）进一步发展了齐格勒催化剂，合成了立体等规聚丙烯，并于1957年投入工业生产。经过起步阶段，以石油产品为原料，得到了以三大合成材料为主体的石油化工产品体系。与此同时，有机化工原料迅速发展，为涂料、胶黏剂和精细化学品的发展创造了条件。

成长阶段：20世纪60年代后，世界石油化工经历了全球性的大发展，进入技术越来越成熟、装置规模越来越大、产品品种越来越多的辉煌时期。这一时期，形成了聚乙烯、聚氯乙烯、聚丙烯、聚苯乙烯、ABS五大通用树脂，聚酯纤维、聚酰胺纤维、聚丙烯腈纤维、聚丙烯纤维四大纤维，丁苯橡胶、顺丁橡胶、乙丙橡胶、丁基橡胶、丁腈橡胶、氯丁橡胶、异戊橡胶七大合成橡胶，等等。三大合成材料产品在实现千吨级规模生产的基础上，经过万吨级，已开始进入10万吨级。三大合成材料的快速发展导致对原料的需求量猛增，推动了烃类裂解和裂解气分离技术的迅速发展。在此期间，围绕各种类型的裂解方法开展了广泛的研究工作，开发了多种管式裂解炉和多种裂解气分离流程，使乙烯收率大大提高、能耗下降。在工艺技术发展的同时，解决了诸如大型压缩机组、大型反应器、挤压机组、高效传质传热设备等大型石油化工专用设备的设计及制造技术，解决了耐高温、耐低温、防腐蚀、自动控制等技术。这一阶段，我国石油化工开始起步，通过引进技术和自主开发建设了兰州化学工业公司、上海高桥化工厂等第一批石油化工基地。

成熟阶段：世界石油化工在20世纪70—80年代经过快速发展，成套技术已日臻完善，向优化生产操作、增加品种牌号、节约资源能源、发展精细化学品等方向发展。例如：乙烯生产采用管式裂解已占其总能力的90%以上，裂解炉趋于大型化，能耗物耗不断降低；聚丙烯形成了浆液法、溶液法、本体法和气相法等多种工艺路线；新产品牌号层出不穷，产品沿系列化、精细化方向发展，如聚氯乙烯牌号已发展到2 000多个，其中专用牌号占50%~80%。在石化工业发展大吨位产品后，人们开始注意发展产量小但附加值高的精细化学品。例如：发明了活性染料，用于涤纶的分散染料和用于腈纶的阳离子染料等；发明了涂料，摆脱了传统的天然油漆，改用合成树脂类涂料。这一阶段，我国又先后建设了燕山石化、上海石化、锦州石化、齐鲁石化、吉林石化等一批新的石油化工基地，使我国石油化工工业进入成长期。

提升阶段：20世纪80年代以后，以信息技术为代表的高新技术迅速崛起，特别是计算机和网络技术的迅猛发展，使信息技术加速向石油化工渗透，从实验室模拟、操作仿真、计算机辅助设计到过程控制、工厂管理、产品销售，信息技术与石油化工技术的结合日益紧密。在信息技术和科技革命的带动下，石油化工技术快速发展。例如：大型裂解炉技术、乙烯分离技术不断优化，新一代催化剂技术、新的共聚合技术、纳米复合技术等催生出一系列新工艺，带动合成材料新产品开发；清洁生产技术和节能减排技术受到高度重视并快速发展；生物化工、新型煤化工和天然气化工等石油替代技术快速发展，部分技术已实现工业化生产。石油化工生产的一些新型材料，有的性能已超过天然材料，可以代替金属用于建筑材料、机械制造、电子器具、通信器材、家用电器、汽车工业等行业。同时，随着环保要求的日趋严格和人民生活水平的不断提高，世界石油化工产业趋向炼化一体化、大型化、基地化、园区化方向发展，更加重视发展低碳经济和循环经济，更加重视资源节约、环境保护，更加重视产品高性能、高附加值、低成本和绿色环保。这一阶段，我国石油化工开始进入高速发展时期，特别是 1983 年中国石油化工总公司的组建和 1998 年石油石化行业的重组改制，标志着我国石油化工工业与国际市场接轨，进入了一个崭新发展阶段。到 2020 年，我国石油化工工业已建立起有较强实力、配套完整的现代化工业体系，建成了一大批百万吨级乙烯生产基地，形成长三角、珠三角、环渤海湾三个大型炼化一体化产业集群，乙烯能力达到 3 478 万 t/a，居世界第二位，已具备依靠自有技术建设百万吨级乙烯工程的能力。

2 石化工程演化过程与特点

石化工业以满足特定要求的生产装置及配套设施为载体，而这些装置和设施的构建又必须通过石化工程来实现。石化工程随着石化工业的发展而不断发展、演化，其演化过程的特点体现在以下几个方面。

(1) 石化工程的演化过程是石化技术不断创新、发展的过程。以聚丙烯为例，聚丙烯生产技术于 1957 年实现工业化后，催化剂的持续进步促进了聚丙烯生产工艺技术的不断改进和发展，目前经济、简化的液相本体工艺和气相工艺已取代早期烦琐、高成本的浆液工艺，工艺流程越来越简化，实现了无脱灰、无脱无规物、无溶剂回收，已成为聚丙烯工业中采用最多的生产技术。

(2) 随着化学工程及相关工程技术的进步，石化工程日趋大型化。以乙烯装置为例，20 世纪 50 年代装置规模小于 10 万 t/a，60 年代已发展到 30 万 t/a，70 年代扩大到 30 万~50 万 t/a，80 年代扩大到 45 万~80 万 t/a，90 年代扩大到 60 万~100 万 t/a，目前建设的乙烯装置一般都不小于 100 万 t/a。与此相适应的单台裂解炉能力也从20世纪50年代的几千至2万t/a提高到60年代的3万t/a、70年代的4万~5万t/a、80年代的6万~8万t/a和当前的10万~15万t/a，最大达到30万t/a。目前，世界先进的乙烯装置连续运行时间可达到6~8年。

（3）石化工程趋于炼化一体化、集约化。石化工业在发展初期规模小，比较分散，产业链较短。后来，随着技术的进步、需求的增加、市场竞争的加剧，迫切要求石化生产采用比较经济的模式，推动石化工程把炼油和化工优化组合为一体，实现炼化一体化、集约化。20世纪40年代前期，美国率先在具有丰富石油资源和交通运输便利的墨西哥湾沿岸地区开始集中建设石化工程，发展石化工业，并在20世纪50—60年代很快扩展到日本、德国及西欧其他发达国家和地区，促进了日本、德国等相继在沿海沿江地区逐步建起了石化工程聚集的产业带。从20世纪70年代中后期至80年代起，发展中国家石化工业开始崛起，也先后在沿江沿海地区建立了若干个具有本国特色的化工园区。目前在石化工业发达国家和地区，由于其化学工业发展历史较长，石化工业趋向成熟，已在其沿海沿江地区（如美国在墨西哥湾沿岸地区、荷兰在鹿特丹地区、日本在太平洋沿岸等地区）分别形成了多个大型石化聚集带。近期在中东和亚洲新建的石化工程大都趋于炼化一体化和集约化。

（4）随着工艺技术、工程技术和环保技术的进步，石化工程趋于绿色化、低碳化发展。20世纪60年代和70年代初，石化工业快速发展，但忽视了对其污染的防治和能耗的控制，致使环境污染问题日益严重、能耗越来越大，引起了人们的极大关注。20世纪70年代末以来，石化工业开始重视研究开发和采用清洁生产工艺、节能减排技术。例如：开发了沸石液相烷基化合成异丙苯新工艺替代原来的三氯化铝液相烷基化工艺，开发了丙烯共氧化法生产环氧丙烷工艺技术替代原来的氯醇法生产技术，减少了“三废”排放，降低了能耗和物耗，提高了产品质量；近来又成功研发了丙烯用过氧化氢氧化生产环氧丙烷的绿色工艺，实现了清洁生产，降低了能耗；等等。目前，随着人民生活水平的提高和环保要求的日趋严格，世界石化工业更加重视绿色低碳发展，更加重视资源节约、环境保护，更加重视产品高性能、高附加值、低成本和绿色环保，推动石化工程绿色和低碳发展。

(5) 随着信息技术和石化工业的深度融合，石化工程向数字化、智能化发展。通过推进工程设计数字化、供应链管理智能化、生产运行智能化、知识管理和经营决策智能化，使石化工程从设计、建设到运营管理实现数字化和智能化。

第三节 石化工程管理方法的创新与集成

石化工程管理的方法和水平将直接影响投资效益，决定工程项目的成败，决定石化产业的持续健康发展。随着时代发展、科技进步和管理理论创新，石化工程管理方法在不断丰富发展。

1 石化工程管理模式的创新

石化工程管理模式是工程项目以合同为依据实施质量、HSE (health, safety, and environment, 健康、安全和环境)、进度和费用等方面有效管理的重要基础。伴随我国石化工业的发展和工程管理体制的改革，石化工程管理模式也在不断变化。从 20 世纪五六十年代的石油大会战，到 70 年代的工程建设指挥部，以往石化工程项目管理基本上都采用“工程来了搭摊子，工程完工撤摊子”的模式。进入 20 世纪 80 年代，石化工业工程管理进行了一系列改革探索。优化社会资源、走专业管理之路、组建专业工程公司、保持工程建设管理队伍连续性等，一直是改革的焦点。21 世纪初，我国在南海石化项目、赛科 90 万 t/a 乙烯工程、海南大炼油等大型石化工程项目中，采用项目管理承包 (project management contract, PMC)、一体化项目管理组 (integrated project management team, IPMT) 等先进管理模式，取得了较好的效果。IPMT 模式是由业主方组织并授权的工程项目管理机构，代表业主对工程项目的整体规划、项目定义、工程招标、工程施工、投料试车、考核验收进行全面管理，负责选择项目前期咨询商、设计-采购-施工总承包 (engineering-procurement-construction, EPC) 承包商和监理承包商，并对其工作进行管理与协调。该模式吸取了 PMC 管理模式的专业化优点，由业主的项目管理人员与专业化的项目管理咨询公司组成联合项目管理组，既能发挥专业化人员的项目管理经验和管理技术，又能充分发挥业主在项目执行过程中的主导作用，已经广泛应用于我国大型石化工程建设中。

 石化工程整体化管理方法的集成

任何一项工程，都需经历一个从潜在到现实，从理念孕育到变为实际存在，从设计建造到运行维护，再到工程改造、更新，直到工程退役或自然终结的完整生命周期。石化工程全生命周期要经历工程立项、工程定义、工程设计、工程实施、工程运营、工程评估、工程退役等复杂的过程。与其他行业的工程项目一样，石化工程具有明显的整体性特征。它通过对其所蕴含的诸多要素进行集成、建构形成的一个复杂的、特定的整体。

随着石化工程项目的大型化和新工艺、新技术的应用，石化工程项目实施过程相互割裂、管理要素不协调、资源配备不优化、信息沟通与管理技术落后等问题所带来的风险凸显，因此，在石化工程实施过程中，工程管理方法应随科技进步与管理理论创新而不断丰富发展，对工程全生命周期内的各种要素进行整体化、系统性地管理。

工程整体化管理方法是指以系统论、信息论和控制论为理论基础，以工程系统整体优化为导向，通过对工程项目全生命周期的项目资源、项目组织、管理要素、项目信息等进行综合集成和协同优化，形成一个有机的整体，达到最优化工程项目目标的管理方法。①

工程整体化管理方法具有以下基本特征。

(1) 整体性。石化工程的各项工程技术、管理方法不是孤立的，而是彼此联系、相互作用、耦合互动的，形成一个有机整体。项目整体性包括项目全生命周期活动的整体性、项目管理要素的整体性、项目组织体系的整体性和项目信息的整体性。离开任何一方面的支持配合与协同，工程活动的正常顺序就会被打乱，使工程系统运行

---

① 孙丽丽，等．石化工程整体化管理与实践[M].北京：化学工业出版社，2019.

发生紊乱而走向无序，甚至难以运行。因此，应从整体结构、整体功能、效率优化、信息集成、环境适应性、社会和谐性等要求出发，特别注意研究工程整体运行过程、工程的整体结构、局部技术/装置的合理运行窗口值和工序、装置之间协同运行的逻辑关系，研究过程系统的组织机制和重构优化的模式等多元、多尺度、多层次复杂过程的动态集成和建构贯通。①

（2）系统性。石化工程是复杂的工程系统，石化工程生命周期中的各项工程技术、管理方法既相互区别又紧密联系，因此必须应用结构复杂、功能多样的方法体系，并围绕共同的工程目标而展开。工程研发、工程转化、工程实施、项目管理等方面的各种工程方法是相互配合、相互补充、高度相关、耦合互动的，这些方法通过系统集成形成了一个完整的方法体系。

（3）协同性。石化工程生命周期中的各种工程方法分别处在生命周期的不同阶段，各自扮演着不同的角色，但共同服务于工程生命的健康持续运动与发展演变。所以，各阶段的工程方法并不是孤立的，也不是各自单独发挥作用的，而是彼此有机联系的，通过相互补充、协同作用实现其所构建的人工系统的动态有序运行，以达到工程整体的结构优化、功能发挥和效率卓越。

（4）价值导向性。石化工程项目的目标是整体价值最大化，任何工程方法都要讲究效力、效率与效益，力求以最小的成本获得最大的收益。这就要求石化工程全生命周期中，要以价值为导向，通过构建、选择、集成各种工程方法，实现包括经济效益、生态环境效益、安全效益和社会效益在内的整体效益优化。

3 石化工程的数字化与智能化

3.1 石化工程的数字化

目前，业界对石化工程数字化还没有一个统一、完整的定义。石化工程数字化是信息技术与设计、建造及运营管理理念相结合

① 殷瑞钰，傅志寰，李伯聪．工程哲学新进展——工程方法论研究[J]. 工程研究——跨学科视野中的工程，2016（5）：455-471.

的产物；它是以工程项目全生命周期的相关数据为基础，依托数字建模、信息集成和数据库等技术将不同类型、不同来源、不同时期产生的信息构成完整而相互关联的信息网，实现数字化工厂与物理工厂的同步建设。石化工程数字化包括了从工程设计、项目建设、生产运行过程、管理与服务的数字化，当然其中也包含了上述各环节专业人员的知识、智慧和经验，将它们进行全面整合、集成，为石化企业实施数字化和现代化工厂运营模式奠定基础。①

数字化工厂以设计为源头，通过工程设计数字化、施工可视化、运营智能化等分阶段实现。它以信息标准化为核心，为不同系统、不同时期产生的数据提供一致的信息定义准则，保证数字化信息的质量，能够改善工业系统间的信息交换、集成的质量与效率。构建数字化工厂要重点做好以下几个方面的工作。②

（1）建立标准化类库。形成一套以项目工厂对象为核心的信息组织模式，通过对工厂对象分类及属性的整理，形成一套适用于石化工业的包含工厂对象分类及其关联属性和文档的标准化类库。基于标准化的类库实现对数据的校验，保证数据的一致性、准确性和完整性。标准化类库不仅可以指导设计的数字化，同时也作为数字化移交的标准。

（2）优化设计工作流和信息流。工程设计过程中专业内部的设计工具软件都已经配备，但是对于工程项目整体而言，影响质量和效率的瓶颈主要发生在专业之间的沟通和协调上，为了解决这个问题，在深入研究工程设计过程特点、系统分析现有设计工具的基础上，根据工程集成化设计模式对工程设计过程中不同软件信息流进行优化。不同专业之间不需要手工传递数据，数据通过软件直接传递到集成平台。

（3）实现工程设计数字化。通过智能设计平台开展三维设计和协同设计，完成各专业、全流程的工程设计数字化，设计文件和过程数据全部加载到平台中，建立工厂数据仓库。图纸资料再也

---

① 吴青．智能炼化建设——从数字化迈向智能化[M]．北京：中国石化出版社，2018.

② 殷瑞钰，李伯聪，汪应洛，等．工程方法论[M]．北京：高等教育出版社，2017.

不只是一摞摞的纸质文件，而是能够实时取用、可追溯的动态数据。

(4) 构建一体化平台架构和智能交付与服务平台。以集成化设计平台为基础，延伸构建能够满足不同用户需求的、集成化设计和数字化工厂一体化平台，以数字化工厂指导和优化物理工厂的建设，以物理工厂的建设促进和完善数字化工厂的建设，最后达到高度统一，完成工程设计、工程建设、工厂运维的有机衔接。以设计软件及集成化设计平台、项目管理系统的数据为源头，采集实时数据并实现信息的高效、自动、智能关联，保证物理工厂和数字化工厂信息同源一致，实现智能交付。

(5) 实现与工厂运维系统的集成。通过与设计、采购、施工等信息系统集成实现数据的采集与校验，同时实现文档、数据和模型等工程信息以工厂实体对象为核心进行组织与自动关联。能够在线监测工厂生产运行状况，实时进行故障分析诊断，全面保障工厂运维。

3.2 石化工程的智能化

智能化是现代工厂信息化发展的新阶段，石化智能化工厂是在数字化工厂的基础上，利用设备监控技术和物联网技术，使设备元件、装置、工厂更科学地适应内部和外部的环境变化。智能化工厂集成了工厂的关键信息和核心数据，通过自动检测和感应，智能分析和判断，自主快速响应，实现工厂的安全、稳定、长周期优化运行。同时可以建立以财务为核心、一体化的经营管理平台，通过物流、资金流和信息流综合管理，实现企业资源管理的最优化利用。

智能工厂建设内容涉及生产管控、供应链管理、HSE 管理、资产全生命周期管理、能源管理和辅助决策六大业务领域。

(1) 生产管控业务领域。基于物联网、地理信息系统 (geographic information system，GIS)、三维模型、工艺模型、大数据应用等技术，在项目智能装备、在线分析仪器、分散控制系统 (distributed control system，DCS) /可编程逻辑控制器 (programmable logic controller，PLC) 等生产控制层的状态感知和过程控制系统基础之上，建设覆盖生产全业务活动和资产全生命周期的自动化、数字化、可视化、模型化、智能化的生产运营管控系统。实现生产管理的精细化，推动企业降低成本、创造效益，提升企业核心竞争力。

(2) 供应链管理业务领域。强化供应链管理，使企业供应链运作达到最优化，以最小的成本，令供应链从采购开始，到仓储、货运、物流，到服务最终客户的所有过程，包括实物流、资金流和信息流等均能高效率地操作，把合适的产品以合理的价格及时准确地送达消费者手上。

(3) HSE 管理业务领域。结合物联网、GIS、移动终端、现场作业风险知识库等技术，建立现场作业、人员、环境三位一体的闭环监控模式，实现对现场巡检和现场作业的动态监控与辅助专家指导，为现场安全和管控提供支撑与保障。

(4) 资产全生命周期管理业务领域。实现设备的维修管理、润滑管理、密封泄漏管理、设备运行管理、设备检验管理、仪表专业管理、电气专业管理、防腐管理、设备报废管理、更新零购计划管理、设备大检查、设备报表统计及查询、操作维护等功能，并且进行设备管理的相关文档、设备档案、专业台账和主数据维护。

(5) 能源管理业务领域。建设水、电、气、风等能源介质的产、存、转、输、耗全过程跟踪管理系统，实现能源产耗平衡与跟踪。建设能源评价系统，对能源产耗、指标、损失、成本水平进行分析，为企业节能管理指明方向。建设蒸汽动力、氢气及瓦斯 3 类优化系统，对产能设备负荷、燃料、原料、产品方案、管网进行优化，提升 3 类能源介质的合理利用水平。

(6) 辅助决策支持业务领域。充分利用大数据技术，辅助决策支持和科学分析。通过“厚平台、薄应用”的建设方法，统一各类业务数据来源和统计口径，形成企业生产运营大数据，通过建设智能分析系统、生产监控分析和生产指挥系统，形成整合集成的辅助决策平台，对生产运营大数据进行科学深度分析，挖掘大数据效益。

智能化工厂是在数字化工厂的基础上，将单体设备的物理属性、加工制造过程的信息、生产操作参数、生产管理信息、HSE 等全部信息按实体化工厂的结构集成为一个“有生命力的、可视的、可操作的、能互动的、可优化改进”的信息集合，并通过与实体的工厂实时连接，进行信息实时交换，实时展示实体工厂及其设备的全貌和技术细节，实施“在线”操作、管理和优化。智能化工厂的建立，将有效提升工厂的全面感知、预测预警、优化协同和科学决策能力，进一步增强石化企业的安全环保、管理效率、经济效益和竞争能力。

第四节 科技进步与石化工程知识的创新与展望

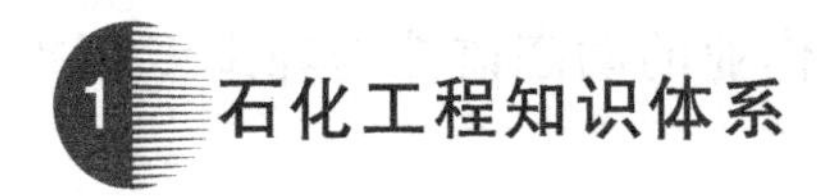

一、石化工程知识体系

石化工程知识是工程知识在石化工程领域的具体体现，是人们在长期从事石化工程项目管理、咨询规划、勘察、设计、采购、施工，以及试运行、后评价、经济技术评估等过程中，运用科学理论和技术手段，对自然资源、社会需求、政策规范、组织形态、转化规律等认识的结晶。工程知识源于工程实践，随着实践深入、技术创新、社会进步，石化工程知识也在不断丰富、发展。

石化工程知识是一个复杂、开放的知识体系。在石化工程知识的形成与发展进程中，各种科技知识、经济知识、管理知识、社会知识，以及相关行业领域知识不断渗透其中，不同程度地影响着石化工程知识的发展。目前，石化工程知识已经形成了系统全面、脉络清晰、层次分明的知识体系。石化工程知识可分为通用知识和专业知识。通用知识包括 3 类，分别是工程管理知识、工程经济知识和工程人文知识；专业知识包括 7 类，分别是石化工程规划知识、石化工程设计知识、石化工程建造知识、石化工艺技术与装备知识、石化工程运行知识、石化工程竣工验收与后评价知识、石化工程节能环保知识。石化工程知识体系框架如图 2-10-1 所示。

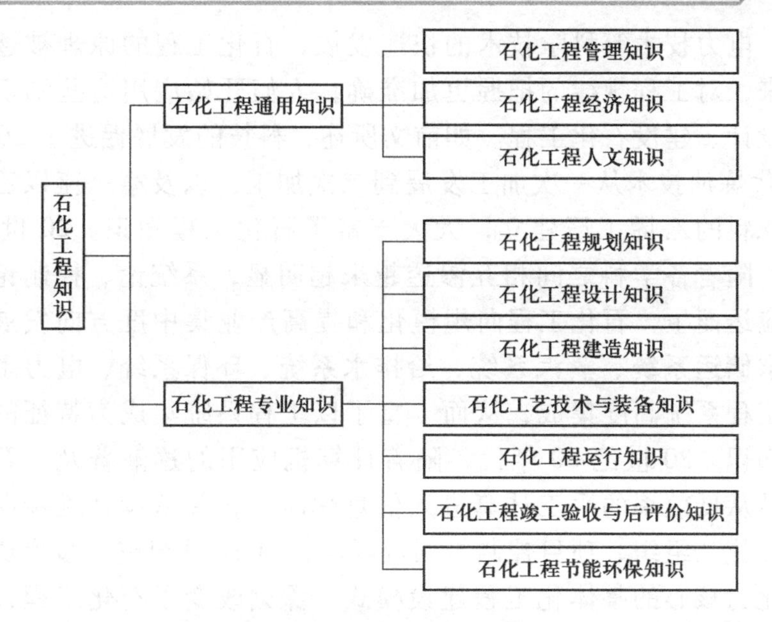

图 2-10-1　石化工程知识体系

2 科技进步引领石化工程知识的创新

在长期的发展过程中，石化工程技术、工程理念、组织形态、工程方法、建设模式等均经历了广泛而深刻的变革。在这一过程中，科技进步发挥了重要的引领作用，使石化工程知识得到极大丰富和发展。

石化工程知识经历了从以经验为核心到以技术为核心，再到工程系统集成，以及与信息技术的深度融合，更加突出工程知识的系统化，始终保持知识体系的持续更新和不断完善。在古代，人们对石油利用的知识主要来自前人的实践经验，如明代《天工开物》有关石化工程知识的记载就属于经验性的。由于缺少现代科学和工程技术的指导，人们的石化工程知识长期停留在经验层面，无法从技术层面对石油化工的原理、设计、建造等进行深入认识，使得石化工程知识在相当长的时期内保持基本稳定，没有出现大的变革。

石化工程知识从以经验为核心向以技术为核心的转变发生在近代社会。20 世纪初随着数学、物理学、化学，以及冶金技术、机械技术、电力技术等科学技术的快速发展，石化工程的原理被逐步揭示出来，对工程规律的把握更加准确，人们开始应用这些知识去规划、设计、建设石化工程。如前文所述，科技的发展促进了20世纪20年代炼油技术从一次加工发展到二次加工，以及第一座以乙烷为裂解原料的乙烯工厂建立，大大丰富了石化工程知识。20世纪40年代，随着各学科之间相互渗透越来越明显，系统论、控制论、信息论应运而生，石化工程向规模化和提高产业集中度方向发展，这就要求储运系统、蒸汽系统、给排水系统、环保系统、电力系统等辅助工程系统高度集成，从而丰富了以工程系统集成为特征的石化工程知识。20世纪80年代，随着计算机应用的逐渐普及，石化工程设计从低效率的手工计算进入信息化时代，并从设计逐步向设备制造、施工组织、项目控制等领域延伸，到21世纪进一步形成了以数字化为核心的整体化工程建设模式，深刻改变了石化工程知识的内涵和形态。经过长期的积累，石化工程知识与相关科学领域知识相互渗透、兼收并蓄、深度融合，如今已经形成具有高度系统性、综合性、整体性的知识体系。

3 石化工程知识创新引领石化工业进步与发展

石化工程知识具有鲜明的时代特征，对石化工业的进步、发展、创新起到先导性和引领性的作用。可以说，石化工业发展史就是一部波澜壮阔的石化工程知识创新史。经历一个多世纪的发展，一代又一代的石化人不断创新石化工程知识。

早先，石化界前辈运用蒸馏知识对石油进行不断深入的馏分切割与解析，掌握其性质，发现其用途，形成石油初级利用知识，指导实践应用。我国石化工业的发展可追溯到1907年，延长油矿钻井出油，用小铜釜炼制石油，日产灯油12.5 kg。第二次工业革命后，随着化学工程理论的发展，逐步建立了解析石油不同馏分的组分性质和加工利用的知识体系。新中国成立后，石化工程领域的前辈们加快了对石化过程“三传一反”规律的认识和把握，先后创新了催化裂化工艺、催化重整工艺、延迟焦化工艺、尿素脱蜡工艺以及相应的催化剂和添加剂“五朵金花”技术，不断丰富石化工程知识的内涵和外延，推动石化工业现代化进程。

改革开放后，国民经济快速发展，石化产品需求激增，推动了科学技术和信息技术的快速发展，从微观解析、局部改进优化到宏观建构、全流程整体创新的脉络更为清晰，加快了石化工程单项技术研发攻关步伐，创新形成了许多炼油和石油化工技术。在工业实践中发现任何一项先进技术都不能同步解决原油劣质化、过程清洁化和产品高端化的系统性问题，从而推动了对众多单项技术的系统集成创新应用，建立了解析不同石油馏分的组分性质和加工方案的集成知识体系。依托这一体系，不断创新变革，建成了一批石化产业基地，目前我国已成为全球第二大炼油国和第二大乙烯生产国，无论是技术水平、产业规模还是生产方式、产品种类都发生了翻天覆地的变化，推动石化产业发展由量的积累到质的飞跃。2006 年建成投产的海南炼厂是我国首座一次性整体新建的单系列千万吨级现代化炼油厂，工程建设者运用系统工程、最优化理论、节能环保等知识对工程进行统筹规划，建立了工程建设与生态环境和社会利益融合共生的目标体系；运用现代工程管理知识，建立一体化项目管理团队领导下的项目执行团队和技术支持团队，对项目实施矩阵式管理；运用石化工程设计、建造和信息化知识，大力开展技术创新，组织多专业开展集成化设计，实现工程建设安全、优质、高效推进，并为企业的现代化管理奠定了基础。该工程荣获国家科学技术进步奖二等奖、全国优秀工程总承包金钥匙奖和全国工程勘察设计金奖等奖项，为我国大型现代化炼厂规划建设提供良好范例。在此基础上，又设计建成了 20 余座大型现代化炼化一体化工程，为国民经济快速发展提供了重要支撑。

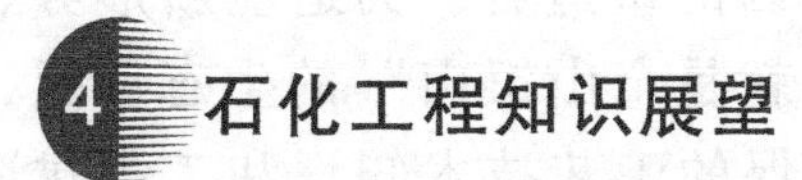

4 石化工程知识展望

随着人类对石油资源开发利用实践水平和认识能力的不断提高，以及生产力的发展和科技的进步，石化工程知识正朝着智能化和绿色化方向不断创新和发展。

4.1　智能化

近年来，石化工程领域积极倡导数字化转型，搭建智能设计平台，创新工程组织形态，对石化工程知识进行数字化改造，催生了以数字化为特征的石化工程新知识，为石化工程的智能化奠定了坚实的基础。

随着工业化与信息化的深度融合，互联网、大数据、云计算、人工智能等新一代信息技术得到广泛应用，带来了经营模式、生产组织方式和产业形态的深刻变革，智能化成为石化产业发展的新趋势，正在深刻改变石化工业的业态。目前，人工智能在石化领域的应用尚处于初级阶段，随着对人工智能的深入探索，人工智能将基于对现有工程实践所积累的大量有效数据的识别和学习，提升工程的整体优化能力。鉴于石化工程建设的复杂性，要重点围绕流程模拟知识、智能设计知识、可视化管理知识、安全环保知识等开展人工智能研究和应用。随着新一轮科技革命和产业变革的突飞猛进以及新一代信息技术的广泛应用，将在石化工程领域引发一场智能革命，从而推动石化工程知识向智能化方向发展。

4.2 绿色化

随着科技的进步和经济的发展，以及全球气候变化的严峻挑战，环境保护问题越来越受到人们的重视，绿色低碳已经成为世界经济发展的必然要求。党的十九大提出建设美丽中国，节约资源和保护环境已经成为我国的基本国策，必将对石化工业的产业结构和产业布局产生深远影响。同时随着社会大众环保意识的日益增强，绿色消费成为时尚，实现集约发展、绿色发展已经成为全社会的共同愿望。特别是在实现“双碳”目标的指引下，“生态优先、绿色发展”将成为提升我国制造业核心竞争力的关键要素。石化工程知识是石化工业的先导，是石化企业优质基因的塑造者。为适应新形势、新要求，石化工程要践行“绿水青山就是金山银山”的生态思想，积极转变规划建设理念，应用节能环保的工艺技术知识和工程建造知识，提升能源资源综合利用率，降低各类污染物排放，从源头植入绿色基因。先进的绿色低碳石化工艺技术与节能环保知识将被纳入石化工程知识中，并与数字化、智能化深度融合，形成绿色化的石化工程新知识。

第五节 石化工程与生态环境融合共生

 在碳减排硬约束条件下石化工程面临的新挑战

工程作为人与自然相互作用的载体，对自然、环境、生态都产生了直接影响，特别是20世纪下半叶以来，生态环境问题日益突出，使人们逐渐意识到尊重自然、保护环境、实现可持续发展的极端重要性。其中全球气候变化问题居生态环境问题之首，是当今国际社会共同面临的重大挑战，引起世界各国的普遍关注。2015年第21届联合国气候变化大会通过《巴黎协定》，要求各国采取行动减少温室气体排放，增强对气候变化的应对能力。2020年9月，习近平主席在第75届联合国大会上提出，我国二氧化碳排放力争于2030年前达到峰值，努力争取2060年前实现碳中和。“双碳”目标已经纳入我国生态文明建设整体布局，正在开启一场广泛而深刻的经济社会系统性变革。

我国石化工业规模庞大，节能减排与绿色低碳发展任重道远。近年来，国家对环境保护和生态建设的重视程度越来越高，环境保护标准日趋严格，督察力度持续加大。同时，随着大众消费水平的提高，人们对绿色、环保、健康产品的需求日益增多，这将对我国能源化工企业生产经营模式产生深刻影响，促使其调整能源结构，推进清洁低碳生产，实施绿色转型。

石化工业在生产过程中不可避免地产生能量消耗和污染物排放。作为自然界与人类社会的重要桥梁和纽带，石化工程既要满足人类对美好生活的追求，又要最大限度地减少工程乃至后续石化生产活动对人与自然的伤害。由此可见，石化工业的高质量发展，一定是“双碳”目标引领下的高质量发展，一定是资源与环境刚性约束下的高质量发展，一定是以工程与自然、社会的和谐共生为导向的高质量发展。总之，在绿色转型过程中，石化行业的生产方式、技术路线、经营模式、商业形态等将面临广泛而深刻的变革。面对石化行业的新趋势、新变革，石化工程的理念、技术、方法等将面临一

系列新的挑战，必须未雨绸缪、更新观念、主动求变，积极适应并引领石化工业发展。因此，绿色低碳是石化工程实现高质量发展的必由之路。

2 石化工程引领石化工业绿色转型

工程是科学、技术转化为现实生产力的枢纽，工程创新是产业革命、经济发展和社会进步的强大杠杆。在“碳达峰”“碳中和”，以及“美丽中国”建设的大背景下，石化工程应肩负起时代重任，以自身的改革创新引领石化工业的绿色转型。

一要推动理念变革。用尊重自然、爱护生态、天人合一的理念指导石化工程决策、规划、设计、建设、管理各环节。加强统筹兼顾、集成优化和综合比较，正确处理好石化工程与生态保护的复杂关系。比如，节能理念贯穿于石化工程全生命周期，从项目前期的能源规划，到项目执行过程中的能量集成及过程节能，再到后期节能诊断等，统筹利用各种能量，提出科学合理的用能方案，规范能源利用方式，从而实现既定节能目标。

二要推动思维变革。建立起结构化、集成化、整体化的思维方式，将资源、生态、环保、低碳等单项知识与石化工程知识进行有序化、结构化集成，进行科学决策，避免因忽视生态价值而造成不合理规划设计。比如，在石化工程总平面布置过程中，要围绕节约土地、节能降耗、安全环保等目标，通过对多个方案进行技术、经济、安全、运输、运维等角度的审查和评估，形成绿色、安全、环保的总平面布置方案，实现全厂整体优化。

三要推动技术变革。发挥技术进步、技术集成在石化工业绿色转型中的核心作用，加强节能降耗和绿色环保技术的开发与应用，对现有技术进行绿色化提升改进，以技术创新拓展新能源、新材料等业务领域，不断增强石化企业的绿色竞争力。比如，中国石化把氢能作为新能源业务的发展方向，积极培育壮大氢能产业链。近年来，该公司以炼油装置副产氢气为原料，开发建设拥有自主知识产权的首套高纯氢气生产示范装置，产品氢气纯度达99.999%。

四要推动模式变革。通过改变与绿色低碳要求不相适应的组织模式、设计模式、建设模式、商业模式等，带动石化产业链、价值链重构，推动工程与经济、社会、生态融合共生。比如，在石化工程设计中推广基于智能管道及仪表流程图（piping and instrumentation diagram，PID）的泄露检测与修复（leak detection and repair，LDAR）设计，可建立完整、详尽的VOC泄漏点信息库，确保日常监测和修复计划能够细化到特定的泄漏点，同时将VOC泄漏信息纳入全厂信息系统，形成智能生产与环保关联机制。另外，随着国家碳交易市场机制不断完善，石化工业被纳入其中，该机制一方面对石化企业形成减排压力，促使其开展低碳技术创新，开发新能源、碳捕获利用与封存（carbon capture utilization and storage，CCUS）等低碳业务；另一方面，碳资产运营可以形成新的业务，带来新的效益，对石化工业绿色转型形成正向引导。

综上所述，环境资源既是石化工程的基础，又是石化工程的制约因素，更是石化工程发展进步的动力。在我国提出“双碳”目标和人们对生态文明建设要求及美好生活需要日益提高的情况下，石化工程必须直面挑战、化危为机，通过对各类工程要素进行新一轮的选择、集成、建构，探索形成石化工程与生态环境融合共生的新模式，从而引领石化工业走上资源节约、生产清洁、产品高端的绿色发展之路。

第六节　若干哲学思考与启示

在科技进步和产业变革的推动下，石化工业取得了举世瞩目的成就，为世界经济的发展、人民生活水平的提高和人类文明进步做出了巨大贡献。石化工程是石化工业的载体，石化工业是通过石化工程构建的，石化工程对石化工业的发展至关重要。因此，在新的发展时期，更需要用工程哲学的视角审视石化工程，以期得到有益的启示，从而推动石化工程和石化工业实现高质量发展。

（1）石化工程是直接的现实生产力。通过石化工程可以建造千万吨级炼油厂、百万吨级乙烯厂等石化工厂。炼厂建成后，可以生产汽油、煤油、柴油等交通运输燃料，满足交通运输的需要；乙烯厂建成后，可以生产乙烯、丙烯、丁二烯与苯、甲苯、二甲苯等基本有机原料，为下游生产合成树脂、合成橡胶、合成纤维等石化产品提供原料。一项乙烯工程的产值可以带动上下游相关产业的产值增长6倍以上，不但能带动相关产业的发展，而且增加就业，有力促进国民经济的发展。因此，石化工程是直接的现实生产力。

(2) 石化工程是石化技术创新主战场。石化工程架起了科学发现、技术发明与石化工业发展之间的桥梁。国民经济发展和人民生活水平提高需要清洁交通运输燃料，石化工程通过集成创新系列清洁油品生产技术，建设满足需求的生产装置；石化工业发展需要烯烃和芳烃石化原料，石化工程通过反应工程、分离工程、工业催化、过程强化、过程系统工程等原理与方法创新，全面解决百万吨级乙烯的关键工程科学与技术难题，建设百万吨级乙烯装置。因此，石化工程是石化技术创新的主战场。

(3) 石化工程是将各种要素、石化工程知识及其他知识经过选择、整合、集成、建构等过程转化为直接生产力的关键环节。每项石化工程的构建，都需要综合考虑原料（石油）、能源（天然气或煤炭、电力）、土地、水、资金、人力等要素，应用众多的石化工程知识与其他知识。石化工程的前期咨询、设计、采购、建造、运行过程就是将各种要素、各种石化工程知识经过选择、整合、集成、建构转化为石化工程的过程，也是转化为直接的现实生产力的过程。

(4) 需求增长是石化工程发展的拉动力，技术创新是石化工程发展的推动力。石化工业发展历史充分表明，为了满足人类社会对生活必需品的需求，化学工业从最初的对天然物质进行简单加工生产化学品，到后来随着石化工业的兴起和科学技术的进步，开始大规模对天然物质如煤、石油和天然气等资源进行深度加工，不断增加油品和合成树脂、合成橡胶、合成纤维、精细化学品等生产，从而满足人类日益增长的物质需求。石化工业是由石化工程构建的，在发展过程中，技术创新起到了巨大的推动作用，促使石化工程不断开发应用新技术、新工艺、新设备，生产新产品，提高产品质量，降低生产成本，向大型化、智能化方向发展。

(5) 石化工程发展过程体现了人类认识不断深化的过程。在石化工业产生初期，人们以化学、物理学、数学为基础，并结合化学工程及其他工程技术，研究石化工程的共同规律，解决生产规模放大和大型化中出现的诸多工程技术问题。20世纪50年代，英国戴维斯和美国利特尔等提出了过滤、蒸发、蒸馏、结晶、干燥等单元操作概念，并将其应用于石化工业生产过程中，对石化工程的发展产生了深远影响。20 世纪 50 年代以后，以“传递工程”和“反应工程”为中心的“三传一反”化学工程理论，在石化工程的研究开发中广泛应用，解决了工程放大过程中遇到的一些技术难题。从此，人们逐渐认识到，各种不同化工产品的生产过程基本上都是由单元操作组成，以化学反应工程、传递过程、化工热力学、化工系统工程等理论为指导，并把上述认识和理论应用于石化工程的相关研发、设计与建构中。进入 21 世纪，生命科学、信息技术、材料科学及环境科学迅速发展，并向石化工程不断渗透，促使人们不断进行更深层次的认识和探索。

（6）优秀的工程实践需要有先进而正确的工程理念作为指导。在人类早期的工程实践中，人们考虑的是如何使某一化工工艺技术尽快实现应用，而对生态效应和社会风险重视不够、认识不足，不能正确处理工程项目与生态的关系，导致生态破坏、环境污染等弊端。随着经济社会不断发展、人民生活水平不断提高和科学技术不断进步，业界认识到，要实施一项石化工程项目，既需要注重工程的经济效益，又需要充分考虑工程项目对资源的有效利用以及对环境的影响，以确保工程项目的科学性、有效性和可持续性。这就是工程理念的变化和进步。这充分表明：任何一项工程都是在工程理念的引导下开展的，成功的工程实践需要以先进而科学的工程理念为指导，同时，工程理念随着客观条件的变化而变化。

（7）成功的石化工程既集成了当代先进技术，又具有良好的经济性，实现工程项目与环境相协调。石化工程演化的历史深刻说明，一个成功的石化工程，一定是当代先进石化技术及相关技术的集成体，否则就会因缺乏生命力而被市场所淘汰；一定是成本低、质量好的经济体，否则就会因经济性差而无法实现持续发展；一定是与环境协调发展的有机体，否则就会因污染环境而无法生存与发展。例如，自 1941 年烃类管式炉裂解制乙烯技术实现工业化以来，世界上乙烯工程不断发展，每项工程几乎都集成了当时最先进的乙烯工艺技术和装备，并且具有经济性。目前世界烃类蒸汽裂解制乙烯技术生产的乙烯已占世界乙烯总产量的 95%以上，2020 年世界乙烯产能已达 1.98 亿 t/a，正在运行的单线最大规模的乙烯装置能力已达 173 万 t/a。在这些大型乙烯装置中，集成了当代最先进的大型裂解炉技术，大型乙烯分离技术，大型压缩机组及大型冷箱、塔器、高效换热设备等技术，使得生产成本不断下降，能耗、物耗不断降低，经济效益不断提高，污染物排放量不断减少，实现了与环境协调的可持续发展。

（8）石化工程的发展过程是提高资源利用效率、降低能源消耗和实现环境友好的过程。石化工业在为国民经济发展和人民生活改善发挥重要作用的同时，也客观存在一些污染物排放，在石化工程的设计、建造过程中，要统筹处理好产业发展与环境保护的关系。随着石化工业规模的不断扩大，资源、能源的需求量越来越大，供求矛盾越来越尖锐，环境污染问题也越来越突出。因此，人们在实施石化工程中日益重视提高化工原材料和油气资源的利用率、降低天然资源消耗和实现环境友好等问题，相继开发应用了一大批先进适用的绿色环保新技术，并进行了多种工艺技术的优化集成和多种能源的耦合应用。例如，19 世纪的有机化学品生产主要采用电石法，20 世纪中叶石油化工发展后，因电石法能耗太高，大部分原有乙炔系列产品改由乙烯为原料进行生产，促进了乙烯技术的发展。乙烯的单系列生产规模日趋大型化，降低了能源消耗，提高了石油资源利用率，增加了乙烯收率，实现了清洁化生产。石油炼制工程正不断提高原油加工深度，提高轻质油收率和石油资源利用率；采用先进技术生产清洁油品，可不断实现生产过程的清洁化。

第十一章

艾滋病防治工程的哲学分析

对于本章的研究来说，一个前提性的问题是需要解释为什么可以和应该把艾滋病防治工作归类到“工程”之中。

在中国工程院的9个“学部”中，包括了医药卫生学部。很显然，这就意味着在中国工程院的学部设置中已经把医药卫生纳入“工程范畴”。为什么可以把医药卫生归类到“工程”中呢？

一般地说，外部世界包括“自然界”和“社会”这“两个世界”。工程活动就是人类改变外部世界的活动。人类改变自然界的活动属于“自然工程”，人类改变社会的活动属于“社会工程”。本书以研究“自然工程”为基本对象和基本内容，但是，由于改变自然的工程活动必然同时涉及许多社会性要素和内容，并且工程活动具有深刻的社会意义和影响，这就又使本书必然要分析和研究许多与自然工程活动密切相关的具有社会性和社会意义的问题。

对于“自然工程”（或曰“物质性工程”“造物工程”）和“社会工程”，一方面，必须承认它们是相互渗透、相互影响的，不能把它们割裂、孤立、对立起来；另一方面，又必须承认二者是性质不同的“两类工程”，不能把二者混为一谈。

由于自然界可以再划分为“无机界”和“生物界”两大类，而人类则在“具有生物界特征”的同时又“具有社会性的特征”，这就使“界定医疗卫生活动的性质”成为一个不能简单化对待的复杂问题。

对于医疗实践和医学发展来说，医学模式是一个大问题。1977年，美国罗切斯特大学精神病学、内科学教授恩格尔（George L. Engel）在*Science*上发表文章批评“传统的”“生物医学模式”，同时又提出了“生物心理社会医学模式”（biopsychosocial model of medicine)。恩格尔的文章在国际医学界引起了很大反响。1981年，在我国的“第一次全国医学辩证法讨论会”上，医学模式问题引起了许多讨论。此后，我国的许多医生和学者高度关注这个问题。通过分析、研究和讨论，许多医生和哲学界人士都认为“生物医学模式”是有缺陷的，赞同采用“生物心理社会医学模式”，这标志着全社会对医疗卫生工作的性质和特征有了更深入、更确切的认识。[①]但应该注意的是，在“生物心理社会医学模式”中并没有否定“生物医学模式”的“合理内核”，而只是扬弃了其绝对化和片面性的“倾向”。“生物心理社会医学模式”没有否认“人患病”这种现象有其客观的生理病理基础，没有否认医疗卫生工作必须以一定的技术手段和措施为基础。这就是说，在承认医疗卫生工作具有社会性的时候，人们并没有在认识医疗卫生工作的性质时走向另外一个极端——把它“归类”到“社会工程”之中。

从以上分析中可以看出，由于医疗卫生活动毕竟是以“医疗卫生技术干预”为基础的活动，这就成了把“医疗卫生”归类到“(自然)工程”中的理由或根据。另外，由于“医疗卫生干预”的对象是“人”而不是“物”，这就又使“给人治病”不同于“排除机器故障”，必须深刻认识到“医疗卫生技术干预”是带有“内在的社会性和社会特征”的活动。

如果说“一般疾病的防治”已经是复杂的问题，那么，艾滋病(acquired immunodeficiency syndrome，AIDS)的防治就是更加复杂的问题了。

艾滋病是人类迄今为止遇到的最为复杂的一种严重传染病。艾滋病的传播流行不仅仅是一个医学问题，更是严重的社会问题，其传播与控制涉及社会的方方面面，因此，艾滋病防治应是一个具有复杂社会性内容和特征的医疗卫生工程。

艾滋病严重危害感染者的身心健康。如果一个人感染了艾滋病，社会歧视对感染者的影响远远超过疾病本身。感染艾滋病不单纯是家庭中的一个成员感染了一种传染病，而是以多种方式长期影响整个家庭，彻底改变个人及家庭的命运，甚至波及感染者所生活的社

---

① 彭瑞骢，常青，阮芳赋．从生物医学模式到生物心理社会医学模式[J]．自然辩证法通讯，1982(2)：25-30.

会。由于艾滋病主要感染青壮年，对家庭幸福和社会稳定影响巨大，其也是社会和经济发展问题。艾滋病的传播流行，挑战现行的法律、挑战我们的社会道德、挑战我们的传统观念。是否能够成功地控制艾滋病流行，把艾滋病对国民以及国家的危害控制在最低水平，考验我们的执政理念，检验我们的执政水平，也关乎中国在全球的国际形象。

艾滋病在传播与控制方面，与传统的传染病有着很大的不同。在制定防治策略和落实防治措施时，需要从艾滋病流行的实际出发，实事求是，实施疫情监测以准确掌握疫情、落实预防措施以减少新感染发生、积极治疗患者以减少死亡和提高生命质量等，应在马克思主义哲学思想和科学发展观指导下，制定防治策略和落实防治措施。

在数十年艾滋病防治的实践活动中，我们的认识是曲折前进、不断深入的。在这个过程中，我国医疗界的一些“新认识”和“新措施”也曾经和国际上某些同行的“既有认识”出现认识上的“差异”甚至“矛盾”。但是，只有实践才是检验真理的唯一标准。我国的艾滋病防治工作在“认识和实践的相互影响、相互作用中”曲折前进，不断深化。我国对艾滋病防治工程的一些“新认识”“新措施”也逐渐得到了国际同行的认可。从工程哲学角度回顾、分析、总结我国防治艾滋病工程的状况、进程和进展，无疑是一件具有重要意义的事情。

第一节 艾滋病及其防治概说

艾滋病是由人类免疫缺陷病毒（human immunodeficiency virus，HIV，俗称“艾滋病病毒”）所引起的严重传染性疾病。艾滋病病毒主要侵犯人体免疫系统。感染艾滋病病毒后，经过约 10 年的潜伏期，人体的免疫功能逐渐下降，最后完全失去抵抗力，出现很难治愈的多种病症，导致死亡。艾滋病只能在人与人之间传播，病死率高。从 1981 年首次报告艾滋病起到 2020 年年底，全球有约 3 630 万人死于艾滋病，还有3 770多万人正经受着艾滋病的折磨。① 至今，艾滋病仍然是令人谈虎色变的疾病。

艾滋病病毒大量存在于人体血液、组织液、淋巴液、精液、阴道分泌物和乳汁中，主要通过血液或体液交换传播。通常，将艾滋病的传播途径分为三大类：经血传播、经性传播和母婴传播。全球三分之二以上的感染者是通过性接触而感染的。日常生活接触，例如拥抱、握手、共用茶杯和餐具、同一泳池游泳、共用马桶等，不会造成艾滋病病毒的传播。尽管蚊虫叮咬可以传播疟疾、乙脑、登革热等疾病，但不传播艾滋病。

艾滋病之所以成为世界难题，有两个方面的原因：一是病毒本身及其感染机制的生物学特性，即生物学因素；二是艾滋病传播流行与控制涉及诸多复杂的社会因素，即社会学因素。从生物学因素看，人体免疫系统是人类抗击各种病原微生物的最主要免疫屏障，而艾滋病病毒直接攻击人体免疫细胞，破坏免疫功能；由于艾滋病病毒快速变异，使得人体免疫系统自然产生的抗体无法阻止病毒再感染，也无法阻止疾病进展。这就使得通过疫苗接种预防传染病的基本原理，在对付艾滋病病毒时，其理论基础不再存在。病毒将其遗传基因整合到人体细胞的遗传基因中后，在部分宿主细胞中“潜伏”下来，使得抗病毒治疗无法彻底从人体内完全清除病毒。从社会学因素看，造成艾滋病传播扩散的主要原因是吸毒和性行为。一方面，这两种行为给行为者本人带来的欣快感使其重复这些行为。另一方面，这些都是隐私行为，有些甚至违反国家法律、法规，违背社会道德，所以，这些行为的发生非常隐蔽，预防或者改变这些行为都非常困难。而针对这些行为的有效防治措施，往往与现行法律、法规和传统观念相悖。

艾滋病长达10年的潜伏期，以及其首先在高危人群中开始流行的特征，使得其具有“欺上瞒下”的特殊性，给艾滋病防治工作造成很大困难。所谓“欺上”是指艾滋病在流行早期，先在高危人群如同性恋、吸毒者、暗娼等人群中传播流行。由于这些人不是社会主流人群，仅占人口的很小一部分，在艾滋病流行早期，很难引起政府部门对艾滋病防治工作的重视。由于在早期没有给予足够的重

---

① UNAIDS. UNAIDS 2021 epidemiological estimates [R]. Geneva, 2021.

视，就会使艾滋病逐渐从高危人群扩散到一般人群。等到一般人群中出现艾滋病流行时，政府再给予重视，则为时已晚，错过了最佳控制时机。所谓“瞒下”是指人们感染艾滋病病毒后，在长达10年的潜伏期内，感染者一点症状都没有，如果不是血液检测发现感染，感染者不知道自己被感染了。当艾滋病在一个地方出现流行后，由于没有症状，人们往往感觉不到这种严重传染病的流行，不像急性传染病，人们能够感觉到它的流行——严重疫情到来时，给人以暴风骤雨的感觉，疫情控制后，流行很快终止。而艾滋病的流行则不同，由于患者不是短时间集中发病，人们感觉不到艾滋病流行，因此，很难防范。

艾滋病防治主要包括监测艾滋病疫情、预防艾滋病传播、治疗艾滋病患者以及动态掌握这些信息四方面内容。艾滋病防治的基本技术是医疗技术，防治的服务对象是整个人群，防治的科学管理既涉及技术要素也包括许多非技术要素。因此，艾滋病防治不仅具有传统“自然工程”的性质，同时又具有一定的社会性工程的内涵。

第二节 中国艾滋病防治工程简况

中国艾滋病防治工程主要包括疫情监测工程、预防工程、治疗工程、综合数据信息工程四个方面。各工程之间相互联系，有机结合，形成一体。

1 疫情监测工程

掌握疫情是防控艾滋病的基础。自1985年我国首次报告艾滋病病例以来，我国艾滋病疫情监测工程经历了建立、调整和不断完善的过程。①

第一阶段，即1986年至1994年间，为被动监测阶段，主要是以病例报告为主要内容的被动监测。1989年颁布的《中华人民共和国传染病防治法》把艾滋病列入乙类报告传染病。此后，艾滋病作

① 吕繁，郑锡文．中国艾滋病监测系统建立与发展［M］//王陇德．中国艾滋病流行与控制．北京：北京出版社，2006.

为法定报告传染病，通过全国法定传染病疫情报告系统（又称大疫情）进行病例报告。大疫情只统计艾滋病患者，不统计艾滋病感染者。鉴于艾滋病的特殊性，其后又建立了艾滋病专报系统，该专报系统对艾滋病患者和艾滋病感染者都进行统计。在1986—1988年，全国报告了19例HIV感染者，多为散发，分布于沿海大中城市，多为外籍公民或海外华人，仅浙江报告了因应用污染的进口第Ⅷ因子而被感染的4例血友病患者。1989年，在云南边境瑞丽的吸毒人群中发现了146例HIV感染者。随后，全国各地在性病患者、暗娼、归国人员中发现零星感染者。

第二阶段，即1995年至1998年间，为主动监测和被动监测并存时期。为及时、全面地反映全国艾滋病的感染情况及变化趋势，在病例报告的基础上，建立了国家艾滋病哨点监测系统，对吸毒者、性病门诊就诊者、暗娼、长途卡车司机等重点人群进行主动监测。各地根据其艾滋病流行状况和资源条件，还分别设立了数量不等的省级艾滋病监测哨点，补充了国家哨点的布局和数量的不足。这一阶段全国报告HIV感染者人数迅速上升。一方面，吸毒人群的HIV感染传播加快，呈现出向云南全省蔓延，并且传出云南向新疆及四川等地扩散的趋势。另一方面，1995年年初，在我国中原局部地区的有偿供血员中发现大量的HIV感染者，主要是非法地下采血（浆）点的供血员。此外，各地散在报告经性行为传播的感染者人数亦有所增加。

第三阶段，即1999年至2009年，是综合监测阶段。1998年世界卫生组织（WHO）与联合国艾滋病规划署（UNAIDS）提出第二代HIV/AIDS监测（secondary generation surveillance）的概念。二代监测指在以HIV血清学监测和AIDS病例报告为主要内容的第一代HIV/AIDS监测（first generation surveillance）的基础上，开展行为学监测（behavioral surveillance survey，BSS），为估计HIV流行规模、追踪流行动态、制定防控对策、评价防治效果等提供科学依据。

第四阶段，2010年至今，为全面监测阶段。一方面，针对我国艾滋病监测哨点数量少、各省监测人群类型不同，难以及时掌握全国艾滋病疫情动态变化趋势的问题，在充分论证的基础上，把监测哨点类型从原先分为国家级哨点、省级哨点两类统一为全国艾滋病监测哨点，把原先监测对象不统一规范统一为对8类人群进行艾滋病哨点监测，从原来的国家级哨点数不足600个、省级哨点数不足800个一次性调整到全国监测哨点1 888个，每年监测约80万人，坚持10年固定不变。这种监测策略调整，能够较好地捕获艾滋病疫情在社会层面各人群中的传播流行轨迹变化，灵敏地掌握疫情动态。

另外，针对我国艾滋病感染者发现晚、发现比例低的现状，国家出台了积极检测发现艾滋病感染者的政策，要求扩大检测、最大限度地发现艾滋病感染者。① 除固定的监测哨点外，大量增加自愿咨询检测点数量；同时，要求医疗机构扩大检测，对就诊患者根据情况进行艾滋病检测；在重点地区，乡镇卫生院也开展艾滋病检测工作。至2012年，基本形成了覆盖全国的艾滋病疫情监测网。

2 预防工程

宣传教育是预防艾滋病的基础。在艾滋病流行早期，预防艾滋病宣传主要是媒体零星的新闻报道。自1988年开始，每年在12月1日“世界艾滋病日”那天，各地艾滋病防治工作者走上街头，开展普及艾滋病知识宣传活动。2003年全国启动艾滋病综合防治示范区后，艾滋病宣传力度逐渐加大，开始深入工厂、社区、校园。通过全社会的广泛发动和宣传，目前我国城市居民艾滋病基本知识知晓率已经达到85%左右，农村居民的艾滋病基本知识知晓率达到78%。

1995年由于采血浆操作污染造成数万供血（浆）者感染艾滋病后，国家用2~3年时间全面改善了血站条件，装配了仪器设备，使采供血全部机械化、自动化，基本杜绝了艾滋病经采供血传播。

针对艾滋病经吸毒途径传播，我国从2003年开始启动降低毒品危害工程，包括美沙酮维持治疗（注：是一种治疗吸毒成瘾的方法，让吸毒者每天到特设门诊服用美沙酮口服液）和针具交换（注：让吸毒者把用过的注射器拿到特设地点换取新的注射器）。2004年，国家率先在云南等5个省建立了8个美沙酮试点门诊，治疗吸毒人员1 000余人，效果令人鼓舞。2005年将试点扩大到58个门诊，治疗吸毒人员3 000多人，进一步证实美沙酮治疗具有减少吸毒、减

① 《国务院关于进一步加强艾滋病防治工作的通知》（国发2010〔48〕号）。

少吸毒相关犯罪的直接效果。2006年后，美沙酮治疗工作从试点到全面推进，在治人数不断增加。①

针对性途径传播，2004年全国各地组建高危人群干预工作队。其主要任务是摸清辖区内高危人群的种类、数量和分布等情况，根据本辖区内高危人群的情况，针对不同高危人群制定干预工作计划，开展“面对面”宣传教育、疫情筛查、安全套推广、性病防治等具体干预措施，及时上报干预工作情况。高危人群干预面逐步扩大、内涵逐步完善。

我国预防艾滋病母婴传播工作起步于2002年。首先在河南上蔡县开展第一个母婴传播预防试点工作，2003年扩展到5个省8个试点县，2004年进一步扩展到15个省85个重点县，到2007年覆盖全国31个省（自治区、直辖市）的333个县。不仅母婴传播预防工作覆盖迅速扩大，而且从2010年后，把艾滋病、乙型肝炎和梅毒3种疾病同步纳入母婴传播预防。

3 治疗工程

我国艾滋病免费抗病毒治疗的历史大致经历了3个阶段。②

第一阶段，即2002年10月至2003年4月，为试点阶段。2002年10月，为了救治疫情较重地区的艾滋病患者，同时为以后开展大规模艾滋病抗病毒治疗工作摸索经验，在对当地医务人员进行了短期的紧急培训后，我国首个免费治疗试点在河南省上蔡县启动，共有100名艾滋病患者得到了免费的抗病毒治疗药物。共有3种抗病毒药物，其中，齐多夫定（AZT）是唯一的国产仿制抗病毒药。

第二阶段，即2003年4月至12月，为项目推广阶段。2003年2月，卫生部决定通过疾病预防控制系统将免费治疗在试点的基础上以项目的形式在中原地区加以推广。卫生部承诺向项目地区免费提供5 000人份的抗病毒药物。共有4种抗病毒药物，全部为国产仿制药，可以组成两种治疗方案。2003年3月，全国艾滋病综合防

---

① 参考中国疾病预防控制中心性病艾滋病预防控制中心：《全国艾滋病性病防治综合防治数据信息年报（2012）》。

② 张福杰．抗艾滋病病毒治疗工作进展［M］//王陇德．中国艾滋病流行与控制．北京：北京出版社，2005.

治示范区工作启动。示范区初期的主要工作是医疗救助和生活救助，因此，对免费治疗的推广和实施起到了很好的促进作用。截至2003年年底，治疗工作共在全国9省（河南、安徽、湖北、山东、四川、河北、湖南、吉林、陕西）展开，累计治疗艾滋病患者7 000多人。主要的目标人群是由于非法采供血活动感染的艾滋病患者。

第三阶段，即2003年12月至今，为全面开展阶段。随着2003年年底国务院“四免一关怀”政策的出台，为艾滋病患者提供艾滋病免费抗病毒治疗正式作为各级政府的责任和常规工作，在全国范围内开展。免费药物范围进一步扩大。

综合数据信息工程

艾滋病防治数据信息既是各项艾滋病防治工作的具体体现，又是进一步开展防治工作的基础保障。建立统一、规范的艾滋病防治数据信息电子化管理系统，对于及时了解疫情的发生和变化，掌握防治措施落实情况，评价防治工作效果，具有非常重要的作用。

2005年，利用全国传染病疫情报告系统网络化平台建设的契机，首先将艾滋病疫情报告纳入计算机电子化管理。这一改变，不仅提高了疫情掌握的及时性，也提高了疫情掌握的准确性和可靠性。但在同期，平行运行的艾滋病防治数据系统，还有单机版的全国美沙酮维持治疗数据信息系统、以科学研究项目支持为主的全国抗病毒治疗数据管理系统。它们分别以美沙酮维持治疗门诊的每日电子邮件上传数据信息和以抗病毒治疗数据传真为主要传递方式，由中央集中存储数据信息。另外，国内的全国艾滋病综合防治示范区项目，以及国际合作的全球基金三、四、五轮项目，中英、中美、世界银行艾滋病防治项目等，都使用各自独立的数据收集系统。这样，就造成了数据收集标准和要求不统一，数据内容交叉，给数据的利用带来了很大困难。

为此，2006—2007年，对所有艾滋病防治的数据收集系统或项目的各种表格进行分析和合并同类项处理，最终形成了统一规范的全国艾滋病综合防治数据信息系统，使所有艾滋病防治项目的数据按照统一、标准、规范的要求，进行收集、储存、分析和管理。①

艾滋病综合防治数据信息系统自2008年运行以来为全国各地及时快速获得疫情、防治工作落实情况、防治效果等提供了极大的方便。② 目前，依赖该系统产生的全国艾滋病各项防治工作数据月报、季报和年报对推进科学防治发挥了重要的科技支撑作用。这也是目前全球唯一的全国性艾滋病综合防治数据信息系统。

总而言之，艾滋病防治工程的结构包括：疫情工程（包括区县医疗机构、艾滋病检测机构、艾滋病监测哨点）、预防工程（包括美沙酮维持治疗门诊、母婴传播阻断网点、区县高危人群干预工作队）、治疗工程（包括区县抗病毒治疗点）和综合防治数据信息工程（即将以上三个工程实现集成化实时网络化电子平台）。

第三节 中国艾滋病防治工程的效益

中国艾滋病防治工程的建设和运行，极大地推动了感染者的发现，减少了艾滋病的传播，减少了大量艾滋病患者死亡，维护了社会稳定，取得了较显著的社会效益。

艾滋病疫情监测网的建立，对于更多地发现感染者、全面掌握艾滋病疫情发挥了重要作用。

艾滋病预防工程的建立，减少了艾滋病的传播扩散。第一，全国血液系统机械化、自动化装备完成后，基本杜绝了艾滋病经采供血传播，保障了全国临床用血安全。第二，美沙酮治疗使参加治疗的吸毒者的艾滋病新感染率下降。第三，经性传播的几个高危人群艾滋病感染率持续保持在较低水平。第四，我国艾滋病母婴传播率已经从2004年的33.4%下降到2020年的3.6%。艾滋病预防工程的建成和运行，保障了中国这一人口大国保持在全球艾滋病低流行水平国家行列。

---

① Mao Y, Wu Z, Poundstone K, et al. Development of a unified web-based national HIV/AIDS information system in China [J]. International Journal of Epidemiology, 2010, 39 (2): 79-89.

② Liu Y, Wu Z, Mao Y, et al. Quantitatively monitoring AIDS policy implementation in China [J]. International Journal of Epidemiology, 2010, 39 (2): 90-96.

艾滋病治疗工程的建设，使全国90%符合治疗条件的感染者和患者得到免费抗病毒治疗。自2004年抗病毒治疗实施以来，全国艾滋病病死率下降了64%。目前，我国成人抗病毒治疗效果处于发展中国家前列，儿童抗病毒治疗总病死率接近发达国家。

中国艾滋病防控工作经过多年努力，得到了国际社会的高度评价。在2006年8月的第16届国际艾滋病大会上，美国前总统克林顿发表演讲时说："中国原来对艾滋病疫情持否认态度，但是后来转变了态度，承认疫情的严重性，并且开始系统地解决这个问题。中国的行动值得我们尊重。"联合国艾滋病规划署执行主任西迪贝先生多次在重大国际会议上高度赞赏中国艾滋病防治取得的成果，例如他在2011年6月第65届联合国艾滋病特别会议上，高度评价中国抗病毒治疗取得降低病死率64%的成果，并赞赏中国的美沙酮治疗等预防措施已成为发展中国家的一面旗帜。

第四节　对艾滋病流行的认识过程

艾滋病是仅有40多年历史的新型传染病。人类对它的认识过程也遵循着辩证唯物主义认识论：在实践基础上由感性认识上升到理性认识，又由理性认识返回到实践中检验；实践—认识—再实践—再认识，对艾滋病的认识由此而不断地拓展和加深，展现了人类认识艾滋病、征服艾滋病不断迈进的辩证过程。人类对艾滋病的认识，从流行开始时的无知、恐惧和害怕，发展到现在坦然面对，控制疫情有手段、有信心。短短40多年的时间，发生了巨大的变化。

当1981年世界首次报告艾滋病时，只知道患者出现了严重的免疫缺陷，没有治疗手段。得了这种病，结局只有死亡。当时也不知道它是一种传染病，更不知道如何预防。这种疾病的出现，给患者带来的是恐惧，给社会造成的是恐慌。医生感到悲哀，不能拯救患者。防疫人员感到无望，不知道如何控制。1982年，这种新的、令人害怕的"获得性免疫缺陷综合征"被定义为"一种病因不明，以细胞免疫缺陷为特征的疾病。这种疾病的临床表现包括卡波济氏肉瘤、卡氏肺囊虫肺炎以及其他严重的机会性感染"。随着越来越多的患者出现，患者的共同特征逐渐显现，主要集中在同性恋、吸毒者和血友病患者等特殊人群。流行病学家对患者特征进行进一步的分析发现：同是同性恋或双性恋，性伴数越多，发生艾滋病的可能性越大；同是静脉吸毒，合用注射器伙伴数越多，发生艾滋病的可能性越大；血友病患者中艾滋病发生率很高。这些现象提示，艾滋病可能是由某种传染性因子所引起，而且，这种传染性因子极有可能是通过血液和/或体液传播的。直到1983年，法国巴斯德研究所蒙塔尼耶研究小组从患者淋巴结中分离出艾滋病毒，才找到造成艾滋病的病原体。

当发现艾滋病病毒后，人们想当然地认为，人类控制艾滋病流行很快就会实现。根据以往的经验，认识新的病毒以后，首先，诊断试剂会很快研制出来，为患者诊断提供方便，同时，也能更加准确地描述艾滋病在社会的分布及流行程度；更为重要的是，知道病毒是罪魁祸首后，人类会很快研制出艾滋病疫苗，预防艾滋病感染。

但是，艾滋病病毒跟人类开了一个大玩笑。虽然艾滋病是一种传染病，但它与一般的传染病相比，具有自身的规律和特殊性，不能用一般的传染病防控策略与方法来对待。人类在随后控制艾滋病的实践中，逐步发现并掌握了艾滋病的特殊性。人类对艾滋病的认识，也呈现出一个逐步提高的过程。在这一认识过程中，既有经验，也有教训，这些都是我们将来更好地应对艾滋病的宝贵财富。

1 中国艾滋病流行的历史反思

当美国和欧洲等发达国家发生艾滋病疫情时，中国学者认为，艾滋病不会在中国出现流行。人们普遍认为，艾滋病感染的主要受害人群，如男性同性恋、吸毒者等，中国基本没有或者非常少，不至于出现艾滋病的流行。

1989年，当云南省防疫站报告瑞丽146名吸毒者感染艾滋病时，我们一开始的反应是不相信，以为搞错了。因为当时全球的艾滋病流行几乎都发生在大城市，如美国的纽约、洛杉矶、旧金山，法国的巴黎，澳大利亚的悉尼等。而云南瑞丽则是在中缅边境线上的一个偏僻农村。

在确认瑞丽艾滋病疫情后，我们又在两个方面做出过错误的判断。一是对我国吸毒情况的基本判断有误，认为我国是毒品的过境国家，不是毒品的消费国家，因此对毒品在中国的发展趋势及由此可能引发的社会问题没有给予足够的重视和相应的准备；二是认为在交通极为不便的边疆局部地区，出现吸毒人群艾滋病小规模暴发流行，不会对中国艾滋病疫情的总体形势产生大的影响。

实际上，毒品在经过贩运通道的运输过程中，沿途也会逐渐滋生大量的新的吸毒人员。1990—2000 年期间，全国登记吸毒人员数快速上升。新生吸毒人员的增加，呈现出沿毒品贩运线路、逐步向外辐射的特点。与此同时，艾滋病也伴随着毒品的流行线路在吸毒人群中扩散。首先，从瑞丽逐步向德宏傣族景颇族自治州各县扩散，再慢慢顺公路沿线逐渐向省会城市昆明方向蔓延。到 1995 年，艾滋病传出云南，感染了新疆和四川的吸毒人员。然后，很快传播到全国 31 个省（自治区、直辖市）的吸毒人群。因此，吸毒人员成为我国受艾滋病流行影响最早、最严重的一个群体。

当艾滋病在吸毒人群中快速蔓延时，另一个灾难性的艾滋病暴发流行正在酝酿，而我们并没有预见到，更没有做出任何应对的准备。在 20 世纪 80 年代，中原农村地区在较短时间里，涌现出数百个为生物制品所采集血浆原料的采浆站。1995 年以前，全国临床用血都不要求做艾滋病检测，在各地采血浆站也不做艾滋病筛查。1994 年年底至 1995 年年初，在安徽、河北等局部地区的献血员中发现艾滋病病毒感染者。随后的调查发现，中原地区十几个省都出现了采血浆污染造成献血员中艾滋病的局部暴发流行。这次因单采血浆污染造成的艾滋病暴发流行，其规模之大，是世界艾滋病流行史上前所未有的。

由于担心承担责任，各地不敢对当地献血员的艾滋病感染情况开展调查。一些人认为，这些卖血浆感染艾滋病的人，经过几年后，他们会陆续发病死亡，很多人并不清楚是怎么死的，等这些人静悄悄地走了，这起重大件事也就慢慢地、无声无息地过去了，也不会有人知道，至少不会产生很大的社会震动。但是，2002 年，河南省局部地区出现了艾滋病感染者的集中发病和死亡，造成了社会恐慌。严重的局势，迫使政府不得不面对现实，正视问题，着手处理七八年前因采供血管理不善造成的艾滋病流行问题。

艾滋病在中国经过十几年的流行，人们比较自信地认为，在欧美发达国家出现的男男性行为人群艾滋病流行且疫情居高不下的状况不会在中国发生。实际上，中国的男性同性恋人群规模究竟有多大，他们的生活及行为方式如何，卫生部门对此了解甚少。到2005年时，负责艾滋病疫情监测的疾病控制部门仍然很难接近男性同性恋人群，了解其艾滋病感染状况。各地医疗机构上报的艾滋病病例中，也很少有男性同性恋艾滋病感染者。然而，全国各地男性同性恋人群中突然出现艾滋病疫情的快速上升。2012年，省会城市新报告的艾滋病病毒感染者中，男性同性恋感染者占了一半。男性同性恋已经成为各类高危人群中艾滋病病毒感染率最高的群体。

这几起艾滋病疫情的相继发生，都折射出我们对艾滋病的了解非常有限，未能及时预见艾滋病疫情的走势和发展方向。

2 传播途径的联系与传播方式的演变

唯物辩证法联系与发展的观点认为，任何事物都是在一定联系中存在和发展的，这种规律也体现在艾滋病传播方式的演变方面。艾滋病主要通过血液、性行为和母婴三种方式传播。对这三个传播途径之间的关联及其对艾滋病流行作用的演变，也有一个逐渐认识的过程。

当1989年我国发生第一起艾滋病暴发流行时，受害人群为吸毒者，传播途径是共用注射器吸毒造成经血传播，感染者的感染方式全部是吸毒传播。虽然我们意识到男性吸毒者感染艾滋病后会传给配偶，如果夫妻两人要生育又会传给婴儿，因此，加强对感染者配偶定期检测及感染者家庭的低龄儿童检测，是发现病例的最重要措施。但这种认识是非常局限的。仅仅想到经吸毒感染的艾滋病，会进一步传播给配偶或孩子，并没有真正认识到，在吸毒人群中的艾滋病流行，会逐渐演变成为在社会层面的更加广泛的艾滋病流行。

随后观察到的疫情发展，证实了这一过程。吸毒者通过性行为传染给配偶，在感染者发现后的3年内，其配偶的感染率就达到20%。吸毒感染者传播给配偶相对容易观察，而感染的吸毒者在嫖娼或卖淫过程把艾滋病传染给卖淫妇女或嫖客的过程，或者说更广泛地向社会扩散的过程，就难以像传染给配偶那样能够通过定期跟踪观察来确定，只能通过更为广泛的人群监测才能发现。通过对每年新报告的病例分析发现，感染途径呈现由早期的吸毒为主，逐渐演变为经性途径传播，且其比例越来越大，并成为主要传播方式，而经吸毒传播则慢慢变为次要的传播方式。

在20世纪90年代，当艾滋病还集中在吸毒人群中流行时，疾病预防控制机构已经针对卖淫妇女，开展了以推广安全套为主要措施的阻断经性途径传播的预防干预活动。当时一些非公共卫生的研究机构和学者们对此持批评态度，认为中国的艾滋病流行主要在吸毒人群，没有必要大张旗鼓地开展预防性传播工作。实际上，吸毒者也都有性活动，吸毒者从吸毒途径感染的艾滋病，还可以通过性途径传播开来。随着流行范围的扩大，我国吸毒感染所占比例逐渐减小，经性途径感染所占比例快速增加。这种传播方式状况的变化，反映了艾滋病传播中吸毒与性行为人群之间的相互联系和相互作用。

3 防控策略调整与完善

人类应对病毒性疾病已经积累了丰富的经验，并取得了辉煌的成就。疫苗接种策略，已经成为人类控制传染病流行的最主要策略，包括麻疹、脊髓灰质炎等。而且，应用疫苗接种策略，人类已经成功地消灭了天花。基于几十年疫苗接种预防传染病流行的经验，当分离出艾滋病病毒时，人们想当然地认为控制艾滋病的疫苗将指日可待。然而，随着研究的深入，人们发现，艾滋病的感染机制与其他病毒性疾病有着显著的不同。当其他病毒进入人体后，免疫细胞攻击病毒，消灭病毒，并产生免疫力。而艾滋病毒进入人体后，免疫细胞不但不能攻击病毒、消灭病毒，免疫细胞反而被艾滋病病毒攻击，而且还成为艾滋病病毒在人体内复制出更多病毒的兵工厂。另一方面，由于艾滋病病毒在人体内变异很快，无法研制疫苗。虽然经历了40年的努力，疫苗作为控制艾滋病疫情的手段，仍然还有很长的路要走。

艾滋病的传播流行，主要与个人和群体行为密切相关，确切地说，艾滋病是一种行为性传染病。不安全性行为和不安全注射毒品是造成艾滋病传播流行的主要行为因素。控制艾滋病流行，主要是改变艾滋病病毒感染者和艾滋病患者以及那些易感染艾滋病病毒人群的高危行为。过去几十年与艾滋病做斗争的实践表明，行为干预能有效地改变人们的危险行为，减少艾滋病病毒的传播。行为干预不仅在个人和家庭水平上是有效的，在机构、单位或社区水平上也是有效的，在社会或国家水平上同样是有效的。泰国为发展中国家控制艾滋病流行树立了一面旗帜。通过在妓院实施“100%安全套政策”以及其他多种干预措施，使得泰国艾滋病流行得到有效的控制，特别是有效地控制住了艾滋病病毒通过卖淫活动传播。六项由美国政府资助的研究表明，针具交换项目能够显著地减少吸毒人群中的艾滋病病毒感染流行，而且不会造成吸毒人数的增加。美沙酮维持治疗是预防吸毒人群艾滋病病毒感染流行的另一有效策略。因此，行为干预逐渐成为控制艾滋病流行的有效措施。

在一些特殊人群中推广安全性行为就遇到了很大困难，预防艾滋病经性传播的效果很不理想。比如在男性同性恋人群中，由于不用担心怀孕，性生活被当作纯粹的娱乐和享受，很难坚持使用安全套；又如在少数民族夫妻中，由于民族风俗习惯或者宗教信仰影响，性生活被视为神圣不可干涉，几乎不可能使用安全套；等等。研究发现，艾滋病病毒感染者在接受抗病毒治疗后，体内病毒含量下降，同时其传染给别人的机会也大大降低，特别是接受治疗后，病毒含量几乎检测不到时，感染者基本没有传染性。2011年《新英格兰医学杂志》发表的一篇关于提前抗病毒治疗减少夫妻间艾滋病传播96%的研究报告，更让人们看到抗病毒治疗作为控制疫情蔓延的新策略的重要性。

治疗作为预防策略，还应该从社区群体角度考虑。其基本思想是，尽可能多地治疗感染者。如果每一个接受治疗的感染者都能成功抑制病毒使其没有传染性，一个地区的绝大多数感染者都没有传染性了，这样，新的感染就会大幅度减少或者停止，从而使疫情得到控制。这一逻辑思维的前提条件是，感染者都能够被检测发现出来。而实际情况是，在许多地方，只有一部分的感染者被检测发现了，大多数感染者都没有检测发现出来。因此，要取得治疗作为预防策略的效果，首先要做好扩大检测工作。

第五节　传染病防控的普遍性与艾滋病防控的特殊性

哲学中关于矛盾的普遍性与特殊性的辩证关系，完全反映在传染病防控的普遍性与艾滋病防控的特殊性的关系之中。艾滋病是人类诸多传染病中的一种，在《中华人民共和国传染病防治法》规定的法定传染病中，艾滋病被归类在乙类传染病。与其他传染病相比，艾滋病除具有传染病的一些共性问题外，在很多方面还有其独特之处。

1 一般传染病监测与艾滋病监测

控制传染病的一个关键措施就是及时发现疫情，随时掌握疫情的动态变化、波及范围、受感染的人群特征，以便制定针对性的控制策略，落实有效防治措施，从而成功控制疫情。传染病监测就是及时发现疫情、掌握疫情动态变化的主要策略手段。传染病监测的基本哲学思想是：患者得病后，到医院就诊，医生诊断为传染病后，按照《中华人民共和国传染病防治法》规定，向当地疾病控制部门报告传染病疫情。当某地某种传染病报告人数在某时间段内超过平常报告数，就判定为该种传染病流行。因此，发现传染病的“窗口”一般都是在医院。所以，医院也就成为发现传染病疫情的监测哨点。

与其他传染性疾病相比，艾滋病具有其独有的特征，即无症状潜伏期特别长（平均为10年）。如果等到艾滋病感染者出现临床症状时（即发展成为艾滋病患者到医院就诊时）才被发现，那就太晚了，因为那时已经有很多的人被传染了。因此，尽早发现艾滋病感染者，则成为及时发现艾滋病疫情、控制疫情的关键。艾滋病的监测需要有与其他传染病监测不同的哲学思想，即艾滋病的监测点不能仅放在医院，而是要将关口前移到社区，不能只靠患者发病后到医院就诊才发现，要在感染者尚未出现临床症状时就能够及时捕获他们感染的疫情信息，让决策者知道疫情发生的状况。目前，发现艾滋病感染者的主要技术手段还是依靠实验室化验，检测感染者血液中是否存在艾滋病病毒抗体，从而判断一个人是否感染艾滋病。在多数情况下，艾滋病流行首先发生在同性恋、吸毒者、卖淫妇女等高危人群。对这些人群定期进行抽血检查，可以及时捕获早期艾滋病流行疫情，以及疫情发生后随时间变化的情况。艾滋病哨点监测的哲学思想是：如果艾滋病在一个地方出现流行，它应该首先在同性恋、吸毒者、卖淫妇女、性病患者等高危人群中发生。如果这些人群中的艾滋病感染率不高，比如不超过5%，那么艾滋病在一般人群中出现流行的可能性就很低。如果这些人群的艾滋病感染率快速上升，那么，疫情波及当地一般人群的风险就增加。因此，在一个地区的高危人群中以及选择部分能够代表一般人群的群体，如孕产妇、青年学生、献血员等，定期检测一定数量的人员，从这些人群不同时点的艾滋病感染率的变化，可以研判艾滋病的疫情发生、发展变化，并能评价防治效果。

传染病常规防控策略与艾滋病防控策略

在数百年与传染病做斗争的实践中，人类总结出控制传染病的宝贵成功经验。其中，最为有效的防控策略概括为“三早”：早发现感染者和患者（发现传染源）、早隔离感染者和患者（控制传染源、切断传播途径）、早治疗患者（减少、消除传染源）。

2003年，世界上出现了“重症急性呼吸综合征”（sever acute respiratory syndrome，SARS，又名“传染性非典型肺炎”，简称“非典”）的大流行，其中，以中国疫情最为严重。在没有治疗SARS的有效药物、没有疫苗、没有诊断试剂的情况下，我们就是依靠控制传染病的“三早”策略措施，有效地控制住了SARS的传播流行。这一策略的基本思想是：一旦发现SARS患者或疑似SARS患者，马上把他们隔离治疗，并立刻对患者进行流行病学调查，找出其密切接触者，对所有密切接触者实施隔离观察。

对于那些已经有疫苗可以预防的传染病，其主要预防策略就是疫苗预防接种，使易感人群在接受疫苗接种后，获得保护。只要疫苗接种达到一定的覆盖率，比如85%以上，人群中形成了免疫屏障，就不会出现相应传染病的流行。

基于艾滋病的传播途径和特征，一般传染病防控的“三早”策略在艾滋病控制方面都难以实施。“早发现”艾滋病感染者非常困难。一方面感染者没有任何提示性症状，他们不知道自己何时被感染；另一方面有相当比例的感染者在首次发现感染时，已经是临床晚期患者，这个比例约占四分之一。此外，由于歧视现象的存在，有相当比例的人不愿意做艾滋病检测，或者宁愿迟一点发现自己的感染状况。其次，“早隔离”艾滋病感染者无法实现。感染艾滋病的人，一辈子具有传染性，无论是从科学角度、人权或伦理角度，还是从社会成本或者是可操作性来看，都不现实。另外，“早治疗”也很难。艾滋病治疗药品的毒副作用大，很多感染者在没有症状的早期不愿意接受治疗。同时，由于患者无法彻底治愈，需要一辈子治疗，治疗得越早，患者和国家的治疗负担越重。

因此，对于控制艾滋病来说，不能机械地使用传染病防控的“三早”策略，要充分理解这些策略的科学含义，并能灵活地而不是机械地照搬。应用在艾滋病防治工作的实践中，“早发现”艾滋病感染者，就是要鼓励那些有危险行为的人尽早去检测。对于“早隔离”的含义，不能机械地理解为把艾滋病感染者或患者隔离起来，而应该理解为，根据感染者的个人状况，针对艾滋病的传播途径，采取某些针对性措施，例如安全套使用、美沙酮维持治疗、清洁针具交换等措施，阻止艾滋病感染者把艾滋病病毒传染给其他人。换句话说，在艾滋病控制中的“早隔离”可以理解为尽早采取行为干预措施，阻断艾滋病的传播途径。“早治疗”就是要率先在孕产妇、单阳家庭中对感染者开展抗病毒治疗，并逐渐推广到男性同性恋、吸毒者和卖淫妇女等特殊人群中。

随着对艾滋病认识的深化，艾滋病防控的策略发生了很大的变化。在艾滋病流行早期，主要策略是通过宣传艾滋病预防知识，报告当地疫情情况，让人们知道当地已经出现艾滋病流行，大家就会自觉减少危险行为，从而减少新感染的发生。这种策略的效果非常有限。自20世纪80年代后期以来，各地开展了针对危险行为采取相应干预措施的策略，包括自愿咨询检测、推广安全套、针具交换、美沙酮维持治疗等措施，收到了一定的效果。近些年，利用抗病毒治疗降低感染者体内病毒载量，从而达到减少传染源作用的策略，越来越受到重视。

3 传统传染病与艾滋病防治效果评估

任何疾病的防治，都需要评价其防治效果。评价传染病防治效果的最常用指标是新增患者数、现有患者数和死亡患者数的升降。当一种传染病出现流行后，患者数逐渐增加，如果是严重传染病，会出现死亡而且死亡人数会增加。患者经治疗后痊愈，或者自身免疫作用逐渐康复，就不再统计为患者。经过人为干预或者自然发展一段时间后，患者数出现下降，死亡数也出现下降，逐渐地，新患者没有了，现有患者治愈了，社会上就没有这种传染病患者了。这一过程视不同传染病的流行特征而有所不同，比如流行性感冒，或者 SARS，一个流行周期仅仅持续一个季度或两个季度。对于绝大多数传染病来说，一个流行周期一般不会超过一年。因此，人们评价传染病防治的效果时，通常都是用月、季、年作为时间的统计单位，比较传染病患者数或死亡数升降或有无。在一定统计时间内，患者数减少了，或者没有了，传染病就得到控制了。

当将这一传统评价传染病防治指标应用在评价艾滋病防治效果时，遇到了新问题。如果以总感染者或者患者数为指标，当总感染者或患者人数增加时，对于一般传染病来说，说明效果不好，因为疫情没有控制住。但对艾滋病来说，当总感染者或患者人数增加时，并不能说明防治无效。首先，感染艾滋病后，患者没有症状，不查不知道。新报告的艾滋病感染者可能更多的是反映开展检测工作的情况，而不是反映真实疫情变化。例如，1995—1996 年我国发生数万人因采血浆污染而感染艾滋病，由于当时没有开展检查，该严重疫情并没有反映出来，直到 2004 年开展重点人群大筛查，才把这一历史疫情查清。其次，艾滋病防治中的一项主要措施就是治疗患者，减少死亡。随着治疗艾滋病患者的数量增加，更多的患者的存活时间会延长，使总感染者或患者人数不减反增，这正是反映了防治工作取得了效果。许多地方的行政领导或工作人员没有认识到艾滋病防治效果评估的特殊性，错误地理解总感染者或患者人数增加的含义，也正反映了科学评价艾滋病防治效果是我们工作的难题之一。

第六节 艾滋病防治中的几种关系与认识

艾滋病防治工作中，有几种关系必须妥善处理好。如果处理得不好，防治措施即使是落实了，也难以有效，或者根本无效；如果处理得好，防治工作才有可能有效。然而，处理好这些关系并不容易，常常受到一个国家的政治体制、法律政策、社会观念、风俗习惯等诸多因素影响。

在传统传染病的防控中，采取的防控措施都是符合政策法规、道德风范、文化风俗、人之常理的，因此，能为社会所接受，能够落实，并取得相应的效果。艾滋病因其传播途径的特殊性，一些有效的防控措施与法律法规及社会道德等不尽一致。这些矛盾的对立与统一关系，如果认识不到位、处理不妥当，就很难控制住艾滋病疫情。

1 少数人与多数人的关系

一般人认为，染上艾滋病都是因为个人的行为不检点造成的。那些已经感染上艾滋病的人，以及那些还在从事着有可能感染艾滋病危险行为的人，都是少数“坏人”。因此，社会不应该去帮助这些“坏人”，特别是不能用政府财政的钱去给他们提供帮助。这种认识严重影响了我国艾滋病防治工作的进程。

1989 年我国第一起艾滋病暴发流行出现在云南边陲瑞丽时，只有 146 名吸毒者感染。虽然每年都做一些疫情监测和感染者随访工作，但一直没有实施控制疫情蔓延的强有力措施。疫情逐渐从吸毒者传播到配偶，到卖淫妇女，再到嫖客，到千家万户。到 2009 年，120 万人口的德宏傣族景颇族自治州（以下简称德宏州），约有 2 万人感染艾滋病。涉及人群包括农民、机关干部、警察、医生、教师等各行各业。2005 年，云南省主要领导在德宏州调研艾滋病防治工作时表示，如果在 1989 年刚出现艾滋病流行时就采取强有力的防控措施，也不至于像现在这样，扩散到社会各个层面，从少数“坏人”传播到社会上的多数“好人”，使疫情难以控制。德宏州的艾滋病流行历史，以实例告诫人们，如果当时采取措施，阻止艾滋病在吸毒人群中蔓延，就能够保护好广大的德宏州人民不受艾滋病危害。

当艾滋病在一个地方出现流行时，它首先在同性恋、吸毒、卖淫妇女等高危人群中传播，如果不及时采取防治措施，就会进一步向一般人群扩散。如果能够在流行早期采取措施，阻止疫情在高危人群中蔓延，就能防止艾滋病扩散到一般人群。实际上，多数“好人”与少数“坏人”生活在同一个社会。“保护”好少数“坏人”

不受艾滋病危害，既是对人的生命的尊重，更是政府的责任。确切地说，实施直接“保护”少数“坏人”的措施，不仅保护了“坏人”不受或少受艾滋病伤害，更为重要的是，也间接地保护了与“坏人”生活在同一个社会环境中的最广大的“好人”。

2 法律与现实的关系

与艾滋病传播相关的性乱行为和吸毒行为，都是违法行为。简单、单纯地采用教育和惩治手段，对于消除这些行为，在一定时间内难以奏效。对于一般人群来说，宣传性道德、倡导一夫一妻性关系、减少多性伴性行为的发生是有效果的。但对于卖淫嫖娼者、男性同性性行为者、多性伴者来说，单靠艾滋病防治知识的传播以及伦理道德和法律、法规的宣传教育，其效果是有限的，需要针对其危险行为，实施可接受的、改变危险行为的干预措施。

卖淫属于违法行为，依照法律，应该严厉打击。如果能够依靠执法打击，消除卖淫现象，也可以遏制艾滋病经性途径传播。但现实情况是，执法打击并不能根除卖淫嫖娼现象，而是让这些活动转入地下，变得更加隐蔽，防控工作人员接触卖淫嫖娼者更加困难，艾滋病更容易通过这种形式传播流行。

打击卖淫嫖娼与在卖淫妇女中推广安全套使用，既是对立的，又是统一的。一方面，打击卖淫嫖娼旨在消除这种现象的存在，其基本哲学思想是违法行为必须严惩。另一方面，在卖淫妇女中推广安全套使用，则承认这种现象的客观存在，其基本哲学思想是，只要这种现象是客观存在的，通过这种性行为方式造成艾滋病流行蔓延的风险就存在，就有必要采取有效措施减少这种风险。实践证明，实施打击措施并没有或者很少减少这种风险。因此，有必要推广以使用安全套为主的防病措施，防止艾滋病流行。现实生活中，打击卖淫在全国各地每年都在进行，而各地的卖淫现象仅仅会在某个地区的某段时间有所减少，总体活动并没有什么变化。只要有卖淫现象存在，卖淫妇女就有可能感染并传播艾滋病。因此，在卖淫妇女中推广安全套，是当前防止艾滋病经性途径传播必须实施的重要措施。

静脉吸毒感染艾滋病是因为共用未消毒注射器具，造成感染者血液进入未感染者体内，从而造成感染。预防静脉吸毒感染艾滋病的方法包括：一是预防新的吸毒人员滋生；二是对于已经吸毒成瘾的人帮助其戒毒；三是改静脉吸毒为非静脉药物治疗，如采用美沙酮维持治疗法；四是为吸毒成瘾戒断不成功的注射吸毒者提供针具交换服务，即用消毒过的注射器或尚未使用的一次性注射器，与吸毒者交换其用过的注射器。其中，戒毒措施与美沙酮维持治疗和针具交换措施，既是对立的，又是统一的。一般来说，戒毒很容易理解，即戒断毒瘾，不再吸毒，浪子回头，既是社会所期盼的，更是每一个吸毒者本人和家庭成员所追求的。但现实生活中，吸毒成瘾后能够成功戒断的，非常少。而美沙酮维持治疗和针具交换措施，对于社会上的多数人从观念上来说，还是难以接受的。

美沙酮维持治疗（Methadone maintenance treatment，MMT）是针对海洛因等阿片类毒品依赖者难以彻底戒断吸毒习惯，采取的一种替代药品长期或者终身治疗，从而减少使用毒品带来的危害，包括传染病流行或者死亡。这种治疗方法是以生物心理社会医学模式为基础，应用合法、方便、安全、有效的药物——美沙酮替代海洛因等阿片类毒品，并通过长期持续地治疗改变患者的高危险行为和恢复患者的各种社会功能。美沙酮维持治疗不是传统意义上的“戒毒”，也不是“小毒代大毒”，而是一种治疗方法，如同高血压和糖尿病等需要长期或终生维持用药治疗一样。

世界各国专家对吸毒者的戒治方法始终有不同意见，其中最重要的分歧就是究竟将吸毒者看成需要治疗和帮助的患者，还是需要严厉打击和惩罚的违法者。尽管争论还在继续，但从目前的趋势来看，“将吸毒者视为患者”正在被越来越多的人所接受。国际经验表明，美沙酮维持治疗是控制海洛因成瘾者毒品滥用和艾滋病传播的最为有效的干预措施。参加美沙酮维持治疗的吸毒者每天在工作人员的监督下服用美沙酮口服液，不仅能够防止传染病传播流行，还能够有效降低因滥用毒品造成的违法犯罪行为，并改善和恢复其家庭、就业状况及社会功能。

如何看待美沙酮维持治疗？这项措施在我国艾滋病防治中的地位如何？在学术界，意见不一致；在政府部门间，意见也不一致。美沙酮维持治疗工作在我国经过从小范围试点到大范围开展的过程。在这一过程中，也伴随着部门间的思想沟通，达成共识。2004 年，首先在 8 个门诊开展小范围试点，效果显著，鼓舞人心，但也遇到了一些部门和人员的阻力。为了做好大范围推广的准备工作，时任卫生部副部长王陇德带领卫生部官员和专业技术人员，与时任公安部副部长张新枫及禁毒局官员，专门就美沙酮维持治疗措施进行交流。两个最为关键的政府部门和主管领导在推进美沙酮维持治疗工作方面达成了共识，为全国推进美沙酮治疗工作奠定了基础。

我国的美沙酮维持治疗工作是由政府领导，卫生、公安、药品监管三个部门密切配合，共同实施的一项工作。这项工作实行中央和省级两级管理。中央成立海洛因成瘾者社区药物维持治疗工作国家级工作组（以下简称国家工作组），成员由卫生部、公安部、原国家食品药品监督管理总局的有关部门负责人及专家组成，并在中国疾病预防控制中心设立国家工作组秘书处；各试点省（自治区、直辖市）成立省级工作组（以下简称省级工作组），成员由省卫生厅、公安厅、药监局及省级疾病预防控制中心有关部门负责人及工作人员组成。每个省（自治区、直辖市）有一家美沙酮口服液配制单位和若干个或几十个美沙酮维持治疗门诊（以下简称美沙酮门诊）。

自 2004 年实施以来，我国成为国际上美沙酮维持治疗门诊建设速度最快的国家。此项工作产生了多方面的效果，包括预防感染艾滋病、减少毒品交易、减少毒品相关的偷抢等违法犯罪行为。有研究认为，政府每投入 1 元就避免了社会上 21 元的毒资交易。联合国艾滋病规划署和世界卫生组织认为，此项工作也成为中国在全球预防吸毒人群艾滋病流行的典范，得到了国际社会的广泛认可和赞誉。

3 权利与义务的关系

权利和义务，作为法律关系是同时产生而又相对应存在的，是不可分离、相辅相成的。任何人在法律上既是权利的主体，又是义务的主体，既平等地享有权利，又平等地履行义务。正如马克思指出的：“没有无义务的权利，也没有无权利的义务。”

在艾滋病防治工程实施过程中，我们还注意加强相关法制建设，以推动防治工作健康发展。2006年，《艾滋病防治条例》颁布。

在我国艾滋病防治工作中，以艾滋病病毒感染者和患者为中心的预防策略充分体现了权利和义务之间不可分离、相辅相成的辩证关系。《艾滋病防治条例》中特别规定了相关人员的权利与义务。一方面规定：任何单位和个人不得歧视艾滋病病毒感染者、患者及其家属；艾滋病病毒感染者、患者及其家属享有的婚姻、就业、就医、入学等合法权益受法律保护；未经本人或者其监护人同意，任何单位和个人不得公开艾滋病病毒感染者、患者及其家属的有关信息；医疗机构不得因就诊的患者是艾滋病病毒感染者或者患者，推诿或者拒对其其他疾病进行治疗；国家实行艾滋病自愿咨询和检测制度，为自愿接受艾滋病咨询、检测的人员免费提供咨询和初筛检测。明确了艾滋病病毒感染者、患者及其家属应该享有的权利。另一方面规定：艾滋病病毒感染者和患者应当接受疾病预防控制机构或者出入境检验检疫机构的流行病学调查和指导；艾滋病病毒感染者和患者应将其感染或者发病的事实及时告知与其有性关系者，并应采取必要的防护措施，防止感染他人；就医时，应将其感染或者发病的事实如实告知接诊医生；艾滋病病毒感染者或者患者不得以任何方式故意传播艾滋病；故意传播艾滋病的，依法承担民事赔偿责任，构成犯罪的，依法追究刑事责任。明确了艾滋病病毒感染者和患者应当履行的相应义务。

这种艾滋病病毒感染者、患者及其家属的权利和义务对等统一的规定，既保障了他们在艾滋病防治中应该享有和行使的合法权益，又促使他们自觉地履行义务，配合实施防治措施，有效推动了我国艾滋病防治工作的深入开展。

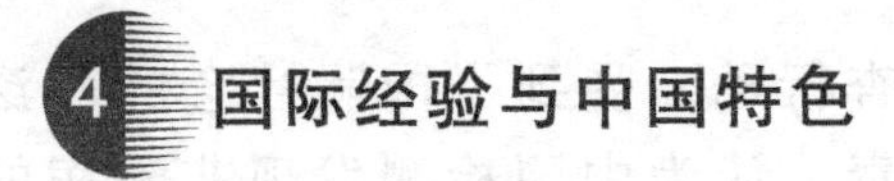

4 国际经验与中国特色

全球范围内，已经摸索出一系列控制艾滋病的有效措施，包括自愿咨询检测、推广安全套使用、美沙酮维持治疗、针具交换、母婴阻断等。这些措施，多数有艾滋病流行的国家都在实施。但各国也会根据国情、政策有选择地采纳或者有调整地采纳。在过去近30年的防治实践中，中国创新性地开展了多项艾滋病防治新策略，发展和丰富了世界艾滋病防治实践。

4.1 重点人群艾滋病大筛查

艾滋病最早流行于西方国家，艾滋病的防治策略也是在西方文化的背景下产生的，自愿咨询检测就是其中一例。自愿咨询检测首先强调的是自愿，而且这种“自愿”更多的是主动“自愿”。其基本哲学思想是：有过危险行为的人，应该担心自己可能被感染，会主动寻求帮助，他们会到咨询检测机构接受咨询和艾滋病检测。这也是世界卫生组织和联合国艾滋病规划署倡导的主要策略。绝大多数国家，也都把自愿咨询检测当作发现感染者的首选策略。我国也把这一策略作为发现感染者的主要策略。

当这样一个策略应用在中国时，虽然也能发现一些感染者，但相当比例的感染者并不能通过这一策略被发现出来。我们清楚地知道，1995 年至 1996 年期间，在中原地区有大批既往有偿供血员由于操作污染造成了感染；在西南地区，也有大量因吸毒而感染艾滋病的，但真正到自愿咨询检测机构接受咨询和检测的人并不多。

2004 年，卫生部指导河南省开展对既往有偿供血员的大规模筛查。2004 年 6 月至 7 月，河南省登记了 28 万既往有偿供血员，检测了 25 万人，新检测发现 2.3 万名艾滋病感染者。两个月发现的感染者人数，是河南省过去 10 年发现总感染者人数的 6 倍。2004 年 9 月至 12 月，云南省对既往有偿供血员、吸毒者、性病患者等 40 多万人进行了检测，新检测发现 1.3 万艾滋病感染者，相当于过去 15 年检测发现感染者数量的总和。两省的筛查尝试，让人们切身感受到，这是一种有效发现感染者的措施。很快，全国其他 29 个省、自治区和直辖市也相继开展了重点人群艾滋病感染的大筛查。

这次重点人群艾滋病大筛查行动，受到了国际社会的广泛关注，当时也受到国际社会的指责，认为中国检测发现艾滋病的方式严重侵犯人权。但大量感染者的发现，以及随后的医疗预防服务的落实，逐渐让国际社会认识到这次大筛查的公共卫生意义，并接受、进而推广中国的这种扩大艾滋病检测的措施（参见：2006 年 9 月美国疾病预防控制中心修改的医疗机构艾滋病检测指南；2007 年联合国艾滋病规划署和世界卫生组织出台的医务人员主动对患者开展艾滋病检测指南）。这也是中国对世界艾滋病防治策略的巨大贡献。

4.2 高危人群干预工作队的成立

对于以商业性活动为主的高危人群，如果我们的防治人员按照常规的上下班时间工作，就无法为他们提供疾病预防服务；如果我们还是以政府部门工作人员的身份出现，就难以接近他们。因此，需要改变工作思路，改变工作方式，开创以特殊人群艾滋病防治需求为中心的新的工作模式。2005 年，为了加速针对艾滋病经性途径传播的控制，我国在 31 个省（自治区、直辖市）成立了 2 000 多个高危人群干预工作队。这支队伍主要由疾控部门人员构成，同时有退休医生和护士、社会组织等人员参加。工作人员适应高危人群的活动特点，调整工作时间开展调查和干预活动。高危人群干预工作队在开展工作前，调查了解：艾滋病、性病流行特征及危险因素；当地高危行为的种类、存在方式和规模；高危场所的种类、数量与分布；高危人群的特点、数量与分布；性病诊疗和妇女保健服务医疗机构的数量、分布和服务质量；参与高危行为干预工作的有关部门情况；经过动员可参与艾滋病防治工作的社会组织和社会力量；现有人力、物力和经费等资源与落实干预任务之间存在的差距等。并根据这些调查结果确定干预工作重点、对象、任务、经费分配和干预方式，为制定干预工作实施计划提供依据。

高危人群干预工作队，是针对我国卖淫现象比较普遍而又十分隐蔽、男男性行为人群复杂而难以接触、流动人口数量庞大、社会组织不健全且能力有限等中国特色设计的。这支庞大的高危人群干预工作队对保持我国艾滋病低流行状态发挥了重要作用。

4.3 “四免一关怀”政策的确立

在艾滋病流行早期，我国控制艾滋病的手段非常有限。对于检测发现的感染者，没有为他们提供一些实实在在的、解决问题的帮助，除了让他们知道自己感染艾滋病、增加痛苦和受到歧视以外，并不能给发现的感染者带来更多的好处。因此，防治措施难以得到感染者群体的支持。1999 年艾滋病抗病毒药物开始在我国市场上出现，但绝大多数感染者和患者都无力使用抗病毒治疗。像其他疾病一样，艾滋病患者也必须为其所接受的医疗服务支付费用。艾滋病治疗费用昂贵，单使用的进口抗病毒药物一项，每人每年约花费 8 万~10 万元人民币。而我国绝大部分的艾滋病患者都生活在医疗条件有限的农村地区，患者及其家庭根本没有能力承担如此高昂的治疗费用。

2003 年，我国在成功控制了“非典”（SARS）流行之后，国家加强了对疾病预防控制的领导和工作力度，并重点加大了对艾滋病的预防控制力度，集中出台了一系列重要政策文件。党中央、国务院领导高度重视艾滋病防治工作，胡锦涛同志批示：“艾滋病防治是关系我中华民族素质和国家兴亡的大事。各级党政领导需提高认识，动员全社会，从教育入手，立足预防，坚决遏制其蔓延势头。”2003 年 9 月，在联合国大会艾滋病高级别会议上，我国政府就防治艾滋病工作向全世界做出了五项承诺：一是要增强政府的责任，明确目标，落实责任，加强考核、监督和检查；二是政府承诺对经济困难的艾滋病患者免费提供治疗药物；三是完善法律法规建设，加强对危险行为的干预和预防宣传工作；四是保护艾滋病病毒感染者和患者的合法权益，反对社会歧视，对贫困的艾滋病患者给予经济救助，对其子女免收上学费用；五是积极开展国际合作。后来，五项承诺进一步完善为“四免一关怀”政策，即为感染者提供免费初筛检测，为城市低收入感染者和农村感染者提供免费抗病毒治疗，为感染的孕妇提供免费母婴阻断，艾滋病孤儿免费上学，为受影响的感染者家庭提供救助和人文关怀。2006 年，“四免一关怀”政策被纳入《艾滋病防治条例》，进一步强化了“四免一关怀”政策的贯彻实施。“四免一关怀”政策是我国艾滋病防治的重要政策，构成了整个防治政策的框架。它的实施在中国尚属首次，也走在了发展中国家的前列。

多年来，通过“四免一关怀”政策的实施，在个人层面，不仅挽救了一大批艾滋病患者的生命，改善了他们的生活质量，提高了他们的生产自救能力，而且使他们重获新生并融入社会，维护了社会稳定；在社会层面，不仅促进了扩大检测、扩大治疗，更多地发现和治疗了艾滋病病毒感染者和患者，有效落实了干预、随访服务等防治措施，使我国艾滋病疫情快速上升的势头明显减缓，病死率大幅下降，而且倡导了反对社会歧视，营造关爱感染者和患者的社会氛围，开创了全社会防治艾滋病的良好局面，促进了和谐社会的建设和发展。

正是在艾滋病防治中坚持以人为本，才使艾滋病病毒感染者、患者与社会、集体进入了良性循环状态，推进了我国艾滋病防治工作的开展，取得了艾滋病防治的诸多成就。

4.4 中国政府强有力的组织领导

与其他国家相比，中国艾滋病防治的一个显著特点就是强有力的政府组织领导。我国的国家制度，决定了在应对重大问题方面的特殊优势。例如在 20 世纪 60—70 年代，在新中国成立后很短时间内就组织研制出了“两弹一星”，以及 2008 年成功应对四川汶川特大地震灾难，等等。

政府在艾滋病防治方面的强有力的组织领导，主要体现在中央政府对控制艾滋病的政治承诺、组织保障和强有力的经费支持。在国家层面成立了国务院防治艾滋病工作委员会，统筹协调艾滋病防治的政策和策略问题。各省（自治区、直辖市）也成立相应的艾滋病防治工作委员会，组织协调各项防治措施的落实。

我国自上而下的疾病预防控制系统以及各地医疗机构，是全国艾滋病防治的中坚力量，承担了大量具体的艾滋病防治工作，包括检测发现感染者、管理感染者、预防传播及治疗患者等。这种系统组织的艾滋病防治活动，具有整体性、可持续性和较高的投入-产出效益。

第七节 未来的挑战

我国艾滋病防治工作依然面临诸多挑战。积极应对这些挑战，是我们继续推进艾滋病防治工作的关键。

第一，我国的艾滋病防治形势依然十分严峻。估计还有四分之一的感染者或患者没有被发现，而他们是造成艾滋病新感染的主要来源。传染源得不到发现和有效管理，就难以控制新发感染。性传播呈现出增加的趋势。而且，传播途径更加隐蔽，防治难度加大。感染者发现晚的比例较高，新发现的感染者在短时间内即有相当数量的死亡。

第二，特定人群的有效干预缺乏。近年来青年学生、男性老年人和男男性行为者等人群感染人数不断上升，这与我们尚未探索出有针对性的宣传教育方式，以及针对低档暗娼和男男性行为人群的有效干预手段有密切关系。

第三，艾滋病防治任务越来越重、要求越来越高。随着时间的推进，艾滋病病毒感染者和患者对其医疗、生活、就业等方面的需求也越来越高。面对防治任务的增长，我们防治队伍的数量、人员结构并没有相应地增加，防治力量明显不足。

第四，有关社会组织作为艾滋病防治的重要力量，目前还比较薄弱。一是社会组织人员少，二是他们开展艾滋病防治工作的能力不足，三是促进他们参与艾滋病防治工作的保障机制尚未建立。我们要积极探索政府部门和社会组织间合作机制，加强交流与合作。要充分发挥各地社会组织的作用，以项目管理的形式对社会组织进行管理，探索社会组织在艾滋病防治工作中的职能、定位，与医疗卫生机构的工作既不重复，又能体现特色。要将社会组织纳入整体防治工作计划，加大财政投入和技术支持力度，积极培育和发展有社会责任心、有奉献精神和一定能力的社会组织健康成长；支持相关社会组织登记注册，从而为财政资金持续支持社会组织参与防治工作创造条件。同时，还要建立社会组织参与艾滋病防治工作的监督和考核机制。

第十二章

黄河三门峡工程的哲学分析

三门峡水利枢纽工程（简称三门峡工程）是在黄河干流上修建的第一座大型水库工程，也是新中国建设的第一个大型水利枢纽工程。然而在历时40多年后的2003年秋季，渭河流域发生了特大洪涝灾害。关于此次洪灾的成因，陕西方面将其归结为三门峡水库高水位运行导致潼关高程居高不下，引起渭河倒灌其支流，以致“小水酿大灾”。而三门峡方面则认为，“渭河之灾与三门峡工程无关，是两码事。”由此引发了新一轮关于三门峡工程的“存废之争”。此次争论引起了学界、政府、媒体乃至社会各界人士对三门峡工程的广泛讨论和思考。这是一场从未有过的有关三门峡工程在治理和开发黄河流域过程之中的效益、作用及其功过是非的公开讨论，讨论所涉及的范围已远远超出了三门峡水库工程本身，它为人们公开、公正地研究、认识和评价三门峡工程提供了条件和社会环境。

根据文献考察，三门峡工程是新中国成立初期，作为根除黄河水害和开发黄河水利的关键环节之一，并为适应当时工农业生产发展的需要而实施的。当时认为，“根除黄河水害和开发黄河水利主要有三个环节：上游开展水土保持，拦阻泥沙；下游进行河道整治，防止淤积；并在适当地点修筑调节洪峰及水量所需的水库。在这三个环节中，上游水土保持，下游河道治理，都需要较长时间才能生效。由于目前秦川以下河道逐年淤淀，安全泄量有限，所以修建水库便成为目前解决防洪问题的迫切要求。同时，在目前我国大力发展工农业生产的条件下，通过修建水库来利用黄河水利资源也是十分需要的。”① 这样，适应当时中国社会对水库工程的需求，同时在

---

① 三门峡水利枢纽讨论会办公室．三门峡水利枢纽讨论会综合意见[J].中国水利，1957（7）：3-12.

工程技术上又得到苏联方面强有力的支持，三门峡工程便应运而生了。

第一节 对三门峡工程的历史回顾

1 三门峡工程的规划与决策

1.1 三门峡工程规划的“三起三落”

从20世纪30年代起，就有许多中外专家设想在黄河干流上通过修建大坝来治理黄河水害或开发黄河水利资源。例如，1946年，国民政府聘请由美国专家雷巴德、萨凡奇、葛罗同、柯登等组成的顾问团对三门峡地区进行实地考察。他们得出的初步结论是：“三门峡建库发电，对潼关以上的农田淹没损失太大，又是以后无法弥补的。建议坝址改到三门峡以下100米处的八里胡同。其主要任务在防洪而非发电。”①

新中国成立后，多次研究在黄河干流龙门至孟津段修建水库的问题，曾经历了三次主张修建三门峡水库却又三次放弃的过程。

1949年，在《治理黄河初步意见》一文中，以“变害河为利河”为治理黄河的目标，以“防灾和兴利并重，上、中、下三游统筹，干流和支流兼顾”为治理黄河的方针，主张从三门峡、八里胡同和小浪底三处坝址中选择一处，建造一座综合利用的水库。但是，到了1951年就有人根据当时我国政治、经济、技术以及人力、物力和财力等条件提出了反对意见。他们认为在黄河干流上修建大型水库困难太大，建议从支流开始寻求解决问题的途径。于是，三门峡方案被第一次放弃。

但是，支流方案经过计算得到的结论却是：“支流太多，拦洪机遇又不十分可靠，且花钱多，效益小，需时长，交通不便和施工困

① 刘蓁．黄河第一大坝50年纷争[J]．新华文摘，2004（11）：48-50.

难等，仍需从干流的潼孟河段下手。”① 于是，三门峡方案被再次提出。但这个方案几经权衡之后，终因要淹没八百里秦川“损失太大”而舍弃。从 1952 年下半年开始，转为研究淹人淹地较少的邙山建库方案。

经研究，邙山方案终因投资超过 10 亿元，淹没人口超过 15 万，且无综合利用效益而被放弃。这样，三门峡方案在 1952 年冬第三次被水利部黄河水利委员会（以下简称黄委会）提出。但是水利部随后对解决黄河防洪问题做出了明确的指示：“第一，要迅速解决黄河防洪问题；第二，根据国家经济状况，花钱不能超过 5 亿元，移民不能超过 5 万人。”② 由于这个限制，三门峡方案因“超标”被第三次搁置。

1.2　苏联专家与《黄河综合利用规划技术经济报告》的编制

1954 年 1 月，苏联专家组一行 7 人抵京，组长为苏联电站部水电设计院列宁格勒设计分院（以下简称列院）的副总工程师柯洛略夫。2 月 23 日，由中苏专家以及中央有关部门的负责人共 120 余人组成黄河考察团，从北京出发，对黄河流域进行了实地考察。

考察团经过查勘否定了邙山水库方案，肯定了三门峡建库方案。

在苏联专家的帮助下，黄河规划委员会（以下简称黄规会）于 1954 年 10 月编制完成了《黄河综合利用规划技术经济报告》（以下简称《技经报告》）。《技经报告》的内容包括总述、灌溉、动能、水土保持、水工、航运、对今后勘测设计和科学研究工作方向的意见、结论八部分，附图 112 幅，为三门峡工程的实施提供了技术论证。

1.3　决策：《关于根治黄河水害和开发黄河水利的综合规划的决议》

由于国内外政治、经济形势的好转，并在工程技术上重新得到了苏联专家的支持，三门峡工程是否上马的问题，开始被提上议事

---

①　黄河三门峡水利枢纽志编纂委员会．黄河三门峡水利枢纽志[M].北京：中国大百科全书出版社，1993：27.

②　同①。

日程。

在1954年11月至1955年7月间，由原国家计划委员会、原国家建设委员会、国务院先后组织召开多次关于三门峡工程规划方案的会议，在得到党和国家领导人认可的情况下，最终通过了《关于根治黄河水害和开发黄河水利的综合规划的报告》（以下简称《规划》），并决定提请第一届全国人民代表大会第二次会议审议通过。

1955年7月18日，时任国务院副总理邓子恢在第一届全国人民代表大会第二次会议上做了关于根治黄河水害和开发黄河水利的综合规划的报告。7月30日，全国人民代表大会一致通过了《关于根治黄河水害和开发黄河水利的综合规划的决议》（以下简称《决议》）。

《规划》的通过意味着在是否建造三门峡工程问题上争论的基本结束，而《决议》的通过则意味着建设三门峡工程成为“国家意志”和“人民大众的意志”，《决议》成为日后指导根治黄河水害和开发黄河水利实践的政府指导性文件。

2 三门峡工程的设计与争论

三门峡工程决策之后，工程的设计问题随之被提上了议事日程。

2.1 工程的设计

1955年8月，黄规会提出了《黄河三门峡水利枢纽设计技术任务书》。该任务书明确地指出：“三门峡水电站的设计应根据黄河综合利用规划技术经济报告，并考虑国家计划委员会1955年提出的意见①、本设计技术任务书和其他供本水电站设计用的原始基础资料进行编制。”②

遵照我国上述各项文件所提出的要求，苏联列院于1956年4月提交了《黄河三门峡工程初步设计要点》。

1956年7月，国务院对《黄河三门峡工程初步设计要点》进行

---

① 原国家计划委员会审查《黄河三门峡水利枢纽设计技术任务书》后，于1955年8月19日提出《国家计划委员会的意见》。

② 黄河三门峡水利枢纽志编纂委员会．黄河三门峡水利枢纽志［M］．北京：中国大百科全书出版社，1993：390.

了审查，提出审查意见和决定，并将相关信息函告苏联电站部水力发电设计总院。按照中国方面的意见和决定，苏联列院于1956年年底完成了他们所承担的三门峡工程的初步设计。

1957年2月，原国家建设委员会在北京主持召开三门峡工程初步设计审查会。审查会同意初步设计的内容，1957年4月三门峡工程正式开工。

1957年11月，国务院审批了国家建设委员会报送的《关于审查三门峡水利枢纽工程初步设计意见的报告》，认为初步设计符合原《黄河三门峡水利枢纽设计技术任务书》的要求，批准了初步设计，并在吸收多方专家意见的基础上，对技术设计的编制提出了修改意见。

按照中方所提出的各项要求，苏联列院于1959年年底全部完成所承担的技术设计任务。①

2.2 关于工程设计的争论

1956年4月，苏联列院提出了《黄河三门峡工程初步设计要点》报告。该报告主张，在保证三门峡水库寿命50年的前提下，水库正常高水位不应低于360 m高程。这个360 m的水库正常高水位比《技经报告》中确定的水库正常高水位350 m高出10 m，而耕地淹没和库区移民却增加了许多（农田淹没由200万亩②增加到325万亩；移民由58.4万人增加到87万人）。这种情况引起中国有关人士和专家的注意。1956年5月，清华大学黄万里教授向黄规会提出了《对于黄河三门峡水库现行规划方法的意见》，反对建造三门峡水库。温善章也于1956年12月和1957年3月两次向水利部和国务院提出了《对三门峡水电站的意见》，反对以高坝大库进行蓄洪拦沙。

在这种情况下，水利部于1957年6月10—24日在北京召开了由水利部、电力部、清华大学、武汉水利学院、天津大学、三门峡工程局，以及有关省水利厅的专家、教授共50多人参加的三门峡工

① 黄河三门峡水利枢纽志编纂委员会. 黄河三门峡水利枢纽志[M]. 北京：中国大百科全书出版社，1993：41.

② 1亩≈666.67 m^2。

程讨论会，讨论三门峡水库的正常高水位和运行方式。讨论的议题为：① 应否修建三门峡水利枢纽；② 水库拦沙与排沙问题；③ 综合利用水库的要求和运行；④ 对于以水土保持工作为修筑三门峡水利枢纽的基础的评价。

围绕上述问题所展开的争论是十分激烈和复杂的，我们对这些争论的具体内容做了一些梳理，并根据这些观点之间存在的一致性和差异性，将它们大体区分为三个派别，即高坝派、低坝派和反坝派。为了说明的简单和直观起见，我们将这些派别的主要观点列入表 2-12-1。

表 2-12-1 关于三门峡工程设计争论中三派的主要观点

派别	是否建坝	拦沙与排沙	是否综合利用	主要理由	代表人物
高坝派	是	拦沙	充分综合利用	效益巨大	大多数专家
低坝派	是	排沙	防洪为主，兼顾综合利用	移民、耕地淹没等损失巨大；从长远看，与水利资源比较，土地资源更为珍贵	温善章、叶永毅、吴康宁、王潜光、王邨、方宗岱、杨洪润、俞漱芳①
反坝派	否	排沙	否	设计思想错误；不值得	黄万里、张寿荫②

3 三门峡水库的改建和运行方式的改变

三门峡水库 1960 年 9 月投入运用。在运行之初，采用“蓄水拦

① 这些专家在当时都是比较明确地主张排沙观点的。一些传媒、刊物和书籍中，关于在这一历史时期只有黄万里和温善章坚持反对在三门峡建设高坝大库实施蓄水拦沙的说法，与当时的历史事实是不相符的。对此，只要仔细查阅发表在 1957 年《中国水利》上的关于“三门峡水利枢纽讨论会”的有关材料就可以得到确切的结论。需要指出：虽然这些专家都主张排沙，但是他们的观点之间还是有明显的区别的。由于黄万里“不主张在黄河建水库，认为有了水库就没有妥善的办法使入库泥沙自动下泄”，因此，他的观点与主张拦沙的人们的观点是截然相反的，属于反坝派；而温善章等的观点是在肯定了建造三门峡水库能够有利于黄河下游防洪的前提之下，要求通过以排沙保持水库的有效库容的方式使水库的正常高水位尽量降低，从而在工程的综合利用与水库库区淹没和移民之间寻找合理的平衡点，他们的观点可归结为低坝派。

② 这里需要说明的是，虽然他们在当时都对修建三门峡水库提出了反对的意见，但是，他们各自依据的理由却是不尽相同的。

沙”的运行方式。在一年半的时间里，有93%的来沙淤积库中，总量达到15.3亿t，库区上游出现“翘尾巴”现象，潼关河床迅速升高，潼关高程淤高近5 m，在渭河口形成拦门沙，造成渭河下游泄洪能力迅速降低，两岸地下水位抬高，水库淤积末端上延，不仅渭河下游两岸农田受淹没和浸没，土地盐碱化面积增大，而且严重威胁着西安等广大关中地区工农业的安全生产和人民群众的生活安全，致使陕西省对三门峡水库的运行方式提出强烈的反对意见。为了减轻水库淤积和渭河洪涝灾害，1962年3月水库的运行方式被迫由“蓄水拦沙”改为“拦洪排沙”。虽然库区的泥沙淤积有所减缓，但由于泄洪能力不足，仍有60%的来沙淤在库中。经过专家们的反复讨论，在“确保下游，确保西安”的原则下，1964年12月决定对工程进行改建。第一次改建自1965年1月至1968年8月，主要是增建“两洞四管”。这次改建使水库泄量增大了1倍，缓解了水库严重的泥沙淤积，潼关以下库区由淤变冲，但是潼关以上仍然淤积严重。为了解决库区淤积，发挥已建工程的效益，决定对水库进行第二次改建。改建工程自1969年12月开始，包括打通已经堵死的8个施工导流底孔，将其改建为永久泄水排沙孔。将电站改建为低水头发电，安装了我国自己制造的5台总容量为25万kW发电机组等。三门峡水电站第一台机组于1973年12月建成发电，此后水库按“蓄清排浑”方式运行。1990年后，又陆续打开了9~12号底孔。

第二节　三门峡工程的社会效应

1　三门峡工程的社会效益和工程技术成就

三门峡工程在半个多世纪的运行中，特别是经过改建和运行方式的改变后，保存了一定的有效库容，在防洪、防凌、灌溉、发电、供水等方面发挥了综合利用效益。

另外，通过半个多世纪的三门峡工程的建设、运行、改造等工程实践，在取得工程的经济和社会效益同时，还取得了宝贵的工程技术成就，主要表现在两个方面：一是加深了对黄河泥沙特征的认识，发展了泥沙理论，丰富了在多泥沙河流上修建水库的经验，当前我国治理多泥沙河流的工程理论和实践能力已经达到世界领先水平，为我国和世界水利事业发展提供了宝贵的精神财富；二是提高了水利工程的施工技术水平和工程质量，并培养了一大批水利工程技术方面的人才。

2 三门峡工程的负面效应

三门峡工程在取得社会和工程效益的同时，也带来了许多负面效应。这集中表现在移民问题和生态环境问题两个方面。

三门峡水库的移民安置过程中存在规划粗疏、补偿标准低、主要靠简单的行政命令实施等错误，因而造成了一些至今都难以解决的遗留问题。例如一些移民生产条件差、生活水平下降；有些安置点塬高沟深，水质不好，人畜饮水困难；交通闭塞，耕作、运输不便；基础设施薄弱，文教卫生落后，儿童上学难，群众就医难等。

由三门峡工程引起的生态环境问题是多方面的。其中表现最为严重的便是“渭河问题”。在历史上，渭河是一条冲淤相对平衡的河流，但是，自建库到 2004 年汛后，渭河下游累计淤积泥沙达 13.10 亿 m^3，淤积末端已超过西安草滩。由于泥沙的淤积，河床抬升，渭河下游已经由过去的正常河流变成了河床高于地面的地上“悬河”，从根本上改变了渭河下游的防洪排涝形势。据统计，自建库以来，渭河下游支流约有 20 个年份出现决口，这些决口造成了很大危害。除此之外，三门峡工程还对环境产生了一些其他方面的不良影响，包括库周塌岸，周围土地盐碱化、沼泽化，水井坍塌和地下水水质恶化，地面湿软、房屋倒塌，地面湿陷裂缝，气温、水温和水质的变化，农田肥力的变化，陆生和水生生物的变化等。

第三节 对三门峡工程的若干反思

1 三门峡工程表明工程活动的本质是自然因素、技术因素和多种社会因素的复杂统一，人类在认识大型工程的长期效应时会遇到许多限制和许多困难

由上述对三门峡工程实践过程的回顾，可以看到，在工程的规划、决策、设计、运行、改建、效益评价等每一个环节中，都不只是涉及一些工程技术问题以及管理问题，还涉及社会、经济、文化、环境、生态、伦理等诸多因素。可以说，三门峡工程并不是单纯的技术应用或技术“集成”的过程和结果，同时也是对工程进行社会选择或建构的过程和结果。当然，这种社会选择或建构过程不是毫无根据和随心所欲的，社会的选择或建构也必然是受到工程技术可行性、经济条件、政治需求、环境承受力等诸多复杂的技术因素和非技术因素的综合制约的，是工程内在的技术因素之间、非技术因素之间、技术因素与社会因素之间以及这些内在因素与外部环境之间相互制约、相互作用的过程和整体效应。需要强调指出的是，这里所说的技术因素和非技术因素都可以是工程的内在有机组成部分，工程是在技术提供的可能性基础上进行社会建构的过程和结果。这种观点与主张技术是一项独立的因素，技术变革是引起和决定社会变革的决定性因素的“技术决定论”工程观，以及主张社会的经济需要是决定技术进步和发展的方向、速度、规模的第一推动力的“社会决定论”工程观都是有区别的。在“技术决定论”或“社会决定论”中，技术因素与社会因素对于工程来说是彼此独立的，是两个独立系统之间的相互作用关系。而在我们看来，技术因素和社会因素都是工程这一“无缝之网”的不可分割的组成要素，只是由于人类思维能力的局限，为分析问题而在“认识”中将其人为“隔离”开来的结果。对于现实的工程而言，它是由工程实践的主体，以某种（或几种）目的为导向，依据客观规律，在生产经验、科学、技术手段提供的各种可能性的基础上，合理利用各种资源进行

人工物的建造，以满足人的生存和发展需求的社会建构活动及其结果。那种对工程活动只是做技术还原论（技术决定论）或社会还原论（社会决定论）说明的方式，不仅在理论上存在着片面性，而且在现实中也可能导致错误甚至是有害的。例如，如果把在三门峡工程问题上所发生的失误仅仅归结为人们对黄河水沙状况的认识不足，而不进一步考察当时复杂的社会历史原因的话，那么就会很自然地把在三门峡工程的规划、决策上所犯的错误全部归结到工程技术之上，并将所有的责任推脱或转移到工程技术人员的头上。这个结论显然是片面的和不合适的，也是有失公正的。因为参与工程规划与决策的主体中除了工程技术人员以外，还包括决策者、管理者等。与决策者或管理者相比较而言，虽然工程技术人员在工程方案的选择和实施过程中发挥着重要的作用，但是一般地说，他们的主要任务是解决“怎么做”的问题，而决策者或管理者的根本任务才是确定“做什么”的问题。

2 工程项目的实施引起生态环境和社会利益结构的变化，这些变化是进行工程的社会评价的重要内容

从对三门峡工程的社会效应的介绍可以清楚地看到，由工程而带来的正、负效应的时空分布是十分明显且不平衡的。自建库以来，下游地区不仅得到了“黄河岁岁安澜”的减灾效益，还得到了由灌溉、发电、拦沙、供水带来的“额外”恩惠。而上游地区却为工程的建设付出移民、土地淹没、环境恶化和丧失经济发展机遇等沉重的代价。因此，有理由说，三门峡工程的建设和运行，不仅改变了黄河的自然状况，也改变了黄河流域自然资源的分布和利用状况，还改变了黄河流域特别是三门峡库区上下游地区的利益分配状况。

三门峡工程的建设和运行带来的利益在时空分布上的严重失衡，是不断引发关于三门峡工程争论的重要的和深层次的社会原因。例如，对于水库上游地区来说，三门峡水库运行水位的高低，是否能够成功实现其发电、灌溉等预期目标，并不直接损害其利益。既然如此，为什么还要极力要求三门峡水库改变现有的运行方式，降低坝前水位，实行全年敞泄运行呢？原因在于，在他们看来，三门峡水库的不合理运行——水库运行方式与入库水沙不适应——是导致

潼关高程抬升的最根本原因，而潼关高程的抬升，直接给渭河下游带来了一系列严重的生态环境问题。而三门峡库区渭河下游地区涉及渭南、西安、咸阳三市 11 个县（区）的 70 个乡（镇），总人口 183 万人，耕地 214 万亩，是陕西省实施经济发展战略的核心地区，而频繁的洪涝灾害和严峻的防洪形势使得关中东部地区及西安的社会经济发展受到严重的影响。这不仅表现在洪涝灾害给这些地区造成了移民问题和生态环境问题等巨大而直接的损失上，还表现在一些有关水库上游地区社会经济发展的间接影响上。

由此不难看出，三门峡工程的建设和运行，不仅改变了黄河流域的自然状态、生态环境、自然资源的分布状况，也确实改变了黄河流域不同地区、不同人群的利益分配状况。换句话说，三门峡工程在国家与地方、地方与地方、地方与个人的利益分配关系中呈现出不同的作用和效益。

因此，如何公开、公正、合理地处理三门峡工程的效益问题，既是一个涉及三门峡工程的社会评价——“工程正义”的理论问题，又是一个关系到三门峡工程自身前途的重要现实问题。

3　在工程实践中必须把工程经验、工程理论与工程实际有效结合起来

当初在对三门峡工程进行规划和决策时，要求工程实现的目标是充分发挥防洪、拦沙、发电、灌溉和航运的综合利用效益。然而，在工程建成投入运行的半个多世纪中，经过运行方式的改变和工程的改建，虽然使一个濒临“死亡”的水利工程得到了挽救，并且其后三门峡水库在防洪、防凌、灌溉、供水和发电等方面也发挥了一定的经济效益和社会效益，但是水库远远没有达到当初规划设计的指标要求。由于水库运行水位的一再调低，发电效益已由最初设计的 100 万 kW、年发电 46 亿 kW · h 下降到改建后的 40 万 kW、年发电不足 10 亿 kW · h；灌溉能力也随之削减。为下游拦蓄泥沙实现黄河清与地下河的设想，也随着大坝上孔洞的接连开凿宣布放弃，发展下游航运更是无从谈起。与此同时，由于三门峡水电站为多发电长期高水位运行，使得潼关高程不断抬升，泥沙不断淤积，原本是地下河的渭河变成“悬河”，给渭河流域带来了一系列严重的生态

和社会问题。

面对这样的情形，人们不禁要问，像三门峡工程这样一项关系国计民生的大型工程，在其规划决策、设计施工、运行管理的过程中集中了国内外众多一流工程技术人员，怎么还会出现这样严重的问题呢？

人的实践活动与动物的本能活动的根本不同之处在于人的活动是有计划、有目的（目标）的。而所谓的目的，就是人们通过对某一事物的过去和现在的状况的观察与思考，得到有关这一事物的本质或规律的认识，并依据这种认识对其未来可能的状况进行理论判断和预测。由此，目的的确立须以对事物的本质或规律的认识为前提条件的。而人们获得对事物的本质或规律的正确认识，不是一蹴而就的事情，而是需要经过实践—认识—再实践—再认识多次反复才能实现。因为人们在认识世界的过程中，不可避免地要受到主客观条件的限制。

就主观条件而言，任何个人或集团都是生活在一定历史条件下的，他们的认识能力要受到所处时代条件的限制。对三门峡工程来说，当时我国的工程师还没有建造大型水利工程的实践经验，而苏联专家又缺乏治理高含沙河流的经验。除此之外，人们的认识还受到他们所处社会的政治、经济、文化等因素的影响。新中国成立后，全国统一、政令出一。特别是经过对农业、手工业和资本主义工商业的初步社会主义改造后，我国进入全面的社会主义建设时期。国家在政治、经济、科技等方面都取得了巨大的进步，人们对社会主义优越性的期望普遍高涨，广大人民群众迫切要求尽快改变我国经济、文化落后的状况，在国际上树立起伟大社会主义中国的高大形象。以注重“多”和“快”，轻视“好”和“省”为特色的“左”倾盲动思潮开始抬头甚至泛滥。作为三门峡工程的规划、设计和实施者的工程技术人员，不可避免地受到了这种社会氛围的强烈影响，并感受到一种无形的压力。因此，在这种状况下做出建造以防洪、拦沙、发电、灌溉、航运等综合利用为目标，力图实现以高坝大库为特征的“高、大、全”式的三门峡水库的规划和决策，是一种在当时看来合乎社会主流意识和“合乎情理”的事情。

就客观条件而言，事物的本质和规律是通过现象表现出来的。但是事物的本质和规律又是深藏于现象背后的，且有一个暴露的过程。当事物的本质和规律尚未充分暴露之前，人们是无法充分地认识事物的本质和规律的。对于三门峡工程来说，当时以“蓄水拦沙”作为建库的指导方针，从而引发了之后一系列失误的事实，就是人们对黄河的水沙特征认识不够充分的集中表现。

人的行动要想达到预期的目的，不仅要有一个正确的目标，而且在实现这一目标的过程中，要严格遵循客观规律。因为规律是客观的，不以人的意志为转移，任何事物的变化、运动和发展都受到客观规律的制约，如果不按照客观规律办事，就不能正确地认识世界和合理地改造世界。对于三门峡工程而言，当初规划决策的目标之所以没能实现，在很大程度上是由于对黄河水沙运行规律认识不足，不切实际地提出对水库的各项指标的高水平综合利用的要求，搞高坝大库，以及对移民和水土保持的复杂性与艰巨性估计不足所致。

人的行动要想获得成功，还需要具备一定的物质条件。所谓改造世界或造物，不过是利用客观世界已有的资源，依据其本质和相互之间的关系，通过人的工程活动使它们相互发生作用，并使它们由不适合人的需要的形态转变到符合人的需要的形态的过程。而这一变化过程离开一定的物质条件和手段是无法实现的。对三门峡工程而言，当初规划工程的上述目标时，是以实现黄河流域水土保持为基础的，而水土保持的实现是以大量人力、物力和财力的投入为保障的。但是，《规划》对水土保持的预测是对一些典型事例的简单外推，与黄土高原地区大面积水土流失的实际情况和采取的治理措施是严重脱节的。

总之，在三门峡工程目标的确立和实现的各个环节中，严重地存在着工程理论脱离工程实际的主观主义理想化色彩，因此注定是要出现严重失误的。

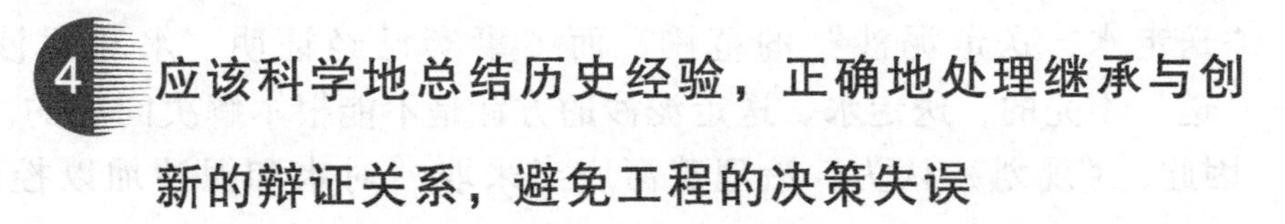

4　应该科学地总结历史经验，正确地处理继承与创新的辩证关系，避免工程的决策失误

工程的发展，是通过继承与创新的过程得以实现的。所谓继承，是对人类已有成果的传承和吸收，是对已有成果合理成分的肯定和积累。但是，继承不是简单地照单全收，而是一个取其精华，去其

糟粕，达到辩证扬弃的过程。所谓创新，就是在人类已有成果的基础上，为人类认识和实践成果增添新的内容。创新不是简单地取代和抛弃过去，而是对过去的丰富和发展，本质上是一个辩证否定的过程。继承与创新之间是对立统一的关系，具体地讲，继承是创新的前提，创新是继承的目的。

历史表明，无论任何人，若不继承前人和他人已有的成果，要想取得新的发现和发明是根本不可能的。对此，牛顿曾说："如果我所见到的比笛卡儿要远一点，那是因为我站在巨人肩上的缘故。"学习和应用已有的认识成果就是最常见的继承形式。

人类的知识和认知能力不是主要依靠基因得以遗传的，而是通过继承得以储存和延续的。但是继承在本质上并不能使人类的知识和认知能力得到扩充、加深和发展，因此，创新就成为人类知识和认知能力发展的客观要求。只有不断地创新，才能增添新的知识，才能持续地提高认识和改造世界的能力。

半个多世纪的运行实践证明，将"蓄水拦沙"的治黄方略应用于三门峡工程，是导致工程在规划、决策和设计等关键环节出现一系列问题的最重要原因。因为这个方略直接导致苏联专家在设计三门峡水库时没有设置泄水排沙底孔，并在施工中把12个原计划保留的施工导流底孔也全部堵死。造成这种结果的原因是多方面的和复杂的，"当时的气候是从政治到技术向苏联一面倒"①，加之对于我国历史上的宝贵历史遗产——治黄方略的认识、研究和创新不够充分，是导致三门峡工程的决策者和设计者错误地采用了"蓄水拦沙"方略的方法论原因。例如，《规划》对我国历史上的治黄方略进行了总结，并试图利用对比的方法，在新旧社会之间划清界限。《规划》认为，尽管在几千年的治黄历史上，勤劳勇敢的中国人民曾经提出了许多治理黄河的方略，但是从总体上来说，都没有超出"送走水，送走泥沙"的范围，而"事实已经证明，水和泥沙是'送'不完的，送走水、送走泥沙的方针是不能根本解决问题的。"②因此，《规划》认为，治理黄河应当采取"对水和泥沙加以控制，

---

① 潘家铮．千秋功罪话水坝[M].北京：清华大学出版社，2000：121.

② 邓子恢．关于根治黄河水害和开发黄河水利的综合规划的报告[N].人民日报，1955-05-20.

加以利用”的方略，从而征服黄河。如果说在我国历史上，人们由于受到社会和科技条件的制约，对于黄河的水和泥沙不得不在下游的“送”上下功夫是有其历史局限性的话，那么《规划》为了与其相区别，将精力集中于“拦”上，提出“蓄水拦沙”的治黄方略，也是同样具有局限性的。事实上，如果说“蓄水拦沙”的治黄方略对于治理黄河流域黄土高原地面上的水土流失甚至对于在黄河流域的沟壑建造淤地坝等实践还是比较适用的话，那么，把这一方略用于治理已经进入黄河干流的泥沙，特别是用于三门峡水库的建造，则是完全错误的。

但是，《规划》过分强调了制度因素和阶级因素在治理黄河水患问题上扮演的角色，特别是过分倚重阶级分析方法，对新旧社会治理黄河的理论和实践加以简单的对比说明。不可否认，不同的社会制度和阶级会对人们治理黄河的理论与实践产生不同的影响，但并不是所有的社会因素都是作为工程的内生变量而存在的，有些社会因素只是作为工程的外部边界条件而存在，对工程只是起着促进和延缓的作用，并不能够起到决定性影响。这种失当地借助阶级分析的方法来说明工程问题，有可能以外在的因素掩盖工程本身的内在因素，割断工程自身发展的历史传承性，从而引起干扰工程对外部社会因素的相对自主性的错误。

众所周知，黄河是中华民族的母亲河，它在孕育了光辉灿烂的华夏文明的同时也给中华儿女带来数不尽的深重灾难。我们的祖先为了生存和发展的需要，一代又一代坚持不懈地进行着“兴黄河之利，除黄河之害”的实践，不断地积累和总结着治理与开发黄河的实践经验，推动着治理和开发黄河方略的进步与发展。随着不同历史时期治河实践能力、科学技术和认识水平的提高，我国的治黄方略经历了障→疏→堤→分→束→综合治理这样几个发展阶段。例如，被誉为“我国近代水利的开拓者，中国近代水利科学的先驱”的李仪祉先生，在20世纪30年代提出了一套将治水与治沙、治标与治本、除害与兴利、上拦与下泄、支流治理与干流治理、工程治理与非工程治理以及上、中、下游相结合的多目标综合治理和开发黄河的治黄方略。[1] 这一方略至今仍然具有重大的理论和实践意义。包括李仪祉先生治黄方略在内的诸多治黄理论，是我国人民长期治理黄河的历史经验和理论的继承与发展，是一笔重要的财富，不仅值得我们认真学习和借鉴，也是我们在治理和开发黄河的实践过程中取得成功的重要理论前提。所以，科学地总结工程建设的历史经验和教训，正确地处理继承与创新的辩证关系，是避免工程决策失误的重要方法论原则。

① 关于李仪祉先生治黄方略的详细内容可参见：《李仪祉水利论著选集》，水利电力出版社1988年版。

后　记

新中国成立以来，我国开展了大规模的工程建设，在航天、高速铁路、桥梁等工程领域取得了举世瞩目的成就。中国和世界范围的工程建设有成功的经验，也有深刻的教训，需要从哲学高度总结、分析、认识和升华。在21世纪之初，工程哲学作为一个新的研究领域和新的交叉学科而兴起。回顾历史，科学哲学和技术哲学都是西方学者开创的，但是，在开创工程哲学时，中国没有再度落后，而是在世界范围内走在了工程哲学开创的最前列。

2002年，中国哲学专家李伯聪出版了《工程哲学引论——我造物故我在》，2003年，美国麻省理工学院工科教授布西亚瑞利出版了*Engineering Philosophy*，它们成为最先出版的两部研究工程哲学的著作，而这两位作者“截然不同”的“职业身份”也颇耐人寻味。

2000年，中国工程院工程管理学部正式成立。工程管理学部成立后，院士们感到必须加强对工程和工程管理问题的基础理论研究。工程活动中必然存在着许多深刻、重要的哲学问题，认识工程活动的本质、规律、功能和特征离不开哲学思维，由此达成了要开展工程哲学研究的共识。

经过2003年的立项准备，2004年，中国工程院工程管理学部正式立项开展工程哲学研究工作，项目负责人为殷瑞钰院士。在项目组成员组成方式上，确立了同时关注遴选工程界专家（包括中国工程院院士和工程界有关专家）和哲学界专家（包括有关高校教师和中国社会科学院有关专家）的原则；在课题研究方式上确立了工程界和哲学界“跨界合作”“协同创新研究”的原则。课题组中的工程师和哲学专家在研究过程中“相互学习”“跨界合作”，经过三年的“相互学习”“潜心研究”“协同创新”，在2007年出版了《工程哲学》一书，使这本书成为国内外“第一部”体现“工程界和哲学界跨界合作协同创新特征”的学术著作。由于以往无论在东方还是在西方，哲学界和工程界都基本上处于“相互隔绝”“不相往来”的状态，这使我们可以说，这项研究的意义不但在于出版了一部创新性突出的学术著作《工程哲学》，而且更在于开创了一个崭新的“工程界和哲学界跨界合作协同创新”的新研究方式和新研究途径。

自2008年起，中国工程院工程管理学部再次立项研究“工程演化论”，作为课题研究成果，在2011年出版了同名的学术专著。此后，为了在工程哲学基本理论领域有新开拓和新探索，中国工程院工程管理学部又立项研究工程本体论，在2013年出版了《工程哲学》（第二版），书中明确提出了工程本体论的基本观点——“工程是现实的、直接的生产力”，“工程是人类社会赖以生存、繁衍、发展的基本活动”，在研究工程哲学时，必须把工程本体论观点当作工程哲学理论体系的核心和灵魂。工程本体论的提出标志着在工程哲学理论体系的研究中有了重大突破。工程本体论针锋相对地纠正了“工程派生论”观点，成为工程哲学整个理论大厦的“最根本的基础”。有了这个对工程本体论地位的认识，在方法论和知识论领域，也就顺理成章地可以提出“工程方法论绝不是科学方法论的派生领域”和“工程知识论绝不是科学知识论的派生领域”这两个新观点，工程活动的出现早于科学活动，工程的构成要素不同于科学的构成要素，工程活动是价值导向的，科学活动是真理导向的。这也就意味着，必须进一步明确地把开拓“工程方法论”和“工程知识论”这两个新领域的任务及时提到议事日程上来，必须努力把“工程方法论”开拓成为“方法论领域”中“可以与科学方法论并列的一个独立领域”，同时也必须把“工程知识论”开拓成为“知识论领域”中“可以与科学知识论并列的一个独立领域”。于是，中国工程院工程管理学部又进一步连续立项研究“工程方法论”和“工程知识论”，作为课题研究成果先后出版了《工程方法论》（2017年）和《工程知识论》（2020年）；其间又出版了《工程哲学》（第三版）（2018年），该书在《工程哲学》（第二版）的基础上增补了对工程方法论的新认识。需要指出的是，以上《工程演化论》《工程方法论》《工程知识论》三部著作可能是各自的“相应领域”的第一部哲学学术专著。

以上六部著作的出版，意味着中国工程院工程管理学部自2004年起连续立项（以殷瑞钰院士为项目负责人）研究工程哲学、组织我国工程界和哲学界专家“跨界合作”“协同创新”，取得了具有原创性的理论成果，更具体地说，就是提出了包括“五论”（科学-技术-工程三元论、工程本体论、工程方法论、工程知识论、工程演化论）而以工程本体论为核心的工程哲学理论体系框架，同时还依据工程哲学的基本理论体系对航天、水利、冶金、石化、铁道、桥梁、信息通信、建筑、医疗等行业的典型工程案例进行了理论联系实际的分析和研究。这些研究成果对工程哲学的兴起发挥了引导作用，在国际范围发出了中国声音，体现了中国自信，做出了中国贡献。

由于以上六部著作的总字数达到约三百万，阅读起来难免费时、费力，为便于更多读者了解中国工程院工程管理学部“工程哲学系列课题”研究的成果，有必要在上述课题研究和学术著作成果的基础上再出版一部字数适当而内容上具有凝练性新概括和系统性新总结特点的著作，于是，这就又有了《工程哲学》（第四版）——也就是本书——的撰写和出版。

中国工程界和哲学界合作研究工程哲学时把“理论联系实际”作为基本原则和研究方法。依据这个原则和方法，《工程哲学》（第一、二、三版）、《工程演化论》《工程方法论》《工程知识论》在“总体性篇章结构”上都采用了“理论研究篇章”在前而“实践案例研究篇章”在后的结构，《工程哲学》（第 4 版）也沿用了这个总体性篇章结构形式。

2004 年，中国工程院工程管理学部开始研究工程哲学，时任中国工程院院长的徐匡迪院士给予了高瞻远瞩的指导。徐匡迪院士还为《工程哲学》（第一版）写了“代序”，这篇序言对中国工程哲学的发展发挥了重要的引导作用。现在，《工程哲学》（第四版）继续把这篇序言放在全书最前面。在中国工程哲学的发展进程中，徐匡迪院士一直发挥着高瞻远瞩的指导作用，我们特表示衷心的感谢。

本书的总体思路框架和内容结构由殷瑞钰、李伯聪、汪应洛、栾恩杰提出，并主持了本书的研究、编撰和审定。

本书各章执笔人如下：

前言		殷瑞钰、李伯聪
理论篇		
第一章	科学-技术-工程三元论与工程哲学	殷瑞钰、李伯聪、尹文娟
第二章	工程本体论	殷瑞钰、李伯聪

第三章	工程理念与工程观	王楠、王健、尹文娟
第四章	工程思维	梁军、王镇中
第五章	工程知识论	范春萍、谢咏梅、王楠、尹文娟
第六章	工程方法论	邓波、鲍鸥、王宏波、闫坤如
第七章	工程演化论	王大洲、刘媛媛
第八章	工程与社会	张秀华、刘孝廷
第九章	工程、哲学与真善美	殷瑞钰、李伯聪、贾玉树、鲍鸥

实践篇

第一章	中国高速铁路创新发展的哲学思考	傅志寰
第二章	三峡工程的哲学分析	陆佑楣、尚存良、张志会
第三章	中国载人航天工程的哲学分析	王礼恒、张柏楠、卢春平、金勇、王翔、崔伟光
第四章	中国现代信息通信工程的发展演进	朱高峰
第五章	青藏铁路工程方法研究	孙永福、陈辉华、王孟钧、牛丰、唐娟娟
第六章	桥梁工程方法论研究	凤懋润、赵正松、程志虎、杨善红
第七章	桥梁工程知识论研究	凤懋润、赵正松、刘效尧、李乔
第八章	建筑工程设计的哲学思考与实践	何镜堂、向科、向姝胤
第九章	钢铁冶金工程设计与工程哲学	张福明、颉建新、殷瑞钰
第十章	工程哲学视角下的石化工程	王基铭、袁晴棠、孙丽丽、张秀东、门宽亮
第十一章	艾滋病防治工程的哲学分析	王陇德、吴尊友

第十二章　黄河三门峡工程的哲学分析　　包和平

全书最后由殷瑞钰、李伯聪统稿。

在本书研讨、成书过程中，得到了中国工程院工程管理学部主任胡文瑞院士、中国工程院三局高战军副局长（主持工作）、聂淑琴处长、常军乾副处长以及丘亮辉研究员、朱葆伟研究员、王佩琼编审、张云龙教授、上官方钦高工等专家的大力帮助，特致诚挚的谢意。

本书中不妥之处在所难免，请广大读者批评指正。

本书作者

2021年11月